新一代人工智能系列教材

自然语言处理

刘挺 秦兵 赵军 黄萱菁 车万翔 编著

高等教育出版社·北京

内容提要

本书在新一代人工智能背景下，重点介绍自然语言处理的基础知识、主要的经典技术、前沿技术及应用。本书分为四部分内容进行阐述：基础知识、自然语言处理的基础技术、自然语言处理的应用技术、自然语言处理的应用系统。首先，在基础知识部分，介绍了语言学理论和机器学习理论两个方面的基础。其次，介绍自然语言处理中的基础技术，包括语言模型、词法分析、句法分析和语义分析等内容。然后，通过文本的信息抽取、篇章分析、情感分析及文本生成等任务，介绍自然语言处理的应用技术。最后，在自然语言处理的应用系统方面，详细介绍了问答系统、对话系统和机器翻译中的相关技术和系统结构等内容。

本书可作为人工智能专业、智能科学与技术专业以及计算机类相关专业的本科生及研究生学习自然语言处理的教材，也可以作为自然语言方向相关研究人员的参考用书。

自然语言处理

刘　挺　秦　兵
赵　军　黄萱菁
车万翔

1　计算机访问http://abook.hep.com.cn/187935，或手机扫描二维码、下载并安装Abook应用。

2　注册并登录，进入"我的课程"。

3　输入封底数字课程账号（20位密码，刮开涂层可见），或通过Abook应用扫描封底数字课程账号二维码，完成课程绑定。

4　单击"进入课程"按钮，开始本数字课程的学习。

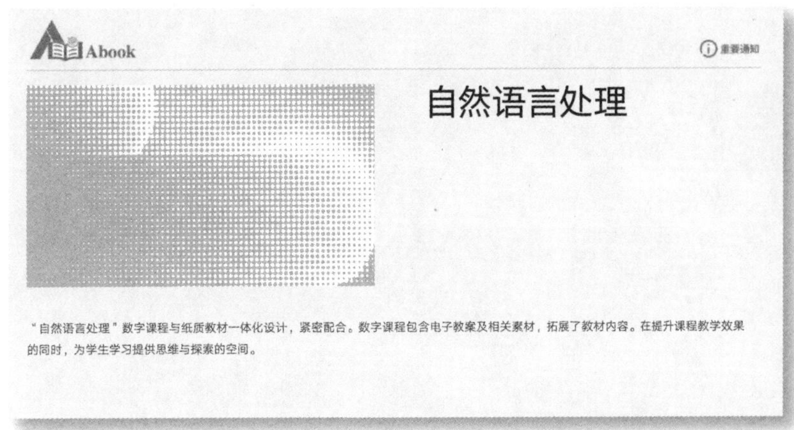

课程绑定后一年为数字课程使用有效期。受硬件限制，部分内容无法在手机端显示，请按提示通过计算机访问学习。

如有使用问题，请发邮件至abook@hep.com.cn。

http://abook.hep.com.cn/187935

序

人工智能是引领这一轮科技革命、产业变革和社会发展的战略性技术，具有溢出带动性很强的“头雁效应”。当前，新一代人工智能正在全球范围内蓬勃发展，促进人类社会生活、生产和消费模式巨大变革，为经济社会发展提供新动能，推动经济社会高质量发展，加速新一轮科技革命和产业变革。

2017年7月，国务院发布了《新一代人工智能发展规划》，指出了人工智能正走向新一代。新一代人工智能（AI 2.0）的概念除了继续用电脑模拟人的智能行为外，还纳入了更综合的信息系统，如互联网、大数据、云计算等去探索由人、物、信息交织的更大更复杂的系统行为，如制造系统、城市系统、生态系统等的智能化运行和发展。这就为人工智能打开了一扇新的大门和一个新的发展空间。人工智能将从各个角度与层次，宏观、中观和微观地，去发挥“头雁效应”，去渗透我们的学习、工作与生活，去改变我们的发展方式。

要发挥人工智能赋能产业、赋能社会，真正成为推动国家和社会高质量发展的强大引擎，需要大批掌握这一技术的优秀人才。因此，中国人工智能的发展十分需要重视人工智能技术及产业的人才培养。

高校是科技第一生产力、人才第一资源、创新第一动力的结合点。因此，高校有责任把人工智能人才的培养置于核心的基础地位，把人工智能协同创新摆在重要位置。国务院《新一代人工智能发展规划》和教育部《高等学校人工智能创新行动计划》发布后，为切实应对经济社会对人工智能人才的需求，我国一流高校陆续成立协同创新中心、人工智能学院、人工智能研究院等机构，为人工智能高层次人才、专业人才、交叉人才及产业应用人才培养搭建平台。我们正处于一个百年未遇、大有可为的历史机遇期，要紧紧抓住新一代人工智能发展的机遇，勇立潮头、砥砺前行，通过凝练教学成果及把握科学研究前沿方向的高质量教材来“传道、授业、解惑”，提高教学质量，投身人工智能人才培养主战场，为我国构筑人工智能发展先发优势和贯彻教育强国、科技强国、创新驱动战略贡献力量。

为促进人工智能人才培养，推动人工智能重要方向教材和在线开放课程建设，国家新一代人工智能战略咨询委员会和高等教育出版社于2018年3月成立了“新一代人工智能系列教材”编委会，聘请我担任编委会主任，吴澄院士、郑南宁院士、高文院士、陈纯院士和高等教育出版社林金安副总编辑担任编委会副主任。

根据新一代人工智能发展特点和教学要求，编委会陆续组织编写和出版有关人工智能基础理论、算法模型、技术系统、硬件芯片和伦理安全以及“智能+”学科交叉等方面内容的系列教材，形成了理论技术和应用实践两个互相协同的系列。为了推动高质量教材资源的共享共用，同时发布了与教材内容相匹配的在线开放课程、研制了新一代人工智能科教平台“智海”和建设了体现人工智能学科交叉特点的“AI+X”微专业，以形成各具优势、衔接前沿、涵盖完整、交叉融合具有中国特色的人工智能一流教材体系、支撑平台和育人生态，促进教育链、人才链、产业链和创新链的有效衔接。

“AI赋能、教育先行、创新引领、产学协同”，人工智能于1956年从达特茅斯学院出发，踏上了人类发展历史舞台，今天正发挥“头雁效应”，推动人类变革大潮，“其作始也简，其将毕也必巨”。我希望“新一代人工智能系列教材”的出版能够为人工智能各类型人才培养做出应有贡献。

衷心感谢编委会委员、教材作者、高等教育出版社编辑等为“新一代人工智能系列教材”出版所付出的时间和精力。

潘云鹤

前言

1956年的达特茅斯会议上，正式提出了人工智能的概念。2016年美国发布《国家人工智能研究和发展战略计划》，2017年我国国务院印发《新一代人工智能发展规划》。我国人工智能科技目前处于国际前沿的水平，且有望引领该方向的未来发展。

世界范围内人工智能方面的竞争归根结底是人才的竞争。高等院校是科技成果的一个重要孵化器，而人才培养则是科技发展背后的不竭动力。如何在当前人工智能快速发展的条件下，建立起完善的人工智能人才培养体系，决定了未来我们国家在人工智能方向上发展的广度和高度，以及能否处于并保持国际领先的科技水平。

目前学者们普遍对人工智能发展阶段的认识是从运算智能到感知智能再到认知智能的过程，而目前正处于认知智能的探索和突破阶段。自然语言处理属于认知智能的研究范畴，被誉为“人工智能皇冠上的明珠”，因而受到了学术界和工业界的广泛关注，同时也被称为深度学习的下一个突破点。基于以上情况及条件，以及恰逢全国各地高等院校纷纷设立人工智能专业之际，笔者团队意识到组织编写一本适合本科生学习的自然语言处理方面的教材，将成为人工智能方向人才培养体系的一个重要基础。

在选择本书应包含哪些内容的时候，笔者组织了国内顶尖自然语言处理研究团队的人员进行研讨并设计本书的结构和大纲。在内容选择方面，本书包含了语言学理论和机器学习理论两个方面的基础，同时对于近几年随着深度学习的发展而逐渐发展的文本表示学习方面的内容进行了详细的介绍并作为一项自然语言处理的底层技术。在自然语言处理的基础技术方面，语言模型、词法分析、句法分析和语义分析等内容必然包含在本书之中，在介绍具体技术的同时，对该项技术涉及的其他任务的相关技术发展以及当前较为新颖的方法及模型进行了概括性介绍。进一步，文本的信息抽取、篇章分析、情感分析及文本生成任务作为自然语言处理应用技术的典型代表在本书中进行了详细的介绍。最后，在自然语言处理的应用系统方面，本书详细介绍了问答系统、对话系统和机器翻译中的相关技术和系统结构等内容。

在撰写的过程之中，笔者团队着重考虑本书的教材属性以及面向学生的知识储备水平，尽量做到深入浅出和内容的完备性，同时对于需要延伸阅读的内容以及具有前期基础的同学，同样给出了相关资料的出处。本书的课后习题设计方面也经过多次研讨，对于不同章节要求也不同，如对于基础理论方面的习题以理解概念为主，对于基础技术方面的习题则注重任务的理解和相互间的关联，同时强调对于代表性方法和模型的理解，对于应用方法和应用系统方面的习题则涉及具体的技术和系统结构的实现等内容。

本书为主要面向本科生的自然语言处理课程教材。教学学时安排上，可以覆盖大学分（72学时）类专业必修课程或专业选修课（32学时）。作为专业必修课的教材时，除了全部章节的课程授课外，可以安排针对自然语言基础研究及应用技术上的实验课时（建议24学时）；作为专业选修课的教材时，可以在授课时以自然语言处理的基础部分为主要授课内容，对于自然语言处理的应用系统方面的内容可适当介绍相关应用技术，具体学时分布及内容安排以实际授课教师根据教学需要为准。

本书第1章由哈尔滨工业大学张伟男副教授编写；第2章由北京大学詹卫东教授编写；第3章由南京大学戴新宇教授编写；第4章由复旦大学邱锡鹏教授编写；第5章、第6章由美国麻省理工学院（MIT）郭江博士后编写；第7章由复旦大学张奇教授编写；第8章由天津大学张梅山副教授编写；第9章由剑桥大学孙薇薇副教授编写；第10章由哈尔滨工业大学刘铭教授、丁效副教授、清华大学刘知远副教授编写；第11章由首都师范大学宋巍副教授编写；第12章由哈尔滨工业大学（深圳）徐睿峰教授、中科院自动化所刘康研究员、哈尔滨工业大学赵妍妍副教授编写；第13章由哈尔滨工业大学冯骁骋副教授、北京大学万小军教授编写；第14章由中科院自动化所何世柱副研究员、哈尔滨工业大学张宇教授编写；第15章由哈尔滨工业大学张伟男副教授、清华大学黄民烈副教授编写，第16章由中科院自动化所张家俊研究员编写。

全书由哈尔滨工业大学刘挺教授统稿并负责整理第1章、第2章和第16章，哈尔滨工业大学秦兵教授负责整理第10—13章，中科院自动化所赵军研究员负责整理第14—15章，复旦大学黄萱菁教授负责整理第3—4章，哈尔滨工业大学车万翔教授负责整理第5—9章。感谢高等教育出版社在本书写作过程中提供的帮助，感谢小米公司自然语言处理首席科学家王斌博士审阅了全书并给出了宝贵意见，本书的编写还参阅了大量的著作和相关文献，在此一并表示衷心的感谢！

最后，尽管本书在撰写的过程中始终保持认真细致的态度，但错误在所难免，敬请各位读者指正及反馈，我们将不断完善。同时，衷心地希望本书的出版能够为人工智能方向人才培养提供帮助和支持，助力我国人工智能及相关方向的整体发展和进步。

编者

2020年12月

目录

第1章　绪论

1

自然语言通常指人类的语言，是人类思维和逻辑的载体，也是人类有别于其他生物的重要特征，更是人类智能发展的外在体现形式之一。因此，对自然语言的研究便成了对人类智能研究的重要方面，相应地，自然语言处理也成了人工智能的重要研究内容。举例来说，自人工智能诞生之日起，图灵测试便作为一个检验机器是否具备人类智能的标准，也是人工智能的终极目标。值得注意的是，图灵测试是一个人与机器通过自然语言进行对话的过程，因此，通过图灵测试的关键在于机器能否精准地理解及处理人类的语言并与之对话。当然，自然语言的现象不仅仅体现在对话中，还包括其他形式文本的创作，如文章、微博、评论，以及包含文本的多模态信息，如视频的字幕和图像的配文等。

到目前为止，对人工智能发展的一个普遍认识包括运算智能、感知智能和认知智能三个阶段。其中，运算智能关注的是机器的基础运算和存储能力，在这方面，机器已经完胜人类。感知智能则强调机器的识别能力，如语音的识别以及图像的识别，目前机器在感知智能上的水平基本达到了人类水平。然而，在涉及自然语言处理以及常识建模和推理等研究内容的认知智能上，机器与人类的能力还有很大的差距。其原因来自两个方面，在自然语言的现象方面，由于人类的认知具备随机性，因此，自然语言也具有随机性的特点，而这种随机性又会导致语言的歧义性。例如，“少帅的便衣并没有能帮助他脱险”这句话中“便衣”一词既可以指衣服也可以指人，只不过从人类对语言的认知角度来看，指人的可能性更大一些。同时，由于自然语言是在不断发展变化的，因此，语言本身具有一定的“进化性”。如“不明觉厉”是一个网络新词，表示虽然不明白其中的道理但觉得很厉害的意思。再如“呵呵”原指微笑，但在现在的网络用语的语境下，通常有鄙视和无语的含义。在常识建模和推理方面，通常存在着莫拉维克悖论，例如人类可以很容易地回答：“把装满水的敞口杯子倒置后，会发生什么现象？”这样的常识性问题，但机器却很难在没有预设可匹配文本答案的情况下，推理出这个问题的答案。

综上可见，让机器理解及生成自然语言是人工智能研究的一个高级阶段的课题，具有极大的挑战性，也是目前制约人工智能取得更大突破和更广泛应用的瓶颈之一。本章接下来将介绍与之相关的定义、研究内容、流派以及所面临的挑战。

1.1　自然语言处理的定义

自然语言处理（natural language processing，NLP）自诞生之日起就是一个与计算机科学与技术紧密关联的概念，其目的是使计算机理解人类的语言，以及能够让计算机以自然语言作为接口与人类进行交互。从事NLP相关工作的研究人员通常具备计算机科学与技术相关的知识背景，能够从计算机科学与技术的角度看待自然语言处理问题。他们更加关注于自然语言处理问题的可计算性、算法效率的优化以及相关应用等方面的问题。自2000年以来诞生了众多以自然语言处理为基础及核心技术的应用，包括以谷歌和百度公司为代表的互联网搜索引擎、机器翻译引擎以及地图导航服务等，以IBM Watson和Wolfram Alfa为代表的问答系统，以谷歌Allo、微软Cortana、百度小度、腾讯小微和阿里小蜜为代表的智能助手等。这些应用极大地改善了人们的生活方式，提升了人们的生活便利性，也体现了自然语言处理技术的关键地位及重要性。

与此同时，一个与自然语言处理高度相关甚至很多情况下不加以区分的概念叫计算语言学（computational linguistic，CL）。计算语言学关注的是通过计算或数学的技术及手段研究语言学中的理论及应用问题，通常来说，包含词法分析、句法分析、语义分析以及语用分析等关键问题。计算语言学的研究人员最初主要来自语言学领域，通常具备语言学的研究背景，掌握语言学的基础理论，并遵循语言学相关的方法论。计算或数学则通常作为其研究的工具和手段，以此进一步总结、归纳、验证和探索语言学现象背后的认知规律。

然而，随着研究和应用的进展，自然语言处理与计算语言学的重叠越来越大，包括面临的问题、采用的算法和研究人员的学科背景都有趋同的趋势。自然语言处理能够为计算语言学提供更真实的应用场景和更稳健的评测标准，计算语言学能够为自然语言处理提供更有效的特征表示以及理论上的支撑。综上可以看出，自然语言处理是一个包含数学、计算机科学、语言学等多学科交叉的研究方向，且能够直接为众多场景下的应用提供核心技术支撑。

此外，在研究的对象、层次和问题上，自然语言处理又有不同的视角。

在研究对象的角度，自然语言处理主要研究"名、实、知、人"之间的关系。其中"名"指的是语言符号的表征，"实"表示客观世界存在的实体或主观的概念，"知"是指知识，包括常识和领域知识，"人"则是指语言的使用者。

在研究层次的角度，由浅入深分别为形式、语义、推理和语用4个层次。在研究对象和处理层次之间又存在着以下的对应关系，形式主要研究符号层面的处理，即"名"；语义研究语言符号和其背后所要表达的意思之间的关系或与客观世界实体之间的对应关系，即"名"和"实"；推理是在语义研究的基础之上，进一步涉及知识的增加、删除及更新，因此是"名""实"和"知"之间关系的研究范畴；而语用则最为复杂，由于引入了语言使用者的因素，通常表达的是"言外之意和弦外之音"，同时涉及了"名""实""知""人"4个方面。

尽管存在不同的基础研究问题，如分词、词性标注、词义消歧、命名实体识别、依存句法分析、语义角色标注和语义依存分析等，但以上研究问题可以归类为4类问题，即分类、解析、匹配和生成。其中情感分析、反语识别和文本分类等问题属于分类问题；词性标注、语义角色标注等任务属于解析问题；检索、问答和文本蕴涵属于匹配问题；对话、文摘（生成式摘要）和机器翻译等属于生成问题。

1.2 自然语言处理的研究内容

1.2.1 资源建设

资源建设任务主要包括了语料库的建设和语言知识库的建设。

1. 语料库的建设

语料库（corpus）指存放语言材料的数据库，是基于统计的自然语言处理方法的基础。传统基于规则的自然语言处理方法需要研究人员穷尽所有与任务相关的规则，因此基于规则的系统只能在受限的领域内使用。而以大规模语料库为基础的统计自然语言处理方法不需要人工建立语言学规则。语料库中的语言知识能够以统计参数或者机器学习参数的形式被计算机自动学得[1]。

语料库的建设对研究基于统计的自然语言处理方法有着至关重要的作用，同时也面临着许多挑战。例如，在计算语言学领域中，语料库代表性不够会导致构建出来的系统过度依赖于所使用的语料库，也就是过拟合问题。其次，语料库的建设需要对自然语料进行标注。尽管对语料库进行不同层次的加工标注，如图1.1所示，是为了让隐藏在语料中的语言知识显性化，但是对语料库的标注会丧失语料库的客观性，标注后的语料库带有标注者对语言现象的主观认识。另外，现代大规模语料库的标注也是一项成本昂贵的工作。

```
(IP (NP-SBJ (PN 他))
    (VP (ADVP (AD 还))
        (VP (VV 提出))
            (NP-OBJ (QP (CD一)
                        (CLP (M 系列)))
                    (NP (NP (ADJP (JJ 具体)
                              (NP (NN 措施)))
                        (CC 和)
                        (NP (NN 政策)
                              (NN 要点))))))
    (PU。))
```

图1.1 典型语料库加工标注示例[2]

国内外许多研究机构都致力于语料库的建设。目前已经建立了许多语料库，其中比较典型的语料库有：

（1）LDC中文树库（Chinese Tree Bank，CTB）；

（2）命题库（PropBank）、名词化库（NomBank）和语篇树库（Penn Discourse Tree Bank，PDTB）；

（3）布拉格依存树库（Prague Dependency Treebank，PDT）；

（4）BTEC口语语料；

（5）现代汉语口语语料库；

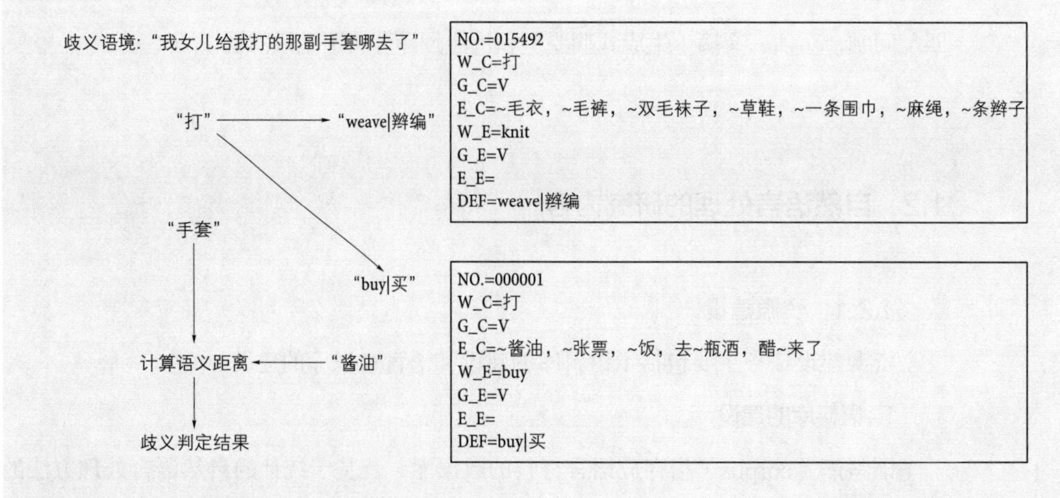

图1.2 借助"知网"的知识词典计算机能够通过计算语义距离判定歧义[4]

（6）中国台湾中研院语料库（Academia Sinica）。

2. 语言知识库的建设

除语料库之外，语言知识库也是自然语言处理系统不可或缺的组成部分。计算机处理自然语言最常见的一个障碍是歧义问题。人能够利用语言知识、上下文语境信息、背景知识消解歧义，而计算机只能进行机械式的分析。借助外部语言知识库，计算机能够在一定程度上消解歧义，如图1.2所示。除此之外，面向自然语言处理的语言知识库对语言本体研究和语言教学也有重要意义[3]。

然而构建语言知识库也面临着诸多挑战。语言知识库的建设不仅仅是词语规模和覆盖面的扩大，也需要与时俱进。互联网的普及导致新词的数量不断增长，每年都会产生不少新词，如"雨女无瓜"、"冲鸭"和"不明觉厉"等。此外，语言知识库的建设还需要扩充知识库的种类。

长期以来，国内外众多自然语言处理专家和语言学家为建立语言知识库付出了巨大心血，建立了许多语言知识库，例如：

（1）WordNet词汇知识库；

（2）FrameNet词汇资源库；

（3）EDR电子词典（EDR Electronic Dictionary）；

（4）北京大学综合型语言知识库；

（5）知网（HowNet）；

1.2.2 基础研究

自然语言处理及计算语言学的基础研究任务，可以根据分析目标的粒度差异分为词法分析、句法分析和语义分析。

1. 词法分析

词法分析的目标是能够独立运用的最小语言单位——词。词法分析主要包括自动分词（segmentation）、词性标注（POS tagging）和命名实体识别（named entity recognition）等。词法分析是自然语言处理中最基础但必不可少的研究任务。

自动分词：相对于以英语为代表的屈折语，很多以汉语、日语为代表的孤立语和黏着语在句中词之间没有空格等显式标明词汇边界的符号。因此，对于这些语言，自动分词就成了自然语言处理中不可或缺的第一步。

词性标注：词性是语言学家将词按相似的语法结构分成的类。词性标注的目的就是判定句中词的词性，其本质是一个分类任务。词性标注的结果能作为很多自然语言处理下游任务的输入信息。

命名实体识别：命名实体识别的目的是识别句子中的人名、地名和组织机构名等专有名词，并将其分类。随着该任务的发展，专有名词的范围逐渐扩大，类别也逐渐增多，甚至有些研究中不限制命名实体类型，将其视为开放域的命名实体识别。

2. 句法分析

句法分析的目标是确定句中词的语法功能或词之间的关系，主要分为短语结构分析（phrase structure parsing）和依存关系分析（dependency parsing）。句法分析的结果往往不是自然语言处理实际任务中的终极目标，而是提供信息的中间过程。

句法分析的目的是确定句子的句法结构。根据句法树结构的不同，该任务可以分为两类，即短语结构分析和依存关系分析。前者的分析结果是短语结构树，而后者的分析结果则为依存树。

如图1.3所示，在短语结构树中，只有叶子节点与输入句子中的词相关联，其他中间节点均标记短语成分。而如图1.4所示，在依存树中，每个节点都是句中的词，这些词之间的依存关系直接由它们之间的有向弧表示。

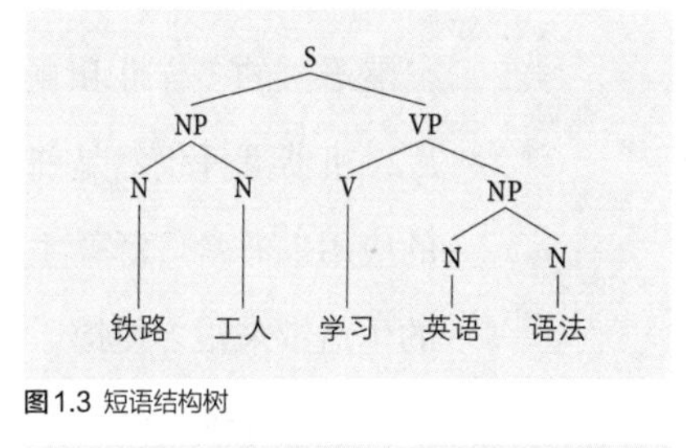

图1.3 短语结构树

铁路 工人 学习 英语 语法

图1.4 依存树

3. 语义分析

语义分析的目标是获得不同语言单位的语义信息，这是自然语言处理至关重要的步骤。语义分析主要包括词义消歧（word sense disambiguation，词级别）、语义角色标注（semantic role labeling，句子级别）、语义依存分析（semantic dependency parsing，句子级别）。

词义消歧：一词多义现象在各种语言中都十分普遍，如果不能确定一个多义词在上下文中的意思，会给自然语言处理的下游任务造成很大困难。词义消歧的目标就是确定多义词在给定上下文中的含义。

语义角色标注：语义角色标注是一种浅层的语义分析，其目标是对于句中的每个谓词，判断其论元。具体来说，就是判断作为句子核心的谓词与其他部分的关系，这种关系一般用定义好的语义角色来表示。这里所谓的谓词，通常指的是句中的动词，但随着该任务的发展，有的研究把重要的名词也视为了谓词。

语义依存分析：与语义角色标注相比，语义依存分析是一种深层的语义分析，其目标不仅限于以谓词为中心分析句子语义，而是扩展到分析句子中每个词之间的语义关系。这种关系以依存的方式体现出来。同时，语义依存分析中的语义关系相比语义角色标注中的关系也更为丰富。以上两个特点使得语义依存分析的难度比语义角色标注增大了很多。

1.2.3　应用技术研究

自然语言处理中应用研究任务数量很多，并且不断地有新的研究任务被提出来。比较常见的应用研究任务有机器翻译、情感分析、信息抽取、指代消解和省略恢复等任务。

1. 机器翻译

机器翻译一直是一个备受关注的研究问题，它将源语言的语义转化成另外一种语言的语义。不同语种之间的翻译需要大量的双语平行语料作为训练数据。由于存在自然语言的多样性和复杂性以及小语种和低资源语言上缺乏大规模双语平行语料等问题，机器翻译仍然是前沿的研究热点。机器翻译不仅仅在学术界备受关注，在工业界的应用也非常广泛，主要集中于翻译软件的服务，如百度翻译和谷歌翻译等，给人们的生活带来很多便捷。

2. 情感分析

随着网络的迅速发展，各种各样的评论遍布各大网站，这些评论包含着人们的喜怒哀乐等情感。研究人们的喜怒哀乐有助于了解人们的喜好，随时掌握舆情发展，情感分析由此诞生。情感分析按照处理文本粒度的不同可以分成词语级、短语级、句子级和篇章级等研究层次。情感分析的基本研究问题可以分为三类，即情感信息的抽取、情感信息的分类以及情感信息的检索与归纳。随着情感分析技术的不断发展，很多交叉研究任务应运而生，如情感回复生成、评分打分预测、跨领域情感分类等。情感分析技术在这些交叉研究任务中发挥了至关重要的作用。

3. 信息抽取

随着互联网信息的爆炸式增长，人们需要从海量信息中快速抽取到真正需要的信息。信息抽取指从自然语言文本中抽取指定类型的实体、关系、事件等事实信息，并形成结构化数据输出的文本处理技术。信息抽取任务可以划分为实体识别与抽取、实体消歧、关系抽取和事件抽取。信息抽取也会涉及一些自然语言处理基础研究任务，如命名实体识别、句法分析、篇章分析与推理以及知识获取等。信息抽取也为很多应用研究任务提供支撑，例如，知识图谱的构建需要信息抽取的技术。

4. 问答系统

尽管搜索引擎的出现极大地提高了人们获取知识的效率，但是搜索引擎的使用过程仍然需要通过输入原始查询、重构查询、点击并浏览等一系列的操作才能找到所需的信息，而且上述过程可能会循环多次。因此，问答系统的研发动机及目标便是代替用户进行上述烦琐的操作，将用户所需的信息直接返回，进一步提升用户的信息及知识获取效率。问答系统主要的技术包括问句分析、文档检索、答案选择或答案排序、答案抽取。问答系统最典型的应用场景为在线客服，能够通过问答系统的接入从而实现节省人力、优化效率的目标。

1.2.4 应用系统

自然语言处理技术能够直接或间接产生应用，其目标是让应用系统具备理解和运用自然语言的能力，如机器翻译、信息查询、知识问答、获取特定服务和推荐系统等。当前工业界的成熟系统包括翻译机、语音助手、智能音箱、开放域对话软件、内容推送、广告推荐和认知计算平台等。机器翻译是能够直接作为应用的产品，如百度翻译、谷歌翻译、科大讯飞翻译机、有道翻译等，能够通过语音的方式进行从一种语言的语音输入，到另一种语言的语音输出的功能，提高不同语言使用者之间沟通的效率。内容推送和广告推荐的产品在今天已经屡见不鲜，包括今日头条、抖音、淘宝和京东内嵌的商品推荐等，在方便用户使用和购买的同时，也帮助企业获取了极大的商业收益。除了以上应用系统之外，下面主要介绍几种典型的自然语言应用系统。

在语音助手方面，以Siri为例，当对Siri下达语音指令时，该系统通过语音识别技术将语音命令转化成文字，使用自然语言处理技术对文本信息进行处理，获取用户的意图，进而执行相应的操作并生成回复。例如，当使用者说“Siri，查看附近的餐馆”时，终端设备通过语音识别将语句转化成文本，Siri服务器会对这条文本进行自然语言理解，包括意图理解、领域分类、语义槽识别等。对于一些表述非常明确或者常用的说法，例如“查找餐馆”，系统可以根据这些关键词的类别倾向来判断用户查询意图的类别。当用户查询的意图不明确时，查询会命中很多意图，Siri需要对多种意图进行排序，调用相应的应用接口，例如使用地图App显示附近的餐馆，满足用户的需求。

开放域对话系统不同于侧重完成具体任务的Siri，面向的是非任务型的开放域。其更倾向于与用户进行开放式的聊天，并不局限特定领域。以微软小冰为例，它由检索和生成模型组成。例如，对小冰说“我待会去食堂了”，首先小冰的服务器会将语句进行语言理解，并与数据库中大量从网上抓取的回答进行比对，利用文本匹配技术来判断两句话是否相关，并且得到一个相关度的得分。需要注意的是，日常聊天中语句都有潜在的背景知识，只通过文本很难体现。例如说去食堂，潜在的信息就是“吃饭”“午饭”等隐含的背景信息，也称之为“主题词”。这些主题词对于匹配最佳回答也非常重要，通常在基本的词法分析之后，还需要通过实体抽取、关系抽取、文本分类和情感分析等方法为该段文本找到主题词和情绪词等信息，利用获得的主题词与文本结合再进行文本匹配，即可获得更加优质的回答。除了基于检索的方式，还可以使用自然语言生成模型生成相应的对话。首先使用大量样本预训练生成模型，再将主题词、关键词、情绪词等信息，送入预训练好的生成模型中，生成相应的回复。

认知计算平台Watson在获取到问题之后，首先分析问题语义，找出依赖关系以及查询焦点。随后根据查询线索，生成候选项，并给出相关性评分。最后归并重复候选项，根据训练算法选出最终答案。以“Robert Redford and Paul Newman starred in this depression-era grifter flick”为例，找出Robert和Paul在大萧条时期共同出演的电影。首先，Watson需要对识别到的文本进行词法分析，然后利用语法解析，为原文中每个词的成分打上标注，从而可以筛选掉一些意义不大的词。并且进行实体抽取操作，找到关键词，例如“Robert”人物和“depression-era”时间等实体信息。结合以上信息及关系抽取和实体消歧等技术，进而准确地获取语法单元及其之前的关系。此外Watson还需要使用文本分类和情感分析等技术为问题选择正确的类别，如陈述和疑问等，以供后续步骤使用。在信息检索阶段，Watson基于文本匹配和知识图谱等技术在结构化数据和非结构化数据中进行搜索，找到大量相关的候选项，并根据评分算法打上相应评分。最后根据问题类型，使用对应类型已经训练好的阅读理解抽取式模型对答案进行检索，并依据候选集评分作为重要评价标准，选出最终答案。

1.3 自然语言处理的流派

1.3.1 基于规则的自然语言处理

自然语言处理方法的主要流派类似于哲学中的经验主义和理性主义。基于规则的自然语言处理对应于哲学中的理性主义，而基于统计的自然语言处理则对应于哲学中的经验主义。在哲学领域中，经验主义与理性主义一直是此消彼长，这种矛盾与斗争也出现在自然语言处理领域中。

20世纪40年代末期，由于电子计算机的诞生以及当时对自动翻译的迫切需求，自然语言处理的相关基础研究开始萌芽。自然语言处理的研究在20世纪50年代初期分为了基于规则方法的符号派和基于概率方法的随机派。这两种不同的自然语言处理流派，在随后的数十年间关于孰优孰劣的争执一直没有停息。这一时期受到语料规模以及计算能力的限制，基于理性主义的规则方法暂时占据了上风，出现了具有巨大影响力的乔姆斯基“形式语言”理论体系。1956年，乔姆斯基利用有限状态自动机作为刻画语法的工具，建立了描述自然语言的有限状态模型，用代数和集合的工具将自然语言转化为符号序列，构建了大量有关语法规律的数学规则。此外，在20世纪50年代到80年代中后期，具有代表性的规则方法还有Earley句法分析算法、线图句法分析算法、Tomita句法分析算法和语义网络等。这些基于理性主义的规则方法研究成果为自然语言的自动句法分析乃至认知科学和人工智能等相关学科的发展奠定了良好的理论基础。

1.3.2 基于统计学习的自然语言处理

随着早期自然语言处理研究的深入，人们开始看到以机器翻译为代表的自然语言处理应用中存在的问题在短期内并不能有效解决。基于理性主义的规则方法在面对实际应用场景中的问题时显得力不从心。同一时期，基于经验主义的统计方法开始兴起。20世纪70年代以来，越来越多的学者相信只有基于大量的真实语料才能得到可靠的结果。在这一时期前后，诞生了很多著名的理论和算法，如贝叶斯方法、最大熵算法和支持向量机等。值得一提的是，最初成功应用于语音识别领域的隐马尔可夫模型对统计自然语言处理的发展也起到了重要的作用。最早的统计机器翻译模型中有很多思想都直接或者间接地来自语音识别中的统计模型。语音识别中经典的噪声信道模型能够直接应用于机器翻译、词性标注以及拼音输入法等自然语言处理任务中。

在20世纪80年代后期，人们越来越关注工程化解决问题的方法。这一时期，经验主义方法得到了迅速发展，其中一个重要标志就是基于语料库的统计方法开始发挥重要作用。人们开始在大规模的语料库上开发统计学习方法，并且在真实的语料上客观地评估不同方法的性能。20世纪90年代初期，机器翻译领域出现了具有里程碑意义的基于噪声信道模型（noisy channel model）的统计机器翻译（statistical machine translation）模型。这一模型由IBM公司的研究人员提出，并基于此实现了Candide翻译系统。Candide翻译系统以加拿大议会辩论记录的英法双语语料Hansard作为训练数据，在翻译结果的流畅度上打败了当时著名的商品化机器翻译系统SYSTRAN，轰动一时。这一系统的出现普遍被视为经验主义自然语言处理方法崛起的开始。同一时期，日本学者长尾真也提出了基于实例的机器翻译（example-based machine translation）。这些标志性成果的出现，使统计机器翻译的研究进入了一个高潮。

20世纪90年代中期以后，客观物质条件的进步为统计自然语言处理方法的发展提供了良好的环境。一方面，计算机的运算速度和存储容量大大增加，使得以语料库为核心的统计学习方法得以应用；另一方面，网络技术的发展和普及使得基于自然语言处理的信息检索和信息获取需求变得愈发突出。同时，随着统计学习方法在自然语言处理中的广泛应用，人们也开始关注语料库本身的构建。这一时期甚至出现了以语料库为研究对象的语料库语言学（corpus linguistics）。由于大规模的语料库包含了大量关于语言的知识，基于语料库的统计自然语言处理方法能够更加客观、准确地获得语言规律。语料库语言学的快速发展也反过来推动了统计自然语言处理方法的进步。基于统计学习方法的自然语言处理系统，如词性标注系统、句法分析系统、自动问答系统、信息检索系统等，均取得了一定程度的成功。

虽然基于经验主义和基于理性主义的自然语言处理方法在20世纪80年代存在过激烈冲突，但是当人们从泛泛的争论中冷静下来以后，认识到无论是哪种方法都无法独自解决自然语言处理中存在的所有问题。理性主义和经验主义从对立走向融合，使得自然语言处理理论和技术的发展进入了一个前所未有的黄金时期。

1.3.3　基于深度学习的自然语言处理

尽管基于规则和统计的自然语言处理取得了一定程度的成功，但它也有一定的局限性，需要事先将原始的自然语言输入及其经验性规则转化为机器能够处理的形式，例如向量形式。但这一转化过程（也称为特征提取）需要细致的人工和一定的专业知识才能得到有效的转化结果，用于后续的分类等任务。

自2013年开始，基于深度神经网络的表示学习方法开始兴起。所谓的表示学习，是指机器能根据输入自动发现一种表示，该表示可以用于识别和分类等任务[5]。具体来讲，深度学习模型在结构上通常包含多层的处理层。最底层的处理层接收原始输入然后对其进行抽象处理，其后的每一层都在前一层的抽象结果上进行更深层次的抽象，最后一层的抽象结果即为输入的一个表示。其中的抽象处理，是由模型内部的参数来进行控制，而参数的更新值则是根据数据使用反向传播算法学习得到。由此可以看出，深度学习可以有效地避免基于统计方法中的人工特征提取，自动地发现对于后续任务有效的输入表示。但深度学习自身也严重依赖于数据并需要进行大量的计算。近年来，社交媒体、移动互联网的兴起积累了大量的数据，同时计算能力也有了大幅提升，这使得深度学习的广泛应用成为可能。在语音识别、计算机视觉等领域，深度学习已经取得了目前最好的效果，在自然语言处理领域深度学习也引发了一系列的变革。

深度学习在自然语言处理中的大范围应用始于分布式词向量[6]的出现。词向量是对自然语言中“词”这一基本单位的抽象表示。有了词的抽象表示，才能进一步在其基础上得到句子和文档等更高一级自然语言处理对象的表示。传统的词向量使用一种称为“独热”（one-hot）的表示方法。假设共有n个词，则某个词的独热词向量可以简单表示为一个n维向量，第k维（k是该词在词表中的位置索引）为1，其他维度为0。这种表示方法忽略了词与词之间的联系，同时随着词数量的增加，词向量的维度也越来越大，向量形式趋于稀疏，对语义的表示能力也越来越弱。与之相对的，分布式词向量使用一个固定维度大小（通常远小于独热向量的维度）的向量来表示一个词。具体地，给定一个大规模自然语言数据，首先随机初始化所有分布式词向量，然后根据数据中每一个词（中心词）的词向量去预测它上下文一定距离内的窗口词（该过程也可以替换为使用窗口词预测中心词）。整个过程使用反向传播算法进行训练，训练过程调节词向量使得每一个词更容易预测出其对应的窗口词。这样得到的分布式词向量可以更好地表示词之间的关系，例如“星期二”和“星期三”之间的距离（使用余弦相似度衡量）比“星期二”和“苹果”之间的距离更近。

在传统的上下文无关词向量（如Word2vec、GloVe等）中，每个词只对应一个向量，不能根据语境调整词的表示。以ELMo、GPT、BERT为代表的上下文相关词向量的出现缓解了这个问题，受到学术界和工业界的广泛关注。这类模型的基本思想是在大规模语料上训练无须人工标注的任务，主要是语言模型（language model，LM）。然后再将预训练模型迁移到有监督任务上进行微调，从而充分利用随处可见的无标注自然语言文本。其中，ELMo使用了双向长短期记忆网络（LSTM）作为特征抽取器，训练任务是优化一个双向的语言模型；GPT使用了Transformer代替LSTM作为特征提取器，更好地捕捉较长文本距离的语言结构，并且在使用预训练模型时，只需在新任务上进行微调（finetune）即可达到很好的效果；ELMo和GPT在学习语言表示时，训练任务都是自回归语言模型（autoregressive LM），即只能根据上文（下文）来预测当前词。为了更好地利用上下文信息，BERT提出了一种掩码语言模型任务（masked LM，MLM），相比传统的语言模型预测目标函数，MLM可以同时结合上文和下文信息去预测这些被屏蔽掉的词，是一种自编码语言模型（autoencoder LM），即将有噪声的输入复制到输出。此外，BERT还增加了一个预测下一个句子的任务（next sentence prediction，NSP），从而能让模型学到句子级别的表示；但是由于BERT遮挡掉的标记之间不一定是相互独立的，且在微调阶段看不到MASK标记，所以会带来一定的损失。为了解决这个问题，XLNet提出了一种排列语言模型（permutation LM）的训练任务，即通过采样上下文的一些排列来训练语言模型，使得训练时既能同时编码上下文，又不会引入额外的标记，在一定程度上融合了自编码语言模型和自回归语言模型的优点。

在词表示的基础上，更进一步通过多种神经网络结构，如多层感知机、循环神经网络、递归神经网络以及卷积神经网络等，能够组合出更多粒度的语义表示从而适应不同的自然语言处理任务。

1.4 自然语言处理的挑战

尽管计算语言学理论、统计机器学习、深度学习以及深度强化学习的发展，促进了自然语言处理的研究和应用，但是自然语言处理仍然面临着较多的技术挑战。

一方面，标注数据的不足是所有有监督学习的自然语言处理方法所面临的根本问题，尤其是使用深度学习算法解决简单问题时，如“语言模型”，标注数据数量的增长能够在一定区间内稳定提升算法的性能。然而标注数据的过程是一个劳动密集化的过程，需要大量的人力和财力。尽管近些年出现的众包标注能够一定程度上提升标注速度和数量，但仍然存在众包标注质量参差不齐的问题。因此，如何利用较低的成本来获得大量的“弱标注”数据，用以提升自然语言处理问题的性能，成为解决标注数据不足问题的一个新思路。已有关于“弱标注”数据获取的研究主要集中在“找”和“造”两个方向。其中“找”是指收集与待处理问题的训练样本在形式上一致，且带有相似标注标签的其他训练数据，这种数据的选择要点是同一语义有多种表现形式，其中一种形式的语义歧义性小。而“造”是指构造或制造与待处理问题的训练样本在形式上近似，但标注标签一致的其他数据，补充为当前的训练数据，以提升当前任务的性能。这种数据构造的要点是对收集到的数据进行一定的（简单的）操作，从而形成“伪”训练数据。

另一方面，如何定义和建模常识知识是自然语言处理在研究和应用上的又一个挑战。例如回答：“把装满水的敞口杯子倒置后，会发生什么现象？”这样的常识性问题。常识知识目前并没有完备的定义，因此如何界定常识知识仍然是一个开放的问题，不过已有针对特定类型的常识知识进行的研究。例如，以实体和实体关系为主要元素的实体图谱（目前知识图谱的主要类型），其形式为“<杯子，状态，满水>”“<杯子，形状，敞口>”等三元组的形式。然而，越来越多的学者和工业界专家发现以事件和事件关系为主要元素的事件图谱（或事理图谱），如“<倒置，导致，下落>”，在研究和应用中逐渐显现出其重要性。因此，作为常识知识的子集，知识图谱研究至少包含实体图谱和事件图谱两个方面的研究内容。除了这两类图谱研究本身面临的挑战之外，由于事件之中包含实体，因此如何将它们进行融合及在此基础上的推理也是一项新的挑战。

除了上述两方面的挑战之外，自然语言处理还面临着深度学习方法在自然语言处理任务上的可解释问题、知识工程与统计/深度学习方法的融合问题、不同领域/不同量级的语种资源的迁移学习和处理问题、小数据问题、文本或自然语言的推理问题、对话语（discourse）和语用（pragmatics）的深入研究问题以及融合多模态信息的自然语言处理新方法等问题。

1.5　本书各章节内容概述

本书涵盖自然语言处理领域的基础理论、基础研究、应用技术以及应用系统四部分。各个章节内容概述如下。

第2章现代语言学基础分为4节。第1节简述现代语言学的学科来源与分支发展概况，介绍语言学者对人类语言基本性质的思考。第2节详细说明自然语言系统的层级组织方式、语言系统各级单位的基本范畴划分，以及现代语言学用于描述和解释各个层面语言现象（语音、词汇、句法、语义、语用等）的知识模型。第3节简要探讨语言系统的歧义性和创造性。自然语言的歧义性和创造性，对计算机的自然语言处理构成了巨大挑战。第4节介绍为自然语言处理提供支持的语言知识资源，包括语言知识库和标注语料库两大类型。

第3章形式语言与自动机。首先介绍语言、文法、自动机的基本概念，然后重点介绍用以描述和识别语言词法结构的正则文法和有穷自动机，最后介绍用以描述和识别语言语法结构的上下文无关文法和下推自动机。

第4章机器学习。首先介绍机器学习的基本概念，然后简要介绍本书用到的主要机器学习模型。既包括典型的统计机器学习模型，如支持向量机、条件随机场等，也包括深度神经网络模型，如循环神经网络、卷积神经网络以及自注意力机制等。

第5章文本表示。首先介绍词的表示，重点强调分布式表示的概念及相关理论。接着，利用自然语言的层级性或递归性，从语义组合的角度进一步介绍短语、句子、篇章等更大语言单元的表示学习。

第6章语言模型是描述自然语言概率分布的模型，在自然语言处理研究中占有极其重要的地位。利用语言模型，可以计算一个词序列或一句话的概率，也可以在给定上文条件下对接下来可能出现的词进行预测。同时，语言模型还为自然语言的表示学习提供了天然的自监督优化目标。该章将介绍两种经典的语言模型，分别是n 元语言模型（n-gram model）以及神经网络语言模型。

第7章词法分析，是句法分析、文本分类、语言模型等任务的基础。该章首先以英文为例介绍词形分析问题和分析算法；然后以中文分词为例介绍词的切分问题和分词算法；最后介绍词性分析任务以及分析算法。

第8章句法分析，其主要目标是给定一个句子，分析句子的句法结构信息，最终的目标是将句子表示成一棵树状结构。典型的句法结构表示方法包含两种，短语结构句法表示和依存结构句法表示，它们的不同点在于句法结构所依托的文法规则不一样，该章将对这两种句法表示方法进行介绍，并同时介绍其对应的经典分析算法。

第9章语义分析，其主要目的是将语言所蕴含的意义进行精确地数据抽象进而进行有效的自动计算，该章重点讨论如何通过离散的符号及结构来显性地表征语义，并在此基础上介绍如何自动计算词义及句义。

第10章信息抽取是自然语言处理技术中的一个重要研究方向，其目的是从自然语言文本中抽取出结构化信息，形成表格一样的组织形式。该章将从命名实体识别、关系抽取、事件抽取、实体链接及开放域信息抽取5个方面详细介绍。

第11章篇章分析将自然语言处理技术的研究重心由词句转向为段落篇章。该章重点讨论这种跨越单句范围的文本具有的特点，从整体上分析篇章结构及其构成单元之间的关系，尝试解释由句构段、由段构篇的机理。

第12章情感分析是自然语言处理领域的应用型任务。本章先给出情感分析的定义和基础模型；然后围绕情感分析的两大基础研究任务——情感分类和情感信息抽取展开介绍，重点围绕着具体的实例介绍基于深度学习的相关算法。

第13章文本生成又称之为自然语言生成，是自然语言处理和计算语言学的重要分支。本章围绕着文本摘要和面向数值表格的文本生成两大基础任务，重点介绍了近年来基于深度学习的相关算法，随后对文本生成的评价展开细致的讨论。

第14章问答系统，问答系统接受用户以自然语言形式描述的问题，并从大量的异构数据中通过检索、匹配、推理等步骤获得准确答案。其集知识采集、信息检索、自然语言处理和知识推理技术于一身。该章结合问答系统的发展历史由浅入深地讲述了包括检索式问答、知识库问答、社区问答和阅读理解式问答等多种类型的问答方式。

第15章对话系统，对话系统的目标即在于让机器像人类一样回答问题、与人交互。其涉及自然语言处理领域最核心的语义理解和语言生成问题。当前，对话系统已成为各种自然语言处理技术的集大成者。该章从对话系统面临的两类任务：开放域对话和任务型对话展开，向读者介绍了对话系统基本框架和典型算法。

第16章机器翻译是起源最早、应用最广的自然语言处理技术。其是指利用计算机实现从一种自然语言（源语言）到另外一种自然语言（目标语言）的自动翻译。该章首先介绍机器翻译的历史和基本方法，然后重点介绍基于数据驱动的机器翻译方法。

参考文献

[1] 常宝宝，俞士汶. 语料库技术及其应用[J]. 外语研究，2009，5：43–51.

[2] 宗成庆.《自然语言理解》讲义.

[3] 俞士汶，段慧明，朱学锋，等. 综合型语言知识库的建设与利用[J]. 中文信息学报，2004，18（5）：2–11.

[4] 董振东，董强. 知网[J]. Hownet，1999.

[5] LECUN Y, BENGIO Y, HINTON G. Deep learning[J]. Nature, 2015, 521(7553): 436.

[6] MIKOLOV T, SUTSKEVER I, CHEN K, et al. Distributed representations of words and phrases and their compositionality[C]. NIPS. 2013: 3111–3119.

[7] MNIH V, KAVUKCUOGLU K, SILVER D, et al. Human-level control through deep reinforcement learning[J]. Nature, 2015, 518(7540): 529.

[8] MNIH V, KAVUKCUOGLU K, SILVER D, et al. Playing atari with deep reinforcement learning[C]. NIPS, 2013.

第2章　现代语言学基础

2

诺姆 · 乔姆斯基指出：研究人类的语言，就是探讨所谓“人类的本质”，也就是探讨迄今所知为人类独有的心理属性。

语言，作为人类社会特有的一种现象，在日常生活中如空气和水一样常见。但有关语言的诸多问题，仍然是科学界的未解之谜。例如：语言从何而来？语言跟思维是什么关系？语言能力是独立于人类的认知能力还是人类认知能力的一部分？儿童为何能在很短时间内掌握母语，而大多数成人学习外语却非常困难？等等。

本章分为 4 节：第 1 节简述现代语言学的学科来源与分支发展概况，介绍语言学者对人类语言基本性质的思考；第 2 节详细说明自然语言系统的层级组织方式、语言系统各级单位的基本范畴划分，以及现代语言学用于描述和解释各个层面语言现象（语音、词汇、句法、语义、语用等）的知识模型；第 3 节简要探讨语言系统的歧义性和创造性，自然语言的歧义性和创造性，对计算机的自然语言处理构成了巨大挑战；第 4 节介绍为自然语言处理提供支持的语言知识资源，包括语言知识库和标注语料库两大类型。

2.1　语言学与人类的语言

2.1.1　现代语言学的起源及学科分支

人类把语言作为学问研究的对象，在各个古代文明中均有体现。关于语言的早期研究具有鲜明的实用工具目的，人们关心的是古典文本的释义以及修辞问题。这使得有关语言的学问长期以来仅以其人文性的一面融入各个文明的学术传统。直到大航海时代开启了殖民探险和大范围的人口迁移，使得语言之间的直接接触大量增加。伴随着现代科学思想渗透到人类社会的方方面面，学术界逐渐开始从科学（而非仅仅是人文）的角度来审视语言的群体（而非仅仅是个别的语言），通过对语言形态和基本词汇的对应关系考察，根据相似确立语言间的同源关系，根据差异划分语言谱系树。如同生物学的谱系分类研究那样，人类对语言的认识，才开始步入科学的轨道，不再停留在个体语言的具体表达内容的注释、翻译和修辞润色上，而是迈上了宏观俯瞰的层面，把语言的接触、融合、变异，放在进化史观的时空大格局下加以审视，举起历史比较语言学的旗帜，拉开了科学意义上现代语言学的序幕。

自此之后再到20世纪初叶，以1916年索绪尔的《普通语言学教程》出版为标志，语言学正式开启了结构主义方法论的时代，彻底丢弃了所谓“经学之附庸”的标签，开始走上独立学科的发展道路。跟化学研究物质的结构与化合现象的思想一样，学者们开始全方位地将语言整体视为一个系统，而不仅仅是个别孤立的现象，并对语言成分以及各成分间的关系展开分析，构建科学意义上的语言学理论体系。可以说，

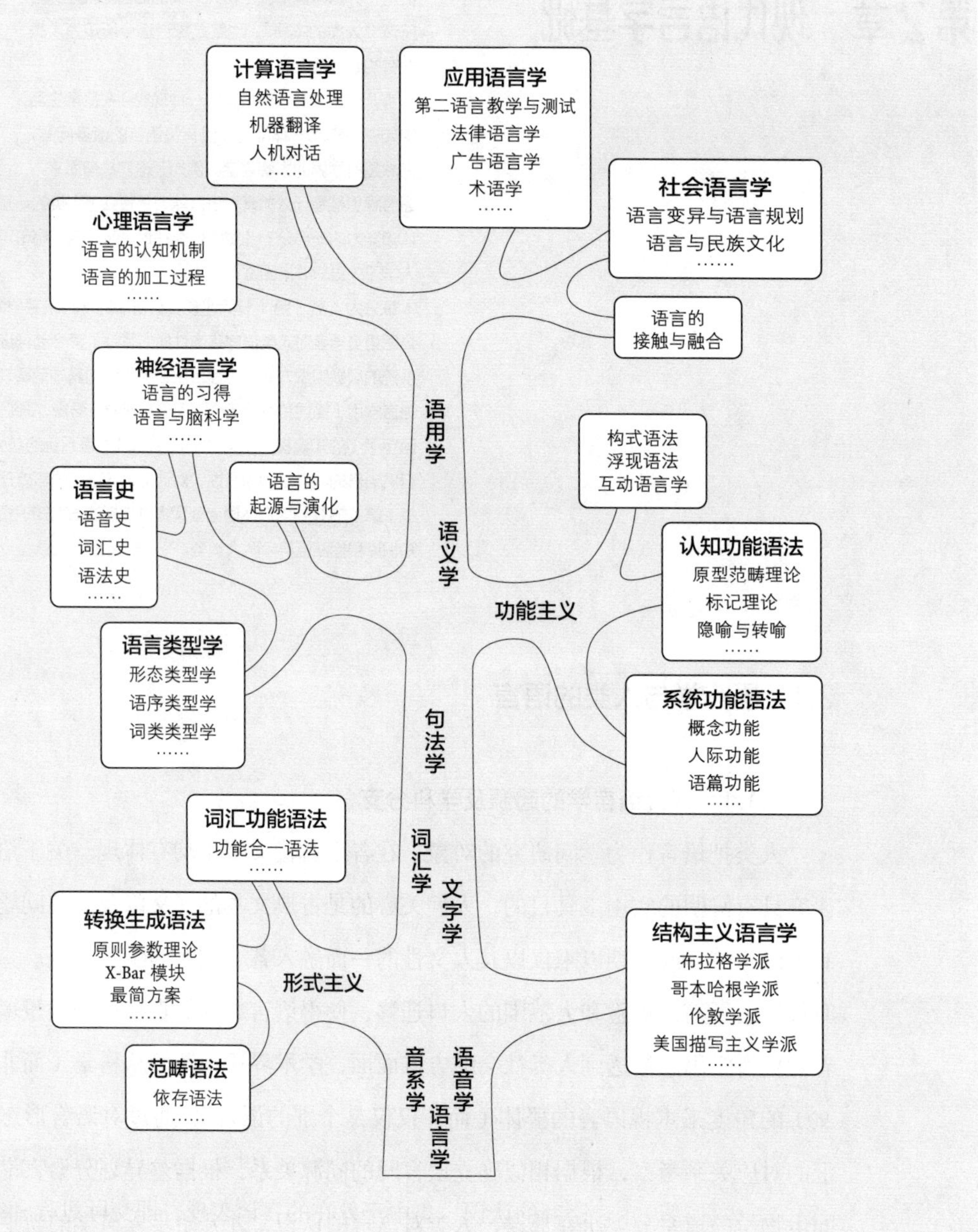

图2.1 现代语言学分支流派简化示意图

整个20世纪，是语言学大发展的100年。这100年间，人类对语言的认识，无论是视角的广度，还是触及的深度，都远远超过历史上的任何时代。语言的里里外外、方方面面，都成为科学研究的对象。语言学者提出了观察充分、描写充分、解释充分的研究目标，从不同角度，用不同的方法，在不同层面上尝试揭开沉睡多年的人类语言的奥秘，渐次发展出如图2.1所示的现代语言学分支和流派。

图2.1所示的语言学生长树图，只是极为粗略地勾勒了现代语言学轮廓。语言学的实际发展状况除了图2.1展示的枝繁叶茂之外，更多的还是细节上的藤蔓错杂、纠

缠不清。不过，其中有一条生长脉络，却因其突出的符号形式科学背景和鲜明的信息技术色彩而格外引人注目，这就是图2.1顶端所展示的计算语言学。站在21世纪的今天回望计算语言学这一脉枝叶的发展历程，来时之路大体清晰：第一阶段，以语言成分的结构关系为切入点，像化学家的工作那样，分析语言系统各级单位的性质（结构主义语言学）；第二阶段，以语言的无限能产性为旨归，像数学家的工作那样，构建形式规则，约束语言单位的组合与变换（以转换生成语法为代表的形式主义语言学）；第三阶段，以帮助机器模拟人的自然语言能力为应用目标，像计算机科学家的工作那样，为计算机提供自然语言处理的理论、模型、算法和数据。

2.1.2 人类语言的符号性与层级性

一般人很容易把语言等同于听到的话或看到的语句和文章。但实际上，后者只是语言的外在表现，而非语言本身。人类认识到这一点的历史并不长。20世纪初现代语言学问世之时，语言学家才开始明确区分“语言”（language）和“言语”（parole）这一对概念，来说明人脑内在的“语言功能”或者说“语言能力”，与社会交际中外在的“言语表现”之间的不同。前者是抽象的无法直接感知的心理或认知模型，后者是具体的可以诉诸听觉或视觉感知的物理实体。这种关系可以用抽象的围棋规则、棋理，与具体的围棋棋局来类比。棋局是可以观察到的游戏表象，而其背后隐藏的围棋规则和胜负之道（棋理），是无法直接观察到的，但有可能根据棋局以及棋手下棋落子的过程去推知。

尽管语言学界区分了“语言”和“言语”，但一方面二者的联系实在太过紧密，在大多数宽泛使用的场合，人们仍然无意识地把二者混为一谈。在思考“语言的性质是什么”这一问题时，人们给出的答案往往是通过观察言语而体会到的性质；另一方面，由于对人脑的了解太少，目前还缺乏比较系统的可靠的对语言生物学基础的深入认识，这也使得现在对语言的认识，集中于外在的言语表现，即交际过程和结果（有声言语及其文字记录）方面，而对大脑如何产生并理解语言，缺乏足够的了解。

广为接受的有关语言的定性概括是从功用的角度描述语言，即语言是人类社会的交际工具。布拉格学派的代表人物，语言学家雅各布森综合前人对语言交际功能的认识，提出了一个语言交际功能六要素的说法，影响广泛[4]。图2.2是六要素的概括示意图。这既是对典型通信系统参与要素的概括，也是对人类语言的外在表现，即语言的不同社会功能比较恰当的划分。按照雅各布森的看法，理解语言作为交际工具的人类交际系统，涉及下面这六个要素，对应六个功能（这里的序号对应图2.2中的标号）。

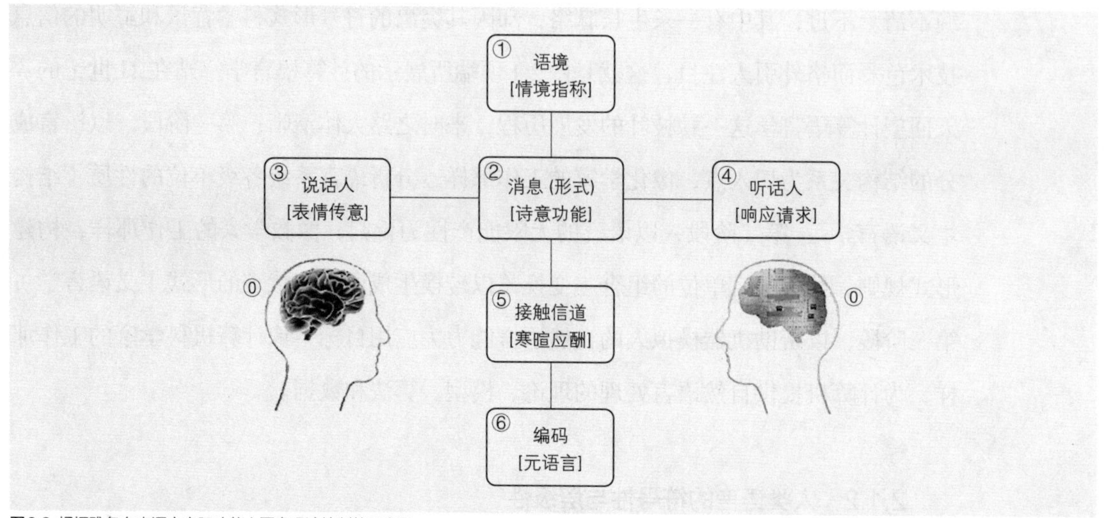

图2.2 根据雅各布森语言交际功能六要素理论绘制的示意图

（1）语境（context）要素：通过指称（referential），将语言符号跟外部世界联系起来，通过描述一个情境（语境或上下文），为交际提供一个背景。

（2）消息（message）要素：通过符号的形式本身，引起诗意的感受。

（3）说话人（speaker/addresser）要素：把说话人掌握的情况、当前的感受和需求，传达出去。

（4）听话人（receiver/addresser）要素：听话人对说话人的信息做出反应，如响应命令，回答疑问等。

（5）接触信道（contact/channel）要素：人与人之间通过寒暄应酬，建立并维护社会关系。

（6）编码（code）要素：人们可以用语言谈论语言，语言可以编码自己，可以看作是自身的元语言。

上述六个要素及其涉及的功能，高度概括了语言在人类社会中所起的作用。图2.2中的说话人和听话人处标记了序号0，暗示人类对语言系统的关注仅触摸到了语言的外在表现，对于大脑深处的语言奥秘，还是所知甚少。

图2.2的语言通信系统模型不仅可以用来描画人类交际的基本面貌，也可以据此观察动物的信息传递情况。关于动物也有语言的说法并不少见，常举的例子包括鸟类（鹦鹉）、蜜蜂、海豚、黑猩猩等。在语言学者早期关于语言起源的讨论中，甚至有人想象“语言诞生于人类的求爱期……最初说出的言语有点儿像屋顶上的猫咪在夜色下吟诵的爱情诗，又有点儿像夜莺唱出旋律优美的爱情之歌”（奥托·叶斯派森《语言的本质、发展和起源》）。这是赋予了动物声音和行为以额外的意义，超出了那些声音和行为本身。正如哲学家罗素所言，“一只狗，无论它叫得多么起劲，却无法告诉你，

它父母虽穷但诚实”。能发出声音，并且能传递信息的动物很多，但是，迄今还没有证据显示，动物以声音或其他行为传递信息的方式，能够跟人类语言的复杂程度相提并论。在图2.2所示的六个要素中，动物的信息传递完全不涉及（1）（2）和（5）（6）。而在（3）（4）两个要素上，动物信息传递表现为“直来直去”的固定信号信息传递模式，例如，动物学家观察到雄蜘蛛会以一套固定的动作向雌蜘蛛传递求爱信息；有一种意大利蜜蜂，可以用三种舞蹈动作：圆形舞、镰形舞、摆尾舞，来表示蜜源距离蜂巢的距离远近差别。这些信息传递方式，要么仅限于一个交际目的，要么是在一个目的下仅有十分有限的取值可选。跟人类语言无限丰富的表达可能性无法同日而语。

除自然有声语言外，人类也发明了一些非自然语言的信息传递系统，如烽火、旗语、交通灯系统、人类的体态、手势语等，人类还将一些跟沟通、表达思想有关系的系统赋予语言的名称，如音乐语言、绘画语言、建筑语言、数学语言、计算机语言等，此外还有诸如“爱是人类共同的语言”这样的修辞性表达，都可以从图2.2所示的交际系统六要素去分析和理解。

上述这样的自然语言交际系统，从何而来？线索之一是从沟通的动机角度溯源。有学者提出了“以手指物及比划示意”对沟通的意义，并仔细分析了人类沟通的三种基本动机：（1）求助（即要别人去做自己想叫他们做的事）；（2）助人（即我要你知道某事，因为该事对你有帮助）；（3）分享（即我要你有某种感觉，这样我们可以一起分享情感/意见/态度）。在进化过程中，从“指物”到“言说”，沟通的这三种基本动机和复杂的现实生存环境交织在一起，通过人类特有的文化进化（而不仅仅是生物进化）途径，推动着人类社会逐渐发展出复杂的语言系统，以有穷符号编码的形式，来实现无穷的沟通意图[8]。

上述对语言系统社会功能的观察当然主要来自那些人们熟悉的自然语言，不过，语言调查表明，无论一种语言是否发展出书面语的形式，已知的人类语言均有图2.2所示的交际要素及其对应功能表现。在探索语言本质属性的努力中，也包括对世界上所有人类语言的不断收集和系统整理。除了带有普查性质的语言记录和保护工作外，语言学家（特别是语言类型学家）以及人类学家出于研究目的，对很多语言做了更为深入的调查和基本事实记录[2]。尽管人类语言表面差异巨大，但多数的现代语言学者相信语言之间的内在共性大于表面的差异。作为典型的复杂自适应系统（complex adaptive system），人类每个族群的自然语言，都是在历史文化的进程中，由大量个体或积极或被动地相互竞争与合作，在没有一个权威做统一规划的情况下，通过无数的彼此相互作用和相互适应形成的整体上相对有序的系统。现代语言学理论的主要目标是寻找普遍语法（universal grammar），即用统一的原则来描写所有人类语言的性质，包括不同语言的共性和个性两个方面。对此的研究和探讨仍然有很长的路要走，因为语言是人脑的产物，对语言本性的了解，最终必然涉及人脑奥秘的揭示。这或许意味着，要说清楚人类全部语言的共性细节，仅靠观察言语表现，很难完全实现这一目标。不过，在过去100年现代语言学的发展中，已逐步形成了一套相对统一的，可以大体适用于不同的具体语言，用来描写和分析语言事实，解释语言现象的理论框架。而之所以能达成这一点，根本原因在于，人类语言都是声音（形式）与意义（内容）相结合的符号系统。在符号性、层级性、结构性、组合性与聚合性等基础层面，人类语言具有广泛的系统共性。

人类语言系统的符号性表现为3个基本特点。

（1）语言系统的**符号是形式和意义的对应结合体**，在语言学术语中，通常把符号的形式称为“**能指**”（signifier），符号的意义称为“**所指**”（signified）。例如，英语中“eye[aɪ]”代表了符号形式（书写形式和语音形式），其所指则是“眼睛”这一事物。

（2）**符号能指与所指之间的对应关系是约定的，任意的**，并非自然联系。在英语中[aɪ]代表的声音对应着eye（“眼睛”）这一事物，而在汉语系统中，[aɪ]这个声音代表的则是“爱”（love）这个行为概念。用什么样的声音代表什么事物或者行为，在不同语言中，完全是任意约定的。在一种语言系统中，一个声音（能指）与其所对应的意义（所指）的关系一旦约定，被社会认可，则这种约定关系在一定时间内将相对稳定，不能任意取消或改变。而随着使用的增多，在使用过程中，个别符号的形式——意义对应的约定关系，也可以改变。因此，语言符号系统在保持整体相对稳定的同时，又处在个体不断变化重新组织的动态中，可以说是一种宏观形态的稳定与微观形态的变化动态平衡的状态。

（3）能指（形式）和所指（意义）配对的**基本符号单位可以进一步分解为无意义的基本语音单位**。人类语言符号系统实际上是一个两层架构。形式和意义配对的基本符号层之上，人类可以将基本符号单位组合起来表达无穷的意思，在形式和意义配对的基本符号层之下，还有一个纯物理信号的声音记号层。语言系统从无意义的基本语音单位的排列组合开始，形成了有意义的语言符号，再进一步组合繁衍出无穷无尽的语义。

现代语言学在仔细观察和深入分析自然语言的这种层级组织方式的基础上，逐

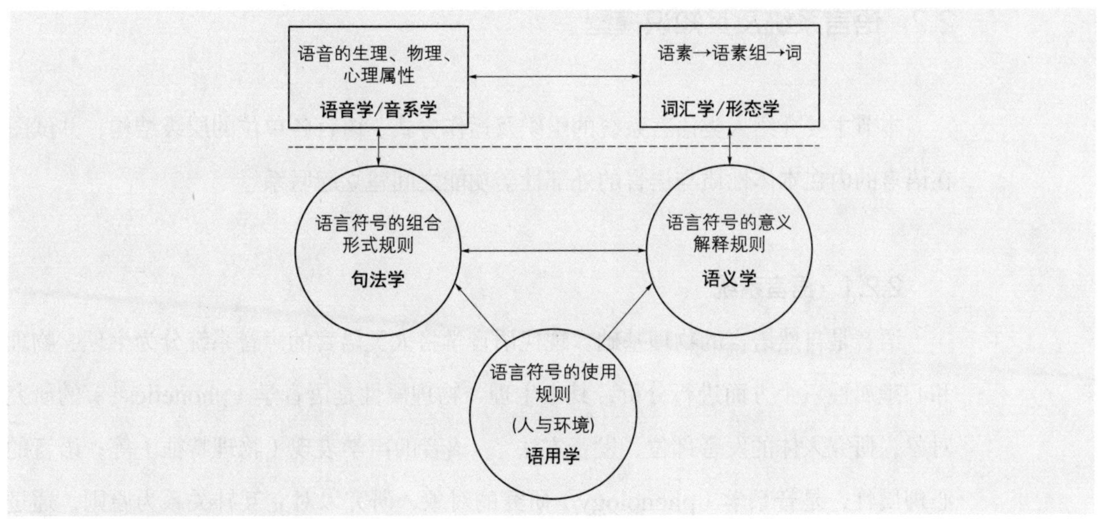

图2.3 语言学本体研究的五大核心模块

渐形成了语言学的5个核心学科，即图2.1语言学分支树的主干部分[①]：（1）语音学/音系学，研究语音的生理、物理（声学）和社会心理属性；（2）词汇学/形态学，研究语言系统的基本意义单位语素和词的构造模式、产生机制、形态和意义变化；（3）句法学，研究语言符号的形式组合模式和约束条件；（4）语义学，研究语言符号的语义解释模式和约束条件；（5）语用学，在真实的语言使用场景下，研究人的表达意图和语言形式以及信息传递方式之间的关系。这5个方面既相对独立，又相互紧密联系，共同构成了人类语言知识系统的总体框架，如图2.3所示。

从语言系统的分层机制来说，语音学/音系学不涉及符号的意义，只涉及语音符号的形式区别，是相对独立的一层；其他的词汇、句法、语义、语用，研究的核心都是各级语言符号单位的形式和意义的对应关系问题。而从所研究单位的数量角度来说，语音学和音系学研究的对象是数量有限（绝对数量也不多）的语音符号。词汇学和形态学的研究对象是数量相对有限（但绝对数量较为庞大）的语素和词汇符号。图2.3将语音学/音系学和词汇学/形态学跟其他三个模块句法学、语义学和语用学用虚线隔开，意指虚线上面两个模块的分析对象是数量上相对封闭的语言单位，其组合模式也相对有限；虚线下面三个模块则涉及语言的全部，是开放的无限的语言单位。

现代语言学的主要目标就是揭示语言系统各个层面的有限规则，充分描写并充分解释从语音到词汇到句法到语义到语用的各个层级上的语言现象，来实现“语言是有限规则的无限应用”这一语言哲学信条。

---

① 图2.1的树中还列出了文字学，不过，文字学主要是针对象形文字系统的研究。对拼音文字系统而言，文字学缺乏普遍性。

2.2 语言系统及其知识模型

本节主要介绍人类语言系统的组织及运作方式、语言各单位的层级结构，并试图在语言的内在本体性质与语言的外部社会功能之间建立起联系。

2.2.1 语音系统

语音是自然语言的物理基础。现代语音学将人类语言的声音系统分为生理、物理和心理属性三个方面进行分析，其中生理、物理属性是语音学（phonetics[①]）的研究对象，研究人体的发音部位、发音方法[②]、语音的声学表现（物理特征）等；语音的心理属性，是音系学（phonology）研究的对象，研究以对立互补关系为原则，通过建立语音的区别特征体系，来确定语言的基本音位单位，归纳音位组合模式和分布条件，即音节规则。在以上针对语音基本静态单位的系统分析基础上，还要进一步讨论音节在实际语音流中的动态语流音变现象。

语音跟其他声音一样，在声学中都以声波来表示。声波可以用周期、频率、振幅等物理量加以描述。具体到语音，通常对应到4个语音声学要素：**音高**、**音强**、**音长**、**音质**。其中音高的差异是声波频率不同造成的，语音中声调的不同主要就由音高决定。音强取决于声波的振幅，表现为声音的强弱，可以帮助形成语音中轻重音的差异。音长是语音持续时间的长短，可以形成语音中长音和短音的对立。音质也叫音色，是语音最重要的物理要素，大部分语音的不同，主要是音质的不同。音质（音色）由振动体、振动方式、共鸣腔形状等多个因素综合决定。通常人们能区分不同人的声音，就是因为人的发音器官（比如声带、口腔）的生理特征有差异，造成音色不同。同一个人发不同的音（比如“雨”和“衣”），因为发音器官和发音方式不同，改变了自身共鸣腔的形状，造成声音不同。

人类语言有两个最基本的语音类：**元音**（vowel）和**辅音**（consonant）。发元音时气流通过声腔没有遇到阻碍，因此可以独立且持续地发出元音（如a），使得元音听起来清晰响亮；发辅音时气流会在声腔的某个位置遇到不同程度的阻碍，因此辅音很难持续，听感上也远不如元音清晰响亮。元音和辅音统称为**音素**（phone），是听感上人能感知的最小语音片段（因此也用segment这个术语）。音素是从物理层面对语音单位的描述。从声学角度看，语音之间的差异可能很大，但从心理角度，人

---

① 在英语术语中也经常宽泛地使用speech来表示语音学。

② 完整的语音生理系统除了发音功能当然还要有听音感知功能，涉及听音器官人耳的构造、听辨工作机制等。限于篇幅，这里从略。

们却不会关注所有的差异，人的语音处理系统有一套机制，可以删繁就简，只保留那些值得注意的差异。换言之，人对客观声音的感知，可以是“很主观”的。例如北京话中，“榴莲”（liúlián）和“牛年”（niúnián）的发音差异“明显”，但在武汉话中，这两个词当地人要么发成“榴莲”，要么是“牛年”，当地人音感上没有区别。可见，在心理层面，人对物理的音素进行了重新分类处理，这就形成了心理上的**音位**（phoneme）概念。音位是一个语音系统中有区分意义作用的最小语音单位。两个物理上属于不同音质的音素，如果在语音系统中不承担区别的作用，就被看作是同一个音位，例如在武汉话中，l和n就合并为同一音位（可以任选其中一个符号作为该音位的记号）。而在北京话中，l和n就是两个不同的音位，可以区分像“牛累了”和“流泪了”、“梨水”和“泥水”这样的语词，在北京话的记音系统中就必须用不同的符号来区别。

不难看出，谈论音素时，可以跨语言（方言）或者说不依赖一种具体语言，但在谈论音位时，则必须依赖一种具体的语言（方言）才行。音位是从语音心理系统的角度对音素的划分和认定。

在分析具体语音系统的音位过程中，很自然地，学界对于语音之间的区别有了更深入的认识，逐渐发展出一套用**区别特征**来定义音位的办法。比如“瀑布”（pùbù）中，“瀑”和“布”两个音的区别是辅音声母p和b的区别，而这两个音的特征分别是[+双唇，+闭塞，+清音，+送气]和[+双唇，+闭塞，+清音，–送气]。通过这种描写方式，两个音的共同点和差异就很清楚了。p和b在发音部位（双唇位置形成阻塞）上是一样的，发音方法上，都是闭塞音（爆破音）和清音（声带不振动），只有送气和不送气这一点构成对立。通过将音位还原成更小的区别特征来定义的方法，不仅可以更精细地描写和比较一个语音系统内部不同音位间的关系，还可以跨语言地比较不同语音系统的特点。这种方法不仅在音系学研究中受到重视，还推广到了词汇、句法、语义学的研究中。

音位分析的主要目的是得到一个语音系统的基本单位，在此基础上，归纳音位组合为**音节**的模式。音节是人能够自然感知到的最小语音片段。以汉语来说，人听到一句话经常会说这句话中包含几个字，从语音学来讲，一个字就是汉语的一个音节（字内部的语音片段很难自然感知到，需经仔细对比分析才能察觉）。对音节的感知是跟语音系统紧密相关的。跨语言（方言）的比较很容易体会到这一点。英国球员David Backham的名字在普通话中译为大卫·贝克汉姆，在广东话中则是大卫·碧咸。在普通话语音系统中，因为没有闭塞音结尾的音节，因此Back对应为“贝克”两个音节，ham对应为“汉姆”两个音节，而在粤语中，因为有塞音结尾的入声，可以将

Back对应为“碧”一个音节，ham对应为“咸”一个音节。可见，对音节的感知，是强烈依赖具体的语音系统的。

在一个语音系统内部，对音节的界限则可以从发音和听觉两方面来感知。例如，普通话中“d–a–i”这三个音素连读，可能是“大–衣”两个音节，也可能是“带”一个音节。从发音来说，前者会有两次肌肉紧张，后者只有一次；从听感来说，前者有一个响度起伏，分隔了两个音节，后者没有响度起伏，只有一个音节。

在实际的语音流中，音节受到前后环境的影响，实际读音跟作为独立单音节时的发音相比，可能发生变异，这就是语流中的共时**语流音变**。语流音变的类型很多，包括同化、异化、弱化、合音、增音、减音、脱漏、转换等。英语中常见的going to说成gonna，want to说成wanna，got to说成gotta，都是很典型的合音的例子。汉语中也存在很多语流音变的情况，北京话中“这一”说成zhei，“那一”说成“nei”也都是合音的例子。此外，北京话中如果两个上声调音节连读，前一个音节听起来会变成像是阳平调，例如“想买”的“想”，听起来像是“祥”。如果一个上声调音节和另一个非上声调音节连读，则前面这个上声调音节听起来只念了一半，用音调五度标调法[①]记录的话，就是[214]调，如“买书”的“买”。

从语言学科内部来讲，语音系统相对独立于语言系统的其他部分。但在现实中，语音跟语言中的其他模块都会发生联系：词层面有轻重音；语法层面，也有通过超音质特征来区分语法意义的诸多现象。例如，（1）**停顿**可以区分不同的语法结构：“牛奶饼干”没有停顿时是修饰性结构（牛奶味的饼干），有停顿时是并列结构（牛奶和饼干）；（2）**重音**也可以区分不同的结构：“讲得清楚”，重音若在“讲”上，是表达可能情态，相当于“能讲清楚”；重音若在“清楚”上，是表达对结果状态的评价，相当于“讲的条理很清楚”；（3）**语调**可以区分疑问、感叹和陈述等不同句类，在传递信息时实现不同的交际功能。

2.2.2 词汇系统

从语音系统到词汇系统，是一个巨大的飞跃——符号的意义登场了。音节（形式）绑定了意义（内容）之后，就从语音系统跃升而成为词汇系统中的单位。比照语音系统中的最小单位音素，词汇系统的最小单位称为**语素或词素**（morpheme）。语素一般定义为：最小的音义结合体。**词**由语素构成。词一般定义为：最小的能独立使用的音义结合体。不同于语素，词的内涵中增加了一项特征约束“能独立使用”。词可

---

① 普通话四个声调的五度标调法分别是：阴平[55]，阳平[35]，上升[214]，去声[51]。如：妈[ma55]，麻[ma35]，马[ma214]，骂[ma51]。

以由一个语素构成，如“人”，既是一个语素，也是一个词；也可以由两个或多个语素构成，如“人群”，包含“人”和“群”两个语素；“人民币”包含“人、民、币”三个语素[①]。词汇学的研究任务就是分析词与语素的形式和意义关系、词与词之间的意义联系（如同义、反义、上下位关系）等。本节仅讨论词的内部构造模式，有关词义以及词义之间的联系，在2.2.4节“语义系统”中再谈。

为了便于说明词的构造，即**构词法**[②]，需要先简要分析一下语素的类型。根据构词时的功能和地位差异，语素可以分为**词根**、**词缀**、**词尾**。词根语素有独立的实在意义，往往是决定一个词词义的主要因素，通常参与构词时的位置不固定，可前可后如“人、民”等就是词根语素。词缀是黏着语素，没有独立的实在意义，但可以辅助表义，例如，英语中的“un–、in–”等前缀（prefix），可表示否定义；英语中的“–er”，汉语中的“–者”等后缀（suffix），都可以标记指人范畴[③]。词尾（inflection）跟后缀的性质类似，也是黏着语素，不过词尾比后缀更抽象，一般表示语法意义。例如，英语中的–s附着在名词后表复数，–ed附着在动词后表示过去时等。汉语中“桌子、椅子、刀子、胖子”中的“子”尾，标记了这些词均为名词，性质接近词尾。不过，汉语没有成系统的词尾语素，词尾跟后缀没有明显的区别。

在语素类型划分的基础上，可以把词分为**单纯词**和**合成词**两大类。单纯词就是仅由一个语素构成的词，合成词则是由两个以上语素构成的词。以汉语为例，单纯词和合成词下面还可以划分出不同的小类，如表2.1所示。合成词中的复合词是由两个或两个以上的词根组合而成，词根之间的关系比较多样，因而复合词的小类较多。各构词类型的含义，可以通过表2.1中的示例体会，如“并列式”中“声音”的两个词根语素“声”和“音”是近义语素，二者并列组合为词；“复量式”是一种特殊的并列复合词，其中两个词根语素都是可以单用作量词的，如“场”和“次”单独都可用作量词，组合在一起构成复合量词，因而称为“复量式合成词”；“名量式”中“纸张”的两个词根语素“纸”为名词性语素，“张”为量词性语素，组合在一起构成“名+量”型复合词。限于篇幅，这里不再详述。一个语言中的日常用词相对稳定有限，表

---

① 注意，从语言学理论上讲，“人群”和“人民币”中的“人”身份是语素，而不是词。从逻辑自洽的角度说，词包含语素，但词不能包含词。词跟语素的定义很接近，区别在于能否独立使用。但是，能否独立使用是相对的，没有清晰的界定标准。这样的定义在操作层面不易把握。好在理论表述上，不难做到自洽。因为一个语言单位可以被同时赋予词和语素双重身份，当它自由时，它是词；当它不自由时，它是语素。反之亦然。

② 构词法在英语术语中对应的有两个不同的名称，一个是morphology，通常译为形态学，因为英语的构词跟形态语素关系密切，研究词的形态变化，除研究形态语素的语法意义外，同时也就是在研究构词。另一个是word formation，这个对应回汉语，有两种说法，一个是构词法，另一个是造词法。前者侧重分析词的内部构造模式，后者侧重分析新词如何产生。

③ 有的语言中有居于单词内部的词缀，即中缀（infix）。常见于南岛语系和南亚语系。例如，他加禄语（Tagalog）中的中缀–um-插入到动词takbo（跑，run）中，形成的tumakbo，就表示“跑了”（相当于英语run的ran形式，即简单过去式）。不过关于中缀是否需要独立成为一个语素范畴，语言学界存在争议。

2.2对汉语中6万多普通词汇，按照表2.1所示的构词类型进行了统计，可以据此大致了解汉语词汇系统中不同构词类型所占比例情况。

表2.1 汉语构词类型表

大类	中类	小类	示例
单纯词		1. 单音节单纯词	山 水 花 鸟 虫 鱼 的
	联绵词	2. 双声联绵词	琉璃 淋漓 吩咐 秋千 恍惚
		3. 叠韵联绵词	玫瑰 从容 腼腆 唠叨 徘徊
		4. 其他联绵词	蝙蝠 妯娌 狼狈 犹豫 玻璃
		5. 译音词	沙发 拷贝 摩托 巧克力 乌托邦
		6. 叠音词	猩猩 太太 姥姥 皑皑 悄悄
		7. 拟音词	扑通 哗啦 噼啪 乒乓 哎呀
合成词	复合	8. 并列式	声音 孤独 头绪 根本 制造
		9. 复量式	场次 架次 批次 篇部 部集
		10. 名量式	纸张 车辆 花朵 船只 枪支
		11. 数量式	一些 一丝 一线 一番 一点儿
		12. 方所式	野外 眼下 眼前 身上 天底下
		13. 定中式	草帽 货车 红旗 摇篮 试卷
		14. 状中式	飞快 重视 小看 雪白 肤浅
		15. 支配式	关心 留意 惊人 抱怨 怀疑
		16. 介宾式	从小 从前 从此 以后 沿途
		17. 连动式	查封 抽调 借用 逼供 劝降
		18. 补充式	改善 纠正 冻僵 证明 推翻
		19. 陈述式	性急 手软 肉麻 心疼 胆怯
	重叠	20. AA式重叠词	偏偏 常常 万万 舅舅 久久
		21. AABB式重叠词	骂骂咧咧 婆婆妈妈 形形色色
	附加	22. 后缀附加	桌子 椅子 胖乎乎 黏糊糊
		23. 前缀附加	老虎 老鼠 老师 阿姨 阿婆

表2.2 汉语构词类型比例统计表

序号	构词结构	总计	占比	序号	构词结构	总计	占比
1	定中式	26 377	40.41%	6	单纯词	2 344	3.59%
2	并列式	13 552	20.76%	7	连动式	2 112	3.24%
3	支配式	9 282	14.22%	8	陈述式	1 441	2.21%
4	状中式	4 816	7.38%	9	补充式	1 028	1.57%
5	后缀附加	2 732	4.19%	10	前缀附加	719	1.10%

续表

序号	构词结构	总计	占比	序号	构词结构	总计	占比
11	重叠词	312	0.48%	15	数量式	71	0.11%
12	方所式	218	0.33%	16	复量式	23	0.04%
13	介宾式	164	0.25%		合计	65 274	100.00%
14	名量式	83	0.13%				

（统计数据来源：北京大学计算语言学研究所《中文概念词典》构词模式标注，2016年）

表2.2的统计显示，汉语中大多数词都是合成词，合成词中又以**复合词**为主。汉语复合词的结构关系，跟词组组合时的结构关系基本一致。可以说，汉语基本上采用了同一套组合模式来处理复合词的构造和词组的构造（参见2.2.3节图2.3展示的汉语部分词组结构关系类型）。也正是这个原因，从单位划界角度来说，汉语中词跟词组的界限有一定的模糊性。例如，“开心”跟“开车”是不同性质的语言单位。尽管二者从语素序列上看很相似，但“开心”是词，“开车”是词组。因为前者两个语素结合更紧密，中间难以插入其他成分，更应视作一个整体；后者两个语素相对独立，“开”和“车”之间可以插入别的成分（如“开我的车、开了半天车”等），因此“开”和“车”应视为词，“开车”即为词组。再例如，“忘记”既可以是词，也可以是词组。当“忘记”作为词使用时，其中的语素“记”对整个词义不起任何作用，忘记=忘；当“忘记”作为词组使用时，“忘”和“记”都有表义功能，相当于说“忘记记录（了）”。

现代汉语以双音节词汇为主（在常用词汇中占比四分之三），但也有越来越多的三音节甚至四音节以上的词汇。这就涉及词的内部构造层次问题。多音节复合词的内部构造层次跟词组的构造方式基本一致（有关词组层次构造的分析，参见2.2.3节）。图2.4所示是几个示例。

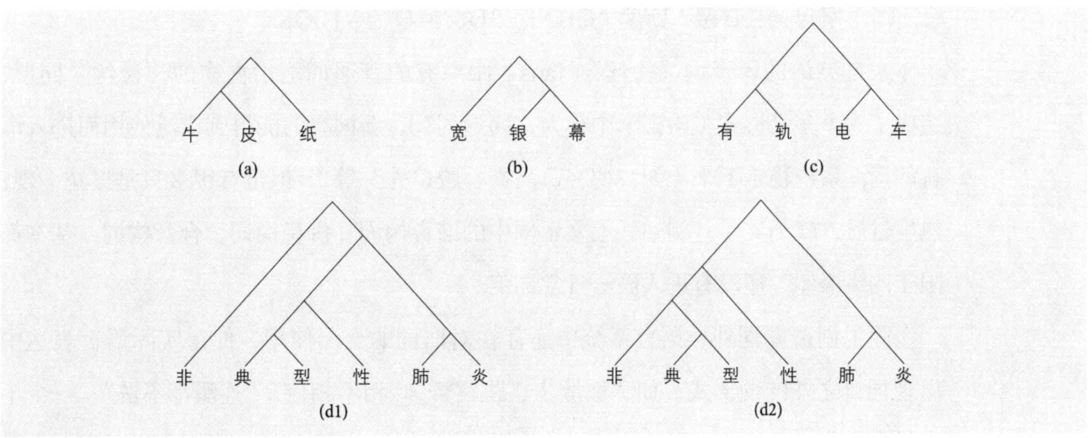

图2.4 汉语复合词内部层次构造示例

“非典型性肺炎”这个复合词按照图2.4中d1的层次切分是错的，按照d2是对的。d1中“非”跟“肺炎”发生直接的意义联系，跟复合词整体词义不符。d2中“非”跟“典型”发生直接的意义联系，跟复合词整体词义相符。

从根本上讲，研究一个语言单位，是希望从形式推知意义。就词而言，就是要从语素的意义，能推知词的整体意义。但语言符号形义结合的任意性（约定俗成）特点，从语素开始，到词这一级，仍然延续。从语素的意义到词的意义，有的有明显的联系，有的则看不出联系。例如，“观看”跟“观”和“看”的意思都比较接近，而“漂亮”跟“漂”和“亮”分别有什么关系？“东西”跟“东”和“西”分别又有什么关系？就很不清楚。研究汉语的构词法，主要作用在尽可能全面地描写词的构造模式，而对于词义的解释和预测性相对较弱。

下面再以汉语为例简要介绍创造新词的一些手段，即所谓的**造词法**。

（1）仿词：一般是仿照已有词语的结构，保留词语中的一些成分，替换另一些成分造出的临时词。例如：“一个阔人说要读经，嗡的一阵一群**狭人**也说要读经。岂但‘读’而已矣哉，据说还可以‘救国’哩。”（鲁迅《这个与那个》）

（2）缩略：一些较长的表达形式，因其比较常用，可以通过不同方式缩略为较短的形式，从而造出新词。例如：非典型性肺炎，缩略为“非典”；北京大学，缩略为“北大”；北京大学第三医院，缩略为“北医三院”；高端、大气、上档次，缩略为“高大上”。汉语中还有一类自古以来能产性就很强的，由数词开头缩合成词的缩略词模式，如古代就有的“五官、五谷”，现代的“四化、八荣八耻”等。

（3）谐音：童鞋（同学）、妹纸（妹子）、杯具（悲剧）、灰常（非常）。

（4）合音：酱紫（这样子）、表（不要）。

（5）拼音：哥屋恩（滚）、吃屋恩（蠢）。

（6）译音：幽默、逻辑，粉丝、锅庄、唐卡。

（7）字母词：B超，U盘、GB码、3D、阿Q、卡拉OK。

来自英语的译音词“粉丝”（fans）跟原有的普通词汇指食物的“粉丝”同形，造成了一个多义形式（语言学中称为“同形词”）。新词有的能得到广泛使用而进入语言的词汇系统稳定下来（如“博客、高铁、脱口秀”等），但也有很多只是昙花一现，热度过后，就消失了。例如，上文示例中的谐音构词、拼音构词、合音构词，基本都限于网络语体，还没有进入汉语日常词汇。

除了创造新词外，语言系统中还存在对旧词的变形使用，使得实际语言表达中出现词典之外的词形式，如“散散步、跳跳舞”“相不相信”“连**澡**都不**洗**”“一个丫头的命，却成天**操**着主子的**心**。”“这个**默**可不是谁都能**幽**的，官老爷能**幽**的**默**，老百姓不见得能幽。”“这傲相当骄。我看到这个说法的时候震了一惊。”等。其中“散步、跳舞、相信、洗澡、操心、幽默、骄傲、震惊”等词语，或者词中语素同形重复，或者两个语素被其他成分隔开，或者改变语素原来顺序后再被其他成分隔开，都是临时把语素升级为词，以词的身份参与组合。这跟上文提到的汉语中词跟词组界限比较模糊的情况类似，词跟语素的界限也有一定的模糊性。

词汇学研究中还非常关注从语言的历史发展角度观察“新词”的产生。语法化的研究者相信“今日之词法，皆为昨日之句法”。即今天的词，可能在过去是一个词组（语法结构）。这里仅举一例说明。汉语中“一律”这个词，现在是副词，表示“相同、无例外”的意思。但在汉语史上，“一律”早先是一个“数词+名词”的词组，其中“律”的原义是“法则、律条”（这个意思现在仍用于“法律”这个词中），“一律”就是“同一法则”的意思。后来在使用中发生句法分布位置的变化，逐渐由谓语位置，前移到状语位置，至南宋时发展出副词的用法和词义，到明清已经固定下来。

例2.1 （1）其以为音也，**一律**而生五音，十二律而为六十音。（西汉《淮南子》）

（2）今有司以为予告得归，赐告不得，是**一律**两科，失省刑之意。（《汉书·冯奉世附传》）

（3）侗者，同也，於物同然**一律**，無所識別之謂。（南宋《朱子语类》）

（4）或流于申韩，或归于黄老，或有体而无用，或有用而无体，不可**一律**观。（南宋《朱子语类》）

（5）今之人传得法时，便授与人，更不问他人肥与瘠，怯与壮。但是**一律**教他，未有不败、不成病痛者。（南宋《朱子语类》）

（6）商功父赋性慷慨，将着贾家之物作为己财，**一律**挥霍。（明《二刻拍案惊奇》）

（7）吩咐家丁，凡来道喜的，都**一律**挡驾。（清《二十年目睹之怪现状》）

例2.1中，（1）—（3）“一律”都是“数词+名词”词组，（1）中指音律，（2）中指法律，都是“一律”的本义；（3）中“一律”的语义引申为抽象的“相同”义。（4）—（7）中，“相同、无例外”这个引申义逐渐固定下来，并且语法位置常居动词前，成为状语性成分，凝固为双音节副词。

2.2.3 句法系统

理想的句法系统有两个作用：① 检查什么样的词序列是合法的句子，什么样的词序列是不合法的；② 对于合法的词序列，分析句子中各个词之间的关系，建构句子的内部结构，为理解句子的语义做准备。这是从理解句子的角度对句法系统的描述。如果从生成句子的角度看，说话人的大脑基于跟理解时所用相同的句法系统，对表义所需的词语进行正确排序，输出合法且能恰当表达意思的句子。

例2.2　（1）她 从 东京 来 。
（2）她 从 来 东京 。
（3）她 从 来 东京 到 现在 就 没 笑 过 。

例2.2中，（1）和（2）的词语是相同的，不过词的顺序不同。（1）是汉语中能说的句子，（2）不成立。句法系统要对（1）和（2）做出区分。（3）说明，句法系统不能仅仅从表层线性序列的角度对（2）的不合语法性做出判断，因为（3）的前4个词正是跟（2）完全相同的词序列。显然，后续词语的出现，可以使得（3）成为汉语中合法的句子。

词与词组合成**词组**，也称为**短语**（phrase），短语可以再跟短语组合成更大的短语，即可以嵌套。如果同类型的短语自我嵌套，就形成递归（recursive）结构。例如，“阿伦的同党的邻居的亲戚的孩子”，就是一个由多项名词组合的递归结构，名词组自我嵌套，从小的名词组形成大的名词组。尽管一般情况下句子长度有限，但人们普遍有一种语感，即无论多长的句子，还可以再在其上添加新的词语，使其增长。一方面，全体句子的数量似乎是无限多的，另一方面，一个句子的理论长度似乎也可以是无限长的。

为了刻画句子的这种嵌套、递归的组合特点，现代语言学普遍采用短语树的形式来表示句子的句法结构。图2.5所示是例2.2（1）的句法结构树的表示。在例2.2（1）的四个词中，第一个词“她”并不直接跟其后的“从”发生组合关系，而是后面三个词组成“从东京来”之后，才跟“她”组合成最终的整句“她从东京来”。树结构可以准确表达词语组合的先后顺序。

树是一种递归结构，树节点的子节点在语言学上一般称为“**直接成分**”（immediate constituent），从根节点S开始，每个直接成分都可以再分解为更多的直接成分，直到不能分解（即词）为止。

图2.5所示的树结构中每个节点要么是一个直接成分，要么是两个直接成分，这

体现了语言学分析句法结构时倡导的二分原则，即对于一个可分的语言单位，在分解其直接成分时，应尽可能一分为二。从句法系统的整体来看，以二分法得到直接成分，有两个优点。① 可以更好地反映词语组合的先后顺序差异。如果图2.5的树结构表示为S下面直接包括4个子节点，即对应句中的4个词，那就跟表层线性词序没有任何区别了，无法说明“从”是先跟“东京”组合而不是先跟“她”组合。② 可以使得直接成分在整个句法系统中的重用可能性最大化。在叶子节点相同的情况下，二分支结构的层数多于多分支结构，以二分方式划分得到的直接成分独立性更强（或者说依赖性更弱），更易于重用。

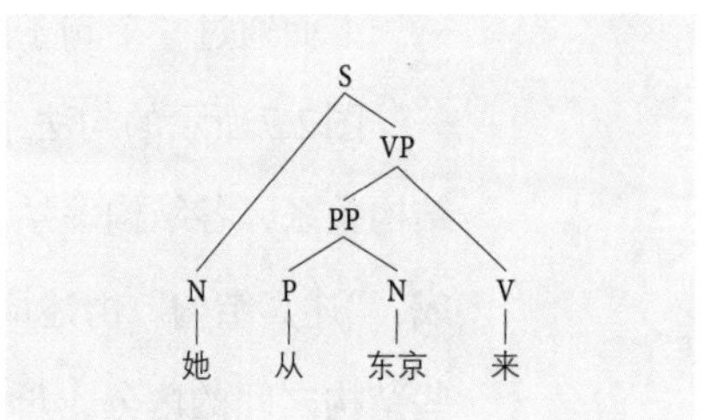

图2.5 句子结构树

图2.6所示是一棵不完整树，缺少根节点（以*表示），对应着例2.2（2）。通过图2.6和图2.5的差异，可以反映例2.2（2）和例2.2（1）的差异，即凡能表示为树结构的词序列是合语法的，凡不能表示为树结构的词序列是不合语法的。

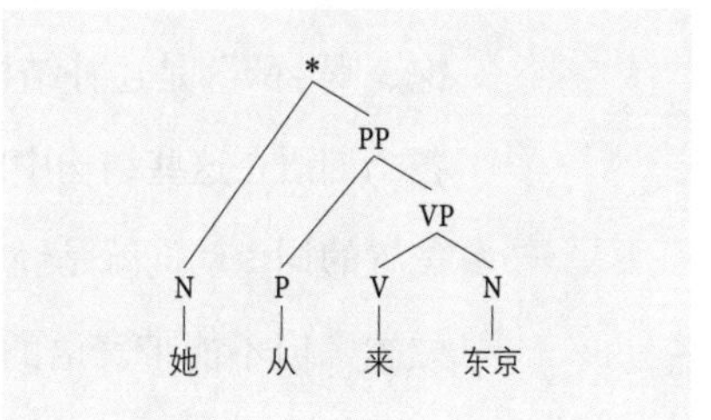

图2.6 不完整结构

要判断词组之间能否组合形成树结构，就涉及树节点的范畴划分问题。图2.6中PP代表介词性词组，在汉语的句法结构中，PP是向右组合（即前置型词组[①]），很少能向左组合，因此无法跟左边的“她”形成更大的单位。要构建一个语言的句法系统，理论上就需要对全部词语的组合可能性进行分析，归纳像PP这样的短语范畴，理清楚哪些范畴可以组合，哪些范畴不能组合。如果可以组合，以什么样的结构关系组合。

图2.5所示的层级树结构是语言系统普遍存在的结构形式。词的内部结构、语音系统中音节的内部结构，也都能采用树结构来表示。跟词汇系统和语音系统单位的树结构相比，句法系统中句法树的嵌套层级可以多得多，理论上达到无限，而词和音节的树结构只有很有限的嵌套。另外，句法组合模式的数量庞大，更需要在树节点上标记范畴以作区分。词语和音节的内部结构，往往只画出层级树图，并不需要在节点上标记范畴。

短语类和词类，是句法系统的基础类别。理论上，可以先定词类，再根据词类定

① 介词（preposition）的字面义就是“前置词”。英语和汉语中介词都是向右组合，比如：在实验室，in the lab，但组成介词词组PP（preposition phrase）后，汉语的介词词组仍然主要前置，向右跟其他词组组合，而英语的介词词组一般后置，向左跟其他词组组合，比如：他在实验室写程序，He was coding in the lab。

短语的类，例如，所有的短语都有一个中心，短语类就继承其中心词的词类。也可以先定短语的类，再根据词能出现在哪些类的短语中，不能出现在哪些类的短语中（即词的分布能力差异），区分出不同的词类。语言学者一般根据意义和分布两方面的标准，再系统地分析语料中词和短语的分布异同后，最终确定一个语言的基本语法范畴体系。

下面通过一个句子的结构树图来展示汉语的部分主要短语类和词类。

图2.7所示的句法结构树遵循二分原则分析整句的层次构造，其中包含11种短语结构关系，各结构关系都由两个直接成分构成，如“主谓结构”由主语项加谓语项构成，“述宾结构”由述语项加宾语项构成，“述补结构”由述语项加补语项构成等。这些结构之间的区分，母语者一般都有语感直觉。例如，“阿Q-吃饭、阿Q-喝酒”是主谓结构，“吃-茴香豆、喝-黄酒”是述宾结构，“回家-吃饭”是复谓结构，“吃-饱、喝-醉”是述补结构。在确定了基本短语结构关系的基础上，就可以进一步审核各个词语在这些结构中的分布，确定词类范畴，例如，名词就是经常处于主语、宾语位置的词，动词就是经常处于谓语、述语位置的词，形容词就是经常处于补语、谓语位置，但不能带宾语的词。图2.7例句中包含a（形容词）、n（名词）、v（动词）等主要实词，以及c（连词）、d（副词）、p（介词）、de（的）、le（了）等虚词。“的、了”在汉语语法学中常归入“助词”类，但从分布角度来说，这些助词缺乏共性，个性特点很强，分别独立出来，更能体现其分布特点。在词类范畴确定的基础上，可以由短语词的中心词进一步确定短语的范畴，如np（名词性短语）以n为中心词、vp（动

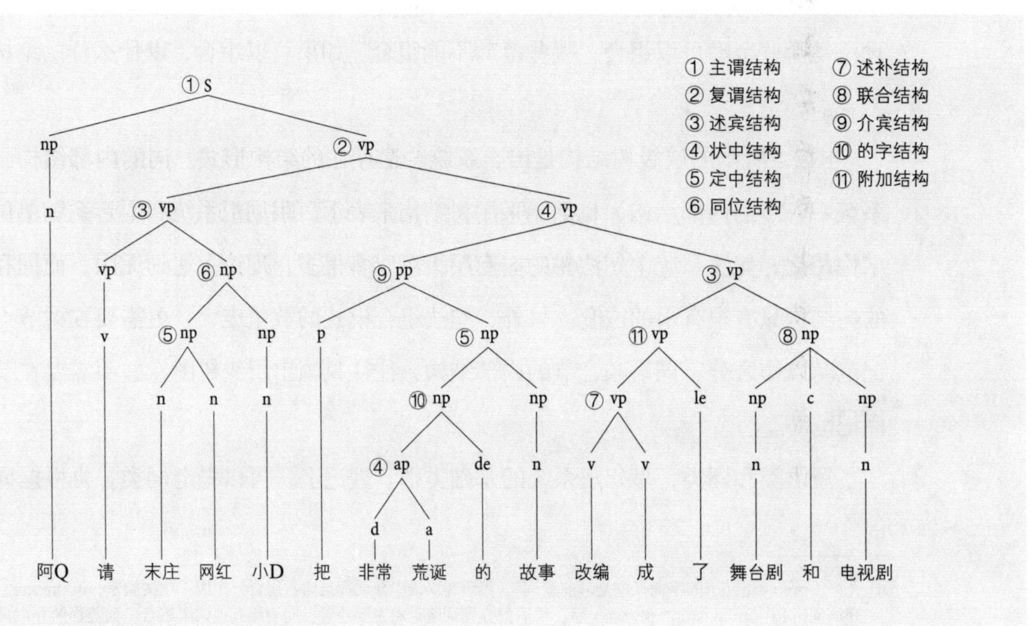

图2.7 汉语词类、短语类、结构关系示例

词性短语）以v为中心词、ap（形容词性短语）以a为中心词、pp（介词性短语）以p为中心词等。

现代语言学基本按照上述思路确定词和短语的类别，并给出短语的结构模式，表2.3是对图2.4中一些结构模式的描述。其中→表示其左边的符号可以分解为右边的符号，反映了树节点及其直接成分。一个语言的句法系统，就是像表2.3这样的短语结构模式的完整列表。

表2.3 汉语短语结构模式示例

短语结构模式	说明	实例
ap → d a	形容词短语由副词（d）加形容词（a）组成	非常＋荒诞
np → np np	名词性短语由其自身递归组成	末庄网红＋小D
vp → pp vp	动词性短语由介词短语加动词性短语组成	把非常……故事＋改编成了……
vp → vp le	动词性短语由动词性短语加“了”组成	改编成＋了

关于一个句子的句法结构树具体该如何画，一种语言中需要定义多少词类，多少短语类，存在许多不同的处理方式。不过，从共性的角度来说，无论句法结构树的具体表现如何不同，句法结构树都需要包含4个要素，才能较为全面地反映一个句子的结构面貌：**层次**、**关系**、**范畴**、**中心**。① 句子不是表面的词语线性序列，句子是有层次的，层次是句子的基本结构特征；② 各个层次上直接成分之间的组合存在不同的关系，句子中哪些词之间没有关系，哪些词之间有关系，具体是什么关系，也是句子的基本结构特征；③ 由于句子的无限性，句子的层次构造需要在对词和短语进行分类（范畴化）的基础上进行描述，才能做到以简驭繁，以有限表达无限；④ 两个直接成分组合时，往往有一个是中心，中心成分的范畴属性更能代表整个结构的范畴性质。这4个要素中，层次和关系，是最基础的两个要素，独立于语法理论体系，或者说，任何一个语法理论体系，在描述自然语言句子的构造时，必然要考虑这两个要素。范畴和中心，则是为了知识表示的概括性和便利性所做的进一步理论假设，是补充性的要素。不同的句法理论体系设计，对于句法结构“范畴”和句法结构“中心”的认识，可能存在比较大的差异，使得不同人画出来的句法结构树看上去不一样。即使在同一语法理论体系内部，不同学者也可能存在不同的认识。例如，汉语语法学界对于“这本书的出版”中的“出版”属于动词范畴还是名词范畴，就有争议。再例如，“弄-坏”中哪个词是结构中心？“同意去-的”中，是“同意去”是结构中心，还是“的”是结构中心？都存在不同看法。

除上面的短语结构树外，自然语言处理领域也常采用依存句法树模型来表示句

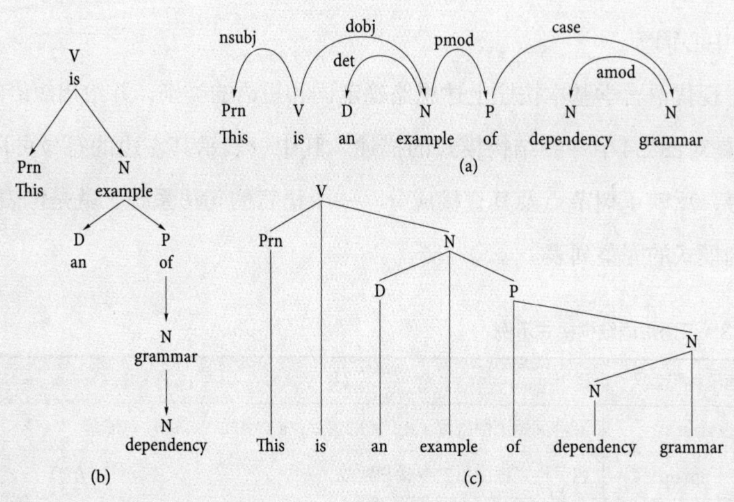

图2.8 句子结构的依存树表示示例

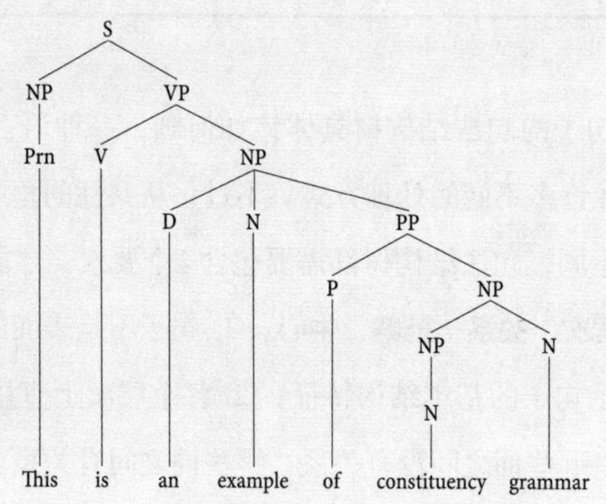

图2.9 句子结构的短语层级树表示示例

子的结构。图2.8和图2.9所示是依存句法结构树跟短语结构句法树的简单比较[1]。依存句法树模型最初的树图没有显式地描述词组（短语）范畴。如图2.8（a）、图2.8（b）所示①，但在后期的发展中，则逐渐采用图2.8（c）所示的树图表示，虽在树节点上未采用短语范畴标记，但实质上，图2.8（c）上树节点的词类标记等同于短语标记，跟图2.9所示的短语结构树达到完全相同的句法结构表达效力。从句法结构表示的四要素来看，早期的依存语法模型只关注“关系”和“中心”，后期则增加了“层次”和“范畴”，4个要素在句法树上都能加以呈现时，依存语法树跟短语结构语法树就等价了。

① 图2.8（a）依存关系弧上的标签是编者所加。nsubj代表名词性成分主语，dobj代表直接宾语，det代表限定关系，pmod代表介词性修饰成分，case代表介词引导关系，amod代表修饰关系。

2.2.4 语义系统

对于语义系统的作用，一种理解方式是，在句子结构作为输入时，负责输出句子的语义解释，这是句法系统和语义系统串行的模型。另一种理解方式是，语义系统和句法系统同时在解读句子的过程中起作用，二者并无先后顺序关系。在判断词的线性序列是否构成合法的句子，以及以何种结构方式构成句子时，并不仅仅是调用句法系统，而是已经并行地利用语义系统在进行分析审查工作了。

无论是上述哪一种看法，要清晰地揭示出语义系统的样貌，最直接也是最大的困难是，在基础概念层面，搞清楚“语义的本质是什么”；在知识表示层面，搞清楚“语义应该长什么样”。学术界提出过多种关于意义的理论，如指称论、意念论、行为-环境论、验证论、真值条件论、用法论、境况论[9]。这些有关意义的不同表述，无不是在尝试回答上面两个问题。虽触及意义的诸多方面，但仍难形成定论。

在关于意义本质的讨论中，图2.10所示的“语义三角”图影响广泛，其中A代表了语言符号形式，A的意义是通过B（心智、概念、思想）而指向C（世界上的所指物）。

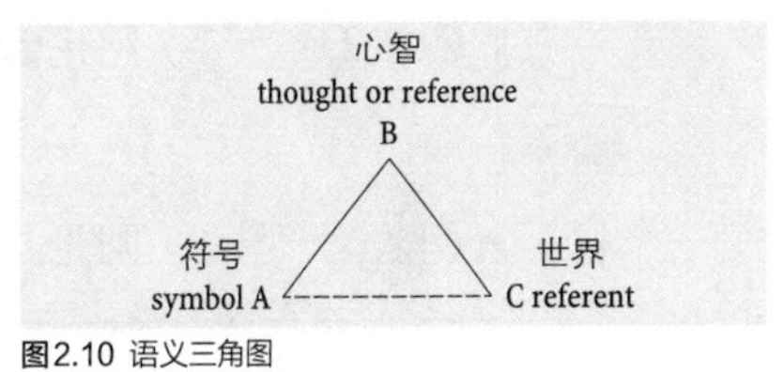

图2.10 语义三角图

把意义归结为指称，是很自然的想法，但也面临明显的困难，如“土豆”跟“马铃薯”、“花果山的美猴王”跟“大闹天宫的弼马温”、“周海婴的父亲”和“许广平的丈夫”指称的事物相同，但这些词和短语表达的意义是否相同呢？折中的答案可能既有同也有异。

语义分析的困难让20世纪上半叶的语言学家望而却步，绕道而行，甚至到20世纪50年代乔姆斯基开创转换生成语法之初，也将目光聚焦在语言形式层面的句法结构上，而避免过多探讨语义。但显然语义又是语言研究的目的所在，不朝着目标前进的研究即便走得再远，也很难彰显其价值。随着研究的深入和推进，现代语言学的各个流派更多地自觉将语义置于研究的中心位置加以关照，在对语义的结构化表示、语言系统不同层面语义表现的挖掘上，取得了一定进展，特别是将人和实际交际场景中的因素也纳入语义分析的范围，并最终独立出来，成为专门的语用学研究（参见2.2.5）。从某种意义上说，语义学和语用学的区别大致可以概括为，对句子语义的分析，前者着眼于内部成分的组合制约，后者着眼于外部环境因素的影响。一个由内求义，一个向外求义。在追寻意义之旅中，**“意义组合原则”**（principle of compositionality）体现了“由内求义”的思路，**“意义情境原则”**（principle of contextuality）体现了“向外求义”的思路。随着对意义研究的深入，后者的重要性似乎大有超过前者之势。“意义情境原则”不仅体现在“观词伴，知词义”的词汇层面[5]，同样也可以拓展到句义。理解句子的语义，不仅需要看其组成部分的语义如何组合，还需要看句子的上下文，以及句子的使用场合、使用者等句子外的因素。这些都是语用学讨论的主题，本节主要从“组合性原则”的角度“向内求义”。

根据意义的组合性原则，句子的语义是词义和结构意义的综合。例如，“狗咬猫”跟“狗咬人”的意思不同，是因为句中有两个词“猫”跟“人”的意思不同。而“人咬狗”和“狗咬人”的意思不同，则是因为两个句子的结构不同——两句所含词语完全相同，但词序不同。

从人的一般认识来说，对于句子语义的通俗表示，主要有两种方式：一种是给出一个句子的其他同义形式。另一种是用回答问题的方式来表达对句子语义的理解。

下面两组句子展示了第一种释义方式。

例2.3	（1）阿伦**告诉**吴姐他**下岗**了	（2）阿伦**跟**吴姐**说**他**失业**了
例2.4	（1）阿伦是有时间谈恋爱的	（2）谈恋爱阿伦是有时间的

例2.3（1）的意思可以用例2.3（2）来说明。例2.3（2）跟例2.3（1）中所含词语不完全相同，但句义基本一样。可以说，例2.3(2）通过同义词语替换表示了例2.3（1）的句义，“失业”替换了“下岗”，“跟……说”替换了“告诉”，替换后不改变句义。例2.4（1）跟例2.4（2）两句的用词完全相同，但词序不同。例2.4（1）和例2.4（2）的句法结构有同义变换关系，保证了两句同义。在保持句型不变的情况下替换例2.4（1）句法结构中的具体词语，可以观察到替换前后两个句法结构之间的语义同一性。下面是跟例2.4同型的更多例句。

例2.5	a（1）阿伦是有资格拿奖学金的	b（1）拿奖学金阿伦是有资格的
	a（2）阿伦是有把握考第一的	b（2）考第一阿伦是有把握的
	a（3）阿伦是有办法发论文的	b（3）发论文阿伦是有办法的

上面这种方式也可以看作是**在符号系统内部寻找一个句子与其他句子形式之间的对应关系**，语义学研究中常以这种方式来分析同义句，同时也分化多义句。例如，例2.5中a、b两组句子构成同义关系，但实际上a组句子形式本身是多义的，并不是所有符合a组句子结构形式的实例，都可以同义变换为b组的句子结构形式。

例2.6	a（1）阿伦是有人陷害入狱的	b（1）陷害入狱阿伦是有人的
	a（2）阿伦是有大人物撑腰的	b（2）撑腰阿伦是有大人物的

例2.6跟例2.5的句子结构形式在词类序列层面看是一样的，a组例句的模式为：N_1+是+有+N_2+V+的，b组例句的模式为：V+N_1+是+有+N_2+的。例2.5中，a和b组句子的实例可以同义变换，例2.6中，a和b组句子的实例不能同义替换，例2.6中的b组句子形式都不是合法的汉语句子。稍加观察可以发现，例2.5和例2.6的差异，主要在于结构中N_1和V的语义关系不同：例2.5中，N_1和V都是主动关系，如“阿伦-谈恋爱、阿伦-考第一”；例2.6中，N_1和V则是被动关系，如“阿伦-被陷害入狱、阿伦-被撑腰”。这种隐性的词语间语义关系，跟词义一样，也是句义的一部分。通过句子的形式变换操作，可以揭示出这类语义。

给句子释义的另一种方式是回答问题。这种方式是**跳到了符号系统之外，试图在句子的符号系统和外部世界（包括物理世界和人的抽象概念世界）之间建立对应关系**。对于一般常见句子而言，句子传递的信息通常可以归纳为“五个W和一个H”，即Who did what to whom when where and how？（谁在何时何地以何方式对谁做了什么？）此外，还可以针对句子整体发问：这句话说的是真的吗？即判断句子所代表命题的真假。要回答后一个问题，需要从回答前面的“五个W和一个H”问题入手。需要把句子的符号跟外部世界的实体、动作行为、关系、性状等物理和心理对象物建立起映射关系。人的语义系统中预先就要将可能存在的关系存储起来①。对此当代语义学提出的主要方案是，通过描写动词的论元角色及其句法配置②，来建立句子中主要词语（实词）跟外部世界（概念世界）中各种对象物之间的关系。表2.4是这种“**论元结构**”语义知识表示法的示例。例2.7中的句子展示了表2.4中动词“咬”的各种语义角色在句中的不同句法配位。

表2.4 动词（“咬”）论元角色及其句法配置示意

词语	语义角色	句法配置模式
咬	施事：动物 受事：动物或具体事物 受事部件：身体部位 动量：数词+下|数词+口 工具：牙|嘴 结果：伤|破|碎|坏…… 时间：时间词 空间：方位处所词	施事＋咬＋受事 施事＋咬＋受事＋的＋受事部件 施事＋咬＋受事＋的＋受事部件＋动量 施事＋把＋受事＋咬＋结果 施事＋用＋工具＋咬＋受事 受事＋被＋施事＋咬 受事＋被＋施事＋用＋工具＋咬 ……

① 从某种意义上说，这相当于在构建语义系统的知识图谱。

② 这种模式当然也可以推广到形容词、名词等其他实词词类。描述对象不同，但内在的思路是一样的。有的学者就主张以名词为核心，将动词看作是围绕名词的语义角色，来描述词间关系。

例2.7　（1）吴姐的狗咬了阿伦的大腿两口。

（2）阿伦的大腿被吴姐的狗咬了两口。

（3）阿伦被吴姐的狗咬了大腿两口。

（4）? 阿伦被吴姐的狗咬了两口大腿。

（5）*吴姐的狗把阿伦咬了两口大腿。

例2.7中“吴姐的狗”是“咬”的施事，“阿伦”是受事，“大腿”是受事的部件（身体部位）。“两口”是动作的量。例2.7（1）、2.7（2）、2.7（3）都是汉语中表达同样的语义角色关系可以选用的句法配位形式，例2.7（4）的可接受程度有一定疑问，打了? 号。例2.7（5）在汉语中是不大能接受的句法配位形式，打了*号。

这种语义表征模式的假设是，可以在词汇层面，把词汇间各种可能的组合关系都预先表示出来，可以想象人脑中存储着一张巨大的词语语义关系表，在碰到实际句子的词序列时，在句法结构分析的同时，查词义关系表，将句子中的词语（主要是动词与名词），跟表中的角色及其约束条件相匹配，匹配成功的那些关系，就作为句子语义的表示输出了。

理论上，这样操作并无问题，但实际上存在的困难是词语间的组合关系本身几乎是无限的。构造一张有限的词义关系表，离真实句子中任意两个词之间的语义关系的分析，相距甚远。例如，动词论元结构语义表示中，并没有同时考虑动词与动词之间的语义关系。而下面的例子可以说明动词之间的语义联系对句义理解的重要性。

例2.8　北京梁思成故居被拆除，有关部门说是“维修性拆除”，针对这种明显矛盾的说法，有相声演员嘲讽道：应该将说这种话的人进行“保护性枪毙、治疗性活埋”。并调侃：以后街上有人持刀抢钱，得算是“理财性抢劫”。（来源：徐德亮相声作品）

例2.8是相声演员对不合理的拆除古建筑的现象进行讽刺的一段台词。其中凸显了4对动词之间的关系：“维修—拆除”“保护—枪毙”“治疗—活埋”“理财—抢劫”。这4对动词的共性是，前后两个词的词义中有矛盾的成分：前三对，是动词所代表动作行为的目的相反，最后一个，是动作行为的目的相同，但方式不同，一个合法，一个非法。这几对动词词义对比冲突尖锐，因而在相声台词中达到了很好的艺术效果。

除像例2.8展示的动词词义的对立关系外，动词之间的关系还跟事件的时间状态有关。

> 例2.9 （1）阿伦**后悔**学人工智能。——阿伦已经学了人工智能。
> （2）阿伦**打算**学人工智能。——阿伦还没有学人工智能。
> （3）阿伦**喜欢**学人工智能。——不清楚阿伦有没有学人工智能。

例2.9中“后悔、打算、喜欢”三个动词，都可以带小句宾语，不过，它们对后续小句宾语所表达事件的时间状态有不同影响。“后悔”蕴含了后续小句事件是已经发生的事情，“打算”则相反，蕴含后续小句事件是未然事件。“喜欢”两种状态均可。

以上讨论的语义现象基本是将句义归结到句中实词本身的语义及实词间组合语义，主要反映的是句子对应的命题的客观意义。还有的语义现象超出了这个范围。下面再看一些例子。

> 例2.10 （1）吴姐知道阿伦和小丁都是绍兴人。
> （2）吴姐过生日，阿伦和小丁都送了礼物。
>
> 例2.11 （1）吴姐说：阿伦离开老家三天了。
> （2）吴姐说：阿伦离开老家都三天了。

例2.10（1）中“都”的语义很虚，可以去掉，不影响整句的意思。例2.10（2）中“都”相当于“分别”，如果去掉，会造成句义差异：有“都”的情况下，例2.10（2）一般会理解为阿伦和小丁各自送了一份礼物给吴姐，因此是两份礼物；去掉“都”后，则更倾向于理解为阿伦和小丁合送了一份礼物。

例2.11（1）和例2.11（2）的基本意义（客观义）是一样的，即阿伦不在老家，且阿伦不在老家这一状态已持续三天。但例2.11（2）还多了一层意思，“都”用在这里，传递了一个信息，即说话人吴姐认为：三天是一个比较长的时间。这个意思是对客观事件“阿伦离开老家已经三天了”的一个“主观”评价，是**主观语义**，表达了说话人对一个事件的态度和评价。

例2.10和例2.11显示的“都”对句义的影响，跟前面实词对句义的影响不同，虚词对句子语义的影响，并不一定是通过虚词跟句中某个或某些词语发生直接联系来表示的，虚词对句义的影响，往往是作用于整句。

> 例2.12 （1）在昨天的“末庄之夜”晚会上，吴姐甚至**吻**了阿伦。
> （2）在昨天的“末庄之夜”晚会上，吴姐甚至吻了**阿伦**。

例2.12（1）和例2.12（2）两句，书面上形式相同，口语中重音不同，例2.12（1）句重音在“吻”上，例2.12（2）句重音在“阿伦”上，两句适用的背景语境不同，整句的意思因而有别。两句的句义共性是：“吴姐吻阿伦”是极小概率事件，而这个极小概率事情竟然发生了；两句的句义差别是：例2.12（1）句强调吴姐对阿伦实施“吻”的行为，是让人意外的（暗示吴姐虽然跟阿伦有一定的关系，但两人的关系远未达到可以接吻的亲密程度）；例2.12（2）句强调吴姐吻的对象是阿伦，这是让人意外的（暗示吴姐最不可能吻的是阿伦，言下之意还包括吴姐可能吻了除阿伦之外的其他人）。

例2.12展示了**焦点**（focus）成分对句义的影响，尽管词语及语序完全相同，但通过重音的语音手段赋予句中不同词语以焦点身份，使得整句句义在基本命题义（字面义）相同之外，言外之意又有所不同。这一意义无法单纯通过词义的组合加以表达。

例2.13　（1）吴姐：小丁的前女友为什么跟小丁分手？
　　　　（2）阿伦：小丁啥时候有过前女友？

例2.13两句表面形式都是问句，但却构成了一对问答关系。吴姐的问题集中在句子谓语部分“为什么分手？”，阿伦的应答句却与这个问题没有直接的语义关联，而是对上句的主语部分“小丁的前女友”进行了反问：“小丁啥时候有过前女友”。显然，这个反问意味着上一句中包含一个语义“小丁有前女友”。这个语义是例2.13（1）句的预设义，不在句子的表层形式中，而是由句子主语“小丁的前女友”这个结构带来的。“小丁的前女友”是汉语中的定中结构（参见2.2.3），这个结构中的定语和中心语两项成分之间，有表示“存在（有）”的语义关系，如“我的儿子——我有儿子”“公司的制度——公司有制度”“香蕉皮——香蕉有皮”等。这是定语和中心语之间有领属关系义的定中结构都包含的语义，是结构意义的一部分，不是由词义本身组合来的意义。

例2.14　（1）你罚你的款，他违他的章。
　　　　（2）你走你的阳关道，他走他的独木桥。
　　　　（3）你说你的，他干他的。

例2.14的3个句子是同一个模式，每句都包含两个小句，句型相同，都是“代词+动词+代词+的+（名词）”模式，而且小句中两个代词必须同形。这个句式有一个明显的意义：互不干涉、互不影响、各干各的。这个意义并不是句中任何一个词语带来的，而是附着在整个结构上的。任何像“罚款、违章、走、说、干、阳关道、独木桥”这样的动词和名词填入到这一模式中给动词和名词预留的空位上，整个句子就都会有“互不干涉、互不影响、各干各的”这样的意思，而不受具体所填入动词和名词的影响。

例2.14和例2.13展示的语义现象一样，都是结构带有语义，跟结构中的具体词语的词义无关。相对来说，例2.14的结构义更具体，而例2.13的结构义更为抽象。相应地，例2.14对其组成成分的形式要求也就更高（如结构同形、代词同形等约束），例2.13对其组成成分的要求相对宽泛。

2.2.5 语用系统

人类语言的语用系统亦是为完成传递信息这个总目标服务的。回顾一下2.1.2中图2.2的交际6要素，交际行为并不仅仅是符号形式本身，除了符号信息流的语义外，交际双方的认知状态（包括各自的已知信息、未知信息、共享信息等）、社会身份（性别相同或有别，地位平等或有差异等）、所处的时空环境等，都可能影响到语言表达形式的选择和语义解读。

> 例2.15　阿伦对吴姐说：我喜欢你做饭时的背影。
>
> 可能的意思1：阿伦认为：吴姐做饭的时候，很有魅力。
>
> 可能的意思2：阿伦对吴姐说恭维话，想追求吴姐。
>
> 可能的意思3：阿伦和吴姐已结婚多年，阿伦夸吴姐的目的是让吴姐去做饭。

例2.15的交际双方是阿伦和吴姐。意思1是阿伦所说句子的字面意义。意思2是当两人没有婚姻关系时阿伦说这个句子可能的意图。意思3是当两人已有婚姻关系时阿伦说这个句子可能的意图。一句话的字面意思可以由语义系统中有关词义、结构语义的组合得到，但在交际中，除字面意义之外，还会激活听话人对说话人表达意图的猜测，甚至第三方（听众或读者）对听说双方意图的猜测。显然，表达意图的判定，需要结合交际双方的社会关系和时空环境，才能确定。

从语言使用时的外部语用环境来看句子在交际中实际传递的信息、发挥的功能，就是调用语用系统对句子的语义做出更全面的解释。语用系统的本质是基于经验的逻辑推理。

语用分析并非自然语言处理的传统任务，然而，随着人机对话等研究的兴起，自然语言处理领域也开始逐步关注语用分析，但是目前的研究还比较浅层。限于篇幅，这里不再对语用系统深入展开。

2.3 语言的歧义性与创造性

2.2节简要勾勒了自然语言系统的基本面貌。这一节介绍自然语言的歧义性和创造性。这两方面，也正是需要对语言进行深度理解的自然语言处理系统面临的主要挑战。

2.3.1 歧义性

一种语言语法系统里的错综复杂和精细奥妙之处往往在歧义现象里得到反映[11]。自然语言语素之上的各级单位，既存在一个形式对应一个意义的简单情况，也存在一个形式对应多个意义的复杂情况，即歧义现象。前者如“自行车”，只有一种意思，指一种靠人蹬踏骑行的两轮交通工具。后者如“便衣”，就有两个意思：一是指（不穿职业装而身着便衣工作的）警察或军人；二是指跟职业装（通常是警察或武装部队制服）相对的普通服装。“便衣”的这两个意思分属服装和人的职业身份两个截然不同的范畴，会对句义的理解造成明显的影响。

例2.16 （1）巷子里人声嘈杂，既有军警，也有**便衣**，簇拥着一个矮胖子。

（2）下班后，他换上**便衣**出了门，直奔火车站。

（3）少帅的**便衣**并没有能帮助他脱险。

例2.16（1）中的“便衣”指人，例2.16（2）中指衣服，例2.16（3）中则不清楚，可能指人，也可能指衣服。只是从一般常理来说，例2.16（3）中“便衣”指人的可能性大，但在特定语境中，也有可能指衣服。例2.16（3）因无法消除其中多义词“便衣”的歧义，整个句子也就有了歧义。

除了多义词，语言系统的歧义性更多地表现在词的组合使用中，即使单义词，在组合时也可能会在语言系统的各个层次上发生歧义现象。

上文在讨论句法系统时已经指出，语言单位在组合时，表面是线性接续关系（仅单向组合），但实质上是层次结构关系（可双向组合）。因此，从线性层面看，一个语言单位，就有向前还是向后组合的问题。这可以称为语言单位组合中的**边界歧义**。

例2.17	30日，港务区管委会证实了此事："我们这块地是有项目的地，是要拆迁的。"
例2.18	春节红包大战又来，天上掉20亿网民平均能捡3块多。
例2.19	阿伦住在一个有很多富人的小区。
例2.20	吴姐工作的地方有很多富人的房子。

例2.17中"有项目的地"的内部成分是："有+项目+的+地"这四个词，而不是"有+项+目的地"这三个词。"目的地"涉及词语划分的边界问题。

例2.18中的"20亿网民"不是一个结构体，结构边界是"天上掉20亿"+"网民平均能捡3块多"。

例2.19和例2.20中有一个词类序列相同的词串"有+很多+n+的+n"，但例2.19的结构边界划分是："有很多富人的+小区"，例2.20的结构边界划分是："有+很多富人的房子"。

在结构边界已经确定的情况下，语言成分的组合还可能发生**句法结构关系歧义**、**语义关系歧义**、**语义指向歧义**等不同类型的**关系歧义**。例如：

例2.21	阿伦叫吴姐去了。
例2.22	没想到阿伦离开末庄后，最担心的是吴姐。
例2.23	（1）他老爹从小教育他就是用的他爷爷的事迹。 （2）他老爹从小就跟着他爷爷的拜把兄弟学木匠。

例2.21是句法结构关系歧义。"叫吴姐去"是两个动词性成分连用的复谓结构，但具体又可分化为两种结构关系，一种是递系复谓，"叫吴姐+去"="叫吴姐 并且 吴姐去"，另一种是倒置的连动式复谓结构，"叫吴姐+去"="去+叫吴姐"。前一种结构关系下，"叫"的语义相当于"让"，后一种结构关系下，"叫"的语义相当于"找"。

例2.22是语义关系歧义。"最担心的"是一个"vp+的"结构，结构里的vp主要动词是“担心”，是一个二元动词，需要两个名词分别充任施事和受事角色才能使句子的基本意义明确、完整（X担心Y），而例2.22中的“vp+的”结构里，“担心”前后的两个角色位置都是空位状态，这就造成有两种填位的可能性：阿伦最担心的是吴姐或最担心阿伦的是吴姐，两种填位，在句法结构层面都可以接受。这样，在语义关系上，就分别对应两种语义关系配置：阿伦最担心吴姐或吴姐最担心阿伦。

例2.23是语义指向歧义，即词语的远距离语义关系歧义。例2.23（1）和例2.23（2）中的“从小”在线性位置上相同，但例2.23（1）中“从小”指“他”，例2.23（2）中“从小”指“他老爹”。

有的句子表现的歧义不是句子本身字面意义层面的多义，而是言外之意的多义，需要根据句子以外情境来推断意思。

例2.24 （1）关于酒店的装修，阿伦有意见。
（2）安德森对小丁说，阿伦正在说你呢。
（3）安德森指着阿伦跟小丁，说：这两人真是没话说。

例2.24（1）的“有意见”可以是正面的意见，也可以是负面的意见。例2.24（2）的“说你”可以是中性的谈论，也可以是“说坏话”。例2.24（3）的“真是没话说”的意思更复杂，可以指阿伦跟小丁关系不好，两人无话可说；也可以指两人都是好哥们、讲义气；也可以指两人之间关系很紧密，是一个小团体。

下面例2.25（1）的歧义在书面上要依赖上下文才能判别。在口语中，依靠句中不同词语上的重音标记，可以自然地分化歧义。

例2.25 （1）这道题你都不会做。
（2）这道题很容易，你不会做这道题，别的题就更别指望会做了。
（3）这道题很难，你不会做这道题，别人就更不可能会做了。

例2.25（1）表达例2.25（2）的意思时，口语中重读“这道题”；例2.25（1）表达例2.25（3）的意思时，重读“你”。书面上重音信息丢失，如果没有上下文，就看不出例2.25（1）到底表达例2.25（2）的意思还是表达例2.25（3）的意思。因此，在书面上，例2.25（1）是有歧义的。在口语中，例2.25（1）往往通过重音不同而消解了歧义。

2.3.2 创造性

人类语言符号来自约定俗成，它一方面形成惯例，一方面又在不断创新。为新生事物命名（约定）是最常见的创造。对一般人来说，也许像诗歌那样的语言创造让人印象深刻，更容易引起注意，例如“城市是几百万人一起孤独生活的一个地方”（梭罗），“夸张是发了脾气的真理”（纪伯伦）。但事实上，每个人的话语中都蕴藏着无限的创造可能性。创新是自然语言系统的本性之一，它源于人们交际中三个普遍的动机，甚至在无意识的自然状态下发生。这三个动机一是节省编码；二是吸引注意（诗圣杜甫所说的“语不惊人死不休”）；三是游戏娱乐。这些动机有时是浑然一体的。

在已经存在一种“形式—意义”对应关系的表达手段情况下，说话者出于**节省编码**的目的（同时也可以伴随着其他社会目的，如避免直白，隐藏意图等），可以对原有表达形式中的部分符号进行删减，从而形成新的表达形式。

例2.26 记者称阿伦是自愿表态生活幸福的，全体村民都不存在“被幸福”的情况。

例2.26中的“被幸福”是近十年来汉语中新兴的一种表达格式。汉语语法系统中原本就有的“被+v”结构要求“被”后的动词是及物动词，如“被批评教育、被开除、被发现”等。但在网络语境中，有人创造性地使用“被自杀”表示一个人不是真的自杀（怀疑是被杀害），而被人说成是自杀。之后，出现了许多新型的“被+v”结构用法，如“被及格、被就业”等，不及物动词“及格、就业”都进入到这个结构中，打破了原先“被”字结构排斥不及物动词的约束。由于这个结构有强烈的表达效果，越来越多的使用者逐渐把“被”后的词语范畴从动词扩展到形容词，再到名词和数词，形成“被+X”的新兴表达形式（X代表范畴泛化）。语义通常是表示X并非真实情况，而是被人说成了X这种情况。显然，这样的意思，用原有的结构去表示，编码很长，而用“被+X”格式表达，编码简短，表达效果突出，带有调侃、讽刺等意味，容易引起人们关注。

语言系统中实际上还有很多类似的因省略而造成的新组合形式，在长期使用中，已经由“新”转“旧”，不被人注意了。如“参与意见、催稿子、**敲**了几个**字**”等，这些“动+名”的组合，已经是日常语言中常用的说法，但仔细分析不难发现，组合中动词跟名词的语义并不是直接发生关系的，这些“动+名”组合是编码更长的“动$_1$+名$_1$+动$_2$+名$_2$”组合的缩略形式：

例2.27 （1）参与意见＝参与＋讨论＋提出＋意见
（2）催稿子＝催＋人＋交＋稿子
（3）敲字＝敲＋键盘＋输入＋字

例2.27这些例子由两个动词词组连用的复谓结构，“压缩”成一个动词词组的述宾结构，“参与意见、催稿子、敲字”等，成了跟普通的“参与基层工作、写稿子、敲桌子”形式上完全相同的述宾结构。

值得注意的是，语言系统的创造性在带来新的表达形式的同时，增加了新形式与旧形式发生歧义的可能性。例如“被升职了”“被涨工资了”，在新兴“被动”表虚假描述义，跟原有的“被＋及物动词”表达真的事件被动关系之间，就可能存在歧义。从这个角度说，语言系统的创新性和歧义性，是高度相关的。这一点，在旧形新义这种创新类型上，表现得更为直接。下面是一个旧形新义的例子。

新媒体标题中常用的一种表达格式“有一种X叫Y”就是利用原有形式，通过隐喻和转喻的认知机制，增加新义，使“有一种X叫Y”格式产生了一种创新用法。

例2.28 （1）有一种毒药叫砒霜。
（2）有一种毒药叫成功。
（3）有一种爱叫放手。
（4）有一种误差叫数据造假。

隐喻是基于相似性在概念范畴之间建立联系，**转喻**是基于相关性在概念范畴之间建立联系。例2.28（1）是“有一种X叫Y”的原有普通用法，表达一种认识，常用于介绍、说明性语境，传达客观信息：Y是X的下位概念，二者构成逻辑上的所谓“种属”关系。例2.28（2）和（3）中的X和Y显然不再是这种关系。例2.28（2）中“成功”让人渴望甚至不择手段地去追求，获得了成功之后，又可能让人得意忘形，从高峰跌入深谷。由此建立了“成功”跟“毒药”之间的相似性：成功和毒药，都让人成瘾，让人走向毁灭。于是，借用“有一种X叫Y”这种格式，把“成功”归入“毒药”的“下位”范畴，就表达了说话者的一个新观点。从这个角度说，可以把这个格式命名为“报道新知”格式。例2.28（3）中“放手”意味着失去，失去对方，但目的却是让对方获得幸福，通过放手这种方式，表达更深沉的爱，由此建立的两个范畴之间的新的相关性，使例2.28（3）产生了“报道新知”的表达效果。例2.28（4）的“数据造假”和“误差”也有明显的相似性，二者都是表面数据与真实数据不一致，因而也可以像例2.28（2）那样，以隐喻机制进入这一格式，表达新义。

从认知图式（schema）的角度看，“有一种X叫Y”从普通的表示上下位关系（Y是一种X）的表义格式，发展出表示等同关系（Y=X）的新义，达到“报道（主观）新知”的效果，是基于同一图式，从不同的角度解读实现的。对于X和Y的关系，如图2.11所示，可以有两种解读方式：① 静态集合解读，Y是X中的一个元素；② 动态聚焦解读，远看是X，近看实则是Y，即X和Y是一个事物的“表（表象）—里（实质）”关系。从说话人的角度讲，用这个格式表达，还传递出一个信息，即“一般人说的Y实质上是X”，这个格式中X和Y两个范畴的关系，形成了“名义上有别，而实质上相同”的关系。“叫”是命名动词，因此，“有一种X叫Y”也可以说是一种命名构式。它表达了一种“说法”。这种说法的表达意图在于：说话人针对已有的成见，要提出一个新观点，确认关于X和Y之间的新关系。在这个格式产生出新义的开始阶段，使用者还兼顾旧义“Y是一种X”和新义“Y=X”，例如例2.28（2）和（3），两种解读都可以成立，“成功是一种毒药”“成功=毒药”“放手是一种爱”“放手=爱”，随着使用的增多，这个格式的语义功能可以发生进一步的固化，即只强调新义，而不兼顾旧义。而例2.28（4），语义是强调：误差（表象）其实就是数据造假（实质），而不再兼顾旧义“数据造假是一种误差”。

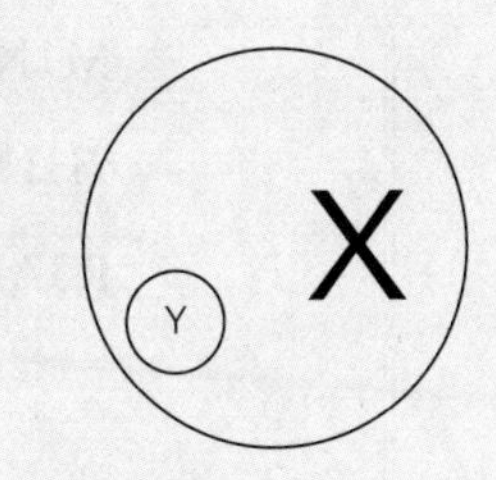

图2.11 X和Y的关系示意

语言在传递信息的同时，还可以对编码形式本身进行改造，伴随游戏和娱乐性质。例如下面这些虚拟的微信聊天场景，都是语言（文字）游戏的例子。

例2.29 阿伦：我做的菜好吃吗？

吴姐：嗯，厨（tɑi）艺（nɑn）不（chi）错（le）。

例2.30 小丁：你还好吗？

阿伦：sad broken defeated ~~crushed~~ lonely，我很好。

例2.31 安德森：群主，公司新版主页过两天发布，帮写个预告呗。

小丁：本网页正在积极~~破坏~~建设中，欢迎访客狠狠拍砖提出宝贵意见和建议。

例2.32　7H15 M3554G3 53RV35 7O PR0V3 H0W 0UR M1ND5 C4N D0 4M4Z1NG 7H1NG5! 1MPR3551V3 7H1NG5! 1N 7H3 B3G1NN1NG 17 WA5 H4RD BU7 N0W, 0N 7H15 LIN3 Y0UR M1ND 1S R34D1NG 17 4U70M471C4LLY W17H 0U7 3V3N 7H1NK1NG 4B0U7 17, B3 PROUD! 0NLY C3R741N P30PL3 C4N R3AD 7H15. PL3453 F0RW4RD 1F U C4N R34D 7H15.

例2.33　研表究明，汉字序顺并不定一影阅响读。比如当你看完这句话后，才发这现里的字全是都乱的。

例2.29～例2.31打破了口语中语音流的线性约束，在书面上通过加注或删除的方式，形成了符号穿插接续的形式，使得表面的一句话中实际上包含两句话，并且两句话语义相对立，形成冲突，故意制造出跟掩耳盗铃相似的表达效果。

例2.32用数字代替形近的字母组成英语单词，如“7HI5”实为“THIS”，“M3554G3”实为“MESSAGE”，等等。例2.33打乱了正常的汉字顺序，如“研究表明”写成“研表究明”。这些字符及其序列，都是新的“形－义”配对，是对语言系统已有的编码模式的创新。

2.4　语言知识资源

计算语言学和自然语言处理技术的发展，对推动语言学研究从理论分析扩展到语言工程资源建设，起到了很大的作用。区别于面向人的语言学研究，面向计算机的语言研究要求将语言学的理论研究成果转化为形式化和大规模数据化的语言知识资源。

语言知识资源目前主要包括**语言学知识库**和**标注语料库**两种形式。前者是记录语言学专家知识的数据库，主要是刻画词汇层的句法和语义知识，对具体语言的词汇表中的词语，按照句法或语义知识表示规范，逐条进行信息标识，从理论上讲，要求对词语的**全部可能用法**进行描述，一般可以把这种描述称为**type（类型）层的知识表示**。后者是对真实语料文本中的各级语言单位（词、词组、句子等），根据某种语法语义理论体系，标注语言成分在实际使用中表现出来的句法和语义属性特征，这是对词语的**每一次具体用例**的性质进行描写，一般可以把这种描述称为**token（实例）层的知识表示**。标注语料库可以供机器学习作为训练数据或测试数据使用，也可以为语言学的定量研究提供支持。这两类资源通常都是独立于具体应用程序的，理论上可以供不同应用场景下的自然语言处理系统使用①。

知识库对词语句法信息的描写，就是描述一个词语跟其他词语发生句法结构组合关系的可能性[10]。表2.5是对汉语三个动词“交往、郊游、浇”的部分语法信息的描述。

表2.5 汉语词语语法信息表示示例

词语	有___	___名	名___	___宾	时态	重叠	V–V	……
交往	+	+	+	–	着了过	–	–	……
郊游	–	+	–	–	了过	–	–	……
浇	–	–	–	+	着了过	+	+	……

表2.4中“有__”描述动词是否可以跟“有”组合为合法结构，“有交往”可以，但“有郊游、有浇”在汉语普通话中均不成立。“___名”描述动词是否可以直接修饰名词，“交往、郊游”可以（如“交往时间、郊游地点”），因此这项特征的取值标记为+。“浇”不能直接修饰名词，标记为–。“名__”描述动词是否可以直接受名词修饰，“交往”可以（如“理性交往”），取值为+，“郊游、浇”不行，取值为–。“___宾”描述动词是否能带宾语，“交往、郊游”均为不及物动词，不能带宾语，取值为–。“浇”是及物动词，能带宾语，取值为+。“时态”描述动词是否能后附汉语的时态助词“着、了、过”，“交往、浇”全部可以，取值为“着了过”，“郊游”不能后附“着”，取值为“了过”。“重叠”描述一个动词是否有重叠形式，“v–v”描述动词是否有“v–v”形式，以上两项只有“浇”可以（如“浇浇水”“浇一浇水”），取值为+。“交往、郊游”这两项的取值均为–。

理论上讲，语法知识库的目标是描写一个词语的全部分布位置。但目前的知识库很难做到这一点，一般只能像表2.4所展示的那样，按照两两组合的模式，来评估一个词语的分布可能性。这有点像二元模型（bigram），前后接续的两个元素之间是有约束的，但如果超过两个元素，第一个元素就无法对第三个元素有制约作用，只能通过先影响第二个元素再间接影响第三个元素。

① 还有一些资源是跟句法语义分析程序（过程性系统）紧密绑定的，因而不大容易独立用在其他的自然语言处理系统中。例如法国巴黎第七大学开发的INTEX句法语义分析系统就内置了基于语言学家Maruice Gross的词汇语法理论的词典和语法。德国人工智能研究中心（DFKI）、挪威奥斯陆大学、美国斯坦福大学CSLI语言工程实验室等多家单位基于HPSG语法理论开发的DELPHI-IN深度语言处理系统中，也包含了HPSG语法资源ERG（英语资源语法）。

例2.34	（1）也许 抽烟 的 不 怕 烟味
	（2）一直 抽烟 的 不 怕 烟味

例2.34中（1）、（2）的前3个词是同词类序列：副词+动词+的，但是，从结构和语音停顿上讲，两句有区别，例2.34（1）中“抽烟的”先跟“不怕烟味”组成一个结构体，然后才跟“也许”组合；例2.34（2）中“一直”跟“抽烟”先组成一个结构体，然后再跟“的”组合，整体充当主语，再跟“不怕烟味”（充当谓语）组合成句。例2.34（1）中“也许”后明显停顿（长于该句其他词间停顿），例2.34（2）中“抽烟的”后明显停顿（长于该句其他词中间停顿）。从词的分布能力描述角度讲，汉语的知识中包括一条：“也许+抽烟+的”三个词项组合，一般不构成一个结构体，而“一直+抽烟+的”三个词项组合，一般构成一个结构体，这个知识涉及同时考虑三个词项共现时的分布能力描述，而当前的语法知识信息描述，一般都建立在语法单位两项组合的框架基础上，离理想中的“全面描述一个语言单位的分布能力”，包括能分布在哪些位置，以及不能分布在哪些位置，还有相当大的差距。前文已经分析过，自然语言句子的结构是层级性的树状结构，因此，描写一个词的分布特征，从根本上讲，应该在树状结构的框架下描述，而目前的语言知识资源中对词语分布特征的描述，都是基于二元组合来描述的，或者说，试图通过在最小二叉树的结构框架下描述一个词语的全部组合能力，来间接地预测一个词在可能的句子树结构上的分布状况，这种方法只能反映词语的部分分布特征信息，无法刻画词语的全部分布信息，反映词语用法的全貌。

在知识库中对词语的语义信息进行描写，概括而言是描述一个词语可能跟哪些词语发生语义上的联系，以及以何种关系发生联系，如上下位、部分-整体、同义反义、施事、受事、工具、处所等。表2.6是一些词语的语义信息描述示例。

表2.6　语义信息示例

词语	概念编号	语义描述
打	015492	weave|辫编
打	017144	exercise|锻炼,sport|体育
打对折	017317	subtract|削减,patient=price|价格,commercial|商,（range|幅度=50%）
医生	160648	human|人：HostOf={Occupation|职位},domain={medical|医},{doctor|医治：agent={~}}
医院	160682	InstitutePlace|场所：domain={medical|医},{doctor|医治：content={disease|疾病},location={~}}
患者	063820	human|人：domain={medical|医},{SufferFrom|罹患：experiencer={~}},{doctor|医治：patient={~}}

续表

词语	概念编号	语义描述
药费	158761	expenditure|费用：{buy|买：cost={~},possession={medicine|药物}}
车前子	021705	FlowerGrass|花草：MaterialOf={medicine|药物}

一个多义词的不同词义用不同的概念编号表示。打_015492代表了“打毛衣”中的“打”，它属于“辫编”这个概念语义范畴。打_017144代表了“打篮球、打太极拳”中的“打”，它属于“锻炼”和“体育”两个概念语义范畴。“打对折”是“削减”的同一范畴，同时“打对折”跟“价格”构成受事关系（或者说，“价格”是“打对折”的受事角色），“打对折”隐含了一个“幅度”角色，该角色的取值是50%。表2.5中的“医生、医院、患者、药费、车前子”等词语，通过语义特征值的定义方式，实际上描述了词语间的语义关系，例如，“医生”是“医治”的施事（agent），“医院”是“医治”的场所（location），“患者”是“医治”的受事（patient），“药费”是购买“药物”的成本（cost），“车前子”是一种“药物”。通过这种语义特征值的定义方式，刻画了相关概念（词）间的各种语义关系，可以形成概念关系网络图。

下面以动词语义角色标注为例，介绍标注语料库的通常做法。

例如英语中表达Revenge（复仇）事件的句子通常共享以下5个语义角色，构成所谓的“复仇”语义框架。在该框架下，各元素之间的语义联系体现在表2.7所示的角色定义中。

表2.7 Revenge（复仇）语义框架元素定义表

框架元素	定义
Agent（复仇者）	惩罚**复仇对象**，使其为之前的**伤害行为**付出代价
Injured_Party（之前的受害者）	受到过**复仇对象**的伤害
Injury（之前的伤害行为）	**复仇对象**实施的动作行为
Punishment（复仇举措/惩罚方式）	**复仇者**实施的动作行为
Offender（复仇对象=之前的伤害者）	实施**伤害行为**

跟表达“复仇”事件有关的词语有16个：avenge.v, avenger.n, get back at.v, get_even.v, retaliate.v, retaliation.n, retribution.n, retributive.a, retributory.a, revenge.n, revenge.v, revengeful.a, revenger.n, vengeance.n, vengeful.a, vindictive.a。其中除一般的词语外，还包括像“get back at”“get even”这样的动词短语。这些词语中有5个动词（以.v标记），6个名词（以.n标记），5个形容词（以.a标记），这些词出现在

句子中时就激活“复仇”事件框架。对句义的理解，需要将该框架的语义角色（框架元素）跟实际句子中的成分对应起来。

下面是含有“复仇”动词avenge、get even的三个句子及其框架元素标注。

例2.35 （1）

Hook	*tries to avenge*	himself	on Peter Pan	by becoming a second and better father.
Avenger		**Injured_ party**	**Offender**	**Punishment**

（2）

Yesterday	the Cowboys	*avenged*	their only defeat of the season	by beating Philadelphia Eagles 20–10.
	Avenger		**Injury**	**Punishment**

（3）

Ethel	eventually *got even*	with Mildred	for the insult to Ethel 's family.
Avenger		**Offender**	**Injury**

通过这种标注句例，可以观察动词在实际语料中的角色分布规律，例如“复仇”框架中表达“惩罚”（Punishment）义的语言形式通常是“by”引导的介词短语，表达“复仇对象”（Offender）的语言形式一般是“on、with”引导的介词短语。英语中“伤害行为（Injury）可以直接跟在复仇动词之后，如例2.35（2）句所示。对应到汉语的复仇义动词，则没有这种句法分布形式，汉语不能说“复仇他们上个赛季的失利”。汉语中通常要采用例2.35（3）所示的句型，将伤害行为放在介词“为”之后引出，并将整个介词短语放在复仇动词之前，说成“为他们上个赛季的失利复仇”。该框架中的“复仇对象角色”，在英语中和汉语中，都需要通过介词引出，如例2.35（1）用on引出，例2.35（3）用with引出，汉语中一般用“向”引出。这是英语和汉语的相同点。可见，利用框架元素的描述方式，有利于比较语言之间在实践语义表达的形式手段方面的异同。

一般来说，语言学知识库是对相对成熟的语言学研究成果的数据化表示，是比较可靠的知识，可以反映语言系统稳定、规范的一面。标注语料库则既包括将相对成熟的语言学研究成果用于实际语料的标注，也包括将还在探索中的不太成熟的语言研究用于实际语料的标注，实际语料来源广泛，语体多样，可以体现语言系统生动、变化的一面。理想而言，这两种语言知识资源定位不同，作用互补，可以形成良性的互动，互相促进，交替提升资源的质量和规模。不过，要在实践中实现这一理想的语言知识资源生态环境，还有许多具体工作要做，包括语言知识表示的合理设计，数据交换的规范、接口等，既有理论层面的问题，也有工程技术层面，乃至知识产权方面的现实问题。这些因素对语言知识资源总体质量和规模的提升构成了很大的挑战。

语言知识资源，无论是知识库，还是标注语料库，都是语言单位已有用法特征的记录，反映的是词语用法的部分信息（样本），而无法做到反映全部信息（总体）。对此或许可以说：当前的语言知识资源是关于语言系统的外延性的知识记录，而非内涵定义式描述。目前能够触摸到的，始终是言语，这是人们借由了解语言本身奥秘的唯一途径。

2.5 延伸阅读

对于非语言学专业背景的读者和学习者，下面三本书对了解语言学的概貌，可以起到初窥门径之效。

PARKER F, RILEY K. Linguistics for Non-linguists[M]. Boston：Taylor & Francis Ltd., 1986.

FROMKIN V, RODMAN R, HYAMS N. An Introduction to Language[M]. 7th ed. 北京：北京大学出版社，2004.

TYERS F M, BENDER E M. Linguistic fundamentals for natural language processing：100 essentials from morphology and syntax[M]. New York：Kluwer Academic Publishers, 2014.

关于如何将语言学知识、语言资源构建和机器学习任务联系起来的系统论述，可以参考：

PUSTEJOVSKY J, STUBBS A. Natural Language Annotation for Machine Learning[M]. 南京：东南大学出版社，2013.

习题

1. 请举出至少5个例子，说明语言系统产生新词和旧词产生新义的不同方式。
2. 在下面画线处填入合适的助词，并说明助词在句中的语法功能，对句子句法结构的影响。

A.的　　B.地　　C.得

（1）最终他们三个头脑清醒______完成了任务。

（2）狸跟狐相比，个头小______多。

（3）他们打______那个人跳下了悬崖。

（4）他高兴______跳了起来。

3. 请解释为什么“阿Q有美元”是“阿Q拥有一定数量的美元货币”的意思，而“阿Q有钱”除了“阿Q拥有钱”，还会有“阿Q钱很多”的意思。

4. 请从语言学角度分析下面的三段论推理的逻辑错误原因是什么。

（1）**鲁迅的书**不可能在一天之内全部读完。

（2）《祝福》是**鲁迅的书**。

（3）《祝福》不可能在一天之内全部读完。

5. 下面是一句广告语，请再找一些类似这种广告语的例子，分析自然语言在词语组合方面的创造性。

某大学手语社团广告：看见你的声音

参考文献

[1] COVINGTON M. A fundamental algorithm for dependency parsing[C]//Proceedings of the 39th Annual ACM Southeast Conference, 2001.

[2] DRYER M S, HASPELMATH M. The World Atlas of Language Structures Online[M]. Leipzig: Max Planck Institute for Evolutionary Anthropology, 2013.

[3] GRICE H P. Logic and Conversation//COLE P, MORGAN J L. Speech Acts[M]. New York: Academic Press, 1975.

[4] JAKOBSON R. Linguistics and Poetics//SEBEOK T A. Style In Language[M]. Cambridge Massachusetts: MIT Press, 1960.

[5] FIRTH J R. A synopsis of linguistic theory 1930—1955// Special Volume of the Philological Society[M]. Oxford: Oxford University Press, 1957.

[6] GEOFFREY L. Principle of Pragmatics[M]. London: Longman, 1983.

[7] SPERBER D, WILSON D. 关联：交际与认知[M]. 2版. 蒋严，译. 北京：中国社会科学出版社，2008.

[8] TOMASELLO M. 人类沟通的起源[M]. 蔡雅菁，译. 北京：商务印书馆，2012.

[9] 徐烈炯. 语义学[M]. 北京：语文出版社，1990.

[10] 俞士汶，朱学锋，王惠，等. 现代汉语语法信息词典详解[M]. 2版. 北京：清华大学出版社，2003.

[11] 朱德熙. 汉语句法中的歧义现象[J]. 中国语文，1980, 2：21–27.

第3章　形式语言与自动机

3

自然语言是人类进行沟通和交流，表达某些概念、事实和思想的系统。和程序设计语言一样，语言是由组合语法规则制约，旨在传达语义的记号形式系统。形式语言给出了语言的语法规则和分类的形式化方法，通过对字母、单词、句子的定义，用精确的数学可描述或机器可处理的公式来定义语言。而自动机则是基于语言的形式化定义，能够识别语言构造和结构的自动装置。

本章首先介绍语言、文法、自动机这三个基本概念；然后重点介绍用以描述和识别语言词法结构的正则文法和有穷自动机；最后介绍用以描述和识别语言语法结构的上下文无关文法和下推自动机。

3.1　基本概念

3.1.1　字母表、符号串及语言

简单来说，语言是在某个特定字母表上的符号串所组成的集合。首先，给出一个有限的、非空的符号集合 Σ，称为**字母表**，例如二进制字母表 $\Sigma=\{0,1\}$、英文字母表、ASCII码、Unicode码都是字母表的典型示例。

而由字母表中若干符号构成的有穷序列，称为**符号串**，例如二进制符号串 s=100010。符号串 s 的长度，通常记作 $|s|$，是指在 s 中符号出现的次数，例如100010是一个长度为6的二进制串。空串是长度为0的串，用 ε 表示。

字母表上任意长度的符号串集合构成了字母表的闭包（closure）运算，定义为 Σ^*。例如 $\Sigma=\{0, 1\}$，则 $\Sigma^*=\{\varepsilon, 0, 1, 00, 01, 10, 11, 000, 001, \cdots\}$。不包含 ε 的集合则定义为字母表的正闭包，记作 Σ^+。

如果 x 和 y 是 Σ^* 中符号串，那么 x 和 y 的连接（concatenation），记作 xy，是把 y 连接到 x 后面而形成的符号串。例如，如果 x=01且 y=100，那么 xy=01100。空串是连接运算的单位元，也就是说，$s\varepsilon=\varepsilon s=s$。如果把两个串的连接看成是这两个串的"乘积"，可以定义串的"指数"运算如下：定义 s^0 为 ε，并且对所有的 $i>0$，s^i 定义为 $s^{i-1}s$。因为 $\varepsilon s=s$，由此可知 $s^1=s$，然后是 $s^2=ss$，$s^3=sss$，依此类推。

语言是特定字母表上符号串的集合。作为一个集合，语言上的运算同样包含并、连接和闭包运算。并运算是常见的集合运算，两个语言 L 和 M，它们的并运算（$\cup$）是将他们所有的元素合并，记作 $L\cup M=\{s|s\in L$ 或 $s\in M\}$。语言的连接运算，是从第一个语言中任取一个串，再从第二个语言中任取一个串，然后将任取的两串连接后得到的串的集合，记作 $LM=\{st|s\in L$ 且 $t\in M\}$。一个语言的闭包，就是将 L 连接0次或者多次后得到的串的集合，记作 $L^*=\bigcup_{i=0}^{\infty} L^i$。

3.1.2 文法

3.1.1小节给出了字母表、符号串和语言的概念及相关运算。然而，对于语言是特定字母表上的符号串集合这一定义过于宽泛。语言通常具有特定的结构，需要满足特定的规则约束。例如，在英语中一个句子通常是由名词短语和动词短语构成，一个名词短语是由一个冠词加一个名词构成，一个动词短语由动词加名词短语构成等。

这些约束和特定的规则需要更强大的机制来描述语言，这种强大的机制即是文法。例如上述英语句子的构成可以用例3.1来描述，可以读作"→"左边的部分由"→"右边的部分构成。

例3.1　*< sentence >*→*< noun_ phrase >< verb_ phrase >*

< noun_ phrase >→*< article >< noun >*

< verb_ phrase >→*< verb >< noun_ phrase >*

如果指定冠词为"a"或"the"，指定名词为"boy"和"cake"，指定动词为"eats"，那么用这个文法就可以确定一个句子"a boy eats the cake"。理论上来说，如果设计一套完善的文法规则系统（即形式文法），所有的句子都可以通过上述的方法来解释它的构成。

定义3.1　形式文法

一个文法G由一个四元组定义：$G=(V, T, S, P)$

其中，V是非终结符号（non-terminal symbol）集合，非终结符号通常用大写的A、B、C等来表示。T是终结符号（terminal symbol）集合，终结符号通常用小写的a、b、c等来表示。S是开始符号，$S\in V$，P是产生式（又称重写规则）的集合。如果没有特别标注，集合V和T是非空且不相交的。非终结符号是一个可拆分的语法变量，该变量表示具有特定语法结构的串的集合，如例3.1的*<sentence>*，*<noun_ phrase>*和*<verb_ phrase>*，而终结符号是不可拆分的最小元素，是组成串的基本符号。

产生式规则是文法的核心，它规定了一个符号串如何转换为另一个符号串，通过这种转换就可以定义一种和该文法相关的语言。产生式的基本形式如下所示：$x\to y$。

其中x是$(V\cup T)^+$的一个元素，y是$(V\cup T)^+$的一个元素。这些产生式按如下的方式应用：给定一个字符串w，$w=uxv$。如果文法中存在产生式$x\to y$，可以用y

替换（又称重写）其中的x，从而可以得到一个新的字符串：$z=uyv$。这个过程，可以认为是从w推导出z，或z由w推导得来，记作$w\Rightarrow z$。多次应用这些产生式进行推导，可以得到很多符合规则的字符串，其中一个产生式可以被应用任意多次。如果：$w_1\Rightarrow w_2\Rightarrow\cdots\Rightarrow w_n$，可以简化为$w_1\overset{*}{\Rightarrow}w_n$，其中，$\overset{*}{\Rightarrow}$表示从$w_1$到$w_n$的0步或者多步推导。从文法的开始符号$S$开始，通过不同的顺序应用这些产生式，可以生成很多不同的字符串。所有的由S生成的终结符号串的集合组合成该文法定义或者说生成的语言。

定义3.2　形式语言

对于文法$G=(V, T, S, P)$，那么集合$L(G)=\{w\in T^*: S\overset{*}{\Rightarrow}w\}$，称为由$G$生成的语言，请注意，这里的$w$是由终结符号构成的串。如果$w\in L(G)$，那么序列$S\Rightarrow w_1\Rightarrow w_2\Rightarrow\cdots\Rightarrow w_n\Rightarrow w$，表示句子$w$的生成过程。$S, w_1, w_2, \cdots, w_n$，这些包含非终结符号和终结符号的符号串通常被称为推导的中间结果，又称句型。

例3.2　对于文法$G=(\{S\}, \{a, b\}, S, p)$，其中$P$为

$$S\rightarrow aSb$$

$$S\rightarrow\varepsilon$$

那么有如下推导

$$S\Rightarrow aSb\Rightarrow aaSbb\Rightarrow aabb$$

所以可以写作

$$S\overset{*}{\Rightarrow}aabb$$

这里得到的$aabb$就是由G定义的语言$L(G)=\{a^nb^n: n\geqslant 0\}$中的一个句子。

在所有文法和语言的研究中，最常见的是诺姆·乔姆斯基于1956年提出的乔姆斯基文法体系。他通过对产生式施加不同的限制，把文法分为4种类型，它们分别具备不同的形式文法表达能力。

- 0型文法（无限制文法或短语结构文法），设$G=(V, T, S, P)$，如果它的每个产生式$\alpha\rightarrow\beta$是这样一种结构：$\alpha\in(V\cup T)^*$且至少含有一个非终结符号，而$\beta\in(V\cup T)^*$，则G是一个0型文法。该类文法对应的语言又被称为递归可枚举语言。一般的文法至少都是0型文法，也就是说0型文法限制最少，而1, 2, 3型文法都是在0型文法基础上加以限制形成。
- 1型文法（上下文相关文法）。它是在0型文法上增强了约束，对于每一个

$\alpha \to \beta$，都有$|\beta| \geqslant |\alpha|$，这里的$|\beta|$表示的是$\beta$的长度，有个特例$\alpha \to \varepsilon$也满足1型文法。产生式的一般形式为$\alpha_1 A \alpha_2 \to \alpha_1 B \alpha_2$，这里的$A$是非终结符号，而$\alpha_1$，$\alpha_2$和$B$是包含非终结符号与终结符号的字串，$\alpha_1$，$\alpha_2$可以为空串，但是$B$不能是空串。之所以称为“上下文相关文法”，是因为只有A的左右上下文是α_1和α_2时，才可以转换为右侧的符号串B。由上下文相关文法（1型文法）G产生的语言L（G），称为1型语言（上下文有关语言）。

- 2型文法（上下文无关文法）。2型文法是在1型文法上再增加约束，对于每一个$\alpha \to \beta$都有α是一个非终结符号。之所以称为“上下文无关文法”，是因为无论α的上下文是什么，都可以转换为符号串β。上下文无关文法为大多数程序设计语言的成分构成和语言结构解析提供了理论支撑。同样，自然语言的成分描述和语言结构解析通常也依赖于上下文无关文法。

- 3型文法（正则文法），这种文法对于每一个$\alpha \to \beta$, α只能包含一个非终结符号，β只能是空串、一个终结符号或者一个终结符号后接一个非终结符号。它是在2型文法的基础上满足：$A \to a|aB$（右线性）或$A \to a|Ba$（左线性）。正则文法能描述程序设计语言的词法单元，还经常被用于定义检索模式。自然语言文本中符合特定模式的字母串或者词串也可以用正则文法来描述，例如电子邮件地址，以及地名等命名实体。

4个文法的定义是逐渐增加限制的，规则和约束越来越多，因此正则文法都是上下文无关的，上下文无关文法都是上下文有关的，上下文有关文法都是0型文法。自从乔姆斯基建立形式语言的描述以来，形式语言的理论发展很快，这种理论对计算机科学有着深刻的影响，特别是对程序设计语言的设计、编译方法和计算复杂性等方面更有重大的作用。

3.1.3 自动机

3.1.2小节给出了形式文法和形式语言的数学定义，需要一种计算模型能够帮助识别并检查语言的正确性。自动机正是计算机中的一个抽象模型，它给出了用有穷的方式描述无穷的语言的另一种手段。

自动机是对输入符号串进行扫描，基于当前状态依据转换函数“跳转”到新状态的一种机器。这个转换函数的作用是，给定当前状态和当前输入字符，告诉自动机其下一个状态是什么。可以定义自动机中的某些状态是“接受”状态，给定一个符号串，从自动机的开始状态出发，经过若干次转换，能够在某一个“接受”状态结束，就可以判断输入符号串是一个特定的词法单元或者语法结构。通常，状态转换图可以用来更直观地表示出有穷自动机（参见3.2节）的运行过程。图中的一个节点对应于自动机中的一个状态，节点之间的边表达状态之间的转换，节点上的标号对应于自动机接收的输入符号。如图3.1所示，给定当前状态i，接收输入符号a或者ε可以转换到状态j。

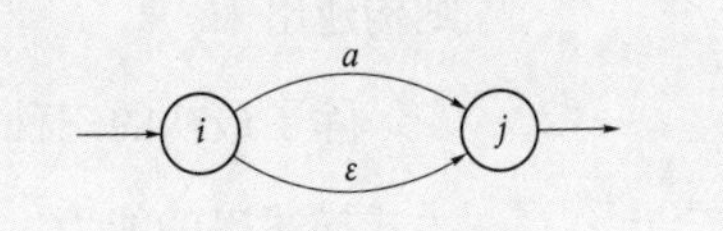

图3.1 状态转换图

乔姆斯基的文法语言类，每一类恰好有一类自动机与其相对应。例如0型文法对应于图灵机，1型文法对应于线性界限自动机，2型文法对应于下推自动机，3型文法对应于有穷状态自动机。在本章的3.2节和3.3节部分，将详细介绍正则文法及其对应的有穷自动机，以及上下文无关文法及其对应的下推自动机。

3.2 正则文法与有穷自动机

3.2.1 正则表达式与正则文法

对于语言的特定词法单元，往往具有特定的规律或者叫模式，例如英语动词的现在进行时形式为v+ing，又如C语言的合法标识符等。这里介绍一种适合于描述特定词法模式的表示方法，正则表达式。正则表达式最早由Kleene在1956年提出。正则表达式对应的语言，称为正则语言。

正则表达式往往由串、括号、操作符(|, ·, *)组成。最简单的例子，一个语言$\{a\}$，可由正则表达式a表示。稍复杂的语言$\{a,b,c\}$，可由正则表达式$a|b|c$表示，竖线（|）表示并（union）。使用连接符号（·）表示连接（concatenation），连接符号通常可省略。星号（*）表示“零个或多个”表达式的连接，例如，表达式$(a|(b\cdot c))^*$可表示语言$\{\varepsilon, a, bc, aa, abc, bca, bcbc, aaa, aabc, \cdots\}$。按照优先级$* > \cdot > |$，以及连接符号可省略的约定，上述表达式可以简化为$(a|bc)^*$。

> **定义3.3 正则表达式**
>
> 1. Σ是给定的字母表，ε，$a\in\Sigma$是正则表达式，且被称为原始正则表达式。
> 2. 如果r_1和r_2是正则表达式，那么$r_1|r_2, r_1\cdot r_2, r_1^*, (r_1)$也是正则表达式。

从上述定义可以看出，正则表达式可以由较小的正则表达式按照规则递归地构建而成。例如，对于$\Sigma=\{a, b, c\}$，则$(a|bc)^*$是正则表达式，因为它可以通过以上的规则构建出，可以令r_1=b，r_2=c，得出正则表达式bc，a同样是正则表达式，重复这一过程，最终可得到这个串。但串$(a|b|)$不能被称为正则表达式，该串不能通过上述规

则构建出来。

除了最初的三种操作符外，还有很多针对正则表达式的扩展，被用来增强正则表达式描述串的能力：操作符+表示“一个或多个”表达式的连接；操作符?表示“一个或零个”表达式；一个正则表达式$a_1|a_2|\cdots|a_n$可以缩写为$[a_1a_2\cdots a_n]$，当$a_1, a_2, \cdots, a_n$形成一个逻辑上连续的序列时，可以把它们表示成a_1-a_n，比如$a|b|c$可缩写为$[abc]$，$a|b|\cdots|z$可缩写为$[a-z]$。按照这样的扩展定义，C语言的标识符可以用正则表达式$[A-Za-z_][A-Za-z0-9_]^*$来刻画，即标识符由字母、数字和下划线组成，且第一个字符只能为字母或下画线。

每个正则表达式都可以用文法来描述，更确切地说，都可以用3型文法（正则文法）来描述。它们之间存在等价关系。

例3.3　正则表达式$(a|bc)^*$等价于正则文法$G=\{\{A_0\}, \{a, b, \varepsilon\}, A_0, P\}$，这里的$P$可表示为：

$$A_0 \to aA_0|bcA_0|\varepsilon$$

3.2.2　有穷自动机

3型的正则文法对应于有穷自动机，又称有穷状态自动机。自动机是识别器，它可以对每个可能的输入串简单地回答“是”或“否”，从而判断一个输入串是否属于一个正则表达式（正则文法）对应的正则语言。首先了解有穷自动机的工作原理，然后学习如何从正则表达式构造出一个相应的自动机。

有穷自动机分为两类：不确定的有穷自动机（nondeterministic finite automata, NFA）对其边上的标号没有任何限制，一个符号可标记离开同一状态的多条边，并且空串ε也可以作为标号。确定的有穷自动机（deterministic finite automata, DFA）对于每一个状态及自动机输入字母表中的每个符号，有且只有一条离开该状态、以该符号为标号的边。

定义3.4　确定的有穷自动机（DFA）

DFA定义为：$M=(Q, \Sigma, \delta, q_0, F)$，这里$Q$是有穷的状态集合，$\Sigma$是输入字母表，$\delta: Q \times \Sigma \to Q$是转换函数，$q_0 \in Q$是初始状态，$F \subseteq Q$是接受状态（或终止状态）集合。

在初始时刻，DFA在初始状态q_0，输入指针自左向右扫描输入符号串，每次读入一个符号，自动机根据当前的状态和当前的输入符号，决定进入下一个状态，依次扫描，状态持续转换。如果扫描指针到达了符号串尾部，且此时自动机位于它的终止状态，则输入串被接受，否则输入串被拒绝。自动机状态的转换由转换函数δ决定，例如，如果$\delta(q_0, a)=q_1$，表示当DFA位于状态q_0，当前的输入符号是a时，DFA将会转换到状态q_1。

通常会将DFA表示成一张转换图（transition graph），图中每个节点表示状态，边表示转换。

例3.4　图3.2可以表示DFA, M=($\{q_0, q_1, q_2\}, \{0, 1\}, \delta, q_0, \{q_1\}$)，这里$\delta$可给定为：

$$\delta(q_0, 0)=q_0,\quad \delta(q_0, 1)=q_1$$
$$\delta(q_1, 0)=q_0,\quad \delta(q_1, 1)=q_2$$
$$\delta(q_2, 0)=q_2,\quad \delta(q_2, 1)=q_1$$

该DFA可以接受串01，DFA初始时位于状态q_0，符号0被先读入，此时自动机依旧位于状态q_0，接下来1被读入，状态机转换到状态q_1，此时到达了串的尾部，同时状态机也到了接受状态q_1。因此，串01可以被接受。相反，串00则不能被接受，因为连续输入两个0后，DFA依旧位于状态q_0, q_0是非接受状态($q_0 \notin F$)。

定义3.5　不确定的有穷自动机（NFA）

NFA定义为：$M=(Q, \Sigma, \delta, q_0, F)$，这里$Q$是有穷的状态集合，$\Sigma$是输入字母表，$\delta$是转换函数，它描述了从$Q\times(\Sigma\cup\{\varepsilon\})$到$Q$有限子集的映射，$q_0\in Q$是初始状态，$F\subseteq Q$是接受状态（或终止状态）集合。

注意NFA中δ的值域是Q的幂集，转换函数的返回值并非Q的一个元素而是Q的子集，这个子集定义了转换后所有可能的状态的集合，例如$\delta(q_1, a)=\{q_0, q_2\}$，$q_0$和$q_2$都可以是NFA的下一个状态。同时，也允许$\varepsilon$作为$\delta$的第二个参数，这意味着NFA可

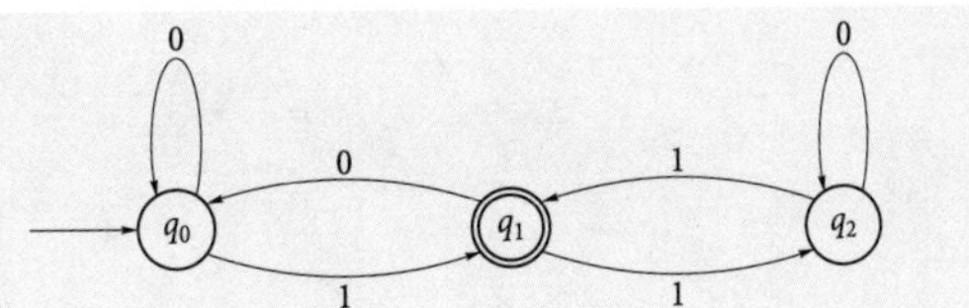

图3.2 DFA状态转换图

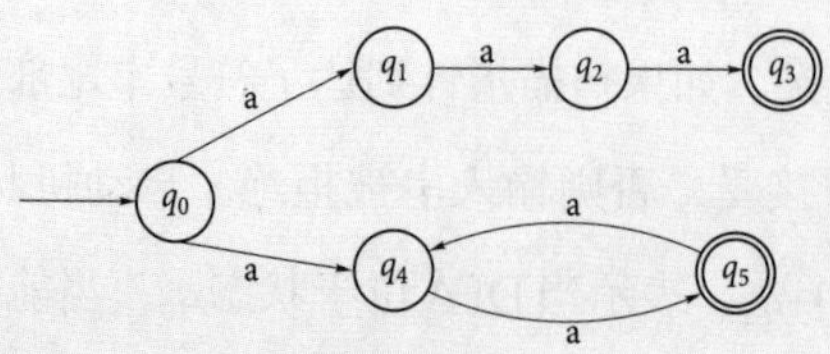

图3.3 NFA状态转换图

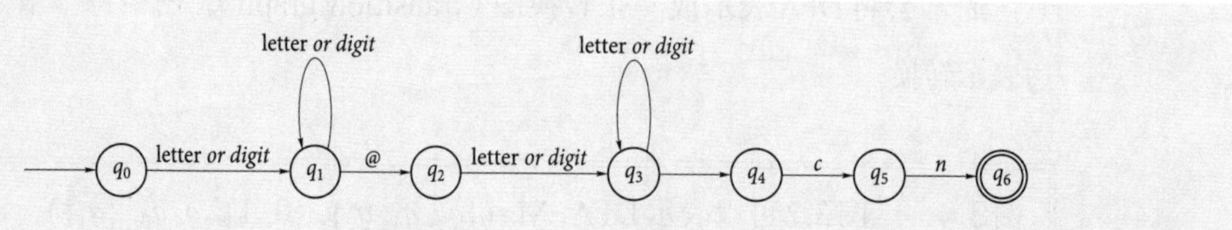

图3.4 用以识别电子邮箱地址的有穷自动机示意图

以在不匹配输入符号的情况下完成转换。在NFA中$\delta(q_1, a)$也可能返回空状态，这意味着这种情况下不能完成转换。

跟DFA一样，NFA也可以表示为状态转换图，图中每个节点表示状态，如果$q_j \in \delta(q_i, a)$，则节点q_i到节点q_j存在标记为a的边。如图3.3所示，由于q_0对于符号a有两条转换路径，所以描述的是NFA的转化图。

经过一系列可能的转换，如果在输入符号串到达末尾时，NFA也位于接收状态，则该串可被NFA接收，否则被拒绝。

由DFA和NFA的定义和运行原理可以看出，很容易利用转换函数，构造程序模拟NFA或DFA的运行，从而判断一个输入串是否属于一个正则表达式（正则文法）对应的正则语言。DFA和NFA在识别语言能力上存在等价关系[3]。正则表达式和有穷自动机之间也存在等价关系，正则表达式转变为接受相同语言的确定性有穷状态自动机的算法可以详见本章参考文献[4]。

3.2.3 在自然语言处理中的应用

正则表达式与有穷自动机在自然语言处理中具有重要的用途，单词拼写检查、文本匹配等自然语言处理任务都可以借助自动机和正则表达式解决，例如要匹配文档中一个以.cn结尾的只包含数字和字母的电子邮箱地址，正则表达式[*letter*|*digit*]+@[*letter*|*digit*]+\.*cn*即可描述，这里*letter*→[*A*−*Za*−*z*]，*digit*→[0−9]，图3.4为对应的NFA转化图。

3.3 上下文无关文法和下推自动机

根据3.2节的介绍，不是所有的语言都是正则的，正则文法能表示的语言是有限的。如语言$L=\{a^nb^n: n \geqslant 0\}$就无法用正则文法来描述。2型的上下文无关文法比正则文法具有更强的表达能力，相对正则文法更加适合描述程序设计语言和自然语言，且基于上下文无关文法有高效的语法分析技术可以帮助解析输入串的语言结构构造。本节将介绍上下文无关文法（context-free grammar，CFG），通过推导的方式，理解字符串是如何由文法生成的。对句子进行文法推导，得到句子的成分结构的过程，称为句法分析（syntax parsing，或简称parsing）。

3.3.1 上下文无关文法

在正则文法中，对产生式有两个限制：产生式的左部必须是单个变量，右部具有左线性或右线性的特定形式。上下文无关文法是一种表示能力更强的文法，放宽了正则文法中的限制，允许产生式的右端为具有任何合法的非终结符号和终结符号的组合形式。

定义3.6 上下文无关文法

如果文法$G=(V, T, S, P)$中的所有产生式具有形式

$$A \to x,$$

其中$A \in V$且$x \in (V \cup T)^*$，那么文法G是上下文无关文法。

定义3.7 上下文无关语言

如果$G=(V, T, S, P)$是上下文无关文法，那么集合

$$L(G)=\{w \in T^*: S \overset{*}{\Rightarrow} w\}$$

是由G生成的上下文无关语言。

根据上下文无关文法的定义可知，所有的正则文法都是上下文无关文法。而语言$L=\{a^nb^n: n \geqslant 0\}$可由上下文无关文法$G(\{S\}, \{a, b\}, S, P)$,

$$S \to aSb,$$

$$S \to \varepsilon.$$

生成，对于句子$aabb$，存在推导序列

$$S \Rightarrow aSb \Rightarrow aaSbb \Rightarrow aabb$$

在3.1.2中曾经指出，从开始符号推导得到的中间结果称为句型，全部由终结符号构成的句型称为句子。

定义3.8　最左推导与最右推导

如果在推导过程中，每次都选择替换句型中最左（右）的非终结符号，那么这个推导就是一个最左（右）推导。

例3.5　考虑文法G具有产生式

$$S \to aAB,$$

$$A \to bBb,$$

$$B \to A|\varepsilon.$$

那么，推导语句$abbbb$的过程

$$S \Rightarrow aAB \Rightarrow abBbB \Rightarrow abAbB \Rightarrow abbBbbB \Rightarrow abbbbB \Rightarrow abbbb$$

就是一个最左推导，而

$$S \Rightarrow aAB \Rightarrow aA \Rightarrow abBb \Rightarrow abAb \Rightarrow abbBbb \Rightarrow abbbb$$

则是一个最右推导。

定义3.9　推导树

有序树D是上下文无关文法G=(V, T, S, P)的推导树，又称语法分析树，当且仅当有标记的有序树D满足性质：

D的根节点是开始符号S;

D的非叶节点（内部节点）为非终结符号；

D的叶节点为非终结符号、终结符号或ε。

图3.5就是例3.3对应的一棵推导树，树并不能够反映符号串的推导过程，但是能够反映符号串的语法结构。

此外，在一棵树中，如果标记为A的一个内部节点有从左至右的直接子节点$X_1, X_2, \cdots, X_i$，那么P中一定存在产生式

$$A \to X_1X_2\cdots X_i$$

句型$X_1, X_2, \cdots, X_i$被称为这棵推导树的结果（yield）。

被标记为ε的叶节点没有兄弟节点，即具有ε子节点的父节点不再有其他子节点。

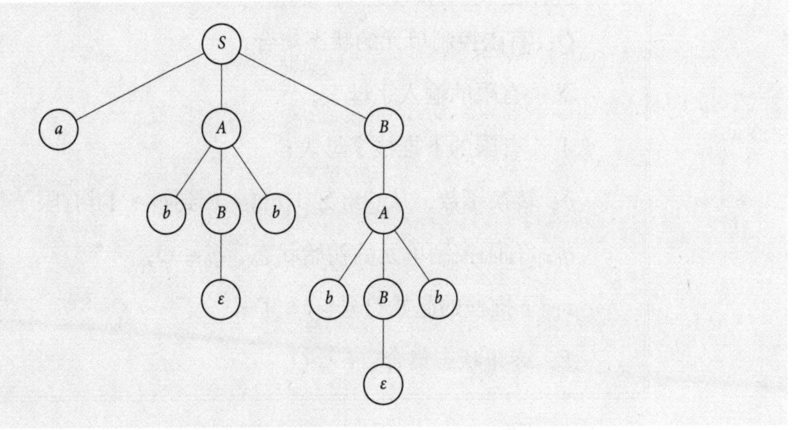

图3.5 *abbbb*的推导树

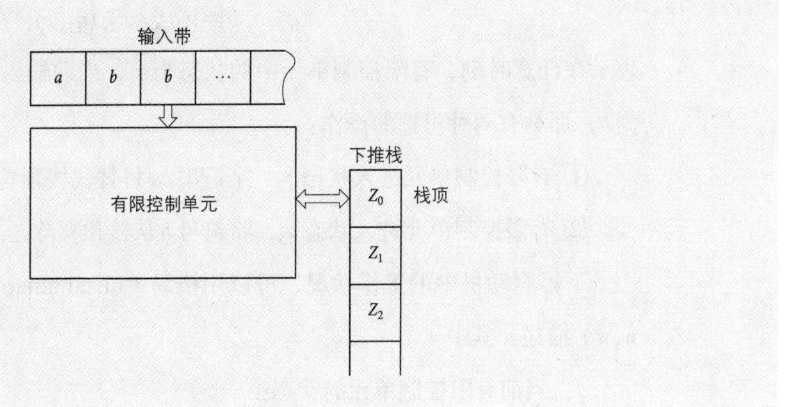

图3.6 下推自动机示意图

3.3.2 下推自动机

前面提到，$L=\{a^nb^n: n\geqslant 0\}$不是正则语言，它不能由有穷自动机所识别。根本原因在于：任何一个有穷自动机想要识别这样的语言，不但要确保所有的a都出现在第一个b之前，还必须设法记住已经读入了多少个a。而n是无界的，对于任意的n，必须有一个状态对应n个a，这导致有穷自动机中要有无限个状态。需要一种记忆机制，来扩充机器的能力。具体的做法是，引入一个下推栈，能保存中间的状态信息，不仅可以记住已经读入的a的个数，还可以记住已经读入的符号顺序。

图3.6给出了下推自动机的示意图。下推自动机，就是一个具有下推栈的机器，其表达能力与上下文无关文法等价。

定义3.10 不确定的下推自动机

不确定的下推自动机（nondeterministic pushdown automata，NPDA）M，是一个七元组，$M=(Q, \Sigma, \Gamma, \delta, q_0, z, F)$，其中

Q：有限控制单元的状态集合；

Σ：有限的输入字母表；

Γ：有限的下推栈字母表；

δ：转换函数，从$Q\times(\Sigma\cup\{\varepsilon\})\times\Gamma$到$Q\times\Gamma^*$有限子集的映射；

q_0：有限控制单元的初始状态，$q_0\in Q$；

z：下推栈的起始符号，$z\in\Gamma$；

F：终止状态集合，$F\subseteq Q$。

转换函数

$$\delta(q_1, a, b)=\{(q_2, cd), (q_3, \varepsilon)\}$$

表示在任意时刻，有限控制单元中的状态为q_1，当前输入符号为a，下推栈栈顶符号为b，那么有两种可选的操作：

① 有限控制单元进入状态q_2，字符串cd将替代栈顶符号b；

② 有限控制单元进入状态q_3，将符号b从栈顶移除。

下推自动机中的工作状况，可以用格局（instantaneous description）三元组（q, w, u）描述，其中

q：当前有限控制单元的状态；

w：待输入的字符串，当$w=\varepsilon$时，表示输入字符已读完；

u：下推栈内容，当$u=\varepsilon$时，表示下推栈已空。

从一个格局到另一个格局的转换，通常用符号$\vdash$表示。存在转换

$$(q_1, aw, bx)\vdash(q_2, w, yx)$$

当且仅当

$$(q_2, y)\in\delta(q_1, a, b).$$

例3.6　针对语言$L=\{a^nb^n: n\geqslant 0\}$，可以设计一个下推自动机$M=(Q, \Sigma, \Gamma, \delta, q_0, z, F)$，其中

$$Q=\{q_0, q_1, q_2\},$$

$$\Sigma=\{a, b\},$$

$$\Gamma=\{0, 1\},$$

$$z=0,$$

$$F=q_0.$$

δ定义如下：

$$\delta(q_0, a, 0)=\{(q_1, 10)\},$$
$$\delta(q_1, a, 1)=\{(q_1, 11)\},$$
$$\delta(q_1, b, 1)=\{(q_2, \varepsilon)\},$$
$$\delta(q_2, b, 1)=\{(q_2, \varepsilon)\},$$
$$\delta(q_2, \varepsilon, 0)=\{(q_0, \varepsilon)\}$$

这个下推自动机M的转换图如图3.7所示。转换函数所表达的映射关系可以用节点及节点之间的转换边来表示。节点q_0, q_1, q_2表示状态，从节点q_0到节点q_1的边上的标记a, 0/10表示：当前状态q_0，当前输入符号为a，下推栈栈顶符号为0时，进入状态q_1，栈顶符号0出栈，符号10依次反向入栈。

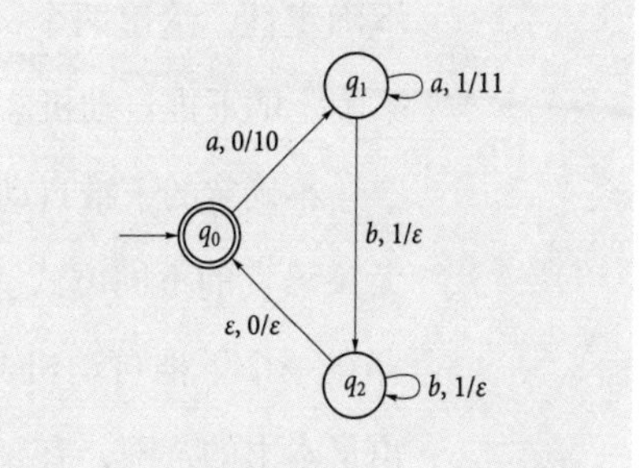

图3.7　识别$\{a^nb^n: n \geqslant 0\}$的下推自动机

当输入的字符串为$aabb$时，M的工作过程是$(q_0, aabb, 0) \vdash (q_1, abb, 10) \vdash (q_1, bb, 110) \vdash (q_2, b, 10) \vdash (q_2, \varepsilon, 0) \vdash (q_0, \varepsilon, \varepsilon)$因为$q_0 \in F$，所以$aabb$可以被$M$接受。更一般地，$M$把输入的若干个字符$a$逐个置入下推栈中（上例中的$M$，下堆栈中用标记符$I$记录并计数每一个输入的字符$a$），当开始输入第一个字符$b$后，就从下推栈中弹出一个已经记录的$a$，有限控制单元的状态便从$q_1$转换到$q_2$，继续输入字符$b$后，下推栈也继续弹出一个$a$。只有当输入的$b$的个数与$a$的个数相同，状态才从$q_2$转换到终止状态$q_0$后停止。这说明，$M$接受的语言，是由$a$和$b$个数相同的字符串构成的集合。

分析例3.6中的下推自动机M的工作过程，可以看出，对于每个格局的下一步只有确定的一个选择，这样的下推自动机是一个确定的下推自动机（deterministic pushdown automata，DPDA）。

定义3.11　确定的下推自动机

一个下推自动机$M=(Q, \Sigma, \Gamma, \delta, q_0, z, F)$如果是确定的，必须满足以下条件：对于任意的$q \in Q$, $a \in \Sigma \cup \{\varepsilon\}$和$b \in \Gamma$，

① $\delta(q, a, b)$包含最多一个元素；

② 若$\delta(q, \varepsilon, b)$不是空集，那么对于任意的$c \in \Sigma$，$\delta(q, c, b)$必定为空集。

条件①保证在所有时刻，格局（当前输入串和下推栈信息）的状态转换选择是唯一的；条件②说明，在下推栈顶确定时，当一个输入为空的转换发生时，不可能存在

其他终结符号上的状态转换。简而言之，在同样状态、同样栈顶符号下，最多只有一个后继转换的选择。

与确定的有穷自动机和不确定的有穷自动机之间存在等价性不同，不确定的下推自动机和确定的下推自动机两者并不等价，不确定的下推自动机比确定的下推自动机具有更强的能力。语言$L=\{a^nb^n: n \geqslant 0\}$不需要引入不确定性，所以其下推自动机是确定的。对于语言$L'=\{\omega\omega^R|\omega \in \{a,b\}^*\}$，该语言是由字母$a$和$b$构造的回文串，需要利用不确定性，给出两个$\omega$和$\omega^R$之间的界限，有兴趣的读者可以尝试构造接受语言$L'$的不确定的下推自动机。

不确定的下推自动机和上下文无关文法之间存在等价性，它们是用于描述上下文无关语言的不同方式。当给定一个上下文无关文法G和由它生成的语言$L(G)$，必然存在一个下推自动机M接受语言$L(M)$，使得$L(M)=L(G)$，反之亦然。相关证明也超出了本书的范围，有兴趣的读者可以参考文献[5]。

最后，简要说明如何把G转换成一个等价的下推自动机M。

① 把文法的起始符号放入栈中。

② 重复以下步骤：

a）若栈顶是非终结符号A，非确定地从文法选择一个关于A的产生式，并把A替换为产生式右端的内容；

b）若栈顶是终结符号a，则读取输入中的下一个符号，并将它与a进行比较。如果匹配，转2；否则，这个非确定性分支被拒绝；

c）如果栈顶为空，且此时输入到达结束符，则接受这个输入串。

3.3.3 在自然语言处理中的应用

基于上下文无关文法，可以基于高效的语法分析技术，分析出语言的结构。具体的语法分析技术请见第8章。

给定如下的自然语言文法：

$S \to NP\ VP$	$IP \to VP$
$NP \to PN$	$IP \to NP\ VP$
$NP \to NP\ PP$	$ADVP \to AD$
$VP \to VV\ NP$	$VV \to$ 看见|吃|做|…
$VP \to VV\ IP$	$PN \to$ 我|你|他|…
$VP \to VV\ NP\ IP$	$VA \to$ 开心|快乐|生气|…
$VP \to VA$	$AD \to$ 很|特别|…
$VP \to ADVP\ VP$	

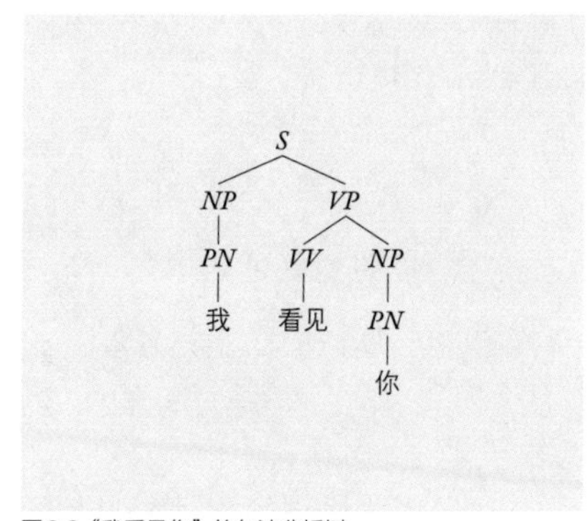

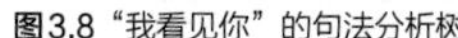
图3.8 “我看见你”的句法分析树

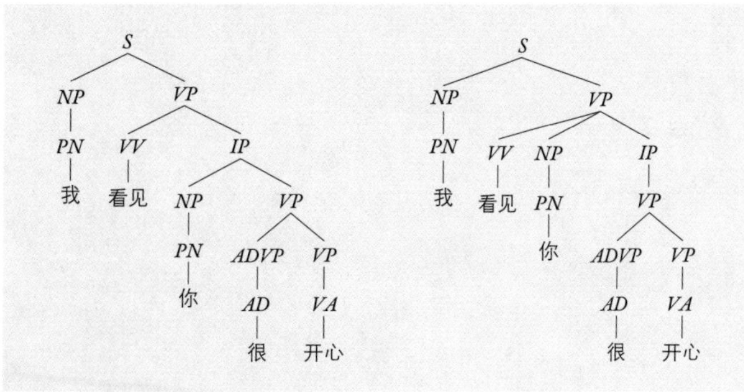

图3.9 “我看见你很开心”的句法分析树

其中*NP*表示名词短语，*VP*表示动词短语，*IP*是子句，等等。

对于句子“我看见你”，依据上述文法，可以得到如图3.8所示的句法树。

而对于句子“我看见你很开心”，则会有两棵结构不同的语法树。

从文法上看，图3.9的两棵句法树都是正确的，即从开始符号S经过不同的推导过程，可以得到这两棵不同的语法树。这种现象称为句法歧义问题。对应的文法称为二义性文法。当然，两棵不同的语法树也对应于不同的语义。

对于这样的句法分析歧义问题，可以通过在文法中引入复杂特征集描述或者利用概率上下文无关文法来解决，具体请见本书第8章。

习题

1. 给出正则表达式及相应的有穷状态自动机，能够：

   （a）在一个英文数据中标记出所有以字母d开头，e结尾的单词，例如：“demonstrate”；

   （b）识别出所有两个单词连写的词串，例如“the the”“can can”。

2. 英语中有很多回文单词，如redivider，noon，radar，level，rotor等。

   （a）请构造一个文法，该文法对应的语言是所有回文英语单词的集合。

   （b）并尝试构造下推自动机以识别回文单词。

第4章 机器学习基础

机器学习（machine learning，ML）就是**让计算机从数据中进行自动学习，得到某种知识（或规律）**。作为一门学科，机器学习通常指一类问题以及解决这类问题的方法，即如何从观测数据（样本）中寻找规律，并利用学习到的规律（模型）对未知或无法观测的数据进行预测。本章先介绍机器学习的基本概念，然后简要介绍本书用到的主要机器学习模型。

4

4.1 机器学习概述

为了描述方便，首先以文本情感分类为例来介绍机器学习中的一些基本概念：包括样本、特征、标签、模型、学习算法等。

在文本分类任务中，**样本**（sample）x为一段自然语言文本，需要预测的**标签**（label）$y\in\{+1,-1\}$分别表示正面或负面的评价。为了将样本x从文本形式转为向量形式，一种简单的方式是使用**词袋模型**（bag-of-words，BoW）模型。假设训练集合中的词都来自一个词表$\mathcal{V}$，大小为$|\mathcal{V}|$，则每个样本可以表示为一个$|\mathcal{V}|$维的向量$\boldsymbol{x}\in\mathbb{R}^{|\mathcal{V}|}$，向量第$i$维的值表示词表中的第$i$个词是否在$x$中出现。如果出现值为1，否则为0。

例如两个文本“我 喜欢 读书”和“我 讨厌 读书”中共有“我”“喜欢”“讨厌”“读书”四个词，它们的BoW表示分别为

$$\boldsymbol{x}^{(1)}=[1\ 1\ 0\ 1]^{\mathrm{T}}$$

$$\boldsymbol{x}^{(2)}=[1\ 0\ 1\ 1]^{\mathrm{T}}$$

词袋模型将文本看作是词的集合，不考虑词序信息，不能精确地表示文本信息。一种改进方式是使用n元组合特征，即每n个连续词构成一个基本单元，然后再用词袋模型进行表示。

以最简单的二元特征（即两个词的组合特征）为例，上面的两个文本中共有“$我”“我喜欢”“我讨厌”“喜欢读书”“讨厌读书”“读书#”六个特征单元，其中$和#分别表示文本的开始和结束。它们的二元特征BoW表示分别为

$$\boldsymbol{x}^{(1)}=[1\ 1\ 0\ 1\ 0\ 1]^{\mathrm{T}}$$

$$\boldsymbol{x}^{(2)}=[1\ 0\ 1\ 0\ 1\ 1]^{\mathrm{T}}$$

随着n数量的增长，n元特征的数量会指数上升，上限为$|\mathcal{V}|^n$。因此，在实际应用中，文本特征维数通常在十万或百万级别以上。

一组样本构成的集合称为**数据集**（data set）。一般将数据集分为两部分：训

练集和测试集。**训练集**（training set）中的样本是用来训练模型的，也叫**训练样本**（training sample），而**测试集**（test set）中的样本是用来检验模型好坏的，也叫**测试样本**（test sample）。

用一个d维向量$\boldsymbol{x}=[x_1, x_2, \cdots, x_d]^{\mathrm{T}}$表示一个样本所有特征构成的向量，称为**特征向量**（feature vector），其中每一维表示一个特征。

假设训练集由N个样本组成，其中每个样本都是**独立同分布**（identically and independently distributed，IID）的，即独立地从相同的数据分布中抽取的，记为

$$\mathcal{D}=\{(\boldsymbol{x}^{(1)}, y^{(1)}), (\boldsymbol{x}^{(2)}, y^{(2)}), \cdots, (\boldsymbol{x}^{(N)}, y^{(N)})\} \tag{4.1}$$

给定训练集$\mathcal{D}$，希望让计算机自动寻找一个**函数**$f(\boldsymbol{x}, \theta)$来建立每个样本特征向量$\boldsymbol{x}$和标签$y$之间的映射，其中$\theta$为可学习的参数。

通过一个**学习算法**（learning algorithm）$\mathcal{A}$，在训练集上找到一组参数θ^*，使得函数$f(\boldsymbol{x}, \theta^*)$可以近似真实的映射关系。这个过程称为**学习**（learning）或**训练**（training）过程，函数$f(\boldsymbol{x}, \theta)$称为**模型**（model）。

当预测新的文本时，可以根据文本的特征，使用学习到的模型$f(\boldsymbol{x}, \theta^*)$来预测文本的标签。为了评价的公正性，可以独立同分布地抽取一组新的样本作为测试集$\mathcal{D}'$，并在测试集中所有样本上进行测试，计算预测结果的准确率。

$$Acc\left(f\left(\boldsymbol{x}, \theta^*\right)\right)=\frac{1}{|\mathcal{D}'|}\sum_{(\boldsymbol{x}, y)\in\mathcal{D}'} I\left(f\left(\boldsymbol{x}, \theta^*\right)=y\right) \tag{4.2}$$

其中$I(\cdot)$为指示函数，$|\mathcal{D}'|$为测试集大小。

4.1.1 机器学习的三个基本要素

机器学习是从有限的观测数据中学习（或“猜测”）出具有一般性的规律，并可以将总结出来的规律推广应用到未观测样本上。机器学习方法可以粗略地分为三个基本要素：模型、学习准则、优化算法。

1. 模型

一个机器学习任务首先需要确定其输入空间$\mathcal{X}$和输出空间$\mathcal{Y}$。不同机器学习任务的主要区别在于输出空间不同。在二分类问题中$\mathcal{Y}=\{+1, -1\}$，在C类分类问题中$\mathcal{Y}=\{1, 2, \cdots, C\}$，而在回归问题中$\mathcal{Y}=\mathbb{R}$。

输入空间$\mathcal{X}$和输出空间$\mathcal{Y}$构成了一个样本空间。对于样本空间中的样本$(\boldsymbol{x}, y)\in\mathcal{X}\times\mathcal{Y}$，$\boldsymbol{x}$和$y$之间的关系可以通过一个未知的真实映射函数$y=g(\boldsymbol{x})$或者**真实条件概率分布**$p_r(y\mid\boldsymbol{x})$来描述。机器学习的目标是找到一个模型来近似真实映射函数$g(\boldsymbol{x})$或真实条件概率分布$p_r(y\mid\boldsymbol{x})$。

由于不知道真实的映射函数$g(\boldsymbol{x})$或条件概率分布$p_r(y \mid \boldsymbol{x})$的具体形式，只能根据经验来确定一个假设函数集合$\mathcal{F}$，称为**假设空间**（hypothesis space），然后通过观测其在训练集$\mathcal{D}$上的特性，从中选择一个理想的**假设**（hypothesis）$f^* \in \mathcal{F}$。假设空间$\mathcal{F}$通常为一个参数化的函数族：

$$\mathcal{F}=\{f(\boldsymbol{x},\theta)|\theta \in \mathbb{R}^m\} \tag{4.3}$$

其中$f(\boldsymbol{x},\theta)$为假设空间中的模型，θ为一组可学习参数，m为参数的数量。

常见的假设空间可以分为线性和非线性两种，对应的模型f也分别称为线性模型和非线性模型。

线性模型的假设空间为一个参数化的线性函数族：

$$f(\boldsymbol{x},\theta)=\boldsymbol{w}^{\mathrm{T}}\boldsymbol{x}+b \tag{4.4}$$

其中参数θ包含了权重向量$\boldsymbol{w}$和偏置b。

广义的非线性模型可以写为多个非线性基函数$\phi(\boldsymbol{x})$的线性组合：

$$f(\boldsymbol{x},\theta)=\boldsymbol{w}^{\mathrm{T}}\phi(\boldsymbol{x})+b \tag{4.5}$$

其中$\boldsymbol{\phi}(\boldsymbol{x})=[\phi_1(\boldsymbol{x}),\phi_2(\boldsymbol{x}),\cdots,\phi_K(\boldsymbol{x})]^{\mathrm{T}}$为$K$个非线性基函数组成的向量，参数$\theta$包含了权重向量$\boldsymbol{w}$和偏置$b$。

2. 学习准则

令训练集$\mathcal{D}=\{(\boldsymbol{x}^{(n)},y^{(n)})\}_{n=1}^{N}$是由$N$个**独立同分布**（identically and independently distributed，IID）的样本组成，即每个样本$(\boldsymbol{x},y)\in\mathcal{X}\times\mathcal{Y}$是从$\mathcal{X}$和$\mathcal{Y}$的联合空间中按照某个未知分布$p_r(\boldsymbol{x},y)$独立地随机产生的。这里要求样本分布$p_r(\boldsymbol{x},y)$必须是固定的（虽然可以是未知的），不会随时间而变化。如果$p_r(\boldsymbol{x},y)$本身可变的话，我们就无法通过这些数据进行学习。

一个好的模型$f(\boldsymbol{x},\theta^*)$应该在所有$(\boldsymbol{x},y)$的可能取值上都与真实映射函数$y=g(\boldsymbol{x})$一致。模型$f(\boldsymbol{x},\theta)$的好坏可以通过**期望风险**（expected risk）$\mathcal{R}(\theta)$来衡量。

$$\mathcal{R}(\theta)=\mathbb{E}_{(\boldsymbol{x},y)\sim p_r(\boldsymbol{x},y)}[\mathcal{L}(y,f(\boldsymbol{x},\theta))] \tag{4.6}$$

其中$p_r(\boldsymbol{x},y)$为真实的数据分布，$\mathcal{L}(y,f(\boldsymbol{x},\theta))$为损失函数，用来量化两个变量之间的差异。

损失函数是一个非负实数函数，用来量化模型预测和真实标签之间的差异。下面介绍几种常用的损失函数。

（1）0-1**损失函数**（0-1 loss function）是最直观的损失函数，即模型预测的错误率。

$$\mathcal{L}(y,f(\boldsymbol{x},\theta))=I(y\neq f(\boldsymbol{x},\theta)) \tag{4.7}$$

其中$I(\cdot)$是指示函数。

虽然0–1损失能够客观地评价模型的好坏，但缺点是数学性质不是很好：不连续且导数为0，难以优化。因此经常用连续可微的损失函数替代。

（2）**平方损失函数**（quadratic loss function）经常用在预测标签y为实数值的任务中。

$$\mathcal{L}\left(y, f\left(\boldsymbol{x}, \theta\right)\right) = \frac{1}{2}\left(y - f\left(\boldsymbol{x}, \theta\right)\right)^2 \tag{4.8}$$

平方损失函数一般不适用于分类问题。

（3）**交叉熵损失函数**（cross–entropy loss function）一般用于分类问题。假设样本的标签$y \in \{1, \cdots, C\}$为离散的类别，模型$f(\boldsymbol{x}, \theta) \in [0, 1]^C$的输出为类别标签的条件概率分布，即

$$p(y=c|\boldsymbol{x}, \theta)=f_c(\boldsymbol{x}, \theta) \tag{4.9}$$

并满足

$$f_c(\boldsymbol{x}, \theta) \in [0, 1], \qquad \sum_{c=1}^{C} f_c\left(\boldsymbol{x}, \theta\right) = 1 \tag{4.10}$$

可以用一个C维的One–Hot向量$\boldsymbol{y}$来表示样本标签。假设样本的标签为k，那么标签向量$\boldsymbol{y}$只有第k维的值为1，其余元素的值都为0。标签向量$\boldsymbol{y}$可以看作是样本标签的真实概率分布，即第c维（记为y_c，$1 \leqslant c \leqslant C$）是类别为$c$的真实概率。假设样本的类别为$k$，那么它属于第$k$类的概率为1，其他类的概率为0。

对于两个概率分布，一般可以用交叉熵来衡量它们的差异。标签的真实分布$p_r(y|\boldsymbol{x})$和模型预测分布$f(\boldsymbol{x}, \theta)$之间的交叉熵为

$$\mathcal{L}\left(\boldsymbol{y}, f\left(\boldsymbol{x}, \theta\right)\right) = -\sum_{c=1}^{C} y_c \ln f_c\left(\boldsymbol{x}, \theta\right) \tag{4.11}$$

因为$\boldsymbol{y}$为One–Hot向量，公式（4.11）也可以写成

$$\mathcal{L}(\boldsymbol{y}, f(\boldsymbol{x}, \theta)) = -\ln f_y(\boldsymbol{x}, \theta) \tag{4.12}$$

其中$f_y(\boldsymbol{x}, \theta)$可以看作真实类别$y$的似然函数。因此，交叉熵损失函数也就是**负对数似然损失函数**（negative log–likelihood function）。

Hinge损失函数 对于二分类问题，假设y和$f(\boldsymbol{x}, \theta)$的取值为$\{-1, +1\}$。**Hinge损失函数**（Hinge loss function）为

$$\mathcal{L}(y, f(\boldsymbol{x}, \theta)) = \max(0, 1-yf(\boldsymbol{x}, \theta)) \tag{4.13}$$

风险最小化准则 一个好的模型$f(\boldsymbol{x}, \theta)$应当有一个比较小的期望错误，但由于不知道真实的数据分布和映射函数，实际上无法计算期望风险$\mathcal{R}(\theta; \boldsymbol{x}, y)$。给定一个训练集$\mathcal{D}=\{(\boldsymbol{x}^{(n)}, y^{(n)})\}_{n=1}^{N}$，可以计算的是**经验风险**（empirical risk），即在训练集上的平

均损失。

$$\mathcal{R}_{\mathcal{D}}^{emp}(\theta)=\frac{1}{N}\sum_{n=1}^{N}\mathcal{L}\left(y^{(n)},f\left(\boldsymbol{x}^{(n)},\theta\right)\right) \tag{4.14}$$

因此，一个切实可行的学习准则是找到一组参数 θ^* 使得经验风险最小，

$$\theta^*=\arg\min_{\theta}\mathcal{R}_{\mathcal{D}}^{emp}(\theta) \tag{4.15}$$

这就是**经验风险最小化**（empirical risk minimization，ERM）准则。

3. 优化算法

在确定了训练集 $\mathcal{D}$、假设空间 $\mathcal{F}$ 以及学习准则后，如何找到最优的模型 $f(\boldsymbol{x},\theta^*)$ 就成了一个**最优化**（optimization）问题。机器学习的训练过程其实就是最优化问题的求解过程。

参数与超参数 在机器学习中，优化又可以分为参数优化和超参数优化。模型 $f(\boldsymbol{x},\theta)$ 中的 θ 称为模型的参数，可以通过优化算法进行学习。除了可学习的参数 θ 之外，还有一类参数是用来定义模型结构或优化策略的，这类参数叫作**超参数**（hyper-parameter）。

常见的超参数包括：聚类算法中的类别个数、梯度下降法的步长、正则项的系数、神经网络的层数、支持向量机中的核函数等。超参数的选取一般都是组合优化问题，很难通过优化算法来自动学习。因此，超参数优化是机器学习的一个经验性很强的技术，通常是按照人的经验设定，或者通过搜索的方法对一组超参数组合进行不断试错调整。

梯度下降法 为了充分利用凸优化中一些高效、成熟的优化方法，如共轭梯度、拟牛顿法等，很多机器学习方法都倾向于选择合适的模型和损失函数以构造一个凸函数作为优化目标。但也有很多模型（如神经网络）的优化目标是非凸的，只能退而求其次找到局部最优解。

不同机器学习算法的区别在于模型、学习准则（损失函数）和优化算法的差异。相同的模型也可以有不同的学习算法。例如，线性分类模型有感知器、Logistic 回归和支持向量机，它们之间的差异在于使用了不同的学习准则和优化算法。

在机器学习中，最简单、常用的优化算法就是**梯度下降法**，即通过迭代的方法来计算训练集 $\mathcal{D}$ 上风险函数的最小值。

$$\theta_{t+1}=\theta_t-\eta\frac{\partial\mathcal{R}_{\mathcal{D}}(\theta)}{\partial\theta} \tag{4.16}$$

$$=\theta_t-\eta\frac{1}{N}\sum_{n=1}^{N}\frac{\partial\mathcal{L}\left(y^{(n)},f\left(\boldsymbol{x}^{(n)},\theta\right)\right)}{\partial\theta} \tag{4.17}$$

其中θ_t为第t次迭代时的参数值，η为**学习率**（learning rate）。

在公式（4.16）的梯度下降法中，目标函数是整个训练集上的风险函数，这种方式称为**批量梯度下降法**（batch gradient descent，BGD）。批量梯度下降法在每次迭代时需要计算每个样本上损失函数的梯度并求和。当训练集中的样本数量N很大时，空间复杂度比较高，每次迭代的计算开销也很大。

在机器学习中，假设每个样本都是独立同分布地从真实数据分布中随机抽取出来的，真正的优化目标是期望风险最小。批量梯度下降相当于是从真实数据分布中采集N个样本，并由它们计算出来的**经验风险**的梯度来近似**期望风险**的梯度。为了减少每次迭代的计算复杂度，也可以在每次迭代时只采集一个样本，计算这个样本损失函数的梯度并更新参数，即**随机梯度下降法**（stochastic gradient descent，SGD）。当经过足够次数的迭代时，随机梯度下降也可以收敛到局部最优解[17]。

随机梯度下降法的训练过程如算法4.1所示。

算法4.1：随机梯度下降法

输入：训练集$\mathcal{D}=\{(\boldsymbol{x}^{(n)}, y^{(n)})\}_{n=1}^{N}$，验证集$\mathcal{V}$，学习率$\eta$

随机初始化θ;

repeat

  对训练集$\mathcal{D}$中的样本进行随机排序；

  for $n=1\cdots N$ **do**

    从训练集$\mathcal{D}$中选取样本$(\boldsymbol{x}^{(n)}, y^{(n)})$;

    //更新参数

    $\theta \leftarrow \theta-\eta \frac{\partial \mathcal{L}\left(\theta; \boldsymbol{x}^{(n)}, y^{(n)}\right)}{\partial \theta}$;

  end

until 模型$f(\boldsymbol{x}, \theta)$在验证集$\mathcal{V}$上的错误率不再下降；

输出：θ

批量梯度下降和随机梯度下降之间的区别在于每次迭代的优化目标是对所有样本的平均损失函数还是单个样本的损失函数。随机梯度下降因为实现简单，收敛速度也非常快，因此使用非常广泛。随机梯度下降相当于在批量梯度下降的梯度上引入了随机噪声。当目标函数非凸时，反而可以使其逃离局部最优点。

小批量梯度下降法　随机梯度下降法的一个缺点是无法充分利用计算机的并行计

算能力。**小批量梯度下降法**（mini-batch gradient descent）是批量梯度下降和随机梯度下降的折中。每次迭代时，随机选取一小部分训练样本来计算梯度并更新参数，这样既可以兼顾随机梯度下降法的优点，也可以提高训练效率。

第t次迭代时，随机选取一个包含K个样本的子集$\mathcal{I}_t$，计算这个子集上每个样本损失函数的梯度并进行平均，然后再进行参数更新。

$$\theta_{t+1} \leftarrow \theta_t - \eta \frac{1}{K} \sum_{(\boldsymbol{x},y)\in \mathcal{I}_t} \frac{\partial \mathcal{L}\left(y, f\left(\boldsymbol{x}, \theta\right)\right)}{\partial \theta} \tag{4.18}$$

在实际应用中，小批量随机梯度下降方法可以充分利用计算机的并行计算能力，因此逐渐成为大规模的机器学习中的主要优化算法[7]。

4.1.2 泛化与正则化

过拟合 根据大数定理可知，当训练集大小$|\mathcal{D}|$趋向于无穷大时，经验风险就趋向于期望风险。然而通常情况下，无法获取无限的训练样本，并且训练样本往往是真实数据的一个很小的子集或者包含一定的噪声数据，不能很好地反映全部数据的真实分布。经验风险最小化原则很容易导致模型在训练集上错误率很低，但是在未知数据上错误率很高。这就是所谓的**过拟合**（overfitting）。

过拟合问题往往是由于训练数据少和噪声以及模型能力强等原因造成的。为了解决过拟合问题，一般在经验风险最小化的基础上再引入参数的**正则化**（regularization），来限制模型能力，使其不要过度地最小化经验风险。这种准则就是**结构风险最小化**（structure risk minimization，SRM）准则。

$$\theta^* = \underset{\theta}{\arg\min}\ \mathcal{R}_{\mathcal{D}}^{struct}\left(\theta\right) \tag{4.19}$$

$$= \underset{\theta}{\arg\min}\ \mathcal{R}_{\mathcal{D}}^{emp}\left(\theta\right) + \frac{1}{2}\lambda\|\theta\|^2 \tag{4.20}$$

其中$\|\theta\|^2$是L_2范数的**正则化项**，避免**过拟合**；λ用来控制正则化的强度。

正则化项也可以使用其他函数，如L_1范数。L_1范数的引入通常会使得参数有一定稀疏性，因此在很多算法中也经常使用。在贝叶斯学习的角度来讲，正则化是假设了参数的先验分布，不完全依赖训练数据。

总之，机器学习中的学习准则并不仅仅是拟合训练集上的数据，同时也要使得泛化错误最低。给定一个训练集，机器学习的目标是从假设空间中找到一个泛化错误较低的“理想”模型，以便更好地对未知的样本进行预测，特别是不在训练集中出现的样本。因此，机器学习可以看作是一个从有限、高维、有噪声的数据上得到更一般性规律的泛化问题。

和过拟合相反的一个概念是**欠拟合**（underfitting），即模型不能很好地拟合训练数据，在训练集的错误率比较高。欠拟合一般是由于模型能力不足造成的。

提前停止 针对梯度下降的优化算法，除了加正则化项之外，还可以通过提前停止来防止过拟合。

在梯度下降训练的过程中，由于过拟合的原因，在训练样本上收敛的参数，并不一定在测试集上最优。因此，除了训练集和测试集之外，有时也会使用一个**验证集**（validation set）来进行模型选择，测试模型在验证集上是否最优。在每次迭代时，把新得到的模型$f(\boldsymbol{x}, \theta)$在验证集上进行测试，并计算错误率。如果在验证集上的错误率不再下降，就停止迭代。这种策略叫**提前停止**（early stop）。如果没有验证集，可以在训练集上划分出一个小比例的子集作为验证集。图4.1给出了提前停止的示例。

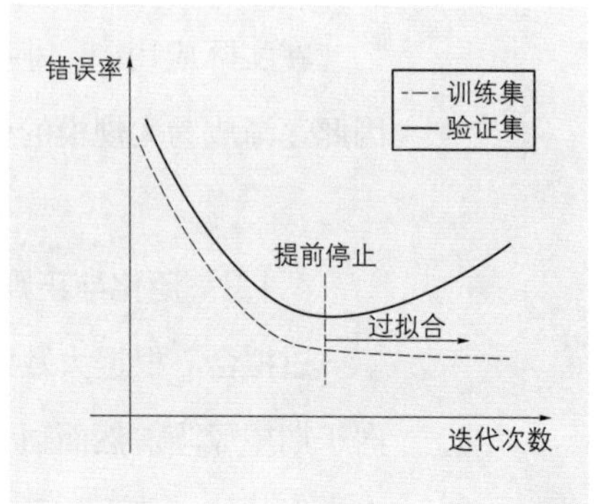

图4.1 提前停止

4.1.3 机器学习算法的类型

机器学习算法可以按照不同的标准来进行分类。例如，按函数$f(\boldsymbol{x}; \theta)$的不同，机器学习算法可以分为线性模型和非线性模型；按照学习准则的不同，机器学习算法也可以分为统计方法和非统计方法。

但一般来说，可以按照训练样本提供的信息以及反馈方式的不同，将机器学习算法分为以下几类。

监督学习 如果机器学习的目标是通过建模样本的特征$\boldsymbol{x}$和标签y之间的关系：$y=f(\boldsymbol{x}; \theta)$或$p(y|\boldsymbol{x}; \theta)$，并且训练集中每个样本都有标签，那么这类机器学习称为**监督学习**（supervised learning）。根据标签类型的不同，监督学习又可以分为以下几类。

1. **回归**（regression）问题中的标签y是连续值（实数或连续整数），$f(\boldsymbol{x}; \theta)$的输出也是连续值。

2. **分类**（classification）问题中的标签y是离散的类别（符号）。在分类问题中，学习到的模型也称为**分类器**（classifier）。分类问题根据其类别数量又可分为**二分类**（binary classification）和**多分类**（multi-class classification）问题。

3. **结构化学习**（structured learning）的输出是结构化的对象，如序列、树或图等。由于结构化学习的输出空间比较大，因此一般定义一个联合特征空间，将$\boldsymbol{x}, \boldsymbol{y}$映射为该空间中的联合特征向量$\phi(\boldsymbol{x}, \boldsymbol{y})$，预测模型可以写为

$$\hat{\boldsymbol{y}} = \underset{y \in \mathrm{Gen}(\boldsymbol{x})}{\arg\max} f\left(\boldsymbol{\phi}\left(\boldsymbol{x}, \boldsymbol{y}\right); \theta\right) \tag{4.21}$$

其中Gen($\boldsymbol{x}$)表示输入$\boldsymbol{x}$所有可能的输出目标集合。计算arg max的过程也称为**解码**（decoding）过程，一般通过动态规划的方法来计算。

无监督学习 无监督学习（unsupervised learning，UL）是指从不包含目标标签的训练样本中自动学习到一些有价值的信息。典型的无监督学习问题有聚类、密度估计、特征学习、降维等。

强化学习 强化学习（reinforcement learning，RL）是一类通过交互来学习的机器学习算法。在强化学习中，智能体根据环境的状态做出一个动作，并得到即时或延时的奖励。智能体在和环境的交互中不断学习并调整策略，以取得最大化的期望总回报。

监督学习需要每个样本都有标签，而无监督学习则不需要标签。一般而言，监督学习通常需要大量的有标签数据集，这些数据集一般都需要由人工进行标注，成本很高。因此，也出现了很多**弱监督学习**（weakly supervised learning）和**半监督学习**（semi-supervised learning，SSL）的方法，希望从大规模的无标注数据中充分挖掘有用的信息，降低对标注样本数量的要求。强化学习和监督学习的不同在于强化学习不需要显式地以“输入/输出对”的方式给出训练样本，是一种在线的学习机制。

4.2 线性分类器

线性分类器（linear classifier）是自然语言处理中广泛应用的模型，指通过样本特征的线性组合来预测输出。给定一个d维样本$\boldsymbol{x}=[x_1, \cdots, x_d]^{\mathrm{T}}$，其线性组合函数为

$$f(\boldsymbol{x}, \boldsymbol{w})=\boldsymbol{w}^{\mathrm{T}} \boldsymbol{x} + b \tag{4.22}$$

其中 $\boldsymbol{w}=[w_1, \cdots, w_d]^{\mathrm{T}}$为$d$维的**权重向量**，$b$为偏置。

在分类问题中，由于输出目标 y 是一些离散的标签，而$f(\boldsymbol{x}, \boldsymbol{w})$的值域为实数，因此无法直接用$f(\boldsymbol{x}, \boldsymbol{w})$来进行预测，需要引入一个非线性的**决策函数**（decision function）$g(\cdot)$来预测输出目标

$$y = g(f(\boldsymbol{x}, \boldsymbol{w})) \tag{4.23}$$

其中$f(\boldsymbol{x}, \boldsymbol{w})$也称为**判别函数**（discriminant function）。

二分类 二分类（binary classification）的类别标签y只有两种取值，通常可以设为$\{+1, -1\}$。在二分类中，只需要一个线性判别函数$f(\boldsymbol{x}, \boldsymbol{w}) = \boldsymbol{w}^{\mathrm{T}}\boldsymbol{x}+b$。特征空间

$\mathbb{R}^d$中所有满足$f(\boldsymbol{x}, \boldsymbol{w})=0$的点组成一个分割超平面，称为**决策边界**（decision boundary）或**决策平面**（decision surface）。决策边界将特征空间一分为二，划分成两个区域，每个区域对应一个类别。所谓“线性分类器”就是指其决策边界是线性超平面。图4.2给出了一个二维数据的线性决策边界示例，其中样本特征向量$\boldsymbol{x}=[x_1, x_2]$，权重向量$\boldsymbol{w}=[w_1, w_2]$。

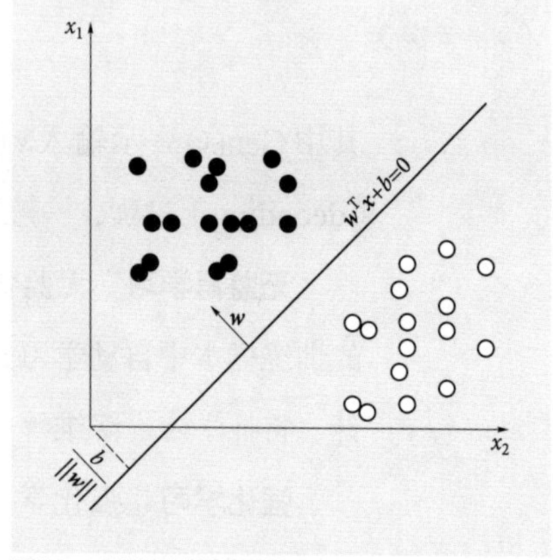

图4.2 二分类的决策边界示例

对于二分类问题，$g(\cdot)$可以是**符号函数**（sign function）

$$g(f(\boldsymbol{x}, \boldsymbol{w})) = \operatorname{sgn}(f(\boldsymbol{x}, \boldsymbol{w})) \tag{4.24}$$

$$\triangleq \begin{cases} +1 & \text{if} \quad f(\boldsymbol{x}, \boldsymbol{w}) > 0 \\ -1 & \text{if} \quad f(\boldsymbol{x}, \boldsymbol{w}) < 0 \end{cases} \tag{4.25}$$

当$f(\boldsymbol{x}, \boldsymbol{w})=0$时不进行预测。公式（4.25）定义了一个典型的二分类问题的决策函数，其结构如图4.3所示。

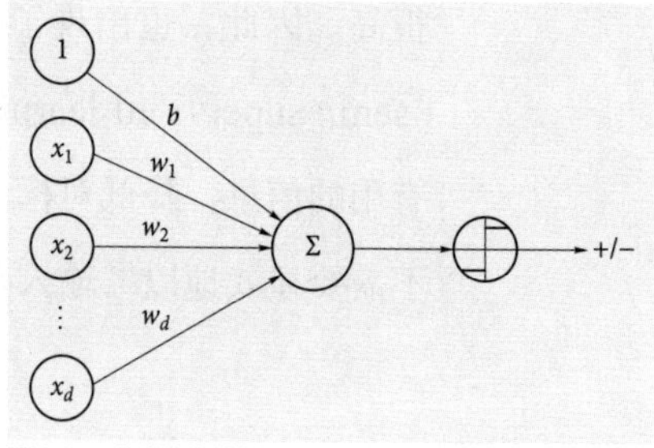

图4.3 二分类的线性模型

多分类 多分类（multi-class classification）问题是指分类的类别数C大于2。一种常用的多分类模型是使用C个判别函数：

$$f_c(\boldsymbol{x}, \boldsymbol{w}_c)=\boldsymbol{w}_c^{\mathrm{T}}\boldsymbol{x} + b_c, \qquad c=[1, \cdots, C] \tag{4.26}$$

如果存在类别c，对于所有的其他类别$\tilde{c}$（$\tilde{c} \neq c$）都满足$f_c(\boldsymbol{x}, \boldsymbol{w}_c) > f_{\tilde{c}}(\boldsymbol{x}, \boldsymbol{w}_{\tilde{c}})$，那么$\boldsymbol{x}$属于类别$c$。即

$$y = \arg\max_{c=1}^{C} f_c(\boldsymbol{x}, \boldsymbol{w}_c) \tag{4.27}$$

本节主要介绍四种不同线性分类器：logistic回归、softmax回归、感知器和支持向量机，这些模型区别主要在于使用了不同的损失函数。

4.2.1 logistic回归

logistic回归（logistic regression，LR）是一种常用的处理二分类问题的线性模型。在本小节中将采用$y \in \{0, 1\}$以符合logistic回归的描述习惯。

logistic回归使用logistic函数来预测标签$y=1$的条件概率，即

$$p(y=1|\boldsymbol{x})=\operatorname{sigmoid}(\boldsymbol{w}^{\mathrm{T}}\boldsymbol{x}) \tag{4.28}$$

$$\triangleq \frac{1}{1+\exp\left(-\boldsymbol{w}^{\mathrm{T}}\boldsymbol{x}\right)} \tag{4.29}$$

为简单起见，这里令$\boldsymbol{w}=[b, w_1, \cdots, w_d]^{\mathrm{T}}$，$\boldsymbol{x}=[1, x_1, \cdots, x_d]^{\mathrm{T}}$。标签$y=0$的条件概率为$p(y=0|\boldsymbol{x})=1-\operatorname{sigmoid}(\boldsymbol{w}^{\mathrm{T}}\boldsymbol{x})$。

logistic 回归使用交叉熵作为损失函数，并通过梯度下降法来学习参数。

给定N个训练样本$\{(\boldsymbol{x}^{(n)}, y^{(n)})\}_{n=1}^{N}$，用logistic 回归模型来预测每个样本$\boldsymbol{x}^{(n)}$的标签为1的条件概率$\hat{y}^{(n)}$，即

$$\hat{y}^{(n)}=\operatorname{sigmoid}(\boldsymbol{w}^{\mathrm{T}}\boldsymbol{x}^{(n)}), \qquad 1 \leqslant n \leqslant N \tag{4.30}$$

使用交叉熵损失函数，其风险函数为

$$\mathcal{R}\left(\boldsymbol{w}\right)=-\frac{1}{N}\sum_{n=1}^{N}\left(y^{(n)}\ln\hat{y}^{(n)}+\left(1-y^{(n)}\right)\ln\left(1-\hat{y}^{(n)}\right)\right) \tag{4.31}$$

风险函数$\mathcal{R}(\boldsymbol{w})$关于参数$\boldsymbol{w}$的偏导数为

$$\frac{\partial\mathcal{R}\left(\boldsymbol{w}\right)}{\partial\boldsymbol{w}}=-\frac{1}{N}\sum_{n=1}^{N}\boldsymbol{x}^{(n)}\left(y^{(n)}-\hat{y}^{(n)}\right) \tag{4.32}$$

采用梯度下降法，logistic 回归的训练过程为：初始化$\boldsymbol{w}_0 \leftarrow 0$，然后通过下式来迭代更新参数：

$$\boldsymbol{w}_{t+1} \leftarrow \boldsymbol{w}_t+\eta\frac{1}{N}\sum_{n=1}^{N}\boldsymbol{x}^{(n)}\left(y^{(n)}-\hat{y}_{\boldsymbol{w}_t}^{(n)}\right) \tag{4.33}$$

其中η是学习率，$\hat{y}_{\boldsymbol{w}_t}^{(n)}$是当参数为$\boldsymbol{w}_t$时，logistic 回归模型的输出。

4.2.2　softmax回归

softmax回归（softmax regression）是logistic 回归在多分类问题上的推广。

对于多分类问题，类别标签$y\in\{1, 2, \cdots, C\}$可以有C个取值。给定一个样本$\boldsymbol{x}$，softmax 回归预测的属于类别c的条件概率为

$$p(y=c|\boldsymbol{x})=\operatorname{softmax}(\boldsymbol{w}_c^{\mathrm{T}}\boldsymbol{x}) \tag{4.34}$$

$$\triangleq\frac{\exp\left(\boldsymbol{w}_c^{\mathrm{T}}\boldsymbol{x}\right)}{\sum_{c=1}^{C}\exp\left(\boldsymbol{w}_c^{\mathrm{T}}\boldsymbol{x}\right)} \tag{4.35}$$

其中$\boldsymbol{w}_c$是第c类的权重向量。

给定N个训练样本$\{(\boldsymbol{x}^{(n)}, y^{(n)})\}_{n=1}^{N}$，softmax 回归使用交叉熵损失函数来学习最优的参数矩阵W。

为了方便起见，用$\hat{\boldsymbol{y}}\in\mathbb{R}^{C}$为所有类别的预测条件概率组成的向量，第$c$维的值是

第c类的预测条件概率；用C维的One-Hot向量$\boldsymbol{y}\in\{0,1\}^C$来表示真实类别标签，对于类别$c$，其向量表示为

$$\boldsymbol{y}=[I(1=c),I(2=c),\cdots,I(C=c)]^{\mathrm{T}} \tag{4.36}$$

其中$I(\cdot)$是指示函数。

采用交叉熵损失函数，softmax回归模型的风险函数为

$$\mathcal{R}(W)=-\frac{1}{N}\sum_{n=1}^{N}\sum_{c=1}^{C}\boldsymbol{y}_c^{(n)}\ln\hat{\boldsymbol{y}}_c^{(n)} \tag{4.37}$$

$$=-\frac{1}{N}\sum_{n=1}^{N}\left(\boldsymbol{y}^{(n)}\right)^{\mathrm{T}}\ln\hat{\boldsymbol{y}}^{(n)} \tag{4.38}$$

其中$\hat{\boldsymbol{y}}^{(n)}=\mathrm{softmax}(W^{\mathrm{T}}\boldsymbol{x}^{(n)})$为样本$\boldsymbol{x}^{(n)}$在每个类别的条件概率。简单起见，这里忽略了正则化项。

风险函数$\mathcal{R}(W)$关于W的梯度为

$$\frac{\partial\mathcal{R}(W)}{\partial W}=-\frac{1}{N}\sum_{n=1}^{N}\boldsymbol{x}^{(n)}\left(\boldsymbol{y}^{(n)}-\hat{\boldsymbol{y}}^{(n)}\right)^{\mathrm{T}} \tag{4.39}$$

采用梯度下降法，softmax 回归的训练过程为：初始化$W_0\leftarrow 0$，然后通过下式进行迭代更新：

$$W_{t+1}\leftarrow W_t+\eta\left(\frac{1}{N}\sum_{n=1}^{N}\boldsymbol{x}^{(n)}\left(\boldsymbol{y}^{(n)}-\hat{\boldsymbol{y}}_{W_t}^{(n)}\right)^{\mathrm{T}}\right) \tag{4.40}$$

其中η是学习率，$\hat{\boldsymbol{y}}_{W_t}^{(n)}$是当参数为$W_t$时，softmax回归模型的输出。

4.2.3 感知器

感知器（perceptron）是一种广泛使用的线性分类器，可以看作是最简单的人工神经网络，只有一个神经元。感知器是对生物神经元的简单数学模拟，有与生物神经元相对应的部件，如权重（突触）、偏置（阈值）及激活函数（细胞体），输出为+1或−1。

感知器是一种简单的二分类线性分类模型，其分类准则与公式（4.25）相同。

$$\hat{y}=\mathrm{sgn}(\boldsymbol{w}^{\mathrm{T}}\boldsymbol{x}) \tag{4.41}$$

感知器学习算法也是一个经典的线性分类器的参数学习算法。

给定N个样本的训练集：$\{(\boldsymbol{x}^{(n)},y^{(n)})\}_{n=1}^{N}$，其中$y^{(n)}\in\{+1,-1\}$，感知器试图学习到参数$\boldsymbol{w}^*$，使得对于每个样本$(\boldsymbol{x}^{(n)},y^{(n)})$有

$$y^{(n)}\boldsymbol{w}^{*\mathrm{T}}\boldsymbol{x}^{(n)}>0,\qquad \forall n\in[1,N] \tag{4.42}$$

感知器的学习算法是一种错误驱动的在线学习算法[19]。先初始化一个权重向量

$\boldsymbol{w} \leftarrow 0$（通常是全零向量），然后每次分错一个样本$(\boldsymbol{x}, y)$时，即$y\boldsymbol{w}^{\mathrm{T}}\boldsymbol{x} < 0$，就用这个样本来更新权重。

$$\boldsymbol{w} \leftarrow \boldsymbol{w} + y\boldsymbol{x} \tag{4.43}$$

具体的感知器参数学习策略如算法4.2所示。

算法4.2：二分类感知器算法

输入：训练集$\{(\boldsymbol{x}^{(n)}, y^{(n)})\}_{n=1}^{N}$，迭代次数$T$

初始化：$\boldsymbol{w}_0 \leftarrow 0, k \leftarrow 0$；

for $t = 1 \cdots T$ **do**

  对训练样本进行随机排序；

  for $n=1 \cdots N$ **do**

    选取一个样本$(\boldsymbol{x}^{(n)}, y^{(n)})$；

    if $\boldsymbol{w}_k^{\mathrm{T}}(y^{(n)}\boldsymbol{x}^{(n)}) \leqslant 0$ **then**

      $\boldsymbol{w}_{k+1} \leftarrow \boldsymbol{w}_k + y^{(n)}\boldsymbol{x}^{(n)}$；

      $k \leftarrow k + 1$；

    end

  end

end

输出：$\boldsymbol{w}_k$

对于二分类问题，如果训练集是线性可分的，那么感知器算法可以在有限次迭代后收敛。然而，如果训练集不是线性可分的，那么这个算法则不能确保会收敛。

虽然感知器在线性可分的数据上可以保证收敛，但其存在以下不足之处。

1. 在数据集线性可分时，感知器虽然可以找到一个超平面把两类数据分开，但并不能保证其泛化能力。

2. 感知器对样本顺序比较敏感。每次迭代的顺序不一致时，找到的分割超平面也往往不一致。为了改善这种情况，可以使用“参数平均”的策略来提高感知器的稳健性[7, 10]。

3. 如果训练集不是线性可分的，就永远不会收敛[10]。

4.2.4 支持向量机

支持向量机（support vector machine，SVM）是一个经典二分类算法，其找到的分割超平面具有更好的稳健性，因此广泛使用在很多任务上，并表现出了很强优势。

给定一个二分类器数据集$\mathcal{D}=\{(\boldsymbol{x}^{(n)}, y^{(n)})\}_{n=1}^{N}$，其中$y_n \in \{+1, -1\}$，如果两类样本是线性可分的，即存在一个超平面

$$\boldsymbol{w}^{\mathrm{T}}\boldsymbol{x}+b=0 \tag{4.44}$$

将两类样本分开，那么对于每个样本都有$y^{(n)}(\boldsymbol{w}^{\mathrm{T}}\boldsymbol{x}^{(n)}+b)>0$。

数据集$\mathcal{D}$中每个样本$\boldsymbol{x}^{(n)}$到分割超平面的距离为：

$$\gamma^{(n)}=\frac{\left\|\boldsymbol{w}^{\mathrm{T}}\boldsymbol{x}^{(n)}+b\right\|}{\|\boldsymbol{w}\|}=\frac{y^{(n)}\left(\boldsymbol{w}^{\mathrm{T}}\boldsymbol{x}^{(n)}+b\right)}{\|\boldsymbol{w}\|} \tag{4.45}$$

定义整个数据集$\mathcal{D}$中所有样本到分割超平面的最短距离为**间隔**（margin）γ

$$\gamma=\min_{n}\gamma^{(n)} \tag{4.46}$$

如果间隔γ越大，其分割超平面对两个数据集的划分越稳定，不容易受噪声等因素影响。支持向量机的目标是寻找一个超平面$(\boldsymbol{w}^{*}, b^{*})$使得$\gamma$最大，即

$$\begin{aligned}&\max_{\boldsymbol{w},b} \quad \gamma \\ &\text{s.t.} \quad \frac{y^{(n)}\left(\boldsymbol{w}^{\mathrm{T}}\boldsymbol{x}^{(n)}+b\right)}{\|\boldsymbol{w}\|}\geqslant\gamma, \forall n\end{aligned} \tag{4.47}$$

令$\|\boldsymbol{w}\|\cdot\gamma=1$，则公式（4.47）等价于

$$\begin{aligned}&\max_{\boldsymbol{w},b} \quad \frac{1}{\|\boldsymbol{w}\|^{2}} \\ &\text{s.t.} \quad y^{(n)}\left(\boldsymbol{w}^{\mathrm{T}}\boldsymbol{x}^{(n)}+b\right)\geqslant 1, \forall n\end{aligned} \tag{4.48}$$

数据集中所有满足$y^{(n)}(\boldsymbol{w}^{\mathrm{T}}\boldsymbol{x}^{(n)}+b)=1$的样本点，都称为**支持向量**（support vector）。

对于一个线性可分的数据集，其分割超平面有很多个，但是间隔最大的超平面是唯一的。图4.4给定了支持向量机的最大间隔分割超平面的示例，其灰色样本点为支持向量。

为了找到最大间隔分割超平面，将公式（4.48）的目标函数写为凸优化问题

$$\begin{aligned}&\min_{\boldsymbol{w},b} \quad \frac{1}{2}\|\boldsymbol{w}\|^{2} \\ &\text{s.t.} \quad 1-y^{(n)}\left(\boldsymbol{w}^{\mathrm{T}}\boldsymbol{x}^{(n)}+b\right)\leqslant 0, \quad \forall n\end{aligned} \tag{4.49}$$

使用拉格朗日乘数法，公式（4.49）的拉格朗日函数为

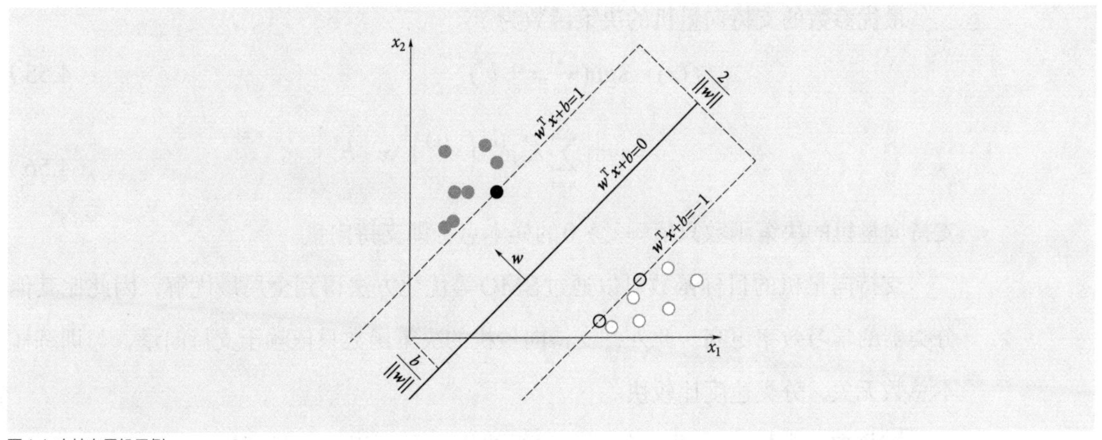

图4.4 支持向量机示例

$$\Lambda(\boldsymbol{w}, b, \lambda)=\frac{1}{2}\|\boldsymbol{w}\|^2+\sum_{n=1}^{N}\lambda_n\left(1-y^{(n)}\left(\boldsymbol{w}^{\mathrm{T}}\boldsymbol{x}^{(n)}+b\right)\right) \tag{4.50}$$

其中$\lambda_1 \geqslant 0, \cdots, \lambda_N \geqslant 0$为拉格朗日乘数。计算$\Lambda(\boldsymbol{w}, b, \lambda)$关于$\boldsymbol{w}$和$b$的导数，并令其等于0得到

$$\boldsymbol{w}=\sum_{n=1}^{N}\lambda_n y^{(n)}\boldsymbol{x}^{(n)}, \tag{4.51}$$

$$0=\sum_{n=1}^{N}\lambda_n y^{(n)} \tag{4.52}$$

将公式（4.51）代入公式（4.50），并利用公式（4.52），得到拉格朗日对偶函数

$$\Gamma(\lambda)=-\frac{1}{2}\sum_{n=1}^{N}\sum_{m=1}^{N}\lambda_m\lambda_n y^{(m)}y^{(n)}\left(\boldsymbol{x}^{(m)}\right)^{\mathrm{T}}\boldsymbol{x}^{(n)}+\sum_{n=1}^{N}\lambda_n \tag{4.53}$$

支持向量机的主优化问题为凸优化问题，满足强对偶性，即主优化问题可以通过最大化对偶函数$\max_{\lambda \geqslant 0}\Gamma(\lambda)$来求解。对偶函数$\Gamma(\lambda)$是一个凹函数，因此最大化对偶函数是一个凸优化问题，可以通过多种凸优化方法来进行求解，得到拉格朗日乘数的最优值λ^*。但由于其约束条件的数量为训练样本数量，一般的优化方法代价比较高，因此在实践中通常采用比较高效的优化方法，例如SMO（sequential minimal optimization）算法[18]等。

根据KKT条件中的互补松弛条件，最优解满足$\lambda_n^*(1-y^{(n)}(\boldsymbol{w}^{*\mathrm{T}}\boldsymbol{x}^{(n)}+b^*))=0$。如果样本$\boldsymbol{x}^{(n)}$不在约束边界上，$\lambda_n^*=0$，其约束失效；如果样本$\boldsymbol{x}^{(n)}$在约束边界上，$\lambda_n^* \geqslant 0$。这些在约束边界上的样本点称为支持向量，即离决策平面距离最近的点。

再计算出λ^*后，根据公式（4.51）计算出最优权重$\boldsymbol{w}^*$，最优偏置b^*可以通过任选一个支持向量（$\tilde{\boldsymbol{x}}, \tilde{y}$）计算得到，即

$$b^*=\tilde{y}-\boldsymbol{w}^{*\mathrm{T}}\tilde{\boldsymbol{x}} \tag{4.54}$$

最优参数的支持向量机的决策函数为

$$f(\boldsymbol{x}) = \operatorname{sgn}(\boldsymbol{w}^{*\mathrm{T}} \boldsymbol{x} + b^*) \tag{4.55}$$

$$= \operatorname{sgn}\left(\sum_{n=1}^{N} \lambda_n^* y^{(n)} \left(\boldsymbol{x}^{(n)}\right)^{\mathrm{T}} \boldsymbol{x} + b^*\right) \tag{4.56}$$

支持向量机的决策函数只依赖$\lambda_n^* > 0$的样本点，即支持向量。

支持向量机的目标函数可以通过SMO等优化方法得到全局最优解，因此比其他分类器的学习效率更高。此外，支持向量机的决策函数只依赖于支持向量，与训练样本总数无关，分类速度比较快。

核函数 支持向量机还有一个重要的优点是可以使用**核函数**（kernel function）隐式地将样本从原始特征空间映射到更高维的空间，并解决原始特征空间中的线性不可分问题。例如，在一个变换后的特征空间ϕ中，支持向量机的决策函数为

$$f(\boldsymbol{x})=\operatorname{sgn}(\boldsymbol{w}^{*\mathrm{T}}\phi(\boldsymbol{x})+b^*) \tag{4.57}$$

$$= \operatorname{sgn}\left(\sum_{n=1}^{N} \lambda_n^* y^{(n)} K\left(\boldsymbol{x}^{(n)}, \boldsymbol{x}\right) + b^*\right) \tag{4.58}$$

其中$K(\boldsymbol{x}, \boldsymbol{z})=\phi(\boldsymbol{x})^{\mathrm{T}}\phi(\boldsymbol{z})$为核函数。通常不需要显式地给出$\phi(\boldsymbol{x})$的具体形式，可以通过**核技巧**（kernel trick）来构造。以$\boldsymbol{x}, \boldsymbol{z}\in\mathbb{R}^2$为例，可以构造一个核函数

$$K(\boldsymbol{x}, \boldsymbol{z})=(1+\boldsymbol{x}^{\mathrm{T}}\boldsymbol{z})^2=\phi(\boldsymbol{x})^{\mathrm{T}}\phi(\boldsymbol{z}) \tag{4.59}$$

来隐式地计算$\boldsymbol{x}, \boldsymbol{z}$在特征空间$\phi$中的内积，其中$\phi(\boldsymbol{x})=[1, \sqrt{2}x_1, \sqrt{2}x_2, \sqrt{2}x_1x_2, x_1^2, x_2^2]^{\mathrm{T}}$。

软间隔 在支持向量机的优化问题中，约束条件比较严格。如果训练集中的样本在特征空间中不是线性可分的，就无法找到最优解。为了能够容忍部分不满足约束的样本，我们可以引入松弛变量ξ，将优化问题变为

$$\begin{aligned} \min_{\boldsymbol{w}, b} \quad & \frac{1}{2}\|\boldsymbol{w}\|^2 + C\sum_{n=1}^{N}\xi_n \\ \text{s.t.} \quad & 1-y^{(n)}\left(\boldsymbol{w}^{\mathrm{T}}\boldsymbol{x}^{(n)}+b\right)-\xi_n \leqslant 0, \quad \forall n \\ & \xi_n \geqslant 0, \quad \forall n \end{aligned} \tag{4.60}$$

其中参数$C > 0$用来控制间隔和松弛变量惩罚的平衡。引入松弛变量的间隔称为**软间隔**（soft margin）。公式（4.60）也可以表示为经验风险 + 正则化项的形式。

$$\min_{\boldsymbol{w}, b} \quad \sum_{n=1}^{N}\max\left(0, 1-y^{(n)}\left(\boldsymbol{w}^{\mathrm{T}}\boldsymbol{x}^{(n)}+b\right)\right)+\frac{1}{C}\cdot\frac{1}{2}\|\boldsymbol{w}\|^2 \tag{4.61}$$

其中$\max(0, 1-y^{(n)}(\boldsymbol{w}^{\mathrm{T}}\boldsymbol{x}^{(n)}+b))$称为hinge**损失函数**，$\frac{1}{C}$可以看作是正则化系数。

软间隔支持向量机的参数学习和原始支持向量机类似，其最终决策函数也只和支持向量有关，即满足$1-y^{(n)}(\boldsymbol{w}^{\mathrm{T}}\boldsymbol{x}^{(n)}+b)-\xi_n=0$的样本。

4.3　结构化学习

结构化学习（structured learning）的输出是结构化的对象，如序列、树或图等。由于结构化学习的输出空间比较大，因此一般定义一个联合特征空间，将$\boldsymbol{x}, \boldsymbol{y}$映射为该空间中的联合特征向量$\boldsymbol{\phi}(\boldsymbol{x}, \boldsymbol{y})$，预测模型可以写为

$$\hat{\boldsymbol{y}}=\underset{\boldsymbol{y}\in \mathrm{Gen}(\boldsymbol{x})}{\arg\max}\, f\big(\boldsymbol{\phi}(\boldsymbol{x}, \boldsymbol{y}), 0\big) \tag{4.62}$$

其中$\mathrm{Gen}(\boldsymbol{x})$表示输入$\boldsymbol{x}$所有可能的输出目标集合。

计算arg max的过程也称为解码过程，一般通过动态规划的方法来计算。

一个常见的结构化学习问题是**序列标注**（sequence labeling）问题，给定一个输入序列$\boldsymbol{x}=(\boldsymbol{x}_1, \cdots, \boldsymbol{x}_T)$，需要预测序列中每个位置的标签$\boldsymbol{y}=(\boldsymbol{y}_1, \cdots, \boldsymbol{y}_T)$。通常不同位置的标签之间也存在依赖关系。

4.3.1　结构化感知器

为了使得感知器可以处理更复杂的输出，引入一个构建在输入输出联合空间上的特征函数$\boldsymbol{\phi}(\boldsymbol{x}, \boldsymbol{y})$，将样本对$(\boldsymbol{x}, \boldsymbol{y})$映射到一个特征向量空间。

在联合特征空间中，可以建立一个结构化感知器模型，

$$\hat{\boldsymbol{y}}=\underset{\boldsymbol{y}\in \mathrm{Gen}(\boldsymbol{x})}{\arg\max}\, \boldsymbol{w}^{\mathrm{T}}\boldsymbol{\phi}(\boldsymbol{x}, \boldsymbol{y}) \tag{4.63}$$

其中$\boldsymbol{w}$为权重向量，$\mathrm{Gen}(\boldsymbol{x})$表示输入$\boldsymbol{x}$所有的输出目标集合。当处理$C$类分类问题时，$\mathrm{Gen}(\boldsymbol{x})=\{1, \cdots, C\}$。

结构化感知器算法的训练过程如算法4.3所示。

结构化感知器在满足广义线性可分条件时，也能够保证在有限步骤内收敛[7]。

算法4.3：结构化感知器参数学习算法

输入：训练集：$\{(\boldsymbol{x}^{(n)}, \boldsymbol{y}^{(n)})\}_{n=1}^{N}$，最大迭代次数 T

初始化：$\boldsymbol{w}_0 \leftarrow 0, k \leftarrow 0$；

for $t=1 \cdots T$ **do**

  对训练样本进行随机排序；

  for $n=1 \cdots N$ **do**

    选取一个样本（$\boldsymbol{x}^{(n)}, \boldsymbol{y}^{(n)}$）；

    用公式（4.63）计算预测类别 $\hat{\boldsymbol{y}}^{(n)}$；

    if $\hat{\boldsymbol{y}}^{(n)} \neq \boldsymbol{y}^{(n)}$ **then**

      $\boldsymbol{w}_{k+1} \leftarrow \boldsymbol{w}_k + (\boldsymbol{\phi}(\boldsymbol{x}^{(n)}, \boldsymbol{y}^{(n)}) - \boldsymbol{\phi}(\boldsymbol{x}^{(n)}, \hat{\boldsymbol{y}}^{(n)}))$；

      $k = k + 1$；

    end

  end

end

输出：$\boldsymbol{w}_k$

4.3.2 隐马尔可夫模型

隐马尔可夫模型（hidden markov model，HMM）是一种用于序列标注问题的统计模型[4]。在隐马尔可夫模型中，称$\boldsymbol{x} = x_1, \cdots, x_T$为观测变量，$\boldsymbol{y}$为隐变量，并假设① 每个时刻的$x_t$只依赖于其标签$y_t$；② 标签序列$\boldsymbol{y} = y_1, \cdots, y_T$满足马尔可夫性质，即$y_t$只依赖于前一个时刻的$y_{t-1}$。

根据贝叶斯公式，条件概率$p(\boldsymbol{y}|\boldsymbol{x}; \theta)$可以写为

$$p(\boldsymbol{y} \mid \boldsymbol{x}; \theta) = \frac{p(\boldsymbol{x} \mid \boldsymbol{y}; \theta_1)\, p(\boldsymbol{y}; \theta_2)}{p(\boldsymbol{x})} \tag{4.64}$$

$$\propto p(\boldsymbol{x} \mid \boldsymbol{y}; \theta_1)\, p(\boldsymbol{y}; \theta_2) \tag{4.65}$$

$$\approx \prod_{t=1}^{T} p(x_t \mid y_t; \theta_1) \prod_{t=1}^{T} p(y_t \mid y_{t-1}; \theta_2) \tag{4.66}$$

其中$p(x_t| y_t; \theta_1)$为**观测概率**，$p(y_t| y_{t-1}; \theta_2)$为**状态转移概率**，$p(y_1| y_0; \theta_2)=p(y_1; \theta_2)$为**初始状态概率**。

图4.5给出了隐马尔可夫模型的图形化表示，其中空心节点表示隐变量，带阴影的节点表示可观测变量。

在监督学习中，当给定一组训练数据$\mathcal{D}=\{(\boldsymbol{x}^n, \boldsymbol{y}^n)\}_{n=1}^{N}$时，可以利用最大似然估计

方法来分别估计隐马尔可夫模型的观测概率、状态转移概率和初始状态概率。在无监督学习中，隐状态$\boldsymbol{y}$不可以观测，可以使用**期望最大化**（expectation-maximum，EM）算法[5]进行参数估计。

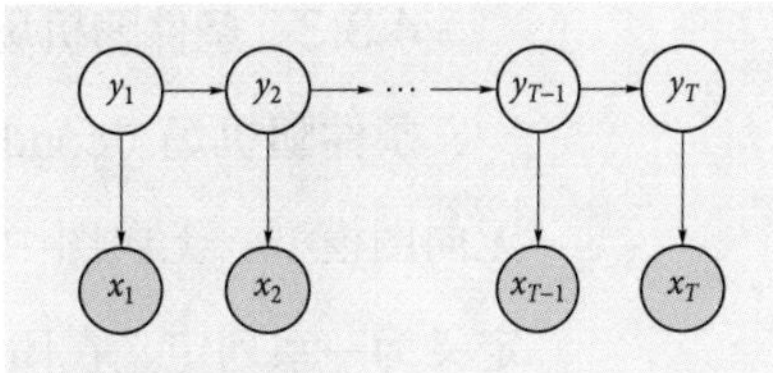

图4.5 隐马尔可夫模型

当使用隐马尔可夫模型来进行序列标注时，输入序列$\boldsymbol{x} = x_1, \cdots, x_T$，输出为条件概率最大的标签序列$\hat{\boldsymbol{y}} = \arg\max_{\boldsymbol{y}} p(\boldsymbol{y}|\boldsymbol{x};\theta)$。假设标签$y_t \in \{s_1, \cdots, s_K\}, \forall t \in [1, T]$，其标签序列的空间为$K^T$。可以使用动态规划的方式输出概率最大的标签序列，也称为Viterbi算法。

定义两个大小为$K \times T$的矩阵α和β，其中

（1）$\alpha[k, t]$存储到时刻t为止的所有路径中，标签$\hat{y}_t = s_k$最可能的路径（$\hat{y}_1, \cdots, \hat{y}_{t-1}, \hat{y}_t = s_k$）的概率；

（2）$\beta[k, t]$存储到时刻t为止最可能的路径（$\hat{y}_1, \cdots, \hat{y}_{t-1}, \hat{y}_t = s_k$）中，$t-1$时刻的标签$\hat{y}_{t-1}$。

$\alpha[k, t]$的定义为

$$\alpha[k,t] = \max_{y_1,\cdots,y_{t-1}} p(x_t,\cdots,x_1 \mid y_t = s_k, y_{t-1},\cdots,y_1;\theta_1) \times p(y_t = s_k, y_{t-1},\cdots,y_1;\theta_2) \tag{4.67}$$

从上面公式可看出$\alpha[k, t]$可以递归计算，

$$\alpha[k,t] = \max_{k' \in [1,K]} \alpha[k', t-1]\, p(y_t = s_k \mid y_{t-1} = s_{k'};\theta_2)\, p(x_t \mid y_t = s_k;\theta_1) \tag{4.68}$$

$\beta[k, t]$的定义为

$$\beta[k,t] = \arg\max_{k' \in [1,K]} \alpha[k', t-1]\, p(y_t = s_k \mid y_{t-1} = s_{k'};\theta_2) \tag{4.69}$$

从$t = 1, \cdots, T$依次计算上述两个公式，并计算

$$p^* = \max_{k \in [1,K]} \alpha[k, T] \tag{4.70}$$

$$y_T^* = \arg\max_{k \in [1,K]} \alpha[k, T] \tag{4.71}$$

然后从$t = T, \cdots, 2$进行最优路径回溯，

$$y_{t-1}^* = \beta[y_t^*, t] \tag{4.72}$$

得到最优路径$(y_1^*, \cdots, y_T^*)$。

4.3.3 条件随机场

条件随机场（conditional random field，CRF）[15]是一种直接建模条件概率的无向图模型。无向图中包含很多全连通子图，称为团（clique）。无向图的概率可以定义为一系列定义在团上的非负函数的连乘形式。条件随机场建模的条件概率$p(\boldsymbol{y}|\boldsymbol{x})$中，$\boldsymbol{y}$一般为随机向量，因此需要对$p(\boldsymbol{y}|\boldsymbol{x})$进行因子分解。令$C$表示条件随机场中团的集合，条件概率可以写为

$$p(\boldsymbol{y} \mid \boldsymbol{x}, \boldsymbol{\theta}) = \frac{1}{Z(\boldsymbol{x}, \boldsymbol{\theta})} \exp\left(\sum_{c \in C} \boldsymbol{\theta}_c^{\mathrm{T}} \boldsymbol{\phi}_c(\boldsymbol{x}, \boldsymbol{y}_c)\right) \tag{4.73}$$

其中$\boldsymbol{\phi}_c(\boldsymbol{x}, \boldsymbol{y}_c)$为定义在团$c$上的特征向量，$\theta_c$为相应的权重向量，$Z(\boldsymbol{x}, \boldsymbol{\theta}) = \sum_{y} \exp\left(\sum_{c \in C} \boldsymbol{\theta}_c^{\mathrm{T}} \boldsymbol{\phi}_c(\boldsymbol{x}, \boldsymbol{y}_c)\right)$为归一化项，称为配分函数。

一个最常用的条件随机场为链式结构，其条件概率为

$$p(\boldsymbol{y} \mid \boldsymbol{x}, \theta) = \frac{1}{Z(\boldsymbol{x}, \theta)} \exp\left(\sum_{t=1}^{T} \theta_1^{\mathrm{T}} \boldsymbol{\phi}_1(\boldsymbol{x}, y_t) + \sum_{t=2}^{T} \theta_2^{\mathrm{T}} \boldsymbol{\phi}_2(\boldsymbol{x}, y_{t-1}, y_t)\right) \tag{4.74}$$

其中$\boldsymbol{\phi}_1(\boldsymbol{x}, y_t)$为**状态特征**，一般和位置$t$相关，$\boldsymbol{\phi}_2(\boldsymbol{x}, y_{t-1}, y_t)$为**转移特征**，一般可以简化为$\boldsymbol{\phi}_2(y_{t-1}, y_t)$并使用状态转移矩阵来表示。

图4.6给出了链式结构条件随机场的图形化表示。

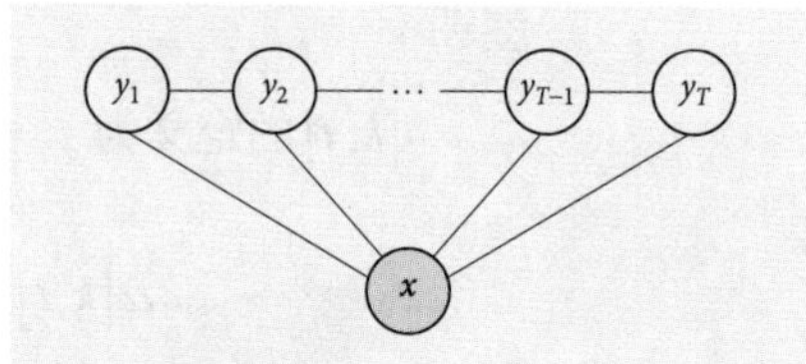

图4.6 链式结构条件随机场

条件随机场中的配分函数的计算一般通过动态规划方法来计算。条件随机场的参数一般通过条件对数似然函数最大化来进行学习，其解码过程和隐马尔可夫模型类似，通过Viterbi算法来快速计算。

4.4 神经网络与深度学习

线性分类器在很多自然语言处理任务上有着广泛的应用，但线性分类器的准确率通常依赖于人工设计特征的好坏。这种人工设计特征的过程也称为**特征工程**（feature engineering）。

为了提高机器学习系统的准确率，就需要将输入信息转换为有效的特征，或者更一般性称为**表示**（representation）。如果有一种算法可以自动地学习出有效的特征，并提高最终机器学习模型的性能，那么这种学习就可以叫做**表示学习**（representation learning）。为了学习一种好的特征，一般需要构建具有一定“深度”的模型，并通过

学习算法来让模型自动学习出好的特征（从底层特征，到中层特征，再到高层特征），从而最终提升预测模型的准确率。这种学习问题称为**深度学习**（deep learning，DL）。所谓“深度”是指原始数据进行非线性特征转换的次数。深度学习是机器学习的一个子问题，其主要目的是从数据中自动学习到有效的特征表示。

目前，深度学习采用的模型主要是人工神经网络。**人工神经网络**（artificial neural network，ANN），简称神经网络，是指一系列受生物学和神经科学启发的数学模型，是一种最主流的非线性模型。人工神经网络主要是通过对人脑的神经元网络进行抽象，构建人工神经元，并按照一定拓扑结构来建立人工神经元之间的连接，来模拟生物神经网络。

神经元 神经元（neuron）是神经网络的基本单元，接受一组输入信号并产生输出。假设一个神经元接受d个输入$x_1, x_2, \cdots, x_d$，令向量$\boldsymbol{x} = [x_1, x_2, \cdots, x_d]$来表示这组输入，并用**净输入**（net input）$z \in \mathbb{R}$表示一个神经元所获得的输入信号$\boldsymbol{x}$的加权和，

$$z = \boldsymbol{w}^{\mathrm{T}} \boldsymbol{x} + b \tag{4.75}$$

其中$\boldsymbol{w}=[w_1, w_2, \cdots, w_d] \in \mathbb{R}^d$是$d$维的权重向量，$b \in \mathbb{R}$是偏置。净输入$z$在经过一个非线性函数后，得到神经元的**活性值**（Activation）a，

$$a = f(z) \tag{4.76}$$

这里的函数f为非线性激活函数。

图4.7给出了一个典型的神经元结构示例。

为了增强网络的表达能力以及学习能力，一般使用连续非线性**激活函数**（activation function）。因为连续非线性激活函数可导，所以可以用最优化的方法来学习网络参数。

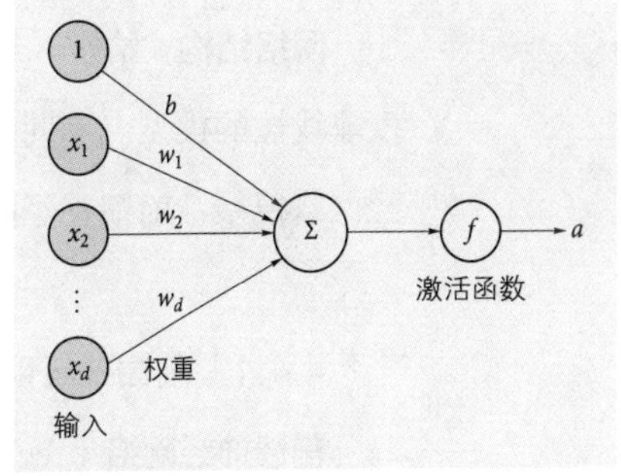

图4.7 典型的神经元结构

下面介绍三种在神经网络中常用的激活函数。

（1）logistic函数指一类S型曲线函数，为两端饱和函数，定义为

$$\operatorname{sigmoid}(x) = \frac{1}{1+\exp(-x)} \tag{4.77}$$

logistic函数可以看成是一个“挤压”函数，把一个实数域的输入“挤压”到（0, 1）。当输入值在0附近时，sigmoid型函数近似为线性函数；当输入值靠近两端时，对输入进行抑制。输入越小，越接近于0；输入越大，越接近于1。这样的特点也和生物神经元类似，对一些输入会产生兴奋（输出为1），对另一些输入产生抑制（输出为0）。

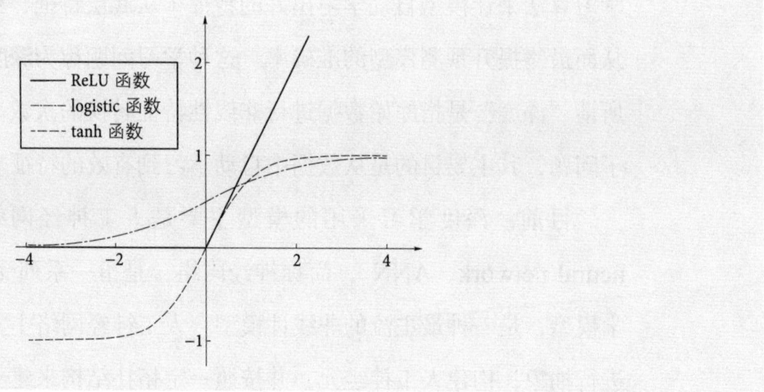

图4.8 logistic函数和tanh函数

（2）tanh函数也是一种S型函数，定义为

$$\tanh(x)=\frac{\exp(x)-\exp(-x)}{\exp(x)+\exp(-x)} \tag{4.78}$$

图4.8给出了logistic函数和tanh函数的形状。

（3）**修正线性单元**（rectified linear unit，ReLU）是目前深层神经网络中经常使用的激活函数。ReLU实际上是一个斜坡（ramp）函数，定义为

$$\mathrm{ReLU}(x)=\max(0,x) \tag{4.79}$$

采用ReLU的神经元只需要进行加、乘和比较的操作，计算上更加高效。

网络结构　给定一组神经元，以神经元为节点来构建一个网络，使其成为一种高度非线性的模型。不同的神经网络模型有着不同的拓扑结构，本节介绍四种主要的神经网络模型：前馈神经网络、卷积神经网络、循环神经网络和自注意力模型。

4.4.1　前馈神经网络

前馈神经网络（feedforward neural network，FNN）是一种简单的神经网络。在前馈神经网络中，各神经元分别属于不同的层。每一层的神经元可以接收前一层神经元的信号，并产生信号输出到下一层。第0层叫**输入层**，最后一层叫**输出层**，其他中间层叫做**隐藏层**。整个网络中无反馈，信号从输入层向输出层单向传播。前馈神经网络也经常称为**多层感知器**（multi-layer perceptron，MLP）。

图4.9给出了前馈神经网络的示例。

用下面的记号来描述一个前馈神经网络。

- L：表示神经网络的层数。
- $m^{(l)}$：表示第l层神经元的个数。
- $f_l(\cdot)$：表示l层神经元的激活函数。

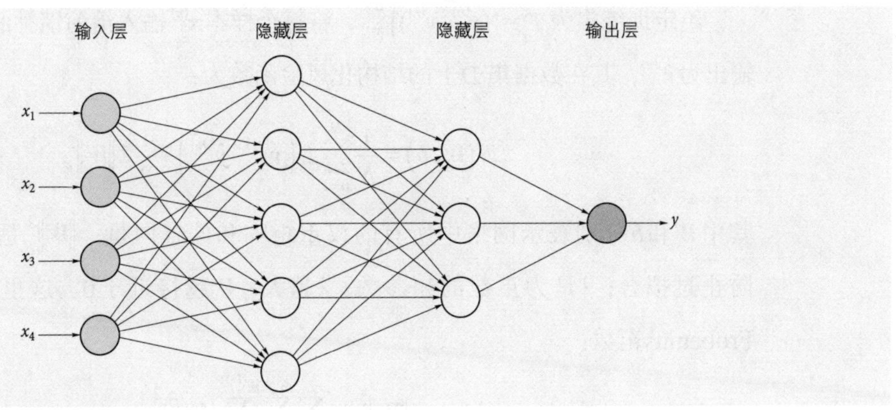

图4.9 多层前馈神经网络

- $W^{(l)} \in \mathbb{R}^{m^{(l)} \times m^{(l-1)}}$：表示 $l-1$ 层到第 l 层的权重矩阵。
- $\boldsymbol{b}^{(l)} \in \mathbb{R}^{m^{(l)}}$：表示 $l-1$ 层到第 l 层的偏置。
- $\boldsymbol{h}^{(l)} \in \mathbb{R}^{m^{(l)}}$：表示 l 层神经元的活性值。

前馈神经网络通过下面公式进行逐层的信息传递：

$$\boldsymbol{h}^{(l)} = f_l(W^{(l)}\boldsymbol{h}^{(l-1)} + \boldsymbol{b}^{(l)}), \tag{4.80}$$

其中 $\boldsymbol{h}^{(0)} = \boldsymbol{x}$，$\boldsymbol{h}^{(L)}$ 为整个网络的输出。整个网络可以看作一个复合函数 $\phi(\boldsymbol{x}; W, \boldsymbol{b})$。

1. 应用到机器学习

多层前馈神经网络可以看作是一个非线性复合函数 φ：$\mathbb{R}^d \to \mathbb{R}^{d'}$，将输入 $\boldsymbol{x} \in \mathbb{R}^d$ 映射到输出 $\varphi(\boldsymbol{x}) \in \mathbb{R}^{d'}$。因此，多层前馈神经网络也可以看成是一种特征转换方法，其输出 $\varphi(\boldsymbol{x})$ 作为分类器的输入进行分类。

给定一个训练样本 $(\boldsymbol{x}, y)$，先利用多层前馈神经网络将 $\boldsymbol{x}$ 映射到 $\varphi(\boldsymbol{x})$，然后再将 $\varphi(\boldsymbol{x})$ 输入到分类器 $g(\cdot)$。

$$\hat{y} = g(\varphi(\boldsymbol{x}), \theta) \tag{4.81}$$

其中 $g(\cdot)$ 为线性或非线性的分类器，θ 为分类器 $g(\cdot)$ 的参数，$\hat{y}$ 为分类器的输出。

特别地，如果分类器 $g(\cdot)$ 为logistic回归分类器或softmax回归分类器，那么 $g(\cdot)$ 也可以看成是网络的最后一层，即神经网络直接输出不同类别的条件概率。

对于多分类问题 $y \in \{1, \cdots, C\}$，如果使用softmax回归分类器，相当于网络最后一层设置 C 个神经元，其激活函数为softmax函数。

2. 参数学习

神经元之间的连接权重就是需要学习的参数，可以通过梯度下降方法来进行学习。如果采用交叉熵损失函数，对于样本 $(\boldsymbol{x}, y)$，其损失函数为

$$\mathcal{L}(\boldsymbol{y}, \hat{\boldsymbol{y}}) = -\boldsymbol{y}^{\mathrm{T}} \ln \hat{\boldsymbol{y}} \tag{4.82}$$

其中 $\boldsymbol{y} \in \{0, 1\}^C$ 为标签 y 对应的One-Hot向量表示。

给定训练集为$\mathcal{D}=\{(\boldsymbol{x}^{(n)}, y^{(n)})\}_{n=1}^{N}$，将每个样本$\boldsymbol{x}^{(n)}$输入给前馈神经网络，得到网络输出为$\hat{\boldsymbol{y}}^{(n)}$，其在数据集$\mathcal{D}$上的结构化风险函数为：

$$\mathcal{R}(\boldsymbol{W}, \boldsymbol{b})=\frac{1}{N}\sum_{n=1}^{N}\mathcal{L}\left(\boldsymbol{y}^{(n)}, \hat{\boldsymbol{y}}^{(n)}\right)+\frac{1}{2}\lambda\|\boldsymbol{W}\|_F^2 \tag{4.83}$$

其中$\boldsymbol{W}$和$\boldsymbol{b}$分别表示网络中所有的权重矩阵和偏置向量；$\|\boldsymbol{W}\|_F^2$是正则化项，用来防止过拟合；λ是为正数的超参数。λ越大，$\boldsymbol{W}$越接近于0。这里的$\|\boldsymbol{W}\|_F^2$一般使用Frobenius范数：

$$\|\boldsymbol{W}\|_F^2=\sum_{l=1}^{L}\sum_{i=1}^{m^{(l)}}\sum_{j=1}^{m^{(l-1)}}\left(\boldsymbol{W}_{ij}^{(l)}\right)^2 \tag{4.84}$$

自动微分与计算图 神经网络模型的参数一般通过梯度下降法来进行优化，而梯度的计算可以使用**自动微分**（automatic differentiation，AD）的方法来避免烦琐的手工运算。

自动微分利用**链式法则**来自动计算一个复合函数的梯度。首先，将复合函数分解为一系列的基本操作，并构成一个**计算图**（computational graph）。计算图是数学运算的图形化表示。计算图中的每个非叶子节点表示一个基本操作，每个叶子节点为一个输入变量或常量。

自动微分的基本原理是所有的数值计算可以分解为一些基本操作，包含+, −, ×, ÷和一些初等函数exp, log, sin, cos等，然后利用链式法则来自动计算一个复合函数的梯度。

为简单起见，这里以一个神经网络中常见的复合函数的例子来说明自动微分的过程。令复合函数$f(x; w, b)$为

$$f(x; w, b)=\frac{1}{\exp(-(wx+b))+1} \tag{4.85}$$

其中x为输入标量，w和b分别为权重和偏置参数。

将复合函数$f(x; w, b)$分解为一系列的基本操作，并构成一个计算图。图4.10给出了当$x=1, w=0, b=0$时复合函数$f(x; w, b)$的计算图，其中连边上方的数字表示前向计算时复合函数中每个变量的实际取值。

从计算图上可以看出，复合函数$f(x; w, b)$由6个基本函数$h_i(1\leqslant i\leqslant 6)$组成。整个复合函数$f(x; w, b)$关于参数$w$和$b$的导数可以通过计算图上的节点$f(x; w, b)$与参数$w$和$b$之间路径上所有的导数连乘来得到，即

$$\frac{\partial f(x; w, b)}{\partial w}=\frac{\partial f(x; w, b)}{\partial h_6}\frac{\partial h_6}{\partial h_5}\frac{\partial h_5}{\partial h_4}\frac{\partial h_4}{\partial h_3}\frac{\partial h_3}{\partial h_2}\frac{\partial h_2}{\partial h_1}\frac{\partial h_1}{\partial w} \tag{4.86}$$

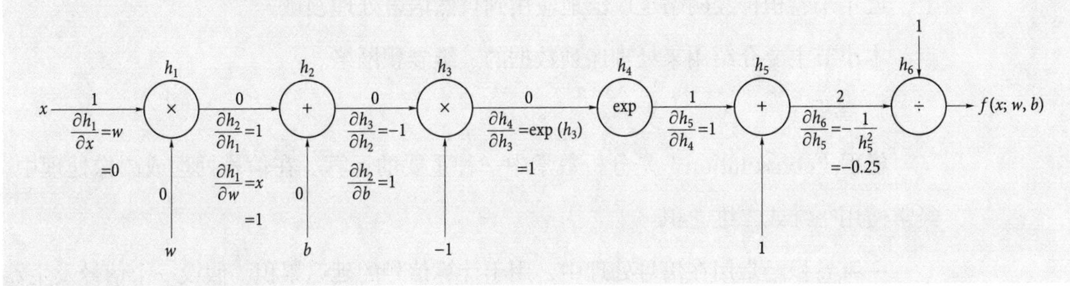

图4.10 复合函数$f(x;w,b)$的计算图

$$\frac{\partial f(x;w,b)}{\partial b}=\frac{\partial f(x;w,b)}{\partial h_6}\frac{\partial h_6}{\partial h_5}\frac{\partial h_5}{\partial h_4}\frac{\partial h_4}{\partial h_3}\frac{\partial h_3}{\partial h_2}\frac{\partial h_2}{\partial b} \tag{4.87}$$

计算图的构建可以分为**静态计算图**（static computing graph）和**动态计算图**（dynamic computing graph）。静态计算图是在编译时构建计算图，计算图构建好之后在程序运行时不能改变，而动态计算图是在程序运行时动态构建。两种构建方式各有优缺点。静态计算图在构建时可以进行优化，并行能力强，但灵活性比较差。动态计算图则不容易优化，当不同输入的网络结构不一致时，难以并行计算，但是灵活性比较高。

神经网络的优化问题是一个非凸优化问题，因此对参数初始化比较敏感。另外当网络层数很深时，梯度就会不停地衰减，甚至消失，使得整个网络很难训练，称为**梯度消失问题**（vanishing gradient problem）。在深层神经网络中，减轻梯度消失问题的方法有很多种。比较有效的方式是使用导数比较大的激活函数（如ReLU），逐层归一化或者跨层的直连边等。

4.4.2 卷积神经网络

卷积神经网络（convolutional neural network，CNN或ConvNet）是一种具有**局部连接**、**权重共享**等特性的深层前馈神经网络。

卷积神经网络是受生物学上感受野的机制而提出的。**感受野**（receptive field）主要是指听觉、视觉等神经系统中一些神经元的特性，即神经元只接受其所支配的刺激区域内的信号。在视觉神经系统中，视觉皮层中神经细胞的输出依赖于视网膜上的光感受器。视网膜上的光感受器受刺激兴奋时，将神经冲动信号传到视觉皮层，但不是所有视觉皮层中的神经元都会接受这些信号。一个神经元的感受野是指视网膜上的特定区域，只有这个区域内的刺激才能够激活该神经元。

卷积神经网络有三个结构上的特性：**局部连接**和**权重共享**。和前馈神经网络相比，卷积神经网络的参数更少。早期的卷积神经网络主要使用在图像处理的各种任务上，近年来卷积神经网络也广泛地应用到自然语言处理领域。

本小节主要介绍用来处理序列数据的一维卷积网络。

1. 卷积

卷积（convolution）是分析数学中一种重要的运算。在信号处理或图像处理中，经常使用一维或二维卷积。

一维卷积经常用在信号处理中，用于计算信号的延迟累积。假设一个信号发生器每个时刻t产生一个信号x_t，其信息的衰减率为w_k，即在k–1个时间步长后，信息为原来的w_k倍。假设w_1=1, w_2=1/2, w_3=1/4，那么在时刻t收到的信号y_t为当前时刻产生的信息和以前时刻延迟信息的叠加，

$$y_t = 1 \times x_t + 1/2 \times x_{t-1} + 1/4 \times x_{t-2} \tag{4.88}$$

$$= w_1 \times x_t + w_2 \times x_{t-1} + w_3 \times x_{t-2} \tag{4.89}$$

$$= \sum_{k=1}^{3} w_k x_{t-k+1} \tag{4.90}$$

把$w_1, w_2, \cdots$称为**滤波器**（filter）或**卷积核**（convolution kernel）。假设滤波器长度为m，它和一个信号序列$x_1, x_2, \cdots$的卷积为

$$y_t = \sum_{k=1}^{m} w_k x_{t-k+1} \tag{4.91}$$

信号序列$\boldsymbol{x}$和滤波器$\boldsymbol{w}$的卷积定义为

$$\boldsymbol{y} = \boldsymbol{w} \otimes \boldsymbol{x} \tag{4.92}$$

其中$\otimes$表示卷积运算。

一般情况下滤波器的长度m远小于信号序列长度n。图4.11给出了一维卷积示例。滤波器为[–1, 0, 1]，连接边上的数字为滤波器中的权重。

当滤波器w_k=1/m, 1 ≤ k ≤ m时，卷积相当于信号序列的**简单移动平均**。

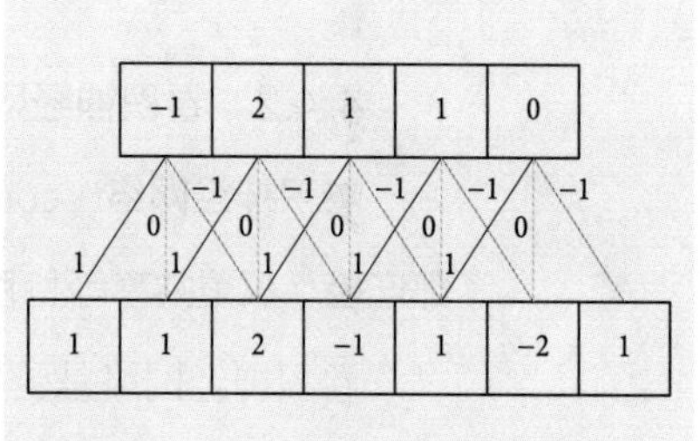

图4.11 一维卷积示例（滤波器为[–1, 0, 1]）

2. 卷积层

在全连接前馈神经网络中，如果第l层有$n^{(l)}$个神经元，第l–1层有$n^{(l-1)}$个神经元，连接边有$n^{(l)} \times n^{(l-1)}$个，也就是权重矩阵有$n^{(l)} \times n^{(l-1)}$个参数。当$n^{(l)}$和$n^{(l-1)}$都很大时，权重矩阵的参数非常多，训练的效率会非常低。

如果采用卷积来代替全连接，第l层的净输入$\boldsymbol{z}^{(l)}$为第l–1层活性值$\boldsymbol{h}^{(l-1)}$和滤波器$\boldsymbol{w}^{(l)} \in \mathbb{R}^m$的卷积，即

$$\boldsymbol{h}^{(l)}=f(\boldsymbol{w}^{(l)}\otimes\boldsymbol{h}^{(l-1)}+b^{(l)}) \tag{4.93}$$

其中$f(\cdot)$为激活函数，滤波器$\boldsymbol{w}^{(l)}$为可学习的权重向量，$b^{(l)}\in\mathbb{R}$为可学习的偏置。

根据卷积的定义，卷积层有下面两个很重要的性质。

局部连接 在卷积层（假设是第l层）中的每一个神经元都只和下一层（第l–1层）中某个局部窗口内的神经元相连，构成一个局部连接网络。如图4.12（b）所示，卷积层和下一层之间的连接数大大减少，由原来的$n^{(l)}\times n^{(l-1)}$个连接变为$n^{(l)}\times m$个连接，m为滤波器大小。

权重共享 从公式（4.93）可以看出，作为参数的滤波器$\boldsymbol{w}^{(l)}$对于第l层的所有的神经元都是相同的。如图4.12（b）中，所有的同类型连接上的权重是相同的。

由于局部连接和权重共享，卷积层的参数只有一个m维的权重$\boldsymbol{w}^{(l)}$和1维的偏置$b^{(l)}$，共$m+1$个参数。参数个数和神经元的数量无关。

3. 应用到序列数据

当输入为向量序列$\boldsymbol{X}=[\boldsymbol{x}_1,\boldsymbol{x}_2,\cdots,\boldsymbol{x}_t,\cdots,\boldsymbol{x}_T]\in\mathbb{R}^{d\times T}$时，卷积层定义为

$$\boldsymbol{H}=f(\,\boldsymbol{W}\otimes\boldsymbol{X}+\boldsymbol{b}\,) \tag{4.94}$$

其中$\boldsymbol{H}\in\mathbb{R}^{d'\times(T-m+1)}$为卷积层的输出，$f(\cdot)$为激活函数，$\boldsymbol{W}\in\mathbb{R}^{d\times d'\times m}$为卷积核，$\boldsymbol{b}\in\mathbb{R}^{d'}$为偏置项，其中

$$h_{i,t}=f(\mathbf{vec}(\boldsymbol{W}_{:,i,:})^{\mathrm{T}}(\boldsymbol{x}_{t-m+1}\oplus\cdots\oplus\boldsymbol{x}_t)+b_i),\qquad\forall i\in[1,d'] \tag{4.95}$$

其中$\mathbf{vec}(\cdot)$为向量化操作，$\oplus$为向量拼接操作。如果进一步希望用一个固定维数的向量来表示整个序列，可以通过时序上的**最大汇聚**（max pooling）来汇总信息。

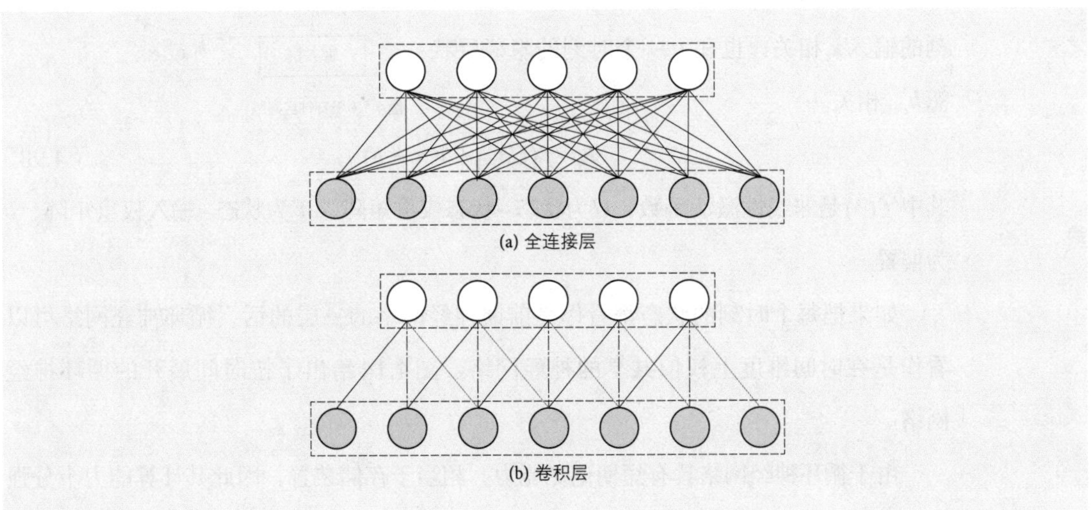

图4.12 全连接层和卷积层对比

$$y_i = \max_{t=1}^{T-m+1} h_{i,t}, \qquad \forall i \in [1, d'] \tag{4.96}$$

目前卷积神经网络通常采用**等宽卷积**（equal-width convolution）。对于一个大小为$d \times d' \times m$的卷积核，可以通过在输入序列$\boldsymbol{X}$的两端各补$(m-1)/2$个零向量，使得输入和输出的长度相同。

4.4.3 循环神经网络

循环神经网络（recurrent neural network，RNN）是一类具有**短期记忆**能力的神经网络。在循环神经网络中，神经元不但可以接受其他神经元的信息，也可以接受自身的信息，形成具有环路的网络结构。和前馈神经网络相比，循环神经网络更加符合生物神经网络的结构。循环神经网络已经被广泛应用在语音识别、语言模型以及自然语言生成等任务上。

循环神经网络通过使用带自反馈的神经元，能够处理任意长度的时序数据。给定一个输入序列$\boldsymbol{X}=[\boldsymbol{x}_1, \boldsymbol{x}_2, \cdots, \boldsymbol{x}_t, \cdots, \boldsymbol{x}_T]$，循环神经网络通过下面公式更新带反馈边的隐藏层的**活性值**$\boldsymbol{h}_t$：

$$\boldsymbol{h}_t = f(\boldsymbol{h}_{t-1}, \boldsymbol{x}_t) \tag{4.97}$$

其中$\boldsymbol{h}_0=0$，$f(\cdot)$为一个非线性函数。

图4.13给出了循环神经网络的示例。

简单循环网络（simple recurrent network，SRN）[9]是一个只有一个隐藏层的循环神经网络。假设在时刻t时，网络的输入为$\boldsymbol{x}_t$，隐藏层状态（即隐层神经元活性值）$\boldsymbol{h}_t$不仅和当前时刻的输入$\boldsymbol{x}_t$相关，也和上一个时刻的隐藏层状态$\boldsymbol{h}_{t-1}$相关。

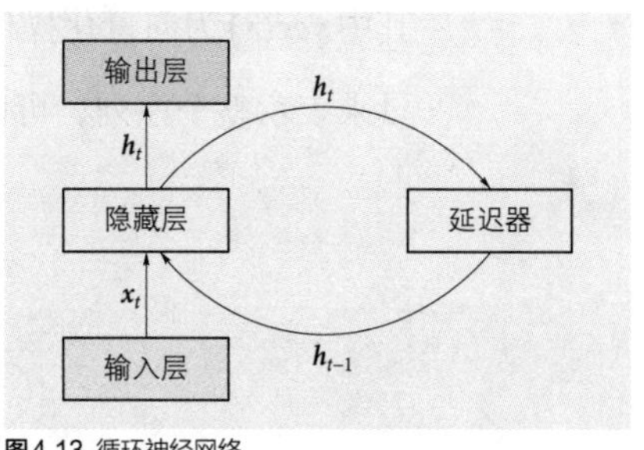

图4.13 循环神经网络

$$\boldsymbol{h}_t = f(U\boldsymbol{h}_{t-1} + W\boldsymbol{x}_t + \boldsymbol{b}) \tag{4.98}$$

其中$f(\cdot)$是非线性激活函数，U为**状态-状态**权重矩阵，W为**状态-输入**权重矩阵，$\boldsymbol{b}$为偏置。

如果把每个时刻的状态都看作是前馈神经网络的一层的话，循环神经网络可以看作是在时间维度上权值共享的神经网络。图4.14给出了按时间展开的循环神经网络。

由于循环神经网络具有短期记忆能力，相当于存储装置，因此其计算能力十分强大。但是当输入序列比较长时，循环神经网络会存在梯度爆炸和消失问题，也称为**长**

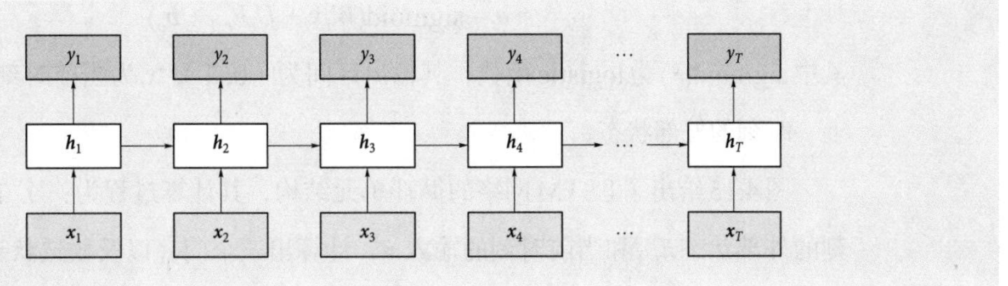

图4.14 按时间展开的循环神经网络

程依赖问题。为了解决这个问题，人们对循环神经网络进行了很多的改进，其中最有效的改进方式引入**门控**机制来控制信息的累积速度，包括有选择地加入新的信息，并有选择地遗忘之前累积的信息。主要代表性模型有长短期记忆（LSTM）网络。

1. 长短期记忆网络

长短期记忆（long short-term memory，LSTM）网络[11, 13]是循环神经网络的一个变体，可以有效地解决**简单循环神经网络**的梯度爆炸或消失问题。LSTM网络引入一个新的内部状态（internal state）$\boldsymbol{c}_t$专门进行线性的循环信息传递，同时（非线性）输出信息给隐藏层的外部状态$\boldsymbol{h}_t$。

$$\boldsymbol{c}_t = \boldsymbol{f}_t \odot \boldsymbol{c}_{t-1} + \boldsymbol{i}_t \odot \tilde{\boldsymbol{c}}_t \tag{4.99}$$

$$\boldsymbol{h}_t = \boldsymbol{o}_t \odot \tanh(\boldsymbol{c}_t) \tag{4.100}$$

其中$\boldsymbol{f}_t$，$\boldsymbol{i}_t$和$\boldsymbol{o}_t$为三个门（gate）来控制信息传递的路径；$\odot$为向量元素乘积；$\boldsymbol{c}_{t-1}$为上一时刻的记忆单元；$\tilde{\boldsymbol{c}}_t$是通过非线性函数得到**候选状态**，

$$\tilde{\boldsymbol{c}}_t = \tanh(W_c\boldsymbol{x}_t + U_c\boldsymbol{h}_{t-1} + \boldsymbol{b}_c) \tag{4.101}$$

公式（4.99）~（4.101）中的W_*, U_*, $\boldsymbol{b}_*$为**可学习**的网络参数，其中$* \in \{i, f, o, c\}$。在每个时刻t，LSTM网络的内部状态$\boldsymbol{c}_t$记录了到当前时刻为止的历史信息。

门机制 LSTM网络引入**门机制**（gate mechanism）来控制信息传递的路径。公式（4.99）和（4.100）中三个“门”分别为**输入门**$\boldsymbol{i}_t$，**遗忘门**$\boldsymbol{f}_t$和**输出门**$\boldsymbol{o}_t$，

在数字电路中，**门**为一个二值变量$\{0, 1\}$，0代表关闭状态，不许任何信息通过；1代表开放状态，允许所有信息通过。当$\boldsymbol{f}_t = 0, \boldsymbol{i}_t = 1$时，记忆单元将历史信息清空，并将候选状态向量$\tilde{\boldsymbol{c}}_t$写入。但此时记忆单元$\boldsymbol{c}_t$依然和上一时刻的历史信息相关。当$\boldsymbol{f}_t = 1$，$\boldsymbol{i}_t = 0$时，记忆单元将复制上一时刻的内容，不写入新的信息。

LSTM网络中的“门”是一种“软”门，取值在（0, 1）之间，表示以一定的比例允许信息通过。三个门的计算方式为：

$$\boldsymbol{i}_t = \text{sigmoid}(W_i\boldsymbol{x}_t + U_i\boldsymbol{h}_{t-1} + \boldsymbol{b}_i) \tag{4.102}$$

$$\boldsymbol{f}_t = \text{sigmoid}(W_f\boldsymbol{x}_t + U_f\boldsymbol{h}_{t-1} + \boldsymbol{b}_f) \tag{4.103}$$

$$o_t = \text{sigmoid}(W_o x_t + U_o h_{t-1} + b_o) \tag{4.104}$$

其中sigmoid(·)为logistic函数，其输出区间为（0, 1），x_t为当前时刻的输入，h_{t-1}为上一时刻的外部状态。

图4.15给出了LSTM网络的循环单元结构，其计算过程为：① 首先利用上一时刻的外部状态h_{t-1}和当前时刻的输入x_t，计算出三个门，以及候选状态$\tilde{c}_t$；② 结合遗忘门f_t和输入门i_t来更新记忆单元c_t；③ 结合输出门o_t，将内部状态的信息传递给外部状态h_t。

通过LSTM循环单元，整个网络可以建立较长距离的时序依赖关系。

2. 双向循环神经网络

在有些任务中，一个时刻的输出不但和过去时刻的信息有关，也和后续时刻的信息有关。例如，给定一个句子，其中一个词的词性由它的上下文决定，即包含左右两边的信息。因此，在这些任务中，可以增加一个按照时间的逆序来传递信息的网络层，来增强网络的能力。

双向循环神经网络（bidirectional recurrent neural network，Bi-RNN）由两层循环神经网络组成，它们的输入相同，只是信息传递的方向不同。

假设第1层按时间顺序，第2层按时间逆序，在时刻t时的隐藏状态定义为$h_t^{(1)}$和$h_t^{(2)}$，则

$$h_t^{(1)} = f(U^{(1)} h_{t-1}^{(1)} + W^{(1)} x_t + b^{(1)}) \tag{4.105}$$

$$h_t^{(2)} = f(U^{(2)} h_{t+1}^{(2)} + W^{(2)} x_t + b^{(2)}) \tag{4.106}$$

$$h_t = h_t^{(1)} \oplus h_t^{(2)} \tag{4.107}$$

其中$\oplus$为向量拼接操作。

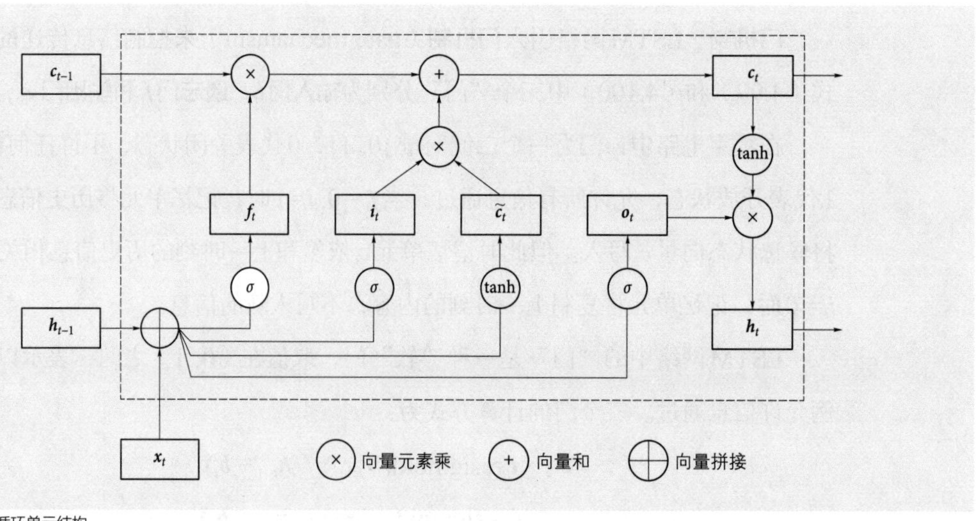

图4.15 LSTM循环单元结构

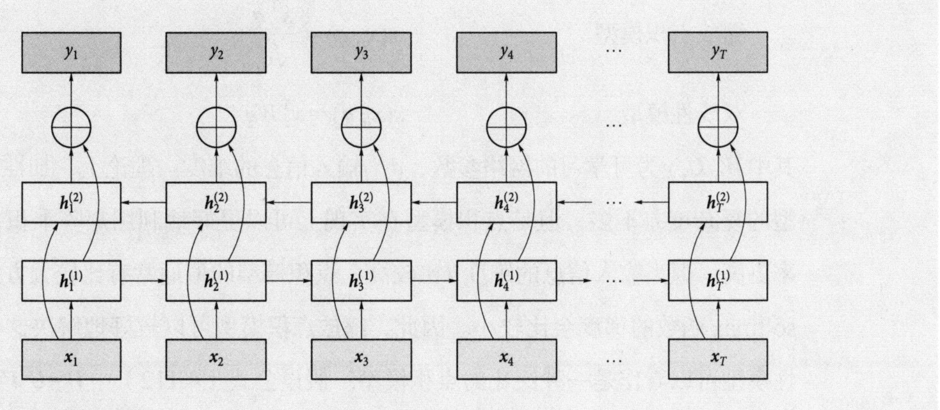

图4.16 按时间展开的双向循环神经网络

图4.16给出了按时间展开的双向循环神经网络。

4.4.4 注意力机制

1. 注意力机制

当用神经网络来处理大量的输入信息时，也可以借鉴人脑的注意力机制，只选择一些关键的信息输入进行处理，来提高神经网络的效率。以阅读理解任务为例，给定一篇很长的文章，然后就此文章的内容进行提问。提出的问题只和段落中的一两个句子相关，其余部分都是无关的。为了减小神经网络的计算负担，只需要把相关的片段挑选出来让后续的神经网络来处理，而不需要把所有文章内容都输入给神经网络。用$\boldsymbol{X}=[\boldsymbol{x}_1, \cdots, \boldsymbol{x}_N]$表示$N$个输入信息，为了节省计算资源，不需要将所有的$N$个输入信息都输入到神经网络进行计算，只需要从$\boldsymbol{X}$中选择一些和任务相关的信息输入给神经网络。注意力机制的计算可以分为两步：一是在所有输入信息上计算注意力分布，二是根据注意力分布来计算输入信息的加权平均。

注意力分布　给定一个和任务相关的查询向量$\boldsymbol{q}$，用**注意力变量**$z\in[1, N]$来表示被选择信息的索引位置，即$z=i$表示选择了第i个输入信息。为了方便计算，采用一种“软性”的信息选择机制，首先计算在给定$\boldsymbol{q}$和$\boldsymbol{X}$下，选择第i个输入信息的概率α_i，

$$\begin{aligned}\alpha_i&=p(z=i|\boldsymbol{X}, \boldsymbol{q})\\&=\mathrm{softmax}\,(s(\boldsymbol{x}_i, \boldsymbol{q}))\end{aligned}\tag{4.108}$$

其中α_i称为**注意力分布**（attention distribution），$s(\boldsymbol{x}_i, \boldsymbol{q})$为**注意力打分函数**，可以使用以下几种方式来计算：

加性模型　$$s(\boldsymbol{x}_i, \boldsymbol{q})=\boldsymbol{v}^{\mathrm{T}}\tanh(\boldsymbol{W}\boldsymbol{x}_i+\boldsymbol{U}\boldsymbol{q})\tag{4.109}$$

点积模型　$$s(\boldsymbol{x}_i, \boldsymbol{q})=\boldsymbol{x}_i^{\mathrm{T}}\boldsymbol{q}\tag{4.110}$$

缩放点积模型 $$s(\boldsymbol{x}_i, \boldsymbol{q}) = \frac{\boldsymbol{x}_i^{\mathrm{T}} \boldsymbol{q}}{\sqrt{d}} \tag{4.111}$$

双线性模型 $$s(\boldsymbol{x}_i, \boldsymbol{q}) = \boldsymbol{x}_i^{\mathrm{T}} \boldsymbol{W} \boldsymbol{q} \tag{4.112}$$

其中$\boldsymbol{W}, \boldsymbol{U}, \boldsymbol{v}$为可学习的网络参数，$d$为输入信息的维度。理论上，加性模型和点积模型的复杂度差不多，但是点积模型在实现上可以更好地利用矩阵乘积，从而计算效率更高。但当输入信息的维度d比较高，点积模型的值通常有比较大方差，从而导致softmax函数的梯度会比较小。因此，**缩放点积**模型可以较好地解决这个问题。双线性模型可以看作是一种泛化的点积模型。假设公式（4.112）中$\boldsymbol{W}=\boldsymbol{U}^{\mathrm{T}}\boldsymbol{V}$，双线性模型可以写为$s(\boldsymbol{x}_i, \boldsymbol{q})=\boldsymbol{x}^{\mathrm{T}}_i\boldsymbol{U}^{\mathrm{T}}\boldsymbol{V}\boldsymbol{q}=(\boldsymbol{U}\boldsymbol{x})^{\mathrm{T}}(\boldsymbol{V}\boldsymbol{q})$，即分别对$\boldsymbol{x}$和$\boldsymbol{q}$进行线性变换后计算点积。相比点积模型，双线性模型在计算相似度时引入了非对称性。

加权平均 注意力分布α_i可以解释为在给定任务相关的查询$\boldsymbol{q}$时，第i个信息受关注的程度。采用一种“软性”的信息选择机制对输入信息进行汇总，得到

$$\mathbf{att}(\boldsymbol{X}, \boldsymbol{q}) = \sum_{i=1}^{N} \alpha_i \boldsymbol{x}_i \tag{4.113}$$

图4.17（a）给出注意力机制的示例。

键值对注意力 更一般地，可以用键值对（key-value pair）格式来表示输入信息，其中“键”用来计算注意力分布α_i，“值”用来计算聚合信息。

用$(\boldsymbol{K}, \boldsymbol{V})=[(\boldsymbol{k}_1, \boldsymbol{v}_1), \cdots, (\boldsymbol{k}_N, \boldsymbol{v}_N)]$表示$N$个输入信息，给定任务相关的查询向量$\boldsymbol{q}$时，注意力函数为

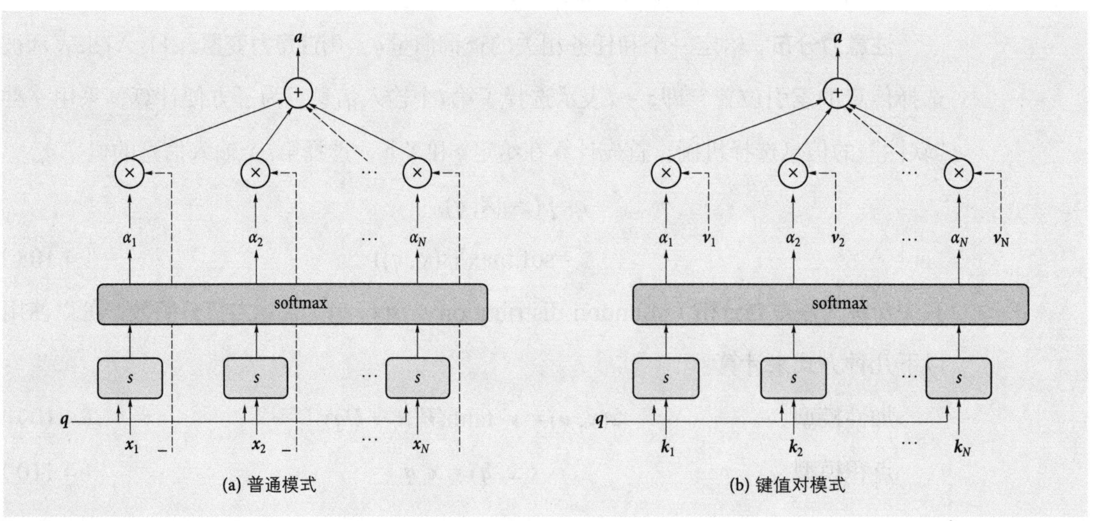

图4.17 注意力机制

$$\mathbf{att}\big((\boldsymbol{K},\boldsymbol{V}),\boldsymbol{q}\big)=\sum_{i=1}^{N}\alpha_i\boldsymbol{v}_i \tag{4.114}$$

$$=\sum_{i=1}^{N}\frac{\exp\big(s(\boldsymbol{k}_i,\boldsymbol{q})\big)}{\sum_j\exp\big(s(\boldsymbol{k}_j,\boldsymbol{q})\big)}\boldsymbol{v}_i \tag{4.115}$$

其中$s(\boldsymbol{k}_i,\boldsymbol{q})$为打分函数。

图4.17（b）给出键值对注意力机制的示例。当$\boldsymbol{K}=\boldsymbol{V}$时，键值对模式就等价于普通的注意力机制。

多头注意力 多头注意力（multi-head attention）是利用多个查询$Q=[\boldsymbol{q}_1,\cdots,\boldsymbol{q}_M]$，来并行地从输入信息中选取多个信息。每个注意力关注输入信息的不同部分。

$$\mathbf{att}((\boldsymbol{K},\boldsymbol{V}),Q)=\mathbf{att}((\boldsymbol{K},\boldsymbol{V}),\boldsymbol{q}_1)\oplus\cdots\oplus\mathbf{att}((\boldsymbol{K},\boldsymbol{V}),\boldsymbol{q}_M) \tag{4.116}$$

其中$\oplus$表示向量拼接。

注意力机制一般可以用作一个神经网络中的组件。

2. 自注意力模型

自注意力模型（self-attention model）是指通过注意力机制来建立一个序列内部元素之间的交互关系。假设输入序列为$\boldsymbol{X}=[\boldsymbol{x}_1,\cdots,\boldsymbol{x}_N]\in\mathbb{R}^{d_1\times N}$，输出序列为$H=[\boldsymbol{h}_1,\cdots,\boldsymbol{h}_N]\in\mathbb{R}^{d_2\times N}$，首先可以通过线性变换得到三组向量序列：

$$\boldsymbol{Q}=\boldsymbol{W}_Q\boldsymbol{X}\in\mathbb{R}^{d_3\times N}, \tag{4.117}$$

$$\boldsymbol{K}=\boldsymbol{W}_K\boldsymbol{X}\in\mathbb{R}^{d_3\times N}, \tag{4.118}$$

$$\boldsymbol{V}=\boldsymbol{W}_V\boldsymbol{X}\in\mathbb{R}^{d_2\times N}, \tag{4.119}$$

其中$\boldsymbol{Q},\boldsymbol{K},\boldsymbol{V}$分别为查询向量序列、键向量序列和值向量序列，$\boldsymbol{W}_Q,\boldsymbol{W}_K,\boldsymbol{W}_V$分别为可学习的参数矩阵。

利用公式（4.114），可以得到输出向量$\boldsymbol{h}_i$，

$$\boldsymbol{h}_i=\mathbf{att}\big((\boldsymbol{K},\boldsymbol{V}),\boldsymbol{q}_i\big) \tag{4.120}$$

$$=\sum_{j=1}^{N}\alpha_{ij}\boldsymbol{v}_j \tag{4.121}$$

$$=\sum_{j=1}^{N}\mathrm{softmax}\Big(s\big(\boldsymbol{k}_j,\boldsymbol{q}_i\big)\Big)\boldsymbol{v}_j \tag{4.122}$$

其中$i,j\in[1,N]$为输出和输入向量序列的位置，连接权重α_{ij}由注意力机制动态生成。

如果使用**缩放点积**来作为注意力打分函数，输出向量序列可以写为

$$\boldsymbol{H}=\boldsymbol{V}\,\mathrm{softmax}\Big(\frac{\boldsymbol{K}^{\mathrm{T}}\boldsymbol{Q}}{\sqrt{d_3}}\Big), \tag{4.123}$$

其中softmax(·)为按列进行归一化的函数。

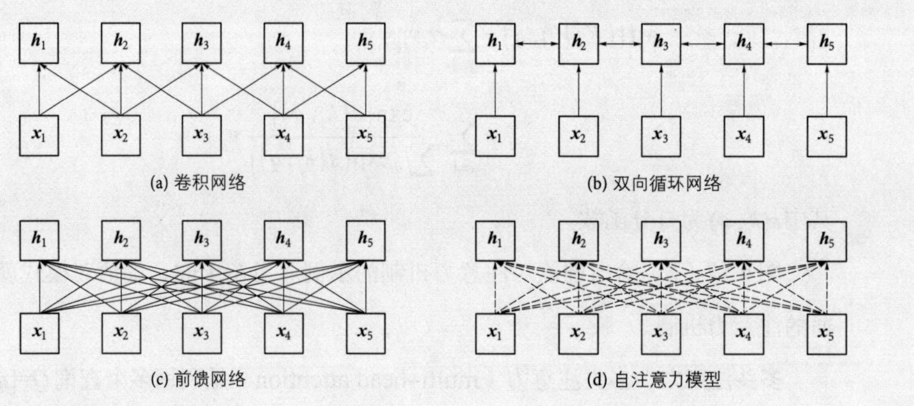

图4.18 不同网络模型建模变长序列时的结构示例

自注意力模型可以作为神经网络中的一层来使用，既可以用来替换卷积层和循环层，也可以和它们一起交替使用（例如X可以是卷积层或循环层的输出）。自注意力模型计算的权重α_{ij}只依赖于$\boldsymbol{q}_i$和$\boldsymbol{k}_j$的相关性，而忽略了输入信息的位置信息。因此在单独使用时，自注意力模型一般需要加入位置编码信息来进行修正[20]。

图4.18给出了使用本节介绍的四种神经网络模型来建模一个向量序列时的网络结构示例，其中实线表示为可学习的权重，虚线表示动态生成的权重。基于卷积或循环网络的序列编码都可以看作是一种局部的编码方式，只建模了输入信息的局部依赖关系。虽然循环网络理论上可以建立长距离依赖关系，但是由于信息传递的容量以及梯度消失问题，实际上也只能建立短距离依赖关系。前馈网络是一种非常直接的建模远距离依赖的模型，但是无法处理变长序列，通常需要选取一个固定窗口作为输入。由于自注意力模型的权重是动态生成的，因此可以处理变长序列。

4.5 总结和延伸阅读

本章简单介绍了机器学习的基础知识，为后面章节做一些铺垫。机器学习算法虽然种类繁多，但其中三个基本的要素为：模型、学习准则、优化算法。大部分的机器学习算法都可以看作是这三个基本要素的不同组合。如果需要快速全面地了解机器学习的基本概念和体系可以阅读*Pattern Classification*[8]、*Machine Learning: a Probabilistic Perspective*[16]、《机器学习》[1]和《统计学习方法》[2]。

结构化学习一般需要和概率图模型结合起来进行学习。概率图模型提供了一个用图形来描述概率模型的框架，这种可视化方法使人们可以更加容易地理解复杂模型的内在性质。要更全面深入地了解概率图模型，可以阅读*Probabilistic Graphical Models: Principles and Techniques*[14]或机器学习书籍中的相关章节[5]。

深度学习主要以神经网络模型为基础，研究如何设计模型结构、如何有效地学习模型的参数、如何优化模型性能以及在不同任务上的应用等。若希望全面了解人工神经网络和深度学习的知识，可以参考*Deep Learning*[12]和《神经网络与深度学习》[3]。

参考文献

[1] 周志华. 机器学习[M].北京：清华大学出版社，2016.

[2] 李航. 统计学习方法[M].2版.北京：清华大学出版社，2019.

[3] 邱锡鹏. 神经网络与深度学习[M].北京：机械工业出版社，2020.

[4] LEONARD E B, TED P. Statistical inference for probabilistic functions of finite state markov chains[J].The annals of mathematical statistics, 1966, 37(6): 1554–1563.

[5] BISHOP C M. Pattern recognition and machine learning// Information science and statistics[M].5th ed.Springer, 2007.

[6] BOTTOU L. Large-scale machine learning with stochastic gradient descent[C]//Proceedings of COMPSTAT.Springer, 2010: 177–186.

[7] COLLINS M.Discriminative training methods for hidden markov models：Theory and experiments with perceptron algorithms[C]//Proceedings of the conference on Empirical methods in natural language processing, 2002：1–8.

[8] DUDA R O, HART P E, STORK D G. Pattern classification [M]. 2nd ed. Wiley, 2001.

[9] ELMAN J L. Finding structure in time[J].Cognitive science, 1990, 14(2): 179–211.

[10] FREUND Y, SCHAPIRE R E. Large margin classification using the perceptron algorithm[J].Machine learning, 1999, 37 (3): 277–296.

[11] GERS F A ,SCHMIDHUBER J, CUMMINS F. Learning to forget：Continual prediction with lstm[J]. Neural Computation, 2000.

[12] GOODFELLOW I J, BENGIO Y, COURVILLE A C. Deep Learning[M]. MIT Press, 2016.

[13] HOCHREITER S, SCHMIDHUBER J.Long short-term memory[J]. Neural computation, 1997, 9(8): 1735–1780.

[14] KOLLER D, FRIEDMAN N. Probabilistic graphical models: principles and techniques[M]. MIT press, 2009.

[15] LAFFERTY J D, MCCALLUM A, PEREIRA F C N. Conditional random fields: Probabilistic models for segmenting and labeling sequence data[C]// Proceedings of the Eighteenth International Conference on Machine Learning, 2001.

[16] MURPHY K P. Machine learning: a probabilistic perspective// Adaptive computation and machine learning series[M]. MIT Press, 2012.

[17] NEMIROVSKI A, JUDITSKY A, LAN G, et al. Robust stochastic approximation approach to stochastic programming[J]. SIAM Journal on optimization, 2009, 19(4): 1574–1609.

[18] PLATT J. Sequential minimal optimization: A fast algorithm for training support vector machines[J]. Technical report,1998.

[19] ROSENBLATT F. The perceptron: a probabilistic model for information storage and organization in the brain[J]. Psychological review, 1958, 65(6): 386.

[20] VASWANI A, SHAZEER N, PARMAR N, et al. Attention is all you need[C]//Advances in Neural Information Processing Systems, 2017: 6000–6010.

第5章 文本表示

5

文本表示是指对自然语言文本的一种形式化描述，以便在计算机中表示语言，并能让计算机程序自动处理。文本是一种复杂且具有较强表达能力的数据类型，对其进行表示有很多种方法，例如经典的词袋（Bag-of-Words）表示、序列表示以及句法树表示等。不同的文本表示具有不同的特点，分别适用于不同的应用场景。在过去的很长一段时间内，人们通过经验性地选择特征或者结构来设计对于目标任务有利的文本表示。而近年来，利用机器学习（尤其是深度学习）的方法自动学习合理且有效的文本表示，不仅有效地降低了特征工程中的人力成本，同时在大量应用中显示出极大的潜力。这种新的范式被称为**表示学习**，是现阶段自然语言处理领域的核心问题之一。由于大部分自然语言处理任务都以词作为基本单元，本章首先介绍词的表示，重点强调分布式表示的概念及相关理论。接着，利用自然语言的层级性或递归性，从语义组合的角度进一步介绍短语、句子、篇章等更大语言单元的表示学习。

5.1 词的表示

如果将词表中的词看成是一个个无意义的符号，那么可以用一个词表维度大小的向量来表示所有的词。假设词表为V，其大小用$|V|$来表示，那么词表中的第i个词w_i可以表示为以下向量：

$$\boldsymbol{w}_i=[0,0,\cdots,\underbrace{1}_{\text{第}i\text{个词}},\cdots,0]\in\{0,1\}^{|V|}$$

在该向量中，对应该词在词表中位置的那一维值为1，而其他维度上的值均为0。这种表示称为**独热表示**或者**独热编码**（one-hot encoding）。

独热表示假设所有的词之间是独立无关的。在该表示空间内，不同词的向量之间总是正交的。若通过余弦距离来度量词的相似度，则不同词之间的相似度均为0；若使用欧式距离进行度量，则不同词之间的距离均相等。因此，这种表示方式丢失了词与词之间的语义相关性，进而影响了以其为基础的自然语言处理系统的泛化性。

好的词表示应该具备什么样的性质？通常情况下，词表示是为具体的下游任务（如文本相似性度量、文本分类等）服务的，所以需要根据其在相应任务中的表现来进行判断（第5.1.5节将对词表示的评价进行介绍）。在不考虑目标任务的情况下，一个通用的准则是：好的词表示应该能够有效地捕捉词与词之间的语义相关性。例如，在这个表示空间内，“香蕉”和“芒果”的相关性应大于“香蕉”和“轮船”的相关性。

基于该准则，本节将介绍几类典型的从未标注文本数据中学习词表示的方法，而支撑这些方法背后的理论是**分布式语义假设**（distributional hypothesis）。

5.1.1 分布式语义假设

人们在阅读过程中遇到从未见过的词时，通常会根据上下文来推断其含义以及相关属性。基于这样的思想，John Rupert Firth于1957年提出了**分布式语义假设**。

> 定义5.1 分布式语义假设：**词的含义可由其上下文的分布进行表示。**①

基于分布式语义假设，人们可以利用大规模的未标注文本数据，根据每个词的上下文分布来学习词的表示，从而使得上下文分布接近的词，在词表示的空间内也距离较近。当然，分布式语义假设仅仅提供了一种语义建模的思想。具体到表示形式和上下文的选择，以及如何利用上下文的分布特征，都是需要解决的问题。下面将介绍三种典型的基于分布式语义假设思想的词表示以及相应的学习方法。

5.1.2 布朗聚类

针对独热表示中不同词之间相互独立的问题，一种简单的解决办法是对词进行聚类：利用分布式语义假设，可以根据词的上下文分布特征将相似的词聚为一类。由此所得到的聚类表示在一定程度上建立了词与词之间的联系，但是仍然不具备对同一类别中词与词之间的细粒度区分能力。于是，Brown等人于1992年提出一种对于词的层次化聚类表示学习算法。在该算法中，词表中的每个词是树末端的叶子节点，由根节点到每个词之间的路径（由0和1构成的比特串）则为相应的词表示。这种词表示也被称为**布朗聚类**（Brown cluster）表示。如图5.1所示，在词的布朗聚类表示中，可以通过使用不同长度的前缀来表示不同粒度下词与词之间的语义相关度。

布朗聚类可以通过一个以词类作为隐变量的二元语法模型来获得，如图5.2所示。

对于一段由n个词构成的文本$w_1, w_2, \cdots, w_n$，用$c_i=C(w_i)$表示每个词的词类：$C(w_i)\in\{1, 2, \cdots, k\}$。那么，这段文本的概率可以表示为：

$$p\left(w_1 w_2 \cdots w_n\right)=\prod_{i=1}^{n} p\left(w_i \mid C\left(w_i\right)\right) p\left(C\left(w_i\right) \mid C\left(w_{i-1}\right)\right) \tag{5.1}$$

以上形式与隐马尔可夫模型（hidden markov model，HMM）非常接近，主要

---

① 原文："*You shall know a word by the company it keeps*"[3]。

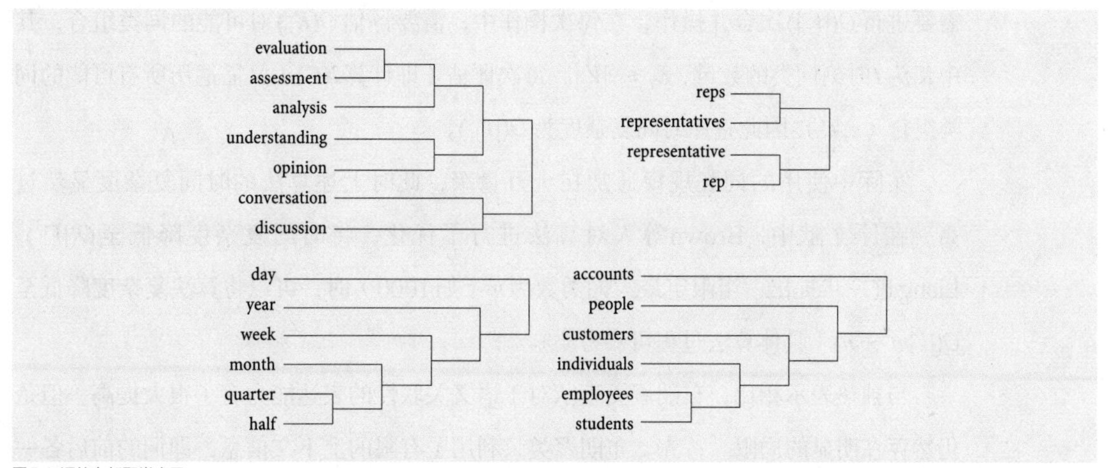

图5.1 词的布朗聚类表示

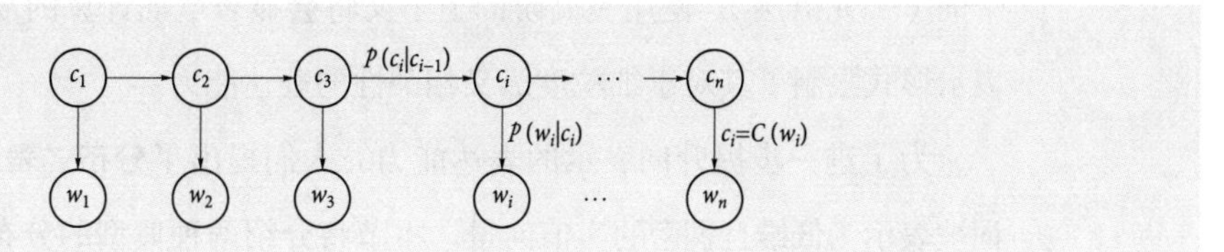

图5.2 布朗聚类模型的概率图表示

的区别在于，这里的每个词只属于一个词类：对于$\forall k \neq C(w_i)$，$p(w_i|k)=0$。

接下来，可以通过最大化以下对数似然函数来学习词的布朗聚类表示：

$$
\begin{aligned}
f(\boldsymbol{w}, C) &= \frac{1}{n}\log p(w_1 w_2 \cdots w_n) \\
&= \frac{1}{n}\sum_{i=1}^{n}\log p(w_i \mid C(w_i))\, p(C(w_i) \mid C(w_{i-1}))
\end{aligned} \tag{5.2}
$$

具体的，在算法初始阶段，词表V中的每个词均单独属于一类，即树的叶子结点。接着，以自底向上的方式，通过不断合并两个词类，直至到达根节点，从而得到完整的层次聚类树。在每一步合并操作中，选择使得以上似然函数最大化的两个词类进行合并。假如直接通过优化上式来选择词类，则每一次合并操作都需要遍历整个文本，显然时间开销过大。然而，通过一系列推导，可以将上式转化为以下形式（具体推导过程可参考[6]）：

$$
\begin{aligned}
f(\boldsymbol{w}, C) &= \sum_{c, c'} p(c, c')\log\frac{p(c, c')}{p(c)p(c')} - \sum_{\boldsymbol{w}} p(\boldsymbol{w})\log p(\boldsymbol{w}) \\
&= I(C) - H(\boldsymbol{w}),
\end{aligned} \tag{5.3}
$$

其中$I(C)$为相邻词类之间的互信息（mutual information），$H(\boldsymbol{w})$为文本中单词分布的信息熵，是一个与C无关的常量。因此，最大化似然函数等价于最大化相邻词类之间的互信息。而互信息$I(C)$可以根据词类的共现矩阵计算得到。在最朴素的算法中，

需要进行$O(|V|)$次合并操作，在每次操作中，需要评估$O(K_t^2)$对可能的词类组合，其中K_t为t时刻词类的数量，$K_t \leqslant |V|$。每次评估（即计算$I(C)$）又需遍历所有可能的词类组合（c, c'），因此整体时间复杂度为$O(|V|^5)$。

实际中使用的词表规模通常在十万量级，此时上述算法的时间复杂度显然过高。在原文献中，Brown等人对算法进行了优化，将时间复杂度降低至$O(|V|^3)$。Liang进一步提出，当限定最大词类数为m（如1000）时，可以将算法复杂度降低至$O(|V|m^2 + n)$（具体算法过程可参考[6]）。

与独热表示相比，布朗聚类表示对于语义关联性的表达能力有了很大提高，但是仍然存在明显的局限。首先，布朗聚类只利用了有限的上下文信息，即词的前后各一个词（二元语法）；使用更高阶的上下文将会显著增加计算的复杂度。其次，离散的表示形式限制了其对于细粒度语义相关性的表达能力。

为了进一步提升词表示的表达能力，人们提出了**分布式表示**。在分布式表示中，词被表示为**低维**且**稠密**的实值向量。本节将介绍两种典型的分布式表示学习方法，分别是**潜在语义分析**（latent semantic analysis，LSA）以及**神经词嵌入**（neural word embedding）。

5.1.3 潜在语义分析

潜在语义分析是一种基于矩阵分解的获取词分布表示的方法。首先，从语料库中构建词（w）与上下文（c）的共现矩阵，如表5.1所示。记该矩阵为$\boldsymbol{M} \in \mathbb{R}^{|V|\times|C|}$，其中$M_{ij}$为$w_i$与$c_j$在该语料库中的共现次数：$M_{ij}=count(w_i, c_j)$。

表5.1　共现频次矩阵

	c_1	c_2	c_3	…	$c_{\|C\|}$	$count(w)$
w_1	2	8	12	…	125	570
w_2	0	0	60	…	9	168
w_3	1004	987	19	…	0	3089
…	…	…	…	…	…	…
$w_{\|V\|}$	0	19	2039	…	2	5760
$count(c)$	1997	2010	4323	…	239	213985

接下来，对$\boldsymbol{M}$进行**截断奇异值分解**（truncated singular value decomposition）：

$$\boldsymbol{M} \approx \boldsymbol{U\Sigma V}^{\mathrm{T}}, \tag{5.4}$$

其中$\boldsymbol{U}\in\mathbb{R}^{|V|\times d}$, $\boldsymbol{V}\in\mathbb{R}^{d\times|C|}$为正交矩阵，满足$\boldsymbol{U}^{\mathrm{T}}\boldsymbol{U}=\boldsymbol{V}^{\mathrm{T}}\boldsymbol{V}=\boldsymbol{I}$；$\boldsymbol{\Sigma}\in\mathbb{R}^{d\times d}$是由$d$个最大的奇异值（singular value）所构成的对角矩阵。截断奇异值分解实际上是对矩阵$\boldsymbol{M}$的低秩

近似。

通过截断奇异值分解所得到的矩阵$\boldsymbol{U}$中的每一行则为相应词的d维向量表示。由于$\boldsymbol{U}$的各列之间相互正交，因此可以认为词表示的每一维表达了该词的一种独立的**潜在语义**。相应的，$\boldsymbol{\Sigma V}^{\mathrm{T}}$的每一列也可以作为相应上下文的向量表示。

上下文（即矩阵$\boldsymbol{M}$中的列）的选择有很多种方式，而选择不同的上下文所得到的词向量表示性质会有所不同。例如，可以使用词在句子中的一个固定窗口内的词作为其上下文，也可以使用所在的文档本身作为上下文。前者所得到的词表示将更多地反映词的局部性质：具有相似词法、句法属性的词将会具有相似的向量表示。而后者将更多地反映词所代表的主题信息。

实际应用中，在进行SVD之前通常需要对矩阵$\boldsymbol{M}$进行一定的变换。较为常用的变换方式是点互信息（pointwise mutual information，PMI）。对于词w和上下文c，其$\boldsymbol{PMI}$为：

$$\boldsymbol{PMI}(w,c)=\log_2\frac{p(w,c)}{p(w)p(c)}, \quad (5.5)$$

其中$p(w, c), p(w), p(c)$可以根据最大似然估计方法分别进行估计。另外，当某个词与上下文之间共现次数较低时，可能会得到负的PMI值。考虑到这种情况下的PMI不太稳定（具有较大的方差），因此实际中通常采用PPMI（positive PMI）来对共现矩阵进行变换。

$$\boldsymbol{PPMI}(w,c)=\max(\boldsymbol{PMI}(w,c),0) \quad (5.6)$$

例如，使用$\boldsymbol{PPMI}$对表5.1中的共现矩阵变换之后所得到的$\boldsymbol{PPMI}$矩阵如表5.2所示。

表5.2 *PPMI*矩阵

	c_1	c_2	c_3	…	$c_{\lvert C\rvert}$
w_1	0.00	0.40	0.04	…	5.28
w_2	0.00	0.00	2.87	…	3.87
w_3	3.55	3.53	0.00	…	0.00
…	…	…	…	…	…
$w_{\lvert V\rvert}$	0.00	0.00	2.86	…	0.00

5.1.4 神经词嵌入

神经词嵌入是近年来被广泛用于分布式词表示学习的方法。它首先将所有的词映射到一个d维的向量空间，再利用自然语言文本中所蕴含的自监督学习信号（即词与上下文的共现信息），采用机器学习的方法来对词向量进行估计。

本小节介绍两类典型且常用的词嵌入模型，分别是CBOW（continuous bag-of-words）模型以及Skip-gram模型。这两个模型由Tomas Mikolov等人在2013年提出，首次实现了高效的无监督词向量学习。相应的开源工具*Word2vec*被自然语言处理学术界和工业界广泛使用。

1. CBOW模型

给定一段文本，CBOW模型的基本思想是根据上下文来对目标词进行预测。例如，对于文本：…, w_{t-2}, w_{t-1}, _, w_{t+1}, w_{t+2}, …，CBOW模型的任务是根据一定窗口大小内的上下文C（若取窗口大小为3，则$C=\{w_{t-1}, w_{t+1}\}$）对t时刻的词进行预测。

CBOW模型可以表示成图5.3所示的前馈神经网络结构。

输入层 以左右各取2个词为例，输入层将由4 个维度为$|V|$的独热表示向量构成。

隐含层 首先，将输入层中每个词的独热表示向量由矩阵$\boldsymbol{W}\in\mathbb{R}^{d\times|V|}$映射至隐含向量空间：

$$\boldsymbol{v}(w_i)=\boldsymbol{W}\cdot OneHot(w_i) \tag{5.7}$$

因此，w_i的词向量即为矩阵$\boldsymbol{W}$中相应位置的列向量$\boldsymbol{v}(w_i)=\boldsymbol{W}_{w_i}^{\mathrm{T}}$，$\boldsymbol{W}$则为由所有词向量所构成的矩阵。令$C(w_t)=\{w_{t-k}, \cdots, w_{t-1}, w_{t+1}, \cdots w_{t+k}\}$表示$w_t$的上下文集合，那么隐含层则为$C(w_t)$中所有词向量的平均：

$$\boldsymbol{v}(C)=\frac{1}{|C|}\sum_{\boldsymbol{w}\in C}\boldsymbol{v}(\boldsymbol{w}) \tag{5.8}$$

输出层 输出层的计算方式与前馈神经网络语言模型基本一致，唯一的不同在于舍去了仿射变换的偏置项。令$\boldsymbol{W}'\in\mathbb{R}^{|V|\times d}$为隐含层到输出层的权值矩阵，记$\boldsymbol{v}'(w_i)=\boldsymbol{W}'_{w_i}$为$\boldsymbol{W}'$中与$w_i$对应的行向量，那么$w_t$的概率可由以下公式来计算：

$$p(w_t\mid C)=\frac{\mathrm{e}^{\langle\boldsymbol{v}(C),\,\boldsymbol{v}'(w_t)\rangle}}{\sum_{\boldsymbol{w}'\in V}\mathrm{e}^{\langle\boldsymbol{v}(C),\,\boldsymbol{v}'(w')\rangle}} \tag{5.9}$$

在CBOW模型的参数中，矩阵$\boldsymbol{W}$和$\boldsymbol{W}'$均可作为词向量矩阵，它们分别描述了词表中的词在作为条件上下文或目标词时的不同性质。在实际中，通常只用$\boldsymbol{W}$，但是在某些实际任务中，对两者进行组合所得到的向量可能会有更好的表现。

2. Skip-gram模型

绝大多数词向量学习模型本质上都是在试图建立词与其上下文之间的联系。在CBOW模型中，使用上下文窗口中词的集合作为条件输入，来预测目标词，也就是计算概率$p(w_t|C)$，其中$C=\{w_{t-k}, \cdots, w_{t-1}, w_{t+1}, \cdots w_{t+k}\}$。Skip-gram模型则对$C$作了进一

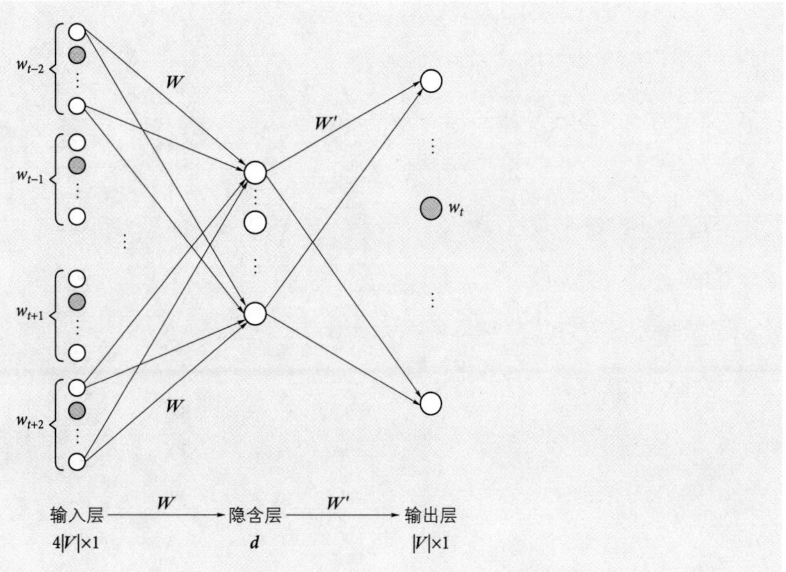

图5.3 CBOW模型

步的简化，使用C中的每个词作为独立的上下文。因此，Skip-gram模型建立的是词与词之间的共现关系，即$p(w_t|w_{t+j})$，其中$j\in\{\pm1, \cdots, \pm k\}$。在原文献中，对于Skip-gram模型的描述是根据当前词w_t来预测其上下文中的词w_{t+j}，即$p(w_{t+j}|w_t)$。注意，这两种形式是等价的，这里延用后者对Skip-gram模型进行解释与分析。

仍然以$k=2$为例，Skip-gram模型可以表示为图5.4中的网络结构，其中输入层是当前时刻w_t的独热编码，通过矩阵$\boldsymbol{W}$投射至隐含层。此时，隐含层向量即为w_t的词向量表示$\boldsymbol{v}(w_t)=\boldsymbol{W}_{w_t}^{\mathrm{T}}$。根据$\boldsymbol{v}(w_t)$，在输出层对该上下文窗口内的词进行独立地预测：

$$p\left(w_{t+j} \mid w_t\right)=\frac{\mathrm{e}^{\left\langle\boldsymbol{v}\left(w_t\right), \boldsymbol{v}'\left(w_{t+j}\right)\right\rangle}}{\sum_{w' \in V} \mathrm{e}^{\left\langle\boldsymbol{v}\left(w_t\right), \boldsymbol{v}'\left(w'\right)\right\rangle}} \tag{5.10}$$

其中$\boldsymbol{v}'(w_{t+j})=\boldsymbol{W}'_{w_{t+j}}$, $j=\pm1, \pm2$。

与CBOW模型类似，Skip-gram模型中的权值矩阵$\boldsymbol{W}$与$\boldsymbol{W}'$均可作为词向量矩阵来使用。

3. 参数估计

上述两种模型中需要估计的自由参数均为$\boldsymbol{\theta}=\{\boldsymbol{W}, \boldsymbol{W}'\}$。仍然通过最大似然法来对$\boldsymbol{\theta}$进行估计。例如，给定一段长为$T$的词序列$w_1, w_2,\cdots, w_T$，CBOW模型的**负对数似然损失函数**为：

$$\mathcal{L}(\boldsymbol{\theta})=-\sum_{t=1}^{T} \log p\left(w_t \mid C\right) \tag{5.11}$$

其中：$C=\{w_{t-k}, \cdots, w_{t-1}, w_{t+1}, \cdots, w_{t+k}\}$。

Skip-gram模型的**负对数似然损失函数**为：

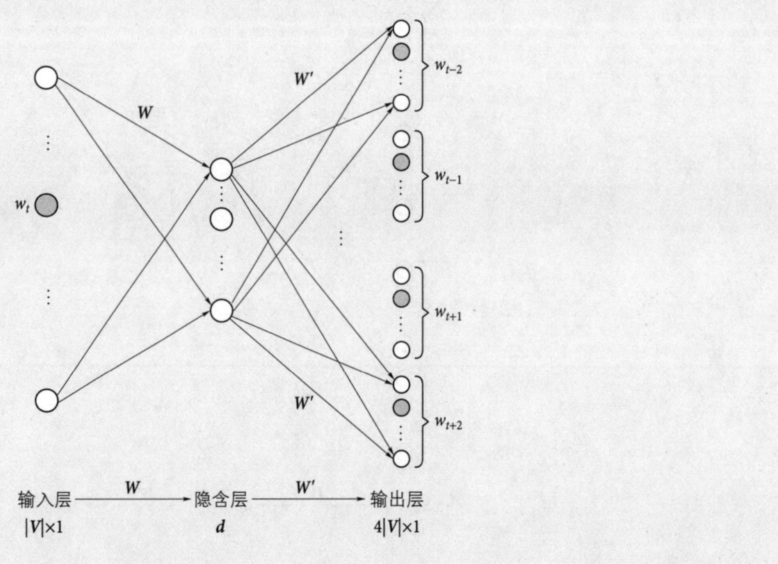

图5.4 Skip-gram 模型

$$\mathcal{L}(\boldsymbol{\theta}) = -\sum_{t=1}^{T} \sum_{-k \leqslant j \leqslant k,\ j \neq 0} \log p\left(w_{t+j} \mid w_t\right) \tag{5.12}$$

利用随机梯度下降法，即可对以上目标函数进行优化。

上述方法在理论上完全可行，而在实操时却存在运行效率上的瓶颈。其原因主要在于输出层常常具有较高的维度，从而影响了softmax函数的计算效率。对于多类分类问题来说，当目标类别空间非常大时，往往需要对原始的分类方法进行一些近似或者变型。以下介绍两种近似方法，分别是**层次**softmax（hierarchical softmax），以及一种更高效的基于**负采样**（negative sampling）的方法。

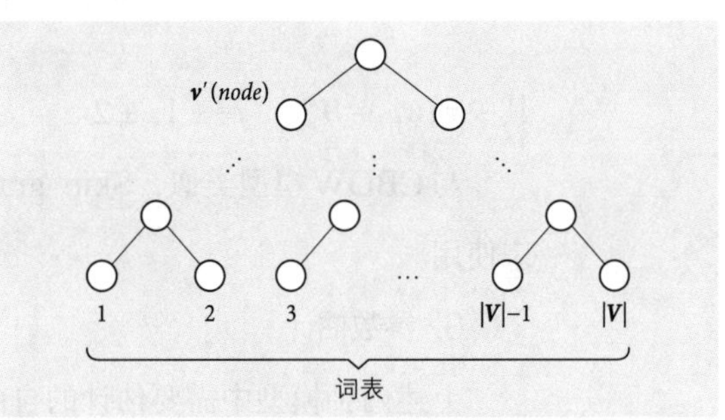

图5.5 层次softmax示意图，其中叶子节点对应词表中的每一个词

层次softmax相比于softmax输出层的扁平结构，层次softmax将输出层由一棵层次化的树状结构（通常使用二叉树）组织起来，词表中的词对应于这棵树的叶子节点，如图5.5所示。因此，对目标词的预测可以被分解为一系列沿根节点到目标词所在叶子节点的路径上的二元决策。

令$p=\{root, \cdots, w_{t+j}\}$表示这棵二叉树上由根节点（$root$）到叶子节点$w_{t+j}$的路径。在这条路径的每个非叶子节点（即非终结节点）上，模型都需要进行一次二元决策（向左或者向右），直至到达叶子节点w_{t+j}。假设$s=\{s_1, s_2, \cdots\}$表示由w_t到w_{t+j}的决策序列，其中$s_i \in \{+1, -1\}$表示在p_i节点时选择其左孩子节点（-1）或者右孩子节点

（+1）。那么，决策序列的长度$|s|=|p|-1$。将每次决策看成一个二元分类问题，那么在p_i处选择右孩子节点的概率可以用sigmoid函数（记为σ）来计算：

$$p(s_i=+1|p_i, w_t)=\sigma(\langle \boldsymbol{v}(w_t), \boldsymbol{v}'(p_i)\rangle), \quad (5.13)$$

其中$\boldsymbol{v}'(p)=\boldsymbol{W}'_p$。在层次softmax算法中，需要维护$|V|-1$个非终结节点的向量表示，因此$\boldsymbol{W}'\in\mathbb{R}^{(|V|-1)\times d}$。相应的，选择左孩子节点的概率为：

$$\begin{aligned}p(s_i=-1|p_i, w_t)&=1-\sigma(\langle \boldsymbol{v}(w_t), \boldsymbol{v}'(p_i)\rangle) \\ &=\sigma(-\langle \boldsymbol{v}(w_t), \boldsymbol{v}'(p_i)\rangle)\end{aligned} \quad (5.14)$$

经由完整路径p最终到达叶子节点w_{t+j}的概率则为：

$$p\left(w_{t+j} \mid w_t\right)=\prod_{i=1}^{|s|} p\left(s_i \mid p_i, w_t\right)=\prod_{i=1}^{|s|} \sigma\left(s_i \cdot\left\langle v\left(w_t\right), v'\left(p_i\right)\right\rangle\right) \quad (5.15)$$

输出层的树结构组织方式并不唯一。例如，可以根据语料中的词频分布构建词表上的哈夫曼树，或者使用布朗聚类算法构建词法意义上的层次聚类结构。后者由于更好地编码了词的聚类属性，在实践中常常表现更好。相比于softmax，层次softmax只需要在约$\log_2|V|$个节点上进行概率的归一化处理，因此能够有效地提高模型的计算效率。

基于负采样的词向量学习 目前所介绍的词向量学习模型均以词的预测为建模目标，如根据上下文预测当前词（CBOW 模型）或者根据当前词预测上下文（Skip-gram模型）。根据前文的分析，这类模型在参数估计上存在效率瓶颈，主要原因在于对目标词预测时条件概率的归一化过程。负采样方法则采取一种新的任务视角：给定当前词与上下文，最大化两者共现的概率。因此，问题被简化为对于(w, c)的二元分类问题（共现或者非共现）。令$p(D=1|w, c)$表示c与w共现的概率：

$$p(D=1|w, c)=\sigma(\langle \boldsymbol{v}(w_t), \boldsymbol{v}'(c)\rangle) \quad (5.16)$$

那么，c不出现在w的上下文窗口的概率则为：

$$\begin{aligned}p(D=0|w, c)&=1-p(D=1|w, c) \\ &=\sigma(-\langle \boldsymbol{v}(w_t), \boldsymbol{v}'(c)\rangle)\end{aligned} \quad (5.17)$$

负采样算法适用于不同的w, c定义形式。例如，在Skip-gram模型中，$w=w_t$，$c=w_{t+j}$。如果使用负采样方法来进行估计的话，(w_t, w_{t+j})则为满足共现条件的一对正样本，即$D=1$。与此同时，对c进行若干次负采样，得到K个不出现在w_t上下文窗口内的词语，记为$\tilde{w}_i$（$i=1, \cdots, K$）。对于（$w_t, \tilde{w}_i$），满足$D=0$。

将公式（5.12）中的$\log(p(w_{t+j}|w_t))$替换为如下形式：

$$\log\sigma\left(\left\langle \boldsymbol{v}\left(w_t\right), \boldsymbol{v}'\left(w_{t+j}\right)\right\rangle\right)+\sum_{i=1}^{K}\log\sigma\left(-\left\langle \boldsymbol{v}\left(w_t\right), \boldsymbol{v}'\left(\tilde{w}_i\right)\right\rangle\right) \quad (5.18)$$

则为负采样形式下的似然函数。其中，$\{\tilde{w}_i|i=1, 2,\cdots, K\}$根据分布$p_n(w)$采样得到，即：

$\tilde{w}_i \sim p_n(w)$。假设$p_1(w)$表示从训练语料中统计得到的unigram分布，目前被证明具有较好实际效果的一种负采样分布为：$p_n(w) \propto p_1(w)^{3/4}$。

在CBOW模型中，通过对w_t进行负采样，同样能够获得相应于正样本(C, w_t)的负样本集合，进而采用上述方法进行参数估计。

5.1.5 评价

除了前文介绍的词向量学习方法，还有很多其他的相关算法或者变形。例如斯坦福大学提出的基于全局共现信息的GloVe词向量，Facebook提出的引入子词信息的fastText模型等。因此，对不同词向量的好坏进行评价在实际应用中尤为重要。

对于不同的学习方法得到的词向量，通常可以根据其对**词义相关性**或者**类比推理性**的表达能力来进行评价，这种方式属于**内部任务评价方法**（intrinsic evaluation）。在实际任务中，则需要根据下游任务的性能指标来进行判断，也称为**外部任务评价方法**（extrinsic evaluation）。这里主要对两种内部评价方式进行介绍。

1. 词义相关性

对词义相关性的度量是词向量的重要性质之一。因此，可以根据词向量对于词义相关性的表达能力来衡量词向量的好坏。

利用词向量低维、稠密以及连续的特性，可以方便地度量任意两个词之间的相关性。例如，给定词w_a与w_b，它们在词向量空间内的余弦相似度就可以作为其词义相关性的度量：

$$\text{sim}(w_a, w_b) = \cos(\boldsymbol{v}(w_a), \boldsymbol{v}(w_b)) = \frac{\langle \boldsymbol{v}(w_a), \boldsymbol{v}(w_b) \rangle}{\|\boldsymbol{v}(w_a)\| \|\boldsymbol{v}(w_b)\|} \tag{5.19}$$

与此同时，还需要依赖对于词义相关性的人工标注来作为黄金标准。以目前常用的评价数据集——WordSim353为例：该数据集包含353个英文词对，每个词对由16位标注者给出 [0, 10] 区间上的一个数值，最后取平均值作为该词对的词义相似度（如表5.3）。由词向量计算得到的相似度值与人工标注值之间的相关系数（如Spearman 或者Pearson相关系数）即可作为词向量评价的标准。

表5.3 WordSim353数据集中的词义相似度标注示例

单词1	单词2	相似度
love	*sex*	6.77
stock	*jaguar*	0.92
money	*cash*	9.15
development	*issue*	3.97
lad	*brother*	4.46

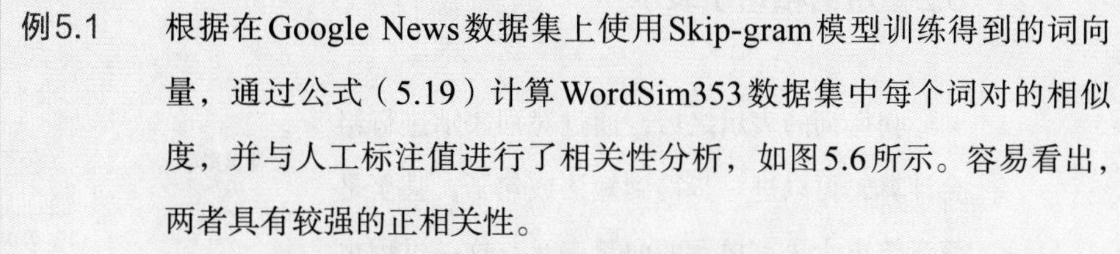

例5.1 根据在Google News数据集上使用Skip-gram模型训练得到的词向量，通过公式（5.19）计算WordSim353数据集中每个词对的相似度，并与人工标注值进行了相关性分析，如图5.6所示。容易看出，两者具有较强的正相关性。

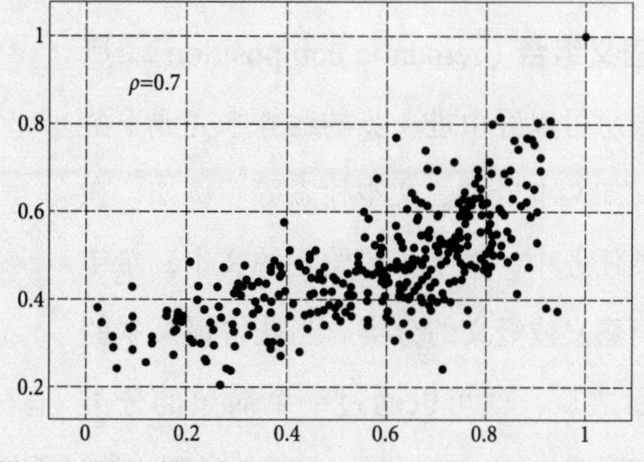

图5.6 根据词向量计算得到的*cosine*相似度（纵轴）与WordSim353人工标注（横轴）之间的相关性（Pearson 相关系数为0.7）

2. 类比推理性

类比推理是对于词向量的另一种常用的内部评价方法。人们通过对词向量的分析发现，如果两个词对(w_a, w_b)与(w_c, w_d)之间满足某种词法或者语义关系上的类比，那么它们在词向量空间内存在：$\boldsymbol{v}(w_b)-\boldsymbol{v}(w_a)\approx\boldsymbol{v}(w_d)-\boldsymbol{v}(w_c)$的性质。例如，根据图5.7中的示例可以看出：

$$\begin{aligned}\boldsymbol{v}(\text{WOMAN})-\boldsymbol{v}(\text{MAN})&\approx\boldsymbol{v}(\text{QUEEN})-\boldsymbol{v}(\text{KING})\\ \boldsymbol{v}(\text{QUEENS})-\boldsymbol{v}(\text{QUEEN})&\approx\boldsymbol{v}(\text{KINGS})-\boldsymbol{v}(\text{KING})\end{aligned}\tag{5.20}$$

这两个例子分别从词义和词法两个角度展示了词向量的类比推理性质。根据这种性质，可以回答如：“w_a之于w_b，相当于w_c之于$\underline{?}$”的问题。一种简单的计算方式为：

$$w_d=\arg\min_{w}\Big(\cos\big(\boldsymbol{v}(w),\ \boldsymbol{v}(w_c)+\boldsymbol{v}(w_b)-\boldsymbol{v}(w_a)\big)\Big)\tag{5.21}$$

一般来说，词向量在以上评价方法中的表现与**训练数据的来源及规模**、**词向量的维度**等因素密切相关。在实际中，需要根据词向量在具体任务中的表现来进行选择。

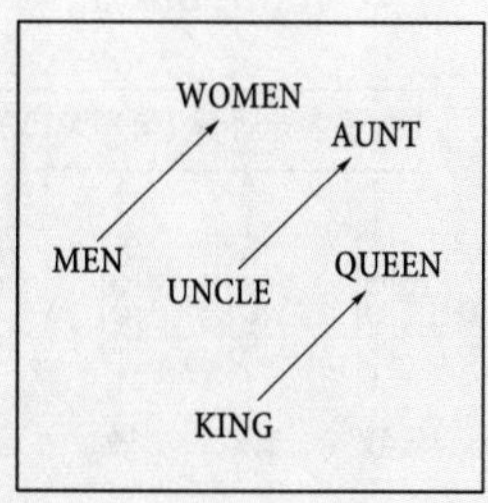

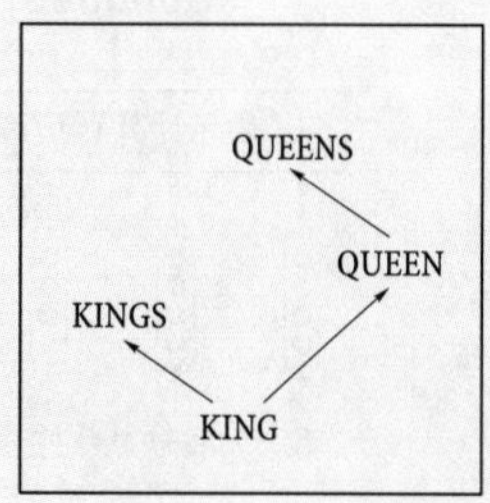

图5.7 词向量空间内的语义和语法类比推理性质

5.2 短语和句子表示

获得词的表示之后，通过对词表示进行组合计算，可以进一步得到短语或句子，甚至是篇章等更大语言单元的向量表示，这一过程也被称作**语义组合**（semantic composition）。所得到的表示可以经由进一步的运算来完成下游的任务，如文本分类、文本检索等。例如，在情感分类任务中，对于一段给定的文本，希望对其进行**褒义**或**贬义**的分类。当获得该文本的向量表示之后，就可以通过一个简单的分类器，如多层感知器，来判断该文本的类别。该过程如图5.8所示。

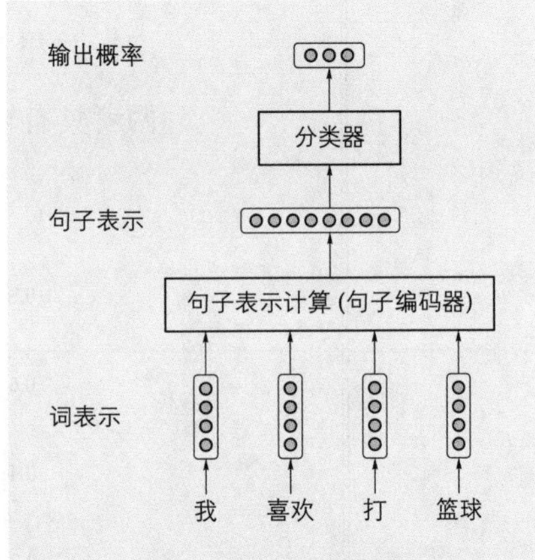

图5.8 基于分布式向量表示的句子分类示意图

而对于复述识别或文本蕴含等任务，则是判断两个句子是否表达相同的语义或者一个句子的语义蕴含另一个句子的语义，本质上它们也是分类问题。在模型上，只需要编码两个句子的向量表示，然后使用分类器来判断是否为复述或蕴含关系。该过程如图5.9所示。

5.2.1 词袋模型

为了得到短语、句子或篇章的向量表示，需要解决两个核心问题：① 如何将不定长的词序列表示为定长的向量？② 如何利用文本的结构，包括句子的语法，词序等信息？最简单的，可以将文本看作是一个由词构成的集合。例如，文本$x = w_1, w_2, \cdots, w_n$可以表示为向量$\boldsymbol{x} = [0, 1, 1, 0, 2, 9, 0, \cdots]$，其中$\boldsymbol{x}$的长度是词表大小$V$，$x_i$为

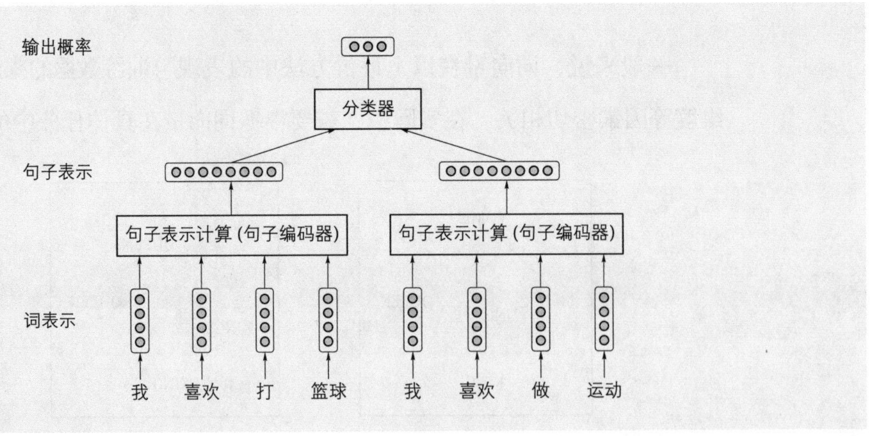

图5.9 基于分布式向量表示的句对分类示意图

词表中第i个词在文本中的出现次数。这种表示方式不考虑文本中的语法及词序信息，不同词之间是独立无关的，所以称为**词袋模型**（bag-of-words model）。除了使用词的出现次数作为词袋表示的每一维，还可以使用0/1来表示该词是否在文本中出现，或者使用词的TF-IDF值来更好地捕捉其统计分布特征。词袋模型是词的独热表示在更长文本上的直接扩展。

对于词袋模型的一种简单直接的分布式表示扩展是**神经词袋模型**（neural bag-of-words model）。它对文本中所有单词的分布式表示向量求平均，从而得到该文本的分布式表示。和一般的词袋模型一样，该方法也忽略了语法及词序的影响。另外，也没有考虑不同的词对于文本整体语义的重要性差异。当然，可以使用TF-IDF来计算词向量的加权平均，但是依然过于粗糙。

5.2.2 基于神经网络的组合语义模型

为了获得更好的文本表示，需要设计更合适的编码器来获得表达能力更强的语义组合方式。受自然语言的序列结构、递归层次结构所启发，目前常用的语义组合模型包括递归神经网络、循环神经网络、卷积神经网络以及基于注意力的模型等。下面以句子表示学习为例，依次加以介绍。

1. 递归神经网络

斯坦福的Socher等人[8]最早使用深度学习（神经网络）的技术进行句子表示。他们认为一个句子的表示是由词表示根据句法结构递归地计算获得的，即词和词之间形成短语的表示，而短语和短语之间又形成更大的短语表示，直到获得整句的表示。用于实现该递归计算的网络结构被称为递归神经网络（recursive neural networks）。

图5.10展示了一个递归神经网络的示例，其中$\boldsymbol{a}$、$\boldsymbol{b}$和$\boldsymbol{c}$分别为句子中三个词的向量表示，A、B和C是三个词对应的词性。根据短语结构句法分析的结果，$\boldsymbol{b}$和$\boldsymbol{c}$首先组合成短语$P^{(1)}$的表示$\boldsymbol{p}^{(1)}$，然后$\boldsymbol{p}^{(1)}$和$\boldsymbol{a}$组合，形成短语$P^{(2)}$。那么，短语向量$\boldsymbol{p}^{(1)}$和$\boldsymbol{p}^{(2)}$（也表示整个句子的向量）是如何计算获得的呢？直觉上，一个短语的表示应该由构成该短语的子节点组合而成，因此，其可以通过如下组合公式获得：

$$\boldsymbol{p}^{(1)} = f\left(\boldsymbol{w}\begin{pmatrix}\boldsymbol{b}\\ \boldsymbol{c}\end{pmatrix}\right),\quad \boldsymbol{p}^{(2)} = f\left(\boldsymbol{w}\begin{pmatrix}\boldsymbol{a}\\ \boldsymbol{p}^{(1)}\end{pmatrix}\right) \tag{5.22}$$

其中，f为非线性激活函数，如sigmoid或tanh等。从该组合公式中可以看出，在句法分析树的任何位置，其组合函数都是一样的。但是该假设并不合理，因为动词短语中，位于前面的动词往往相对比较重要，而名词短语中，位于后面的名词往往更重要。因此，Socher等人又提出句法驱动的递归神经网概念[9]，其基本思想是使用不同的参数$\boldsymbol{W}$表示不同的词性组合的情况，如$\boldsymbol{W}^{(B,C)}$表示词性B和C相组合时的参数。和标准的递归神经网络相比，该方法能更精细的刻画组合的过程，代价是使用了更多的参数。

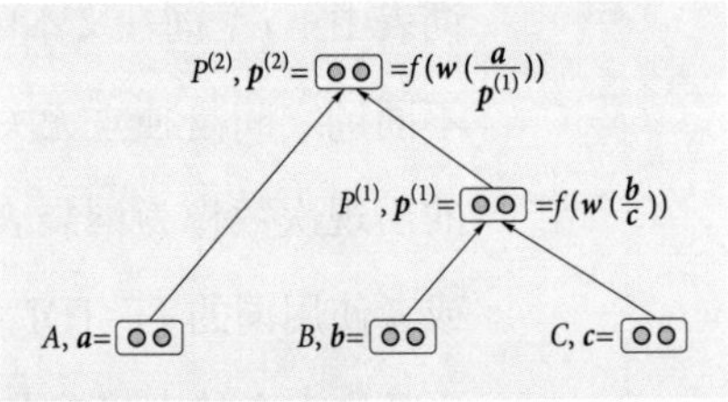

图5.10 递归神经网络示例

2. 循环神经网络

以上递归神经网络是按照句法分析的结果，自底向上地对词和短语进行组合，因此一个明显的弊端就是如果一种语言没有可用的句法分析器，则无法使用递归神经网络。即使像英语和汉语这样存在句法分析器的语言，当所处理领域较为偏僻时，其句法分析的准确率也会大打折扣，从而影响递归神经网络的效果。因此，一种更普适的组合方式是按照词序，依次对句子中的词进行组合。

循环神经网络（详见第4章）恰好能做到这一点，其组合公式为：

$$\boldsymbol{h}_t = \tanh\left(\boldsymbol{W}^1\boldsymbol{h}_{t-1} + \boldsymbol{W}^2 x_t\right), \tag{5.23}$$

其中$\boldsymbol{x}_t$为t时刻输入的词向量，$\boldsymbol{h}_t$为t时刻的隐状态向量。

如图5.11所示，循环神经网络依次对句子中的词进行组合，最后一个词的隐状态向量恰好可以作为句子的表示。除此之外，还可以使用句子中全部词的隐状态向量的平均值或最大值作为句子的表示，这种方式也被称为**池化**（pooling）。

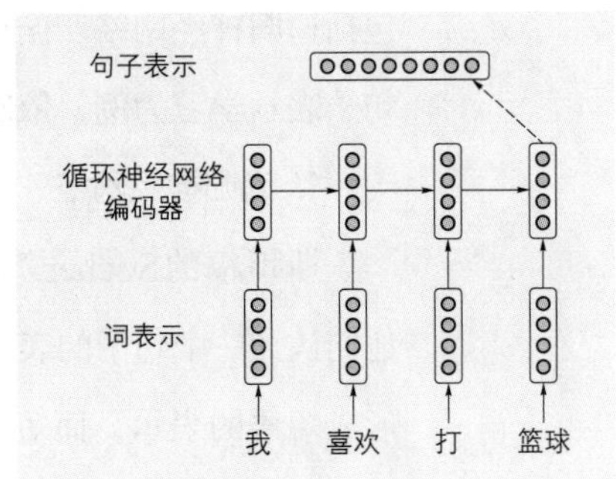

图5.11 基于循环神经网络的句子表示示例

传统的循环神经网络无法解决梯度消失（vanishing gradient）的问题，因此实际应用更多的是其变种，如LSTM、GRU等（详见第4章）。为了解决循环神经网络信息单向流动的问题，各种双向循环神经网络也经常被使用。除此之外，还可以堆叠多层循环神经网络，构成堆叠循环神经网络乃至于深度双向循环神经网络。在实际应用中，选择哪种循环神经网络的结构往往没有定论，需要根据不同结构在不同数据上的实际表现以及效率加以权衡。

3. 卷积神经网络

图像中常用的卷积神经网络依然适用于学习句子的表示，句子中每个词首先使用词进行表示，然后将词的分布表示向量按顺序拼接构成一个大的向量（也可以看作是矩阵），该向量也可以看作是一幅图像，然后使用卷积和池化操作获得句子的向量表示。具体过程如图5.12所示。

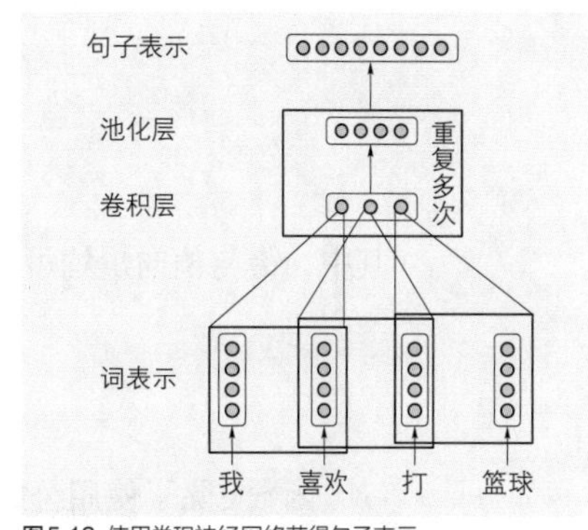

图5.12 使用卷积神经网络获得句子表示

在使用卷积神经网络表示句子的时候，需要注意的一点就是滤波器（filter）的高度应该为词向量的维度，从而保证以词为单位进行卷积操作。这也是在使用卷积神经网络处理自然语言的时候和处理图像的主要区别。

4. 注意力模型

无论是基于循环神经网络还是卷积神经网络的组合语义模型，都需要对模型最后一层（通常是文本中每个词所对应的隐含层表示）进行池化操作（如前文提到的平均值或者最大值池化）来获得定长的向量表示。这种方法虽然简单直接，但丢失了不同词的重要性分布信息。**注意力**（attention）是深度学习时代最为成功的想法之一，其主要直觉来源于人类视觉感知的注意力机制：人类在感知一个场景时通常不会捕捉所有细节，而往往是根据需求关注特定的部分。在文本处理中，注意力机制同样适用。通过对注意力的建模，可以有效地学习文本中词的重要性分布，从而能够聚焦到重要的信息。注意力模型将文本表示为以下形式：

$$\boldsymbol{s} = f([\boldsymbol{h}_1, \boldsymbol{h}_2, \cdots, \boldsymbol{h}_n]; \boldsymbol{\theta}), \tag{5.24}$$

其中$\boldsymbol{h}_t$表示t时刻的隐状态向量。函数f的计算方式有很多种，目前最为常用的是对所有位置的隐状态向量进行加权平均：

$$s = \sum_i \alpha_i \boldsymbol{h}_i \tag{5.25}$$

其中，$0 \leqslant \alpha_i \leqslant 1$为$\boldsymbol{h}_i$的注意力权重，其计算方式灵活多变。例如，Yang等人[11]提出以下方式：

$$\alpha_i = \frac{\exp\left(\boldsymbol{k}_i^{\mathrm{T}} \boldsymbol{q}\right)}{\sum_j \exp\left(\boldsymbol{k}_j^{\mathrm{T}} \boldsymbol{q}\right)} \tag{5.26}$$

$$k_i = \tanh(\boldsymbol{W}\boldsymbol{h}_i + \boldsymbol{b}),$$

其中q是一个与具体任务相关的可学习参数向量，称为**查询**（query）向量。k_i由t时刻隐状态向量变换得到，称为**键**（key）向量。因此，上式实际上是通过**查询**向量与每一时刻的**键**向量进行匹配来计算注意力权重的分布。得到注意力权重之后，再对每一时刻的**值**（value）向量（此处为原隐状态向量$\boldsymbol{h}_t$，$t = 1, 2, \cdots, n$）进行加权平均，从而得到文本的向量表示。

可以看出，注意力模型的三个重要组成部分分别是**查询**（q）、**键**（k）以及**值**（$\boldsymbol{v}$）。可以将上面的计算方法写成以下更一般化的形式：

$$s = \sum_i \alpha_i \boldsymbol{v}_i \tag{5.27}$$

$$\alpha_i = \text{softmax}(g(\boldsymbol{q}, \boldsymbol{k}_i)),$$

其中，键与值向量均可由隐状态向量$\boldsymbol{h}$变换得到，例如：

$$\begin{aligned} \boldsymbol{k}_i &= \tanh(\boldsymbol{W}^k \boldsymbol{h}_i + \boldsymbol{b}^k) \\ \boldsymbol{v}_i &= \tanh(\boldsymbol{W}^v \boldsymbol{h}_i + \boldsymbol{b}^v) \end{aligned} \tag{5.28}$$

函数g除了使用公式（5.26）中的点积，也可以使用其他形式，如简单的向量拼接或者含参数的前馈神经网络等。

对于注意力模型的一个重要的扩展是**自注意力**（self-attention）模型。自注意力模型为每一时刻的隐状态计算一个单独的查询向量，并计算其在文本中的注意力分布。这样一来，模型就能够学习文本内部词与词之间的依赖关系，从而捕获其内在结构。Google公司于2017年提出一种基于自注意力的模型——Transformer。在Transformer模型中，整个网络结构仅由自注意力和前馈神经网络构成。原始的Transformer应用于机器翻译中，取得了非常好的效果。人们可以单独使用其中的编码器部分，作为句子表示的模型。

与循环神经网络相比，自注意力模型取消了顺序计算的限制，直接计算句子中任意两个词之间的注意力分值。这么做有两个好处，首先解决了词与词之间长距离依赖的问题，其次是该结构具有更好的并行性，适合GPU计算。基于此，越来越多的自然语言处理问题使用Transformer模型，大有取代循环神经网络之势。关于Transformer的更多细节可以参考原始的论文。

篇章表示 相比句子表示，篇章级别的语义组合难度更高。一方面，篇章本身承载了更丰富的语义，大部分情况下无法用一个定长的向量来表示（事实上，对于句子表示也存在同样的问题）；另一方面，篇章的长度更长，需要模型具有对更长距离依赖的捕捉能力。这些因素都为篇章的表示学习带来了挑战。而对于一些简单的任务，如文本分类等，一种较为有效的方案是层次化编码，将篇章看成是由句子从左至右所组成的线性序列，而句子又是词的序列。因此，首先根据以上语义组合模型计算篇章中每个句子的分布式表示，然后再在句子表示的基础之上进一步进行语义组合。对于复杂的篇章级别自然语言处理任务，例如篇章级文本摘要，目前仍然是一个开放的研究问题。

5.2.3 通用表示学习目标

为了获得通用的句子表示，除了需要一个好的句子编码器之外，还需要有一个学习目标进行编码器的训练，该学习目标也称指导信号。各种有监督的学习任务都可以作为学习目标，如文本分类、文本复述和蕴含的识别等。然而这些任务都依赖于大量人工标注的语料库，其学习到的句子表示往往也是针对这些具体的任务，通用性稍差。因此，需要利用规模更大，通用性更强的任务作为目标，这些任务的数据集最好也能自动获取或构建，从而节省大量的人工劳动。那么，都有哪些任务满足这些要求，适合作为学习目标呢？目前人们经常使用的任务包括双语翻译、语言模型、句子连贯性等。

双语翻译 作为自然语言处理最为重要的任务之一，机器翻译经过多年的发展，已经积累了大量的双语句对齐语料库，即大量互为翻译的句子对。利用这些大规模语料库就可以训练一个神经机器翻译系统。通常的神经机器翻译系统包括编码器（encoder）和解码器（decoder）两部分，其中编码器学习源语言的向量表示，然后利用解码器获得目标语言的翻译。McCann等人提出，可以将神经机器翻译的编码器单独使用，作为句子的表示，然后作为其他自然语言处理任务的输入，并将该方法命名为Context vectors（CoVe），即根据不同的上下文，获得不同的词/句的向量表示。

语言模型 单语句子中同样蕴含着丰富的指导信号。例如，在**语言模型**任务中，给定句子中前面的词（输入）来预测下一个词（输出）。假设使用LSTM来编码历史词序列来预测下一个词，则该LSTM编码器即可作为句子的编码器。利用相似的思想，Devlin等人提出了BERT（bidirectional encoder representations from transformers）模型[1]。BERT模型的核心是一个掩码语言模型（masked language model），通过随机掩盖句子中的一个词，然后根据左右侧上下文来预测该词。BERT使用Transformer结构对句子进行编码，并在目标任务上进行精调，最终在众多自然语言处理任务中取得了非常好的效果。

单语言句间关系 除了句子内部的序列信息所提供的天然指导信号，句间关系也可以被用来设计自监督学习任务。一个经典的模型是Skip-thought模型[4]，其学习目标是通过一个句子的表示，重构其左右两边的句子。如图5.13所示："I got back home."，"I could see the cat on the steps."，"This was strange." 是文本中连续的三个句子，分别记为s_{i-1}, s_i, s_{i+1}。该模型首先使 用一个编码器来获得句子s_i的表示，然

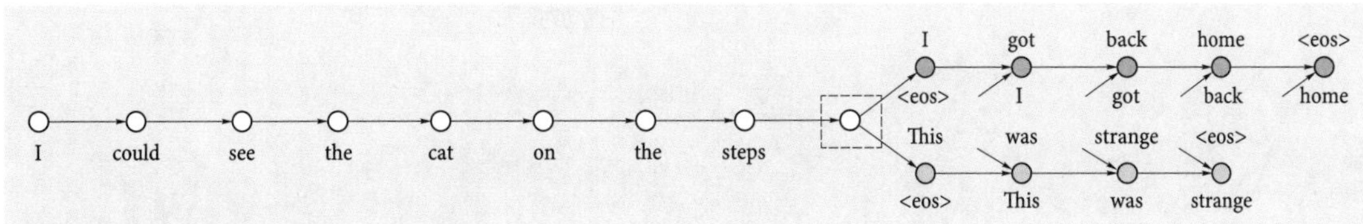

图5.13 Skip-thought 学习目标示意图

后基于该表示对s_{i-1}和s_{i+1}进行重构。所谓重构，实际上是依赖一个解码器对目标句子进行逐词生成的过程。训练完成后，该模型编码器即可用来获取句子的通用表示。

5.3 延伸阅读

在递归神经网络中，当句法树的层数比较多时，会引起严重的梯度消失问题。与在第4章介绍的循环神经网络类似，也可以在递归神经网络中引入门控机制，即使用不同的门控制信息的流动，从而一定程度上解决梯度消失的问题。如Tai等人[10]和Zhu等人[12]分别独立提出了Tree-LSTM的概念。与标准的LSTM不同，一个节点的输入不仅仅来自前一个节点的隐层，而是来自其所有的子节点，同时使用遗忘门（forget gate）来控制该子节点的信息输入量。

本章所介绍的词向量都是**上下文无关**的，对于自然语言中常见的**多义词**（如“制服”“东西”）表达能力有限。**上下文相关的词向量**（contextualized word embeddings）则是一种动态的词向量，它利用一个预训练得到的编码器（通常是神经网络语言模型），根据一个词及其所处的上下文计算该词当前的向量表示。上下文相关的词向量在大量自然语言处理任务上已经表现出极大的潜力[2, 6]。

习题

1. 基于word2vec，试对比分析不同上下文窗口大小对于词向量性质的影响。
2. *阅读相关文献（如[5]），试推导Skip-gram模型与矩阵分解方法之间的内在联系，并分析两种方法各自的优势。
3. 下载MRPC 复述数据集，基于主流深度学习平台实现循环神经网络模型表示句子，并使用该表示判断两个句子是否为复述句对。

参考文献

[1] DEVLIN J, CHANG M W, LEE K, et al. Bert: Pretraining of deep bidirectional transformers for language understanding[J]. CoRR, abs/ 1810.04805, 2018.

[2] DEVLIN J, CHANG M W, LEE K, et al. Bert: Pretraining of deep bidirectional transformers for language understanding[J]. arXiv preprint arXiv: 1810.04805, 2018.

[3] FIRTH J R. A synopsis of linguistic theory 1930–1955// Special Volume of the Philological Society[M]. Oxford: Oxford University Press, 1957.

[4] KIROS R, ZHU Y, SALAKHUTDINOV R, et al. Skip–thought vectors[J]. CoRR, abs/1506.06726, 2015.

[5] LEVY O, GOLDBERG Y. Neural word embedding as implicit matrix factorization[C]// Advances in neural information processing systems, 2014: 2177–2185.

[6] LIANG P. Semi–supervised learning for natural language[D]. Massachusetts Institute of Technology, 2005.

[7] PETERS M, NEUMANN M, IYYER M, et al. Deep contextualized word representations[C]// Proceedings of NAACL, 2018: 2227–2237.

[8] SOCHER R, HUVAL B, MANNING C D, et al. Semantic compositionality through recursive matrix–vector spaces[C]// Proceedings of the 2012 Joint Conference on Empirical Methods in Natural Language Processing and Computational Natural Language Learning, 2012: 1201–1211.

[9] SOCHER R, PERELYGIN A, WU J, et al. Recursive deep models for semantic compositionality over a sentiment treebank[C]// Proceedings of the 2013 Conference on Empirical Methods in Natural Language Processing, 2013: 1631–1642.

[10] TAI K, SOCHER R, MANNING C D. Improced semantic representations from treestructured long short-term memory networks[C]// Proceedings of the 53rd Annual Meeting of the Association for Computational Linguistics and the 7th International Joint Conference on Natural Language Processing (Volume 1: Long Papers), 2015: 1556–1566.

[11] YANG Z, YANG D, DYER C, et al. Hierarchical attention networks for document classification[C]// Proceedings of the 2016 conference of the North American chapter of the association for computational linguistics: human language technologies, 2016: 1480–1489.

[12] ZHU X, SOBHANI P, GUO H. Long short-term memory over recursive structures[C]// Proceedings of the 32Nd International Conference on International Conference on Machine Learning-Volume 37, ICML' 15, 2015: 1604–1612.

第6章　语言模型

6

语言模型（也称**统计语言模型**）是描述自然语言概率分布的模型，在自然语言处理研究中占据极其重要的地位。利用语言模型，可以计算一个词序列或一句话的概率，也可以在给定上文条件下对接下来可能出现的词进行预测。同时，语言模型还为自然语言的**表示学习**提供了天然的自监督优化目标。本章将介绍两种经典的语言模型，分别是**n 元语言模型**（n-gram language model）以及**神经网络语言模型**（neural network language model）。在过去的很长一段时间内，n 元语言模型一直是研究与应用最为广泛的语言模型。*n* 元语言模型构造简单、直接，但容易受到数据稀疏的影响从而必须采取**平滑**（smoothing）算法。随着近年来深度学习技术的兴起，神经网络语言模型开始为人们所重视，并逐渐取得了显著的突破。

6.1　*n*元语言模型

6.1.1　*n*元语法

语言模型的基本任务是在给定词序列$w_1w_2\cdots w_{t-1}$的情况下，对下一时刻t可能出现的词w_t的条件概率$p(w_t|w_1w_2\cdots w_{t-1})$进行估计。一般地，把$w_1w_2\cdots w_{t-1}$称为$w_t$的历史。

例如，对于历史“**阳光 洒 在**”，希望得到下一个词为“**海面**”的概率，即：p（**海面**|**阳光 洒 在**）。在一个给定的语料库下，该条件概率可以理解为，当语料中出现“**阳光 洒 在**”时，有多少次下一个词为“**海面**”。因此，可以通过下式来进行计算：

$$p(\text{海面}\,|\,\text{阳光洒在}) = \frac{C(\text{阳光洒在海面})}{C(\text{阳光洒在})}$$

其中$C(\cdot)$表示相应词序列在语料库中出现的次数（也称为频次）。

为了进一步计算一个句子的概率，即相应单词序列的联合概率$p(w_1w_2\cdots w_l)$（l为序列的长度），可以利用链式法则对该其进行分解。使用记号w_i^j表示由位置i到j的子串$w_iw_{i+1}\cdots w_j$，那么：

$$\begin{aligned} p(w_1w_2\cdots w_l) &= p(w_1)\,p(w_2\,|\,w_1)\,p(w_3\,|\,w_1w_2)\cdots p(w_l\,|\,w_1w_2\cdots w_{l-1}) \\ &= \prod_{i=1}^{l} p(w_i\,|\,w_1^{i-1}) \end{aligned} \tag{6.1}$$

从而将其转化为条件概率的计算问题。

基于频次统计的方法虽然简单易操作，但是随着句子长度的增加，需要估计的参数（条件概率）数量呈指数增长，为了合理估计这些参数所需的数据规模也随之增长。这一现象被称为**维度灾难**（curse of dimensionality）。同时，由于语言的灵活性和创造性，新的句子及句式在不断产生，即便是海量的互联网数据，也很难为长句的出现频次给出可靠的估计。

针对上述问题，我们引入一个一般性的假设：**下一个词的出现只依赖于离它最近的n–1个词**。从形式上来看：

$$p\left(w_t \mid w_1 w_2 \cdots w_{t-1}\right)=p\left(w_t \mid w_{t-(n-1)}^{t-1}\right) \tag{6.2}$$

该假设被称为**马尔可夫假设**（Markov assumption）。满足这种假设的模型，称之为n**元语法**或n**元文法**（n–gram）模型。特别地，当n=1时，下一个词的出现独立于其历史，相应的一元语法通常记作unigram。当n=2时，下一个词只依赖于其前1个词，对应的二元语法记作bigram。二元语言模型也被称为**一阶马尔可夫链**（Markov chain）。类似的，三元语法假设（n=3）也被称为二阶马尔可夫假设，相应的三元语法记作trigram。n的取值越大，考虑的历史也越完整。在unigram模型中，由于词与词之间相互独立，因此它是语序无关的。

以bigram模型为例，前面例子中的条件概率p(**海面**|**阳光 洒 在**)可由p(**海面**|**在**)来进行近似。那么，公式（6.1）中的联合概率则可表示为：

$$p\left(w_1 w_2 \cdots w_l\right)=\prod_{i=1}^{l} p\left(w_i \mid w_{i-1}\right) \tag{6.3}$$

为了使$p(w_i|w_{i-1})$对于i = 1有意义，在句子的开头增加一个句首标记⟨S⟩，使得w_0=⟨S⟩。同时，在句子的结尾增加一个句尾标记，使得w_{l+1}=⟨/S⟩。①

6.1.2 最大似然估计

如前所述，对于n–gram模型中条件概率的估计可以使用基于频次的方法。以bigram模型为例，计算$w_{i-1}w_i$相对于w_{i-1}的出现频次：

$$\begin{aligned} p\left(w_i \mid w_{i-1}\right) &= \frac{C\left(w_{i-1} w_i\right)}{\sum_w C\left(w_{i-1} w\right)} \\ &= \frac{C\left(w_{i-1} w_i\right)}{C\left(w_{i-1}\right)} \end{aligned} \tag{6.4}$$

这种估计方法称为最大似然估计（maximum likelihood estimation，MLE）。

① 在没有句尾标记的情况下所训练得到的语言模型中，任一给定长度下的所有可能句子的概率和为1。换言之，其概率分布是作用在一个给定长度的句子空间内，而不是所有可能的句子空间。

例6.1 假设训练语料由以下三个句子构成：

〈S〉我 喜欢 读书〈/S〉

〈S〉她 不 喜欢 编程〈/S〉

〈S〉我 不 喜欢 吃 辣椒〈/S〉

根据最大似然估计所得到的部分bigram条件概率如下：

p（我|〈S〉）$=\frac{2}{3}=0.67$，　p（她|〈S〉）$=\frac{1}{3}=0.33$

p（喜欢|不）$=\frac{2}{3}=0.67$，　p（〈/S〉|读书）$=\frac{1}{2}=0.5$

p（读书|喜欢）$=\frac{1}{3}=0.33$，　p（吃|喜欢）$=\frac{1}{3}=0.33$

利用公式（6.3），可以进一步计算句子的概率。例如：

p(〈S〉我 喜欢 读书〈/S〉)

$=p$(我|〈S〉)p(喜欢|我)p(读书|喜欢)p（〈/S〉|读书）

$=\frac{2}{3}\times\frac{1}{3}\times\frac{1}{2}\times\frac{1}{2}$

≈ 0.06

6.1.3 语言模型性能评价

如何判断一个语言模型的好坏？一种方法是将其应用于具体的外部任务（例如机器翻译），并根据该任务上指标的变化来对语言模型进行评价。这种方法也被称为**外部任务评价**，是最接近实际应用需求的一种评价方式。但是这种方式的计算代价较高，因此，目前最为常用的仍然是基于困惑度（perplexity，PPL）的**内部评价**方式。

为了进行内部评价，首先将数据划分为不相交的两个集合，分别称为**训练集**$\mathcal{D}_{train}$和**测试集**$\mathcal{D}_{test}$，其中$\mathcal{D}_{train}$用于估计语言模型的参数。由该模型计算出的测试集的概率$p(\mathcal{D}_{test})$则反映了模型在测试集上的泛化能力。①

定义6.1 假设测试集$\mathcal{D}_{test}=w_1w_2\cdots w_N$（句子间由〈S〉与〈/S〉分隔），那么测试集的概率为：

① 当模型较为复杂（例如使用了平滑技术）时，在测试集上反复评价并调整超参数的方式会使得模型在一定程度上拟合了测试集。因此在标准实践中，需要划分一个额外的集合以用于训练过程中的必要调试。该集合通常称为**开发集**（development set），也称**验证集**（validation set）。

$$p(\mathcal{D}_{test})=p(w_1 w_2 \cdots w_N)$$
$$=\prod_{i=1}^{N} p\left(w_i \mid w_1^{i-1}\right) \tag{6.5}$$

困惑度则为模型分配给测试集中每一个词的概率的几何平均值的倒数：

$$\mathrm{PPL}\left(\mathcal{D}_{test}\right)=\left(\prod_{i=1}^{N} p\left(w_i \mid w_1^{i-1}\right)\right)^{-\frac{1}{N}} \tag{6.6}$$

例如，对于bigram模型而言：

$$\mathrm{PPL}\left(\mathcal{D}_{test}\right)=\left(\prod_{i=1}^{N} p\left(w_i \mid w_{i-1}\right)\right)^{-\frac{1}{N}} \tag{6.7}$$

在实际计算过程中，考虑到多个概率的连乘可能带来浮点数下溢的问题，通常需要将上式转化为对数和的形式：

$$\mathrm{PPL}\left(\mathcal{D}_{test}\right)=2^{-\frac{1}{N}\sum_{i=1}^{N}\log_2 p\left(w_i \mid w_{i-1}\right)} \tag{6.8}$$

困惑度越小意味着单词序列的概率越大，也意味着模型能够更好地解释测试集中的数据。需要注意的是，困惑度越低的语言模型并不总是能在外部任务上取得更好的性能指标，但是两者之间通常呈现出一定的正相关性。因此，困惑度可以作为一种快速评价语言模型性能的指标，而在将其应用于下游任务时，仍然需要根据具体任务上的表现来进行评价。

6.1.4 平滑

基于最大似然估计法得到的n-gram模型存在一个潜在的缺点，即“零概率”问题。在例6.1中，如果依据给定的训练语料计算句子“我 吃 辣椒”在bigram语言模型中的概率，由于bigram“我 吃”在训练语料中的出现次数为0，所以：

$$p(\text{吃} \mid \text{我})=\frac{C(\text{我吃})}{C(\text{我})}=\frac{0}{1}=0$$

从而导致$p(\langle S\rangle$我 吃 辣椒$\langle /S\rangle)=0$。尤其当测试句子中含有未登录词（out-of-vocabulary，OOV）时，根据最大似然估计方法计算得到的句子概率将始终为0。显然，这个结果并不准确。由于数据的稀疏性，训练语料很难覆盖测试数据中所有可能出现的n-gram，但这并不意味着这些n-gram出现的概率为0。

为了避免n-gram模型的零概率问题，需要使用平滑（smoothing）技术来调整最大似然估计的结果。本小节将介绍两种基本的平滑算法，分别为折扣法以及插值法。

1. 折扣法

折扣法（discounting）平滑的基本思想是“损有余而补不足”，即从频繁出现的n-gram中匀出一部分概率并分配给低频次（含零频次）的n-gram，从而使得整体概率分布趋于均匀。

加1平滑（add-one smoothing）是一种典型的折扣法，它假设所有n-gram的频次比实际出现的频次多一次。例如，对于unigram模型来说，平滑之后的概率可由以下公式计算：

$$p(w_i)=\frac{C(w_i)+1}{N+|V|} \tag{6.9}$$

其中，$|V|$是考虑所有单词的词表大小。所有未登录词可以映射为一个区别于其他已知词汇的独立单词。相应的，对于bigram 模型，则有：

$$p(w_i \mid w_{i-1})=\frac{C(w_{i-1}w_i)+1}{\sum_w\left(C(w_{i-1}w)+1\right)}=\frac{C(w_{i-1}w_i)+1}{C(w_{i-1})+|V|} \tag{6.10}$$

依据加1平滑来重新估计例6.1中句子“我 吃 辣椒”的概率。V为训练语料中出现的所有单词集合，则$|V|$=10（含⟨S⟩与⟨/S⟩）。可以得到：

$$\begin{aligned}&p(\langle S\rangle\text{我 吃 辣椒}\langle /S\rangle)\\&=p(\text{我}\mid\langle S\rangle)p(\text{吃}\mid\text{我})p(\text{辣椒}\mid\text{吃})p(\langle /S\rangle\mid\text{辣椒})\\&=\frac{3}{13}\times\frac{1}{12}\times\frac{2}{11}\times\frac{1}{13}\\&\approx 0.00027\end{aligned} \tag{6.11}$$

这个结果显然比没有经过平滑的最大似然估计结果更为合理。

加1平滑也被称为**拉普拉斯平滑**（Laplace smoothing）。在实际应用中，尤其当训练数据较小的时候，加1平滑将对低频次或零频次事件给出过高的概率估计。一种自然的扩展是**加δ**平滑。在加δ平滑中，假设所有事件的频次比实际出现的频次多δ次，其中$0\leqslant\delta\leqslant 1$。

以bigram语言模型为例，使用加δ平滑之后的条件概率为：

$$p(w_i \mid w_{i-1})=\frac{C(w_{i-1}w_i)+\delta}{\sum_w\left(C(w_{i-1}w)+\delta\right)}=\frac{C(w_{i-1}w_i)+\delta}{C(w_{i-1})+\delta|V|} \tag{6.12}$$

关于超参数δ的取值，需要用到开发集数据。根据开发集上的困惑度对不同δ取值下的语言模型进行评价，最终将最优的δ用于测试集。

2. 插值法

在n-gram模型中，n的取值越大，模型考虑的上下文（历史）越充分。而与此

同时，模型面临的数据稀疏问题也越严重。这时，除了使用折扣法消除零概率，还可以结合低阶n-gram模型与高阶n-gram模型来进行平滑。假设要估计trigram条件概率$p(w_i|w_{i-1}w_{i-2})$，但是训练语料中没有出现过$w_{i-2}w_{i-1}w_i$，此时可以回退到bigram模型，转而计算$p(w_i|w_{i-1})$；如果$w_{i-1}w_i$出现次数仍然为0，可以进一步回退到unigram模型，即$p(w_i)$。

换言之，当没有足够的语料估计高阶模型的概率时，低阶模型往往可以提供有用的信息。因此，可以结合高阶n-gram模型与低阶n-gram模型的概率分布来实现对于高阶模型的平滑。一种典型的方法是对不同阶的n-gram模型进行线性插值。记p_{mle}为平滑前最大似然估计的概率，p_{interp}为插值平滑后的概率。以trigram模型为例，插值平滑之后的概率可由下式来计算：

$$\begin{aligned} p_{interp}(w_i \mid w_{i-1}w_{i-2}) = \lambda_1 p_{mle}(w_i \mid w_{i-2}w_{i-1}) \\ +\lambda_2 p_{mle}(w_i \mid w_{i-1}) \\ +\lambda_3 p_{mle}(w_i) \end{aligned} \tag{6.13}$$

其中，$0 < \lambda_k \leqslant 1$为各个模型的权重，满足：

$$\sum_k \lambda_k = 1 \tag{6.14}$$

扩展到更一般的n-gram模型，可以写成以下递归形式：

$$\begin{aligned} p_{interp}\left(w_i \mid w_{i-n+1}^{i-1}\right) = \lambda p_{mle}\left(w_i \mid w_{i-n+1}^{i-1}\right) \\ +(1-\lambda)\, p_{interp}\left(w_i \mid w_{i-n+2}^{i-1}\right) \end{aligned} \tag{6.15}$$

递归计算在unigram模型处终止，$p_{interp}(w_i) = p_{mle}(w_i)$。给定最大似然估计得到的概率分布$p_{mle}$，可以通过期望最大化算法（expectation-maximization，EM）有效地搜索出λ的值。需要注意的是，与折扣法中估计δ的方式类似，对λ的估计也需要在开发集上进行。

对上述插值法的一种改进方案是根据不同的历史w_{i-n+1}^{i-1}使用不同的权重λ。例如，对于出现次数较多的历史，可以认为其高阶模型的概率分布是比较可靠的，因此可以给予较高的权重；反之，对于只出现很少次数的历史，应该更多地依赖低阶模型，而相应的高阶模型权重应较低。这种依赖于上下文的插值可以表示为：

$$\begin{aligned} p_{interp}\left(w_i \mid w_{i-n+1}^{i-1}\right) = \lambda\left(w_{i-n+1}^{i-1}\right) p_{mle}\left(w_i \mid w_{i-n+1}^{i-1}\right) \\ +\left(1-\lambda\left(w_{i-n+1}^{i-1}\right)\right) p_{interp}\left(w_i \mid w_{i-n+2}^{i-1}\right) \end{aligned} \tag{6.16}$$

例如，可以根据历史w_{i-n+1}^{i-1}的出现次数将其划分成适当数量的几段（bucket），对每一段的λ单独进行估计。

3. Kneser-Ney 平滑

Kneser-Ney平滑是应用得较为广泛也最有效的平滑算法之一，它结合绝对折扣法（absolute discounting，也称绝对减值法）与插值的思想，提供了一种新的融合高阶模型与低阶模型的方式。

在插值法中，将高阶模型乘上一个小于1的权重系数λ，再以线性插值的形式将匀出来的概率分配给低阶模型，从而实现概率的重新分配。而绝对折扣法则是通过将所有在训练语料中出现过的高阶n-gram的实际频次减去一个固定值d（$0 \leqslant d \leqslant 1$）来实现对高阶模型的折扣。以bigram模型为例，如果训练语料中$C(w_{i-1}w_i)>0$，那么：

$$q_D\left(w_i \mid w_{i-1}\right)=\frac{\max\left(C\left(w_{i-1}w_i\right)-d,0\right)}{C\left(w_{i-1}\right)}$$

那么，从bigram模型中匀出来的概率总和为：

$$\lambda\left(w_{i-1}\right)=1-\sum_{w_i} q_D\left(w_i \mid w_{i-1}\right)=\frac{d}{C\left(w_{i-1}\right)}\left|\left\{w: C\left(w_{i-1}w\right)>0\right\}\right| \tag{6.17}$$

接下来，将这一部分概率分配给低阶的unigram模型。所以，绝对折扣法平滑可以写成下式：

$$p_{abs}\left(w_i \mid w_{i-1}\right)=\frac{\max\left(C\left(w_{i-1}w_i\right)-d,0\right)}{C\left(w_{i-1}\right)}+\lambda\left(w_{i-1}\right)p\left(w_i\right) \tag{6.18}$$

Kneser-Ney平滑所利用的另一个思想是低阶n-gram的**历史多样性**。为了描述这一性质，考虑句子“I ate pasta with tomato ________”。出现在空白处的词应有较大概率与食物有关，如“sauce”。但是，假如训练语料中“NewYork”的出现次数多于“sauce”，那么上式中的低阶模型$p(w_i)$将更倾向于预测“York”，而不是“sauce”。但实际上，“York”在语料中几乎只出现在“New”之后，即其**历史多样性**非常低。因此，人们希望能够捕捉这种性质，以得到更合理的低阶模型概率分布。基于这个思想，Kneser-Ney平滑假设低阶模型的概率（记为$\tilde{p}$）应正比于语料中可能作为其历史的词类数目。对于unigram模型则有：

$$\tilde{p}\left(w_i\right)\propto\left|\left\{v: C\left(vw_i\right)>0\right\}\right| \tag{6.19}$$

对其进行归一化：

$$\tilde{p}\left(w_i\right)=\frac{\left|\left\{v: C\left(vw_i\right)>0\right\}\right|}{\sum_w\left|\left\{v: C\left(vw\right)>0\right\}\right|} \tag{6.20}$$

注意，分母实际上等同于训练语料中所有可能的bigram数量，因此$\tilde{p}(w_i)$也可以写成：

$$\tilde{p}(w_i)=\frac{\left|\{v:C(vw_i)>0\}\right|}{\left|\{vw:C(vw)>0\}\right|} \tag{6.21}$$

最终的Kneser–Ney平滑形式为：

$$p_{KN}(w_i \mid w_{i-1})=\frac{\max\left(C(w_{i-1}w_i)-d,0\right)}{C(w_{i-1})}+\lambda(w_{i-1})\tilde{p}(w_i) \tag{6.22}$$

以上是对于bigram模型的Kneser–Ney平滑形式。该方法可以很容易地扩展到一般性的n–gram模型，请读者自行推导其递归形式。

6.2 神经网络语言模型

在过去的很长一段时间里，n元语言模型在语言模型的研究与应用中占据着主导地位。很多学者在n元语言模型以及平滑技术的方向上做了大量的研究工作，并开发了相应的工具软件，如SRILM，KenLM等。但是，n元语言模型仍然存在以下几个明显的缺点。

首先，高阶n元语言模型面临严重的数据稀疏问题。在n元语言模型中应用最为广泛的trigram模型只用到了两个词的历史。而对于高阶情形，绝大部分n–gram在训练语料中的出现次数都将为0。虽然通过平滑技术，可以使用低阶模型的分布来进行近似，可同时也导致长历史信息无法被充分地利用。从参数规模的角度来看，假设限定词表大小为$|V|$（常用的取值为10^4 ~ 10^6），那么n–gram模型中可能的参数数量将达$|V|^n-1$。当n较大时，对于模型的存储、更新与计算都将是极大的挑战。

另一方面，n元语言模型忽略了词与词之间的相似性，从而导致泛化能力不足。假设在训练语料中存在句子“The cat is walking in the bedroom”，那么，对于测试集中的句子“A dog was running in a room”，显然模型也应给出类似的概率估计，因为“dog”与“cat”，“is”与“was”，“the”与“a”，“bedroom”与“room”在句中所充当的句法和语义角色都非常相近。然而，n元语言模型不具备这样的泛化性。

本节将要介绍的神经网络语言模型，通过使用**分布式表示**（详见第5章），在一定程度上克服了上述n元语言模型中所存在的问题。

6.2.1 前馈神经网络语言模型

在前馈神经网络语言模型中，沿用n元语言模型的假设，即对下一个词的预测只与历史中最近的n−1个词相关。因此，目标仍然是估计条件概率$p\left(w_t \mid w_{t-n+1}^{t-1}\right)$。假如将词表$V$中的每个词看成是一个类别，那么对该条件概率的估计可以看作是在V上的一个分类问题，从而可以使用机器学习中用于分类的概率模型来解决。Yoshua Bengio在2003年提出了首个能在大规模文本语料上进行训练的前馈神经网络语言模型（feed-forward neural network language model），结合词的分布式表示以及前馈神经网络实现了对于条件概率$p\left(w_t \mid w_{t-n+1}^{t-1}\right)$的估计。

1. 模型结构

根据第4章的介绍，前馈神经网络由**输入层**、**隐含层**以及**输出层**构成。在前馈神经网络语言模型中，输入层将对**历史**中的词序列w_{t-n+1}^{t-1}进行编码，将每个词表示为一个低维的实数向量；隐含层则首先通过权值矩阵对输入进行仿射变换（affine transformation），并使用激活函数来实现非线性映射；最后，输出层对非线性激活之后的隐含层进行又一次仿射变换，再通过softmax函数得到在词表上的归一化的概率分布。图6.1展示了模型的基本结构。

输入层 在模型的输入层，历史序列中的每个词通过词嵌入的方法分别被表示为低维、稠密且由实数值构成的特征向量，即词的**分布式表示**，或**词向量**。分布式表示能够有效地用于捕捉词与词之间的联系，是提升语言模型泛化能力的关键。

输入层首先将**历史** w_{i-n+1}^{i-1}从离散表示映射至分布式表示空间：

$$\boldsymbol{x}=[e(w_{t-n+1}); \cdots; e(w_{t-2}); e(w_{t-1})] \tag{6.23}$$

其中$e(w) \in \mathbb{R}^d$为词w的d维分布式表示（$d << |V|$），$\boldsymbol{x} \in \mathbb{R}^{(n-1)d}$为历史序列中所有词向量拼接之后的结果。定义词向量矩阵为$\boldsymbol{E} \in \mathbb{R}^{d \times |V|}$，那么$\boldsymbol{e}(w)$即为$\boldsymbol{E}$中与$w$所对应的列向量，也可以表示为$\boldsymbol{E}$与$w$的独热编码$OneHot(w) \in \mathbb{R}^{|V|}$之间的点积。

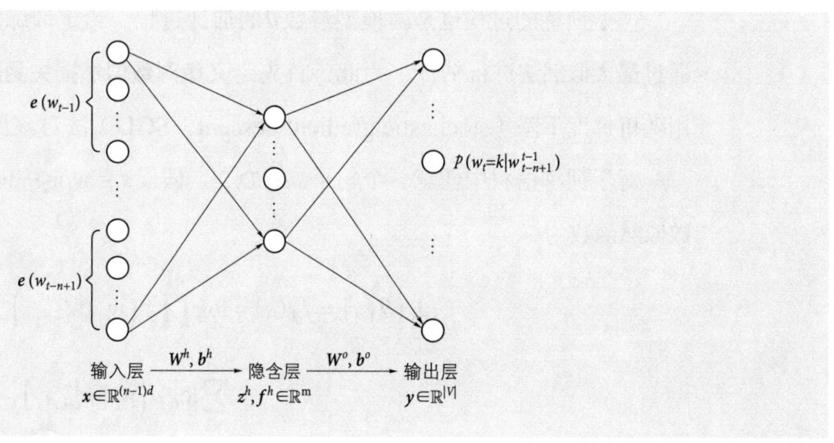

图6.1 前馈神经网络语言模型结构

隐含层 在模型的隐含层，首先对$\boldsymbol{x}$进行仿射变换。令$\boldsymbol{W}^h \in \mathbb{R}^{m\times(n-1)d}$为输入层到隐含层之间的仿射矩阵，$\boldsymbol{b}^h$为偏置项。那么，

$$\boldsymbol{z}^h = \boldsymbol{W}^h \boldsymbol{x} + \boldsymbol{b}^h \tag{6.24}$$

一般使用tanh 函数对$\boldsymbol{z}^h$进行非线性激活，从而得到隐含层表示$\boldsymbol{f}^h$：

$$\boldsymbol{f}^h = \tanh(\boldsymbol{z}^h) \tag{6.25}$$

输出层 模型的输出层再次对$\boldsymbol{f}^h$进行仿射变换。令$\boldsymbol{W}^o \in \mathbb{R}^{|V|\times m}$是隐含层到输出层之间的仿射矩阵，相应的偏置项为$\boldsymbol{b}^o$，那么，

$$\boldsymbol{z}^o = \boldsymbol{W}^o \boldsymbol{f}^h + \boldsymbol{b}^o \tag{6.26}$$

最后，利用softmax 函数对$\boldsymbol{z}^o$进行归一化，从而获得在词表V上的概率分布：

$$\boldsymbol{y} = \text{softmax}(\boldsymbol{z}^o) \tag{6.27}$$

例如，下一个词w_t是词表中第k个词（$k \in \{1, \cdots, |V|\}$）的概率为：

$$p\left(w_t = k \mid w_{t-n+1}^{t-1}\right) = \boldsymbol{y}_k = \frac{\mathrm{e}^{\boldsymbol{z}_k^o}}{\sum_{l=1}^{|V|} \mathrm{e}^{\boldsymbol{z}_l^o}} \tag{6.28}$$

综上，前馈神经网络语言模型的自由参数包含输入层与隐含层之间的权值矩阵$\boldsymbol{W}^h$及偏置项$\boldsymbol{b}^h$，隐含层与输出层之间的权值矩阵$\boldsymbol{W}^o$与偏置项$\boldsymbol{b}^o$，以及词向量矩阵$\boldsymbol{E}$：

$$\boldsymbol{\theta} = \{\boldsymbol{E}, \boldsymbol{W}^h, \boldsymbol{b}^h, \boldsymbol{W}^o, \boldsymbol{b}^o\},$$

其数量为$|V| \times d + m \times (n-1)d + m + |V| \times m + |V|$，即$|V|(1+m+d)+m(1+(n-1)d)$。可见，模型的自由参数数量随词表大小呈线性增长，且n的增大并不显著增加参数规模。另外，词向量维度d，隐含层神经元数量m，以及历史的长度$n-1$等超参数的调优需要在开发集上进行。

2. 参数估计

模型训练的过程也是对模型参数$\boldsymbol{\theta}$的估计过程。给定训练数据$\mathcal{D}_{train}$，模型参数可通过**最大似然法**进行估计。为此，首先定义**负对数似然损失函数**；接着，讨论如何使用随机梯度下降（stochastic gradient descent，SGD）法对该目标函数进行优化。

对于训练语料中任意一个句子$s \in \mathcal{D}_{train}$，假设$s = w_1 w_2 \cdots w_{n_s}$，其中$w_{n_s}=\langle/\mathrm{S}\rangle$。则**对数似然**函数为：

$$\begin{aligned}\mathcal{L}(\boldsymbol{\theta} \mid s) = f_{\boldsymbol{\theta}}(s) &= \log \prod_{i=1}^{n_s} p\left(w_i \mid w_{i-n+1}^{i-1}\right) \\ &= \sum_{i=1}^{n_s} \log p\left(w_i \mid w_{i-n+1}^{i-1}\right)\end{aligned} \tag{6.29}$$

其中$p\left(w_i \mid w_{i-n+1}^{i-1}\right)$是由前馈神经网络语言模型根据输入$w_{i-n+1}^{i-1}$计算得到的$w_i$的条件概率。完整训练集$\mathcal{D}_{train}$上的对数似然则为：

$$\mathcal{L}\left(\boldsymbol{\theta} \mid \mathcal{D}_{train}\right)=\sum_s \mathcal{L}\left(\boldsymbol{\theta} \mid s\right) \tag{6.30}$$

模型训练的目标是找到一个合适的$\boldsymbol{\theta}$，以最大化训练集上的对数似然。实践中，一般采用负对数似然作为损失函数，并采用随机梯度下降法对其进行优化。随机梯度下降是一种在线算法，通过对参数不断地迭代更新，使得目标函数值逐渐收敛至极小值。将训练语料中的每个n-gram（如w_{i-n+1}, …, w_i）看作一个训练实例，那么随机梯度下降的每一步更新公式为：

$$\boldsymbol{\theta}=\boldsymbol{\theta}-\eta \frac{\partial\left(\log p\left(w_i \mid w_{i-n+1}^{i-1}\right)\right)}{\partial \boldsymbol{\theta}} \tag{6.31}$$

其中η为学习率，用以控制每一步更新的步长。利用反向传播算法，可以有效地计算出$\boldsymbol{\theta}$中每个参数的梯度值。最终，训练算法根据以上公式对参数$\boldsymbol{\theta}$反复迭代更新，直到目标函数值不再（显著）下降或者达到预设的最大迭代次数。

6.2.2 循环神经网络语言模型

在前馈神经网络语言模型中，对下一个词的预测需要回看多长的历史是由超参数n来决定的。但是，不同的句子对于历史长度n的期望往往是变化的。例如，对于句子“He eats an apple”，根据“eats”可以知道，下画线处的词应具有食物属性。因此，考虑两个词的历史就足够了。而当句子结构较为复杂时，如“I saw the ship with very strong binoculars”，则需要看到较长的历史（“saw”）才能合理地预测出“binoculars”。

循环神经网络语言模型（recurrent neural network language model，RNNLM）正是为了处理这种不定长依赖而设计的一种语言模型。根据第4章的介绍，循环神经网络是用来处理时序数据的一种神经网络，而自然语言正好满足这种序列性质。循环神经网络语言模型中的每一时刻都维护一个隐含状态，该状态蕴含了当前词的所有历史信息，且与当前词一起被作为下一时刻的输入。这个随时刻变化而不断更新的隐含状态也被称作记忆（memory），有很多种表示的手段。

1. 模型结构

图6.2展示了循环神经网络语言模型的基本结构。

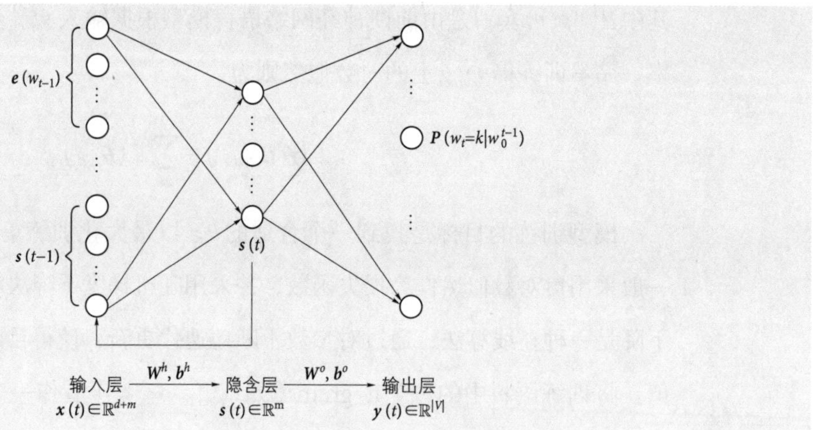

图6.2 循环神经网络语言模型

输入层 在t时刻，输入由前一个词w_{t-1}的词向量[①]以及$t-1$时刻的隐含状态$s(t-1)$组成：

$$\boldsymbol{x}(t)=[e(w_{t-1});\ \boldsymbol{s}(t-1)] \tag{6.32}$$

隐含层 隐含层的计算则与前馈神经网络语言模型类似。

$$\boldsymbol{s}(t)=\tanh(\boldsymbol{W}^h\boldsymbol{x}(t)+\boldsymbol{b}^h) \tag{6.33}$$

其中$\boldsymbol{W}^h\in\mathbb{R}^{m\times(d+m)}$，$\boldsymbol{b}^h\in\mathbb{R}^m$。$\boldsymbol{W}^h$实际上由两部分构成：$\boldsymbol{W}^h=[\boldsymbol{U};\ \boldsymbol{V}]$，$\boldsymbol{U}\in\mathbb{R}^{m\times d}$，$\boldsymbol{V}\in\mathbb{R}^{m\times m}$分别是$e(w_{t-1})$、$\boldsymbol{s}(t-1)$与隐含层之间的权值矩阵，为了体现循环神经网络的递归特性，常常将两者区分开：

$$\boldsymbol{s}(t)=\tanh(\boldsymbol{U}e(w_{t-1})+\boldsymbol{V}\boldsymbol{s}(t-1)+\boldsymbol{b}^h) \tag{6.34}$$

输出层 最后，在输出层计算t时刻词表上的概率分布：

$$\boldsymbol{y}(t)=\text{softmax}(\boldsymbol{W}^o\boldsymbol{s}(t)+\boldsymbol{b}^o) \tag{6.35}$$

其中$\boldsymbol{W}^o\in\mathbb{R}^{|V|\times m}$。

2. 参数估计

循环神经网络语言模型的参数同样可通过最大似然法来进行估计。对于目标函数的优化仍然可采用随机梯度下降法，并使用**随时间反向传播算法**（见第4章）进行梯度的计算。需要注意的是，在计算梯度的过程中，由于反向传播层数太多因而容易导致梯度爆炸（exploding gradient）或者梯度消失（vanishing gradient），使得距离较远的历史仍然得不到充分有效地利用。一种常用的改进方案是使用长短时记忆（long-short term memory，LSTM）单元来替代上述模型中以向量形式表示的隐含状态$\boldsymbol{s}(t)$。

相比于n元语言模型，神经网络语言模型具有诸多优势。以循环神经网络语言模

① 在最初的模型结构设计中，输入层使用的是w_{t-1}的独热编码，而输入层与隐含层之间的权值矩阵则为词向量矩阵。

型为例，除了能够利用较长历史以及动态选择历史长度之外，另一个优势是能够方便地融合更丰富的特征。例如，通过利用子词（subword）或者每个单词内的字符信息，能够显著地提升语言模型在开放词表环境下的泛化能力。

与此同时，也存在以下几方面的缺点或挑战。首先，由于训练算法的限制，循环神经网络语言模型对于长距离依赖（如超过100个词）的建模能力仍然非常有限。因此，人们进一步提出了基于Transformer结构（见第5章的介绍）的语言模型，通过自注意力机制来学习历史上下文的表示。在超大规模训练数据以及参数规模下的实验表明，基于Transformer的语言模型能够大幅提升语言模型的性能。目前对于这个问题的研究仍然非常活跃。另外，循环神经网络或者基于自注意力的语言模型能够多大程度上习得语言的内在结构（如句法树）也是备受关注的问题之一。

6.3 预训练语言模型

6.2节介绍了基于神经网络的深度语言模型。相较于传统的n元语言模型，神经网络语言模型有更强的表达能力，例如能够通过分布式假设考虑词义，以及能够建模更长的上下文而不只是考虑前面n个词。从更本质的层面上看，深度语言模型往往拥有更多的可学习参数，而更多参数也让模型能够承载更多的知识。得益于这种强大的表达能力，会希望使用更多、更丰富的数据来训练语言模型，从而得到强大的**预训练语言模型**（pre-trained language model）作为通用的基础工具来提升各种具体自然语言任务的效果。

幸运的是，近年来互联网等信息技术为语言模型提供了近乎无穷的文本作为训练数据，同时GPU和TPU等并行运算设备的快速发展又让人们有足够的算力在海量数据上训练超大型模型。这两个关键因素的成熟使得大规模预训练语言模型得以快速发展，并已经逐渐成了自然语言处理领域重要的基础设施。

预训练语言模型的主要价值在于帮助提升下游任务效果。在下游任务中，通常有三种使用预训练语言模型的方式：① 预训练语言模型作为生成器直接生成目标答案；② 为下游任务提供词表示；③ 预训练语言模型本身作为下游任务模型的编码器。在这三种方式中，预训练的参数均可通过下游任务的指导信号在具体领域数据上进行更新（或微调）。

本节接下来的内容将介绍近期兴起的预训练语言模型并介绍他们在上面三种典型情景下的应用。

6.3.1 单向语言模型预训练

自然语言中最常见的预训练任务就是语言模型预训练，因为语言模型的训练过程无须人工标注只需要文本即可。这种无监督（或者自监督）的特性使得预训练语言模型能够在近乎无穷的数据上学习，进而拥有良好的可扩展性以及通用性。

经典的语言模型预训练通常在大规模语料上训练一个的**单向语言模型**（unidirectional language model）。这里的“单向”是指语言模型在估计句子中一个词的概率时，仅参考它前面的词作为判断依据。因而，整句话的概率计算往往是从左往右单向进行的，与阅读习惯一致（除阿拉伯语、希伯来语等少数语言，大部分语言是从左向右进行阅读和书写）。具体的，对于预训练语料 $\mathcal{D}_{train}$ 中任意一个句子 $s=w_1w_2\cdots w_{n_s}$，其中 $w_{n_s}=\langle/\mathrm{S}\rangle$。最大化它的**对数似然**函数：

$$\begin{aligned}\mathcal{L}(\boldsymbol{\theta}\mid s)=f_{\boldsymbol{\theta}}(s)&=\log\prod_{i=1}^{n_s}p\left(w_i\mid w_1^{i-1}\right)\\&=\sum_{i=1}^{n_s}\log p\left(w_i\mid w_1^{i-1}\right)\end{aligned}\tag{6.36}$$

其中 $\boldsymbol{\theta}$ 是预训练语言模型的参数，$p(w_i|w_1^{i-1})$ 是由前面的 $i-1$ 个词 w_1^{i-1} 计算得到的 w_i 的条件概率。完整训练集 $\mathcal{D}_{train}$ 上的对数似然则为：

$$\mathcal{L}(\boldsymbol{\theta}\mid\mathcal{D}_{train})=\sum_{s}\mathcal{L}(\boldsymbol{\theta}\mid s)\tag{6.37}$$

与前面章节提到的语言模型训练的目标相同，希望找到合适的模型参数 $\boldsymbol{\theta}$，以最大化训练集上的对数似然。关于对数似然及其优化方法，请参考第6.2.1节中的介绍。

单向预训练语言模型的代表性是GPT[4]。如图6.3所示，GPT利用Transformer模型从左往右进行单向语言模型建模，并在海量自然语言文本上预训练。在6.2节最后部分介绍过，Transformer的自注意力机制较好地缓解了长距离依赖问题。对于GPT这样的单向预训练语言模型，一个典型的应用是前面介绍的“作为生成器直接生成目标答案”。这里以“故事续写任务”为例进行介绍。在故事续写任务中，将人工写好的故事开头输入到GPT中作为前文，然后让GPT逐个预测后面的词，即续写故事。

单向语言模型的一个显而易见的不足之处是，它预测每个词的概率时只考虑了前面的文字，而没有考虑后面的文字。为了更全面地建模上下文，双向预训练语言模型由此诞生。

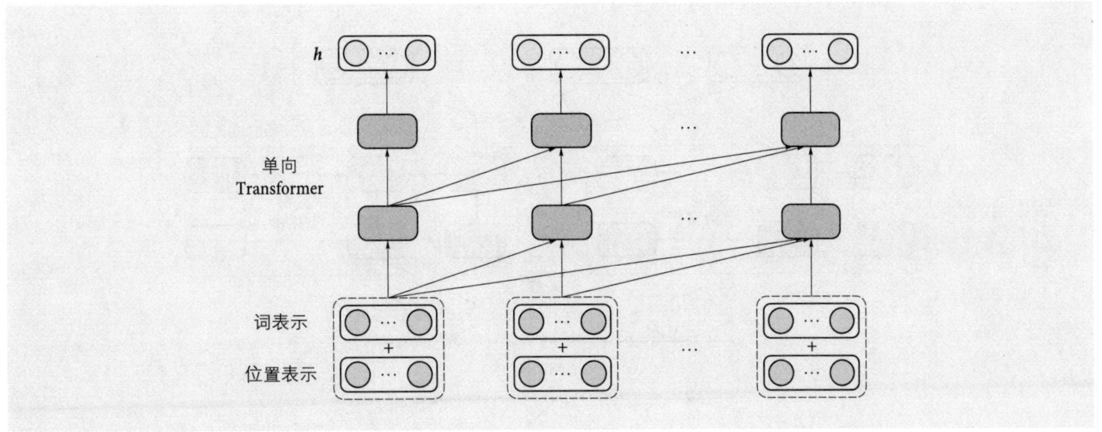

图6.3 单向预训练语言模型GPT的模型结构

6.3.2 双向语言模型预训练

单向语言模型在建模语言概率时只利用了前文的信息而没有利用后文的信息。显然，从两个方向建模比只从左往右建模能提供更丰富的上下文信息。基于这种考虑，双向语言模型被提出（bidirectional language model）。通常，双向语言模型，由两个单向的语言模型组成。一个正向语言模型从左往右计算概率，一个反向语言模型从右向左建模语言概率。在预训练时，双向语言模型同时优化两个方向相反的语言模型的似然，优化目标如下：

$$\mathcal{L}(\boldsymbol{\theta} \mid s) = f_{\boldsymbol{\theta}}(s) = \prod_{i=1}^{n_s}\left(\log p\left(w_i \mid w_1^{i-1}\right) + \log p\left(w_i \mid w_{i+1}^{n_s}\right)\right) \tag{6.38}$$

其中，$p(w_i|w_1^{i-1})$是正向的基于前文的词条件概率，$p\left(w_i \mid w_{i+1}^{n_s}\right)$是反向的基于后文的词条件概率。一般的双向语言模型本质上是两个独立单向的语言模型。

双向预训练语言模型的代表性模型是ELMo[3]。ELMo是最早成功利用大规模预训练的工作之一。如图6.4所示，ELMo使用两个单向的LSTM分别从前和从后进行语言建模，并在词序列的每个位置上将两个LSTM的隐状态拼接作为一个词的表示。除此之外，ELMo还采用字符表示（character embedding），来解决未登录词的问题。具体的，普通的词表示一般以词为的单位，给每个词分配一个静态的向量作为词表示。而ELMo使用字符卷积网络学习每个字母的静态嵌入表示，然后把一个词的字母输入到卷积神经网络得到该词的动态词表示。这种词表示机制不受限于词表，还可以捕捉词的内部结构信息，例如词的形态学特征（morphology），因而可以较好地解决未登录词的问题。在下游任务的应用中，ELMo通过语言模型预训练得到的词表示被证明可以广泛地提升下游任务性能。以命名实体识别任务为例，首先将待预测的句子送入到ELMo中，然后把词序列每个位置上正向和反向两个LSTM的隐含状态向

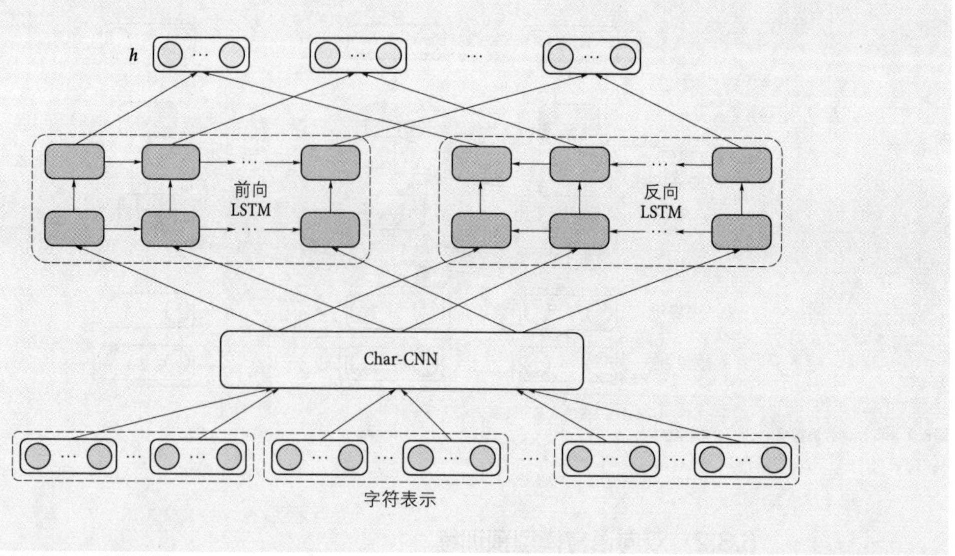

图6.4 双向预训练语言模型ELMo的模型结构

量拼接作为该位置词的表示，并将其作为命名实体识别模型的输入特征。由于在词序列的每个位置上同时考虑了前后上下文的信息，双向语言模型往往能得到更好的词表示，进而更好地帮助下游任务。

6.3.3 掩码语言模型预训练

掩码语言模型（masked language model）不是一种通常意义上的语言模型，它的工作方式类似一种"完形填空"（cloze）过程。

不同于传统的语言模型沿着一个方向依次预测每个词的概率，掩码语言模型随机地将一句话中的部分词替换为遮盖词，即"[Mask]"，然后根据句子剩下没有被"遮盖"的部分来预测被"遮盖"的部分原本是什么词。掩码语言模型最具代表性的是BERT模型[2]。它将训练语料中15%的词替换为特殊词"[Mask]"，然后训练一个大型的Transformer网络来学习预测被遮盖住的词。这里15%是根据直觉设定的超参，但是后续的分析工作通过大量实验证明15%是最佳比率之一。这种使用掩码来建模语言的最主要好处是可以自然地同时考虑双向的前后上下文，而无需用两个单向的语言模型来模拟双向语言模型。在11个不同的自然语言任务上，BERT都取得了当时的最佳成绩，显示出强大的能力。BERT的模型结构如图6.5所示。

尽管掩码语言模型取得了极好的效果，它也带来了新的问题。掩码预训练中用来遮蔽待预测词的特殊词"[Mask]"在真实自然语言中并不存在。这导致了掩码语言模型在预训练和使用（例如下游任务精调）中，存在不匹配问题，进而影响性能。为了缓解这种不匹配，BERT只在80%的情况下把待预测词替换为"[Mask]"，而在

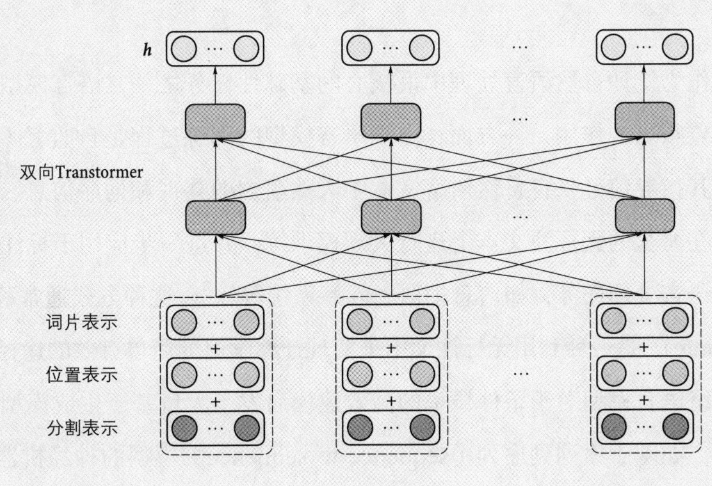

图6.5 掩码语言模型BERT的模型结构

剩余20%的情况下替换为随机的其他词。除了使用掩码语言模型预训练，BERT还引入了预测下一句的任务。具体地，输入两个句子A和B，并在前面加上一个特殊的词“[CLS]”，以“[CLS]”的词表示作为两个句子的表示，然后训练BERT基于“[CLS]”的表示去判断B是不是A的下一句话。这个额外的训练目标可以让BERT拥有建模句子关系的能力。此外，为了解决未登录词的问题，BERT采用了词片表示（word-piece embedding）。词片表示将单词拆成一个个词片，例如*attention*拆成*atten*和*tion*，然后分别表示这些词片。这样，BERT就能够高效地覆盖大部分词汇，也能表示部分训练时没有见过的词。由于Transformer对输入的相对位置不敏感，为了让BERT知晓每个输入词在句子中的相对位置，BERT在输入处加入了额外的位置表示（position embedding）。为了能让BERT分辨输入的两个句子，BERT在输入处给两个句子的词加上了不同分割表示（segment embedding）。最终如图6.5所示，BERT的输入由三个部分组成，词片表示、位置表示和分割表示。

在下游任务中，BERT的重要使用方式是本节开篇中提到的第三种：作为下游任务的编码器。以正面和负面情感的文本二分类任务为例，首先在待预测的句子前面加上一个特殊词“[CLS]”（这里的“[CLS]”就是“预测是否为下一句”的预训练任务中使用的特殊词，它通常被用来得到整句话的表示）。然后将“[CLS]”紧接待预测句子一起送入到BERT中，得到“[CLS]”的向量表示作为整句话编码后的表示。最后，利用第4章中介绍的前馈神经网络，把“[CLS]”的向量表示映射为一个实数$y\in\mathbb{R}$作为输出。其中，设定$y\geqslant 0$表示句子为正面情感，反之为负面情感。在下游任务的学习阶段，通常在具体任务数据集上学习前馈神经网络的参数并同步地微调BERT的参数。

6.4 延伸阅读

作为统计自然语言处理中最核心的基础性任务之一，语言模型在诸多领域持续发挥着重要的作用。一方面，由于语言模型的训练过程是自监督（self-supervised）的，其指导信号来自自然语言文本中天然蕴含的共现和词序信息。因此，语言模型可以在海量的无标注文本上进行大规模训练，并进一步应用于标注数据有限的下游自然语言处理任务，如信息抽取、问答系统等[1, 3]。这种方式通常称为**预训练**（pre-training），是一种利用无标注文本来实现迁移学习的简单有效的途径。另一方面，神经网络语言模型对于条件概率的高效建模启发了大量基于生成模型的自然语言处理研究，如基于序列到序列（sequence to sequence）模型的神经机器翻译[6]、文本生成[5]、图片字幕生成（image captioning）[7]等。

预训练语言模型在近年来取得了世人瞩目的成功，其中的关键事件是BERT在多达11个下游自然语言任务取得了新的最优性能。受鼓舞于BERT的巨大成功，大量的工作在BERT之上进行改进，这里介绍一些代表性的模型和相应的改进思路。首先，一些工作改进了BERT遮蔽词的策略，他们通过遮蔽完整一个词或者连续多个词组成的实体得到了更好的词表示。另外一些工作着眼于坍缩更好的预训练目标。例如，ELECTRA直接放弃预测被遮蔽的词，转而预训练模型去检测一个词是否被替换。Albert在BERT基础上把“预测是否为下一句”的预训练任务改为判断句子顺序是否正确。这些难度更高的预训练任务更充分地开发了深度预训练语言模型的潜能。此外，由于BERT等预训练模型往往体量过大，研究者也在试图缩小BERT的体量并减少计算开销。DistillBERT利用知识蒸馏技术来训练一个小但性能较好的BERT模型。Albert通过跨层共享参数来减少模型体量。与此刚好相反的研究脉络上，研究人员发现随着模型体量和预训练数据量的进一步增大，预训练语言模型在下游任务的性能仍在不断变好。GPT-2和GPT-3是GPT的改进版本，它们的提升主要来自更大的模型和更多的训练数据。其中GPT-3有着惊人的1750亿参数，而最大版本的BERT模型只有3亿参数。巨大的体量下，GPT-3的性能也是惊人的：在多个任务上，GPT-3只用少量样本或几个样本就达到了业界领先水平。

习题

1. 在线性插值平滑算法中，假如在训练语料上对插值系数（λ）进行估计，会得到什么样的结果？以trigram模型为例进行说明。
2. 试推导线性插值平滑中对插值系数进行估计的EM算法过程。令$\lambda^k=\{\lambda_1^k, \lambda_2^k, \lambda_3^k\}$为EM算法中第$k$步迭代之后所得到的插值系数，分别写出E步与M步的计算公式。
3. 基于主流深度学习平台，在语言模型开放数据集（如PTB，WikiText-2等）上训练循环神经网络语言模型，以开发集困惑度停止下降作为训练终止条件。训练结束之后，抽取出词向量，并根据k近邻对词向量进行分析。
4. 在神经网络语言模型中，虽然通过引入分布式表示来缓解低频n-gram的影响，但是并没有解决未登录词的问题。阅读相关文献，了解和掌握至少一种解决方案，并编程实现。

参考文献

[1] COLLOBERT R, WESTON J, BOTTOU L, et al. Natural language processing (almost) from scratch[J]. Journal of Machine Learning Research, 2011, 12(8): 2493–2537.

[2] DEVLIN J, CHANG M W, LEE K, et al. Bert: Pretraining of deep bidirectional transformers for language understanding[J]. arXiv preprint arXiv: 1810.04805, 2018.

[3] PETERS M, NEUMANN M, IYYER M, et al. Deep contextualized word representations[C]// Proceedings of NAACL, 2018: 2227–2237.

[4] RADFORD A, NARASIMHAN K, SALIMANS T, et al. Improving language understanding by generative pre-training[J]. Language understanding paper, 2018.

[5] SUTSKEVER I, MARTENS J, HINTON G E. Generating text with recurrent neural networks[C]// Proceedings of the 28th International Conference on Machine Learning (ICML–11), 2011: 1017–1024.

[6] SUTSKEVER I, VINYALS O, VLE Q. Sequence to sequence learning with neural networks[C]// Advances in neural information processing systems, 2014: 3104–3112.

[7] VINYALS O, TOSHEV A, BENGIO S, et al. Show and tell: A neural imade caption generator[C]// Proceedings of the IEEE conference on computer vision and pattern recognition, 2015: 3156–3164.

第7章 词法分析

7

在语言学中，**词**（word）一般定义为：最小的能独立使用的音义结合体，是能够独立运用并能够表达语义或语用内容的最基本单元。在由麻省理工学院教授乔姆斯基提出的最简方案（minimalist program）语言学派中，词也被认为是包含形式和含义的结构。例如：英文单词“cats”具有语义是“猫”，词性为名词，数量为复数，在语法上需要与其所在句子或者词组的其他成分（如动词等）达成一致等特性。在以英语为代表的印欧语系（Indo-European languages）中词之间通常有分隔符（空格等）来区分。但是在以汉语为代表的汉藏语系（Sino-Tibetan languages），以及以阿拉伯语为代表的闪－含语系（Semito-Hamitic languages）中却不包含明显的词之间的分隔符。在自然语言处理中，词的处理也是句法分析、文本分类、语言模型等任务的基础。本章首先以英文为例介绍词形分析问题和分析算法；然后以中文分词为例介绍词的切分问题和分词算法；最后介绍词性分析任务以及分析算法。

7.1 词形分析

词通常是由**语素或词素**（morhpeme）构成。语素一般定义为：最小的音义结合体。在词汇系统中语素是最小的有意义的语言单位。例如：“电灯”，包含“电”和“灯”两个语素；在英文单词dog末尾添加s可以将它从单数名词变成复数名词dogs；德语单词 bäcker 末尾添加 in 可以将它从阳性词（男面包师）变为阴性词bäckerin（女面包师）。在语言学中，研究单词的内部结构和其构成方式的学科称为**构词学**，也称为**形态学**（Morphology）。将一个词分解成为语素的过程称为**词形分析**（Morphological Parsing）。

一个词的语素可以主要分成两类：**原形**（Lemma）和**词缀**（Affix）。原形也称为字典形，指通常能在字典中查到的语素，通常是一个词最主要的语素。词缀是其他附着在原形上的语素，帮助在原形基础上衍生出新词，包含前缀和后缀等。例如，在单词 cats 中，“cat”为原形，“–s”为后缀，单词unhappy中，“happy”为原形，“un–”为前缀。一个词可以包含多个词缀，例如，“unhappiness”包含前缀“un–”和后缀“–ness”。同样，一个词也可以包含多个原形，例如 homework 包含原形“home”和“work”。

本节将首先以英语为例介绍词形的变化形式以及词形分析任务，然后介绍基于有限状态转换机的词形分析算法。

7.1.1 英语词形变化概述

英语的词形变化主要通过以下四种方式。

● **屈折变化**（Inflection），指通过“原形+词缀”的方式构成和原形“同一类型”的词。例如，在名词后加“–s”后缀构成复数名词（如cats），在动词后加“–ed”后缀构成动词的过去式（如walked）。“同一类型”指词义和词性没有发生明显的变化，或者说通过屈折变化得到的词的词义与它的原形相似。

● **派生变化**（Derivation），指通过“原形+词缀”的方式构成和原形“不同类型”的词。例如，employ可以通过后缀“–ee”变为employee，也能够添加“–er”变为employer，meaning通过后缀“–less”变为meaningless。可以看到，增加后缀后词义发生了较为明显的变化。相同的例子包括：对一些形容词可以组合–ize后缀变为动词（medical/medicalize），进一步可以组合–ation后缀变为名词（medical/medicalization）。又如，名词可以组合–al，–able等后缀变为形容词（sensation/sensational，run/runnable）。

● **组合**（Compounding），指通过组合多个原形构成一个新词。例如home-work，waterproof等。

● **附着**（Cliticization），指“原形+附着语”的方式。附着语通常在语法上等同于一个词，通过特殊的方式“附着”在原形上。例如I’m，中的“’m”代表“am”附着在“I”上。

下面以屈折变化为例，详细介绍英语中的屈折变化规则。英语的屈折变化主要集中在名词、动词和部分形容词上。总体来说，英语的屈折变化相对较简单，诱发屈折变化的词缀和规则都较为明确。

具体来说，名词的两种屈折变化为标识复数的变化和标识所有格的变化。复数变化又分为两种情况。

● 大多数（可数）名词可以通过添加后缀“–s”（或者“–es”以及其他拼写变化）变为复数（称为**规则名词的复数形式**（Regular Nouns））。例如：cats，caterpillas。当词以s/sh/ch/x结尾时，使用后缀“–es”，例如：buses，wishes，matches，boxes。当词以y结尾时需要将y替换成i后再与后缀“–es”组合，例如：butterflies，studies，parties。

● 一些名词具有**不规则的复数形式**（Irregular Nouns）变化。例如：goose/geese，mouse/mice，man/men，criterion/criteria。

名词的所有格变化也分为两种情况。

● 对单数名词或者不以s结尾的复数名词，添加后缀“’s”。例如：teacher’s，

children's。

- 对以s结尾的复数名词，添加后缀"'"。例如：cats'。

对动词（谓语动词）而言，大部分的动词有三种屈折变化（也称为**规则动词**（Regular verbs））。

- 动词的-s**形式**（-s form），在词尾添加-s后缀。主要用在第三人称单数做主语的一般现在时态中（simple present）。例如：move/moves，call/calls。
- 动词的-ing**分词形式**（-ing participle），在词尾添加-ing后缀。主要用在进行时态中或者将动词作为名词使用时（动名词）。例如：move/moving，call/calling。
- 动词的**过去式**（past form）和-ed**分词形式**（-ed participle），在词尾添加-ed后缀。通常用于过去时态，完成时态和被动语态中。例如：move/moved，call/called。

需要注意的是这些变化可能会按照一定的规则修改原形的拼写。例如，当原形以单个辅音字母结尾时，需要重复辅音字母（map/mapping/mapped，disturb/disturbing/disturbed），又如当原形以e结尾时，-ed形式可以省略一个e（move/moved，agree/agreed）。

对**不规则动词**（Irregular verbs）而言，可能增添或者减少屈折变化的形式。

- 拆分过去式和-ed分词形式。例如write，take的过去式为wrote，took（用在过去时态中）。而-ed分词形式为written，taken（用在完成时态和被动语态中），此时-ed分词形式也称为-ed/-en**分词形式**。同时注意到，过去式和-ed分词可能有不规则的变化，例如：eat/ate/eaten，feel/felt/felt，swim/swam/swum，find/found/found，catch/caught/-caught，fly/flew/flown。
- 过去式和-ed分词形式和原形一致。此时动词只有两种屈折变化（如cut/cuts/cutting，put/puts/putting），它的过去式和-ed分词形式都为原形本身（cut/cut/cut，put/put/put）。

7.1.2 词形分析算法

词形分析的一个简单的方法是将每一个词的所有词形变换都存储下来。对于英语来说，一个包含所有词形的词典能够较为有效的支撑许多应用场景。但由于用词方式变化和新词的出现，对这个字典需要进行及时的维护。同时，对于其他一些语言，（特别是土耳其语，阿拉伯语等黏着语）枚举所有词的词形变换是不可能的。例如下面的土耳其语词汇[1]。

uygarlatramadklarmzdanmsnzcasna

uygar +la +tr +ama +dk +lar+mz +dan +m +snz +casna

civilized+BEC+CAUS +NABL+PART +PL +P1PL+ABL+PAST +2PL +AsIf

"(behaving) as if you are among those whom we could not civilize"

其中除了原形 uygar 以外，其他语素的含义如下：

+BEC　　"变成"(become)

+CAUS　　标识使役动词

+NABL　　"不能"(not able)

+PART　　过去分词

+PL　　名词复数

+P1PL　　第一人称复数所有格

+ABL　　表示来源的离格（ablative (from/among) case maker）

+PAST　　带过去时的间接引语（indirect/inferential past）

+AsIf　　从限定动词（finite verb）派生出的副词

可以看到，由于词性变换的复杂性，一个词的原形可能衍生出很多不同的词。因此，设计更有效率的词形分析算法是必要的。

1. 任务描述

给定一个词，词形分析的输出是构成该词的语素。表7.1 列出了一些词 经过词形分析后的输出结果。

表7.1　词形分析输出

输入	输出
cats	cat+N+pl
cat	cat+N+sg
buses	bus+N+pl
goose	goose+N+sg
geese	goose+N+pl
walk	walk+N+sg
walk	walk+V
walks	walk+V+3sg
walking	walk+V+prespart
walked	walk+V+past
walked	walk+V+pastpart
take	take+N+sg
took	take+V+past
taken	catch+V+pastpart

从表7.1可以看到，词形分析的结果除了包含原形外，还包含一些**词形特征**（Morphological features）。例如，“+N”（名词）、“+V”（动词）表示词性，“+pl”表示复数，“+sg”为单数，“+3sg”表示第三人称单数，“+prespart”表示用于进行时的ing形式，“+pastpart”表示用于完成时或被动语态的-ed/-en形式。值得注意的是，对于同一个词可以有不同的词形分析结果（例如“walk”）。这些不同的词形分析结果与词所在的上下文环境有关。这里主要关心与上下文无关的分析算法。

2. 基于FST的词形分析

下面介绍基于**有限状态转换机**（finite state transducer，FST）的词形分析方法。有限状态转移机是**有限状态机**（finite state automata，FSA）的扩展。对一个输入串，FSA在每个输入字符后进行状态转移。与FSA不同，FST在状态转移的同时，也会输出一个字符。换句话说，FSA能够识别一个输入串，FST能够将输入串转换到一个输出串。严格来说，一个FST的定义包含以下7个部分。

- Σ：一个有限的字符集合（输入字符集）。
- Γ：一个有限的字符集合（输出字符集）。
- Q：状态集合。
- $q_0 \in Q$：初始状态。
- $F \subseteq Q$：最终状态集合。
- $\delta(q, w)$：**状态转移函数**。对于给定的状态$q \in Q$，输入串$w \in \Sigma^*$，$\delta(q, w) \subseteq Q$表示在状态q下接收输入的w后，所有可能的下一个状态。
- $\sigma(q, w)$：**输出函数**。对于给定的状态$q \in Q$，输入串$w \in \Sigma^*$，$\sigma(q, w)$，$\delta(q, w) \subseteq \Gamma^*$，表示在状态$q$下接收输入的$w$后，所有可能的输出字符串。

图7.1为一个简单的FST的示例，其中q_2为终态。x：y表示当输入串是x时，输出y。x为x：x的简写。

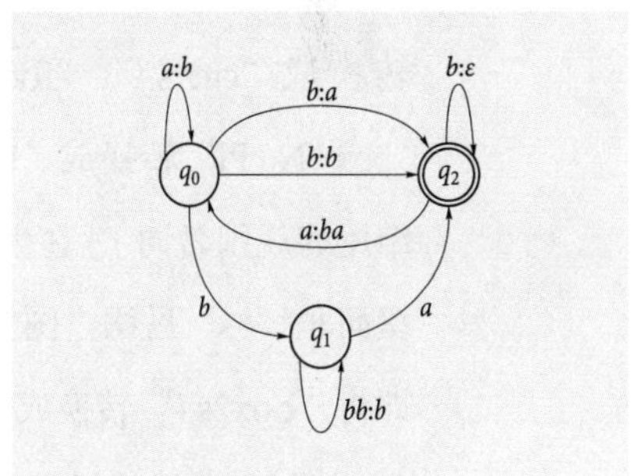

图7.1 有限状态转换机FST示例

这里定义的FST是**非确定的**（non-deterministic），其非确定性主要有以下三个来源。

- 状态转移函数δ在同一个状态下接收同一个输入可以转移到不同的状态（如图7.1中的q_0状态）。
- 输出函数σ在同一个状态下接收同一个输入可以输出不同的字符串。
- 可以输入输出空串ε。

与FSA不同，不是任意一个非确定FST都能够对应到一个确定FST。这导致在使用FST进行字符串转换的过程中通常需要使用搜索算法。另一方面，在实际应用中通常可以增加FST的确定性。例如，**有序转换机**（sequential FST）限定状态转移函数δ的输出是一个确定的状态且输入字符集Σ不包含空串ε；**次有序转换机**（subsequential FST）在有序转换机的基础上，在到达每一个终态后可以输出一个字符串；p–**次有序转换机**（p-subsequential FST）的终态可以输出p个字符串。

为了构造基于FST的词形分析器，将会用到以下FST操作。

- 取交集操作$\cap$：FST T_1和T_2的交$T_1 \cap T_2$接收T_1与T_2所接受的输入输出对的交集。
- 取逆操作T^{-1}：将T的输入输出互换得到一个新的FST。
- 复合操作$\circ$：假设T_1将输入字符串集合I_1映射到输出字符串集合O_1，T_2将输入字符串集合O_1映射到输出字符串集合O_2，它们的复合$T_1 \circ T_2$将I_1映射到O_2。

对于词形分析任务来说，考虑它的逆问题（称为**生成问题**）：给定原形和词形特征（表7.1中第二列），输出词（表7.1中第一列）。通过构造生成问题的FST，可以使用取逆操作得到词形分析的FST。下面将以名词的单数、复数屈折变换为例，简要介绍构造生成问题FST的过程。

首先，根据规则名词单数、不规则名词单数、不规则名词复数构造3条生成路径，如图7.2中的转换机$\text{FST}_{\text{mid}}^{\text{feat}}$。$\text{FST}_{\text{mid}}^{\text{feat}}$中“regular noun”“irregular singular noun”和“irregular plural noun”可以进一步在词典中展开，如图7.3所示。

通过图7.2和图7.3，可以将词形特征转化成为中间表示。例如：“cat+N+Pl”转换成“cat^s#”，“foot+N+Sg”转换成“foot#”，“foot+N+Pl”转换成“feet#”，“box+N+Pl”转换成“box^s#”。注意到对于规则名词“box”（以及其他以“z，s，x”结尾的规则名词），在生成它的复数形式时，需要修改拼写方式：需要插入“–es”后缀而非“–s”后缀。图7.4为一个FST，实现以中间表示为输入，输入修改过的后缀，即将“box^s#”转换成“boxes#”，同时对其他词的拼写不做改动（“cat^s#”转换成“cats#”）。类似的拼写改动还包括以“y”结尾的词需要把中间表示中的“–s”后缀修改为“–ies”后缀。每一个规则r对应于一个FST_r。

最后，可以通过FST的操作将$\text{FST}_{\text{mid}}^{\text{feat}}$组合$\text{FST}_r$到生成问题的FST：

$$\text{FST}_{\text{gen}} = \text{FST}_{\text{mid}}^{\text{feat}} \circ (\cap_r \text{FST}_r)$$

同时，通过取逆操作可以得到词形解析的FST：

$$\text{FST}_{\text{parse}} = \text{FST}_{\text{gen}}^{-1}$$

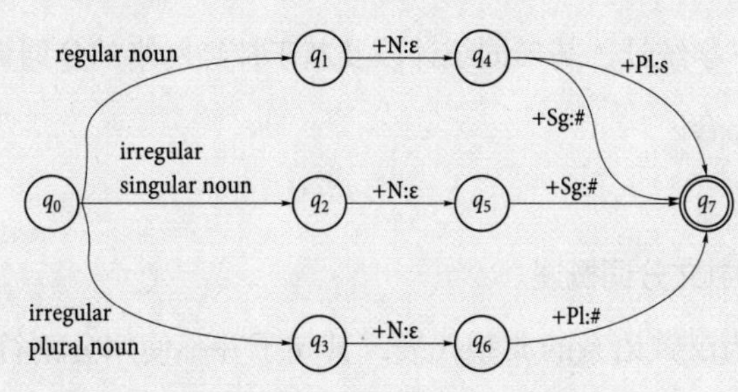

图7.2 FST_{mid}^{feat}根据单数复数词形特征生成一种名词的中间表示形式。# 表示单词结尾，语素间用^分割

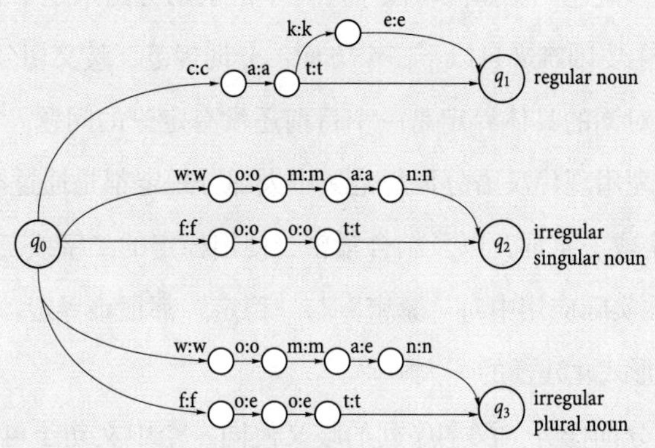

图7.3 图7.2中“regular noun”“irregular singular noun”“irregular plural noun”的展开

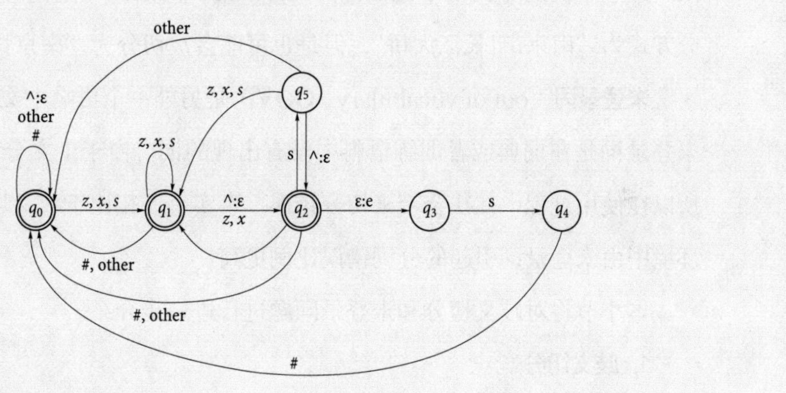

图7.4 使用FST 实现在“z, s, x”后插入e（q_1 表示观察到“z, s, x”。在输入语素分隔符“∧”后，转移到状态q_2。q_2 实现插入“e”，转移到q_3，同时，当q_2输入“s”，后转移到q_3，如果此时输入单词解释符#，则判断为非法（即不符合“在z, s, x 后应插入e”的拼写规则），并拒绝接收这样的字符串）

7.2 词语切分

如前所述，以汉语为代表的汉藏语系与以英语为代表的印欧语系不同，词之间不存在明显的分隔符，而是由一串连续的字符构成的句子。但是，由于自然语言处理中通常以词为最小的处理单位，因此，对于汉语等语言需要首先进行分词。分词的效果也将直接影响词性、句法分析等任务的分析效果。

本节将以汉语为例介绍词语切分的基本概念以及所面临的主要问题，然后介绍基于词典、基于字统计、基于词统计以及基于神经网络的分词算法，最后介绍常见的中文分词数据集合。

7.2.1 中文分词概述

汉语作为汉藏语系的典型代表，其句子并不使用分割符来标识文本中的词。例如，本小节标题“中文分词概述”一句中的六个汉字对应到三个汉语词汇（“中文”“分词”“概述”）。如何将汉字序列中的词切分出来是中文分词任务的核心目标。中文分词的主要困难来自以下三个方面：分词规范、歧义切分和未登录词识别。

汉语中对词的具体界定是一个目前还没有定论的问题。1992年国家标准局颁布的《信息处理用现代汉语分词规范》中大部分规定都是通过举例和定性描述来体现。例如：“二字或三字词，以及结合紧密、使用稳定的二字或三字词组，一律为分词单位。”然而在实际应用中对“紧密”与“稳定”都很难界定。语言固有的歧义性是影响自然语言形式化建模的一大障碍。

对中文分词任务，汉字序列的歧义使同一个中文句子可以呈现出不同的分词结果。这些不同的分词结果也被称为**切分歧义**。例如：“南京市长江大桥”的正确词切分方式为“南京市|长江大桥”，但是也可能会被切分为“南京|市长|江|大桥”。

未登录词（out of vocabulary，OOV）是另外一个影响中文分词性能的重要因素。未登录词是在词典或者训练语料中没有出现的词。由于中文分词器并不识得这些词，所以在使用过程中往往会带来切分错误。事实上，相比于歧义切分问题，在真实应用环境中由未登录词引起的分词错误比例更高。

本小节将对歧义切分和未登录问题进行进一步介绍。

1. 歧义切分

通常汉语中常见的切分歧义可以归纳为三类：交集型切分歧义、组合型切分歧义和真歧义。

定义7.1 （交集型切分歧义） 汉字串AJB称作交集型切分歧义，如果满足AJ，JB同时为词（A，J，B分别为汉字串）。此时汉字串J称作交集串。

定义7.2 （组合型切分歧义） 汉字串AB称作多义组合型切分歧义，如果满足A，B，AB同时为词。

定义7.3 （真歧义） 汉字串ABC称作真歧义，如果满足多种切分方式下语法和语义没有问题，只有通过上下文环境才能给出正确的切分结果。

下面是三个切分歧义的例子。

例7.1 乒乓球拍卖完了。

对这个句子来说，两种不同的分词结果分别为“乒乓球 | 拍卖 | 完 | 了”和“乒乓球拍 | 卖 | 完 | 了”。

例7.2 （a）他马上过来。 （b）他从马上下来。

在这个例子中“马上”在（a）句中作为独立的副词，但在（b）句中，应分成“马 | 上”两个词。

例7.3 白天鹅在水里游泳。

对这个句子来说，两种不同的分词结果分别为“白天|鹅|在|水|里|游泳”和“白天鹅|在|水|里|游泳”。

例7.1为交集型切分歧义的一个例子：A，J，B分别代表“球”，“拍”和“卖”。两个合法的词“球拍”和“拍卖”有一个交集。类似的例子还包括：“今天下雨”“很多云彩”“北京城市规划”“中国产品质量”等。例7.2中的“马上”则为组合型切分歧义的例子：A，B，AB分别代表“马”，“上”和“马上”。类似的情况还包括：“才能”“应对”“学会”等。例7.3中的两种切分方式在语法和语义上都是正确的，需要考虑上下文环境才能进行判断。

交集型切分歧义也被称为偶发歧义，原因在于当两个有交集的词“偶然”地相邻出现时这样的歧义发生。而组合性切分歧义也称为固有歧义，原因在于组合歧义的是词固有的属性，不依赖于“偶然”发生的上下文。另外，这两种歧义切分的定义都是从机器识别的角度出发的。而事实上，许多歧义切分通常不会或者很少出现在真实中文文本中。例如，“平淡”根据定义7.3属于组合型切分歧义，但实际上“平|淡”这样的切分方式在真实的上下文环境中非常罕见。根据文献[8]中的统计，中文文本中每100个词约出现1.2次切分歧义，其中交集型切分歧义和组合型切分歧义的比例约为12 : 1。

2. 未登录词

汉语文本中常见的未登录词可以分为以下4类。

- 新出现的普通词汇。语言的使用会随着时代的变化而演化出新的词。这个过程在互联网环境中显得更为快速，如下载、给力、点赞、人艰不拆等。
- 命名实体（named entity）。这类词具体包括：① 人名（如奥巴马、周杰伦）；② 地名（如外高桥、张江）；③ 组织机构名（如亚洲善待博士组织、中华人民共和国审计署驻上海特派员办事处）；④ 时间和数字（如2018-11-13、正月初四、110亿人民币）。
- 专业名词。这类词只出现在专业领域的新词（如图灵机、碳9、埃博拉）。
- 其他专有名词，如新出现的产品名、电影、书籍等。

宗成庆[7]通过在新闻语料上的统计实验发现，几乎所有的分词错误都与未登录词相关。而其中由命名实体引起的分词错误占到了50%左右。因此，未登录词是分词器的一个主要性能瓶颈。

表7.2 中文例句及其分词结果

今	晚	的	长	安	街	流	光	溢	彩	。
c_1	c_2	c_3	c_5	c_5	c_6	c_7	c_8	c_9	c_{10}	c_{11}
今晚	的	长安街	流光溢彩	。						
w_1	w_2	w_3	w_4	。						

7.2.2 中文分词方法

中文分词任务可以定义为：给定一个中文句子x=$c_1, c_2, \cdots, c_n$，其中c_i（$1 \leqslant i \leqslant n$）为字（如表7.2所示），输出是一个词序列$y = h(x)$=$w_1, w_2, \cdots, w_m$，其中$w_j$是一个中文词（如表7.2所示）。

本小节主要介绍基于统计模型的中文分词方法。它们的共同点是需要在已标注中文分词结果的语料上构造统计模型。在此之前，首先简要回顾经典的基于词典的无监督分词方法。

1. 基于词典的分词方法

基于词典的无监督分词包含了前向最大匹配，后向最大匹配以及双向最大匹配等。给定一个中文句子，这些算法试图从词典中找到针对该句子最好的分词方案。

前向最大匹配算法的基本思想是，从左向右扫描句子，对于句子中的一个位置i，依次考虑子串$c[i: i+L-1]$, $c[i: i+L-2]$, ……, $c[i: i]$，其中$c[i:j] \triangleq c_i c_{i+1} \cdots c_j$表示从第$i$个字到第$j$个字构成的字串（每一个这样的字串对应于一个候选的词），L表示词典中词的最大长度。当某一个$c[i: j]$能够对应字典中的一个词时，输出这个词并从j+1开始重复以上的过程直至整个句子被遍历完成。

例如，对表7.2中的句子，前向最大分词的过程如表7.3所示（为简单起见，假设词典中的词表为{“今晚”,“晚上”,“的”,“长安街”,“长安”,“流光溢彩”,“。”}）。

反向最大匹配和正向最大匹配思想相同，区别在于对于句子从右向左扫描。也可以同时进行前向最大匹配和反向最大匹配。当两者的分词结果不同时，可以使用启发式的规则决定选取哪一个作为最终的输出（例如选择平均词长较大的一个）。

表7.3 表7.2中句子的前向最大匹配分词过程（eos表示句子结尾）

时间步	句子位置	候选匹配	选择词
1	1	今晚的长，今晚的，今晚，今	今晚
2	3	的长安街，的长安，的长，的	的
3	4	长安街流，长安街，长安，长	长安街
4	7	流光溢彩，流光溢，流光，流	流光溢彩
5	11	。eos eos eos，。eos eos,。eos，。	。

可以看出，基于词典的分词方法具有简单、快速、可控等优点。但对于没有在词典中出现的词没有很好的处理方案。基于统计的模型能够在一定程度上弥补它们的缺陷。

2. 基于字的统计模型

基于统计的中文分词算法通常使用**序列标注**模型建模。具体来说，对希望输出的词序列使用一个标签序列编码。对每一个字c_i，根据它在分词结果中的位置，可以赋予标签y_i。例如在“BIES”**标签系统中**：

- $y_i = B$表示c_i处于一个词的开始位置；
- $y_i = I$表示c_i处于一个词的中间位置；
- $y_i = E$表示c_i处于一个词的结束位置；
- $y_i = S$表示c_i单独构成一个词。

对于表7.2的输出，对应的序列编码在表7.4中。经过序列编码后，输出目标y也变为长度为n的“BIES”标签序列$y = w_1, w_2, \cdots, w_m = y_1, y_2, \cdots, y_n$。

表7.4 使用“BIES”标签对词序列编码

今晚	的	长安街	流光溢彩	。
BE	*S*	*BIE*	*BIIE*	*S*

序列标注问题可以采用**条件随机场**（conditional random field，CRF）等结构化机器学习方法进行解决。本书第4章对这类算法进行了详细介绍。

在CRF中，模型假设特征函数$\varphi(x, y_i, y_{i-1})$都仅依赖于输入x和相邻的两个标签y_i, y_{i-1}（也称为一阶马尔可夫假设）。这样的假设在牺牲了特征表示能力的同时，使得序列标注模型的训练和解码能够较为高效地完成。

如何设计有效的$\varphi(x, y_i, y_{i-1})$对于序列标注任务是重要的。这里介绍基于模板的稀疏特征表示。在基于模板的特征表示中，特征函数$\varphi(x, y_i, y_{i-1})$的每一维为一个 0,1 取值的函数。例如，在中文分词任务中，一个典型的特征是

$$\varphi_k(x, y_i, y_{i-1}) = \begin{cases} 1 & \text{当} x_i\text{=c 且} y_i\text{=}B \text{ 并 } y_{i-1}\text{=}E \\ 0 & \text{其他} \end{cases}$$

其中，c为一个中文字。这里针对所有可能的中文字c（或者训练集中出现的字）都有一个对应的维度（即，这个特征模板将展开为长度是字典长度的独热向量（one-hot vector））。表7.5列出了中文分词任务常用的模板。

表7.5　中文分词常见模板（“例子”一栏中包含对应模板在表7.2中句子的第5个位置时的取值）

模板名	描述	例子
x_i	当前字	安
x_{i-1}	$i-1$ 位置的字	长
x_{i-2}	$i-2$ 位置的字	的
x_{i+1}	$i+1$ 位置的字	街
x_{i+2}	$i+2$ 位置的字	流
x_{i-2}, x_{i-1}	$i-2$ 开始的bigram	长安
x_{i-1}, x_i	$i-1$ 开始的bigram	的长
x_i, x_{i+1}	i 开始的bigram	安街
x_{i+1}, x_{i+2}	$i+1$ 开始的bigram	街流

3. 基于词的统计模型

将中文分词任务定义为寻找一个将输入句子$x \in X$转换为单词序列$y \in Y$的映射，其中X是可能的原始输入问句集合，Y是可能的输出问句集合，该映射用$F(x)$表示，公式可表达为：

$$F(x) = \arg\max_{y \in GEN(x)} Score(y)$$

其中$GEN(x)$代表对于每一个输入句子x可能的所有候选输出。

对于打分函数$Score(y)$，为每一个分词后的句子y定义一个全局特征向量$\boldsymbol{\Phi}(y) \in \mathbb{R}^d$，其中$d$代表模型中的特征数量。函数$Score(y)$由矢量$\boldsymbol{\Phi}(y)$和一组参数$\bar{\boldsymbol{\alpha}} \in \mathbb{R}^d$间的点积构成，$a_i$代表第$i$个特征的参数：

$$Score(y) = \boldsymbol{\Phi}(y) \cdot \bar{\boldsymbol{\alpha}}$$

对于参数 $\bar{\alpha}$，使用感知算法进行训练。

算法7.1： 感知算法

输入： 训练数据（x_i, y_i）
输出： $\bar{\alpha}$
初始化参数 $\bar{\alpha}=0$
for $t=1$ to T **do**
    for $i=1$ to N **do**
        $z_i=\arg\max_{y\in GEN(x_i)}\boldsymbol{\Phi}(y)\cdot\bar{\alpha}$
        if $z_i\neq y_i$ **then**
            $\bar{\alpha}=\bar{\alpha}+\boldsymbol{\Phi}(y_i)-\boldsymbol{\Phi}(z_i)$
        end if
    end for
end for
return $\bar{\alpha}$

上表描述了算法的基本流程。对每一个句子进行解码得到一组候选分词结果的集合。对于集合中的每一个经过分词的句子，将之与正确答案进行比对，如果结果错误则更新参数 $\bar{\alpha}$。

在进行解码的过程中，每一个句子都有指数级数量的候选分词结果，如果将所有可能的结果都枚举一遍的话，搜索空间将变得非常巨大，使得人们无法有效地进行训练与推断。

对于这一问题，常见的解决方式是使用beam search算法进行解码。beam search是一种常用的限制搜索空间的启发式算法，在每一步解码过程中，从上一步解码的所有候选结集中选取前K个得分最高的结果继续解码，而舍弃得分排在第K名之后的所有候选结果。beam search可以理解为一种“松弛”过的贪心算法，它并不能保证一定会得到得分最高的候选解码序列，但往往可以得到想要的答案。以下为应用于中文分词的beam search算法详细流程。

用一个例子来理解分词中的beam search算法。假设有这样一句话“奥巴马访问北京”，beam大小为2，在解码到第6个字之前的候选集中将会有两个候选分词结果：

“奥巴马/访问”

“奥巴/马/访问”

算法7.2：beam search解码

```
输入：原始句子s
输出：src
初始化 src=[[]], tgt=[]
for index=0 to s.length – 1 do
    var char=s[index]
    for item in src do
      var item1=item
      item1.append(char.toWord())
      tgt.insert(item1)
      if item.length > 1 then
        var item2 = item
        item2 [item2.length – 1].append(char)
        tgt.insert(item2)
      end if
    end for
    src=tgt
    tgt=[]
end for
```

对于第六字“北”可以扩展出4个新的候选分词句：

“奥巴/马/访问/北”

“奥巴/马/访问北”

“奥巴马/访问/北”

“奥巴马/访问北”

经过打分排序后的结果为：

“奥巴马/访问/北”

“奥巴/马/访问/北”

“奥巴马/访问北”

“奥巴/马/访问北”

由于beam大小设置为2，因此只取头两句句子继续解码，舍弃之后的句子。余下步骤依此类推，从而得到最终的结果。可以注意到，在每一步只做了4次解码操作，从而极大地降低了计算开销。

输入特征由一系列人工选取的特征值组成，具体的特征模板如表7.6所示。

表7.6 输入特征模板

1	单词w
2	二元单词w_1w_2
3	单字符单词w
4	初始字符c以及长度l
5	终止字符c以及长度l
6	由空格隔开的字符c_1和c_2
7	二元字符c_1c_2
8	所有单词的第一个与最后一个字符c_1和c_2
9	字符c的前一个词w
10	单词w之后的第一个字c
11	两个连续单词的第一个字符c_1和c_2
12	两个连续单词的最后一个字符c_1和c_2
13	单词长度l以及之前的词w
14	单词长度l以及之后的单词w

注意到输入特征包含字、词以及长度信息。在训练时会使用特征模板将解码得到的序列映射到特征向量，特征向量将被输入到评分函数中。

4. 基于神经网络的分词

随着深度学习技术的发展，许多中文分词算法也采用了神经网络模型。图7.5给出了一个使用Bi-LSTM+CRF进行分词的框架。Bi-LSTM+CRF是融合了LSTM和CRF的一种常用于序列标注任务的框架，可以有效地结合结构化学习和神经网络的特点，在很多自然语言处理任务上都取得了很好的效果。

如图7.5所示，Bi-LSTM+CRF主要包含三层：输入层、Bi-LSTM层和CRF层。在中文分词任务中，可以采用与基于字的统计方法（参见7.2.2）类似的问题建模方法，将分词任务转换为字的序列标注任务，即对每一个字c_i，根据它在分词结果中的位置以及所采用的标签系统（例如“BIES”等），赋予标签y_i。在输入层，需要将每个字转换为低维稠密的**字向量**（character embedding）$\boldsymbol{x}_i$。第二层Bi-LSTM层采用双向LSTM，其主要作用是提取句子特征。将句子中的每个字向量序列（$\boldsymbol{x}_1, \boldsymbol{x}_2, \cdots,$

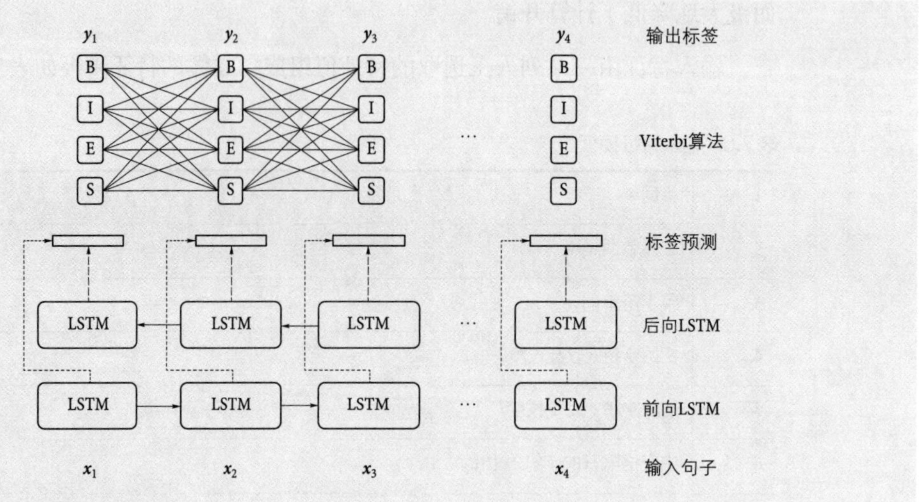

图7.5 基于Bi-LSTM+CRF的神经网络分词模型

x_n）输入到双向LSTM各个时间步，再将正向LSTM输出的隐状态序列（$\overrightarrow{h}_1, \overrightarrow{h}_2, \cdots, \overrightarrow{h}_n$）与反向LSTM隐状态序列的（$\overleftarrow{h}_1, \overleftarrow{h}_2, \cdots, \overleftarrow{h}_n$）按位置进行拼接$h_i=[\overrightarrow{h}_i; \overleftarrow{h}_i]$，从而得到完整的隐状态序列。在此基础上，可以通过第4章所介绍softmax函数，得到每个字c_i独立进行的分类标签预测情况。之后结合第三层CRF层，对整个句子序列的输出进行建模和预测。

7.2.3 中文分词语料

如前文所述，现代分词系统通常需要依赖大规模标注语料。本小节将介绍当前广泛使用的中文分词语料库。

1. 北京大学分词语料库（**PKU**）

该数据集是由北京大学计算语言学研究所与富士通公司合作在110万字《人民日报》原始数据基础上，进行了分词的信息，字符总数量约为182万。

示例：在/1998年/来临/之际，我/十分/高兴/地/通过/中央/人民/广播/电台/、中国/国际/广播/电台/和/中央/电视台，向/全国/各族/人民，向/香港/特别/行政区/同胞、澳门/和/台湾/同胞、海外/侨胞，向/世界/各国/的/朋友/们，致以/诚挚/的/问候/和/良好/的/祝愿!

同时他们还制订了《现代汉语语料库加工规范》，在该规范中，规定了分词要与词性标注进行结合的原则。例如，“复合”方式可将两个构词成分结合成一个新词。构词成分通常认为是语素。由于复合词的构成方式和短语的构成方式是一样的，包括定中、状中、述宾、述补、主谓、联合、连动等。当语素是成词语素时，复合词与短语的界限是不清晰的。只有当构词成分中至少有一个是不成词语素时，才有把握判断

北京大学分词语料库（PKU）

新组合的结构是一个未登录词，否则存在一定的弹性。形式上，两个字的或三个字的组合可以较宽地认为是一个词。规范中规定了许多新词的构词方式，也规定了一般性名词和专有名词切分的规范。

2. 香港城市大学分词语料库（**CITYU**）

该数据集是香港城市大学语言资讯科学研究中心制作的繁体中文分词数据集，对包含145万字的原始数据进行了切分。

示例：一/宗/平常/的/超速/上訴/，揭露/了/青嶼/幹線/一/隧/三/橋/的/80/公里/車速/上限/原來/並/沒有/刊憲/，/立即/有/司機/組織/表示/考慮/提出/集體/訴訟/，希望/取回/過往/因/超速/失去/的/分數/及/罰款/；另一邊廂/，警方/表示/會/考慮/上訴/，並/堅稱/運輸署長/有權/在/毋須/刊憲/的/情況/下/，在/青馬/管制區/實施/「/暫時/的/速度/限制/」/。

香港城市大学分词语料库（CITYU）

他们制订了相关的切词规则，在名词、数词、时间词、略语、二字结构、三字复合词、四字词、短语、叠词、非汉字部分这十个方面的切分进行了详细的规范。另外还对其他方面进行了补充，古语方言和熟语等不进行切分，例如，“踏破铁鞋无觅处”这句话不进行分词。

3. 微软研究院分词语料库（**MSR**）

该语料库是由微软亚洲研究院（MSRA）整理，在230 万字的简体中文原始语料上进行划分，采用CP936 的编码方式。

示例：产油国/、/国际/石油/公司/和/石油/消费/国/应该/相互/协商，在/长期/互利/基础/上/建立/新/的/油/价/体系。

微软研究院分词语料库（MSR）

数据集将词汇分为三大类，词汇词（如教授、高兴、吃饭），命名实体（如蒙特利尔、中央民族乐团）和陈述词。其中陈述词类别较多，有日期、时间、持续时间、量词电话号码等。

表7.7为3个中文分词语料库的汇总。

表7.7　中文分词语料库汇总

语料库名称	数据集规模	语言	标注内容
PKU	110万	简体中文	分词、词性、专有名词
CITYU	145万	繁体中文	分词
MSR	230万	简体中文	分词

7.3 词性标注

7.3.1 词性标注概述

词性是根据词在句子中扮演的语法角色，以及和周围词的关系对词的一个分类，因此，词性也被称为**词类**（part of speech，POS）。例如，通常表示事物的名字（“钢琴”）、地点（“上海”）被归为名词，而表示动作（“踢”）、状态（“存在”）的词被归为动词。通过词性，可以大致圈定一个词在上下文环境中有可能搭配词的范围（介词“in”后面通常跟名词短语而非动词短语），从而为语法分析、语义理解提供帮助。由此，词性也被称为带有“分布式语法”（syntactic distributional properties）的信息。

根据词性，词通常被划分成为两类：**开放词类**（open class）和**封闭词类**（close class），也被称为**实词**（content words）和**虚词**（function words）。顾名思义，随着语言的应用，开放词类通常接纳新的词。名词作为开放词类，名词的集合通常会不断地变化。例如，“区块链”作为一个新技术的名字，被加入名词集合中。相比而言，封闭词类相对固定。例如，英文中介词集合（“in”“on”等）通常不随语言使用而产生大的变化。换句话说，想象两个不同领域的专家（数学家和语言学家），他们的论著中可能使用的开放词类差别较大，但对封闭词类的使用都是相同的。

在英文中，开放词类通常为名词、动词、形容词和副词。

- 名词（noun）通常充当表示具体或者抽象事物的语法角色。包括大多数人，地点等。名词可以进一步分为专有名词（proper noun）和普通名词（common noun）。专有名词通常表示一些特定的名称，例如特定公司名“Facebook”，特定的工具名“StarCraft”等，相比而言“book”，“table”等为普通名词。名词也可以分为可数名词和不可数名词。可数名词通常有单数和复数两种词形变化，并且与它们相关联的冠词，动词也会不同。
- 动词（verb）通常表示动作和状态。
- 形容词（adjective）通常用于修饰名词或者名词短语，如“beautiful”，“fast”等。
- 副词（adverb）是一类较为混杂的词类。通常情况下用来修辞动词，如“carefully”“strongly”等。更进一步细分可以分为表方位的副词（locative adverb，表示一个方位以及和这个方位间的联系），如“home”“here”“there”等；表时间的副词（time adverb），如“already”“soon”“yesterday”等；表程度的副词（degree adverb），如“quite”“too”“extremely”“perfectly”等；表情态的副词（manner adverb，表示一个动作或过程的执行状态），如“slowly”

"powerfully" "well" "hard" 等。

英文的封闭词类的几个主要的类别如下。

- 介词（preposition），如 "on" "in" "with" 等。
- 限定词（determiner），包括冠词（article，如 "a" "an" "the" 等），指示代词（demonstrative，如 "this" "that" 等），物主代词（possessive determiners，如 "my" "your" 等），数词（numeral，如 "one" "two" 等），量词（quantifiers，如 "all" "some" "many" 等），相互代词（distributive pronoun，如 "each" "other" "any" 等），疑问代词（interrogative determiners，如 "who" "when" 等）。
- 连词（conjunction），如 "and" "but" "if" 等。
- 助词（auxiliaries），如 "can" "must" "do" 等。

表7.8列出了在宾州大学树库（PTB）中标注的词性。

表7.8 宾州大学树库中的词性标签

标签	描述	标签	描述
CC	并列连词	CD	数字
DT	限定词	EX	*there*
FW	外来词	IN	介词或从属连词
JJ	形容词	JJR	形容词比较级
JJS	形容词最高级	LS	列表项标记
MD	情态助动词	NN	名词单数
NNS	名词复数	NNP	专有名词单数
NNPS	专有名词复数	PDT	前限定词
POS	所有格结束词	PRP	人称代名词
PRP$	物主代词	RB	副词
RBR	副词比较级	RBS	副词最高级
RP	小品词	SYM	符号
TO	to	UH	叹词
VB	动词	VBD	动词过去式
VBG	动词现在进行式	VBN	动词过去分词
VBP	动词一般现在式 非第三人称单数	VBZ	动词一般现在式 第三人称单数
WDT	Wh-限定词	WP	Wh-代词
WP$	所有格 Wh-代词	WRB	Wh-副词

7.3.2 词性标注方法

词性标注任务是指给定一个句子，输出句子每个词的词性。例如，当输入句子为

I like reading books.

对应的输出为

I/PRP like/VBP reading/VBG books/NNS ./.

其中，斜线后的部分标识了词性（使用PTB标准，如表7.8）。[①]

词性标注的主要难点在于歧义性，即一个词可能在不同的上下文中有不同的词性。例如，“book”可以表示名词“书”，也可以表示动词“预定”，“good”可以表示形容词“好”，也可以表示名词“货物”，“China”可以表示专有名词“中国”，也可以表示普通名词“瓷器”等。因此需要结合上下文来确定词在句子中表现出来的词性。

另一方面，在Brown语料库上的统计发现，超过80%的词通常只有一个词性。也就是说，在完全忽略上下文的情况下，使用固定的一词性能达到80%的准确性。

为了更进一步地提升词性分类的性能，也可以构建统计模型。显然，词性标注问题也是一类序列标注问题，因此条件随机场、RNN、LSTM等模型能够直接地应用在词性标注上。

7.3.3 主要数据集

1. 宾州大学树库

对于英语而言，宾州大学树库（Penn Treebank，PTB）是最早形成一定规模的句法树库，它是一个短语结构句法树库，取自于标准新闻题材，总计五万规模的句子，为每个句子标注了词性以及短语结构句法树。WSJ-PTB是PTB项目的一部分，是目前新闻语料上最常用的词性标注数据集。WSJ-PTB原始数据来自1989年的华尔街日报，按照PTB（V2）的标注策略进行标注，拥有一百多万个标注单词，48种不同的词性标签。

示例：France/NNP's/POS unemployment/NN rate/NN was/VBD steady/JJ at/IN a/DT seasonally/RB adjusted/VBN 9.5/CD %/NN in/IN September/NNP ,/, the/DT Social/NNP Affairs/NNPS Ministry/NNP said/ VBD./.

一般来说，一个句子虽然表面上呈现词语的线性排列，其内部的成分组织是存在一定层次结构的。PTB使用树这种数据结构来表示句子的层次结构，构建一个大型

① 由于词性表以及词性定义有许多不同的变种，词性标注的结果与这些标注密切相关。本小节将主要以PTB标准为例。

宾州大学树库（PTB）

的树库，包含丰富的语言结构信息。经过处理后，除了WSJ-PTB之外，PTB还发布了标注的Brown语料库。

2. 宾州大学汉语树库

宾州大学汉语树库（Chinese Penn Treebank，CTB）是一个大型的汉语句法标注语料库。该数据集基于短语结构，进行了短语结构、短语功能、空元素等的标注。发展至今共8.0版，第一版的语料主要来自新华社的文章，在第2版中加入了中国香港和中国台湾的语料，以保证语料的多样性。2005年1月发布的5.0版本包含507222个词，824983个汉字，以及18782个句子，是目前最常用的POS任务数据集。

示例：上海_NR 浦东_NR近年_NT来_LC颁布_VV实行_VV了_AS涉及_VV经济_NN、_PU贸易建设_NN、_PU规划_NN、_PU科技_NN、_PU文教_NN等_ETC领域_NN的_DEC七十一_CD件_M法规性_NN文件_NN。_PU确保_VV了_AS浦东_NR开发_NN的_DEG有序_JJ进行_NN。_PU

宾州大学汉语树库（CTB）

在CTB中，汉语词性被划分为33类，包括4类动词和谓语形容词，3类名词，1类处所词，一类代词，3类限定词和数词，一类量词，1类副词，1类介词，8类语气词和8类其他词。

3. Universal Dependencies（UD）

UD是一个为多种语言开发的跨语言一致的树库项目，标注了语言的词性信息，形态特征和依存关系，其目标是促进多语言解析器的开发、跨语言学习和从语言类型学的角度进行解析研究。UD是一个开放协作的项目，目前共有超过200个贡献者提供了70多种语言上的100多个树库。

示例：sentence：The oboist Heinz Holliger has taken a hard line about the problems. original：DT NN NNP NNP VBZ VBN DT JJ NN IN DT NNS. universal：DET NOUN NOUN NOUN VERB VERB DET ADJ NOUN ADP DET NOUN .

对各种树库下的标记集的高级分析表明，大多数标记集都是非常细粒度的，并且是特定于语言的。UD使用Petrov等人在2011年提出的一个跨语言统一的词性标注系统[2]。他们提出了一个由十二个通用词类构成的标记集，包括NOUN（名词），VERB（动词），ADJ（形容词），ADV（副词），PRON（专有名词），DET（限定词和冠词），ADP（介词和后置词），NUM（数字），CONJ（连接词），PRT（小品词），'.'（名词所有格）和X（其他）。这12个类涵盖了大多数语言中最常见的词性。除了标记集之外，他们还为来自22个语言的25个不同的树库开发了一个从细粒度词性标记到这个通用标记集的映射。

UD树库

表7.9为词性标注语料库汇总比较。

表7.9 词性标注语料库汇总

语料库名称	数据集规模	语言	标注内容
WSJ-PTB	117万	英文	分词、词性、句法树
CTB	50万	中文	分词、词性、句法树
UD	70种语言	多语言	分词、词性、句法树

7.4 延伸阅读

关于中文分词，在前面介绍了基于循环神经网络的方法，循环神经网络能很好地利用字符级别特征建模上下文信息实现分词任务。实际上，神经网络有着非常灵活的结构化建模能力。想要进一步提升分词的性能，通过设计网络结构有效地引入词语级别的特征非常重要。其中基于转移的模型用于分词能够有效地结合词语特征[5]，并将传统的特征模板和神经网络自动提取的特征结合起来，在神经网络自动提取的特征和传统的离散特征的融合方面做了尝试。结果表明，通过组合这两种特征，分词精度可以得到进一步提升。另一种引入词语特征的方法是栅格化循环神经网络[4]，这种方法能将句子里的字与所有可能匹配的词语同时进行建模，从而提升分词准确率。

在词性标注任务中基于循环神经网络的方法已经能取得非常好的效果。如何提升词性标注的效率便成了研究者关注的问题。例如，基于空洞卷积[3]的词性标注利用卷积神经网络并行性能，有能用空洞卷积的形式扩大感受野，在取得较好准确率的同时也能有更快的处理速度。也有研究者将循环神经网络设计为并行结构——并行隐状态循环神经网络[6]，同时引入全局结点来弥补上下文建模的不足，这种方法能打破了循环神经网络序列建模句子的方式，实现并行快速处理。

习题

1. 实现一个双向最大匹配分词方法。当前向和后向分词的结果不同时尝试设计一些消歧策略。
2. 中文分词中歧义切分包含几种主要的类别？针对每种歧义类别请试举几例，并说明具有歧义的切分方式。
3. 在中文分词中也可以使用BIO标签来建模序列标注（标识一个词的开始、中间和结束）。请尝试分析使用这样的标签集合与BIES标签集合会有什么区别。你能通过实验验证吗？是否还可以设计其他的标签集合，它们能否帮助获得更好的中文分词器？
4. 试比较几种开源分词器在不同语料上的性能（新闻语料、淘宝评论、小说等）。
5. 是否有方法同时进行分词和词性分析？
6. 是否可以使用Bi-LSTM进行词性分析？与使用Bi-LSTM-CRF算法相比有什么优缺点？

参考文献

[1] JURAFSKY D, MARTIN J H. Speech and Language Processing: An Introduction to speechrecognition, natural language processing and computational [M]. 2nd ed. New York: Pearson, 2008.

[2] PETROV S, DAS D, MCDONALD R. A universal part-of-speech tagset[J]. arXiv preprint arXiv: 1104.2086, 2011.

[3] STRUBELL E, VERGA P, BELANGER D, et al. Fast and accurate entity recognition with iterated dilated convolutions[C]// Proceedings of the 2017 Conference on Empirical Methods in Natural Language Processing, 2017: 2670–2680.

[4] YANG J, ZHANG Y, LIANG S. Subword encoding in lattice lstm for chinese word segmentation[C]// Proceedings of the 2019 Conference of the North American Chapter of the Association for Computational Linguistics: Human Language Technologies, Volume 1(Long and Short Papers)2019: 2720–2725.

[5] ZHANG M, ZHANG Y, FU G. Transition-based neural word segmentation[C]// Proceedings of the 54th Annual Meeting of the Association for Computational Linguistice(Volume 1: Long Papers), 2016: 421–431.

[6] ZHANG Y, LIU Q, SONG L. Sentence-state lstm for text representation[C]// Proceedings of the 56th Annual Meeting of the Association for Computational Linguistice(Volume 1: Long Papers), 2018: 317–327.

[7] 宗成庆.统计自然语言处理[M].北京：清华大学出版社，2013.

[8] 梁南元.书面汉语自动分词系统—cdws[J].中文信息学报，1987，1（2）：46.

第8章 句法分析

8

句法分析是自然语言处理中的基础任务之一，其主要目标是给定一个句子，分析句子的句法结构信息，例如主谓宾定状补等结构成分信息，最终的目标是将句子表示成一棵树状结构。典型的句法结构表示方法包含两种，短语结构句法表示和依存结构句法表示，它们的不同点在于句法结构所依托的文法规则不一样，其中短语结构句法树依托概率上下文无关文法，属于一种层次性的表示方法，而依存结构句法树依托依存文法，形式相对简单。除了句法分析这一任务的语言理论重要性之外，句法分析的结果一般还用于辅助各类上层自然语言应用。本章将对这两种句法表示方法进行介绍，并同时介绍其对应的经典分析算法。

8.1 概述

句法分析是自然语言处理中非常关键的一步，它实际上是一个非常复杂的任务，目前这一工作的开展往往是依托于某个特定的形式语言文法，将句法分析简单化，从而使得计算机能对自然语言的句子进行有效的句法分析。短语结构句法分析和依存结构句法分析分别建立在概率上下文无关文法和依存文法基础之上，本章将对它们的定义、模型以及已有的数据集进行详细的说明。本章的最后部分介绍常用的大规模句法树库，过去不少自然语言处理的工作都是在这些句法树库上展开和评价，推动了句法分析的发展。

对于短语结构句法分析，首先回顾第3章中介绍的上下文无关文法，然后进一步解释自然语言句子的句法歧义性，从而引出概率上下文无关文法。在建模方法上，提出了两种相对简单而且常用的方法：（1）基于CKY的解码算法以及参数估计；（2）基于转移的算法。前者直接从树中的产生式本身出发自底向上动态地生成最优句法树结构，后者将间接地对句法树生成进行建模，将这一过程转换成为一个序列分类任务，然后即可利用第4章中提到的方法解决。

对于依存结构句法分析，同样先回顾第2章中的依存句法，在这里进一步具体化，解释相关句法结构歧义以及一些基本概念。在建模方法上，同样是基于CKY的动态规划解码算法以及基于转移的算法，思想上也可以完全对照短语结构句法分析，只不过目标结构有了一定的变化。基于CKY的解码算法对每个可能的树边（依存弧）进行打分，然后采用动态规划的算法生成一棵最优树；基于转移的算法同样是将依存树的建立转换成为一个序列分类任务，然后用经典的分类算法来解决。

8.2 短语结构句法分析

8.2.1 短语结构句法树

短语结构句法分析，一般又称成分句法分析，其句法树结构建立在上下文无关文法（context-free grammars，CFG）基础之上。图8.1（a）给出了“学生 正在 上课”的短语结构句法树。句法结构树的根节点标记为S，句法树上每个父亲节点向其孩子节点方向展开，体现了句法树自顶向下的生成过程。每一步生成过程的展开依据，称之为CFG文法的产生式规则，也是短语结构句法树的基本单元。图8.1（b）给出了左边句法树的一个具体生成过程。总结起来，CFG文法可以描述一个句子的生成过程，也就是从起始符号S出发，根据产生式规则，逐步得到最后句子的过程。

定义8.1 上下文无关文法（CFG文法）可以表示成为一个四元组$G=(N, W, R, S)$，其四个组成部分含义分别为：

- N为非终结符集合，其主要元素包含各种词性以及功能短语标签，前者比如名词（*NN*）、动词（*VV*）、形容词（*ADJ*）等，后者比如名词短语（*NP*）、动词短语（*VP*）、形容词短语（*ADJP*）等；

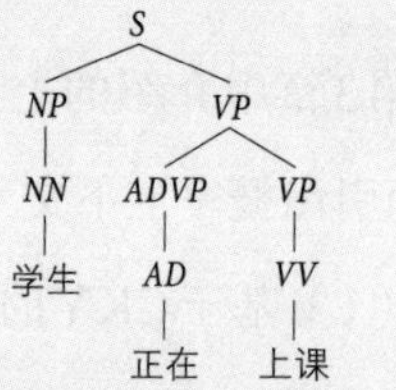

序号	当前符号	下一步产生式
0	S	$S\rightarrow NP\ VP$
1	$NP\ VP$	$NP\rightarrow NN$
2	$NN\ VP$	$NN\rightarrow$ 学生
3	学生 VP	$VP\rightarrow ADVP\ VP$
4	学生 $ADVP\ VP$	$ADVP\rightarrow ADV$
5	学生 $ADV\ VP$	$ADV\rightarrow$ 正在
6	学生 正在 VP	$VP\rightarrow VV$
7	学生 正在 VV	$VV\rightarrow$ 上课
8	学生 正在 上课	——

(a) 一棵短语句法结构树　　(b) 利用CFG文法生成一个完整的句子

图8.1 短语结构句法树以及CFG文法

- W为终结符集合，里面的主要元素实际上就是句子中的词语，它们均处于短语结构句法树的叶子节点上；
- R为一系列产生式规则（$A\rightarrow \gamma$, γ 为一个长度不定的符号序列）的集合，比如$NP\rightarrow ADJP\ NP$，其含义为名词短语可以由形容词短语和名词短语合成；产生式左边属于N，右边每个元素属于$N\cup W$；
- S，一个表示起始符号的特殊非终结符，也就是一棵短语句法分析树的根节点。

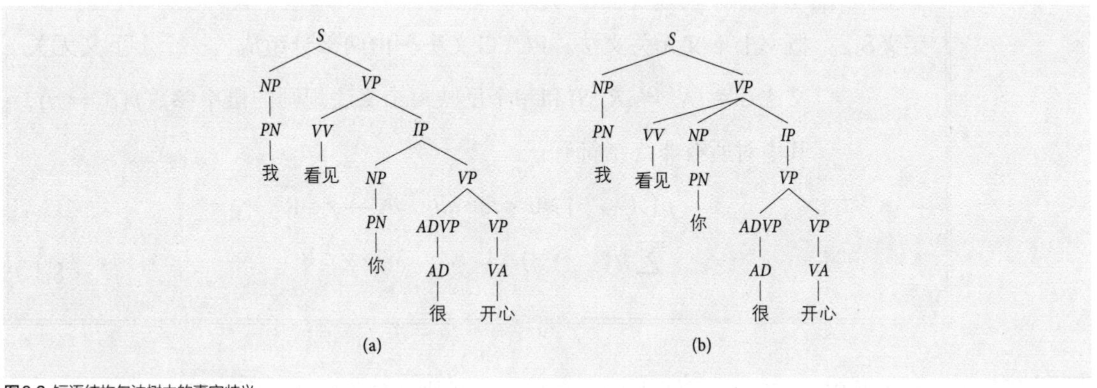

图8.2 短语结构句法树中的真实歧义

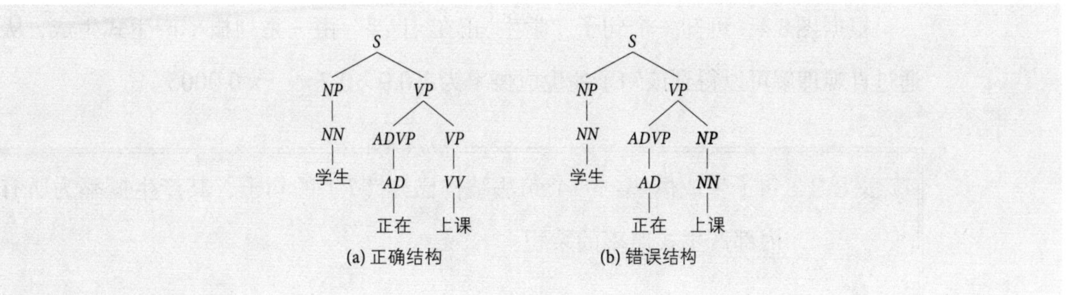

图8.3 短语结构句法树中的伪歧义

对于自然语言的句子，CFG文法中的产生式往往存在很大的歧义，比如名词短语可以推演出形容词短语+名词短语（*NP*→*ADJP NP*，“**重要**的课程”），也可以推演出名词短语+名词短语（*NP*→*NP NP*，“教材的**重要**”）。不仅如此，很多情况下对于同样一个句子也存在多种CFG文法生成方式。例如对于“我 看见 你 很 开心”，至少有如图8.2所示两种方式生成这个句子（两种解读：“{我}{看见}{你 很 开心}”和“{我 看见 你}{很 开心}”），这种称之为句法的歧义性。

上面的例子体现了一个句子的真实歧义，然而大部分句子面临的问题是伪歧义，其正确句法结构只有一种，但是它也可以由其他句法结构生成，例如“学生 正在 上课”，其正确句法结构如图8.3(a)所示，但是也可以用如图8.3(b)所示的结构生成，这样的句法树结构是对该句子而言是错误的。句法分析的目的就在于为任意给定的输入句子，分析其正确的句法结构。

8.2.2　概率上下文无关文法

为了进行句法分析，在句法树生成时，CFG文法进一步被概率化，即为CFG文法中的每个产生式赋予概率值，以体现该产生式的频度，从而引入了概率上下文无关文法（probabilistic context-free grammars，PCFG）。

定义8.2 概率上下文无关文法（PCFG文法）由两部分组成，一个上下文无关文法$G=(N, W, R, S)$和一个反映每个文法规则的概率参数$p(A \rightarrow \gamma)$，其中对所有非终结符有：

$$p(A \rightarrow \gamma) \geqslant 0 \quad \textit{for all}: \ \mathrm{A} \rightarrow \gamma \in \mathrm{R}$$
$$\sum_{\gamma} p(A \rightarrow \gamma)=1, \ s.t. \ \ \mathrm{A} \rightarrow \gamma \in \mathrm{R} \tag{8.1}$$

依据PCFG文法，图8.1（b）中的产生规则转换为图8.4所示句法树。

根据图8.4，可知一个句子“学生 正在 上课”由一系列概率产生式生成，从而通过直观理解可以得到该句子的生成概率为：$0.9 \times 0.7 \times \cdots \times 0.0005$。

定义8.3 句子生成概率：一个句法结构已知（T）的句子，其产生概率为所有内部产生式概率的乘积：

$$p\left(w_1 \cdots w_n, T \mid G\right)=\prod_{r: A \rightarrow \gamma \in T} p(r). \tag{8.2}$$

句法分析的目的在于获取句子正确的句法树结构，计算机在无法知道正确句法结构的情况下，只能根据一定的准则去寻找最佳的句法结构树。通常最佳句法结构树被定义为句子生成概率最大的那棵句法树的结构。给定输入句子$w_1 \cdots w_n$和PCFG文法G，根据下式搜索最优句法结构树：

$$\begin{aligned}\arg \max_t p\left(T \mid G, w_1 \cdots w_n\right) &= \arg \max_t \frac{p\left(w_1 \cdots w_n, T \mid G\right)}{p\left(w_1 \cdots w_n \mid G\right)} \\ &= \arg \max_T p\left(w_1 \cdots w_n, t \mid G\right)\end{aligned} \tag{8.3}$$

序号	当前符号	下一步产生式	概率
0	S	$S \rightarrow NP\ VP$	0.9
1	$NP\ VP$	$NP \rightarrow NN$	0.7
2	$NN\ VP$	$NN \rightarrow$ 学生	0.001
3	学生 VP	$VP \rightarrow ADVP\ VP$	0.3
4	学生 $ADVP\ VP$	$ADVP \rightarrow ADV$	0.95
5	学生 $ADV\ VP$	$ADV \rightarrow$ 正在	0.02
6	学生 正在 VP	$VP \rightarrow VV$	0.3
7	学生 正在 VV	$VV \rightarrow$ 上课	0.0005
8	学生 正在 上课	——	——

图8.4 利用PCFG文法生成一棵句法树

其中分母被略掉的原因是分母与T没有关系。

8.2.3 短语结构句法分析算法

1. CKY解码算法

为了方便计算和解码，进一步将PCFG文法进行限定，使得产生式右侧的符号最多包含两个元素。经过这一限定后，PCFG文法被转换为乔姆斯基（chomsky normal form，CNF）范式。

> **定义8.4** 一个PCFG文法如果满足CNF范式，则对于其中的所有产生式，它们右侧的元素必须满足以下条件。
>
> - 如果产生式右边只有一个元素，那么右边的元素必须为终结符，也就是词节点；如果某一产生式规则和这一限定冲突，例如存在$A \rightarrow B$，则可以将A和B拼接在一起，形成新的非叶子节点，并同时修正其他生成A的产生式，从而删掉这一规则。
> - 产生式右边最多只允许有两个元素；对于右侧多余两个元素的规则$A \rightarrow B_1B_2B_3\cdots$，可以进行重写：$A \rightarrow B_1B_2'$、$B_2' \rightarrow B_2B_3'$、……

在寻找最佳句法结构树时，可以采用递归的方式自底向上进行计算，这里介绍经典的CKY（cocke–younger–kasami）算法，这一算法最早由John Cocke，Daniel Younger 和Tadao Kasami分别独立提出。

> **定义8.5** 给定输入句子$w_1 \cdots w_n$，对于其中任一连续子词串$w_i \cdots w_j$（$n \geqslant j \geqslant i \geqslant 1$），限定其所对应的短语结构句法子树最顶端的句法标签为X，定义这一限定的最佳概率（或者分数值）为$s(i, j, w_1 \cdots w_n, A)$，并且取得这一概率（或者分数值）的内部最佳子句法结构为$T_{i,j,A}$。

在上述定义的基础上，解码任务实际上就是为了求解$s(1, n, w_1 \cdots w_n, S)$以及这一分数所对应的句法结构$T_{1,n,S}$.

首先，可以比较容易地获取$s(i, i, w_1 \cdots w_n, A)$的值，这个可以直接根据PCFG文法得到：

$$
\begin{gathered}
s(i, i, w_1 \cdots w_n, A) = p(A \rightarrow w_i) \\
T_{i,i,A} = \{A \rightarrow w_i\}
\end{gathered}
\tag{8.4}
$$

进一步，对于长度稍大点的子词串，可以通过以下方式进行计算（$w_1 \cdots w_n$在下面公式中略去）：

$$s(i, j, A) = \max_{k\in[i, j),\, A\to BC} p(A \to BC)\, s(i, k, B)\, s(k+1, j, C)$$

$$(k, A \to BC) = \mathop{\arg\max}_{k\in[i, j),\, A\to BC} p(A \to BC)\, s(i, k, B)\, s(k+1, j, C) \tag{8.5}$$

$$T_{i,j,A} = \{A \to BC\} \cup T_{i,k,B} \cup T_{k+1,j,C}$$

图8.5更形象地描述了这一计算递归方式。总体上，CKY算法首先计算串长为1的子句法结构，然后按照串长递增式的形式逐步计算，直到词串覆盖整个句子。

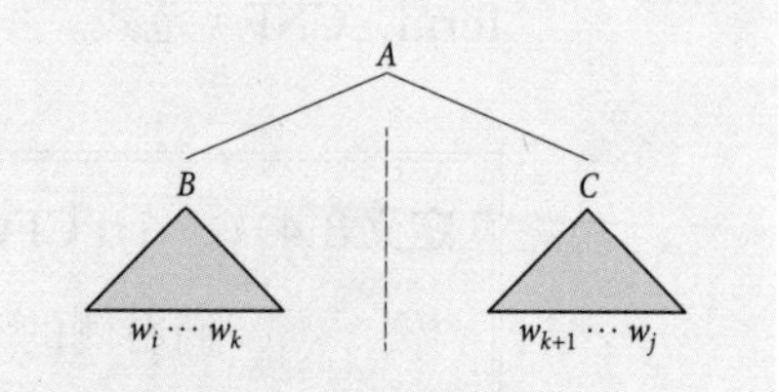

图8.5 CKY算法：大节点分裂成两个小节点

2. 产生式概率估计

基于PCFG的短语句法分析模型，其模型参数主要是PCFG文法中每个产生式的概率值，有了这些概率值，便可以采用CKY算法进行解码。如何得到一组合理的模型参数呢？具体分两种情况，首先，比较简单的一类情况，假定存在一定规模训练语料，这种情况下每个产生式的概率值可以直接获取：

$$p(A \to BC) = \frac{C(A \to BC)}{\sum_\gamma C(A \to \gamma)} \tag{8.6}$$

其中γ为所有可能的生成选项。上述概率值也可以采用一定的平滑算法进行计算，以避免数据稀疏问题，下述式子简单地给出了加一平滑算法之后产生式概率计算公式：

$$p(A \to BC) = \frac{C(A \to BC) + 1}{\sum_\gamma C(A \to \gamma) + V} \tag{8.7}$$

其中，V为不同产生式总个数。

3. 基于转移的算法

除了上面提到的基于PCFG 的算法之外，还有一种非常经典的句法分析算法，被称为基于转移的算法，其核心思想为将一棵句法结构树按照某种准则贪心地建立起来，需要采用多步才能得到最终的句法树分析结果。任何基于转移的算法，包含转移状态和转移动作两大模块，转移状态表示的是一个部分解码的分析结果，体现了每一步动作执行的暂态，转移动作是状态向前进一步的方式，体现了状态变迁的策略。

这里介绍一种非常简单的标准弧转移算法，其转移状态如图8.6所示（假定短语结构句法树已经经过预处理，树中的每个节点最多只有两个孩子，即CNF范式句法结构树）。转移状态由一个栈（stack）和一个队列（queue）构成，栈中存储着短语结构句法子树序列$S_m \cdots S_1 S_0$，队列中存储着未被处理的词$Q_0 Q_1 \cdots Q_n$。初始转移状态中，栈为空，句子当中的所有词有序地填入队列中；结束转移状态中，栈中存储着一棵完整的短语句法分析树，队列为空。

为了控制状态转移，算法定义了以下三种转移动作，分别为移进（shift，SH）、一元归约（reduce-unary，RDU）和二元归约（reduce-binary，RDB）。

- SH（T），将队列中的以一个词移入栈顶，形成一棵$T \rightarrow Q_0$ 的句法分析子树，其中T为移进中的一个参数，代表词性（如果词性预先作为输入已经指定，这个参数可以忽略）。
- RDU（A），对栈顶的句法子树S_0 进行延伸，形成一棵$A \rightarrow S_0$ 的句法子树，其中A是归约中的一个参数。
- RDB（A），对栈顶的两棵句法子树S_0 和S_1 进行合并，形成一棵$A \rightarrow S_1S_0$ 的句法子树，同样A也是归约中的一个参数。

图8.6给出了这三种动作的形象描述。除了以上三个动作之外，为了方便具体实现，一般还定义了一个特殊的完成（finish，FIN）操作。

根据以上转移系统和转移动作定义，对于如图8.7（a）所示的句法分析树，可以通过如图8.7（b）所示的若干步骤生成。从另一角度而言，对于句法分析，只需要在每步都能找到合适的转移动作，就能分析出最终的句法结构树。每一步选择合适动作的过程，可以转换成为分类问题，其中输入为当前状态，输出为动作。

当句法分析转化成为标准分类任务后，要使句法分析效果较好，最关键的步骤是特征提取。给定一个转移状态作为输入，其中比较重要的原子特征主要包括栈顶二个位置（S_0, S_1）以及队列首部第一个位置（Q_0）的信息。基于这些原子特征，可以采用人工组合的方式提取离散特征，也可以基于神经网络的方式提取特征。假定特征$\boldsymbol{f}$确定之后，可以采用一个简单的线性变换为每个动作进行打分：

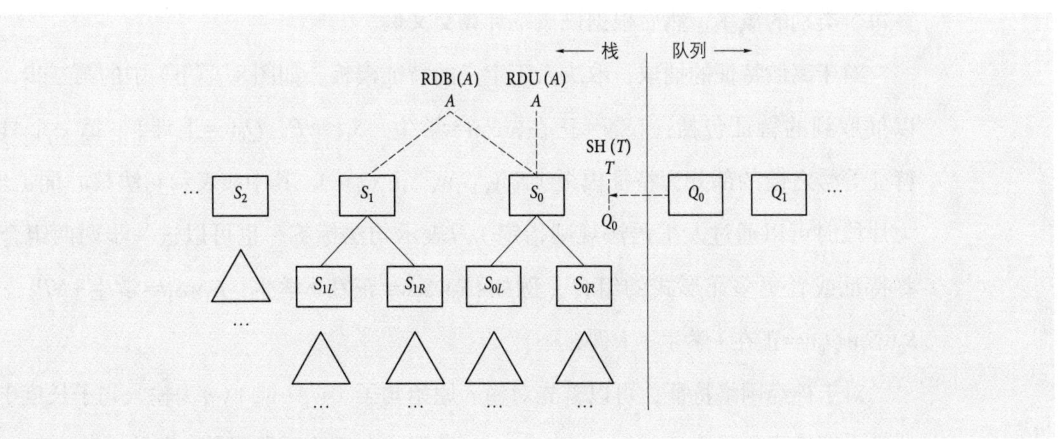

图8.6 面向短句结构句法分析的标准弧转移算法

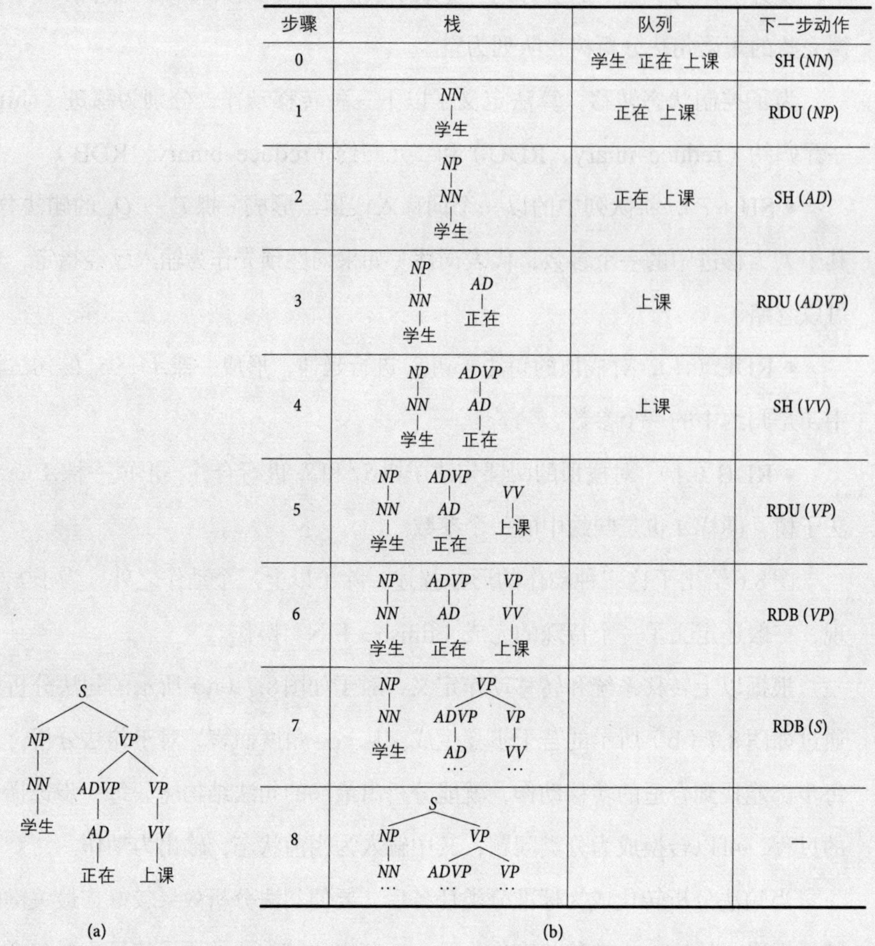

S
NP VP
NN ADVP VP
学生 AD VV
正在 上课

(a)

步骤	栈	队列	下一步动作
0		学生 正在 上课	SH (*NN*)
1	*NN* 学生	正在 上课	RDU (*NP*)
2	*NP* *NN* 学生	正在 上课	SH (*AD*)
3	*NP* *AD* *NN* 正在 学生	上课	RDU (*ADVP*)
4	*NP* *ADVP* *NN* *AD* 学生 正在	上课	SH (*VV*)
5	*NP* *ADVP* *VV* *NN* *AD* 上课 学生 正在		RDU (*VP*)
6	*NP* *ADVP* *VP* *NN* *AD* *VV* 学生 正在 上课		RDB (*VP*)
7	*NP* *VP* *NN* *ADVP* *VP* 学生 *AD* *VV* … …		RDB (*S*)
8	*S* *NP* *VP* *NN* *ADVP* *VP* … … …		—

(b)

图8.7 使用标准弧转移算法解码逐步生成短语句法结构树

$$\boldsymbol{o} = \boldsymbol{W}\boldsymbol{f} \tag{8.8}$$

其中$\boldsymbol{W}$为模型参数，$\boldsymbol{o}$为输出，其维度为所有转移动作的总数，每个维度值即为每个动作的具体分数。模型参数训练时，采用最简单的最大熵算法即可，利用softmax计算每个类别的概率，然后根据该概率计算交叉熵。

对于离散特征的抽取，取决人工定义的特征模板。如图8.7（b）中的第三步，可以抽取到的特征包括：{S_0w=正在，S_1w=学生，S_1l=NP，Q_0w=上课}，每一个具体特征等号之前的部分为特征模板（S_0w, S_1w, S_1l, Q_0w），其中w表示句法核心词（当S为片段时可以通过人工语法规则指定），l表示句法标签；也可以进一步两两组合这些特征或者更多元形式的组合，例如{S_0wS_1w=正在+学生，S_1wS_1l=学生+NP，…，$S_0wS_1wQ_0w$=正在+学生+上课，…}。

对于神经网络特征，可以首先对输入原始句子（$w_1 \cdots w_n$）（n为输入句子长度）中的每个词进行向量化，得到$\boldsymbol{x} = \boldsymbol{x}_1 \cdots \boldsymbol{x}_n$，常用的向量化手段见第5章的说明。下一步可以利用双向循环神经网络进行更为高级别的特征组合，得到隐层输出向量序列$\boldsymbol{h}=\boldsymbol{h}_1\cdots\boldsymbol{h}_n$，这样可以将这一隐层输出看作为每个词的最终表示。实际上除了循环神经网络之外，也可以用第5章中句子表示部分的其他表示方法。上述整个过程，包括词表示以及后续的高级别特征抽取，一般可以称之为句子编码表示步骤。

当句子编码部分确定之后，下面就涉及与句法分析解码相关的特征提取了。在解码时，主要考虑的是栈顶的前两棵子句法结构树以及队列中的第一个词。对于子句法结构树，一般用其所覆盖的单词来进行特征表示，例如对于这些词表示采用向量平均的方法：

$$\boldsymbol{h}[S]=\frac{\sum_{j=1}^{m}\boldsymbol{h}_{S[j]}}{m} \tag{8.9}$$

其中m为片段S的长度（$S=w_{S[1]}\cdots w_{S[m]}$）；最终得到的深度学习特征为：$\boldsymbol{f}=\boldsymbol{h}[S_1]\oplus\boldsymbol{h}[S_0]\oplus\boldsymbol{h}_{Q_0}$作为最终特征，如图8.8所示。

8.2.4 评价指标

对于短语结构句法分析，如何评价其分析性能？假定句法分析结果如图8.9（a）所示，而其正确答案如图8.9（b）所示，如何对分解结果进行打分？本小节将介绍一种普遍采用的短语结构句法评价方法。

首先，对于每棵短语结构句法树，抽取其所有非终结节点（**底层词性节点不包括在内**）。对于每一个抽取节点，用三元组进行表示：(A, *start*, *end*)，其中A 表示该节点的句法标签符号，*start* 表示其所覆盖区域第一个词的位置，*end* 表示其所覆盖区域最后一个词的位置。例如对于图8.9（a）中的例子，可以抽取出的三元组包括：{(S, 1, 3), (NP, 1,2), (NP, 1, 1), ($ADVP$, 2, 2),(VP, 3, 3), (NP, 3, 3) }；同样对于图8.9（b）中的答案句法树，提取的三元组包括：{(S, 1, 3), (NP, 1, 1), (VP, 1, 2), ($ADVP$, 2, 2), (VP, 3, 3) } 。

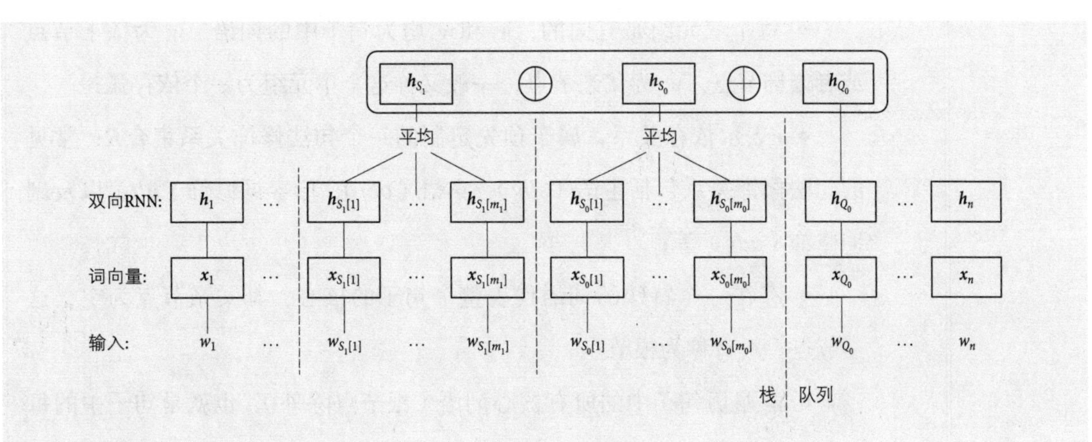

图8.8 一个简单的深度学习特征提取方法

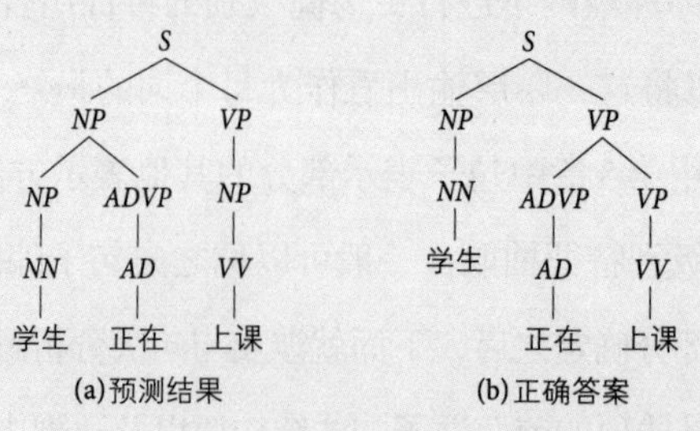

图8.9 自动句法分析树和正确答案对比

预测句法树和答案句法树的三元组都被抽取出来之后，接下来计算三元组的准确率（P）、召回率（R）和它们的$F1$–值。最终的$F1$–值便是该次自动句法分析的分析性能。对于如图8.9所示的例子，准确率表示预测三元组中正确的比例，也就是$\frac{4}{6}$（分母为预测结果的三元组的个数），召回率表示答案句法树中的三元组共计多少比例被召回，具体为$\frac{4}{5}$（分母为答案句法树中的三元组的个数）。最后考虑准确率和召回率的一个综合值$F1$（$\frac{8}{11}$）作为最终的句法分析评价指标。

8.3 依存结构句法分析

8.3.1 依存结构句法树

依存结构是句法分析中的另一种常用表示方法，建立在依存文法基础之上，其形式比短语结构更加简单，如图8.10（a）所示，因此使用更加广泛。

定义8.6 对于一个包含n个词的句子$(w_1, w_2, \cdots, w_n)$，其依存句法结构树可以表示成为一系列三元组$\{(w_c, r, w_h)\}$集合：

- 每个三元组是有向的，w_c和w_h均为句子中的词语，w_c为孩子节点或者修饰节点，w_h为父亲节点，一般又称这个单元组为一个依存弧；
- r表示依存关系，属于预先定制的一个句法修饰关系集合R；常见的句法修饰关系包括主语（sbv）、宾语（obj）、形容词修饰（att）以及副词修饰（adv）等；
- 存在一个特殊的词语代表整个句子的核心，其父亲节点为空，这一节点一般有称为根节点。
- w_c遍历句子中的所有核心词语（根节点除外），也就是句子中的每个非根节点词，均有一个父亲节点。

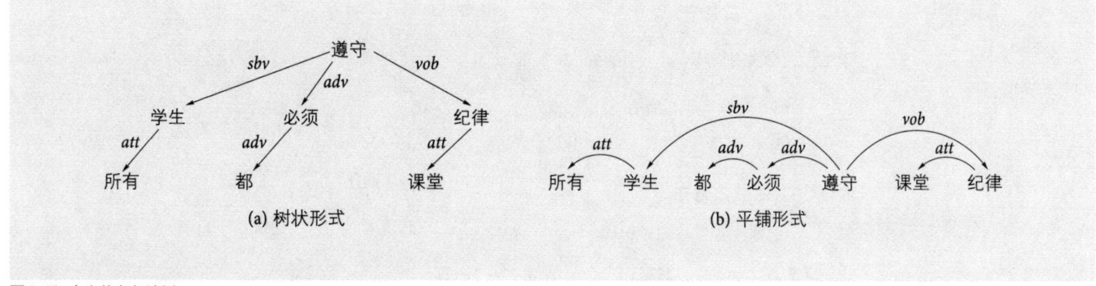

图8.10 中文依存句法树

简而言之，在依存结构句法树中，树中的每个节点为一个词，句子中的每个词除了根节点之外，均有父亲节点。另外，特别需要注意的是，对于中文而言，将树平铺按照词序显示之后，不存在交叉弧，如图8.10（b）所示。中文句法树的这一性质，又称为投影依存树。

本节后面将陆续介绍依存句法分析相关的一系列算法。值得注意的是，整棵依存树的建立过程，和依存树标签关系并不大，因此在介绍后续算法时，为了简化先直接忽略依存关系。在需要解析依存关系时，只需要在各自对应的算法上添加额外的参数即可。

8.3.2 依存结构句法分析算法

1. 最大生成树算法

依存句法分析的目的是对任何给定的句子，分析其依存句法结构树，主要分析方法是对所有可能的句法结构树进行打分，搜索出分数最高的那棵依存句法树。

最大生成树算法是依存句法分析的一类经典算法之一，其核心思想是将一个大的依存树结构进行分解，转换成若干最小子结构，然后对最小子结构进行打分，最终分数加和便是整棵句法树的分数。考虑到最小子结构的大小，最大生成树算法可以被划分成为一阶、二阶、三阶甚至高阶算法，其中阶的数目取决于最小子结构中依存弧的数目。这里主要介绍最简单的一阶算法，即最小打分子结构为一条弧。

假定一个句子$w_1w_2\cdots w_n$，对于任意c（$0<c\leqslant n$）和h（$0\leqslant h\leqslant n$，h=0表示对应的w_c为根节点），依存弧$c^{\curvearrowleft}h$的分数均为已知，分别用$S[c,h]$表示，目标是求解出一棵分数最高的句法依存树。

实际上，可以根据8.2节中提到的CKY算法进行适当变化，得到一个简单的解码算法。CKY算法的本质，是指每次将两个完整的子结构，合并成一个更大的子结构，反复迭代直至覆盖句子中的所有词，从而形成一个句子的句法分析结果。对于前面提到短语结构句法分析，一个完整的句法子结构从直觉上看是非常清楚的，树中的

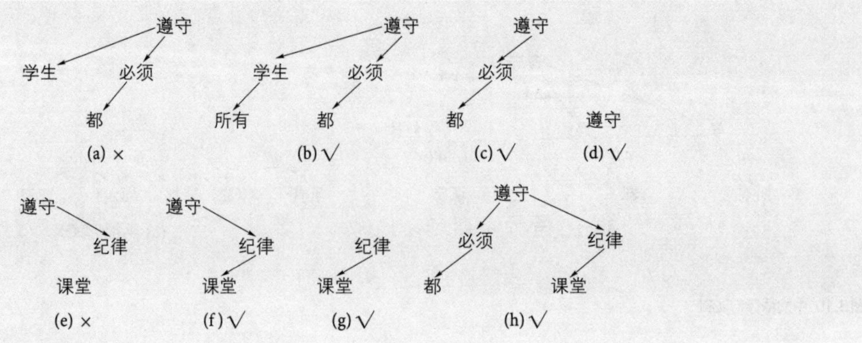

图8.11 完整句法子结构和其他结构示意图

每个节点所覆盖的范围都称为一个完整的句法子结构。对于依存结构句法分析，一个完整的句法子结构就并没有那么直观了，但是理解上只需要遵循一个基本原则：当前结构是否合法而且可以与另一个完整结构进行合并。图8.11中列举了一些例子，参照图8.10所示的依存结构可以看出，图8.11（b, c, d, f, g, h）为完整的句法子结构，而图8.11（a, e）为不完整的句法子结构。

根据上述原则，这里给出依存树中完整句法子结构的具体定义。

> **定义8.7** 一个完整的句法子结构需要满足以下条件：
>
> - 该子结构必须为一棵投影句法依存树；
> - 除了根节点之外，其他任何节点和外面的节点均没有任何依存关系，也就是说其他节点的子孙节点均已完整。
>
> 其中，第一个条件是强调合法性，如图8.11（f）所示为不合法的句法子结构；第二个条件强调完整性：如果子结构不完整，经过合并后，由于只有根节点能和其他节点发生依存关系，那么会导致不完整的那部分结构将无法召回，如图8.11（a）所示。

如果理解了完整的依存句法子结构之后，CKY解码算法就比较容易推导了。首先，任何一个完整子结构可以用一个三元组（i, j, h）表示，其中i和j表示该子结构覆盖词语序列的起始和结束位置，h表示根节点词语所在位置；进一步每个子结构的分数这里用$C[i,j,h]$来表示。根据以上定义，CKY依存分析算法的递推公式定义为：

$$C[i,j,h]=\max_{i\leqslant k<j, i\leqslant c\leqslant j}\begin{cases}C[i,k,h]+C[k+1,j,c]+S[c,h], & \text{if } h<c\\ C[i,k,c]+C[k+1,j,h]+S[c,h], & \text{if } h>c\end{cases}\tag{8.10}$$

其中对于任意t, $C[t, t, t]$=0。图8.12形象描述了这一合成过程。所有子结构分数计算完毕之后，最后得到的$C[0, n, 0]$的分数即为最优依存树结构的分数，然后回溯寻找

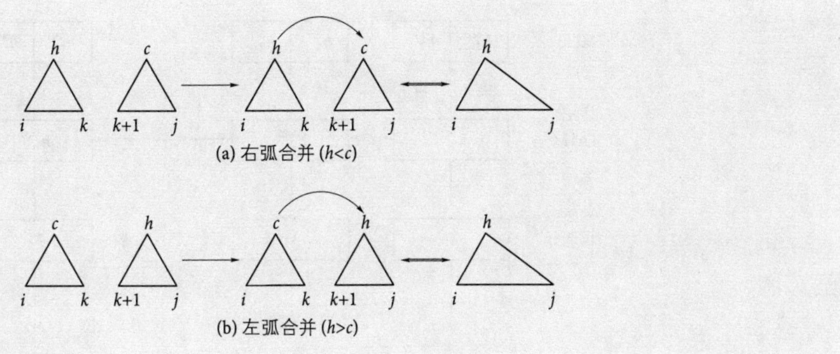

图8.12 面向依存句法分析的CKY解码算法

这一结构的详细生成路径，便得到了最终的解码依存树。这一计算过程中，需要遍历的子结构的数目为$O(n^3)$，而每一步计算又需要遍历两个变量k和c，时间复杂度为$O(n^2)$，因此这一算法最终的时间复杂度为$O(n^5)$。

2. 特征表示与依存弧评分

前面的最大生成树算法中，首先需要假定每一条依存弧的分数$S[c, h]$均为已知，然后求解最优依存句法树。实际上，任何一条依存弧$c \frown h$的分数可以通过如下公式进行计算：

$$S[m, h]=\boldsymbol{w} \cdot \boldsymbol{f}(c, h) \tag{8.11}$$

其中$\boldsymbol{w}$为模型参数，需要通过训练语料进行模型训练获得，$\boldsymbol{f}(c, h)$为当前弧情境下的上下文特征，也就是特征表示。

对于特征表示方法，同样是分为两类，一类为传统的离散形式的稀疏向量表示，另一类为神经网络形式的低维实数向量，这两类方法各有优缺点，都对依存句法分析产生了比较大的影响。

对于离散形式的稀疏特征，主要是根据一定的特征模板去挖掘和当前弧相关的上下文信息，例如孩子节点词w_c，父亲节点词w_h，以及它们的组合$w_c w_h$，同样w_c的前一个位置词w_{c-1}后一个位置词w_{c+1}，w_h的前一个位置词w_{h-1}后一个位置词w_{h+1}都可以用于特征抽取。例如对于句子“所有学生都必须遵守课堂纪律”。对于弧$2 \frown 5$，可以抽取的特征包括：{w_c=学生, w_h=遵守, w_{c-1}=所有, w_{c-1}=都, …… $w_c w_h$=学生+ 遵守, $w_c w_{c-1}$=学生+所有,……}。

对于基于神经网络的特征，相对来说更简洁一点。图8.13介绍了一种比较有效的神经网络建模方法。对于输入句子$w_1 \cdots w_n$（n表示句子长度），首先每个词经过向量化之后得到$\boldsymbol{x}_1 \cdots \boldsymbol{x}_n$，词向量化在第5章中有所介绍；然后经过一个高级别的句子序列建模网络（参见第5章），这里以双向LSTM循环神经网络为例，进一步得到高度抽象化的特征$\boldsymbol{h}_1^{\text{lstm}} \cdots \boldsymbol{h}_n^{\text{lstm}}$；第三步，经过两个单层非线性变换，得到句子中每个词w_i

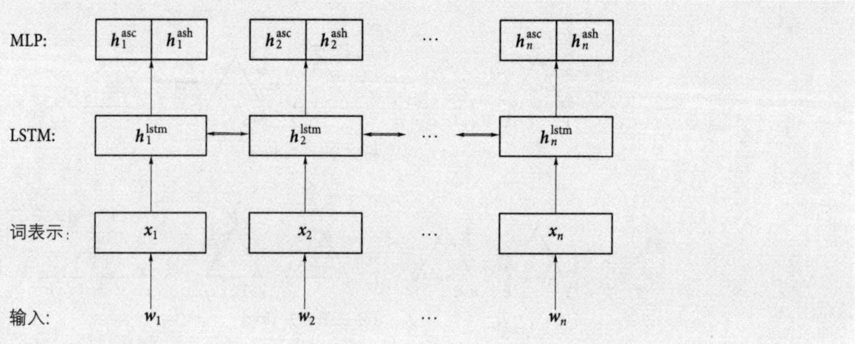

图8.13 一个简单的神经网络句法分析器特征表示示意图

作为孩子节点和作为父亲节点的向量表示（$\boldsymbol{h}_i^{asc}$和$\boldsymbol{h}_i^{ash}$），最后可以利用$\boldsymbol{f}(c, h)=\boldsymbol{h}_c^{asc} \oplus \boldsymbol{h}_h^{ash}$得到最终弧的特征表示方法。

3. 模型损失函数

上面的分数计算过程中，存在不少模型参数，例如公式（8.11）中的$\boldsymbol{w}$以及神经网络特征抽取中的各种参数。这些参数需要通过外部标注语料进行训练，从而能更准确地进行依存句法分析。

这里介绍一种基于简单分类框架的训练方式，其核心思想比较简单：在一棵完整的依存分析树中，每个词节点有且只有一个父亲节点，因此寻找父亲节点的过程非常类似于一个分类问题，其中分类的数目等价于一个句子中词的数目。对于句子$w_1, \cdots, w_n$，以及其中某个词w_c，该词的父亲节点下标可能为$[0, c-1], [c+1, n]$。

具体而言，首先需要根据当前模型参数计算出每个依存弧$c \curvearrowleft h$的分数$S[c, h]$，然后采用softmax函数，将分数转换成为概率：

$$p\left(c \curvearrowleft h\right) = \frac{\mathrm{e}^{S[c, h]}}{\sum_k \mathrm{e}^{S[c, k]}} \tag{8.12}$$

最后采用交叉熵的方式得到当前模型参数下的损失：

$$\mathbb{L} = -\log p\left(c \curvearrowleft g_h\right) \tag{8.13}$$

其中g_h为词c的正确父亲节点标注结果。

4. 基于转移的算法

和短语结构句法分析类似，基于转移的算法也可以用于依存结构句法分析。采用标注弧转移算法进行依存分析时，如图8.14所示其转移状态与短语句法分析类似，也是由一个栈和一个队列组成，队列中存储着未处理的词$Q_0Q_1 \cdots Q_n$，只不过栈中存储的是依存结构子树序列$S_m \cdots S_1S_0$。初始转移状态中，栈为空，句子当中的所有词有序地填入队列中；结束转移状态中，栈中存储着一棵完整的依存结构句法分析树，队

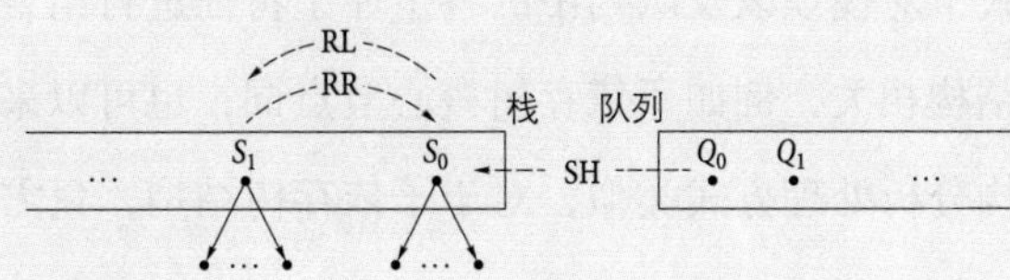

图8.14 面向依存结构句法分析的标准弧转移算法

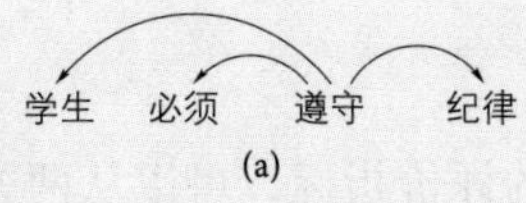

(a)

步骤	栈	队列	下一步动作
0		学生　必须　…	SH
1	学生	必须　遵守　纪律	SH
2	学生　必须	遵守　纪律	SH
3	学生　必须　遵守	纪律	RL
4	学生　遵守　必须	纪律	RL
5	遵守　学生　必须	纪律	SH
6	遵守　纪律　学生　必须		RR
7	遵守　学生　必须　纪律		FIN

(b)

图8.15 使用标准弧转移算法解码生成依存结构句法树

列为空。

核心的转移动作分为三类，分别为移进（shift，SH），左弧归约（reduce-left，RL）和右弧归约（reduce-right, RR），具体含义如下：

- SH，将队列中的第一个元素移入栈中，形成一个仅包含一个节点的依存子树；
- RL，将栈顶的两棵依存子树采用一个左弧$S_1 \curvearrowleft S_0$进行合并；
- RR，将栈顶的两棵依存子树采用一个右弧$S_1 \curvearrowright S_0$进行合并。

图8.14中给出了这三种动作的形象描述。除了以上三个动作之外，同样也定义了一个特殊的完成（finish，FIN）操作。根据上述的定义，便可以使用图8.15（b）中动作序列逐步生成图8.15（a）所示的依存句法树。

和基于转移的短语结构句法分析相似，基于转移的依存句法分析也是一个典型的分类问题，首先根据转移状态提取相关的特征，然后利用公式（8.8）对每个动作进行打分分类，然后在模型训练时，其模型参数优化一般也采用标准的最大熵优化算法。这两种不同类型句法分析最主要的区别在于具体的特征，同样既可以采用离散特征，即人工对栈顶以及队列中的各个原子特征进行组合，其中栈顶的原子特征和子依存树结构相关，例如子依存树核心节点词；也可以采用神经网络特征，其方式与短语结构分析处理方式类似，对于子依存树结构，只需要使用其核心节点词对齐表示即可。

8.3.3 评价指标

对于依存句法分析的评价指标，可以从两方面来说明：第一，每个词的父亲节点是否被正确找到；第二，每个词与其父亲节点所对应的依存弧，其弧上关系是否被正确识别。从这两方面出发，可以得到依存句法分析的两个主要评价指标：UAS（unlabeled attachment score）和LAS（labeled attachment score），UAS表示每个词的父亲节点被正确识别的准确率；LAS表示每个词的父亲节点以及其弧上关系同时被正确识别的准确率。

如图8.16所示，上面部分为正确句法树结构，假定下面部分为句法分析器预测结果，那么针对这一分析，其中UAS的值为$\frac{5}{7}$，其中分母为总词数，分子为父亲节点被正确分析的词数（分析错误的弧，已用虚线特殊标记），尤其注意其中有一条特殊依存弧并未画出，也就是整个句法树的根节点。进一步，其中LAS的值为$\frac{4}{7}$，首先分母仍然为总词数；其次，对于父亲节点被错误识别的词，在LAS评价中也算作错误；另外，对于词“必须”，其弧上关系被识别错误。

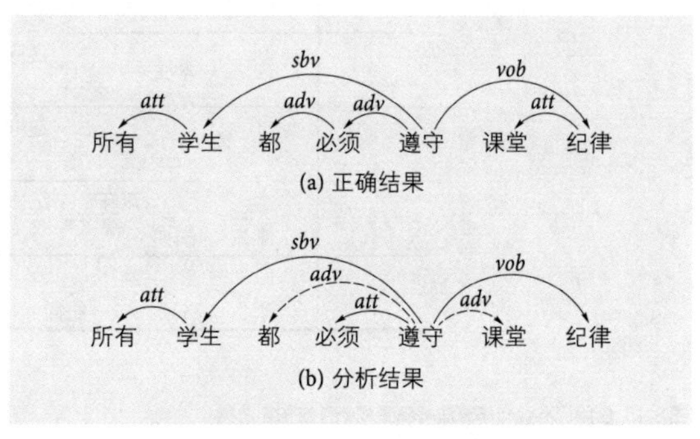

图8.16 句法树评价示例

8.4 句法分析语料

句法分析相关的语料建设是保障其分析性能的最重要的条件，本节将简要介绍当前使用比较广泛的句法分析语料库。

8.4.1 宾州大学树库

前面词法分析章节已经介绍了宾州大学树库，包括英文树库（PTB）和中文树库（CTB），前面主要介绍了词法部分，如词性标注信息以及中文的分词信息。这个中英文的句法树库，主要是短语结构句法树库。不同短语结构句法分析器的性能一般也都在此标注数据上进行评测，极大地推动了短语句法分析的发展。

对于依存句法树库，一般是采用规则转换的方法将短语结构句法树库转换成为依存结构句法树。具体而言，首先对任何句法成分块A，定义一个核心词汇w_h，这一核心词汇一般通过上下文相关的语法句法规则指定；然后假定该句法成分块由$A \rightarrow B_1 B_2 B_3 \cdots$生成，且其核心词汇所处的下层句法块为$B_h$（即$w_h \in B_h$），则所有其他句法成分核心节点的父亲节点指向这个短语句法块的核心词汇w_h。最为典型的转换工具为Penn2Malt工具以及最近斯坦福大学自然语言处理组提出的Stanford转换算法，转换算法经过了若干个版本，从最初比较简单的规则逐渐到了基于细粒度上下文语义相关的规则转换。

8.4.2　多语言通用依存树库

多语言通用树库（Universal Dependency Treebank，UDT）在近几年产生了比较大的影响。越来越多的研究者开始聚焦在这个数据集上展开研究工作。这是一个依存句法分析树库，最早也是依托Stanford标注规范进行改进，以寻求一种适合多种语言的句法标注规范。最初设计的语言相对比较少，在最近一两年内，规模逐渐变大，已经有了80多个语言的依存句法树库。这一树库不仅能够很好地测试句法分析模型在不同语言上的鲁棒性，而且还引领了跨语言依存句法分析的研究，也就是如何让资源充分语言句法分析帮助低资源语言的句法分析。

8.4.3　中文句法树库

在中文句法树库建设方面，除了宾州大学树库之外，还有不少其他的相关资源，表8.1中列举了目前公开的较大规模的中文句法树库。Sinica汉语树库由中国台湾“中央研究院”开发并标注，其标注文本为繁体形式。北大汉语树库（PCT）由北大中文系逐步建设，标注的原始文本包括语文课本、政府白皮书、新闻等语料。清华汉语树库（TCT）由清华大学周强教授等建设，在文学、学术、新闻等生语料上标注了短语结构句法树。这些树库基本上都是面向短语结构句法的，其中具体的标注规范、标注方法以及来源题材各不相同，这些不同不仅仅只是体现在句法结构上，甚至从最初始的分词以及词性标记上就开始呈现巨大区别。

对于依存结构句法树库，具有代表性的资源包括哈工大汉语依存树库（HIT-CDT）、北大汉语多视图依存树库（PKU-CDT）以及苏州大学标注的汉语开放依存句法树库（CODT）。同样，这三种树库各有侧重点，在标注规范、题材选取以及句法侧重点各不相同，而且这三种树库实际上都添加了一定的和语义相关的信息，以帮助进一步的语义理解和自然语言处理应用。对于依存树库建设，同样也可以通过短语结构句法树转换得到，因此中文依存句法语料相对来说资源还是比较充分的。

表8.1 目前公开的规模较大的中文句法树库

树库	发表时间	语法类型	规模
Sinica 汉语树库	1999	类短语结构语法	36 万词
宾大汉语树库（CTB）	2000—2013	短语结构语法	162 万词
北大汉语树库（PCT）	2003—2011	短语结构语法	90 万词
清华汉语树库（TCT）	2004	短语结构语法	100 万词
多语言通用依存树库 - 中文（Chinese-CDT）	2016	依存语法	35 万词
哈工大汉语依存树库（HIT-CDT）	2012	依存语法	111 万词
北大汉语多视图依存树库（PKU-CDT）	2015	依存语法	140 万词
汉语开放依存句法树库（CODT）	2018	依存语法	300 万词

8.5 延伸阅读

对于短语结构句法分析，简单的直接根据语料中的产生式进行解码和训练，分析效果会比较有限。不少工作做了扩展，Berkeley Parser的工作具有一定的代表性。它将产生式采用隐式分割自动切分生成多个产生式，比如 $S \rightarrow NP\ VP$，会被分割为 $S \rightarrow NP\ VP\#1$，…，$S \rightarrow NP\ VP\#8$ 等，除了这一方法之外，Collins等人采用词汇化的方式去细粒度化产生式规则，例如对于产生式 $A \rightarrow A_1 \cdots A_n$，经过词汇化之后，该产生式转化为 $A \circ w \rightarrow A_1 \circ w_1 \cdots A_n \circ w_n$。

对于依存句法分析，前面介绍了基于CKY 方式的最大生成树算法，这一算法时间复杂度为 $O(n^5)$。它可以进一步优化，当前广泛使用Esinier算法，时间复杂度为 $O(n^3)$。另外上面介绍的是一阶算法，高阶算法（一般使用到三阶）由于能使用更多的特征，例如孩子的孩子节点、邻居节点以及父亲的父亲节点等，因此能带来更好的性能。

对于基于转移的解码算法，在依存分析方面，除了标准弧转移算法之外，还有贪心弧转移算法（Arc-Eager）、标准和贪心相杂交的弧转移算法（Arc-Hybrid）、Arc-Swift 算法等。这些算法有一定相似性，但是依存树的建立步骤不一样。基于转移的算法一般采用的是从左到右的句子分析方式，从右到左的分析也适用于句法分析，也有不少研究人员，采用基于贪心的方式每次选择当前最可信的弧进行依存树的构建。

特征提取方面，本章只是简单地举了一些例子，实际上无论是短语结构句法分析还是依存结构句法分析，如果要达到一定的效果，特征选择是非常重要的。对于传统离散方式的特征，一般常使用的特征模板达到100个左右。对于神经网络形式的特征，一般采用比较深的网络结构，如三层双向LSTM神经网络以及Transformer结构。在短语片段或者依存弧分数计算这块，一般也可以采用双仿射（BiAffine）算法进行计算。

习题

1. “辅导员对他的批评做好了充分准备”，“批评”的对象既可以是“他”（另一个人），也可以是“辅导员”（“他”指“辅导员”本人），画出其相应短语和依存句法结构图。
2. 假定题（1）中，“批评”的对象是“辅导员”时，使用基于CFG图的解码算法，画出其短语句法生成步骤。
3. 用程序编写短语结构句法分析的评价脚本。
4. 假定题（1）中，“批评”的对象是“辅导员”时，使用基于标准转移的解码算法，画出其依存句法生成步骤。
5. 调研互联网上公开的若干依存句法分析器，将其分析结果作为对比，计算该句法分析器在该例子上的性能。
6. 在基于转移的句法结构分析中，是否可以将词性标注也融入分析过程中同时进行分析？如果可以，请设计具体方案。
7. 对于任何一棵依存句法树，编写程序生成其标准弧转移算法中的转移动作序列。
8. 依存句法结构能否自动转换某种标签集合的短语句法结构树？如果能，转换后的短语句法结构树能否恢复成为原来的依存结构？如果可以相互转换，请编写程序验证。

参考文献

[1] EISNER J. Bilexical Grammars and Their Cubic-Time Parsing Algorithms[C]// Advances in Probabilistic and Other Parsing Technologies, 2000: 29–62.

[2] COLLINS M. Head-driven statistical models for natural language parsing[J]. Computational linguistics, 2003: 589–

637.

[3] KLEIN D, MANNING C D. Accurate unlexicalized parsing[C]// Proceedings of ACL, 2003: 423–430.

[4] KÜBLER S, MCDONALD R, NIVRE J. Dependency parsing[C]//Synthesis Lectures on Human Language Technologies, 2009: 1–127.

[5] ZHU M, ZHANG Y, CHEN W, et al. Fast and Accurate Shift-Reduce Constituent Parsing[C]// Proceedings of ACL, 2013: 434–443.

[6] CHEN D, MANNING C D. A Fast and Accurate Dependency Parser using Neural Networks[C]// Proceedings of EMNLP, 2014: 740–750.

[7] KIPERWASSER E, GOLDBERG Y. Simple and Accurate Dependency Parsing Using Bidirectional LSTM Feature Representations[C]// Transactions of ACL, 2016: 313–327.

[8] DOZAT T, MANNING C D. Deep Biaffine Attention for Neural Dependency Parsing[C]//Proceedings of ICLR, 2017.

第9章 语义分析

9

很多自然语言处理任务都需要让计算机“理解”自然语言的语义，小到词，大到篇章，因而将语言所蕴含的意义进行精确的数据抽象进而进行有效的自动计算也一直是自然语言处理的一项核心基础研究课题，第 5 章和第 6 章介绍了如何利用上下文信息对词及句子进行向量表示学习，所得到的向量通常被认为隐性地蕴含了很多语义信息。本章将讨论如何通过离散的符号及结构来显性地表征语义，并在此基础上介绍如何自动计算词义及句义。

9.1 语义的形式化表示

9.1.1 词汇语义

词是最小的可以独立使用的语言单位，对词的语义的讨论也往往被认为是语义自动计算的起点。当一个词形出现在不同的语境中时，语言使用者直觉上可能会感知到一些语义上的不同，请对比以下几个句子中的“放”[①]。

（1）再将采来的嫩茶**放**太阳下晒。

（2）把对自己孩子的关心与爱**放**在最高点。

（3）这些浓缩铀现在掩埋在瓦砾堆中，没有**放**出任何辐射线。

我们会感知到上文中的“放”不完全一样，第一、二句中的“放”不涉及新事物的产生，与“摆放”有关，而第三句中的“辐射线”则由“浓缩铀”“释放”而来，这两方面的词义相差较大。那么第一句和第二句中的“放”是否为同一个意思呢？第一句要“放”的是物理实体——“嫩茶”；第二句要“放”的则是抽象的心理概念——“关心与爱”，“放”的客体存在明显区别，这能否认为是“放”的语义不同呢？

同一词形在不同的语境中可能展现出不同的意思，不同的词形在使用中也可能展现出相似的语义，如在下面的句子中，“放”和“摆”表现出来的词义是相似的，它们对理解整个句子所作的贡献也是相似的。

（4）再将采来的嫩茶**放**太阳下晒。

（5）再将采来的嫩茶**摆**太阳下晒。

不论是一词多义还是多词一义，都显示了词义研究在语义研究中的基础与核心地位。对于人来说，查阅词典能够帮助我们很快理解一个词的词义，但这种用自然语言阐释自然语言语义的方法显然不适合计算机。那么，应该如何在计算机中表示词义并

---

① 语料来自中文动词词汇语义网（Mandarin VerbNet）。

进行词义的自动计算呢？本节将介绍与词义计算（computational lexical semantics）相关的基本方法。

对自然语言的语义知识进行形式化的描述是构建语义分析系统的前提，在自然语言处理研究中，起到这种作用的语言资源大致可以分为语言知识库和标注语料库两种，在词义计算中，这两种类型的语言资源都起到了非常重要的作用，本节选取应用最为广泛的词义知识库——WordNet 展开介绍，并介绍如何利用WordNet来构建词义标注语料库——即SemCor 词义消歧系统。

WordNet是一种语义知识库，也常被称为本体知识库（ontology）。它是由George A. Miller在普林斯顿大学主导实施完成的。从1986年开始，历经十几年的时间，WordNet项目最终形成了一个较为稳定完善的版本，这一版本的WordNet（WordNet 3.1）覆盖了超过15万个英文单词。

WordNet首先将所有的词按照词性划分为名称、动词、形容词、副词四类。每一类又根据相应的理论划分为不同的子类。然后，这些词又根据其语义被聚类为同义词词集（synset），每个词集表达了一个词汇概念（lexical concept）。例如：computer，computing machine，computing device，data processor，electronic computer，information processing system 这个同义词集表示了“计算机”这一概念。同义词集的来源则是一些同义词词典。同义词之间通过概念语义和词汇关系相互关联，从而形成了词汇网络。在这个词汇网络中，词与词之间相应的具有了结构关系。而在此基础上，WordNet中还形成了概念与概念之间的结构关系。按照词性的不同，这些概念间关系的种类也不同：名词概念间关系主要包括上下位关系和部分整体关系；动词则包含上下位关系、方式关系和蕴含关系；形容词形成了簇结构，没有概念结构关系。下面将以名词概念为例来说明概念间关系，需要说明的是，概念间关系之间并没有严格的界限，可能存在相互交叉的情况。

1. 上下位关系：上位关系和下位关系是一对相反的关系，当说A 是B 的上位词时，B也是A的下位词。上位关系可以读作“IS-A”或“IS-A-KIND-OF”，这种关系是传递的且反对称的。

2. 部分整体关系：1987年，Winston、Chan以及Hermann提出了6种不同的部分整体关系。WordNet包括了其中的3种：组件-对象关系（component-object），成员-集合关系（member-collection），材料-对象关系（stu-object）。

基于WordNet的思路，除英语外其他语言的词义计算资源构建也得到了一定的发展。在汉语研究中，中国台湾“中央研究院”语言所主导的、目前由台湾大学语言学研究所维护的中文词汇网络（Chinese WordNet）是一个规模较大的计算资源，其构建方法较为全面地参考了英语WordNet。表9.1显示了中文词汇网络为“放”定义的37个义项中的4个义项，可以看到，“放”的不同义项和其他词的义项聚合成了同义词词集，每个义项均附有自然文本的示例性标注。

WordNet的应用主要有以下几个方面。

- 作为语义标注语料库的标注目标：如SemCor和Groningen Meaning Bank针对自然语言语句进行标注，将语句中的词通过人工选择匹配到相应的synset上。

- 语义相似度计算：通过计算两个词在WordNet中的路径距离，可以计算两个词的语义相似度。由于WordNet 不同词性间几乎没有关系，因此只能计算相同词性的词间语义相似度。

- 语义消歧：WordNet中对于每一个词的每一个含义都提供了一个注释，通过对单词所在句子的上下文与WordNet 注释信息进行相似度比较，可以计算得到该词所表达的意义。

- 信息检索：计算机检索是在被查询词语和文档标题或摘要之间进行有效的匹配操作。WordNet中的语义信息可以有效地提高检索的准确性，但是前提是要先确定该词所表达的概念。由于WordNet中意义划分得过细，使得意义的确定非常困难。

表9.1 中文词汇网络实例

放.01	
释义 同义词 例句	及物动词（VC），将手由原来紧握的物品上松开。 释 她兀自拉住灰狼的尾巴，始终不放。
放.02	
释义 同义词 例句	及物动词（VC），解除对后述对象的约束，使其得到自由。 放出、释、释放、纵 李文秀道：“放了它吧，你瞧它多可怜？”
放.14.2	
释义 同义词 例句	及物动词（VC），将后述对象置于并保留在特定空间。 存放、储放、放、贮、储 将洋葱的外皮剥掉，露出白球的形状，不需要加水，只要放在容器或盘子内就可以净化室内空气。
放.26	
释义 同义词 例句	及物动词（VC），比喻将精神或情感集中在特定对象上。 投、扑、投入 吉他手讴歌和窦唯两人，正细腻专注地放精神和注意力在短短的琴格上。

- 知识工程：WordNet的一个重要应用是作为其他知识工程的基础，ConceptNet、DBpedia以及YAGO都以WordNet作为基础，从中抽取重要的语义信息。

语料库（corpora）指用于学习语言模型的文本集合，除了原始的文本数据之外，语料库还可以包含信息丰富的标注。标注资源和监督学习技术的结合，在词义计算中发挥着重要的作用。针对词义计算的标注语料多采用一种极为自然的标注方式：即结合语境，将自由文本中词的词义无歧义地标示出来。SemCor（英文全称为Sense-Annotated Corpora）是最具代表性的语义标注语料库之一。它由WordNet项目研究团队在普林斯顿大学创建，词的候选义项遵从WordNet（SemCor标注之初采用的是WordNet 1.6，词义的标注则由标注人员手工完成。目前，这一标注结果已经自动映射到WordNet 3.0上。），语料库的文本则来自Brown 语料库的一个子集，共包括了超过20 万个词的词义标注结果。其他许多相关的标注项目，如宾州大学树库、Susanne和Redwoods等也针对Brown语料库的数据进行了不同类型的句法语义分析。

SemCor语料库分为两部分。

1. SemCor-All，包括186个文本，标注人员对这些文本中的实词（如名词，动词，形容词和副词）进行了基于WordNet的人工标注，这一部分的标注囊括了超过19万词例（word token）。

2. SemCor-Verbs，只对动词进行语义标注，这份语料包括超过4万个动词词形（word type）和31万个词例。

图9.1是SemCor-All的一个标注实例。通过与表9.1的对比，可以看到，在基准的WordNet知识库中，某个具体词义包括示例性标注，这个标注仅仅关注一个词例，而不包含句子中的其他词。

序号	词干	词义
a	Kim	ORG
b	get_up	get_up_4
c	slowly	$slowly_1$
d	child	$child_1$
e	be	be_3
f	already	$already_1$
g	on_one's_feet	NOTAG

Kim_a got_b $slowly_c$ up_b, the $children_d$ $were_e$ $already_f$ on_g $their_g$ $feet_g$.

图9.1 SemCor标注实例

词义消歧可被视为是一个分类任务：$SENSE_D(w_i)$中元素为“目标类”，只要将w_i出现的上下文环境进行形式化萃取，得到其向量表示，并结合一些语义知识，就可以应用各种各样的机器学习分类算法来构建词义消歧系统了。在对一个分类器进行参数估计的过程中，像SemCor这样的有标注的数据是最为有效的信息来源，纯粹的无指导学习——即从无标注数据中归纳词义——也得到部分学者的关注，但总体而言词义归纳的效果是有限的，远不如有指导学习。

9.1.2 事件语义

一般认为，句子是相对完整的自然的基本意义表达单位，要全面理解自然语言的语义，在词义分析的基础上，还需要理解句子的语义，而句子的各种复杂的语义侧面中，最为基础的是句子中主要动词、形容词、名词与其共现的成分之间的关系所描述的基本事件语义（event semantics）。下面以动词中心的事件语义为例，来介绍相关的计算问题。

动词周围出现名词性成分是语言中的普遍现象，这些和动词搭配的名词性成分称为论元。对于和动词搭配的名词性成分，人们对具体动词的论元进行了归类，从而抽象为可以覆盖多个动词的论元类型，如：表示动作发出者的施事（agent），表示动作承受者的受事（patient）等。这些类型在格语法中称为动词的语义格（case），在GB理论中称为动词的题元角色（thematic role或theta role）等，在很多形式语法语义理论,如中心语驱动的短语结构语法（head-driven phrase structure grammar）等中被归属为一种谓词论元结构（predicate-argument structure）。在自然语言处理领域，一般以语义角色（semantic role）概括，而让计算机能够自动分析自然语言语句中的语义角色的任务就称为语义角色标注（semantic role labeling，SRL）。

中英文上的代表性语义角色标注资源有很多，本章介绍中文动词词汇语义网（Mandarin VerbNet，MVN）和汉语命题库（Chinese Propositional Bank，Chinese PropBank或CPB）等两种代表性的中文标注资源，这两个语义标注资源在借鉴了很多英语语言学研究的同时兼顾汉语的语言事实，是人们构建计算系统的基础。

MVN沿袭了Fillmore提出的“框架主义”思路，即将动词语义看作是一个包含元素（frame elements）和元素间关系的框架（frame），对元素的角色进行了标注。除此之外，中文动词词汇语义网也对句子中出现的结构标记（construction marker），如“被”“把”体标记等做了标注。MVN的构建遵循着这样一条准则：词汇的语义信息取决于它在语言中是如何使用的。因此，多义动词的不同义项就可以根据元素数目和类型的不同得到有效的区分。相应的，每一个框架下也可以包括有相同框架元素的不同动词。本章开头举了三个汉语例子，基于它们的谓词论元结构，下面对它们在MVN中的分析进行简要的介绍。

（1）再[*BA 将] [FIGURE 采来的嫩茶] [PLACE-LOCATION 放] [GROUND_LOCATION 太阳下] 晒

（2）[*BA 把] [FIGURE 对自己孩子的关心和爱] [PLACE-LOCATION 放] [LOC_MKR 在][GROUND_LOCATION 最高点]

（3）[SOURCE 这些浓缩铀] 现在掩埋在瓦砾堆中，没有 [RELEASE 放] [OUT_OF_MKR 出] [FIGURE 任何辐射线]

在第（1）句中，短语“采来的嫩茶”是动词“放”所表达动作的承受客体；短语“太阳下”是该动作的目标位置信息；这两个短语与动词“放”的概念义紧密相连，“放”的概念义在一定程度上决定了这两个类型的框架元素的存在，称其为论元，而它们与动词的关系，可以采用语义角色来抽象，即例子中的FIGURE和GROUND_LOCATION。可以看到，第（1）句和第（2）句的语义角色相同，而与第（3）句相差甚远。因此，“放”就有了两个不同的义项：PLACE–LOCATION和RELEASE。

和论元相关的另一个概念是“附属语”，附属语是另外一类辅助描述动作的语言成分，如动作发生的时间、地点、方式等。附属语和论元的主要不同点是附属语并不是动词的固定搭配成分。每个动作都有其发生的时间、地点，这些成分是对动作通用的描述，并不是固定的搭配，而对于一个动作的论元来说，却不相同，如并不是所有的动作都会涉及“客体”），但前述的三个句子都可以自由加上表达时间、地点、方式的成分[①]如下。

（4）[$_{\text{TEMPORAL}}$明天]，再[$_{\text{*BA}}$将] [$_{\text{FIGURE}}$采来的嫩茶] [$_{\text{PLACE-LOCATION}}$放] [$_{\text{GROUND_LOCATION}}$太阳下] 晒

（5）[$_{\text{TEMPORAL}}$明天]，[$_{\text{*BA}}$把] [$_{\text{FIGURE}}$对自己孩子的关心和爱] [$_{\text{PLACE-LOCATION}}$放] [$_{\text{LOC_MKR}}$在] [$_{\text{GROUND_LOCATION}}$最高点]

（6）[$_{\text{TEMPORAL}}$昨天]，[$_{\text{SOURCE}}$这些浓缩铀] 现在掩埋在瓦砾堆中，[$_{\text{MANNER}}$没有] [$_{\text{RELEASE}}$放] [$_{\text{OUT_OF_MKR}}$出] [$_{\text{FIGURE}}$任何辐射线]

汉语命题库是目前已经正式发布的、最为知名的、应用最为广泛的、针对汉语的谓词论元结构标注语料。汉语命题库主要由两部分组成，动词框架词典（frame file）和语义角色标注语料库。动词框架词典包含173206个动词（命题库3.0）的论元的句法实现信息。每个动词可能包含多个义项，每个义项对应一个框架集（Frameset），从而对应着不同的谓词论元结构的句法实现。

图9.2是动词“调查”的词典项内容示例，其中第一行Frameset说明动词“调查”只有一个义项；第二行和第三行说明动词“调查”有两个题元角色——原型施事和受事，以及英文释义；最后的三行是三种不同论元配位方式的语言实例。

同英语命题库一致，汉语命题库的语义角色标注语料库是在宾州大学汉语树库的基础上标注谓词论元结构信息得到的，标注过程遵循每个论元都与句法树某个节点唯一对应的原则。汉语命题库的标注信息包括两部分：核心论元、附属语；其中核心论元以数字标示不同的角色类型，形式为Arg0—Arg4；附属语以二级标记区分不同类型，形式为ArgM–Label。值得注意的一点是，除Arg0和Arg1宽泛地表示原型施事和原型受事外，其他核心论元角色间不具有统一语义。表9.2是命题库的论元角色体

① 本例中的附属语分析不属于中文动词词汇语义网的分析。

Frameset: f1
Arg0: investigator
Arg1: thing investigated

Frame1: [$_{\text{Arg0}}$ 公平会][$_{\text{Rel}}$ 调查] 的二百一十家传销公司
Frame2: 据 [$_{\text{Arg0}}$ 浦东新区经贸局][$_{\text{ARG1}}$ 对浦东开发七年来引进的投资一千万美元以上的一百五十七个工业大项目] 跟踪 [$_{\text{Rel}}$ 调查]
Frame3: 据 [$_{\text{Arg0}}$ 有关方面][$_{\text{ArgM-ADV}}$ 初步][$_{\text{Rel}}$ 调查]

图9.2 动词框架词典实例

系详解。

图9.3是汉语命题库的一个标注实例，其中，**Arg0**“警方”和**Arg1**“事故原因”分别表示所标示的节点是原型施事和原型受事，即“调查”的动作发出者和动作的施加客体；而**ArgM**表示所在节点是一个附属语，具体的类型由二级标签表示，如**ArgM-TMP**“正在”表示动作“调查”发生的时间，而**ArgM-MNR**“详细”表示动作“调查”的方式。

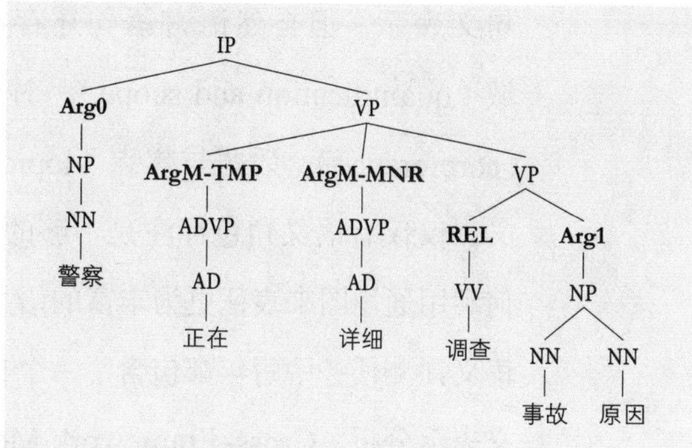

图9.3 汉语命题库的谓词论元结构标注实例

表9.2 汉语命题库标记集详解

标记	英语释义	角色语义
Arg0	Prototypical Agent	原型施事
Arg1	Prototypical Patient	原型受事
Arg2/Arg3/Arg4	Verb Special	动词特异角色
ArgM-ADV	adverbial, default tag	附加的，默认标记
ArgM-BNE	beneficiary	受益人
ArgM-CND	condition	条件
ArgM-DIR	direction	方向
ArgM-DGR	degree	程度
ArgM-EXT	extent	扩展
ArgM-FRQ	frequency	频率
ArgM-LOC	locative	地点
ArgM-MNR	manner	方式
ArgM-PRP	purpose or reason	目的或原因
ArgM-TMP	temporal	时间

续表

标记	英语释义	角色语义
ArgM-TPC	topic	主题

9.1.3 整句语义

大多数自然语言语句的骨干性含义体现为通过谓词论元结构（predicate-argument structure）对所涉事件、状态的抽象，这正是语义角色标注所关注的句义表示，但自然语言语句还存在其他层面的语义，如对名词性成分的量化与域（quantification and scope）、对命题的否定（negation）、名词性成分的指代（coreference）、话题与焦点（topic and focus）等。要想更为全面地表征句子的语义，仅仅有语义角色标注是不够的。近几年来，国内外学界纷纷将研究聚焦到了如何利用通用图来表征更为丰富的语义信息上。从2014年开始，ACL SemEval 组织的语义评测任务中每年都包含了一个相关的评测；2019 年，CoNLL评测——跨体系语义表示分析（Cross-Framework Meaning Representation Parsing）的关注点就是5种不同的语义图分析。本小节将重点介绍两种语义图表征方法：语义依存图（semantic dependency graph）和概念语义图（conceptual graph）。

1. 语义依存图

依存分析的焦点是词与词之间的二元关系，这种关系可以很方便地用图来进行表示。图9.4是语义依存标注的一个实例，以“逮捕”为例，这个事件的施动者是标记为“Arg0”的边所指向的结点——“警察”；这个时间发生的地点通过标记为“ArgM”的边进行表示，和针对短语的标注不同，这条边只指向地点短语的中心词——“在”。

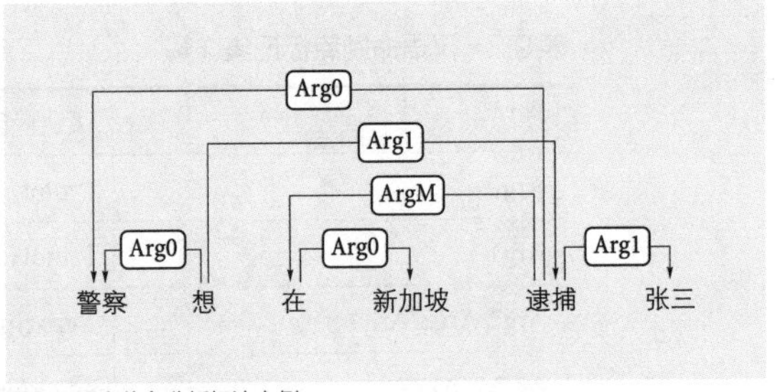

图9.4 语义依存分析标注实例

图9.5展示的是英语句子“A similar technique is almost impossible.”的句法依存分析及基于依存的语义角色标注分析，图的上半部分为句法依存分析，下半部分为基于依存的语义角色标注；图9.6为该句的语义依存分析，该语义分析采用英语资源语义（English resource semantics）的标注方法。以下通过这个英语句子来简单说明句法依存分析、语义角色标注与语义依存分析之间的区别。

（1）语义角色标注仅仅关注以谓词作为驱动的事件状态义，不像句法依存分析能够提供相对完整的整句分析，而语义依存分析的信息更为丰富，如对模态

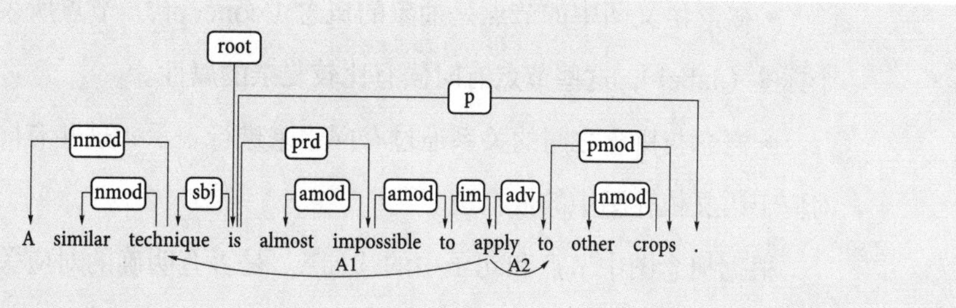

图9.5 句法依存分析与基于依存的语义角色标注

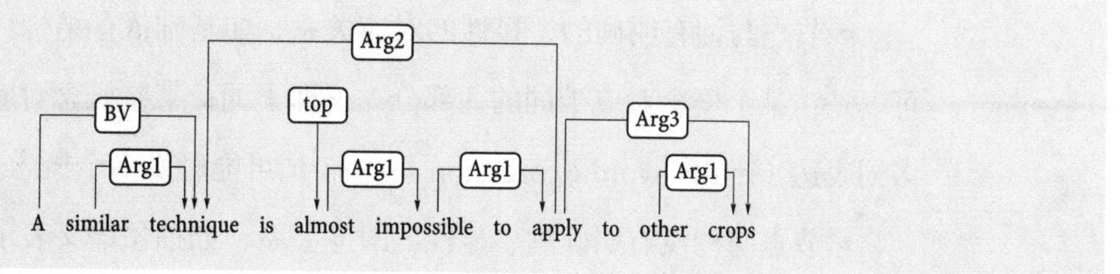

图9.6 图9.5实例所对应的语义依存分析

（modality）成分的分析。

（2）句法依存反映的句子是否合语法（grammaticality），而语义依存分析反映的逻辑语义中的关系性（relation）。相应地，句法依存是一种“中心词–依赖词（head–dependent）”关系，而语义依存反映的“逻辑谓词–逻辑变元（predicate–argument）”关系。

（3）句法依存分析中，所有节点均连通，并形成树形结构；而语义依存分析不对不承担语义实体的词进行分析，也需要树形的限制。

（4）语义角色的标注是基于短语结构的，为了表示成词与词之间的二元关系，必须从论元所在短语中选择一个具体的词，语义角色标注采用了依存分析的结果，这种处理混淆了句法与语义信息，另外，基于依存的语义角色图不具有递归性（recursion）。

还可以从很多其他方面来对比句法依存分析、语义角色标注与语义依存分析，以上仅是其区别性的部分要点。

2. 抽象语义表示

虽然语义分析有着极强的语义表示能力，但它也仍然存在一些不足之处，最典型的不足是无法表示句法结构整体性所带出来的语义，如“芝麻绿豆大的事儿”，这个短语里所蕴含的“微不足道”的语义并不依赖于具体的词，在语义依存图中无法有效对其进行表示。这一问题的核心是语义依存图中的节点是词，在给定输入句子的前提下，无法增加新的节点。因此，研究者提出了一种不同于语义依存图的分析方法——概念语义图。

• 概念语义图中的节点是抽象的概念（concept），节点所表达的概念不仅仅是一个标签（label），这些节点有时候有比较复杂的属性。

• 概念与概念之间的关系通过有向边来进行表示，这些有向边在绝大多数情况下对应于语义依存图中的依存边。

根据概念图中节点和句子中的“词”①是否有明确的对应关系，可以进一步对概念图进行区分。

• 节点与词有明确的、显性的对应关系，如基础依存结构。节点与词的对应关系可以是：某个概念对应于词的一部分——即子词；某些概念对应于一串连续的词，如多词表达（multi-word expression）；一个词可能触发多个概念。

• 节点与词没有明确的、显性的对应关系，如抽象语义表示。

代表性的概念图分析体系包括抽象语义表示（abstract meaning rep-resentation）和基础依存结构（elementary dependency structure）。抽象语义表示是由宾夕法尼亚大学的语言数据联盟（LDC）、南加州大学、科罗拉多大学等科研机构的多位学者共同提出的一种语义分析方式。它采用了单根有向无环图的形式来对语义进行抽象化的表示。以“the dog is eating a bone”为例，抽象语义表示将整句语义抽象为dog、eat、bone三个节点（概念），它们之间的关系则通过节点之间的边标签表示：Arg0代表原型施事，Arg1代表原型受事。可以看到，抽象语义表示继承了命题库（PropBank）的论元角色标注体系和对动词义项的划分。图9.7为分析的可视化结果。

抽象语义表示可以通过文本采用Penman格式进行编码存储，而这种表示法通过文本编辑器即可进行阅读，如前述句子的对应文本编码为：

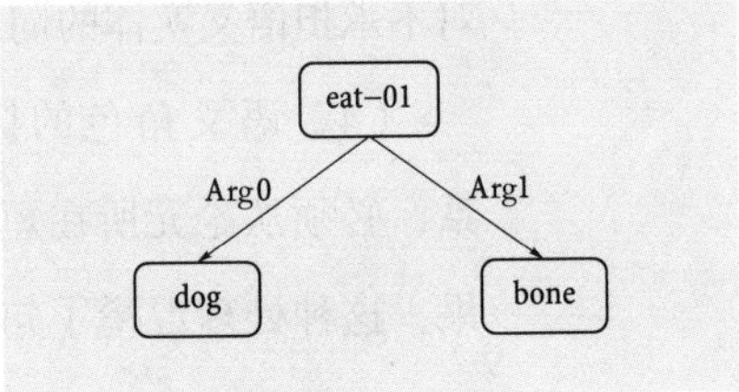

eat-01
Arg0
Arg1
dog
bone

图9.7 抽象语义表示分析实例

```
(e / eat-01
    : Arg0 (d / dog)
    : Arg1 (b / bone))
```

抽象语义表示的特点可以概括为以下几点。

• AMR不像语义依存图那样注释句子中的每个单词，如例句中“数”“时”“有定/无定”等较虚的语义不会被纳入分析。

• AMR允许补充出句中隐含或省略的成分，以还原出较为完整的句子语义。

• AMR的目的是脱离语法性质进行抽象化，因此意义相同但语法结构不同的句

① 不同语言学理论指导下的概念图分析对于输入语句的最小单元是否选择为“词”（Word）有着不同的倾向，在本章的描述中，我们简化了该问题，统一以“词”作为处理单元。

子被抽象为相同的图，形成了对应。

- AMR是面向英语建立的语义表示体系，不是所有语言皆通用的语言（即interlingua）。

3. 英语资源语义

中心语驱动的短语结构语法（head-driven phrase structure grammar，HPSG）理论是诞生于20世纪80年代的一种语法理论，其理论的发展受到了多种形式语法理论的影响，以同步的句法语义描写为核心理念之一。HPSG以类型特征结构（typed feature structure，TFS）为计算模型基础，支持细粒度的句法语义描写，在计算语言学领域及理论语言学领域产生了深远的影响。国际上很多课题组就围绕HPSG展开了文法规则的构建、深层句法语义分析的标注、自动的句法语义分析等研究，特别是DELPHIN联盟组成了跨国家跨大学的学术合作，经过二十余年的理论研究与工程实践，通过手工编纂的方式构建了英语资源语法（English resource grammar，ERG）和大规模的平衡标注语料库Redwoods。其中Redwoods的标注包括了基于最小递归语义（minimal recursion semantics，MRS）框架的非常深层的逻辑语义标注，这部分语义标注即英语资源语义（English resource semantics，ERS）。ERS不仅表示了丰富的谓词论元结构信息，还包括时、体、数等形态范畴和量词辖域等信息。

ERS的基础表示方法遵循了MRS，采用了特征结构，但也可以通过格式转化，通过图进行可视化甚至是构建计算模型，主要的图表示包括：① 基础依存结构（elementary dependency structure）；② 依存最小递归语义（dependency minimal recursion semantics；③ 语义依存图（bi-lexical semantic dependency graph）。其中使用最广的是基础依存结构和语义依存图，语义依存图已经在前文中介绍过，此处不再赘述。基础依存结构则和抽象语义表示有些相似，节点主要表示的是概念，概念与概念之间通过语义依存边来链接。二者的不同之处在于：

- 基础依存结构有逻辑语义基础，其分析遵循了严格的语法约束；
- 概念节点允许属性的存在，属性可以用来表示时体等信息，这部分信息在很多数据驱动的分析器中被省略。

图9.8为一个基础依存结构的分析实例。其中_the_q和_a_q为两个广义量词，其绑定变量通过BV进行表示。

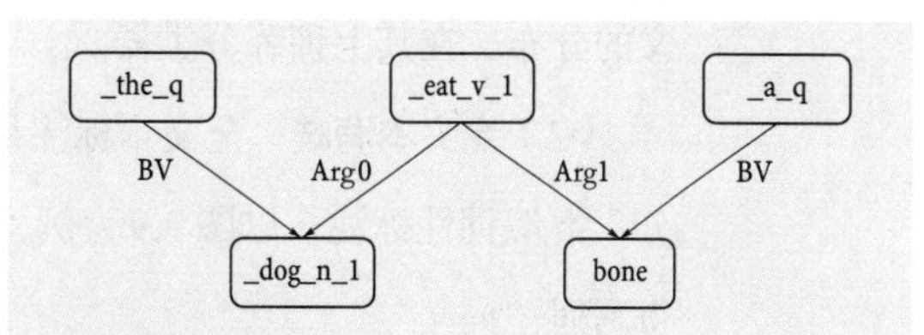

图9.8 基础依存结构分析实例

9.2 词义消歧

词义消歧（word sense disambiguation，WSD）任务的目标顾名思义，即通过对文本中多义词的语言环境加以甄别，明确其具体的词义，从而达到消解语言歧义的目标。形式化一些来讲，可以将一段文本视为是由词组成的一个序列$w_1, w_2, \cdots, w_n$，词义消歧的任务是对这些词的全集或者子集进行标注，给候选词w_i分配一个来自离散集合$\mathrm{SENSE}_D(w_i)$的"词义"值$A(w_i)$。其中$\mathrm{SENSE}_D(w_i)$表示在词典D中，w_i可能有的词义，而$A(w_i)$是$\mathrm{SENSE}_D(w_i)$的一个子集，其中的义项与w_i的上下文环境相匹配。

语义消歧是一个"中间任务"，它本身并不是目的，而是一项可以服务于大多数自然语言处理相关任务的技术。作为自然语言处理的一项基础性任务，词义消歧已有比较多的相关研究。自20世纪40年代末科研人员讨论机器翻译的时候，词义的自动消歧就已经被认为是一个核心基础任务了。经过早期的探索，人们逐渐认识到词义消歧的复杂性，而这其中的首要挑战就是缺乏机器可读的语义词典和语料资源。20世纪80年代，大规模的词汇计算资源逐渐被开发出来，而从20世纪90 年代开始，基于统计方法的词义消歧研究也取得了很大的进展。

词义消歧是一个非常困难的任务，如何对词义进行形式化是首要的问题——如何对词义进行表示？某个词的词义总集是一个有限的集合吗？如何处理词的临时用词义或者新义？词义区分的粒度如何？其次，词义消歧严重依赖语言知识。几乎所有的词义消歧系统的系统架构都可以概括为将某个待消歧的词的上下文语境信息提炼出来，并将其与词义相关的语言知识做对比，从而预测最恰当的词义。语言知识的来源可能是词义知识库、词义标注语料库，甚至是未经加工的生语料。本章9.1节已经以WordNet和SemCor为例介绍了语义知识库和语义标注，它们都可以服务词义消歧模型的构建。

词义消歧大致可以分为以下两种。

（1）**单一词消歧**　单一词消歧是指系统关注特定的某一个词或某几个词的消歧，为了得到高质量的系统，对所关注的一个个具体的词，分别构造数据集，平衡各个词义的分布，在其上训练分类器。

（2）**全文本消歧**　全文本标注是指对给定的一段文本中出现的所有词进行词义区分，类似词性标注。以图9.9为例，全文本标注相当于是以列"词干"为输入，以期得到列"词义"。

无论是哪种任务，对词w_i所出现的上下文环境进行萃取并进行向量表示都是关键，在深度学习技术风靡之前，学者主要是借助对数据内省式的观察并手工定义"特

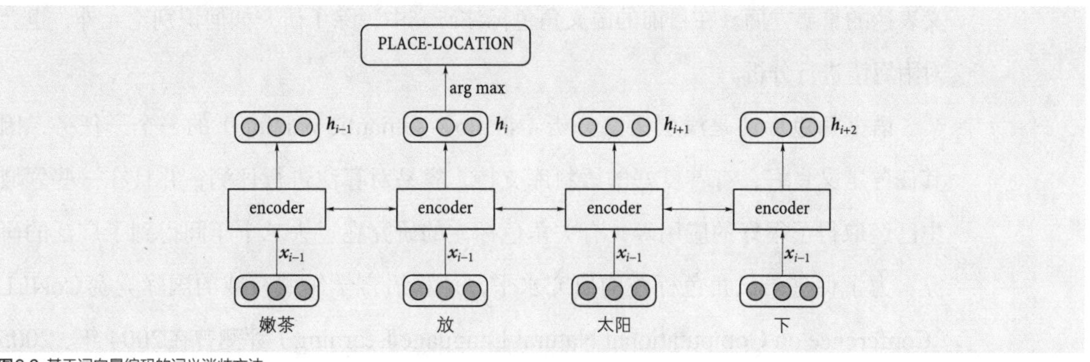

图9.9 基于词向量编码的词义消歧方法

征”来完成这一步的；而借助深度学习技术，人们则希望通过数据归纳的方式能够自动地学习到特征表示。尽管自动学习特征表示是深度学习时代的主流趋势，这里仍然为大家简单介绍一下词义消歧中的“特征工程”，以加强读者对这一问题的感性认识。

- 词汇特征：如w_i的上下文的unigram、bigram，w_i的词性等。
- 句法特征：如w_i的句法中心词和依赖词等。
- 语义特征：如w_i前后词的词义等。

深度学习技术已经被应用到词义消歧任务上。对于单一词消歧，可以采用第5章介绍的词的向量表示学习技术，如利用双向LSTM、Transformer等在内的编码器将目标词基于其所出现的句子抽象为一个向量，进而可以通过训练分类器来对该句子中的目标词进行分类。而对于全文本标注来说，则可以采用序列标注模型：首先对序列中的词进行逐一的向量表示，然后训练分类器，基于词向量来进行词义分类。可以看到，强大的表示学习模型减少了手工设计特征的工作量。图9.9所示这种分析方法的神经网络架构简图。可以看到这种解决方案和第7章介绍的分词方法极为相似，区别在于标签集的不同。在输入层，需要将每个词转换为低维稠密的词向量$\boldsymbol{x}_i$，这些词向量经过encoder层的计算，提取到整个句子的特征信息，每个词得到新的向量表示$\boldsymbol{h}_i$。在此基础上通过一个分类模型得到词的词义消歧结果。

9.3 语义角色标注

给定一个句子，分析该句中特定动词的论元结构，找出和特定动词搭配的论元并分析出它们的语义角色，这就是通常所说的语义角色标注（semantic role labeling，SRL）。以前述的三个句子为例，当分别给定句子的谓词后，语义角色标注任务需要找到这些动词所搭配的论元，并对论元进行语义分类。和论元一样，附属语同样是语义表达的重要方面。在目前的语义角色标注研究中，除了研究如何识别论元外，也会对附属语进行分析。

语义角色标注是浅层语义分析（shallow semantic parsing）的一个子任务，因其任务定义良好，有着良好的语料库支持，容易对算法进行评测，并且在一些领域中已经取得了很好的应用等，有关角色标注的研究在过去二十年间得到了广泛的研究。为了促进语义角色标注的研究水平，计算语言学领域权威的国际竞赛CoNLL（Conference on Computational Natural Language Learning）评测曾在2004年、2005年、2008年以及2009年将语义角色标注作为公共任务（shared task）发布，这也体现了语义角色标注这一任务的重要性。

可以通过BIO标签将语义角色标注问题转化为一个类似词性标注的序列标注问题。图9.10是这样的一个实例，每个词都得到一个与语义角色相关的一个标签，其中附属标签“B”表示一个论元的开头，“I”表示一个论元的中间，“O”表示非论元。在本例中，目标谓词用Rel预先标记出来；如果需要对谓词本身进行词义消歧，可以将词义本身作为一个标签类别，“采”的标签为B–FIGURE表示是FIGURE角色的开始位置，后面紧随了三个I–FIGURE，将二者合一，即可得到动词“放”所表示的事件的关涉客体。

输入	输出
采	B-FIGURE
来	I-FIGURE
的	I-FIGURE
嫩茶	I-FIGURE
放	PLACE-LOCATION
太阳	B-GROUND_LOCATION
下	I-GROUND_LOCATION

图9.10 基于序列标注的语义角色标注实例

基于词的序列标注问题很容易通过深度学习技术进行求解，而深度学习模型也和全词的词义消歧非常相似，图9.11展示的是一个通用的语义角色框架是如何采用一个编码器，如双向LSTM或者Transformer，来对句子中的每一个词进行向量表示学习的。最终得到的向量将交给一个分类器进一步获得语义角色的类别信息。过往的经验表明，堆叠多层LSTM对最终的分类效果帮助很大。和词义消歧不同的是，一个句子中往往不止一个谓词，因此为了区别目标动词，分类时就需要额外向一个具体词告知目前在针对哪个谓词进行语义角色计算。图9.11中用虚线表示这一信息，例如，当对“嫩茶”进行分类时，除了使用“嫩茶”的编码表示，还需要知道目标动词“放”的信息。

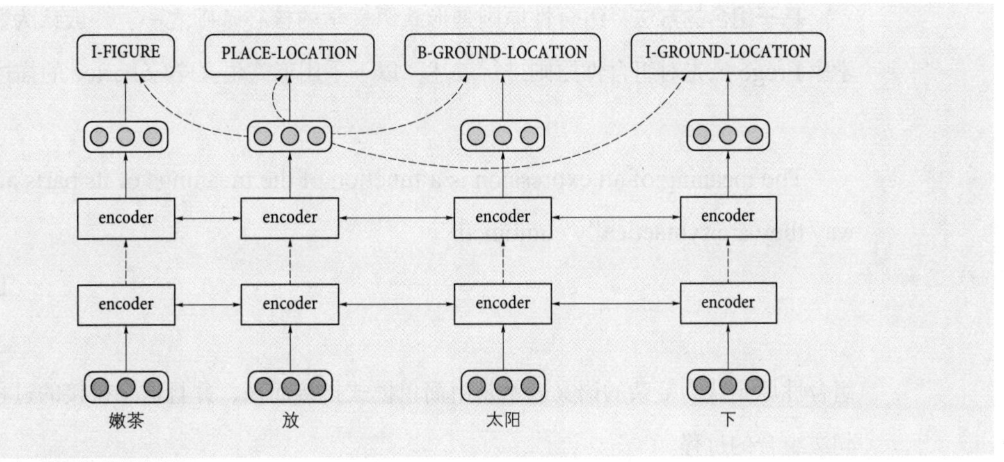

图9.11 基于词向量编码的词义消歧方法

9.4 基于图表征的语义分析

9.4.1 分析方法概览

语义依存分析可以借鉴句法分析的算法，目前的分析方法大致可以分为4种：① 基于因子分解（factorization-based）的方法；② 基于组合（composition-based）的方法；③ 基于状态转移（transition-based）的方法；④ 基于翻译（translation-based）的方法。

本小节对以上方法进行概要式展开，9.4.2小节将以语义依存分析为例，具体介绍应用其上的基于因子分解的方法。

基于因子分解的方法 基于因子分解的方法借鉴了较为成功的句法分析算法，如基于图的句法依存分析（graph-based dependency parsing）方法。基于因子分解方法的核心是定义一个有效的打分函数（score function），它能够对任意一个语义图进行评估，并给出一个实值的分数；在进行语义分析的时候，一个基于因子的分析模型将遍历所有可行的语义图，对其进行打分，并且寻找得分最高的语义图作为输出结果。

以语义依存分析为例，该问题可以被视为一个最大子图（maximum subgraph）问题。首先对句子中全部的词对进行打分，parsing的问题是在这个完全图里搜寻一个属于特定图类且边的分数和达到极大值。如果规定目标图的图类是任意图，即不对目标图进行约束，则这个问题等价于对任意两个词进行“是否构成语义依存关系”的分类。如果对目标图类进行显著控制，如规定目标图中不能有交叉边，则通常需要动态规划算法进行搜索求解。当遍历所有可行语义图这个搜索问题本身是个难解的问题的时候，也可以采用一些近似算法。

基于组合的方法 组合性原则是形式语义学的核心基础之一。一般认为数理逻辑学家Frege最先对组合性原则进行表述，以下采用形式语义学家Partee的描述：

The meaning of an expression is a function of the meanings of its parts and of the way they are syntactically combined.

B. Partee

组合性原则认为复杂的语义表示是由简单模式拼接而来，并且这个拼接的过程同步于句法组合的过程。

依据组合性原则，不少研究者提出针对语义图的推导过程进行建模，即对一个句法语义推导过程进行打分，在所有可行的语义推导过程中，寻找分数最大的推导，并将这个推导得到的结果作为最终的语义分析结果。因为针对的是基于图表征的语义，所以在对推导过程进行形式化的过程中，需要一个面向图的符号系统，如图文法（graph grammar）；而打分函数可以通过定义不同类型的神经网络模型来获得。

基于状态转移的方法 和基于组合的方法类似，基于状态转移的方法把语义图的构造视为一个包含数个步骤的推导过程；和基于组合的方法不同的是，基于状态转移的方法建模的焦点是对这个过程中语义分析器的状态进行向量表示，根据当前的状态的特征向量来判断语义分析器应该执行什么样的新步骤。基于状态转移的分析方法往往不关心全部可行的推导，并且推导也不一定具有句法语义推导的含义。

构建这样一个语义图分析器，需要两个核心模块：① 一个符号系统，它能够被用来精确地对图产生的推导过程进行定义，特别是对语义分析器的状态（state）进行精确表示，以及对状态转移（transition）的方式进行精确的表示；② 一个打分函数，它能在给定的语义分析器状态下，判断应该进行哪一种状态转移，从而更新分析器的状态。在语义图分析的研究中，不同的研究者针对不同的语义图表示方法，提出了各种不同的状态转移系统，在深度学习的背景下，学者们也研究了不同类型的网络模型来提升状态转移分类的精度。

基于翻译的方法 神经机器翻译（neural machine translation）从2014年开始得到了非常迅速的发展，针对机器翻译而开发的各种序列到序列（sequence-to-sequence，简称为seq2seq）模型也被广泛地应用到不同的自然语言处理任务中，一个广泛被采用的模式是将输出结构进行序列化，以应用seq2seq模型。

对于语义图分析来说，有一些研究人员研究如何将图进行序列化（linearization），即将图通过辅助符号来进行序列表示，如通过深度优先遍历来“拍扁”一张语义图。在这个框架下，输入序列为词序列，输出序列为图的序列化结果，通过后处理（post-processing）来将输出序列“还原”为一张语义图。这种方法的好处是在短时间内可以构建一个语义图分析器，但目前的研究显示，这种方法构建的语义图的分析能力显著低于基于因子分解和基于组合的方法。

9.4.2 基于因子分解的语义依存分析

基于因子分解的方法是第8章所介绍的最大生成树算法在语义图分析上的扩展，随着深度学习中的上下文学习算法越来越强大，基于因子分解的方法目前可以简化针对可行依存边的分类问题。给定含有n个词对的句子$\boldsymbol{w}=w_{1\cdots n}$，对其上任意一个词对$\langle w_p, w_a\rangle$，都计算一个分数以表示$w_p$和$w_a$之间存在语义依存关系的可能性的大小，可以采用类似句法依存分析的方法，定义如下的一个打分函数s

$$s(w_p, w_a) = \boldsymbol{\theta}^{\top}\boldsymbol{f}(w_p, w_a, \boldsymbol{w}) \tag{9.1}$$

其中$\boldsymbol{w}$为模型参数，$\boldsymbol{f}$为待判断的词对的特征表示。

通过神经网络来学习$\boldsymbol{f}$是目前的主流方法，网络的模型同句法依存分析相似，图9.12是一种比较有效的网络架构。词的初始向量经过编码器的计算，是计算$\boldsymbol{f}$的一个重要环节，词w_p和词w_a的相应变量经过向量拼接，就可以作为$\boldsymbol{f}$的输出，用于对这个词对进行分类。和句法分析相似，如果要达到一定的效果，特征表示是至关重要的。对于神经网络形式的特征，编码器一般采用比较深的网络结构，而在得到$\boldsymbol{f}$后的分类模型，也可以采用非线性模型，如多层神经网络。

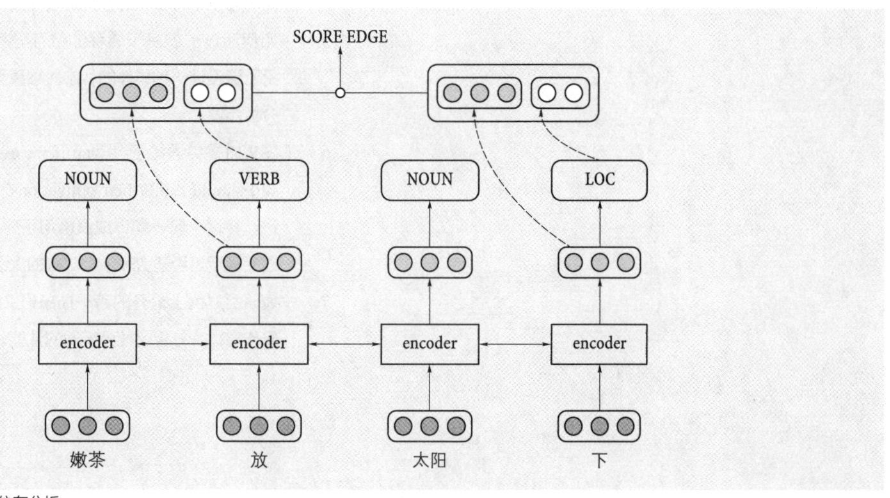

图9.12 基于因子分解的语义依存分析

9.5 延伸阅读

想要较为深入地了解自然语言处理的某一个专项任务，学习相关的学术会议讲习班甚至是暑期学校的学习材料是一种较为快捷便利的方式。另外，在部分领域也有综述性的专著可以参考。以下是一些代表性的延伸阅读资料，有兴趣的读者可以自行上网查阅相关内容。

- 词义消歧：ACL2005及AAAI2005讲习班。
- 语义角色标注：NAACL2013讲习班；专著：*Semantic Role Labeling*（Martha Palmer, Daniel Gildea与Nianwen Xue）。
- 基于图表征的语义分析：ACL2019讲习班。

习题

1. 在线查阅中文词汇网络和中文动词词汇语义网关于动词“放”的分析，并同现代汉语词典中的词条进行对比分析，说明三者的异同。
2. 用程序编写一个全词标注的词义消歧程序，使用中文动词词汇语义网关于动词“放”的语料训练你的模型，并进行测试。
3. 下面有两个汉语语句，试分析其句子中动词的语义角色。
   - 新浪体育提供最快速最全面最专业的体育新闻和赛事报道。
   - 你好烦吗？
4. 如果采用基于词的序列标注方法来进行语义角色标注，上述两个句子中每个词的标签都是什么？
5. 如何通过扩展基于转移的依存分析算法来进行语义依存分析？请设计一种具体的状态转移模型，并给出图9.4中句子的分析步骤。
6. 图9.13是英语句子“Even if we owed their hourly fees, they still should fulfill their obligations”的抽象语义表示分析实例，将这个句子翻译成汉语句子，并思考该英语句子的抽象语义表示是否适合表示相对应的汉语句子。
7. 调研互联网上公开的若干抽象语义表示分析器，将其分析结果作对比，分析这些分析器的性能。

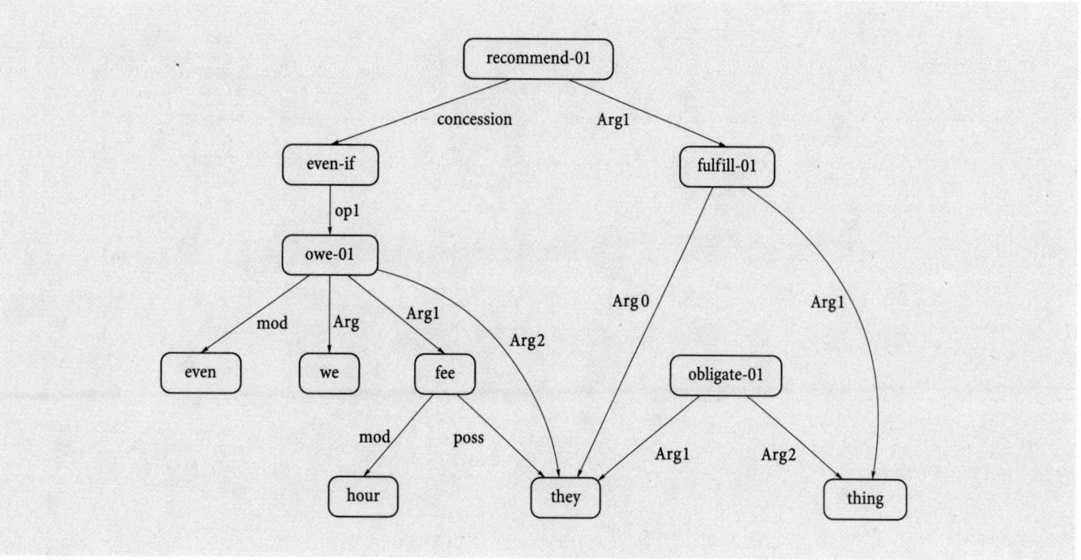

图9.13 题6

参考文献

[1] GILDEA D, JURAFSKY D. Automatic Labeling of Semantic Roles[C]//Proceedings of the 38th Annual Conference of the Association for Computational Linguistics (ACL 2000), 2000: 512–520.

[2] FELLBAUM C. WordNet：An Electronic Lexical Database[M]. Cambridge, MA：MIT Press, 1998.

[3] JURAFSKY D, MARTIN J H. Speech and Language Processing [M]. 2nd ed. Upper Saddle River: Prentice Hall, 2008.

[4] GODDARD C. Semantic Analysis: A Practical Introduction[M]. Oxford：Oxford University Press, 2012.

[5] NAVIGLI R. Word sense disambiguation: A survey[J]. ACM Computing Surveys, 2009.

第10章 信息抽取

10

信息抽取（information extraction，IE）是把文本里包含的信息进行结构化处理，变成结构化（表格）一样的组织形式。其输入是原始文本，输出是固定格式的信息片段。信息片段从各种各样的文档中被抽取出来，然后以统一的形式集成在一起。信息抽取技术并不试图全面理解整篇文档，只是对文档中包含相关信息的部分进行分析，至于哪些信息是相关的，则由任务的目标而定。本章从命名实体识别、关系抽取、事件抽取三个信息抽取经典任务出发介绍了典型的信息抽取方法。其中，命名实体识别意在从输入文本中识别出满足给定某种类型的实体，常见的实体类型有人名、地名、机构名等。关系抽取意在确定给定的两个实体间是否具有某种类型的关系，而事件抽取意在从输入文本中获取该文本陈述的事件类型，以及识别出与该事件类型相对应的事件元素。随后，本章又针对命名实体识别的后续任务实体链接展开介绍，实体链接的目的在于将经由命名实体识别出的实体指向知识库中特定条目以确定命名实体在上下文中的含义。本章末尾针对开放域下的信息抽取任务做简单介绍，开放域信息抽取没有限定识别或抽取信息的类型，而是尽可能抽取文本中所蕴含的各种信息。

10.1 命名实体识别

10.1.1 基本概念

命名实体识别（named entity recognition，NER），又称为“专名识别”，是指识别文本中具有特定意义的实体，主要包括人名、地名、机构名、专有名词等。

命名实体识别是信息抽取和信息检索中一项重要的任务，其目的是识别出文本中表示命名实体的成分，并进行分类，因此有时也称为命名实体识别和分类（named entity recognition and classification，NERC）。命名实体作为文本中重要的语义知识，其识别和分类已成为一项重要的基础性研究问题，然而由于命名实体本身的随意性、复杂性、多变性等特点，该问题还远没有达到可以完全解决的地步，命名实体识别仍然是一个重要且具有挑战性的研究课题。

命名实体（named entity，NE）作为一个明确的概念和研究对象，是在1995年11月的第六届MUC会议（the Sixth Message Understanding Conferences，MUC-6）作为一个子任务被提出的。当时关注的焦点仅是人名、地名、组织机构名等结构化信息的核心元素，随后在MUC-7中，命名实体类别被细化成了多类，规定了NER需要识别的三大类（命名实体、时间表达式、数量表达式）、七小类，其中命名实体分为：人名、机构名和地名。MUC之后的ACE将命名实体中的机构名和地名进行了细分，增加了地理-政治和设施两种实体，之后又增加了交通工具和武器。

10.1.2 基于规则的命名实体识别

早期的命名实体识别研究集中在人工构建有限规则，再从文本中寻找匹配这些规则的字符串。但即便是基于规则，研究者们也试图借助机器自动地发现和生成规则。在命名实体识别中，基于规则的方式一般是由语言学家指定规则。规则往往是依据命名实体本身和所在环境制定的，对于一些欧洲的语言，命名实体识别是件相对容易的事，例如，英文的命名实体一般是以大写字母开头的，如姓名、机构名等，如果识别出了命名实体，那么就可以根据相应的规则判别出这个命名实体属于哪一种类型。类似的方法在英文数据集上对命名实体三种类别（人名、地名和机构名）的分类准确率超过了91%。常见的规则定义方式有以下几种。

（1）定义实体本身：这类规则通过指定实体的组成形式来定义规则。

例如，在一篇英文文档中，对公司名进行识别时，可以限制该命名实体必须出现在一些领域词典中和公司名首字母必须为大写。

例 10.1　Apple Inc., Microsoft Company。

（2）定义实体的边界：在很多时候，单定义实体本身无法完成实体的识别，但可以通过实体的上下文边界来完成识别。

例如，以“《”和“》”作为实体边界。

例 10.2　《我和我的祖国》《义勇军进行曲》。

（3）定义多个实体：可以同时定义多个实体，利用实体所处的上下文环境来进行语义消歧。

例如，规则“number+日期单位+number+日期单位+number+日期单位”来识别年月日。

例 10.3　1949年10月1日，2008年8月1日。

采用基于规则的方法一般是在分析实体的特征之后来构造人工规则进行匹配。这种方法在小规模的语料测试中有较好的效果，且速度快，但是，基于规则的命名实体识别方法存在以下缺点。

（1）无论是人工总结规则还是对语料库以及命名实体库的整理，都需要消耗大量的财力和时间。

（2）可移植性差，一旦移植到其他语言或其他领域，需要重新编写规则和定义实体。

> 例10.4 医疗领域的机构多以“医院”结尾，而金融领域的机构多以“公司”结尾。

（3）基于规则的方法往往有较高的准确率，但是召回率却有待提高。

（4）一旦编写大量的规则后，规则之间就可能相互冲突。

> 例10.5 中文姓名以姓在前名在后，而英文则正好相反。

也有研究者提出了结合规则和统计模型的NER方法，并认为加入统计模型后，不使用词典仍然可以很好地识别出命名实体。可见研究者们已经意识到，虽然基于规则的方法能够在特定的语料上获得较高的识别效果，但是识别效果越好，越需要大量规则的制定，而试图通过制定有限的规则来识别出变化无穷的命名实体，是不可行的。更不用说规则对领域知识的极度依赖，使得当领域差别很大时，制定的规则往往无法移植。这些固有的缺点使得研究者们转而采取基于统计的方法。

10.1.3 基于统计的命名实体识别

基于统计机器学习的NER研究大体可以总结为以下几个方向：选择合适的模型和方法；选择合适的特征；深度学习方法。

1. 模型和方法的选择

基于机器学习的NER方法归根到底都是分类的方法，给定命名实体的多个类别，再使用模型对文本中识别出的实体进行分类。但其中也可以分为两种思路，一种是先识别出文本中所有命名实体的边界，再对这些命名实体进行分类。另一种是序列化标注方法，将命名实体边界的识别和类别的划分融合在一个过程中，此时NER的任务就是对文本中的每个词进行序列化的自动标注（其实也是分类），最终获得由若干个词构成的命名实体及其类别。无论是基于分类的方法还是基于序列标注的方法，本质上都是优化如下的概率函数：

$$X = argmaxP(X|W) = argmaxP(X) * P(W|X) \tag{10.1}$$

$W = [w_1, \cdots, w_n]$为输入的字符串，命名实体识别的任务就是从这串字符串中寻找

出最佳子串$X = [x_1, \cdots, x_m]$（$m<n$），所谓最佳子串是要使得概率$P(X|W)$达到最大值。其中，可以将$P(X)$称之为上下文模型和将$P(X|W)$称之为实体模型。

上下文模型隐含的含义是从已有的上下文产生命名实体的可能性有多少。它可以通过计算下式得出：

$$P(X) = P(x_1) \prod_{(i=1,\cdots,m)} \left(P\left(x_i \mid x_{(i-1)}, x_{(i-2)}, \cdots, x_1\right)\right) \tag{10.2}$$

对于$P(x_i|x_{(i-1)}, x_{(i-2)}, \cdots, x_1)$，可使用训练集通过最大似然估计得出：

$$P\left(x_i \mid x_{(i-1)}, x_{(i-2)}, \cdots, x_1\right) = \frac{count\left(x_i, x_{(i-1)}, x_{(i-2)}, \cdots, x_1\right)}{count\left(x_{(i-1)}, x_{(i-2)}, \cdots, x_1\right)} \tag{10.3}$$

实体模型的含义是在给定某个命名实体X的条件下，其被上下文W所包含的可能性有多少，假设组成实体的多个词语之间是相互独立的，则实体模型可转化为：

$$\begin{aligned} P(W \mid X) &= P\left(w_1, \cdots, w_n \mid x_1, \cdots, x_m\right) \\ &= P\left(\left[w_1, \cdots, w_{(j-start)}\right]\left[w_{(j-end)}, \cdots, w_n\right] \mid x_1, \cdots, x_m\right) \\ &= \prod_{(i=1,\cdots,m)} P\left(\left[w_1, \cdots, w_{(cj-start)}\right]\left[w_{(cj-end)}, \cdots, w_n\right] \mid x_i\right) \end{aligned} \tag{10.4}$$

假设字段$x_1, \cdots, x_m$出现在$w_1, \cdots, w_n$的位置*j-start*，*j-end*处。上述公式中的$[w_1, \cdots, w_{(j-start)}]$和$[w_{(j-end)}, \cdots, w_n]$分别代表了命名实体的上文和下文。不同的统计模型则在于分别采用不同的方案估算实体模型和上下文模型。

目前有两类处理命名实体识别的任务，一类是将NER看作分类问题，另外一类将NER看作序列标注问题。无论是分类方法还是序列标注方法均需要提供一系列的观测样本$S=(x_1, y_1),(x_2, y_2), \cdots, (x_l, y_l)$，其中$x_1, x_2, \cdots, x_l$代表输入序列，$y_1, y_2, \cdots, y_l$代表样本的标记（标签），最典型的标记即为BIO，其中B代表命名实体的开始，I代表命名实体的中间位置，O代表不为命名实体。同时可在BIO标签后配上相应的类别标记，例如，B–N代表人名类命名实体的开始，B–O代表机构类命名实体的开始。

以句子“小明/在/工人体育馆/观看/了/一场/周杰伦/的/演唱会。”为例，“/”代表中文分词结果。

基于分类的NER首先从句子中找到可能的命名实体，例如“小明”“工人体育馆”“周杰伦”或“演唱会”等，再对已找到的可能的命名实体进行分类，以确定命名实体的类别，如人名、地名、机构名或不为命名实体。

基于序列标注的NER则是将命名实体边界识别和命名实体类型的识别融合在一起，为输入序列的每个词语打上相应的标签。针对上述例子，输出结果为：

例 10.6

B-N	O	B-O	O	O	O	B-N	O	O
小明/	在/	工人体育馆/	观看/	了/	一场/	周杰伦/	的/	演唱会。

以上是基于词的序列标注结果，还有一种基于字的序列标注结果，即输入文本的基本单元为字，则得到的结果为：

例 10.7

B-N	I-N	O	B-O	I-O	I-O	I-O	I-O	O	O
小/	明/	在/	工/	人/	体/	育/	馆/	观/	看/
O	O	O	B-N	B-I	B-I	O	O	O	O
了/	一/	场/	周/	杰/	伦/	的/	演/	唱/	会。

2. 特征的选择

另一种提高NER效果的思路是选择更好的特征表示，此思路在NER中极为普遍和有效。NER任务中，最常见的特征包括形态、词汇和句法信息。

- **形态特征**：词形、大小写、前后缀等。
- **本地词汇特征**：前后提示词、窗口词、连接词等。
- **句法特征**：词性、浅层句法结构等。

由于汉语的特殊性，除了词汇层面的特征外，汉字层面的特征也被充分地用来辅助提高NER的效果，如提示单字、常用尾字等。为了提高识别的效果，各种全局信息也作为特征被广泛地应用在NER中，尤其是远距离依存和共指等。与此同时，各种外部知识如人名词典、地名词典等也被普遍用来提高NER模型的性能。值得注意的是，维基百科是最常见且有效的外部知识，而在汉语NER中，知网（HowNet）、同义词词林等作为汉语特有的词汇语义知识库，被充分地应用在NER研究中。

10.1.4 基于深度学习的命名实体识别

近年来，源于神经网络模型的深度学习技术成为机器学习领域新的热潮。尤其是使用词向量来表示词语的方法，一方面解决了高维度向量空间带来的数据稀疏问题，另一方面词向量本身也比人工选择的特征包含更多的语义信息，而且该方法可以从异构的文本中获取统一向量空间下的特征表示。词向量的具体介绍参见5.1节。除去利用词向量丰富词语的语义信息之外，词语的位置向量、词性向量均被引入丰富词语的

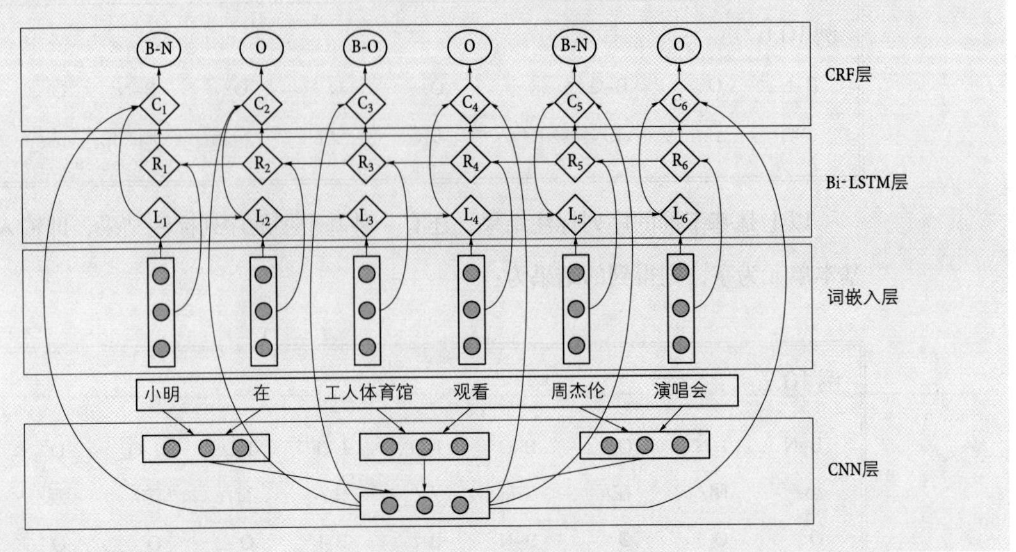

图10.1 CNN+Bi-LSTM+CRF

表示。而更多研究还力求借鉴和改进现有的模型和方法，典型的有将长短时记忆网络（LSTM）结合到NER任务中，提出一种双向LSTM（Bi-LSTM）与CRF相结合的模型，通过利用神经网络建模文本的上下文特征比之前方法的F值提高了5%。

作为文本的深层表示模型，卷积神经网络（CNN）也可以捕获文本中大量的局部信息。CNN有一个不足，就是卷积之后，末层神经元可能只是得到了原始输入数据中一小块的信息。而对NER来讲，整个输入句子中每个字都有可能对当前位置的标注产生影响，即所谓的长距离依赖。为了覆盖到全部的输入信息就需要加入更多的卷积层，导致层数越来越深，参数越来越多。因此有研究者将CNN和Bi-LSTM+CRF结合在一起，利用CNN构建文本的局部特征表示，再和由LSTM获得的全局序列特征相结合，共同获得优化的结果。模型结构如图10.1所示。

10.2 实体关系抽取

10.2.1 基本概念

实体关系抽取，简称关系抽取（relation extraction），是指对于给定的两个实体抽取自由文本中存在的关系事实，这里的关系包含地名之间的位置关系、人名和人名之间的社会关系等。抽取出来的事实关系以事实三元组的形式存储在知识库中，例如使用三元组（微软，创始人，比尔·盖茨）来表示微软的创始人是比尔·盖茨这一具体事实。

实体关系抽取是构建和扩展知识库的重要步骤，也是自然语言处理领域的关键任务之一。近些年来，包括Freebase、DBpedia、YAGO等大型知识库（knowledge base）或知识图谱（knowledge graph）逐渐形成体系，并被广泛地应用于包括网页搜索、问答系统、文本检索等诸多自然语言处理任务上。虽然现有的大型知识库已经包含了大量的三元组关系事实，但与现实世界中近乎无穷无尽的知识量相比，现有的知识库依然还是远远不够完整。为了尽可能地高效丰富知识库中的关系事实，研究者们投入了很多努力来寻找可以自动发现并挖掘未知关系事实的方法。关系抽取，即从自由文本中抽取实体之间的关系事实，便是其中的一种方法。

具体而言，对于给定的句子和其中标注的两个实体，关系抽取可以获得一个三元组构成的关系事实，包括头实体（head entity），尾实体（tail entity）和关系类别（relation type）。例如，通过关系抽取，可以从句子“牛顿是皇家学会的会长”中提取出（牛顿，是……的成员，皇家学会），其中“是……的成员”就是两个实体间的关系。

10.2.2 基于规则的实体关系抽取

早期的关系抽取研究与命名实体研究类似，主要依赖人工构建的规则从文本中寻找与其匹配的信息。通过观察可以发现，大多数的关系事实是可以通过两个实体之间的文本来进行确定的。例如，在“中国的首都是北京”中，“中国”和“北京”两个实体之间的关系可以通过“……的首都是……”来确定，得到事实三元组（中国，首都，北京）。在有了“……的首都是……”这个模板之后，人们设计关键词匹配的规则便可以将语料中别的存在首都关系的三元组给找到。但是简单的关键词匹配在关系抽取过程中召回率极低，因为一旦表述发生细微的变化，规则便失去了作用。为了解决这个问题，可以将词性标注的信息也考虑进来，对词性匹配而不是直接对词汇进行匹配，这样就可以有效地提升模型召回率。这种在文本上按顺序进行匹配的方法被称为词序列模板（word sequence patterns）。

词序列模板可以很好地解决文本中短距离的依赖关系，但是当文本变长之后，许多额外的描述信息使得该方法在长距离关系上失效。例如，“小明因无法忍受小红的唠叨而打了小红”和“小明打了小红”中间都包含了（小明，打，小红）这个关系事实，但是上述的词序列模板法却无法从第一句话中找到可匹配的部分。在这里，可以利用通过依存分析（dependency parsing）工具帮助关系抽取，对于“打”这个动词，两句话当中“小明”和“小红”分别都是主语和谓语，因此得到了一个依存分析下通用的匹配模板。这个技术也对于深度学习时代的关系抽取研究有一定的启发，在下文会提到。

依靠这两种规则方法，虽然人们已经可以从文本中抽取出想要的关系事实，但还是面临召回率低、人工投入大等问题。而之后兴起的统计学习以及深度学习技术进一步对这些问题进行了解决。

10.2.3　基于精标注数据的实体关系抽取

历史上有许多基于统计学方法的有监督关系抽取模型，如基于特征（feature）、嵌入（embedding）表示、核（kernel）方法和图（graphical）方法的模型。近年来，随着人工神经网络的发展，关系抽取领域的研究人员也尝试使用神经网络代替人工特征对句子进行处理。事实上，采用神经网络方法目前已成为了关系抽取领域的主流方法。在关系抽取中，基本的神经网络有卷积神经网络（CNN）和循环神经网络（RNN），而围绕他们又出现了一系列变体结构。

1. 基于CNN的有监督方法

C. Liu于2013年提出了一种基于CNN的关系抽取模型。其将一句话所有词语的词嵌入（word embedding）而非词的独热（one-hot）向量作为模型的输入，输出句子的特征向量，并使用一个softmax分类器进行分类，模型如图10.2所示。

对于一个有N个词的词库，词向量维度为D，则需要初始化一个$N \times D$的词嵌入表。对于每一个词w_i，其下标对应的词嵌入表中维数为D的向量就是它的词嵌入。词嵌入相比独热向量，信息的存储更加稠密，节省了大量的空间。

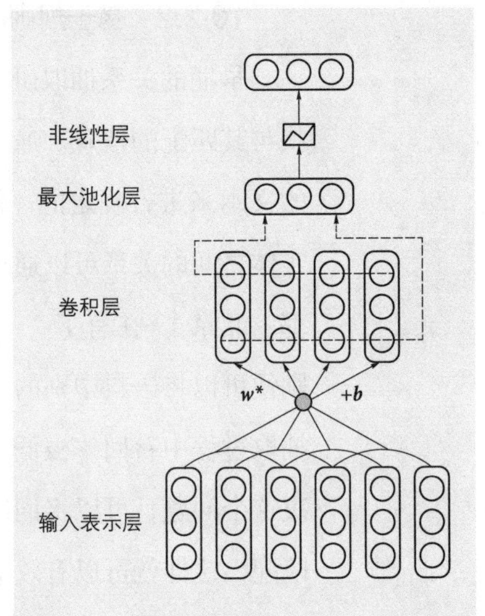

图10.2 CNN实体关系抽取模型结构

对于输入的句子$s=\{w_1, w_2, \cdots, w_n\}$，找到其每个词对应的词嵌入，得到一个二维矩阵$[\boldsymbol{x}_1; \boldsymbol{x}_2; \cdots; \boldsymbol{x}_n]$。随后使用一个简单的卷积层进行处理。一个窗口大小为m的卷积核在刚刚获得的矩阵上移动，每一次移动都会由下式计算出这部分对应的隐层向量，

$$\hat{\boldsymbol{x}}_i = \left[\boldsymbol{x}_{i-\frac{m-1}{2}}; \cdots; \boldsymbol{x}_i; \cdots; \boldsymbol{x}_{i+\frac{m-1}{2}}\right] \tag{10.5}$$

$$\boldsymbol{h}_i = \tanh\left(\boldsymbol{W}_{\mathrm{c}} \hat{\boldsymbol{x}}_i + \boldsymbol{b}_{\mathrm{c}}\right) \tag{10.6}$$

其中$\boldsymbol{W}_{\mathrm{c}}$是卷积核参数，$\boldsymbol{b}_{\mathrm{c}}$是卷积的偏置向量。为了更好地从局部隐层向量中提取句子特征，在卷积后使用最大池化层（max pooling），对于每一个维度，都从所有

的隐层向量对应位置取最大值。

$$s_i = \max\{\boldsymbol{h}_{1_i}, \boldsymbol{h}_{2_i}, \cdots, \boldsymbol{h}_{n_i}\} \tag{10.7}$$

最终通过使用一个softmax分类器，输出每一个关系类别对应的概率。如下，$\boldsymbol{W}$是线性变换矩阵，$\boldsymbol{b}$是偏置向量。

$$\boldsymbol{o} = \boldsymbol{W}\boldsymbol{s} + \boldsymbol{b} \tag{10.8}$$

整个模型通过随机梯度下降算法（stochastic gradient descent）优化输出结果的交叉熵（cross entropy）来进行训练。

D. Zeng于2014年提出了改进版的用于关系抽取的CNN模型。其将原本随机初始化的词嵌入改为了在大规模语料上预训练的词嵌入，提升了模型捕捉句法（syntactic）和语义（semantic）属性的能力。同时该模型中还引入了一个新的输入——位置嵌入（position embedding）。对句子中的每一个词，以其到头实体和尾实体的距离为索引，从距离嵌入表中获取对应的两个向量。单词距离实体的距离对于关系抽取具有很重要的意义，例如，位于两个实体之间的词将对于关系的分类更加重要，在"我出生在北京，它是祖国的首都"这个句子中，预测"我"和"北京"的关系时，"出生"应该起到很重要的作用。词嵌入向量和位置嵌入的两个向量联结到一起后，输入进CNN进行后续的计算。

基于上述模型，D. Zeng于2015年又提出了PCNN（piecewise CNN）。在卷积层计算出每个位置对应的隐层表示后，按照两个实体所在的位置将句子分成三个部分，并对每个部分分别做最大池化，即，

$$\boldsymbol{s}_j^h = \max_{1 \leqslant i \leqslant i_1}\{\boldsymbol{h}_{i_j}\} \tag{10.9}$$

$$\boldsymbol{s}_j^m = \max_{i_1+1 \leqslant i \leqslant i_2}\{\boldsymbol{h}_{i_j}\} \tag{10.10}$$

$$\boldsymbol{s}_j^t = \max_{i_2+1 \leqslant i \leqslant n}\{\boldsymbol{h}_{i_j}\} \tag{10.11}$$

其中i_1和i_2是两个实体的位置。最终这个句子的嵌入表示为这三部分结果的联结，即

$$\boldsymbol{s} = \boldsymbol{s}^h \oplus \boldsymbol{s}^m \oplus \boldsymbol{s}^t \tag{10.12}$$

原本的简单最大池化，隐层表示参数减少的速度太快，并不能很好地捕捉整个句子的表征。而片段最大池化考虑到了不同位置的片段语义上的不同，能够细粒度地捕获到句子的结构特征。不过值得注意的一点是，片段最大池化增加了模型的参数，使得过拟合的风险上升。

2. 基于RNN的有监督方法

D. Zhang提出了一个简单的双向循环神经网络（bidirectional recurrent neural network，Bi-RNN），以word2vec预训练的词嵌入作为输入，这里与上述的CNN模型十分类似，随后送入RNN模型，为了解决单向RNN带来的未来信息无法利用的问题，模型同时采用了一个与正向RNN结构类似的反向RNN。

每个位置的隐层最终输出为两个RNN结构输出的和，同时可以包含单词前文和后文的信息。与CNN类似，该模型使用了最大池化层提取全局特征，并用全连接层和softmax分类器输出不同类别的概率。

类似的，S. Zhang于2015年提出了一个双向LSTM模型。与前一模型相比，除了词嵌入，一些其他的词法（lexical）特征也被引入作为输入。模型同样采用了双向RNN的结构，和上一个模型不同的是，RNN中简单的线性模块被替换成了长短期记忆模块，更复杂的结构增强了模型的表达能力，也提高了模型过拟合的风险。

最终被用于分类的特征，包括两实体对应的RNN隐层输出，以及两实体之间隐层输出的最大池化。随后模型通过一个多层感知机（multilayer perceptron）抽取最终特征，并通过softmax分类器输出最后的特征。

前面的工作都将输入的句子作为一个线性序列，而我们知道句子中的词其实有互相间的依存关系。如“我去学校”，“去”这一动词连接起了“我”和“学校”两个实体，形成了一个树形结构。这样的结构可以通过依存分析（dependency parsing）工具对句子进行分析得出。两个实体在依存树上的最短路径，被称为最短依存路径（shortest dependency path）。通常来说，两个实体在最短依存路径中的公共祖先（common ancester）扮演了触发器（trigger）的角色，如“成千上万吨的水倾泻于湖中”，最短依存路径为水—倾泻于—湖，“倾泻于”就是触发器，它对确认事件的类型有很大的帮助。因此，Xu、Liu和Cai提出了基于最短依存路径的RNN模型，直接将最短依存路径而非原始的句子序列作为RNN的输入。这样既抛弃掉了依存树上的次要信息，又突出了重要的结构信息（如触发器）。然而这一方法的问题在于，依存分析工具本身不是百分之百正确的，且对于一些更为复杂的句子结构（如包含从句）无法分析得很好，因此在某些情境下可能会起到相反的效果。

10.2.4 基于远程监督数据的实体关系抽取

相比于纯无监督的方法，引入一定标注信息或其他额外知识的弱监督方法（weak-supervised）近年来更为火爆，其达到的效果也更好。一种弱监督方法被称为“自助法（bootstrapping）”，其只需要少量的标注数据作为种子（seed），便可以通过多次迭代获取分辨该关系类别的能力。通常初始的种子为该关系对应的模式（pattern），如“人+出生于+地名”，就是关系“出生于”的一个模式。通过初始的模式和一定的方法，可以在大规模未标注的语料中找到新的可以认为是同种关系的实例，通过这些新的实例又可以获得新的模式，周而复始，不停迭代。最终，尽管只标注了少量数据，也可以通过该过程获得足够多的模式。

另一种弱监督方法，近年来更受追捧——远程监督（distantly supervised）。远程监督通过将知识图谱中的实体与语料中的实体对齐，自动地制造大量标注数据。其基于这样一个假设：若知识图谱中，实体A与实体B之间有关系R，则对于所有同时包含实体A与实体B的句子，认为该句子表现了A、B之间的关系R。通过这一方法，不需要投入标注成本也可以获得大量的数据，相比于有监督的方法，远程监督大大降低了过拟合和领域依赖（domain dependency）的问题。目前最为常用的远监督数据集为S. Riedel于2010年放出的NYT数据集，其包括53个类别，训练集中有522611个实例，281270个实体对以及18252个关系事实；测试集中则有172448个句子，96678个实体对和1950个关系事实。相比于先前的有监督数据集，在数据总量上有极大的提升。

然而，远程监督也带来了严重的错误标注（wrong labeling）问题。例如，知识图谱中有这样一个三元组（比尔·盖茨，创始人，微软），但在句子“比尔·盖茨出席了在微软公司举行的这次晚宴”中，“创始人”这一关系并没有被体现，这被称为假阳性（false positive）。同样，由于远程监督数据集通常会引入负例（即样本中的两个实体间没有关系），而知识图谱的信息也并非全面，从而两个明明有关系的实体可能会标注为无关系，这被称为假阴性（false negative）。可以看出，远程监督所基于的其实是一个非常强的假设，在很多情况下都不成立，且引入了大量的噪声。

由于上述原因，对远程监督数据集进行句子级别（instance-level）的分类变得十分不现实，因此，研究人员开始将远程监督的关系抽取视作一个多实例多类别（multi-label multi-instance）的问题。将所有具有相同实体对的句子视作一个包（bag），模型的任务从对每个句子分类，转变为了对每个包分类，即对于每个实体对给出他们间的关系。同时，一个实体对对应的可能不是一种关系，如“奥巴马”和“美国”的关系，可能是“出生地”，可能是“公民”，也可能是“总统”，因此要采用多类别的输出。

在多实体多类别这一框架之下，许多新的模型被提出，这些模型主要的努力目标，都是降低由远程监督带来的噪声。D. Zeng在2015年发表的模型中，提出了“至少一个”（at-least-one）原则，即认为对于一个包中的所有句子，至少有一个实例体现了实体对间的某种特定关系。因此，在对包进行分类的时候，先计算每一个实例对于不同关系类别的概率。再对于每一种关系，挑选该关系类别概率最大的实例，作为选中的“至少一个”的句子。因为每次挑选的都是概率最大的实例，因此一定程度上减少了数据的噪声。但每次仅仅采纳一个实例，使得其他大量支持这一关系的句子没有利用起来，也是一种浪费。

同样是取最大，还有一种不同的思路：求出每一个实例的向量表示后，在每一个维度上求最大值，得到最后的包的表示向量，这种方法被称为跨句最大池化（cross-sentence max pooling）。相当于对于每一维特征，贡献都来自包中响应最强的句子，这一方法弥补了“至少一个”中贡献过于单一的问题。

为了在降低噪声的同时可以利用到所有有效的实例，Y. Lin在2016年提出了基于选择注意机制（selective attention）的关系抽取模型。注意机制（attention mechanism）启发于人对世界的感知方式，人在看东西的时候，会给自己感兴趣的区域分配更多的注意力（更大的权重），而忽视其他无关的区域。在远程监督降噪的问题中，也可以给包中不同的实例以不同的权重，期望噪声实例的权重较小，从而起到降噪的效果。具体而言，在计算整个包的向量表示时，不是采用“至少一个”原则，也不是简单求平均，而是每个实例的加权和。

$$\boldsymbol{s}=\sum_{i}\alpha_{i}\boldsymbol{x}_{i} \tag{10.13}$$

其中的权重便是每个实例在注意机制下的得分，它的计算规则如下：

$$\alpha_{i}=\frac{\exp\left(e_{i}\right)}{\sum_{k}\exp\left(e_{k}\right)} \tag{10.14}$$

$$e_{i}=\boldsymbol{x}_{i}\boldsymbol{A}\boldsymbol{r} \tag{10.15}$$

其中$\boldsymbol{r}$为该关系类别的向量表示（即softmax分类器中全连接矩阵与该关系所对应的那一行），$\boldsymbol{A}$为对角阵（起加权的作用），$\boldsymbol{x}_i$为第i个实例的向量表示（通过PCNN、CNN等结构得出）。可以看到，注意力得分其实是实例向量与关系向量点积后softmax的结果，实例与关系响应越强，得分越高。

此后还有许多关于远程监督的降噪工作，如使用对抗训练的方法增强模型的鲁棒性，使用软标签（soft label）尝试缓解错误标注的问题，还有其他类型的注意力机制的应用。最近也有研究者利用强化学习（reinforcement learning）的方法，找出数据中可能的噪声条目并剔除，以此来提高模型的精度。

10.2.5 基于联合训练的实体关系抽取

将两个或多个相关的模型一起训练，可以相互约束、共享参数，达到共同提升两个模型表现的目的。X. Han于2018年提出了一个图谱补全（graph completion）和关系抽取联合训练的模型，通过在同一个语义空间中训练两个任务，以及使用相互注意机制（mutual attention），帮助同时提升两个模型的性能。具体而言，图谱补全部分的关系向量，作为查询向量（query）输入到关系抽取的注意力模块中；关系抽取部分的对应类别的表示向量，则作为查询向量（query）输入到图谱补全部分的注意力模块中。

除了图谱与关系抽取联合训练，还有一种思路是将实体分类（entity typing）和关系抽取任务放在一起。很多时候，实体的类别对决定关系抽取的类别至关重要。例如“我出生在五道口”，那么“五道口”的类别就是地名，“我”的类别是人。在这样的条件下，预测出关系为“出生在”的概率就变大了（因为出生在的头实体类型是人，尾实体类型是地点）。

10.3 事件抽取

信息抽取任务随着互联网信息爆炸式的增长越来越凸显其重要性，而事件抽取又是信息抽取中至关重要的一个研究点。它旨在将无结构化文本中人们感兴趣的事件以及事件所涉及的时间、地点、人物等元素准确地抽取出来并以结构化的形式存储下来，以供自动文摘、人机对话、情感分析、话题检测等自然语言处理上层技术的使用和用户方便地查看。本节重点介绍事件抽取的任务概述及不同方法。

10.3.1 基本概念

根据美国国家标准技术研究所组织ACE（Automatic Content Extraction）的定义，事件由事件触发词（trigger）和事件元素（argument）构成，因此事件抽取任务主要包括以下两个步骤。

（1）事件类型识别：触发词是能够触动事件发生的词，是决定事件类型的最重要特征词。一般情况下，事件类型识别任务需要预先给定待抽取的事件类型。对于每一个检测到的事件还需要给其一个统一的标签以标识出它的事件类型。ACE 2005/2007定义了8种事件类别以及33种子类别，如表10.1所示。

（2）事件元素抽取：事件的元素是指事件的参与者，ACE为每种类型的事件制定了模板，模板的每个槽值对应着事件的元素。

表10.1　ACE事件的类别

Types	Subtypes
Life	Be-Born, Marry, Divorce, Injure, Die
Movement	Transport
Transaction	Transfer-Ownership, Transfer-Money
Business	Start-Org, Merge-Org, Declare-Bankruptcy, End-Org
Conflict	Attack,Demonstrate
Contact	Meet, Phone-Write
Personnel	Start-Position, End-Position, Nominate, Elect
Justice	Arrest-Jail, Release-Parole, Trial-Hearing, Charge-Indict, Sue, Convict, Sentence, Fine, Execute, Extradite, Acquit, Appeal, Pardon

图10.3给出了ACE 2005中定义的Business大类，Merge-Org子类事件的一个详细描述的例子，“购并”是这类事件的一个触发词。该事件由三个元素组成，“雅虎公司”“9号”“奇摩网站”分别为（Business/Merge-Org）事件模板中的三个角色标签，即：Org、Time-Within以及Org。

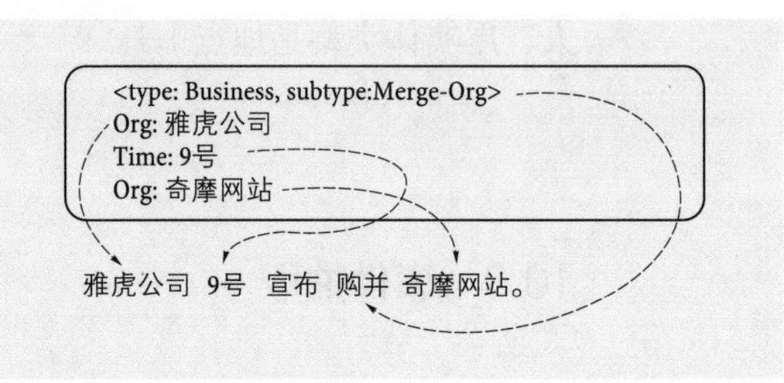

图10.3“购并”事件的基本组成要素

10.3.2　基于规则的事件抽取

基于规则的方法又称为基于模式匹配的方法，规则是对信息表述的一种描述性抽取规则。规则可以分为平面规则和结构规则。一般来讲，平面规则主要是基于词袋（bag-of-words）等字符串特征构成规则，由于不考虑相关句子结构和语义特征，因此被称为平面规则。而结构规则则是相对于平面规则而言，这种规则更多地考虑了句子的结构信息，融入句法分析特征。采用基于规则的事件抽取系统工作流程基本上要分两个步骤：规则的获取和规则的匹配。

在规则的挖掘和构建过程中，非常重要的是要找到高质量的规则，使得挖掘回来的规则既能准确地召回事件所涉及的事件元素，又不过多地引入噪声。基于规则的事件抽取方法，需将挖掘回来的规则进行打分排序，质量高的规则会获得一个更高的分数，从而在进行匹配时优先进行匹配。该方法如果需要获得比较高的召回率，需要挖掘出尽可能多的规则并且将大部分的规则都用于事件元素的抽取；但是这样做的副作用就是排在后面的质量不是特别高的规则在提高了召回率的同时，也会抽取出一些无关的噪声数据，从而降低了事件元素抽取的准确率。

1. 基于规则的事件类型识别

事件触发词是表征事件类别的重要特征，因此事件类型识别任务可以看成是事件触发词类别的识别，即判断句子中的某个词是否是触发词，如果是触发词则给它一个对应的类别。但是这个类别怎么给，这就需要先建立好一张事件触发词与事件类别的对照表。

有了“触发词-事件类型”二元对照表后，就可以很容易地将输入的文本中的每个词与该词表中的触发词进行匹配，如果匹配成功，则将该句抽取出来作为候选事件。因此可以采用基于“触发词-事件类型”二元对照表的事件类型识别算法，详细描述如图10.4所示。

经过基于“触发词-事件类型”二元对照表的事件类型识别算法的抽取过程，获得了大量的候选事件，并且每个候选事件都被赋予了它所含触发词对应的事件类型。然而，经过这个抽取过程的候选事件也不能被认为就是最终的事件，因为还有很多事件触发词是有歧义的或者在句子中出现但并不是作为事件的触发词出现。例如：“美军近日攻击了伊拉克一个倒闭了的石油厂。”这个句子中“倒闭”并不作为触发词。因此，还需对句子中出现的候选触发词进行一个二元分类，判断其是否为真正的触发词。将在10.3.3节下基于统计的事件类型识别方法中进行详细介绍。

Algorithm 5: 基于“触发词-事件类型”二元对照表的事件类型识别算法

```
Input: 待抽取语料库 D
Input: “触发词-事件类型”二元对照表 T
Foreach: 语料库 D 中的每一篇文档 d Do
    d ← 分类
    d ← 分句
    Foreach 文档 d 中的每一个句子 s Do
        s ← 分词
        Foreach 句子 s 中的每一个词 w Do
            If w in T Then
                s 为候选事件，且其类型为 w 对应的事件类型
        End For
    End For
End For
```

图10.4 基于“触发词-事件类型”二元对照表的事件类型识别算法描述图

2. 基于规则的事件元素抽取

基于规则的事件元素抽取要手工地构建好抽取的规则，但是手动编写规则费时费力并且召回率极低，因此如何自动获取规则是该方法的一个难点。这里重点介绍一种基于Bootstrapping的事件元素抽取方法。该方法框架如图10.5所示。

该框架核心主要有三部分。

（1）规则获取：该模块负责将事件种子放在互联网上去检索，并获得事件实例，根据事件实例，按照一定的规则生成初始的事件元素抽取规则。

（2）规则泛化：初始的事件元素抽取规则由于过于死板，导致会遗漏掉很多事件元素的匹配，因此需要将原有的事件元素抽取规则进行一定程度上的泛化，使其在保证准确率不变的情况下尽量提高召回率。

（3）规则过滤：经泛化后的规则会在一定程度上引入了噪声，因此，还需要一套过滤方法，尽量减少由于泛化带来的噪声。

基于Bootstrapping方法的规则学习的总体流程如图10.6所示。

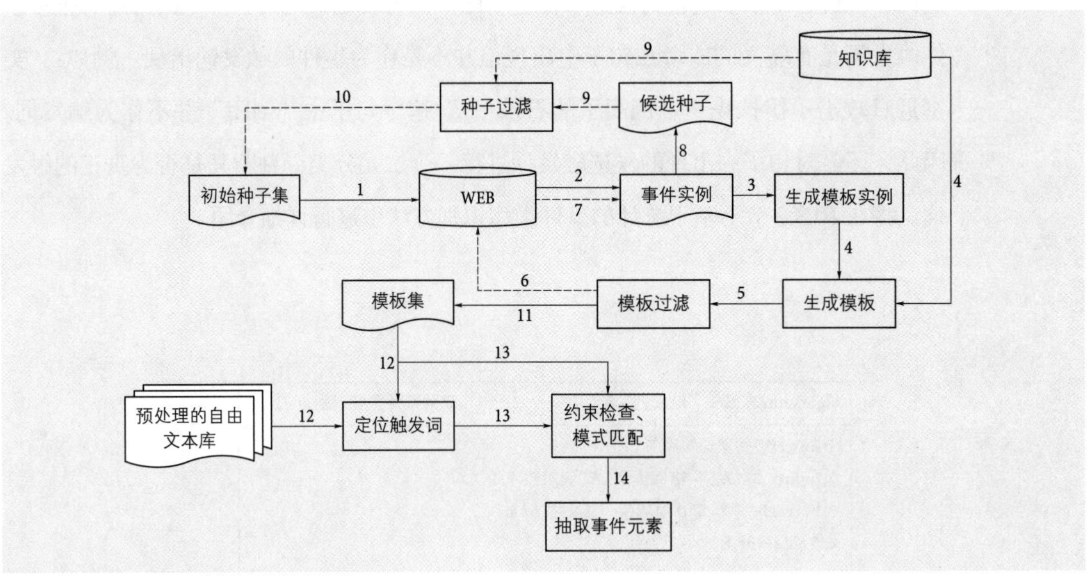

图10.5 基于Bootstrapping的事件元素抽取框架图

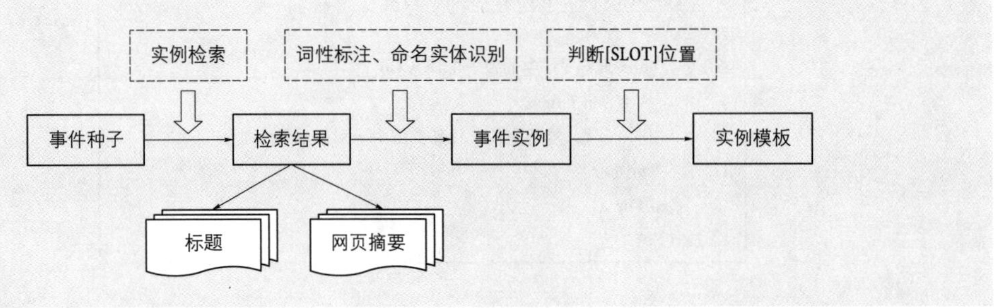

图10.6 模式学习流程图

Bootstrapping方法的输入即是一定量的种子数据集（已标注），例如句子“毛泽东1893年出生于湖南湘潭”，经过分析可以得到主谓宾事件元素为<毛泽东，出生，湖南湘潭>，将其作为种子输入到图10.5的系统中。系统模拟浏览器登录方式调用搜索引擎检索种子，返回至少包含种子中一个词的网页。

对于检索回来的网页，进行正文提取，获得标题和snippet（网页摘要），并进行分句处理。由于输入的是三元组种子，因此，要求返回的标题和snippet至少包含两个种子词。例如：<毛泽东，出生，湖南湘潭>检索回来的结果“毛泽东出生在哪个城市？”这里面包含了两个种子词“毛泽东”和“出生”，因此将其过滤掉。而对于检索结果“1893年12月26日，毛泽东出生在湖南省长沙府湘潭县韶山冲。”包含了三个种子词“毛泽东”“出生”“湖南省长沙府湘潭县韶山冲”，因此将其抽取出作为候选事件实例。

下一步就是要将这些候选事件实例转换成事件实例模板。

首先，候选事件实例进行分词、去停用词、词性标注、命名实体识别。例如，经<毛泽东，出生，湖南湘潭>种子检索回来两个句子：

毛泽东主席出生在湖南韶山的一户普通的农家里。

毛泽东出生在湖南韶山冲的一个小山村里的农民家庭里。

对其进行分词、词性标注、命名实体识别后的结果为：

毛泽东/Nh主席/n出生/v在/p湖南韶山/Ns一户/m普通/a农家/n里/nd。/wp

毛泽东/Nh出生/v在/p湖南韶山冲/ns一个/m小山/n村里/n农民/n家庭/n里/nd。/wp

再用[SLOT]替换掉原来的命名实体，将其转换为事件实例模板：

[SLOT1]/Nh主席/n出生/v在/p[SLOT2]/Ns一户/m普通/a农家/n里/nd。/wp

[SLOT1]/Nh出生/v在/p[SLOT2]/ns一个/m小山/n村里/n农民/n家庭/n里/nd。/wp

这其中用到的词性标注标签和命名实体标签解释见表10.2。

表10.2 词性标注标签和命名实体标签

标签	描述	标签	描述
a	adjective	v	verb
b	other noun-modifier	wp	punctuation
d	adverb	Nb	album name
m	number	Nh	person name
n	general noun	Nr	date
p	preposition	Ns	geographical name

3. 模式的泛化与过滤

为了进一步提高事件实例模板的泛化能力，进而尽可能高地提高系统的召回率，可以采用序列模式（sequential pattern）中的软模式（soft-pattern）作为最终挖掘学习到的模板。由于模板的定义和使用都比较灵活多变，每位学者每项研究都会根据自己的实际问题定义一套适用的模板书写方式，下面仅举一例子供读者参考，soft-pattern可以定义如下。

（1）槽值（[SLOT]）：指示事件元素实体在soft-pattern中的位置，值得注意的是，[SLOT]个数不定，但至少会有一个（因为要求事件实例模板至少包含两个种子词）。

（2）词法单元（词及词性）：匹配非命名实体的词和词性。下面是词法单元的例子。

出生→（词）

_/v→（词性）

出生/v→（词+词性）

（3）省略符号（*）：可匹配有限个词法单元，但其匹配的词越多模板越泛化，召回率会相应提高，准确率则会有一定程度的损失。

soft-pattern是由两个事件实例模板经过匹配算法进行泛化得到的。它的输出是两个事件实例模板的最小公共泛化部分。所以，此次匹配过程可以产生soft-pattern：

<u>* [SLOT 1]/Nh * /v /p [SLOT 2]/Ns /m * /n * /nd *</u>

经过soft-pattern学习后，会引入一些噪声，为了避免soft-pattern过于泛化而导致准确率大幅下降，因此需要设计soft-pattern过滤规则。如果符合下面的任何一个条件，soft-pattern都将被舍弃：

（1）与其他soft-pattern完全重复；

（2）soft-pattern中[SLOT]之间仅有“*”，不包含其他词；

（3）soft-pattern中没有实词。

10.3.3 基于统计的事件抽取

基于统计的事件抽取方法难点一方面在于如何做特征选择，一方面在于如何构建机器学习模型，根据相应的特征进行分类。机器学习方法在本书的第4章进行了详细介绍，本节不再赘述，本节重点介绍如何根据事件抽取特定任务进行相应的特征选择。

1. 基于统计的事件类型识别方法

特征选择。在基于特征向量的机器学习方法中，都会面临一个问题：特征向量的维度一般都会非常大，特征维度过大不仅会带来过拟和（overfitting）问题，而且还会影响分类器的效率。另外，很难保证特征向量中的每一维度的特征都会对分类问题起到作用，甚至有的特征还会起到副作用。针对事件类型识别这一任务，可以选择两大类特征，一是内部特征，二是外部特征。内部特征主要包括词、词性、实体、句法特征；外部特征是指外部词典等知识库特征。具体特征如下所示。

（1）内部特征。

F1：候选事件中的触发词。

F2：候选事件触发词的词性。

F3：候选事件触发词左侧n个词。

F4：候选事件触发词右侧n个词。

F5：候选事件触发词左侧n个词的词性。

F6：候选事件触发词右侧n个词的词性。

F7：候选事件触发词左侧n个实体。

F8：候选事件触发词右侧n个实体。

F9：候选事件触发词左侧n个实体的实体类型。

F10：候选事件触发词右侧n个实体的实体类型。

F11：候选事件触发词在依存句法中所关联的主语。

F12：候选事件触发词在依存句法中所关联的宾语。

（2）外部特征。

F13：触发词在《同义词词林（扩展版）》第四层类别标号。

F14：触发词在《知网》（HowNet）中义原的解释代码。

之所以会选择内外部特征是从以下几个方面考虑的。

① 触发词是表征事件的最重要的词汇单元。一系列具有相同含义和用法的触发词体现同一种事件。因此，事件触发词本身以及触发词的词性都是最重要的特征。

② 单纯的事件触发词本身信息还是不够的，上下文信息实际上是对触发词的一个补充。然而，上下文信息选择多少合适又是一个问题，有学者尝试了上下文选择窗口大小从1到4（触发词左侧1个词到4个词，触发词右侧1个词到4个词）。

③ 上下文的词语能够覆盖很多信息，但又由于覆盖的太多而显得比较泛，不够有针对性。据观察，触发词上下文中的实体能够更加精确地描述上下文特征，且由于一个句子中实体很少，因此，还可以选择事件触发词上下文的一个实体本身以及实体的类型信息。

④ 以上提到的都是平面特征，很少考虑句子的结构信息。而不同事件的句子结构是不同的，这一特征是非常重要的。然而，怎样能够更好地表现出句子的结构特征是值得研究的，一般做法可以抽取触发词的直接主语与直接宾语。这样实际上就获得

了句子的主要骨架——主谓宾。进而可以从一定程度上反映出句子的结构特征。

⑤ 之所以会考虑词典资源外部特征是因为目前所拥有的内部特征很难融入背景知识和相关的语义知识。《同义词词林（扩展版）》和《知网》都是目前中文自然语言处理领域最常用的两个语义词典。《同义词词林（扩展版）》从同义词角度提供背景语义知识，《知网》从词义角度提供背景语义知识。

下面举例说明内外部特征的具体取值。例句：“在经济危机的大环境压迫下，汇丰银行将关闭在俄罗斯的零售银行业务。”经过候选事件抽取算法发现“关闭”为该候选事件的触发词，且词性为动词。另外，例句的分词、词性标注、命名实体识别、句法分析结果如图10.7所示。

其他特征值取值见表10.3。

表10.3　特征提取结果

特征编号	特征值	特征编号	特征值
F1	关闭	F8	俄罗斯
F2	V	F9	nz
F3	{下,汇丰,银行,将}	F10	ns
F4	{在,俄罗斯,的,零售}	F11	银行
F5	{nd, nz, n, d}	F12	业务
F6	{p, ns, u, v}	F13	If22C
F7	汇丰	F14	046498

2. 基于统计的事件元素抽取

特征选择。事件元素的识别仍然可以像事件类型识别一样被看作是二元分类问题，即训练一个二元分类器，判断候选事件元素，是否是想要抽取的事件元素。然而，影响分类器效果好坏的关键因素是所选特征是否能够很好地描述并分类这个问题，将训练集中的正反例恰当地区分开。因此，特征选择对基于统计的事件元素抽取结果起着至关重要的作用。

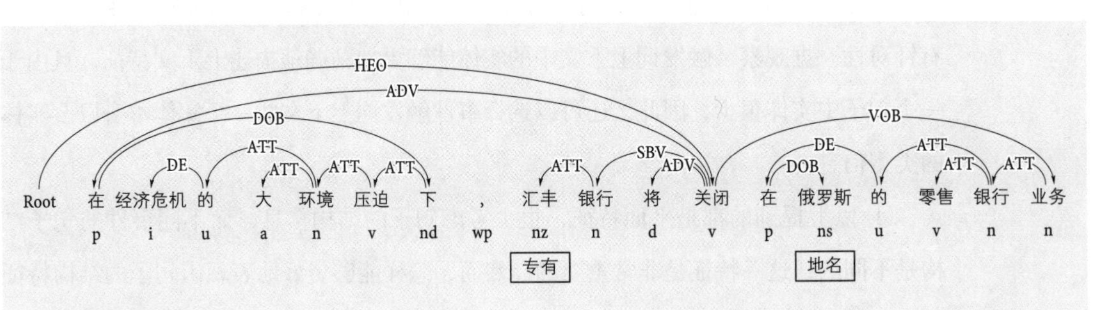

图10.7 特征抽取例句句法分析图

对于基于统计的事件元素抽取方法，一般研究工作采用以下四类特征。

（1）基本特征（basic features，FB）。

- 候选事件元素。
- 触发词。
- 候选事件元素左侧n个词语。
- 候选事件元素右侧n个词语。
- 候选事件元素左侧n个词语的词性标注。
- 候选事件元素右侧n个词语的词性标注。
- 候选事件元素左侧第n个动词。
- 候选事件元素右侧第n个动词。

候选事件元素上下文词的特征是最基本的特征，单纯看候选事件元素是很难以区分开正例与反例。上下文的信息则是最好的辅助特征。除了基本的词形，还可以选择词性作为补充。

（2）实体特征（entity features，FE）。

- 候选事件元素左侧n个实体。
- 候选事件元素右侧n个实体。
- 候选事件元素左侧n个实体类型。
- 候选事件元素右侧n个实体类型。

候选事件元素都是实体。而领域实体在句子中出现的先后顺序是有一定规律的，因此候选事件元素邻近的实体对于候选事件元素的判定起到了很重要的作用。

（3）规则特征（rule features，FR）。

- 候选事件元素所在子句中是否存在触发词。
- 候选事件元素的实体类型是否唯一。

与事件触发词在同一个子句的候选事件元素与触发词有很强的语义关联性。另外，候选事件元素的实体类型如果在句子中是唯一的就很有可能就是事件元素。

（4）句法特征（syntactic features，FS）。

- 候选触发词到触发词的句法路径。
- 候选触发词到触发词的句法路径的长度。
- 候选事件元素父节点的词语。
- 候选事件元素父节点的词性。
- 候选事件元素与父节点之间的句法关系。
- 候选事件元素在句法树中最近的一个动词。

句法特征能够很好地揭示候选事件元素与上下文之间的语义关系，以上提出的平面特征对于句子结构很少有考虑。因此，句法特征尤其是句法路径信息应该是揭示事件内部结构的特征。

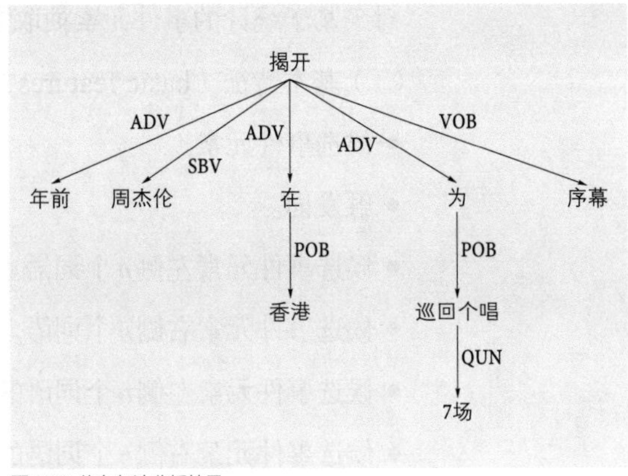

图10.8 依存句法分析结果

下面结合一个例子详细描述各个特征，考虑句子“年前，周杰伦在香港为7场巡回个唱揭开序幕。”依存句法分析结果如图10.8所示。

假设，“周杰伦”作为候选事件元素，抽取特征结果如下。

FB：句子触发词“揭开”，候选事件元素“周杰伦”前面两个词和词性分别是“年前”“,”“nt”和“wp”，后面两个词和词性分别是“在”“香港”“p”和“Ns”。左侧第一个动词为null，右侧第一个动词为“揭开”。

FE：候选事件元素“周杰伦”左侧一个实体为null，右侧一个实体为“香港”，实体类型为“Ns”。

FR：事件触发词“揭开”候选事件元素“周杰伦”在同一个子句中，且“周杰伦”实体类型为Na，唯一。

FS：候选事件元素“周杰伦”到触发词“揭开”的句法路径为“周杰伦–SBV–揭开”，长度为3，其父节点为“揭开”，词性为“V”，与父亲节点的句法关系为SBV，其在句法树上最近邻动词为“揭开”。

因此，针对“周杰伦”的特征向量可以表示为如图10.9所示。

10.3.4 基于深度学习的事件抽取

基于规则的事件抽取方法过于依赖人工定义的规则模板，该方法的召回率非常有限，然而基于统计的事件抽取方法又过于依赖手工构建和选择的特征集合，这种基于特征工程的方法一方面很难学习到文本中深层的语义信息，另一方面构建和选择特征集合也非常依赖人的经验。而深度学习恰好可以解决这两方面的问题。深度神经网络

B1W=, B1T=wp B2W=年前 B2T=nt A1W=在 A1T=p A2W=香港 A2T=Ns BE=null AE=Ns
tri=true uniq=true fatherT=v fatherW=揭开 fatherRe=SBV preVerb=null afterVerb=揭开
fatherVerb=揭开

图10.9 候选事件元素特征向量表示

可以很好地学习文本中的深层语义信息，同时端到端的神经网络架构使得人们不再依赖特征工程，所有的文本特征全部由深度学习模型从文本中学习到。因此，近年来基于深度学习的事件抽取方法成为主流方法。

该类方法主要包括如下几个步骤。① 特征表示：将文本表示成低维、稠密的实数值词向量（分布式表示学习）。② 基于深度神经网络的高维特征学习：将输入的词向量通过深度神经网络的非线性变换与计算，得到高维的文本特征。③ 模型分类：利用训练好的模型对新样本进行事件类型识别或事件元素抽取等任务。下面以陈玉博等人2015年提出的基于动态多池化卷积神经网络模型的事件抽取方法为例进行介绍。

模型框架如图10.10所示。该方法主要由4部分组成。① 词向量学习：主要使用（4.1节介绍的）skip-gram模型学习初始的词向量。② 词汇级特征表示：利用词向量捕获词汇级语义特征。③ 句子级特征表示：利用动态多池化卷积神经网络学习词汇级特征的语义组合，进而得到句子级特征。④ 任务分类（事件类型识别或事件元素分类）：利用softmax分类器计算每一个候选事件类型的概率或者每一个候选事件元素扮演不同角色的概率。

该模型的训练通过随机梯度下降和反向传播进行更新。对于事件触发词识别和事件元素识别，可以选择基于交叉熵的损失函数。

$$loss = -\sum_{s\in T}\sum_{w\in s}\sum_{c=1}^{C} P_c^g\left(w\right)\cdot\log\left(P_c\left(w\right)\right) \tag{10.16}$$

其中T是训练语料，s表示句子，w代表句子中的词。在具体的识别任务中，C是一个二元分类结果，以事件触发词抽取为例，0代表不是触发词，1代表是触发词。在分类过程中，C代表了事件的类别，$P_c(w)$代表某一事件类别C的概率。

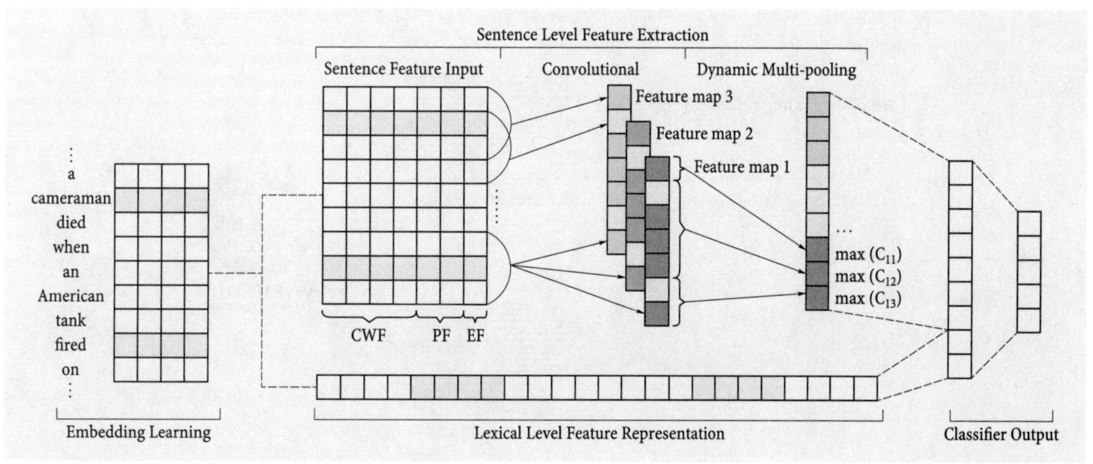

图10.10 基于动态多池化卷积神经网络模型的事件抽取方法框架图

10.4 实体链接

实体链接通常作为命名实体识别的后续任务。命名实体识别旨在从文档中识别出可能链向知识库中特定条目的实体指称。实体链接任务则是将文档中出现的文本片段，即实体指称（entity mention）链向其在特定知识库（knowledge base）中相应条目（entry）的过程，有时也称命名实体链接（named entity linking）。

如图10.11所示，实体链接任务的形式化定义为，给定一个知识库K，其包含一个实体集合E以及相应已知的实体同义词集合M；对于一段输入文本t，识别t中的所有指代实体的字段$m \in M$，并将它们链接到正确的知识库中的实体$e \in E$。TAC（The Text Analysis Conference）是一个专注于自然语言处理技术研究和应用的会议。2009年，TAC将实体链接作为其一项评测子任务。此后TAC每年都将实体链接作为其评测任务。在实体链接研究中所使用的知识库包括Yago、维基百科、Free-Base、百度百科、大词林等。随着维基百科的快速发展，以及维基百科转储的发布和持续更新，大多数现有研究都使用维基百科作为实体链接的知识库。实体链接能够利用知识库丰富文本的语义信息，在文本分类和聚类、信息检索、知识库构建等领域都有着重要的理论意义和应用前景。

10.4.1 基本概念

实体链接通常作为命名实体识别的后续任务。实体链接能够利用知识库丰富文本的语义信息，在文本分类和聚类、信息检索、知识库构建等领域都有着重要的理论意义和应用前景。实体链接任务的提出源于自然语言表达的多样性，具体说来，即是同一实体可用不同的文本表达（多词一义），而同一文本可能表达多个不同的实体（一

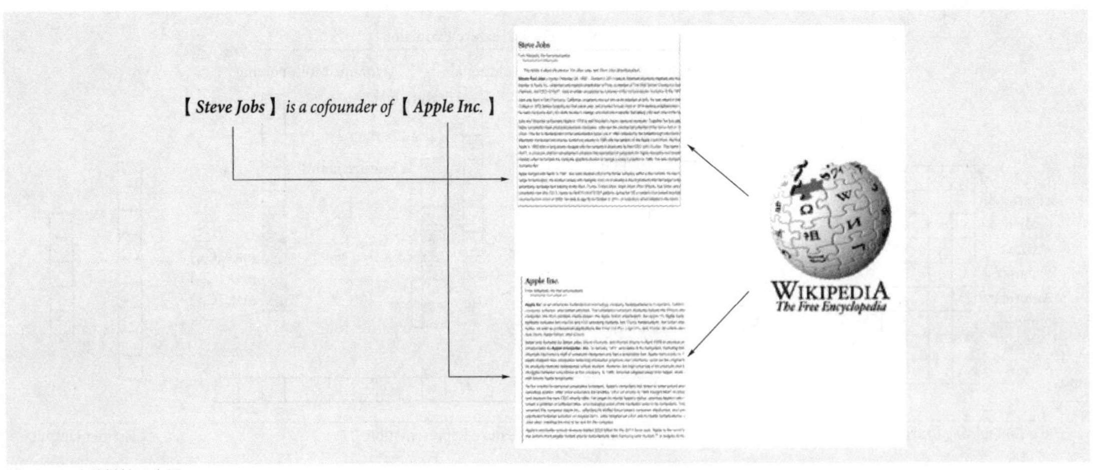

图10.11 实体链接示意图

词多义）。通过进行实体链接，也即将文本中的实体指称与知识库中的实体进行链接，能够将文本数据转化为带有实体标注的文本，进而帮助人和计算机理解文本的具体含义。它一方面能够给人带来更好的阅读体验，帮助人们更好地理解所浏览信息的含义，另一方面也能辅助构建以实体为核心的信息网络，推动语义网的发展。

10.4.2 基于上下文的实体链接

最经典的实体链接技术即是基于文本相似度的方法，基本思想是比较命名实体指称项所在的文本与知识库中所有候选实体的描述文本之间的文本相似度，然后对相似度值进行排序，值最大的实体为目标实体。

最典型的基于上下文的实体链接方法即是经由命名实体识别得到实体指称项（mention）后在知识库中得到每个指称项对应的候选实体，构成候选实体对象集合。最后使用词袋模型分别表示出待消歧文本和候选实体的描述文本，并使用余弦相似度方法计算两个文本的相似度值，最终相似度值最大的实体为目标实体。也有直接通过计算实体指称的各含义对应的维基百科文章与实体指称所出现的上下文之间的上下文重叠度，选择重叠度最大的维基百科文章对应的实体作为链接结果。

这种基于上下文本相似度的方法仅能利用指称和候选实体的上下文，无法利用训练文本所带来的先验知识。随着机器学习算法性能的提升，越来越多的实体链接方法将机器学习算法引入其中，典型的有分类方法和排序方法。

- **分类方法**：将实体消歧视为二元分类问题，在训练阶段将指称与其所指向的实体作为正实例，与该指称不相关的其他实体作为负实例，训练得到分类器；在评测阶段对每个“指称—实体”对进行分类，判断其是否为真。
- **排序方法**：分类方法中可能有多个“指称—实体”对被标记为真，因此可将实体链接建模为排序任务，通过对可能的实体进行排序来选择最有可能为真的“指称—实体”实体对。

描述实体指称上下文的特征包括实体指称别名、上下文句子、邻居实体指称等特征。此外，实体指称的前置修饰语、实体指称的同位语、实体指称与内容词的句法依存路径也可作为描述上下文的特征。对于类似维基百科的知识库，其对实体均有文本性描述，这样可将知识库中可被链接的实体对应的页面作为特征抽取的来源。

实体链接很大程度上依赖外部知识库的结构和包含的信息，但是有些知识库非常简单，只将同一类别下的实体名称构成一个列表，例如YAGO和FreeBase等。这种知识库称为列表型知识库。这时，可将具有明确链接的命名实体指称提取出来作为种子指称，作为将其他指称与缺乏足够上下文信息的实体进行连接的桥梁，通过比较实体指称与种子指称的关系（如语义相似度）完成链接，而不是像传统方法一样直接将实体指称的上下文和实体的描述文本进行比较。

10.4.3 集体实体链接

训练语料的规模不够大或者训练语料的质量较差时，基于上下文的实体链接方法的性能会有明显下降。针对此类方法的不足，集体实体链接被提出，其基本思想是根据待消歧文本中的所有命名实体指称项对应的候选实体之间语义关联性，进行同步链接（一次性对待消歧文本中的所有实体指称项进行链接）。与基于上下文的实体链接方法相比，集体实体链接能够充分利用待消歧文本中的所有实体间的语义关联关系，而且不再是单线程地对某一个实体指称项链接，很大程度上提高了链接效率。

因为要考虑实体之间的语义关联，因此集体实体链接通常将实体之间的关系刻画为图结构。一般而言，集合实体链接中的图使用无向图，使用$G(V, E)$表示该无向图。

- V：存放顶点的集合，顶点集合中的元素为待消歧文本中的所有候选实体。
- E：存放边的集合，集合中的元素表示顶点之间也即是候选实体之间的语义关联性，可以通过计算候选实体间的编辑距离也可以通过计算候选实体对应的描述文本间的相似度得出。

通过实体图，可以清晰刻画命名实体指称与候选实体之间的关系。但是由于实体图的巨大尺寸，传统的集体实体链接方法非常耗时，使得传统集体实体链接方法无法被应用到现实应用中。在这种背景下，提供一个具有高准确度和高效率的集体实体链接算法是有必要的。这里需要弄清几个在后面章节中会经常出现的概念。

- **候选实体**：一个候选实体是一个实体指称在外部知识库中可能链接到的实体。例如，“史蒂夫·乔布斯”可能会链接到维基百科中的三个候选实体。使用编辑距离来选择一个实体指称的候选实体集。
- **中间实体（或者实体图中的中间节点）**：一条路径中可以连接两个相关候选实体的实体叫作中间实体。

在算法中，需要用一条路径来连接相关候选实体，从而形成一个实体图。大部分的知识库以RDF（relation description framework）组织数据，即实体和实体之间以边连接，边代表实体之间具有某种类型的关系。

以DBpedia（Wikipedia的结构化表示）为例，有这样一句话“**苹果商店的背后仍然存在史蒂夫·乔布斯的影子。**”在缺少足够的上下文的前提下，“史蒂夫·乔布斯”至少可以被链接到DBpedia中的三个实体上（一个人、一部电影或一本书），这些实体即称为命名实体指称“史蒂夫·乔布斯”的候选实体。事实上，只有“史蒂夫·乔布斯”作为人的候选实体和“苹果商店”作为商店的候选实体是相关的。但是在DBpedia中它们并没有直接相连，只能使用一条通过“苹果有限公司”或“蒂姆·库克”的路径相连。一条路径是（**史蒂夫·乔布斯、苹果有限公司、苹果商店**），另一条路径是（**史蒂夫·乔布斯、蒂姆·库克、苹果商店**）。像“苹果有限公司”和“蒂姆·库克”这种能形成一条路径来连接两个候选实体的实体就是中间实体。

事实上，对于一篇文章中毗邻的两个实体指称，它们的链接实体也可能是相关的。这意味着，我们不需要同时处理一篇文本中的所有实体指称，只需使用滑动的窗口来分割文本，并且将处于同一窗口中的名称指称放入一个标签为“NM”的集合中。在NM中的实体指称会被同时处理。窗口的大小被设置为50，这个数值可被看作是一个有意义的句子的平均长度。

图10.12是一个实体图的例子。它通过下面的句子构建而来：“人们总是谈论**苹果**发布的成功产品，例如***iPhone***。事实上，以**Macintosh**为例，**乔布斯**也会发布不成功的产品。”（*“people only talk about the successful products released by **Apple**, such as **iPhone**. In fact, taking **Macintosh** as example, **Jobs** also produced many unsuccessful products.”*）这句话里有四个指称（这里一些常见的指称没有被提取出来，比如“人们”和“产品”），已加粗标示。每一个指称都具有一个候选实体集。图10.12为本句话对应的实体图，为简化图的表示，使用椭圆代表实体指称，使用圆圈代表实体，使

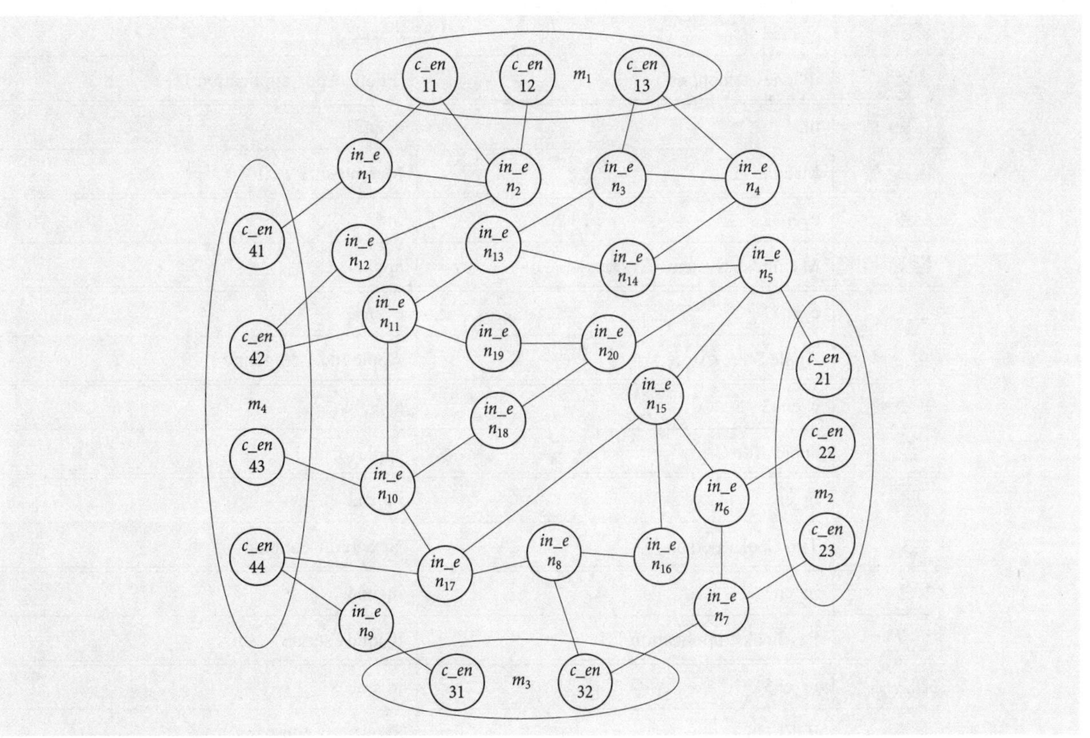

图10.12 依据例句所构建的实体图

用标号 c_en_* 代表一个候选实体，使用 in_en_* 代表一个中间实体。例如，c_en_{11}, c_en_{12}, c_en_{13} 都是 m_1 的候选实体。两个在DBpedia中直接相连的实体，在图中用一条边直接连接。表10.4列出了各指称的实际意义和对应的候选实体。

接下来即需要计算将某一个候选实体分配给某个实体指称的概率。根据联合实体链接的特性，如果某个候选实体，例如 c_en_{t1k1}，与其他的很多候选实体相关，分配给（m_{t1}=c_en_{t1k1}）的概率就应该很大。在这种情况下，这个候选实体可以被认为是一个实体指称的最佳分配的可能性应该是很大的。如果一个节点被很多条路径通过，那它的PageRank值就应该很高。因此，可以使用PageRank值来衡量把这个候选实体分配给一个实体指称的概率。使用PageRank来计算分配概率的另一个原因是：一个节点的PageRank值可以传递到其他节点。有关于PageRank的介绍可参见本章给出的参考文献。

表10.4　图10.12中命名实体指称的实际意义和对应的候选实体

标签	m1	c_en11
含义	Jobs	Steve Jobs（person）
标签	c_en12	c_en13
含义	Steve Jobs（book）	Jobs（film）
标签	m2	c_en21
含义	iPhone	iPhone OS（OS）
标签	c_en22	c_en23
含义	iPhone（telephone）	iPhone App（application）
标签	m3	c_en31
含义	Macintosh	Macintosh TV（TV）
标签	c_en32	m4
含义	Macintosh System（System）	apple
标签	c_en41	c_en42
含义	Apple Store（store）	Apple Inc.（company）
标签	c_en43	c_en44
含义	apple（film）	apple（fruit）
标签	in_en1	in_en2
含义	Tim Cook（person）	Next Inc.（company）
标签	in_en3	in_en4
含义	Passbook（application）	iCloud（server）
标签	in_en5	in_en6
含义	IOS（OS）	Samsung（company）

续表

标签	in_en7	in_en8
含义	Foxconn（company）	iPad（product）
标签	in_en9	in_en10
含义	Civilization（TV series）	Driver（game）
标签	in_en11	in_en12
含义	Live Station（platform）	Mac OS（OS）
标签	in_en13	in_en14
含义	Gil Amelio（person）	California（state）
标签	in_en15	in_en16
含义	Pixar（studio）	Disney（company）
标签	in_en17	in_en18
含义	Walter Isaacson（person）	United State（country）
标签	in_en19	in_en20
含义	Jonn Debney（person）	Lukas Haas（person）

10.4.4　基于深度学习的实体链接

随着计算机能力的不断提升，深度学习算法在人工智能领域流行起来。在实体链接方法中利用深度学习模型，最典型的即是对实体指称的上下文和候选实体的上下文进行编码，之后利用softmax对由实体指称和候选实体组成的元组对分类，以确定该候选实体是否可作为某指称的对应实体。典型的，可以利用Bi-LSTM来对指称和其对应的上下文建模，原因是利用Bi-LSTM可以很好地利用和记住指称的上文以及下文提供的语义，如方位介词、动词或是指称自身提供的语义信息。在用向量表达一段文本中的一个指称时，该指称的上文和下文的词语或是词性都可能会为该指称提供特征。如，

> 例10.8　“在”的词性揭示了接下来的词语可能是一个地点或机构；
> 例10.9　“四书”在语义上表达了句子可能的意思和文学作品相关。

输入层为分词后的上下文词语集合，将每个词的词向量表达和词性向量表达拼接，作为Bi-LSTM的一个输入节点。由于上下文中的词语数量是不定的，故Bi-LSTM的输出向量个数也是不确定的。取实体指称对应位置的隐层输出向量$\boldsymbol{V}_q$为Bi-LSTM的输出。

对于一个候选实体，在知识库中可以找到很多关于该实体的分类标签，由于该实体是一个多义词，所以在实体标题上也会有一小段用来消歧的文字描述（或是利用该实体在知识库中对应整篇文档，但是从实际结果上看使用少量的描述文本的效果要更好）。将所有分类标签或标题进行分词后再将他们组成集合，让这些词语作为一个候选集实体的特征集合。

在候选实体建模中最重要的是从这些相互独立的特征词语中找出证据来和指称建模的结构进行匹配，典型的可以采用CNN和Max Pooling来建模候选实体及候选实体的描述文本。现在已经从实体指称的上下文中获得了向量$\boldsymbol{V}_q$，以及从每个候选实体中获得了相应的表示向量$\boldsymbol{V}_a$，$\boldsymbol{V}_a$可直接根据词语的词向量获得。有关CNN、Max Pooling、词向量可参见本书4.4.2节和5.1.4节。之后即可以将$\boldsymbol{V}_q$和$\boldsymbol{V}_a$拼接起来建模指称和候选实体之间的联合关系，在其上叠加一层softmax分类层，输出0 ~ 1的概率以确定该候选实体是否为实体指称对应的真实链接结果。

10.5 开放域信息抽取

为了适应互联网实际应用的需求，越来越多的研究者开始研究开放域信息抽取技术，目标是从海量、冗余、异构、不规范、含有大量噪声的网页中大规模地抽取开放类别的实体、关系等多层次语义单元信息，并形成结构化数据格式输出。

10.5.1 开放域实体类别标签获取

网络文本的增多很难预先确定命名实体的类别体系，且同一个命名实体可能属于多个不同粒度的类别，例如“高加索牧羊犬”可能属于的类别包括“狗”“犬科动物”“动物”等。目前被广泛使用的人工构建的语义词典中就有这样的上下位关系。但这些词典资源的规模和覆盖范围有限，而人工构建的过程需要大量专业知识，特别费时费力。因此，可以采用自动的方法抽取上位词以获取开放域命名实体的类别。

受到人们在遇到未知命名实体时的行为的启发，可以采用多来源方法来挖掘给定实体的上位词列表，无须手工标注训练数据，可以方便地迁移到多个领域中。当人们听到或看到一个未知的命名实体而想知道它意思的时候，经常用到两种方法：第一种方法，通常是根据命名实体的字面信息猜测其类型和意思；第二种方法，借助搜索引擎获取想要的知识。我们可以模拟这个过程，利用来自上述多个来源的证据应用于命名实体类别的挖掘。实现步骤如图10.13所示。

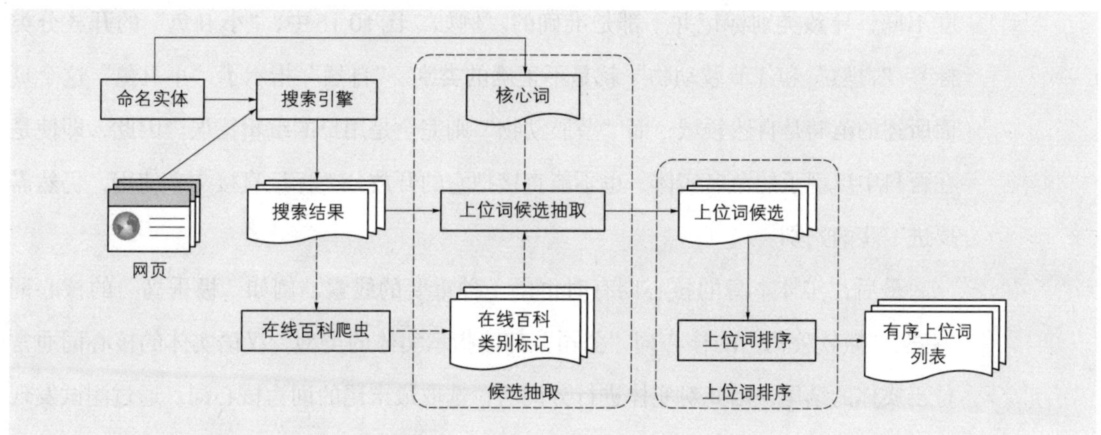

图10.13 基于多信息源的开放域命名实体类别挖掘方法框架图

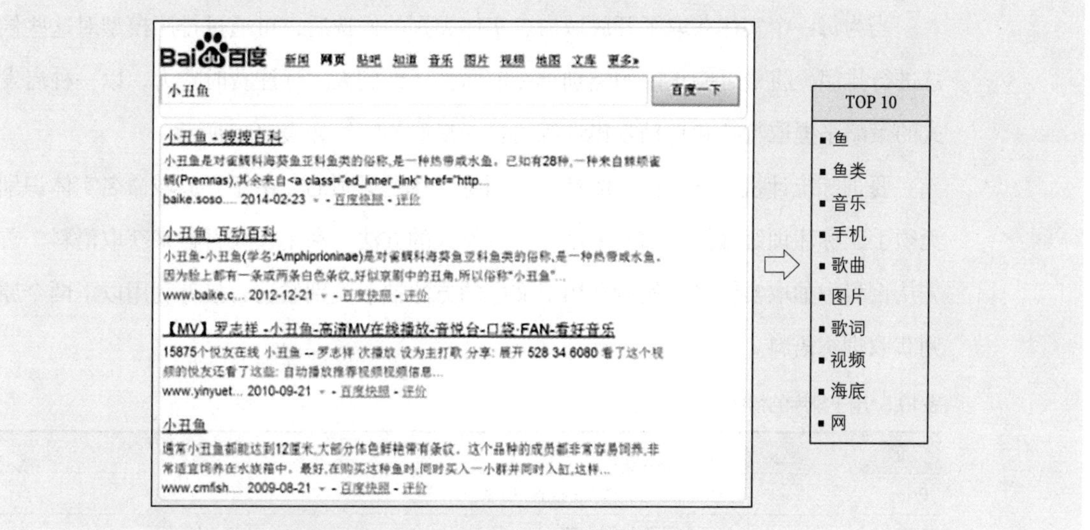

图10.14 基于搜索结果抽取开放域命名实体类别候选

类别候选抽取：从多个来源抽取开放域命名实体类别的候选，包括搜索结果中的高频名词或名词短语、在线百科中的类别标签以及命名实体本身的核心词。

类别词排序：对这些开放域命名实体类别候选进行排序，采用启发式的方法自动构建训练语料，并且提出一组有效的特征，训练排序模型来解决此问题。

针对第一个步骤，将命名实体作为查询词，输入到搜索引擎中检索网页，从搜索返回的结果中统计词频，也就是统计和给定命名实体共现的词语的频率，选择频率最高的N个名词或名词短语作为命名实体类别的候选。实验显示当N=10时，可以为86.91%的实体找到至少一个正确的类别。这也可以解释为什么人们通常可以利用搜索引擎搜索一个陌生实体，浏览搜索结果就可获得这个实体的语义类型，如图10.14所示。

此外，还从在线百科中抽取有价值的命名实体类别候选，例如可以选择百度百科和互动百科作为来源。但用户的专业水平参差不齐，或者是编写词条时考虑问题的角度不同，导致类别标记并不都是准确的。例如，图10.15中，“小丑鱼”的开放分类标签“自然”和“节肢动物”就是不正确的类别。“自然”指示了“小丑鱼”这个页面所述的范畴是自然领域；而“节肢动物”则完全是用户的编辑错误。因此，即使是在百科中出现了的命名实体，也不能直接把它的开放分类标记直接拿来使用，仍然需要进一步的判别。

最后，实体本身的核心词有时也是一种重要的线索，例如“极乐鸟”的核心词“鸟”、“微软公司”的核心词“公司”都能指示实体的类型。汉语实体的核心词通常位于实体的结尾，因此对实体进行分词后，选取最末尾的词为核心词。通过测试发现约有41.35%的实体，其核心词就是正确的命类别。

当为每一个实体获取了开放域命名实体类别的候选后，可通过排序模型对这些候选进行排序，将最可能正确的类别排在前面。考虑到人工标注费时费力，以一种启发式的策略来提取特征和自动收集训练语料，提取的特征如表10.5所示。

要训练统计机器学习模型的参数，训练语料是必须的。由于开放域命名实体识别无须手工标注训练数据，因此采用一种启发式的方法，利用在线百科来获取语料。首先从百科中抽取实体名，然后利用上文中的方法抽取类别候选，接着利用以下两个原则获取训练语料。

表10.5 用于排序的特性

特征	含义	取值
Prior	开放域命名实体类别先验概率	[0, 1]
Is Tag	是否为百科类别标签	0 or 1
Is Head	是否为核心词	0 or 1
In Titles	候选在搜索结果标题中出现比例是否符合一定要求	0 or 1
Synonyms	当前候选的同义词所占全部候选的比例	[0, 1]
Radicals	候选中汉字和实体最末一个字偏旁匹配的比例	[0,1]
Source Num	候选来源数	1, 2, 3, or 4
Lexicon	候选类别本身及其核心词	0 or 1

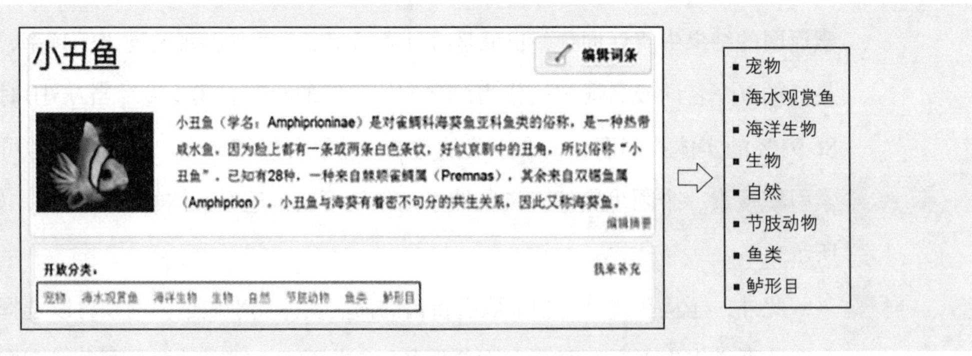

图10.15 基于在线百科抽取开放域命名实体类别候选

原则1：类别的来源越多越可能是正确的。

原则2：类别的先验概率越高，越可能是正确的。

根据这两个原则对候选进行排序，选取排在第一位的为正例，最后一位的为反例，如果有并列，则都选作训练语料。按照这个方法，可以获得了大量的训练实例，当然不可避免数据中包含噪声，然后使用前文提到的特征训练统计机器学习模型，包括基于线性核函数的SVM、基于径向基函数核的SVM和逻辑回归模型。

10.5.2 开放域关系抽取以及事件抽取

现有关系抽取模型一般假设有预先定义好的封闭关系集合，将任务转换为给定文本和目标头尾实体下的分类问题。然而在开放域的真实关系抽取场景中，文本中包含大量开放的实体关系，关系种类繁多，而且关系数量也会不断增长，远超过人为定义的关系种类数量。在这种情况下，传统关系分类模型无法有效获取文本中蕴含的实体间的新型关系。如何利用机器学习模型自动发现实体间的新型关系，实现开放域关系抽取，是一个非常重要的问题。

面向开放域的开放域关系抽取（open relation extraction，OpenRE）任务，致力于从开放文本抽取实体间的任意关系事实。开放域关系抽取涉及三方面的“开放”：首先是抽取关系种类的开放，与传统关系抽取不同，它希望抽取所有已知和未知的关系；其次是测试语料的开放，例如新闻、医疗等不同领域，其文本各有不同特点，需要探索跨域鲁棒的算法；最后是训练语料的开放，为了获得尽可能好的开放关系抽取模型，有必要充分利用现有各类标注数据，包括精标注、远程监督标注数据等，而且不同训练数据集的关系定义和分布也有所不同，需要同时利用好多源数据。

现有的开放域关系抽取方法可以被大致划分为两种，基于序列标注（sequence labeling）的开放域关系抽取以及基于聚类（clustering）的开放域关系抽取。早期的开放域关系抽取方法是通过启发式的规则无监督地构建序列标注抽取模型。基于序列标注的抽取模型可以对目标头尾实体给出一个明确的开放关系，例如图10.16中波浪线部分为实体、框图部分为关系，三元组中出现的词汇均出现在给定的文本中。TextRunner是其中极具代表性的方法，该模型由三个关键模块组成：① 关系抽取器，抽取模型的最核心组件，使用序列标注的技术找出文本中出现的名词和动词，基于找到的实体和两实体间的动词生成可能存在的事实三元组；② 三元组判别器，由于

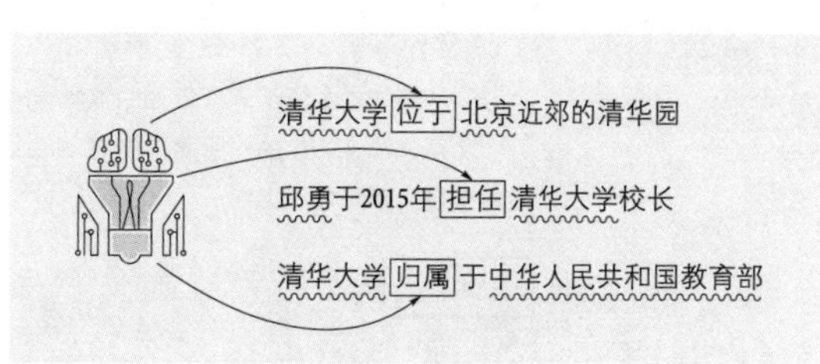

图10.16 基于序列标注的开放域关系抽取示例

抽取器启发式地生成的三元组中存在大量的噪声，因此需要判别器根据句法结构中的启发式规则找出其中可信度较高的结果；③ 冗余评估器，在提取过程结束后，模型需要统计不同三元组在语料中出现的次数，如果出现的次数比较多，则认为该关系三元组的正确概率越大。在进入深度学习时代之后，研究者们也开始研究如何使用有监督数据来训练一个基于序列标注的开放域关系抽取模型。G. Stanovsky提出将语义角色标注（semantic role labeling）模型拓展到开放域关系抽取任务上，并取得了很好的效果。

与基于序列标注的开放域关系抽取不同，基于聚类的开放域关系抽取无法直接给出一个开放关系的名称，该类型方法在开放域对文本关系进行聚类，将相似的文本关系聚到一起，再由领域专家对于聚类中存在的关系给出名称和定义，如图10.17所示。早期的工作使用外部语言分析工具抽取文本中的关系特征，然后对于语义特征进行聚类，进入到深度学习时代之后，D. Marcheggiani提出使用离散状态的变分自编码机模型无监督地进行文本关系的表示，摆脱烦琐的人为特征设计，取得了初步的成功。事实上，现实中已有的标注数据可以大大帮助基于神经网络的文本关系表示模型的学习。R.Wu提出了一种有监督的开放域关系抽取框架，可以通过“关系孪生网络”（relation siamese network，RSN）实现有监督和弱监督模式的自由切换，从而能够同时利用预定义关系的有监督数据和开放文本中新关系的无监督数据，来共同学习不同关系事实的语义相似度。具体来说，关系孪生网络RSN采用孪生网络结构，从预定义关系的标注数据中学习关系样本的深度语义特征和相互间的语义相似度，可用于计算包含开放关系文本的语义相似度。而且，RSN还使用了条件熵最小化和虚拟对抗训练两种半监督学习方法进一步利用无标注的开放关系文本数据，进一步提高开放关系抽取的稳定性和泛化能力。基于RSN计算的开放关系相似度计算结果，模型可以在开放域对文本关系进行聚类，从而归纳出新型关系。

与此同时，上述的开放域关系抽取也可以运用到事件抽取任务上，进行开放域事件抽取。传统的事件抽取任务分成三个子任务：第一是识别事件类型；第二是抽取出事件元素；第三是确定抽取到的事件元素在事件中扮演的角色。随着互联网数

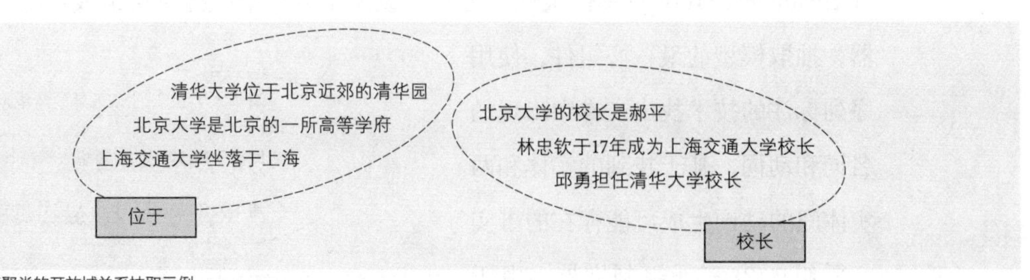

图10.17 基于聚类的开放域关系抽取示例

据规模不断增大，事件抽取应用范围越来越广，传统事件抽取方法的局限性越发突出，具体体现在事件类型、数目有限，以及需要固定的模板槽。为了克服传统事件抽取的局限性，解决大规模语料信息抽取的问题，开放域事件抽取任务被首次提出，其主要抽取的是事件三元组（施事，事件词，受事）。在开放域事件抽取这一研究方向，华盛顿大学人工智能研究组做出了很多杰出的工作，并且开发出了一系列开源信息系统：TextRunner，WOE和ReVerb等。前面已介绍过TextRunner，在这里对剩下的两个系统进行一个简要的介绍。WOE利用Wikipedia中人工填写的InfoBox信息，从中获取大量训练语料，从而训练信息抽取器抽取更多的信息三元组。ReVerb在TextRunner基础上提出了句法和词汇的限制条件，进而提高了三元组的抽取精度，使其更加实用，并且值得一提的是ReVerb用动词词组描述两个元组之间的语义关系，这非常符合事件的定义。

10.6 延伸阅读

随着NER效果不断提高，技术逐渐成熟，如今的NER研究重点逐渐从模型调整等转向了实际应用。这主要得益于机器学习方法下的NER效果，虽然还无法达到接近100%的正确率和召回率，但绝大多数方法的效果已经能达到80%~90%的F1值，这对于从大规模的文本中识别出命名实体来说，已经足以满足一定的应用需求。因此NER开始在各类学科、各领域文本中得到大量的尝试。近年来社交媒体火热发展，对社交媒体的情感评价、网络分析研究成为NLP一个重要的研究领域，而从Twitter、微博等社交媒体文本中识别出命名实体对于这类研究来说是一个重要的基础，因此社交媒体NER研究近几年一直保持着一定程度的研究热度。但值得注意的是，由于社交媒体文本的语句随意性较大，相对于评测会议的语料来说，语料质量要差很多，对于基于机器学习的NER效果会产生较大的影响，这种影响也直接反映在目前社交媒体NER的效果较之评测会议有着较大的差距。

命名实体识别从提出以来，一直是信息检索、数据挖掘、自然语言处理等领域中一个重要的研究方向。从MUC到ACE再到CoNLL，一系列重要的评测会议划定了NER的基本研究范围，也提出了大量经典的重要的研究方法。与大多数NLP问题类似，NER的发展基本经历了一种从规则向统计的转向。早期的规则方法已经不再流行，但其研究思路仍然给人以宝贵的启示，且规则和统计相结合的方法仍不时得到有效的尝试。如今的NLP领域，统计机器学习方法日臻完善。然而从目前已有的研究成果来看，NER的研究还远不是一个得到完善解决甚至将要完善解决的问题，各领域下对命名实体定义的模糊，实验结果无法大幅度的提高，使得NER仍然是一个有挑战性的研究领域。一方面，大数据环境下，机器学习乃至深度学习仍将是最有效的NER方法。而另一方面，虽然机器学习带来了NER的火热发展，但大量研究固化于调整经典模型、挑选更多特征、扩大语料规模三个方向，是值得反思的。

习题

1. 利用CoNLL2003和OntoNote4.0中的命名实体数据集完成命名实体识别任务。其中CoNLL2003为英文数据集，识别对象包括persons（人名）、organizations（机构）、locations（地名）、times（时间）、quantities（量词）；OntoNote4.0包含英文和中文数据集，识别对象包括人名、行政机构、设施、组织、地名、产品、事件等。这里可仅识别人名、地名和机构名三类实体。请采用CRF（条件随机场）模型完成两个数据集下的命名实体识别任务，用于识别任务的特征可参考以下文献。

   [1] MCCALLUM A, LI W. “Early results for Named Entity Recognition with Conditional Random Fields, Feature Induction and Web– Enhanced Lexicons[C]//Proceedings of CoNLL, 2003, pp. 188–191.

   [2] FENG Y, HUANG R, SUN L. Two Step Chinese Named Entity Recognition Based on Conditional Random Fields Models[C]//Proceedings of the Sixth SIGHAN Workshop on Chinese Language Processing.

2. 近年来，深度学习技术成为机器学习领域新的热潮，深度学习方法在自然语言处理的多个任务上均获得突破。深度学习方法在命名实体识别任务上的应用主要由以下两方面展开。

   • 使用词向量来表示词语，一方面解决了高维度向量空间带来的数据稀疏问题，另一方面词向量本身也比人工选择的特征包含更多的语义信息。

（CoNLL2003）

OntoNote 4.0

习题1中数据集介绍及下载地址

• 利用深度学习模型对句子的语义进行深层表示。请读者利用所学的知识，将由Glove预训练的词向量和长短时记忆网络与习题1中实现的CRF模型进行拼接，检测拼接后的模型在习题1中提供的两个数据集上的实验结果。

习题2中Glove预训练词向量介绍

3. 当前主流的命名实体识别模型均是有监督的，即意味着需要提供充足的用于训练模型的标注数据。然而，随着人工智能技术的发展，需要针对越来越多的细分领域下的命名实体类别进行处理，例如金融领域下要识别“股票名”“公司名”，医疗领域下要识别“药品名”“疾病名”等。针对这些细分的类别如果构建充足的训练语料显然是不可行的，基于此，需要在小规模的已标注语料或者极端情况下在无任何标注数据时完成命名实体识别任务。请读者思考一下如何在上述情况下完成命名实体识别任务。

提示：

• 读者可以从弱标注的角度出发，即获取某领域下的词表是非常方便的，在获取词表后可以利用词表回标文本数据获取到大规模的带标注的训练语料，但是此种情况下数据包含的噪声过多，应考虑如何处理。

• 读者可以从跨语言的角度考虑，例如英文下具有充足的已标注数据，是否可以将英文下充足的标注数据引入作中文的命名实体识别呢，此种方案存在的问题是同一中文词语在英文下会有多种翻译，这是需要考虑的。

参考文献

[1] LIU M, GONG G, QIN B, et al. A Multi-View-Based Collective Entity Linking Method[J]. ACM Transactions on Information Systems, 2019, 37 (2), Article No. 23.

[2] MCCALLUM A, FREITAG D, PEREIRA F, Maximum Entropy Markov Models for Information Extraction and Segmentation[C]//Proceedings of ICML, 2000, 17: 591-598.

[3] MA X, HOVY E. End-to-end Sequence Labeling via Bidirectional LSTM-CNNs-CRF[C]// Proceedings of ACL, 2015: 1064-1074.

[4] ZENG D, LIU K, LAI S, et al. Relation Classification via Convolutional Deep Neural Network[C]// Proceedings of COLING, 2014: 2335-2344.

[5] LIN Y, SHEN S, LIU Z, et al. Neural Relation Extraction with Selective Attention over Instances[C]// Proceedings of ACL,

2016: 2124–2133.

[6] BANKO M, CAFARELLA M J, SODERLAND S, et al. Open Information Extraction from the Web[C]// Proceedings of IJCAI, 2007: 2670–2676.

[7] MARCHEGGIANI D, TITOV I. Discrete-state variational autoencoders for joint discovery and factorization of relations[J]. TACL, 2016, 4: 231–244.

[8] JI H, GRISHMAN R. Refining Event Extraction through Cross-Document Inference[C]//Proceedings of ACL, 2008: 254–262.

[9] DING X, QIN B, LIU T, Building chinese event type paradigm based on trigger clustering[C]// Proceedings of IJCNLP, 2013: 311–319.

[10] NGUYEN T H, CHO K, GRISHMAN R. Joint event extraction via recurrent neural networks[C]// Proceedings of NAACL, 2016: 300–309.

第11章 篇章分析

11

截至目前，本书讨论的重点是针对单个句子的自然语言处理技术。这些技术能够揭示句子内部的结构，关注词与词之间的联系，解释**由词构句**的机理。然而，人们在交际或写作中不是使用孤立的句子，而是围绕一定话题，组织具有一定结构的多个句子或段落来传递信息和表达思想。篇章分析重点讨论这种跨越单句范围的文本具有的特点，从整体上分析篇章结构及其构成单元之间的关系，尝试解释**由句构段、由段构篇**的机理。

11.1 概述

首先简要介绍篇章、篇章结构和篇章分析的基本概念。

11.1.1 什么是篇章

篇章（discourse），也称为语篇或话语，是指由一系列子句（clause）或句子构成的连贯的语言整体单位。一篇文章或一段话都可以视为篇章，包含多个子句的句子也可以视为篇章。篇章可以是一段独白（monologue）也可以是涉及多个对象的对话（conversation）。本章主要处理独白类型的文本。

篇章需要具备一定的基本特征使其逻辑合理，前后连贯。典型的篇章特征包括连贯性、衔接性、信息性、意图性等。其中，连贯和衔接是篇章的两个最基本特征，也是目前篇章分析研究的主要方面。

连贯（coherence）是篇章的本质特征，是一种内在的、抽象的语义一致性，强调每个篇章单元对整体的作用都可以解释，体现篇章的整体性。这意味着读者应该能够理解篇章整体表达的意思，而不是篇章内各个句子意思的拼接。因此，随意收集的一组句子很可能是不连贯的，也不能构成篇章。

衔接（cohesion）是指篇章不同部分之间的语法和词汇联系，可分为语法衔接和词汇衔接。

语法衔接（grammatical cohesion）包括指代、替代、省略和连接等。

指代是指用代词、别名等手段来表示指称与所指对象之间的解释关系。例如，

例11.1 刘翔获得了雅典奥运会110米栏的冠军，他的成绩打破了奥运会纪录。

这里用代词“**他**”指代“**刘翔**”。指代结构建立了篇章当前讨论的内容与过去已经讨

论过的内容的联系。

替代是指为了避免重复使用同一个词汇，使用另一个在语法上成立的词取代这个词汇，如“one”“do”“so”**一样**等。省略则是指“上下文中提到的，交际双方可以填补，但不在特定地方出现的成分”。指代、替代和省略均可使行文简洁避免重复。

连接手段利用连接词（connective），如“**然而**”“**但是**”“**因此**”等，来联系多个子句或句子。连接手段的运用对篇章连贯有很重要的作用。

一方面，这种语言特征能够指派篇章单元之间的关系。例如，

> 例 11.2　李雷对会说话的机器人十分着迷，因此他选择了自然语言处理作为研究方向。

这里的连接词**因此**预示着两句之间构成一种因果关系。

另一方面，连接可以作为提示词预示话题的引入和转换。例如，

> 例 11.3　接下来，我将着重介绍家乡的小吃。

这里使用连接词来提醒听众：一个新的话题即将展开。

词汇衔接（lexical cohesion）则是通过词汇间的语义关系将文本单元联系在一起，因而也称为词汇内聚性。词汇衔接的主要手段包括重述和搭配。

重述包括以下类型。

① 特定概念的重复，如“**韩梅梅咬了一个桃子。但这个桃子还没有成熟**”

② 同义词或近义词，如“**韩梅梅的英语很流利。她还打算学习西班牙语。**”

③ 上下位词，如“**韩梅梅吃了一个桃子。她喜欢吃水果**。”这里**水果**和**桃子**构成上下位关系。

④ 统称词，如“**韩梅梅不想玩游戏机。她不喜欢这个东西。**”

搭配是指语义上相关，经常在相同的语境出现，如“**巴士转过街角驶来，我示意司机停下。**”“**司机**”和“**巴士**”构成搭配，衔接两个子句。

词汇衔接不仅体现在一对词之间，而且可形成相关词汇构成的序列，称为**词汇链**（lexical chain）。

> 例11.4 那就是白杨树，西北极普通的一种树，然而实在不是平凡的一种树。
> 那是力争上游的一种树，笔直的干，笔直的枝。

在上面这段话中，{白杨树，树，树，树，干，枝}是其中一个词汇链，“**白杨树**”和“**树**”是上下位关系，“**干**”、“**枝**”和“**树**”是整体部分关系。

总体来讲，篇章的连贯是通过运用衔接等具体的语言手段实现的。衔接和连贯在形式和内容上共同作用保证了篇章的信息性和意图性，使篇章作者所要表达的信息和意图能够被正确传递和理解。

11.1.2 篇章分析

篇章分析（discourse analysis）或称为**篇章处理**（discourse processing），是指一组自然语言处理任务，它们能够自动地对篇章中不同层次的语言结构进行建模并支持实际应用。

篇章结构是指篇章内部各个部分的组织、联系、安排和布局的模式。根据不同的篇章分析目的，可采用不同层次和不同粒度的篇章结构。识别篇章结构有助于正确地推演和解释篇章信息。

本章后续小节将着重分析几类典型的篇章结构：指代结构、线性话题结构、篇章关系结构，并在最后探讨自动判断篇章连贯性的方法。不难看出，这些内容是紧密围绕衔接与连贯这两个篇章基本特征展开的。

从计算机处理的角度，需要选择合适的数据结构表示篇章结构，如线性、组块或树状结构等；在具体的技术手段上，很多篇章分析相关任务都可以转化为已经介绍过的基本的机器学习和自然语言处理问题，如分类、语义表示和结构学习等。本章更关注对基本概念的介绍以及如何将篇章分析中的具体问题转化为通用的语言处理方法来解决。

11.2 共指消解

为了理解篇章的内容和结构，必须了解篇章中讨论的对象。在自然语言表达中，人们常用不同的方式来指示前面提及过的同一对象。考虑下面的例子：

> 例 11.5　哈尔滨工业大学（Harbin Institute of Technology）始建于1920年。1954年______进入国家首批重点建设的6所高校行列。哈工大有哈尔滨、深圳、威海三个校区。她的校训是“规格严格、功夫到家”。

这里用下画线标记出来的表述都指同一个现实世界中的对象：**哈尔滨工业大学**。这些表述包括全名、英文翻译、缩略语（**哈工大**）和代词（**她**），还有省略（空白下画线）。这种用不同语言表述来指向一个事物或人的现象称为**指代**（reference）。指代是非常普遍的语言现象。指代的运用使得人们能够用更灵活、简练的方式去表达信息。人可以很容易地理解指代，但对于计算机来说指代带来了更大的模糊性。例如，如果不做处理，计算机会认为“**哈尔滨工业大学**”“**哈工大**”“**她**”是独立的对象。那么，它将不会意识到这一段话实际上讨论的是同一对象，也无法回答“**哈尔滨工业大学有哪些校区**”和“**哈工大的校训**”**是什么**等类似的问题。

篇章中指代事物的具体表达式称为**指称或表述**（mention）。指称的基本类型可以是人称代词（如**他**、**她**）、指示代词（如**这**、**那**）、有定描述（如the president，**现任总统**）、普通的名词短语和省略等，其中省略也称为零指代。指称指向的对象被称为**所指对象**（referent）或**实体**（entity）。所指对象是现实中存在的或者在特定语境下是确定的，如哈尔滨工业大学是现实中的一所大学，而文本中出现的“**哈尔滨工业大学**”、“**哈工大**”或“**她**”都是同一实体的不同指称。

指代分为两种：回指和共指。**回指**（anaphora）是指当前的指称与前文出现的词、短语甚至句群存在语义关联，如上下位关系、整体部分关系等；**共指**（coreference）是指两个名词指称（包括代词和名词短语）指向现实世界中同一实体。共指关系是一种等价关系。所有指向同一实体的指称构成一个**共指链**（coreference chain）。前面例子中可以找到一条共指链：{**哈尔滨工业大学，哈工大，她**}。

本节主要讨论**共指消解**（coreference resolution）问题，即为文本中的指称确定其在现实世界中指向的实体，将指向同一实体的指称组织成共指链的过程。共指消解又可细分为**代词回指消解**（pronominal anaphora resolution）或简称为代词消解和名词短语消解，但讨论过程中不会刻意地区分它们。

11.2.1　共指消解的一般过程

将篇章中的指称序列记为$M=\{m_1, m_2, \cdots, m_n\}$，一个共指消解算法以$M$为输入，输出$M$的一个划分$P$，其中每一个$p_i \in P$对应一个共指链，每个共指链中的所有指称对应相同的实体。

消解过程中当前考察的指称称为**照应语**（anaphor），被指向的指称称为**先行语**（antecedent）。通常，先行语都出现在照应语之前。先行语出现在照应语之后的情况称为预指，如“**为了帮助她学习英语，李雷为韩梅梅订阅了最新的英语杂志。**”本节不考虑预指。

共指消解可粗略地分为三个步骤：识别候选先行语；根据约束策略筛选候选先行语；根据优选策略确定最佳先行语。

（1）识别候选先行语

指称识别（mention detection）利用句法分析和命名实体识别等技术标记出文本中出现的名词短语、命名实体，对于多词表达式还会标记出其核心词，对于嵌套的名词短语通常保留最长的一个。任何在照应语之前出现的名词短语都可能是先行语。候选先行语是篇章内所有指称的一个子集。

（2）筛选候选先行语

照应语和先行语必须满足一定约束。利用这些约束可以过滤掉不可能的候选。典型的约束包括以下几种。

- **性别一致性**（gender agreement）：照应语和先行语在性别上必须一致。例如，“**夫人**”不可能是指称“**他**”的所指对象。
- **数目一致性**（number agreement）：照应语和先行语在数目上必须一致，主要是针对单复数进行区分。例如，“**同学们**”不可能是指示语“**他**”的所指对象。
- **生命一致性**（animacy）：照应语和先行语应该都是有生命的或者都是无生命的。
- **约束理论限制**（binding theory constraints）：当照应语和候选先行语出现在同一个句子时，指代关系会受到它们之间句法关系的制约。例如，人称代词做宾语时它不能指向该句子的主语，如“**老师批评了他**”。中“**他**”不应该指代“**老师**”。
- **选择性限制**（selectional restriction）：动词对论元的选择倾向性（selectional preference）可以用于筛选候选先行语。例如：要找到“**李雷从车行取回汽车后随即驾驶它行驶了200公里。**”中“**它**”的所指对象，需要考虑该所指对象能够作为“**驾驶**”的宾语。显然，“**车行**”和“**李雷**”应该被过滤掉。选择性限制需要引入外部资源来涵盖所需知识或常识。

不满足以上约束的候选先行语将会被过滤掉。很多情况下，这些一致性约束很难判断，因为一些指称的性质可能没有被充分描述。例如一个普通名词短语（如**计算机老师**）可能难以确认性别和数目。因此在筛选候选先行语时，主要要求它们与照应语是相容的，即不能违反一致性，对于相容但不确定一致的情况，可通过其他信息进一步判断。

（3）确定最佳先行语

对于保留的候选先行语，利用优选规则确定最佳先行语。一些优选规则是根据经验设定的，如下。

- **近邻性**：当其他条件相同时，倾向选择距离更近的候选先行语。
- **突显性**：代词倾向于指向篇章内突显性强的候选，如句子的主语比宾语具有更高的优先级，频率高的候选突显性更强等。

这些启发式规则并不总成立，但是它们可以被用作特征。实用的共指消解方法会综合考虑所有可用的信息“制定”一个决策规则来确定最佳先行语。

11.2.2 基于规则的方法

1. Hobbs算法

Hobbs算法是一个基于句法的启发式代词消解算法。该算法以代词所在位置作为起点，按照广度优先、自左向右的方式进行遍历和检验当前句以及前句的句法分析树，一旦遇到满足匹配约束的名词短语便将其作为代词的先行语。Hobbs算法突出了近邻性和句法突显性的重要性。与代词距离近，且在句中扮演更重要角色（如主语）的候选先行语将具有更高的优先级。Hobbs算法仅依赖句法分析以及约束限制，虽然不能处理所有情形的代词消解，但是也能够达到一定精度，因此经常被用作验证新方法有效性的基准算法或为更复杂系统提供特征。

2. 中心理论算法

中心理论（centering theory）是计算语言学的一个理论模型，论述了焦点、代词在篇章中的分布与指代以及它们与连贯性之间的联系。中心理论认为篇章中的语段都有中心实体（center），负责与其他语段中的实体关联。中心分为**前向中心**（forward-looking center，C_{f}）与**后向中心**（backward-looking center，C_{b}）。语段U_i的C_{f}和C_{b}定义如下。

- U_i的前向中心$C_{\mathrm{f}}(U_i)$是指该语段中所有实体组成的集合，在下一语段中至少会有部分实体被提及。
- U_i的后向中心$C_{\mathrm{b}}(U_i)$是指在U_i中被提及的U_{i-1}的前向中心$C_{\mathrm{f}}(U_{n-1})$中，最为显著的实体。实体的突显性主要通过语法角色（grammatical role）判断，一般规则是：主语>宾语>其他。U_i中突显性最大的实体称为**优先中心**（preferred center），记为$C_{\mathrm{p}}(U_i)$。

因而，每一个U_i可以有多个前向中心，但最多只有一个后向中心。中心理论定义了三种语段U_i和U_{i+1}之间可能的转换关系。

- 中心继续（center continuation）：前后语段的后向中心相同$C_b(U_{i+1})=C_b(U_i)$，并且该实体是语段U_{i+1}的优先中心，即$C_b(U_{i+1})=C_p(U_{i+1})$。
- 中心保持（center retaining）：前后语段的后向中心相同$C_b(U_{i+1})=C_b(U_i)$，但是该实体不是语段U_{i+1}的优先中心。
- 中心转移（center shifting）：前后语段的后向中心不同，即$C_b(U_{i+1})\neq C_b(U_i)$。

中心继续意味着U_i中讨论的实体不仅保持到了U_{i+1}，而且最有可能作为$C_b(U_{i+2})$继续延续。中心保持意味着U_i中讨论的实体可以保持到U_{i+1}，但继续向后延续的可能性降低。中心转移则意味着前后语段讨论的中心发生了变化。显然，三种转换关系对应的篇章连贯性依次降低。

因此，中心理论提出了一种评估篇章连贯性的思想：连贯性与篇章中实体的语法角色以及语段间转换关系相关，突显性高的实体对连贯性的影响更大，语段之间的转换关系具有不同的优先级，中心继续高于中心保持高于中心转移。

中心理论为代词消解提供了一种理论指导。代词是对实体的指称，消解代词时，应该优先选择能够使语段转换关系优先级最高的实体作为先行语，从而最好地保证篇章连贯。

基于中心理论的代词消解在实际中很少被单独使用。但中心理论对篇章连贯性评估和设计代词消解系统具有指导意义。本章11.5.2节将介绍的用于篇章连贯性评估的实体网格模型也是以中心理论作为理论基础。

3. 准确率优先的多轮规则系统

实用的基于规则的共指消解系统应该综合考虑多类规则。斯坦福大学提出了**准确率优先**的原则用于基于多轮规则的共指消解系统。

系统将规则分为多个类型，如字符串匹配规则，同位语规则以及一致性约束规则等。单独应用这些规则时，一些规则具有较高的准确率，一些规则具有较高的召回率。系统按照准确率从高到低的顺序依次应用不同类型规则。例如，首先使用**精确匹配**规则，优先合并字符形式相同的名词短语，再使用**核心词匹配**或**模糊匹配**规则来进一步合并名词短语，准确率相对较低的规则在后续轮次应用，逐步提高召回率。该系统的另一个特点是在前面轮次已经被合并到同一个共指链中的指称共享性别、单复数等属性信息，因此可以为后续轮次消解提供更多的信息。

该系统设计简单、不需要训练数据，曾在CoNLL 2011共指消解评测中获得最佳表现。

11.2.3 基于监督学习的方法

基于监督学习的方法需要人工标注的训练数据。训练数据中标注了篇章中的指称以及共指链。再利用机器学习技术根据训练数据学习一个预测模型，期望该模型能够识别未知文本中的共指关系。

介绍三类典型的模型：指称对模型、指称排序模型和基于实体的模型，它们从不同的视角看待共指消解问题。

1. 指称对模型

指称对模型（mention-pair model）将共指消解视为二元分类问题，训练一个分类器来判断一对指称是否共指，即

$$y = g(m_i, \pi), y \in \{0, 1\} \tag{11.1}$$

其中π为当前处理的照应语，m_i为π的一个候选先行语，g为分类函数。

模型训练 为了训练分类器，需要利用人工标注的共指信息构造训练数据。指称对模型的训练数据基于一系列$<m_i, \pi>$形式的指称对。每个指称对对应一个标签。具有共指关系的指称对构成正例，标记为1，否则构成负例，标记为0。

最简单的策略是将属于同一共指链的指称对设为正例，将来自不同共指链的指称对设为负例。但这一策略产生的训练样本数量太大且导致反例数量远大于正例数量。

一个常用的策略是利用共指具有邻近性的倾向，选择共指链中紧邻的指称构建正例。

例11.6　假设人工标注数据中有指称序列$\{m_1, m_2, m_3, m_4, m_5\}$，其中有两个共指链$m_1$-$m_3$-$m_4$和$m_2$-$m_5$。那么，可以得到3个指称对作为正例$\{<m_1, m_3>: 1, <m_3, m_4>: 1, <m_2, m_5>: 1\}$。

另一方面，如果在一个正确的先行语和照应语对的两个指称之间存在属于其他共指链的指称，它们将与正确指称对中的照应语构成反例。

例11.7　考虑上例，指称m_2在先行语与照应语对$< m_1, m_3 >$之间出现且与m_1和m_3处于不同的共指链，那么可以得到$< m_2, m_3 >$：0作为负例。类似地，可以得到负例$< m_3, m_5 >$：0和$< m_4, m_5 >$：0。

一旦训练数据准备完毕，需要针对指称对构建特征并训练分类模型。

模型预测 算法根据指称对分类结果构建共指链。下面介绍一种基于邻近优先的

预测过程。算法从第二个指称开始由前向后依次消解。对于每一个将被处理的指称m_j，算法自右向左扫描文本，将在m_j之前出现的每一个指称m_i视为候选先行语，构成一个指称对$<m_i, m_j>$。使用分类器g判断m_i与m_j是否共指。算法通常按照倒序处理m_j之前指定语境内的所有指称，如果遇到一个先行语被判定为共指或者已经没有可作为候选先行语的指称，结束对m_j的消解，转而处理篇章中下一个指称m_{j+1}直至文档结束。最后，采用一定聚类策略（如利用传递性，m_k与m_i共指，m_i与m_j共指，则m_k与m_j共指）整合所有成对的判断，将所有指称划分到若干个共指链中。

指称对模型是最直接的基于监督学习的共指消解方法，但也存在一些局限。一方面，指称对模型独立地判断照应语与其各个候选先行语是否共指，没有考虑这些候选之间相互的优劣，因而确定的先行语未必是最佳选择。另一方面，指称对模型主要利用指称对自身的特征，表达能力有限。如果指称自身的信息不够充分，如候选先行语是个代词或是一个难以明确性别或数目的名词短语，模型将很难准确判断。针对这两个问题，有两类方法尝试进行改进：指称排序模型和基于实体的模型。

2. 指称排序模型

指称排序模型（mention-ranking model）将共指消解视为排序问题。对于照应语π其指代对象为

$$\hat{\alpha}_\pi = \underset{\alpha\in\{\epsilon, m_1, m_2, \cdots, m_j\}}{\operatorname{argmax}} \phi(\alpha, \pi) \tag{11.2}$$

$\phi(\alpha, \pi)$表示照应语π的候选先行语α的分数；$\{\epsilon, m_1, m_2, \cdots, m_j\}$为$\pi$的候选先行语集合，$\hat{\alpha}_\pi = \epsilon$表示$\pi$没有先行语。指称排序模型的特点是在训练和预测时同时考虑一个照应语的所有候选，而不是独立地看待它们。下面介绍两个指称排序模型具体实例。

（1）双候选竞争排序策略

双候选竞争排序策略训练一个二元分类器，每次处理一个照应语π和该照应语的两个不同候选先行语m_i和m_k，判断m_i和m_k哪一个更适合作为π的先行语，即

$$y = g\,(\mathbf{FIRST} \mid < m_i, m_k, \pi >), y \in \{0, 1\}, k > i, \tag{11.3}$$

如果分类器g输出为1，表示候选对中的第一个候选m_i更可能是正确的先行语；否则，候选m_k更可能是正确的先行语。

模型训练　训练样本为一系列的$<m_i, m_k, \pi>$形式的三元组。如果m_i是正确的先行语，则三元组被标记为正例（**FIRST**），如果m_k为正确的先行语，则三元组被标记成负例。构建三元组需要满足约束：每个三元组中的两个候选先行语有且只有一个与π共指。

模型预测　消解时，首先获取照应语的候选先行语集合，如果候选先行语集合为

空，不消解当前照应语；如果候选集合大小不小于2，那么任何两个候选都会构成一对，与当前照应语一起作为分类器输入，由分类器判断哪个候选胜出；最终，选择获胜次数最多的候选作为先行语，若多个候选分数相同，则选择距离照应语最近的候选作为先行语；如果候选集合大小为1，则使用指称对模型判断唯一候选是否与照应语共指。

（2）概率排序策略

算法同时考虑照应语π的整个候选集合A，建立每一个候选先行语与照应语共指的概率$P_r(\alpha_i|\pi)$。

$$P_r(\alpha_i \mid \pi) = \frac{\exp\left(\sum_{j=1}^{n} \lambda_j f_j(\pi, \alpha_i)\right)}{\sum_{\alpha_k \in A} \exp\left(\sum_{j=1}^{n} \lambda_j f_j(\pi, \alpha_k)\right)} \tag{11.4}$$

这里特征向量的维度为n，f_j表示第j个特征方程，λ_j为相应的权重。

模型训练　每一个训练样本根据照应语π及其候选先行语集合来构建，包括：① 距离π最近的正确的先行语；② 一组非正确先行语。参数优化可采用交叉熵损失函数，即计算模型预测的概率分布与标准答案之间的交叉熵。

模型预测　消解时，算法设置一个上下文范围获取候选先行语，如考虑照应语所在句及其之前指定数目的句子内的指称。利用模型计算每一个候选先行语的概率并选择概率最大的候选先行语作为预测结果。

3. 基于实体的模型

基于实体的模型（entity based model）在建模过程中引入实体级别或类簇（cluster）级别的特征，将判断照应语与候选先行语是否共指，转变为判断照应语所在类簇与候选先行语所在类簇是否共指。类簇可以理解为已知或者已经被判断为共指的指称集合。

考虑这样一个情形：文档中有3个指称“Mr. Clinton”，“Clinton”和“she”。指称对模型很可能由于“Mr.Clinton”和“Clinton”的字符串匹配程度较高，而将两者判定为共指。由于“she”和“Clinton”并没有违背一致性约束且在篇章中距离接近也会被判定为共指。这便产生了相互矛盾的共指对。然而，如果在消解“she”的时候已经知道“Mr.Clinton”和“Clinton”是共指，那么“she”不应该指向“Clinton”，因为“Mr.Clinton”和“she”违背了性别一致性。

基于实体的模型可以利用实体级别的特征，即已经（部分）形成的共指链的特征。例如，共指链中所有指称的单复数、生命性等性质可以共享，从而在过滤候选先行语时可以使用更严格的约束或利用更丰富的信息构建特征。

利用监督信息的模型包括实体指称模型（entity–mention model）和实体排序模型（entity–ranking model）。前者类似于指称对模型，但是判断照应语与先前已经形成的部分共指链是否共指。后者则基于排序的思想，通过对照应语前面的候选先行语类簇排序进行消解。

此外，前文提到的准确率优先的多轮规则系统以及接下来介绍的基于聚类的共指消解算法实际上也都利用了实体级别的信息。

11.2.4　基于聚类的方法

基于聚类的共指消解方法是一种不依赖训练数据的无监督学习方法，细节如算法11.1所示。

算法采用贪心策略自后向前处理篇章内的所有指称。$\mathrm{dist}(m_j, m_i)$用于度量指称之间的距离：

$$\mathrm{dist}\left(m_i, m_j\right) = \sum_{f \in \mathcal{F}} \omega_f * \mathrm{incompatibility}_f\left(m_i, m_j\right) \tag{11.5}$$

其中$\mathcal{F}$对应于一组特征：$\mathrm{incompatibility}_f$的返回值在0和1之间，表示两个指称之间不兼容的程度；ω_f是各个特征的相对权重；若两个指称不相容其距离为∞。共指指称间的距离应小于聚类半径r。两个指称所属的类簇c_j以及c_i中的所有指称都必须满足函数ALL_NPs_COMPATIABLE彼此兼容。如果两个指称既满足指称对之间的约束又满足指称所属类簇之间的约束，它们被认为是共指的，它们所属的类簇将被合并。算法结束时的类簇即为最终消解得到的各个共指链。

11.2.5　共指消解的特征

无论采用哪种模型或是否利用监督信息，都要对照应语与候选先行语进行特征表示以体现它们各自性质以及它们之间的关系。早期工作主要基于人工设计的特征，近期工作则开始采取分布式特征表示。

典型的人工构建特征包括以下类型。

指称特征：用于描述候选先行语m_i和照应语m_j本身的性质如下。

- **指称类型**：指称是代词、名词短语或命名实体。
- **单词数**：指称包括的单词数目。较长的指称是先行语的可能性更大，因为往往先提及的指称更长，如机构的全名。
- **词汇**：指称中的关键词，如第一个、最后一个或中心词。词汇特征容易导致较高的特征向量维度，通常需要进行特征选择。

算法11.1：基于聚类的共指消解算法

```
function CoreFERENCE_CLUSTERING(M = [m_n, m_{n-1},···, m_1])
    设聚类半径为r，每一个指称构成一个类簇c_i={m_i}, C={c_i}.
    //自后向前处理篇章内的指称
    for all m_j in M do
        //考虑 m_j 之前的每一个 m_i
        for all m_i, i < j do
            令 d=dist (m_j , m_i).
            令 c_j=class_of (m_j), c_i=class_of(m_i).
            if d < r and All_NPs_COMPATIBLE(c_j , c_i) then
                c_j=c_i ∪ c_j .
            end if
        end for
    end for
    Return C.
end function
function ALL_NPs_COMPATIBLE(c_j , c_i)
    for all m in c_j do
        for all m' in c_i do
            if dist (m, m')==∞ then
                Return False.
            end if
        end for
    end for
    Return True.
end function
```

- **属性**：指称的词性、单复数、性别、生命性等。

不同类型的指称特征也可以相互组合作为特征。

指称对特征：用于描述候选先行语 m_i 与照应语 m_j 之间的关系。

- **距离**：m_i 与 m_j 之间的单词或句子间隔。距离是一个很强的启发式因素，当其他因素相同的情况下，读者倾向于选择距离更近的指称作为指代对象。

- **词法**：主要用于名词短语之间的表面特征匹配，如名词短语是否完全匹配，核心词是否匹配，是否有公共字符串、是否均为命名实体等。
- **兼容性**：m_i与m_j在性别、单复数、生命性等方面是否相容。
- **语法句法**：m_i与m_j是否构成同位语关系，如**中国首都，北京**：m_i与m_j是否具有自反关系或是否满足约束理论限制等。
- **语义**：m_i与m_j是否是别名关系，是否具有相同的语义角色等。

实体特征：基于实体的模型需要构建描述指称与已形成的共指链之间的特征。这通常通过聚合候选共指链中所有指称的特征来实现。例如，算法11.1中提及的ALL_NPs_COMPATIABLE函数便是典型例子。此外，可以计算候选共指链中的指称与照应语的数值型指称对特征（如距离或兼容性特征）的最大、最小、平均值等作为特征。

分布式特征表示：基于表示学习的共指消解方法采用分布式特征表示。指称和实体被表示为分布式语义向量，照应语和候选先行语之间的关系通过神经网络进行表达，利用训练数据自动学习指称和实体的语义向量及神经网络参数。消解算法依然可以基于指称对模型、指称排序模型或基于实体的模型。图11.1给出了一个基于表示学习的指称对模型的编码器。候选先行语和照应语均被表示为分布式向量并融合了相关的离散特征，经过神经网络隐含层的非线性变化得到指称对的分布式表示用于进一步判定两个指称是否共指。

11.2.6 共指消解评价

从20世纪90年代开始，共指消解研究逐渐从基于启发式规则的方法转向基于统计机器学习的方法。三个公开的共指消解语料库促进了技术演变以及不同算法的比较。

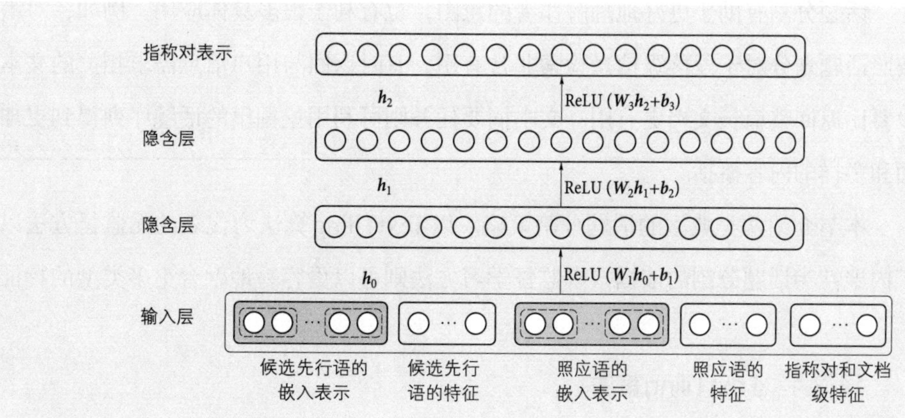

图11.1 基于表示学习的指称对模型编码器

MUC语料库 信息理解会议（message understanding conference，MUC）在1995年发布了MUC-6共指消解语料库包括30篇训练文档和30篇测试文档，1998年发布了MUC-7语料库包括20篇训练文档和20篇测试文档，语言均为英文。

ACE语料库 20世纪90年代末，国际评测自动内容抽取（automatic content extraction，ACE）开始提供共指消解语料库。特别是ACE04和ACE05不仅提供了英文数据，还包括中文和阿拉伯文数据，促进了多语言共指消解的研究。

CoNLL语料库 国际著名评测CoNLL 2011和CoNLL 2012分别提供了关于英文和多语言的共指消解语料，数据来自于OntoNotes 5.0语料库。CoNLL评测提供的语料库明确划分了训练集和测试集，从而可以更加公平合理地比较不同算法。

共指消解本质上是一种等价类划分。这是设计共指消解评价指标的主要出发点。MUC评测提出了基于链的F值计算方法作为共指消解评价指标。后来，B-CUBED方法以及CEAF方法被相继提出改进已有方法的不足。研究中通常会同时考查多个评价指标。CoNLL共指消解评测便使用多个评价指标的平均值来评价系统最终表现。

11.3 话题分割

一些体裁的文章通常围绕一个主题从多个方面展开。例如，一篇介绍**中国**的文章可能涉及中国的历史、地理、文化等多个方面，不同方面按照一定顺序排列构成完整的篇章。

话题分割（topic segmentation）假设一个完整的篇章由线性的话题序列构成，其任务是识别出话题边界，得到一系列连续的、没有重叠的话题区间。每一个话题区间可以包括多个连续的句子，话题区间内部讨论相对一致的内容。

话题分割有助于更好地理解作者的意图，也有利于很多具体应用。例如，对篇章按照话题划分对于段落级信息检索非常有用，有时返回与用户信息需求相关的文本片段要比返回整篇长文档更有用：文本摘要任务则可利用挖掘出的话题序列得到更加全面和多样的内容概括。

本节介绍两类典型的话题分割策略。以TextTiling算法为代表的无监督方法以词汇内聚性为话题分割的依据。有监督学习方法则可以更容易地融合更多类型的特征。

11.3.1 TextTiling算法

TextTiling算法是一个无监督话题分割方法，最初被提出用来切分说明类文档。

TextTiling算法利用了词汇在话题中共现和分布的模式。属于同一话题的文本片段之间的词汇内聚性较强，即它们倾向于使用一组相同或相关的词汇：不同话题之间的词汇内聚性较弱，即一旦话题发生演变，使用的词汇也会大比例变化。因而，话题边界两侧的文本（即分别属于不同话题）之间的词汇内聚性应该小于各自话题内部的词汇内聚性。

TextTiling算法主要分为三个步骤。

（1）分词与单词序列切分

对文本进行分词、去停用词和词干化，将文本切分为若干个单词序列（token sequence）$\{Seq_1, Seq_2, \cdots\}$。单词序列之间的间隔称为**单词序列边界**，作为话题边界的候选。可以基于句子或段落等构建单词序列，也有研究要求单词序列应具有相似的单词个数以避免由于长度不同导致文本片段间相似度的不可比较。

（2）单词序列边界的词汇分数计算

为每一个单词序列边界计算一个分数，即相邻单词序列的词汇内聚性，作为确定话题边界的依据。可采用块比较（block comparison）的方法，每个文本块包括k个单词序列，文本块彼此邻接但不重合。图11.2展示了一个构造的有8个单词序列的文本，令k=2，将其划分为4个文本块。

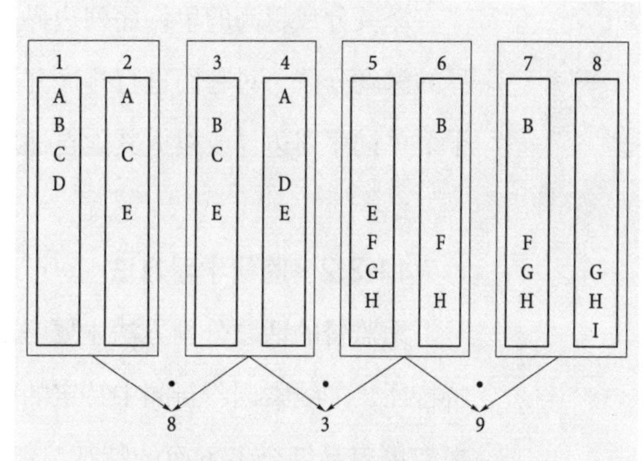

图11.2 包括8个单词序列的文本被分为4个文本块，不同字母代表不同单词，文本块采用词频向量表示，文本块间的相似度采用词频向量的内积

假设第i个单词序列边界处于两个文本块$b_i=\{Seq_{i-k+1}, \cdots, Seq_i\}$与$b_{i+1}=\{Seq_{i+1}, \cdots, Seq_{i+k}\}$之间，则该单词序列边界的词汇分数等于文本块$b_i$与$b_{i+1}$的相似度，即

$$\text{score}(i) = \text{sim}(\boldsymbol{\mu}(b_i), \boldsymbol{\mu}(b_{i+1})) \tag{11.6}$$

其中，$\boldsymbol{\mu}(\cdot)$是文本块的向量表示，sim为相似度计算函数（如内积或余弦相似度）用于计算两个向量之间的相似度。

图11.2所示的例子中，文本块被表示为词频向量，sim函数设置为内积。以单词序列1和2构成的文本块以及单词序列3和4构成的文本块为例，它们之间的相似度为2×1+1×1+2×1+1×1+1×2=8。

为当前所有处于文本块边界的单词序列边界分配分数后，将每一个文本块平移一个单词序列，得到新的文本块边界，继续计算处于新的文本块边界的单词序列边界分数。如果一个文本块包括k个单词序列，平移操作将重复k次，最终为所有单词序列边界分配分数。

（3）确定话题边界

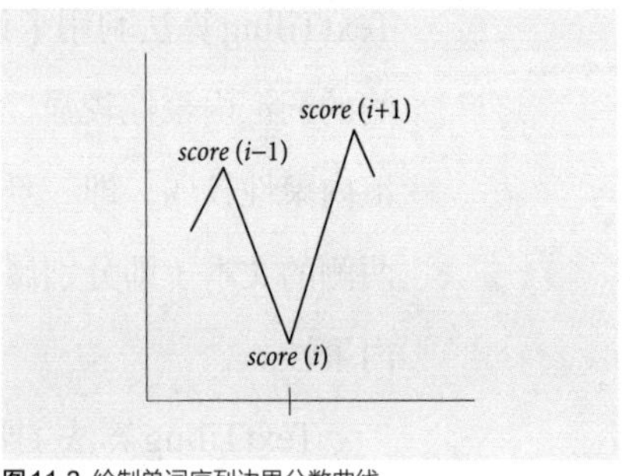

图11.3 绘制单词序列边界分数曲线

为了便于分析相邻文本块之间词汇内聚性的变化，可以将单词序列边界分数曲线画出来，如图11.3给出的例子。话题边界更可能出现在单词序列边界分数变化剧烈的位置。因此，为每一个单词序列边界分配一个**深度分数**（depth score）ds，

$$\mathrm{ds}(i) = (\mathrm{score}(l) - \mathrm{score}(i)) + (\mathrm{score}(r) - \mathrm{score}(i)) \tag{11.7}$$

其中score(l)为第i个单词序列边界左侧距离该边界最近的分数峰值，即从位置i向左扫描，直至score (l−1)<score(l)；同理，score(r)是第i个单词序列边界右侧最近的分数峰值。

深度分数越高的单词序列边界成为话题边界的可能性越大。采集所有单词序列边界的深度分数，对它们进行排序并根据需求决定话题边界位置，如选择分数最高的若干个单词序列边界或根据其他自适应策略确定话题边界。

11.3.2 监督学习方法

无监督的话题分割方法主要考虑文本的**内容**，没有考虑**形式**以及特定领域内的独特特征，如线索词、新闻中特定的引导词或会议内容中演讲者的停顿等。有监督学习框架更容易综合多方面的特征，但是需要标注有话题边界的数据来训练机器学习模型。除了人工标注训练数据，某些数据，如维基百科中的页面，自然地将内容分为多个话题，相当于提供了训练数据。可以在类似数据上学习模型，而在无结构文本上应用模型。

话题分割可转化为两类典型的监督学习问题。话题分割可视为分类问题，用一个二元分类器确定每一个话题边界候选是否是一个真正的话题边界。话题分割也可视为序列标注问题。将篇章视为文本单元（句子或从句或根据需要进行定义）序列，模型为每一个文本单元分配一个标签。标签模式可参照命名实体识别任务，如采用BIE模式，B表示话题开始，I表示话题中间，E表示话题结束，使用条件随机域（CRF）等模型进行处理。表11.1展示了以句子边界作为话题边界候选，面向分类与序列标注问题分别对数据进行标注的例子。

可采用的特征包括以下几种。

- **词汇内聚性**：以任何可能的方法计算相邻文本单元之间的词语重叠度、词汇或

表11.1 基于分类和序列标注的话题分割示例

句子	S_1	S_2	S_3	S_4	S_5	S_6	S_7	S_8	S_9	S_{10}
真实话题边界	—	—	边界	—	—	边界	—	边界	—	边界
分类	No	No	Yes	No	No	Yes	No	Yes	No	Yes
序列标注	B	I	E	B	I	E	B	E	B	E

语义相似度作为特征。

• **篇章指示词**（cue word）：这些词能够直接预示篇章结构特征，如英文中的now或next，中文中的**首先**、**最后**等。可根据这些词在前后文本单元中是否出现构建特征。

• **实体链特征**：如后一文本单元中是否存在一个代词或某个指称指向前一个文本单元中的某个实体。

• **词汇链特征**：词汇链作为词汇语义在篇章上的延续，为篇章结构提供了线索。词汇链的边界与话题区间边界具有一定对应性。话题边界候选涉及的词汇链的边界情况、强度（通过重述程度、密度、长度等方面度量）等均可作为特征。词汇链的计算可以借助于WordNet、同义词词典等语义资源以及词的分布式表示。

此外，在处理语音相关的数据（如会议记录）时，还可以引入**停顿**、**说话人改变**等特征。

11.3.3 话题分割评价

话题分割算法的评价通常以标注有正确话题边界的数据作为测试集，使用合理的评价指标量化和比较算法性能。一个简单的设置是采用分类的评价指标（如准确率，召回率和F值），检查每个话题候选边界的预测结果与标准答案的异同。但是，该评价策略无法体现系统预测错误的话题边界与真实话题边界的距离。假设算法A和算法B预测正确与预测错误的话题边界数目都一样，但算法A预测错误的话题边界与参考答案边界的距离更近，那么算法A应该优于算法B。

评价指标P_k与*WindowDiff*以不同方式考虑了这种情况。例如*WindowDiff*采用如下公式作为评价指标：

$$WindowDiff\left(R,H\right)=\frac{\sum_{i=1}^{N-k}\left(\left|b_R\left(i,i+k\right)-b_H\left(i,i+k\right)\right|>0\right)}{N-k} \tag{11.8}$$

其中，R表示参考答案，H表示预测结果，$b_S(i,j)$表示话题分割方案S在窗口起点i和终点j之间的边界数目，窗口大小为k。*WindowDiff* (R,H)返回一个0到1之间的值，所有边界位置全部正确时的得分为0。

11.4 篇章关系分析

篇章关系是指连贯篇章内部文本单元间的语义关系。

Hobbs最早提出**连贯关系**（coherence relation）的概念，认为篇章单元之间的连接关系是组成篇章结构的基本成分。篇章单元可以是子句、句子、句群甚至篇章本身，连贯关系是指篇章单元间的语义关联性。Hobbs定义了12类连贯关系，包括**结果**、**并列**、**细化**、**背景**等。连贯关系建立了连贯性判定的一个理论框架，即如果一个篇章被认为是连贯的，它的篇章单元之间应该可以被正式定义的连贯关系所解释。

本节主要介绍基于修辞结构理论和宾州篇章树库理论的篇章关系分析研究。修辞结构理论篇章树库（Rhetorical Structure Theory–Discourse Treebank，RST–DT）和宾州篇章树库（Penn Discourse Treebank，PDTB）是分别支持以上研究的著名篇章语料库，分别引领了RST风格与PDTB风格篇章解析。RST风格篇章分析通过修辞关系递归地建立整个篇章的篇章树，而PDTB风格篇章解析以篇章连接词为核心着重解决篇章局部的关系语义。因此，它们也常被称为“深层篇章解析”与“浅层篇章解析”。当然，没有结论表明哪一种风格优于另一种，不同的下游任务可以采用不同风格的篇章解析。例如，文本摘要和篇章级情感分析需要理解篇章整体，RST风格篇章解析更有帮助；对于仅需要局部篇章信息的应用，PDTB风格篇章解析将更加实用。

11.4.1 修辞结构关系分析

1. 修辞结构理论

W. Mann和S. Thompson在“Rhetorical Structure Theory: A Theory of Text Organization”一文中提出修辞结构理论（rhetorical structure theory，RST）。这是一种基于文本局部关系描述篇章组织的理论。它强调了篇章的联系性、层次性和整体性。

RST理论的核心概念是修辞关系。它定义了一系列修辞关系，如**详述**、**对照**、**条件**等，用于描述各式文本的修辞结构。每一个修辞关系用于连接关联性强的两个或更多邻接的篇章单元，形成一个更大的篇章单元。大的篇章单元通过修辞关系进一步逐层关联，直至覆盖篇章内所有单元。

考虑下面的例子，

例11.8	**句子1：父亲喜欢乒乓球运动。句子2：他最喜欢的运动员是刘国梁。句子3：然而，我却更喜欢羽毛球运动。**

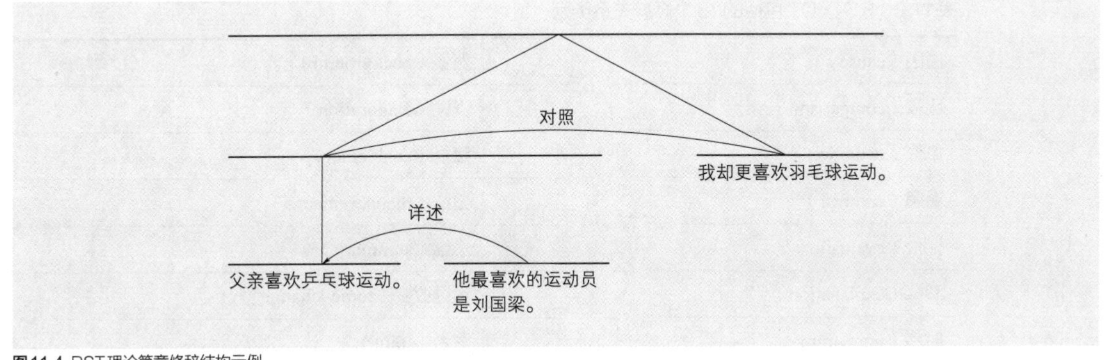

图11.4 RST理论篇章修辞结构示例

这段话的内容是连贯的。句子1叙述了一个事实，句子2进行详述，即句子2提供的是句子1内容相关的额外细节。可以用一个**详述**关系来连接两个句子。句子1与句子2作为一个整体又与句子3通过**对照**关系连接，体现"**我**"和"**父亲**"在体育运动上的不同偏好。

RST理论明确篇章的修辞结构可以用树结构来表示，称其为**篇章树**（discourse tree）。上面例子的修辞结构可以表示为图11.4中的篇章树。每一个句子对应图中篇章树的叶子节点，表示一个**基本篇章单元**（elementary discourse unit，EDU），即不需继续拆分的篇章单元。具有修辞关系的篇章单元之间用一条弧来连接，并在弧上标记具体的修辞关系。篇章树的非叶子节点表示由其孩子节点的篇章单元拼接而成的篇章单元。图中的横线表示当前篇章单元覆盖的范围。最终，整个篇章被递归地表示为一棵树。

修辞关系分为单核和多核两种类型。单核关系是非对称的，由核心单元和辅助单元构成。篇章关系中更接近作者意图、能够独立解释的篇章单元称为**核心**（nucleus），起解释说明等辅助作用的篇章单元称为**外围**（satellite）。多核关系则是指篇章关系涉及的篇章单元对于解释篇章关系是同等重要的。**详述**关系是一个单核关系，图中11.4中句子2指向句子1的弧是有向的，表示由外围单元指向核心单元，竖线连接核心单元与外部篇章单元关联。**对照**关系是一个多核关系，因而图11.4中句子1和句子2构成的篇章单元与句子3之间的弧是无向的，表示它们都是核心单元。单核关系状态可表示为NS（左单元为核心，右单元为外围）或SN（左单元为外围，右单元为核心）两种。多核关系状态可表示为NN。

修辞结构理论不仅可以描述篇章结构，也可以有效指导文本生成，在计算语言学领域受到了广泛的关注和讨论。RST风格篇章解析的任务是要自动构建输入篇章的篇章树。目前的主流技术是基于统计机器学习，这需要用于训练统计模型的标注数据以及有效的结构化学习算法。

表11.2 RST-DT包括的18个修辞关系类别

原因（cause）	背景（background）
比较（comparison）	详述（elaboration）
条件（condition）	赋能（enablement）
对照（contrast）	方法（manner-means）
评价（evaluation）	总结（summary）
解释（explanation）	话题改变（topic-change）
时序（temporal）	联合（joint）
话题评论（topic-comment）	同一单元（same-unit）
属性（attribution）	文本组织（textual organization）

2. 修辞结构理论树库

修辞结构理论篇章树库（Rhetorical Structure Theory Discourse Treebank，RST-DT）是由美国南加州大学基于修辞结构理论标注的英语修辞关系篇章树库，于2002年由语言数据联盟（linguistic Data Consortinum，LDC）正式发布。RST-DT标注了385篇宾州大学树库文章，其中347篇用于训练，38篇用于测试。RST-DT对EDU进行了严格定义，规定了不同类型子句、短语能否充当EDU的标准，共标注了21789个EDU，53种单核关系和25种多核关系。这78种关系又分成18个类别，每个类别具有相近的修辞功能。表11.2展示了18种修辞关系类别。

3. 基于RST理论的篇章解析器

基于RST理论的篇章解析器试图自动建立输入篇章的篇章树。一般采用自底向上的构建过程。首先获得基本篇章单元，而后确定基本篇章单元之间的层次联系和修辞关系。

（1）基本篇章单元分割

基本篇章单元分割负责将文本切分为一系列无交叠的基本篇章单元，它们对应篇章树最底部的叶子节点。基本篇章单元是一个功能语块，通常是独立子句，但也可以是谓词短语，但不允许跨越句子边界。例如，下面的句子被切分为3个EDU。

例11.9 [The posters were printed on paper]$_{\text{EDU 1}}$[pre-signed by Mr. Wright]$_{\text{EDU 2}}$[lawyers said.]$_{\text{EDU 3}}$

典型的方法是利用RST-DT中人工标注的EDU边界作为训练数据，采用监督学习的方法来处理。同话题分割类似，可以将EDU分割视为一个分类问题或序列标注问题。前者扫描篇章中的每一个单词，用一个二元分类器来确定是否需要在当前考察的单词之后插入一个EDU边界。后者将考察的句子视为一个整体，模型为每一个单词分配一个标签，表示该单词是一个EDU的开始、内部或是结束节点。考察的特征主要是每一个单词及其上下文中其他单词的词汇、词性、句法特征以及它们之间的组合。

（2）篇章树构建

篇章树表示整个篇章的结构，其叶子节点是EDU，中间节点表示子树对应的篇章单元之间的修辞关系及其核状态。

篇章树的结构与句法结构非常相似，但是树的叶子节点是EDU而不是单词。篇章树构建算法也主要受到结构句法分析方法的影响。

- **自底向上的二阶段贪心算法** 自底向上的篇章解析器采取贪心策略，每次根据当前局面进行最优决策，合并最合适的相邻的篇章单元得到跨度更大的篇章单元。其主要模块为以下两个分类器。

结构分类器Struct：输出相邻的篇章单元应该被合并形成一棵新的子树的概率。

关系分类器Label：判断被合并的两个篇章单元之间的关系。每个关系可表示为一个三元组（*Relation*, *Left*, *Right*），其中$Relation \in \mathcal{R}$，$\mathcal{R}$是RST-DT定义的修辞关系集合，$Left, Right \in \{N, S\}$用于表示两个篇章单元是核心（N）还是外围（S）。例如：（*Cause*, N, S）表示修辞关系是*Cause*，左节点为核心，右节点为外围。

算法处理过程如下。每一个基本篇章单元作为一棵子树得到初始篇章子树列表$L=\{l_1, l_2, \cdots\}$；应用结构分类器Struct于所有相邻的篇章单元对（l_i, l_{i+1}），获得它们被合并的概率；选择概率最高的相邻篇章单元进行合并；应用关系分类器Label，判断两个篇章单元之间的关系；更新相邻篇章单元分数以及篇章子树列表。该合并过程迭代至修辞结构子树列表中只有一棵覆盖整个篇章的篇章树。

- **基于转移的篇章解析器** 基于转移的篇章解析器维护一个堆栈（stack）和一个队列（queue）。堆栈用于保存已经建好的篇章子树，队列保存待处理的EDU序列。篇章解析问题被转化为一系列转移操作的分类决策问题。在每一时刻，算法可能采用移进（shift）操作或规约（reduce）操作。移进操作将队列头部EDU移至堆栈顶部；规约操作将栈顶的两棵篇章子树弹出，组合成一棵新的子树并确定它们的核心外围角色以及修辞关系，并将新建的子树压入堆栈。不同的修辞关系（如*Cause*，*Attribution*）以及不同的核心外围选择（如*NS*，*SN*或*NN*）对应不同的规约动作，例如可定义*Reduce-Cause-NS*操作表示将栈顶的两棵篇章子树分别弹出栈并合并，它们之间的修辞关系是*Cause*，首先弹出栈的篇章子树为核心，随后被弹出的篇章子树为外围。一个多元分类器用于决定每一时刻采取哪种操作。移进规约操作一直进行直至所有输入的EDU都已被处理且所有篇章子树均已被合并成为一棵完整的篇章树。基于转移的篇章解析器的时间复杂度与EDU个数呈线性关系。

- **基于CKY算法的篇章解析器** 基于CKY算法的篇章解析器寻求建立全局最优篇章树。给定EDU列表，算法尝试计算所有可能的篇章树结构的概率或分值从而确定最优篇章树。CKY算法采用动态规划方法来提高计算效率，但复杂度依然较高。一些基于CKY算法的方法采用二阶段方案，第一阶段建立每个句子内部子句构成的篇章树，第二阶段在各个句子篇章树的基础上建立整个篇章的篇章树。

（3）特征表示

以上算法采用的策略不同，但都包括结构分类器和关系分类器，它们通常采用类似的特征集合。

传统的人工构建特征是根据语言学知识从表层文本或浅层文本分析结果中提取的线索。典型的特征包括：篇章线索特征，如篇章指示词或篇章单元开始和结尾处的短语等；组织结构特征，如待合并篇章单元对的相对位置（如它们是否在同一句子或段落）、篇章单元包括的句子和段落的边界数目等；句法特征，如基于句法分析获得的每个篇章单元或篇章单元对的句法产生式等；语义交互特征，如两个篇章单元词汇之间的语义相似度和共现信息等，此类特征需要WordNet等语义资源。基于转移的篇章解析器在进行移进规约决策时还会考虑当前堆栈、队列的状态以及已完成的操作序列。

11.4.2 浅层篇章关系分析

浅层篇章关系分析侧重于判断局部篇章单元间的关系。本小节介绍以宾州树库理论和资源为基础的浅层篇章关系分析。

1. 宾州树库理论及标注

宾州篇章树库（Penn Discourse Treebank，PDTB）由美国宾夕法尼亚大学、意大利托里诺大学和英国爱丁堡大学联合标注，于2006年由语言数据联盟LDC正式发布PDTB 1.0，于2008年发布PDTB 2.0，于2019年发布PDTB 3.0。PDTB的建设和发布有力推动了篇章浅层关系语义分析研究。

PDTB树库理论采用谓词论元（predicate-argument）结构，突出篇章连接词在篇章关系分析中的核心作用。**篇章连接词**（discourse connective）是指连接两个篇章单元并表达某种语义关系的词或短语。在PDTB中，篇章连接词被视为谓词，每个谓词连接的两个文本片段作为论元。

PDTB根据谓词情况将篇章关系分为显式篇章关系和隐式篇章关系。

显式篇章关系是由显式篇章连接词驱动的篇章关系。**显式篇章连接词**（explicit discourse connective）是指篇章中出现的篇章连接词。PDTB主要考察了以下类型的显式篇章连接词：从属连词（如because，when），同位连词（如and，or），副词或介词（如however，then），修饰连接词（如partly because，particularly since），平行连接词（如on one hand…on the other hand，if…then）等。当然，并非所有这些类型的词都能充当篇章连接词的角色，它们必须符合篇章连接词定义的要求，即能够连接两个篇章单元并表达一定语义。

论元（argument）是篇章连接词连接的篇章单元。PDTB中，每个篇章连接词有且仅有2个论元，记为ARG1和ARG2。在句法上与连接词更为紧密的论元称为ARG2，另一个论元称为ARG1。在下面例子中，下画线标记的 *"because"* 作为篇章连接词出现连接了两个篇章单元。

> 例11.10　**ARG1**：The federal government suspended sales of U.S. savings bonds, <u>because</u> **ARG2**：Congress hasn't lifted the ceiling on government.

隐式篇章关系是指没有显式连接词连接的篇章单元间的关系。PDTB标注了同一段落内没有显式篇章连接词衔接的相邻句子间的篇章关系。隐式篇章关系可分为以下类型。

- **隐式篇章连接词**（implicit discourse connective）：如果同一段内相邻句子之间没有任何连接词，但是具有某种语义关系，即两个句子之间可以插入某个连接词来更好地表达这种关系，则标注出隐式篇章连接词。

在下面的例子中，一个隐式篇章连词Implicit=so被插入到两个相邻的句子之间。

> 例11.11　**ARG1**：The projects already under construction will increase Las Vegas's supply of hotel rooms by 11,795, or nearly 20%, to 75,500. <u>Implicit=so</u> **ARG2**：By a rule of thumb of 1.5 new jobs for each new hotel room, Clark County will have nearly 18,000 new jobs.

- **替代词汇化**（alternative lexicalization，AltLex）：若相邻句子之间具有某种语义关系，但插入连接词会导致冗余，则标注为AltLex。这往往是由于句子中的一些非连接词起到了连接词的作用。

下面是一个标注了AltLex的例子。

> 例11.12 **ARG1**：The Bank of England, on the other hand, had gold reserves that averaged about 30% of its outstanding currency, and Bank of England notes were accepted throughout the world. **AltLex** [The most likely reason for this disparity] **ARG2**：is that the Bank of England was a private bank with substantial earning assets, and the common-law rights of creditors to collect claims against the bank were well established in Britain.

PDTB定义了一个层次语义结构用于描述论元之间的**篇章关系语义**（discourse relation sense）层次体系。该语义结构包括三层，第一层包括时序（temporal）、可能性（contingency）、对比（comparison）和扩展（expansion）四个语义类别，第二层包括16个语义类型，第三层包括更加细致的23个语义子类型。它是目前规模最大的英文篇章树库。

PDTB还标注了另外两类篇章关系。

- **基于实体的关系**（entity-based relation，EntRel）：若相邻句子之间不具有某种抽象定义的语义关系，但包含了关于相同实体的信息，则标记为EntRel。PDTB共标注了5 210个EntRel关系。
- **无关系**（no relation，NoRel）：既不包括定义的篇章关系也不包括实体关系，则标注为NoRel。

PDTB风格的篇章关系语义分类可分为2个主要任务：显式篇章关系语义分类和隐式篇章关系语义分类。

2. 显式篇章关系语义分类

显式篇章关系语义分类的目的是识别文中的篇章连接词，确定篇章连接词所联系的论元及它们的关系语义。这里涉及两个歧义问题。

一是词的篇章作用歧义，即一个词是否是篇章连接词。例如，在“I am from Beijing and I am 14 years old.”一句中，“and”连接两个句子，起到篇章连接词的作用。但是在“Li Lei and Han Meimei are good friends.”一句中的“and”便不符合篇章连接词的定义，因为它仅仅连接了两个短语。因此，篇章中出现的连接词只能作为篇章连接词候选，需要判断它们是否起到篇章连接作用。

二是篇章关系语义歧义，一些篇章连接词在不同的语境下具有不同的语义关系。例如since既可能预示时序关系也可能预示因果关系。因此，需要判断特定语境下篇章连接词所代表的篇章关系语义。

若目标篇章中出现了连接词，则将其视为篇章连接词候选。前面提到的两个歧义问题可以转化为分类问题进行消歧。篇章作用消歧可视为二元分类问题，判断篇章中出现的连接词是否为真正的篇章连接词：篇章关系语义消歧可视为多元分类问题，将篇章连接词的关系语义映射到篇章关系语义体系中。分类的常用特征包括连接词本身、连接词词性，上下文词特征以及句法特征等。篇章作用消歧的精确率可以超过95%，篇章连接词分类到PDTB篇章语义体系第一层的四个语义类别的精确率可以达到94%。其中，连接词本身是最有效的语言学线索。

确定显式篇章连接词后，还需要确定两个论元的位置和范围，称为论元标记。论元标记通常分为2个子任务：论元定位和论元范围标记。论元定位是确定ARG1和ARG2与篇章连接词的相对位置。由于ARG2与篇章连接词通过句法直接相连，因此主要任务是对ARG1进行定位。ARG1可以与篇章连接词在同一句子，或出现在篇章连接词所在句子之前，或出现在篇章连接词所在句子之后。因此，论元定位可转化为一个分类问题。确定论元ARG1和ARG2的位置后，论元范围的确定可以转化为子树抽取问题。利用结构句法分析获得论元所在句子的结构句法树。句法树的中间节点对应不同的跨度，则论元范围的确定可以转化为句法树中间节点的选择问题。此外，论元范围的确定也可以转化为序列标注问题。

3. 隐式篇章关系语义分类

隐式篇章关系语义分类用于推断未使用显式篇章连接词衔接的相邻句子之间的篇章关系。目前多数方法基于PDTB数据集采用统计分类方法来识别隐式篇章关系。由于篇章连接词的缺失，隐式篇章关系语义分类问题很困难。

难点之一是如何构建有效的特征来捕获句子之间的语义关联。很多研究工作设计了多种语言学驱动的特征，如语义相似度、句法和篇章提示词等特征。词对（word pair）特征也经常被采用。两个句子中的单词两两构成词对，期望通过有指示性的词对反映句子之间的语义关联，例如词对“好–坏”可能预示着**对照**关系。然而，隐式篇章关系分析需要理解句子的语义，这很难通过表层特征准确描述。

另一难点是数据稀疏问题。人工标注的篇章关系数据构建难度大、规模有限、篇章关系分布不均衡，导致分类器很难学习出真正有效的特征。一些方法尝试利用显式篇章关系数据帮助构建隐式篇章关系数据。有研究利用典型的显式篇章连接词从无标注语料中抽取句对并自动标记句对的篇章关系，而后去掉篇章连接词，但保持句对的篇章关系，从而得到更多的隐式篇章关系语义数据。但实验表明这种策略并不奏效，其可能原因是去掉篇章连接词之后的句对常产生篇章关系歧义，且构造的隐式篇章关系数据与真正的隐式篇章关系数据的语言表达方式也不尽相同。

11.4.3 基于表示学习的方法

基于表示学习的方法以神经网络为基础对篇章单元进行编码，通过端到端训练去学习篇章单元和篇章关系的分布式表示。RST风格篇章分析要建立完整篇章树，篇章子树的表示是关键。PDTB风格篇章解析则需要有效地对句对之间的语义交互建模。

基于表示学习的方法与人工构建特征的方法相比具有一些优势和潜力。分布式表示、循环和递归神经网络等架构更有利于不同语言层次的语义表示和组合计算，便于融合上下文信息和整合单词、句子层次的复杂语义交互；神经网络模型易于共享参数，迁移学习、多任务学习等范式能够提供更多选择来融合多种类型的数据资源与外部知识；端到端学习的方式也能够缓解人工构建特征的负担。

11.5 篇章连贯性评估

篇章连贯性自动评估（automatic evaluation of text coherence）任务是要自动判断篇章片段（连续句子序列）的连贯程度。它既可应用于人产生的文本，如对学生作文进行评分，也可用于机器生成的文本，如应用于机器翻译和文本摘要等任务。

通用的连贯性评估标准很难确定。与其提供一个绝对的分数，当前研究主要集中于区分连贯与非连贯文本，或根据连贯性对文本排序，从而可以将连贯性评估问题转化为分类或排序问题。句子排序（sentence ordering）任务经常被用于评价篇章连贯性评估模型的能力。假设真实文本中的句子序列是连贯的，则将其打乱顺序后得到的文本可认为是不连贯的，有效的篇章连贯性评估模型应该给予初始的句子序列更高的分数。为了降低计算复杂度，通常通过对局部连贯性建模实现篇章连贯性评估。

11.5.1 语义相关度模型

一个简单的篇章连贯性评估策略是假设连贯文本具有更好的语义一致性。基于这一思想，可根据篇章内相邻文本单元之间的语义相关度进行连贯性评估。给定篇章$T=\{S_1, \cdots, S_N\}$，篇章连贯性评估函数可表示为：

$$\text{coherence}(T) = \frac{1}{N-1}\sum_{i=1}^{N-1}\text{sim}\big(\boldsymbol{\mu}(S_i),\boldsymbol{\mu}(S_{i+1})\big) \tag{11.9}$$

其中S_i和S_{i+1}表示篇章中相邻的句子，$\boldsymbol{\mu}(S_i)$和$\boldsymbol{\mu}(S_{i+1})$是它们的语义表示，sim是某种根据句子表示确定的语义相似度的度量。句子表示可基于词的独热表示，或者利用WordNet等本体信息，抑或使用分布式语义表示。coherence(T)分数越高表明篇章连贯性越好。

11.5.2 实体网格模型

实体网格（entity grid）模型的基本思想来自中心理论。中心理论认为连贯文本中的实体分布是有一定规律的。每个篇章语段都有一个显著的实体，即焦点。实体的突显性可以由它的语法功能来体现。显著的实体更可能出现在重要的语法位置，如主语或宾语，并在主要子句中介绍。焦点随着话题的展开进行演化。

实体网格模型通过对篇章中实体的语法角色和转移模式建模来形式化地描述文本中的实体分布规律。一篇文本被表示为一个二维的实体网格，行对应于篇章中的句子，列对应于篇章中的实体。实体网格中的每一个网格标记相应实体是否在相应的句子中出现以及对应的语法角色，如主语（S）、宾语（O）和其他（X）。若实体未在句中出现，则用－进行标记。如果一个实体在一个句子中出现多次并扮演不同的语法角色，按照语法角色优先级进行标记：主语优先于宾语，宾语优先于其他。

图11.5展示了一段文本中被标记出的名词短语实体以及它们对应的语法角色。图11.6则展示了该文本对应的实体网格。可以利用共指消解系统识别篇章中的共指链，并将同一共指链中的所有指称视为同一个实体。在本例中，"Microsoft Corp."，"Microsoft"以及"the company"被视为同一个实体，统一用"Microsoft"表示。

我们希望能够从实体网格中提取出有效特征来反映连贯文本中实体的分布和转移规律。**局部实体转移**（local entity transition）是一个序列$\{S, O, X\}^n$，表示一个实体在连续n个句子中的出现和语法角色情况。例如，实体"microsoft"在6个句子中对

1 [The Justice Department]$_S$ is conducting an [anti-trust trial]$_O$ against [Microsoft Corp.]$_X$ with [evidence]$_X$ that [the company]$_S$ is increasingly attempting to crush [competitors]$_O$.
2 [Microsoft]$_O$ is accused of trying to forcefully buy into [markets]$_X$ where [its own products]$_S$ are not competitive enough to unseat [established brands]$_O$.
3 [The case]$_S$ revolves around [evidence]$_O$ of [Microsoft]$_S$ aggressively pressuring [Netscape]$_O$ into merging [browser software]$_O$.
4 [Microsoft]$_S$ claims [its tactics]$_S$ are commonplace and good economically.
5 [The government]$_S$ may file [a civil suit]$_O$ ruling that [conspiracy]$_S$ to curb [competition]$_O$ through [collusion]$_X$ is [a violation of the Sherman Act]$_O$.
6 [Microsoft]$_S$ continues to show [increased earnings]$_O$ despite [the trial]$_X$.

图11.5 标注了实体及它们的语法角色的一段文本[8]

	Department	Trial	Microsoft	Evidence	Competitors	Markets	Products	Brands	Case	Netscape	Software	Tactics	Government	Suit	Earnings	
1	S	O	S	X	O	–	–	–	–	–	–	–	–	–	–	1
2	–	–	O	–	–	X	S	O	–	–	–	–	–	–	–	2
3	–	–	S	O	–	–	–	–	S	O	O	–	–	–	–	3
4	–	–	S	–	–	–	–	–	–	–	–	S	–	–	–	4
5	–	–	–	–	–	–	–	–	–	–	–	–	S	O	–	5
6	–	X	S	–	–	–	–	–	–	–	–	–	–	–	O	6

图11.6 针对图11.5中文本构建的实体网格[8]

应的语法角色序列为SOSS-S。可见，局部实体转移特征的形式与内容无关。可以根据篇章内所有实体的转移情况，建立统计模型评估篇章连贯性。

一种策略是将篇章$T=\{S_1, \cdots, S_N\}$的连贯性表示为分布在句子序列中的m个实体的联合概率，即coherence$(T) = p_{coherence}(e_1, \cdots, e_m; S_1, \cdots, S_N)$。

假设这些实体被独立地引入篇章，该联合概率可表示为：

$$p_{coherence}(T) \approx \prod_{j=1}^{m} p\left(e_j; S_1 \ldots S_N\right) \tag{11.10}$$

其中$p(e_j; S_1 \cdots S_N)$可表示为实体e_j在N个句子中的转移序列，即实体网格中每一列中对应的转移序列。

$$\begin{aligned} p\left(e_j; S_1 \cdots S_N\right) &= p\left(r_{1,j} \cdots r_{N,j}\right) \\ &= \prod_{i=1}^{N} p\left(r_{i,j} \mid r_{1,j} \cdots r_{i-1,j}\right) \\ &\approx \prod_{i=1}^{N} p\left(r_{i,j} \mid r_{i-h,j} \cdots r_{i-1,j}\right) \end{aligned} \tag{11.11}$$

其中$r_{i,j}$表示实体e_j在第i个句子中的语法角色：根据马尔可夫假设，可以考虑有限的转移历史来简化公式中的条件概率，例如仅考虑实体在最近h个句子内的转移序列。模型的参数集合为$\{p(r_{i,j}|r_{i-h,j} \cdots r_{i-1,j})\}$。可以利用大规模的连贯文本构建实体网格来估计模型参数。

另一个常用策略是以局部实体转移为特征，根据句子排序任务的设置，通过训练辨别式分类模型区分连贯与非连贯文本或者通过训练排序模型比较连贯与非连贯文本来学习模型参数。

实体网格模型还有许多扩展以融入更丰富的实体信息甚至篇章关系信息。但该模型需要标记文本中的实体且依赖共指消解技术来构建实体网格，而这些技术本身也很有难度，这在一定程度上限制了实体网格模型的应用。

11.5.3　基于表示学习的方法

基于表示学习的方法尝试建立篇章的分布式语义表示与连贯性的关联。这种方法需要大规模的训练数据。基本的解决思路是利用连贯文本中句子的次序、邻接性等自身性质，自动构建训练数据，通过优化相应的损失函数学习文本编码器和连贯性评估函数等模型参数。下面，介绍一个基于句子窗口对局部连贯性建模的方法作为示例。

基于句子窗口的方法　提取窗口大小为$2k+1$（$k>1$）的连续句子作为一个语段，记为$U_i = <S_{i-k}, \cdots, S_i, \cdots, S_{i+k}>$。使用编码器encoder对每个句子进行编码，即

$$z_i = \text{encoder}(S_i) \tag{11.12}$$

其中encoder可使用循环神经网络或递归神经网络等架构。

构建训练数据　以$k = 3$为例，从连贯文本中提取连续3个句子构成一个语段$U_i^+ = < S_{i-1}, S_i, S_{i+1}>$作为正例，而后随机替换该语段中间的句子$S_i$，认为替换后语段$U_i^- = <S_{i-1}, S_i', S_{i+1}>$是非连贯的，作为反例。以这种方式自动构建大规模训练数据*Trainset*。

令coherence(U)表示语段U的连贯性分数，

$$\text{coherence}(U) = f(\text{comp}(z_{i-k}, \cdots, z_i, z_{i+k})) \tag{11.13}$$

其中某种语义组合函数comp（如拼接）获得语段U_i的语义表示，该表示经过分类网络f（如前向网络）映射到连贯性标签或分数。模型参数Θ包括编码器、分类网络等网络中的参数，可通过优化以下任一损失函数来学习Θ获得句子编码器encoder及coherence函数。

概率损失函数　语段U_i连贯的可能性可表示为：

$$p_{coherence}(U_i) = \text{sigmoid}(coherence(U)) \tag{11.14}$$

整个数据集*Trainset*上的损失函数可定义为：

$$\mathcal{L}(\Theta) = \sum_{U \in Trainset} \left\{ -y_U p_{coherence}(U) - (1 - y_U)(1 - p_{coherence}(U)) \right\} \tag{11.15}$$

其中$y_U = 1$表示语段U连贯，$y_U = 0$表示语段U不连贯。

对比损失函数　对于一个正例U_i^+和其相对应的负例U_i^-，构建一个损失函数：

$$\mathcal{L}(U_i^+, U_i^-) = \max(0, \delta - coherence(U_i^+) + coherence(U_i^-)) \tag{11.16}$$

其中间隔δ是一个大于零的超参数。该损失函数驱使连贯性函数coherence(U)给予正例比反例高出足够的分数。整个训练集的损失函数为：

$$\mathcal{L}(\Theta) = \sum_{(U_i^+, U_i^-) \in Trainset} \mathcal{L}(U_i^+, U_i^-) \tag{11.17}$$

在实际训练时，可以为每个正例构造多个反例。

测试 对于待测篇章T，将其划分为一系列语段$T = \{U_1 = <start, S_1, S_2>, U_2=<S_1, S_2, S_3>, \cdots\}$，则篇章连贯性可通过聚合多个语段的篇章连贯性概率或评分来实现，例如，

$$coherence(T) \propto \prod_{U_i \in T} p_{coherence}(U_i) \tag{11.18}$$

还有研究采用其他优化目标和相应的数据构造方式来学习文本表示，如设计判别模型判断两个句子是否在原文中连续出现或者设计生成模型根据前一句子生成下一句子等。这些方法采用一种自监督学习的方式，不需要人工标注训练数据，而是根据连贯篇章的自身性质自动构建训练数据进行学习。以这种方式学习到的文本表示编码器还可以应用于篇章连贯性评估之外的其他任务。

11.6 延伸阅读

Halliday和Hasan的词汇衔接理论根据词汇间的依赖关系定义了词汇衔接的具体类型及其和连贯性的关系[1]。更多的篇章分析相关理论可以参考文献[2,3]。

文献[4]对共指消解的最新进展进行了较为全面的概括。最近，基于预训练语言模型BERT的方法在共指消解评测中取得了更好的成绩。

读者可以阅读文献[5]更为详尽地了解TextTiling的一些细节，如相似度的平滑和动态确定话题个数等。话题分割的另外一类方法是基于生成式概率模型，其中涉及概率图模型相关知识，本章并没有具体介绍。除了将篇章划分为区间，了解篇章区间的作用也非常重要。此类问题可归结为功能分割。

RST-DT修辞关系理论篇章树库的详细信息可参考文献[6]。PDTB篇章语料库的详细标注规范可参考文献[7]。实体网格模型[8]作为中心理论的计算模型有很多的应用和扩展。基于表示学习的篇章连贯性评估中提及的基于句子窗口的方法参考了文献[9]。

本章并没有针对中文篇章分析进行深入介绍，读者可参考一篇较新的研究综述[10]。

习题

1. 计算一篇文章中的词汇链。(1)通过词语重复计算词汇链;(2)利用同义词或上下位关系，借助WordNet或同义词词林等资源计算词汇链。
2. 考虑下列句子:
   李雷买了一部新手机。
   他立即将它展示给吉姆。
   他给他讲了最新的功能。
   (1)根据中心理论，指出各个句子中的前向和后向中心，确定段落中每一个“他”分别指谁。
   (2)若利用指称对模型进行第三人称代词消解，如何构建训练实例集合?如果是指称排序模型呢?
3. 将维基百科的页面各个小节视为不同话题，实现并评价TextTiling算法的性能。
4. 简述RST风格与PDTB风格篇章解析的区别与联系。思考如何利用RST风格篇章解析帮助文本摘要任务。
5. PDTB风格篇章分析中，一些篇章连接词衔接的句对在去掉篇章连接词之后篇章关系可能会产生歧义甚至改变。你能给出一些例子吗?
6. 利用斯坦福大学或其他自然语言处理工具标记文本中的实体和共指关系。实现实体网格模型并观察其在句子排序任务上的表现。
7. 阅读论文“Automatically evaluating text coherence using discourse relations”，讲一讲作者如何将篇章关系与实体网格模型相结合实现篇章连贯性评估。

参考文献

[1] HALLIDAY M A K, HASAN R. Cohesion in English[M]. London: Routledge, 2014.

[2] BEAUGRANDE R D, DRESSLER W. Introduction to Text Linguistics[M].HongKong: Longman, 1981.

[3] GROSZ, BARBARA J, SCOTT W, et al. Centering: A framework for modeling the local coherence of discourse[J]. Computational linguistics 21, 1995, 2: 203-225.

[4] SUKTHANKER, RHEA, SOUJANYA P, et al. Anaphora and coreference resolution: A review[J]. Information Fusion, 2020, 59: 139-162.

[5] HEARST, MARTI A.TextTiling: Segmenting text into multi-paragraph subtopic passages[J]. Computational linguistics 23, 1997, 1: 33-64.

[6] CARLSON, LYNN, DANIEL M et al. Building a Discourse-Tagged Corpus in the Framework of Rhetorical Structure

Theory[C]// Proceedings of the Second SIGdial Workshop on Discourse and Dialogue, 2001.

[7] PRASAD R, DINESH N, LEE A, et al. The penn discourse treebank 2.0[C]// Proceedings of LREC, 2008.

[8] BARZILAY, REGINA, MIRCLLA L. Modeling local coherence: An entitybased approach[J]. Computational Linguistics 34, 2008, 1: 1–34.

[9] LI J, EDUARD H. A model of coherence based on distributed sentence representation[C]// Proceedings of the 2014 Conference on Empirical Methods in Natural Language Processing(EMNLP), 2014: 2039–2048.

[10] 孔芳, 王红玲, 周国栋. 汉语篇章理解综述[J]. 软件学报, 2019, 30(7): 2052–2072.

第12章 情感分析

12

情感是人类对外界刺激所产生的心理认知以及相应生理反应的总称。情感既是人类个体的内在认知和评价，也是个体之间具有沟通目的性的社会表达。由于情感是人类生活的重要内容，因此对人类情感进行计算机感知和处理的文本情感计算成为人工智能和智能人机交互等研究的核心内容之一。近年来，随着Web2.0与社交媒体的兴起和快速发展，发现、度量和追踪文本中主题相关、事件相关的文本情感分析研究显示出重要的科学研究意义和广泛的应用前景。本章介绍情感分析领域的主要研究问题和目前的主流方法：12.1节介绍典型情感模型与情感分析的主要问题和基础概念；12.2节介绍典型的情感分类方法；12.3节介绍典型的情感信息抽取方法；12.4节简要介绍情感分析领域的一些前沿研究问题。

12.1 情感模型与情感分析相关概念

情感是一个相对笼统的概念。在计算机科学领域中，情感（sentiment）和倾向性/观点（opinion）通常定义为个体对外界事物的态度和观点倾向性，如正面、负面等。情绪（emotion）则强调人自身的情绪状态变化，如喜、怒、哀、惧等。从心理学角度来讲，情绪是情感的基础和外部表现，情感是情绪的深化和本质内容。情感分析领域包括很多有趣的研究内容，其中最基础的研究任务是情感分类和情感信息抽取。接下来的章节里将重点介绍这两个研究任务。

12.1.1 情感模型

完整、合理的情感模型是情感分析和理解的重要基础。目前，典型的情感模型可以分为基于类别空间的情感模型、基于维度空间的情感模型、基于个性化的情感模型、基于认知机制的情感模型等。

基于类别空间的情感模型 假设人类情感可以分为若干种类别，而人在特定时刻的情感可以归属于其中一个类别或几个类别的组合。中国传统的“七情”大致分为：好、恶、乐、怒、哀、惧、欲。Ekman提出了六类基本情感，包括高兴、悲伤、愤怒、恐惧、厌恶和惊奇。徐琳宏在Ekman的六类情感分类基础上，增加了喜好类，并进一步将七种基本情感类细分为22小类。林传鼎则将情感划分为安静、喜悦、愤怒、悲伤、耻辱等18类。由于更符合人类情感认知的直觉、便于理解，同时易于计算机科学领域成熟的分类算法结合，目前基于类别空间的情感模型在情感分析领域应用最为广泛。在本章后续内容中，主要采用基于类别空间的情感模型。这类模型的不足在于对复合情感的描述较为困难，导致对细分情感的处理不够理想。

基于维度空间的情感模型 认为人类情感分布在由若干个维度构成的空间中。某种特定的情感状态可以表示为一个连续维度空间中的点或者向量。不同情感之间的相似性和差异性根据在维度空间中的距离来度量。这也意味着不同情感之间不是独立和跳跃的，而是连续和相互联系、相互转化的。Russell提出的环形情感模型将人的情感划分为两个维度：唤醒度和效价。对应地就形成了情感二维空间，不同的情感依据唤醒度和效价的差异分布在二维空间中的不同位置。由于相对容易与人体生理信号特征对齐，目前基于维度空间的情感模型在基于脑电等生理信号的情感计算中得到了较多应用。

基于个性化的情感模型 通常引入个性特征，强调个性特征影响情感状态产生的类别和强度差异。这里的个性特征通常采用大五因子模型描绘（five factor model, FFM），即利用开朗性、责任性、外向性、宜人性、神经质五种因子对特定个体的情感进行个性化建模。个性化建模的引入，使得针对特定个体的情感计算成为可能，因此在基于社交媒体的个体情感分析研究中得到一定应用。

基于认知机制的情感模型 强调认知在人类情感产生和迁移过程中的核心作用。Ortony、Clore、Collins提出了一种基于认知机制的OCC模型。该模型认为情感是通过评价的认知过程而产生的，是对价值的主观认知，并根据认知诱发条件和实现效果将情感分类为22类。

12.1.2 情感分类相关概念

从自然语言处理的角度来看，情感分类（sentiment classification）的目标是识别出给定文本中所蕴含的情感或观点，并判别情感的类别或观点倾向性。主要包括观点识别/主客观分类、情感极性判别、情感强度判别、情绪分类等典型任务。

观点识别（opinion identification）/**主客观分类**（subjective classification）的目标是判别给定的文本中是否包含了情感或者观点，以确定当前文本是主观性（subjective）文本还是客观性（objective）文本。例如：

“中国发布首部核安全白皮书。”

“中国政府强烈谴责这一针对无辜平民的恐怖事件。”

第一句就是一句客观性的陈述，并未包含任何情感和观点。第二句则是包含了情感的句子。通常观点识别可以视为一个二分类任务，即将文本分类为主观性文本或者客观性文本。

情感极性判别（polarity classification）任务的目标是判别主观性文本中所蕴含观

点的情感极性。例如：

“这款手机太赞了！”

“这个产品的设计较上一代毫无新意。”

第一句中所包含对于手机的情感表达是正面的，是一个褒义句。第二句中所包含的情感表达则为负面，是一个贬义句。目前，极性判别任务通常被视为一个二分类任务，即将目标文本分为褒义（positive）或者贬义（negative）。也有一些研究工作会同时考虑中性（neutral）的情感类别，为此将极性判别视为一个三分类任务。这里需要注意的是，表达了“中性”情感的文本并不代表是客观的无情感文本。例如“**这款手机感觉还可以。**”就是一个包含主观性观点的句子，其极性是中性。

情感强度判别（sentiment strength detection）是在情感极性判别结果的基础上进一步判定情感表达的强度。例如：

“这家餐厅的服务简直差的令人发指!!!”

“这家餐厅的味道还凑合吧。”

第一句表达了强烈的贬义情感。第二句则表达了相对较弱的贬义情感。通常情况下，情感可以分为“强烈褒义”、“一般褒义”、“一般贬义”和“强烈贬义”四类，也就是在每一类情感极性的基础上进一步分为“强烈”和“一般”两种强度。如果再考虑“中性”类别，那么这一任务可以视为一个五分类任务。也有相关研究将这一任务视为一个打分预测任务（rating prediction），即根据情感的强弱打上相应的分数（常见情况下是三分制或者五分制，高分表示强烈褒义，低分表示强烈贬义）。

情绪分类（emotion classification）的目标是判别目标文本中所蕴含的情绪类别。常见的情绪类别有喜、怒、哀、悲、恐、惊等，因此这一任务可以被看作是一个多类别分类任务。考虑到某些情绪是由多种基本情绪类别复合而成，例如“**悲喜交加**”“**痛并快乐着**”，因此也有研究将这一任务看成是一个多标签分类任务。

除了根据上述分类目标的不同对情感分类任务进行划分之外，还可以从粒度的角度划分情感分类任务。从这个角度，分类情感分类通常包括篇章级（document-level）、句子级（sentence-level）和属性级（aspect-level）三个级别。其目标分别是识别给定的一篇文档、一个句子中所蕴含的情感，和针对某一个对象的某一属性的情感倾向。

12.1.3 情感信息抽取相关概念

情感信息抽取，也称评价要素抽取，旨在抽取情感文本中与情感表达相关的核心要素，如评价词、观点持有者、评价对象、评价搭配等。对文本进行情感信息抽取得到结构化的情感信息，可以更好地支持深层次的情感分析研究和应用。对应下列两个例句：

“中国政府强烈谴责这一针对无辜平民的恐怖事件。”

“这款车的性价比相当高。”

评价词抽取与极性判别（opinion word extraction and polarity classification）的目标是抽取文本中带有评价含义的词语，并判断该词语情感极性。评价词又称极性词、情感词，特指带有情感倾向性的词语。如上面例句中的“谴责”和“相当高”。

评价持有者抽取（opinion holder extraction）任务是抽取文本中的评价持有者。如前一个例句中的**“中国政府”**。需要注意的是，某些情况下，如后一个例句，文本中并不会显式给出评价持有者。

评价对象抽取（opinion target extraction）目的是抽取文本中的评价对象主体。评价对象是指某段评论中所讨论的主题，具体表现为评论文本中评价词所修饰的对象。在新闻评论中，评价对象通常为某个事件或话题；而在产品评论中，评价对象通常为某种产品的属性。大多数情况下都在名词或名词短语的范畴内。上面两个例句的评级对象分别为第一个例句中的**“恐怖事件”**和第二个例句中的**“这款车的性价比”**。

评价搭配抽取（opinion collocation extraction）任务是抽取文本中的评价对象和评价词的搭配。这里评价搭配是指评价词及其所修饰的评价对象二者的搭配，表现为二元对〈评价对象，评价词〉，如后一个例句中的**性价比-相当高**。

12.2 情感分类方法

对应于上述不同目标和不同粒度的情感分类任务，根据特征表示方法的不同，现有方法可以大体分为基于特征工程和基于深度神经网络的两大类方法；根据有标注训练数据的使用情况，已有方法也可以大体分为基于有监督学习、无监督学习和半监督学习的方法等。本节主要从目标文本颗粒度的角度出发分析，介绍篇章级、句子级以及属性级文本情感分类基本方法。

12.2.1 篇章级情感分类方法

篇章级情感分类（document-level sentiment classification）目标是判别整篇文档所表达的情感是正面（褒义）还是负面（贬义）。例如：

“我今年六月入手诺基亚5800，把玩不到24小时。目前感觉外形有些偏女性化，

不适合男生。这些都是小问题，最主要的问题是电池不耐用，只能坚持一天，反正我觉得对不起这个价格。”

这篇针对手机诺基亚5800的评论包含了多个句子，针对该产品的不同属性进行了评价，其总体评价是负面的，因此可以判断整篇文档的情感倾向是负面。篇章级情感分类是最基本的情感分类任务。目前大多数研究将其视为一类特殊的文本分类问题，主要采用基于机器学习和深度学习的分类模型进行处理。因此，目前主流的文本分类算法都可以应用于这一任务。

1. 基于有监督学习的篇章级情感分类方法

同传统有监督学习一样，基于有监督学习的篇章级情感分类流程如图12.1所示。通常对于训练样本或测试样本，均需要通过特征抽取和选择过程，获取对应的与情感相关的特征表示或语义表示，进而利用机器学习算法进行分类模型的训练和测试。常用的分类模型包括以下几种。① 传统统计机器学习模型：朴素贝叶斯（naive Bayes）、支持向量机（support vector machine）、最大熵（maximum entropy）等。这类模型多关注于特征表示问题，即如何选择、设计和筛选有效的特征来更好地表示文本中所蕴含的情感，因此这一类方法也常被称为基于特征工程的情感分类方法。② 深度学习模型：卷积神经网络（convolutional neural network）、循环神经网络（recurrent neural network）等。由于深度学习模型可以将特征表示和分类算法集中在统一模型中，利用深度神经网络自动学习文本中与情感相关的语义表示并进行分类，因此这类方法的分类效果往往优于特征工程方法。

基于特征工程的篇章级情感分类方法

基于特征工程的情感分类方法通常利用词袋模型（bag of words）对文本进行建模。Pang Bo等人在电影评论文本中尝试使用多种分类器以及多种文本分类方法中常用的特征进行情感分类。他们所使用的特征包括词语Unigram、词语Bigram、形容

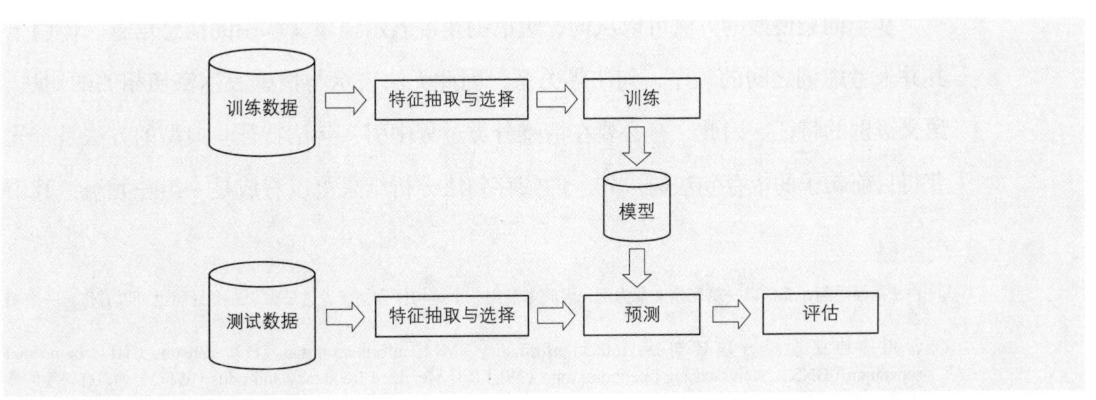

图12.1 基于有监督学习的情感分类基本流程

词特征、词性特征等。下面举例说明①。对于句子：

“这家餐厅的味道还是不错的。”

其分词及词性标注后的结果为：

“这家/r餐厅/n的/u味道/n还/d是/v不错/a的/u。/wp”

其中r、n、u等符号表示词性。常用的词袋特征如表12.1所示。

表12.1 基于词形、词性的常用特征

特征类型	描述	“这家餐厅的味道还是不错的。”特征样例
Unigram	单独的每个字或词作为特征	这家、餐厅、的、味道、还、是、不错、的
Bigram	前后相邻的两个字组成一个特征	这家_餐厅、餐厅_的、的_味道、味道_还、还_是、是_不错、不错_的
Trigram	前后相邻的三个字组成一个特征	这家_餐厅_的、餐厅_的_味道、的_味道_还、味道_还_是、还_是_不错、是_不错_的
词性	每个词的词性标记	代词r、名词n、助词u、形容词a、副词d、动词v
形容词	文本中出现的形容词	不错

需要说明的是，每一个特征的取值可以有多种方法。常用的有：①“0–1特征”，即如果出现了这一特征，值为“1”，未出现这一特征，值为“0”；②“TF（term frequency）特征”，即该特征在文本出现的频率值；③“TF–IDF（term frequency–inverse document frequency）特征”，特征值按照$FeatureValue=\frac{TF_{Feature}}{DF_{Feature}}$计算，其中$TF_{Feature}$为该特征在篇章中出现的频率，$DF_{Feature}$为出现了该特征的篇章数。此外，也可以对多种特征进行组合形成新的特征，例如同时考虑词语Unigram和词语Bigram。

在此基础上，可以对所有特征标识其值进行排序，设定阈值并取前N个满足阈值要求的特征用于分类。这一过程也称之为特征选择②。

基于词袋模型的方法可以从词、短语的角度表示篇章文本中的情感信息。但由于其并未考虑词之间的顺序、句法等关系，因此无法表示与情感表达密切相关的句法、语义级别的特征。因此，有必要在情感分类过程中引入句法特征。典型的方法是首先获得目前句子的依存句法树。句子的依存句法分析结果可以看成是一组三元组，其中

① 由于篇幅限制，无法以一篇完整文章为例，因此本节用一个短句作为例子，这是由于一个短句也可以看作是一个短篇章。

② 常用的特征选择方法还包括：mutual information（MI）、information gain（G）、statistic（CHI）、bi–normal separation（BNS）、weighted log likelihood ratio（WLLR）、weighted frequency and odds（WFO）等，有兴趣的读者可以参考本书延伸阅读。

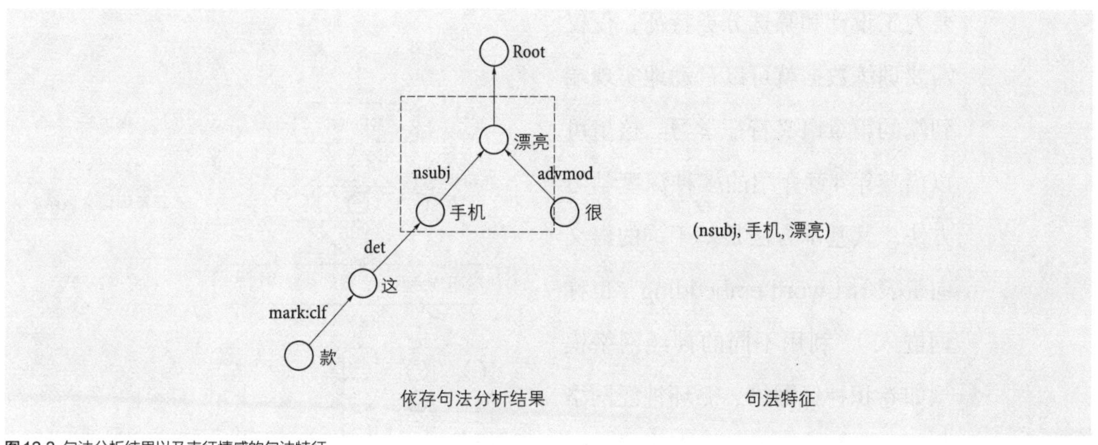

图12.2 句法分析结果以及表征情感的句法特征

每个三元组由两个词以及它们之间的句法关系组成，即（rel_{ij}, w_j, w_i），其中rel_{ij}是词w_j和w_i之间存在的依存句法关系。这样的三元组就可以看成是一维特征。其中某些句法关系可以指示一些情感的表达。例如："**这款手机很漂亮**"，在"**手机**"和"**漂亮**"两词直接存在句法关系"nsubj"，因此可以得到基于句法关系的三元组特征（nsubj，**手机，漂亮**）。这一特征可以用于情感分类，如图12.2所示。

除了一般文字之外，词语的一些新用法或新的表达方式也与文本情感有很强的相关性。特别是来源于微博等自媒体的文本往往包含大量新的用法和不规范的表达方式，如表12.2所示。"情绪符号（emoticons）"往往表达一定情感信息，如果文本中出现了某个情绪符号，则有助于判别当前文本的情感极性。例如，"：)"往往出现于正面情感文本，"：("则往往出现于负面情感问题。微博文本中也常常出现一些"主题标签（hashtag）"信息，其中往往蕴含了强烈的情感，例如"#疯狂""#有趣"等。此外，在英文单词中，"拉长词（repeated letters）"往往表达强烈的情感，例如"Coooolllllll!""tooooooooooold"等。

表12.2 微博文本中的常用情绪符号特征

特征类型	褒义特征	贬义特征
拉长词（repeated letters）	Coooolllllll! hap-pyyyyyy	tooooooooooold huuuungry
情绪符号（emoticons）	:): -): D=) : S	:(:(:-(X(
主题标签（hashtag）	#有 趣 #好 消 息 #真棒	#sac #疯狂

基于深度学习的篇章级情感分类方法

相比于特征工程方法，基于深度学习的篇章级情感分类模型的优势在于不再需要人工设计和筛选分类特征，仅仅需要训练数据就可以自动地实现端到端的篇章语义特征学习。这里可以借鉴第4章介绍的多种深度学习方法。其基本方法是基于词的语义向量表示（word embedding，也称词嵌入），利用不同的神经网络模型如卷积神经网络、循环神经网络等，学习篇章文本的语义表示，然后再利用一个softmax层对当前文本进行分类。其典型框架如图12.3所示。

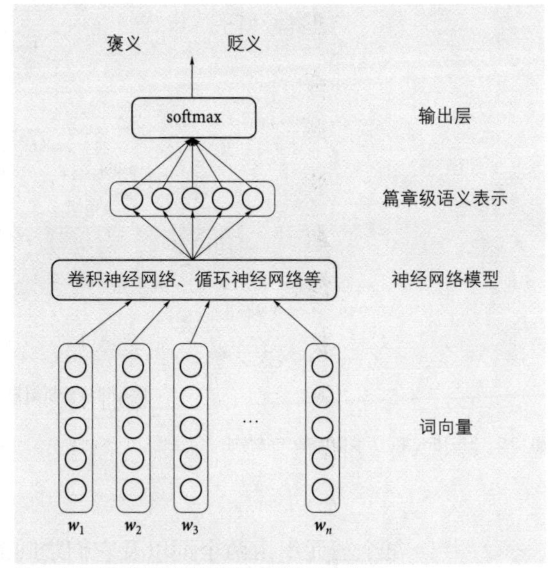

图12.3 基于深度神经网络的篇章级情感分类基本框架

这里以循环神经网络为例，介绍基于循环神经网络的情感分类方法。其核心是利用循环神经网络实现文本语义的表示学习，在此基础上利用softmax函数实现情感类别的输出。模型基本框架图如图12.4所示。其中，$\boldsymbol{V}$为输出层参数矩阵，$\boldsymbol{U}$为输入层参数矩阵，$\boldsymbol{W}$为前一时刻隐层状态当前时刻隐层状态的连接参数矩阵。$\boldsymbol{x}_i$为篇章中的第i个词的词向量，$\boldsymbol{h}_i$为第i时刻的隐层状态，则有：

$$\boldsymbol{h}_i = f(\boldsymbol{U} * \boldsymbol{x}_i + \boldsymbol{W} * \boldsymbol{h}_{i-1}) \tag{12.1}$$

由于循环神经网络是按照篇章中词的输入顺序进行展开，$\boldsymbol{h}_i$可以理解篇章到第i个词为止的语义表示，则$\boldsymbol{h}_N$可以表示整个篇章的语义表示。下一步，直接利用这个表示作为特征来判别整篇篇章的情感类别，则输出层为

$$\boldsymbol{y} = \text{softmax}(\boldsymbol{V} * \boldsymbol{h}_N) \tag{12.2}$$

其中$\boldsymbol{y}$表示输出的情感类别（正面情感或者负面情感）信息。需要说明的是，这一方法将整个篇章看作是一个序列，因此这一方法同样适用于句子级情感分类任务。实际上，篇章的语义表示是其中每个句子语义表示的有机组合，因此对于篇章中的句间关系进行建模是区别篇章级情感分类方法和句子级情感分类方法的重要特征。

需要注意的是，文本长度的不同往往会影响篇章级情感分类性能。以博客文本和产品评论文本为例，使用同样的特征，针对博客文本的情感分类效果比对产品评论文本的情感分类效果要差。其中的主要原因是博客中的文本通常是长文本，其中包含了作者针对多个主题所发表的多个观点，这些观点的倾向性可能是不同的。产品评论最主要是短文本，其中作者对于该产品的观点是相对单一的。因此有必要根据具体情感分析对象文本的特点来设计和选择适宜的方法。

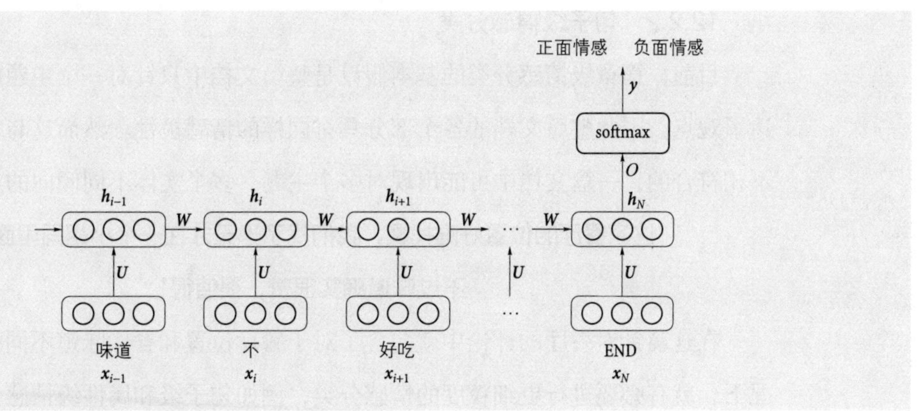

图12.4 基于循环神经网络的篇章级情感分类网络模型示例

2. 基于无监督学习的篇章级情感分类方法

基于无监督学习的情感分类方法通常利用情感词典对篇章文本进行分类。其基本策略是对篇章中出现的情感词的情感打分进行累加，如果篇章的总体情感得分偏向于正面或者大于某一阈值，则该篇章的情感被判定为正面；反之，判定为负面情感。其中篇章的情感得分计算如下：

$$SentimentScore(P) = \sum_{w} SentimentScore(w_i) \tag{12.3}$$

其中P为给定的篇章，w_i为P中的表征情感的词，$SentimentScore(\cdot)$表示情感打分函数。其中关键核心问题是：① 篇章中的哪些词表达了情感（即情感词）？② 情感词的情感打分如何计算？这里当然可以采用手工构建的方法建立一个情感词典，并利用人工的方法给词典中的每一个情感词打上适当的情感分数。但是这种方法人工消耗非常大，对标注人员的要求也非常高。为此，研究了一些基于语言表达模板和统计的方法识别新的情感词。例如，语料中由并列连词（“**和、与、又**”）连接的形容词（如“**聪明又美丽**”）通常极性相同，而由转折连词（“**但、却**”）连接的形容词（如“**身高马大却胆小如鼠**”）往往极性相反。基于语言表达模板的方法可以从语料库中发掘出大量形容词性评价词，并确定评价词的情感极性。但是这种方法忽略了其他词性的评价词，存在很大的局限性。基于大规模语料库的情感词识别方法利用语料库中的词语统计特征挖掘情感词并计算每个情感词的情感倾向。一种典型的方法是基于互信息（pointwise mutual information，PMI）的打分方法。由于两个词的互信息值可以表征这两个词之间的相关度，这种方法通过计算给定词和一些不同情感的种子情感词（例如“好”和“坏”）之间的互信息值的差值作为其情感打分。这些方法的详细讨论将在12.3节中的评价词抽取部分详细讨论。总体而言，基于无监督学习的情感分类方法的性能往往低于有监督学习方法，因此目前主要作为有监督学习方法的补充。

12.2.2　句子级情感分类

目前，篇章级情感分类的基本假设是整篇文档中只针对一个主题或者一个目标表达了观点，因此整篇文档的各个部分具有同样的情感极性。然而这与很多实际情况是不相符合的，一篇文档中可能出现对多个主题、多个实体不同倾向的观点。例如：

“这家餐厅的位置好难找啊，我们找了半天才在一个小胡同里面找到。不过味道确实很赞，很值得！”

在这篇针对餐厅的评论中就包含了对于餐厅位置和餐厅味道不同的评价。这种情况下，就有必要进行更细粒度的情感分类，例如句子级和属性级情感分类。

句子级情感分类的目标是判别给定的句子中所蕴含的观点和情感，包含：① 判别当前句子是否包含了观点（主客观分类/观点识别）；② 识别当前句子中的观点的倾向性（观点倾向性/情感极性分类）；③ 判别当前句子中所表达情感的强度（情感强度分类）。这三个分类任务是相互关联的，是一种层级分类任务，如图12.5所示。

1. 句子级主客观分类

句子级主客观分类就是要识别观点句，即判别当前句子为主观句或者客观句。客观句表达的是事实性的信息，而主观句（观点句）表达的是主体（个人、机构等实体）的感受、观点、评价等主观性信息。不同于篇章级情感分类，句子级情感分类侧重于更细粒度的情感分析，因此需要对于情感表达更细致的分析和处理。当然如果将句子看做是一种短的篇章，大多数篇章级情感分类方法都可以适用于句子级情感分类任务。

目前，大多数句子级主客观分类方法都是基于监督学习的，其关键核心问题是如何获取句子中观点或情感的表达方式，从而构建有效的特征表示。实际上，在不同领域或主题下，观点的表达方式是不同的，运用的词汇也差异很大。例如，在商品评价文本中，用户往往对目标商品发表强烈情感的评论，经常使用形容词、副词来直接表

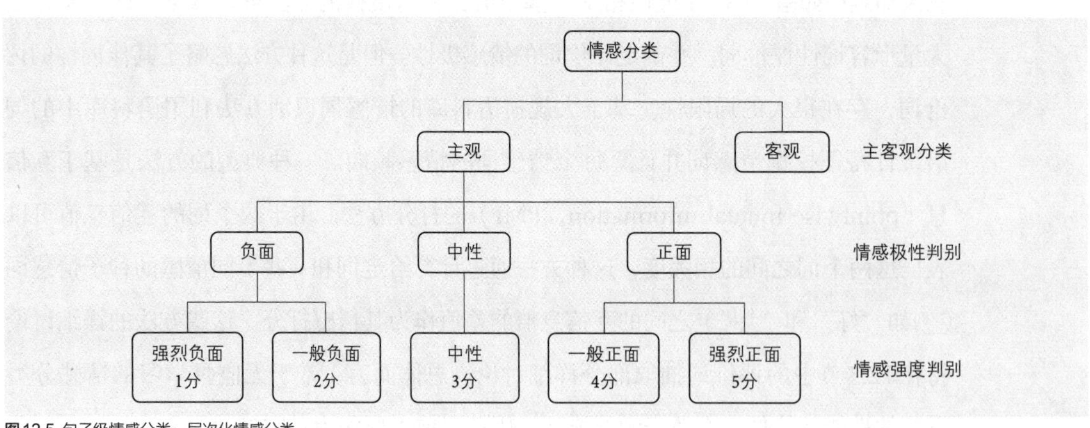

图12.5 句子级情感分类：层次化情感分类

达其情感；而在新闻文本中，由于新闻报道客观性的需要，观点多用一些动词来进行表达。例如：

“刘海屏太难看了！！！”

“中国反对一切形式的恐怖主义。”

常用的句子级情感特征与篇章级情感特征类似，均利用词袋模型对情感表达进行建模。具体特征包括基于词的二值特征、词的Unigram、Bigram、Trigram、词性、情感词等。也有方法运用句法等高阶情感特征。

上述方法都是孤立地将单个句子视为是待分类的目标，基于句子中的文本特征进行情感分类。但实际上，一个句子的语义信息往往与其上下文（例如周围的句子、篇章主题等）密切相关的。因此，识别一句话中的观点和情感还应该考虑周围句子的影响。这是和篇章级情感分类的一个明显差别。

基于“一句话的主客观性与上下文应该保持一致”的假设，首先可以利用图构建句子间的关联关系。例如，使用图中的节点表示句子，图中的边表示相邻的两个句子之间的语义关联程度（语义关联程度可以利用句子间的相邻关系或者语义相似度来计算）。其次，对于每个句子，基于每个句子内部的特征，利用分类器输出当前句子为主观句的初始概率。第三，可以在图上利用图算法（如最小割算法等）计算句子间情感的相互影响，从而输出最终的句子主客观分类结果。这一处理策略就可以考虑句子之前情感一致的约束，从而考虑句子间的相互影响。

具体地，一篇文档d中包含n个句子$x_1, x_2, \cdots, x_n$，需要判别每个句子属于C_1类（主观性句子）还是C_2类（客观性句子）。这时，利用图上的最小割算法进行句子级主客观分类的目标函数可以写为：

$$\sum_{x\in C_1} ind_2(x)+\sum_{x\in C_2} ind_1(x)+\sum_{x_i\in C_1,\, x_j\in C_2} associate(x_i,x_j) \tag{12.4}$$

这里$ind_i(x_j)$表示只根据x_j中的文本特征所判别x_j属于C_i的概率。

$associate(x_i, x_j)$表示句子x_i和句子x_j的关联程度。模型学习优化的目标就是让目标函数（公式12.4）最小。

2. 句子级情感极性分类

句子级情感极性分类是在主客观分类的基础上，判别出当前观点句中情感的极性。与篇章级情感分类任务类似，这一任务仍然可以视为一个二分类任务（正面、负面）或者三分类任务（正面、负面、中性）。因此，基于监督学习和无监督学习的篇章级情感分类方法都可以应用于这一任务。其核心假设是：一句话中通常只包含一种情感倾向（尽管这种假设在有些情况下是不成立的，例如比较句）。其核心问题仍然

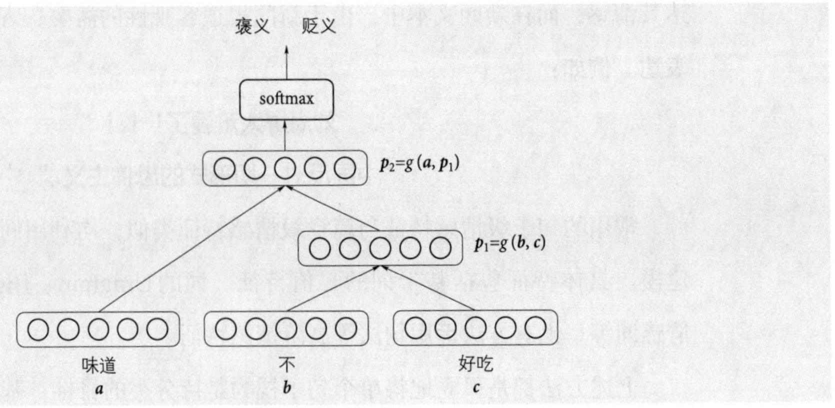

图 12.6 基于递归神经网络（Recursive Neural Network）的句子级情感分类网络模型

是设计有效的特征，以区分不同的情感表达。

不同于传统特征工程方法，这里介绍一种基于递归神经张量网络（recursive neural tensor network）自动学习句子中的情感语义表示，用于句子级情感极性分类的方法。这种方法首先对待分类句子进行句法分析，获得其句法树。其次在句法树上利用递归神经网络（recursive neural network）自底向上学习句子的语义表示。网络结构如图 12.6 所示。其中，输出层为 $\boldsymbol{y} = \mathrm{softmax}(\boldsymbol{W}_o \boldsymbol{p}_2)$。$\boldsymbol{W}_o \in \mathbb{R}^{2\times d}$ 为输出层参数矩阵。$\boldsymbol{a}$、$\boldsymbol{b}$、$\boldsymbol{c}$ 为输入的词向量。$g(\cdot)$ 是语义组合函数，由一个全连接网络构成，计算如下：

$$g(\boldsymbol{x}, \boldsymbol{y}) = f\left(\boldsymbol{W}\begin{bmatrix}\boldsymbol{x}\\ \boldsymbol{y}\end{bmatrix}\right) \tag{12.5}$$

这里，$\boldsymbol{W} \in \mathbb{R}^{d\times 2d}$ 是一个矩阵，为网络权重参数。f 为激活函数 tanh。$\boldsymbol{x}$ 和 $\boldsymbol{y}$ 为输入的 d 维向量在图 12.6 的例子中，$\boldsymbol{p}_1 = f\left(\boldsymbol{W}\begin{bmatrix}\boldsymbol{b}\\ \boldsymbol{c}\end{bmatrix}\right)$，$\boldsymbol{p}_2 = f\left(\boldsymbol{W}\begin{bmatrix}\boldsymbol{a}\\ \boldsymbol{p}_1\end{bmatrix}\right)$。特别的是，在词自底向上语义组合过程中，使用一种基于张量（tensor）的语义组合函数，如（公式 12.6）所示。

$$g(\boldsymbol{x}, \boldsymbol{y}) = f\left(\begin{bmatrix}\boldsymbol{x}\\ \boldsymbol{y}\end{bmatrix}^{\mathrm{T}} \boldsymbol{V}^{[1:d]} \begin{bmatrix}\boldsymbol{x}\\ \boldsymbol{y}\end{bmatrix} + \boldsymbol{W}\begin{bmatrix}\boldsymbol{x}\\ \boldsymbol{y}\end{bmatrix}\right) \tag{12.6}$$

这里，$\boldsymbol{V}^{[1:d]} \in \mathbb{R}^{2d\times 2d} \times d$ 为一个张量。上述公式可以理解为从多个维度来计算语义组合函数或方式。通过有效学习句子中的情感语义表示，并基于学习得到的语义表示进行分类，可以有效提升句子级情感分类的性能。

3. 句子级情感强度分类

句子级情感强度分类是在句子褒贬分类的基础上，进一步判别句子中包含情感的强度，是对情感极性类别的细化。类似于文档级情感强度分类，仍然可以把它看作是一个多分类任务。常用的 naive Bayes、maximum entropy、SVM 等分类器均可以用于这一任务。需要注意的是，情感强度的各类别是假设为相互区分、互不重叠的，但实际上情感强度类别之间往往具有类别冗余性。例如，“强烈正面”“一般正面”中都含有“正面”的情感，“强烈负面”“一般负面”中都含有“负面”的情感。因此，按照图12.5所示，自顶向下进行层次化主客观、情感分类、情感强度分类时，上一层的类别标签会影响下层的分类结果。在特征层面考虑情感强度类别之间的关联，也能够有效提升情感强度分类的效果。

在很多实际应用中，这一任务称作情感打分（star rating）。例如，在产品评价网站中，用户通常需要给已购买的商品和服务进行打分（通常为5分），1分可以对应着“强烈负面”，5分对应“强烈正面”。这样，句子级情感强度分类也可以转化为一个回归任务，从而可以使用SVM回归或者岭回归（ridge regression）对用户的打分进行预测。另外，不同于传统回归任务，这里需要回归的值是一个序数。因此，可以将这一任务建模为序回归（ordinal regression）处理。具体算法本节不做介绍，有兴趣的读者可以参考本书延伸阅读。

4. 否定句处理

否定句是一种特殊句式，句子中的情感可能由于某一情感翻转词（sentiment shifters）而翻转。其中否定词（negative words）是最常见的翻转词。例如：

“我不认为这家餐厅的特色菜有多好吃！！！”

在这句话中，情感词是“好吃”，如果仅仅按照情感词判别该句子情感的话，那么这个句子很容易被判别为正面情感，但是实际上句子的原始情感由于否定词“不”而翻转，导致最终这个句子的情感是负面。因此识别句子中的否定表达或者检测句子中的否定词，对于判别否定句的情感十分重要。

针对否定句，最直接的方法是利用给定的否定词典或者句法模板进行检测。例如可以针对产品评论构建一个否定词表，如“不”“没”“算不上”等。只要在情感句子中这些否定词的出现符合一定的规则，则直接将原句的情感进行翻转。所采用的规则如下：

否定词　正面词 → 负面

否定词　负面词 → 正面

否定词　中性词 → 负面

例如，**“这款车的性价比不高”**，其中“高”是一个正面词，“不”是一个否定词。根据第一条规则，可以判别出这句话的情感是负面的。除了否定词之外，还可以使用一些指示否定表达的句法模板。

基于统计的分类模型也可以用来检测句子中的否定表达。首先在标注好的情感语料中进行特征选择，选择出每一类情感下的情感指示词。如“好”“美丽”“美味”等指示正面情感；“坏”“肮脏”“讨厌”等指示贬义情感。然后将那些人工标注了情感且出现了相反情感的情感指示词的句子，自动标注为“有否定表达”，相反，标注为“无否定表达”。接着，基于上述标注数据，可以训练一个否定表达检测模型，从而提升否定句情感分类的性能。

上述出现了否定词的否定表达可以称之为显式情感翻转（否定）。除此之外，由于文本表达的多样，还有很多隐式否定的情况，例如：

“要是有人说这家餐厅的特色菜非常好吃就太奇怪了！”

这句话里面没有出现任何明显的否定词，但是表达的是与“非常好吃”相反的负面情感，这一类型往往称之为隐式情感翻转（否定）。除此之外，比较句中的否定和转折、成语的否定、双重否定等语言现象使得否定的处理更加复杂，还需要进行进一步的深入研究。

12.2.3 属性级情感分类

属性级情感分类（feature-level/aspect-based sentiment classification）的目标是判别给定的句子或文档中针对某一个具体属性获取主题的情感。相较于篇章级和句子级情感分类，属于更细粒度的情感分析。例如：

“宝马新5系的操控依旧很赞，没的说！指哪打哪！”

这句话中，不仅需要分析出这句话的正面情感，还需要识别出这句话是针对“**宝马新5系的操控**”这一属性表达了正面的情感。

属性级情感分类与属性抽取任务是密切相关的，需要在句子中抽取出观点评价属性后，将句子中出现的情感表达（通常由评价词表达）与所抽取的属性进行关联，这样才能明确针对目标属性的观点倾向。其中核心问题是获取评价词属性之间的语义关联关系，即抽取评价搭配。下面简单介绍几种评价搭配的抽取方法。

- **近邻原则。**可以利用最近邻原则来判别给定属性的情感倾向，即在句子中依据离属性最近的评价词的情感判别针对该属性的情感。在上一个例子中，离“**宝马新5系的操控**”最近的评价词是“**赞**”，这是一个褒义词，那么针对这一属性的观点就是正面的。

- **句法关系。**可以利用词之间的句法关系模板来捕捉属性和评价词之间的评价关系。这种句法关系分为两类：① 直接句法关系（$OC \rightarrow TC$），这里OC是评价词，TC是属性，$\rightarrow$表示词之间的依存关系；② 间接句法关系（$OC \rightarrow C \leftarrow TC$），这里$C$是除评价词和属性外的任意其他词。基于上述两类句法关系，可以设计指示评价关系的句法模板，如表12.3所示。表中，*mod*、*obj*、*pnmod*、*pred*、*subj*分别表示依存句法关系类别。*NN*、*VBE*是词的词性标签。例如，对于“漂亮外观”这个短语，可以分析评价词“漂亮”和属性“外观”之间的依存句法关系为：$<\text{漂亮}>\xrightarrow{mod}<\text{外观}>$。这时可以依据Pattern#1判断这两个词之间存在评价搭配，进而通过对“漂亮”的情感分析结果判定这句话针对“外观”这一属性的情感极性。

表12.3 基于句法关系的评价搭配抽取模板示例

Pattern#1: $<OC>\xrightarrow{mod}<TC>$
Pattern#2: $<TC>\xrightarrow{obj}<OC>$
Pattern#3: $<OC>\xrightarrow{pnmod}<TC>$
Pattern#4: $<OC>\xrightarrow{mod}(NN)\xleftarrow{subj}<TC>$
Pattern#5: $<OC>\xrightarrow{pred}(VBE)\xleftarrow{subj}<TC>$

在11.3.3节评价搭配抽取部分，将有基于句法关系的详细算法。

- **词对齐模型。**利用基于句法关系的模板识别句子中的评价关系，往往受限于句法分析的性能。特别是面对产品评论这一类由用户所产生的口语化的、非规范的文本，句法分析的性能可能出现明显下降。因此，句法分析的错误会对后续分类准确性产生负面的影响。针对这一问题，可以将句子中的评价搭配抽取看成是一个单语词对齐任务（属性和评价词对齐）。利用机器翻译中的词对齐模型对一个观点句中的评价搭配进行抽取。如图12.7所示，其中，评价词“好看”与属性词“**手机**”和“**样子**”对齐，“**好看**”是褒义词，那么就可以知道针对属性“**手机**”和“**样子**”的情感是正面的。

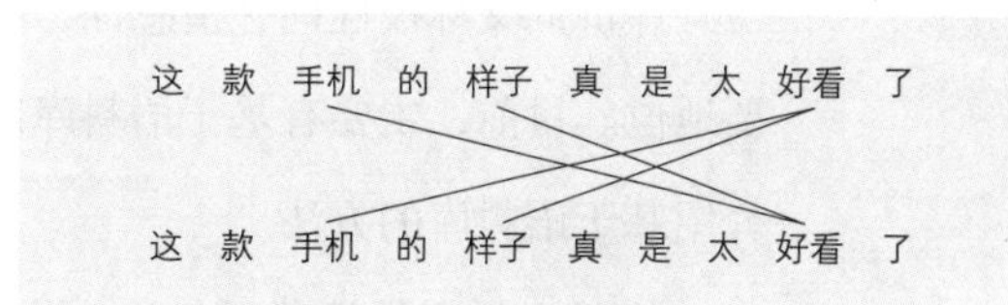

图12.7 利用单语词对齐模型识别评价搭配

- **语义关联。**通常情况下，评价词可以分为两类：通用评价词和属性专属评价词。通用评价词可以被用来描述不同的主题或属性，例如“好”“棒”“无与伦比”等。属性专属评价词用以评价特定的属性。这些词语所评价的对象密切相关，只要出现了这一类评价词，就可判别出它所评价的对象、主题或属性是什么。例如：

“太贵啊，买不起”

其中“贵”就是一个属性专属评价词，通常都是用来评价“价格”，即使在这句话中并未出现“价格”这一属性。为此，可以通过互信息（PMI）来计算所抽取的评价词（如“好”“贵”“便宜”等）和显式出现的评价对象或属性（如“价格”“外观”“位置”等）之间的关联关系。在此基础上，基于聚类算法对评价词和属性词进行聚类，从而获取每个评价词与某一类属性词的对应关系。

目前来看，大多数现有研究将情感分类视为一种特殊的文本分类任务。其核心研究问题是如何从文本学习有效的语义特征对文本中的情感信息进行表示。早期的方法主要是针对不同类型的文本和句式抽取和选择有效的特征。随着深度学习的发展，近年来大量方法专注于如何设计深度神经网络，使其能够有效地学习情感语义表示。由于篇幅有限，有关情感分类的很多问题并未在本节涉及，例如比较句中的情感分析、情感词典自动获取以及词向量学习、情感分类中的迁移学习或领域自适应、情绪分类等，建议感兴趣的读者查阅相关学术文献。

12.3 情感信息抽取方法

情感分类之外，情感信息抽取也是情感分析领域另一个重要的研究任务。情感分类重在识别不同粒度的情感文本的情感类别，而情感信息抽取旨在抽取文本中有价值的情感信息，如属性、评价词、评价搭配、评价持有者等情感表达中的细粒度信息，以便更好地理解情感表达。

12.3.1 评价词抽取

评价词又称极性词、情感词，特指带有情感倾向性的词语，在情感表达中处于重要地位。目前，主要有基于语料库以及基于深度学习两种评价词抽取方法，这里主要介绍基于语料库的方法。

基于语料库的评价词抽取，主要是利用大规模语料库的统计特性，获取一些模式来挖掘语料库中的评价词，同时判别其对应的情感极性。基于点式互信息的方法可以用来判别任意词语是否为评价词。这一方法首先选取种子褒义词（极性为正面的词语）集合和种子贬义词（极性为负面的词语）集合；然后分别计算候选词与褒义词集合、贬义词集合的PMI，得到两者的差值$SO\text{-}PMI$（semantic orientation from PMI）。差值越大说明越有可能是褒义词，差值越小说明越有可能是贬义词。具体计算如下。

$$SO\text{-}PMI(word) = \sum_{pword \in Pwords} PMI(word, pword) - \sum_{nword \in Nwords} PMI(word, nword) \tag{12.7}$$

其中，两个词之间的PMI的计算方法如下。

$$PMI\left(w_1, w_2\right) = log_2\left(\frac{P\left(w_1, w_2\right)}{P\left(w_1\right)P\left(w_2\right)}\right) \tag{12.8}$$

SO–PMI(*word*)代表词语*word*的情感倾向性数值，*Pwords*代表褒义词集合，*Nwords*代表贬义词集合。

下面以一个例子，展示基本的计算过程。假设褒义词集合*Pwords*仅包含词语w_1，贬义词集合*Pwords*仅包含词语w_2，待判断的词语为w。假设根据语料库统计得到的各个概率值如表12.4所示。

表12.4 基于语料库统计的词语对概率示例

表达式	值
$p(w)$	0.1
$p(w_1)$	0.015
$p(w_2)$	0.01
$p(w, w_1)$	0.0025
$p(w, w_2)$	0.0015

根据表中的概率值和（公式12.8），可以计算词语w和词语w_1的*PMI*，以及词语w和词语w_2的*PMI*：

$$PMI\left(w, w_1\right) = log_2\left(\frac{P\left(w, w_1\right)}{P\left(w\right)P\left(w_1\right)}\right) = log_2\left(\frac{0.0025}{0.1*0.015}\right) = 0.737$$

$$PMI\left(w, w_2\right) = log_2\left(\frac{P\left(w, w_2\right)}{P\left(w\right)P\left(w_2\right)}\right) = log_2\left(\frac{0.0015}{0.1*0.01}\right) = 0.585$$

根据计算得到的*PMI*和（公式12.7），可计算得到词语w的情感倾向性数值：

$$SO-PMI(w) = PMI(w, w_1) - PMI(w, w_2) = 0.152$$

此示例中，词语w的情感倾向性数值为0.152，如果将0作为判别褒贬的阈值，那么词语w应该被判断为褒义词。

显然，精确计算任意两个词之间的*PMI*值，需要极大规模文本语料库。当缺乏这样的文本语料库时，也可以采取一种替代方法。即将整个互联网视为一个特大型文本语料库，利用搜索引擎来计算两个词的*PMI*值。即当同时把两个词作为查询输入搜索引擎时，返回的文档数可以作为$P(w_1, w_2)$的近似逼近。同理，可以计算$P(w_1)$和$P(w_2)$。具体如（公式12.9）所示。

$$PMI\left(w_1, w_2\right) = log_2\left(\frac{hits(w_1\ NEAR\ w_2)}{hits\left(w_1\right)hits\left(w_2\right)}\right) \tag{12.9}$$

其中$hits(\cdot)$表示搜索引擎返回的文档数。$NEAR$表示输入的两个词在返回文档中之间的间隔不能小于某一阈值，这样也是为了保证两个词具有真实的相关性。基于经验，通常设定该间隔不能大于10个词。

除此之外，也有很多其他方法可以计算两个词的相关性。如利用WordNet中所标注的词之间的语义关系来计算任意两个词之间的语义关联；或者基于WordNet上标注的词之间的同义反义关系构建一个词相关度的图，然后利用随机游走算法在图上计算每个词的情感倾向性。随着深度学习技术的发展，可以通过深度神经网络学习词的情感倾向及向量化的语义表示，然后通过向量之间的相似度计算可以获取词之间的情感相关度。

评价词抽取方法的性能评价一般需要人工构造评价词的标准答案，并标出情感极性。通过抽取算法得到的评价词和情感极性，将与标准答案进行匹配，两者一致性越高则说明抽取算法性能越好。通常使用准确率（accuracy）作为评价指标。

$$Accuracy = \frac{TP + TN}{P + N} \tag{12.10}$$

其中，P、N分别代表实际为褒义和实际为贬义的评价词数，TP代表预测与实际都为褒义的评价词数，TN代表预测与实际都为贬义的评价词数。不难看出，准确率代表了评价词预测正确的比例。

12.3.2 属性抽取

属性抽取也叫评价对象抽取，目前主要包括基于规则和基于机器学习的两大类方法。

基于规则的方法一般通过构造词序列规则、词性规则和句法规则来抽取属性。规则的制定通常要基于一系列的语言分析与预处理过程，如词性标注、命名实体识别和句法分析等。由于属性一般都是名词类型，并且多为实体组合。实现这样的抽取规则，就需要词性标注和命名实体识别的基础支持。

基于规则的属性抽取方法，最主要的优点在于可以直接针对待解决的问题或特定的语言现象制定规则。其缺点则在于规则的可扩展性差，人工编写的工作量大，成本较高。而基于机器学习的方法，无须显式制定规则，很好地规避了这个问题。

基于机器学习的方法，一般都将属性抽取建模为一个序列标注问题。对应到属性抽取上，输入是一个句子的词序列，输出是由输入中每个词的标签组成的标签序列，句子中每个词的标签可以这样定义：属性的第一个词的标签为B，属性的其他词的标签为I，句子中其他词的标签为O。这样，属性抽取就建模成了输入为词序列、输出为*BIO*序列的序列标注问题。图12.8给出了一个具体示例。

"北京	控烟	赢得	国际	社会	的	广泛	赞誉"
B	*I*	*O*	*O*	*O*	*O*	*O*	*O*

图12.8　属性抽取的序列标注示例

图12.8中，"**北京控烟**"为属性，"**北京**"和"**控烟**"对应的标签分别为*B*和*I*；其余词都不是属性，对应的标签都是*O*。

序列标注问题目前有很多较为成熟的传统机器学习模型，例如第4章介绍过的隐马尔可夫模型（hidden Markov model，HMM）、条件随机场（conditional random fields，CRFs）等方法。但是对于这些模型来说，仍然需要设计有效的特征作为输入，特征的设计和参数的设置需要较多的领域知识和大量的实验。

随着深度学习的发展，相关模型已经可以自动地从数据中获取特征，大大减少了设计特征所耗费的时间和精力。目前，基于表示学习的方法利用深度神经网络学习与属性相关的特征表示，可以提高属性的识别性能。目前通常采用基于循环神经网络或卷积神经网络的模型，使用词向量作为词的特征输入，从标注数据中自动学习属性相关的特征，对属性进行抽取。

以基于循环神经网络的属性抽取模型为例。对于输入的一个句子的词序列，首先将词映射到预先训练或随机初始化的词向量上，得到句子的词向量序列；然后，将词向量序列送入循环神经网络，得到上下文相关的词语义表示；接着，将所有词语义表示送入一个全连接网络，之后再经过softmax等操作，得到*BIO*序列；最后，对*BIO*序列进行简单处理，完成属性的抽取。模型的整体框架如图12.9所示。

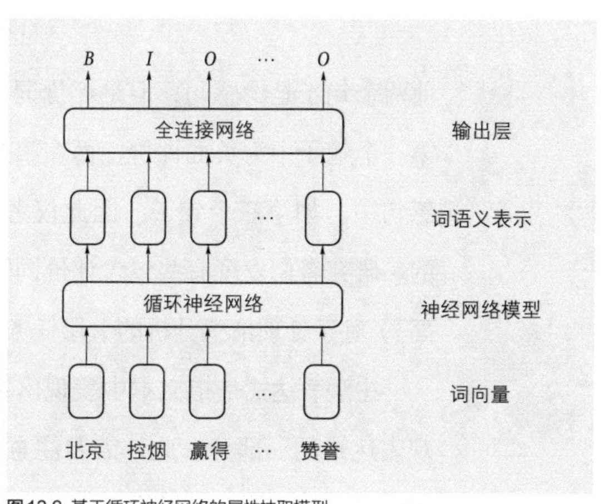

图12.9　基于循环神经网络的属性抽取模型

属性抽取的评价一般需要对测试数据集中的属性进行人工标注，通常使用精确率（precision）、召回率（recall）、F1值（F1-measure）等作为评价指标，具体计算如下所示。

$$Precision = \frac{TP}{TP + FP} \tag{12.11}$$

$$Recall = \frac{TP}{TP + FN} \tag{12.12}$$

$$F_1 = \frac{2 \cdot Precision \cdot Recall}{Precision + Recall} \quad (12.13)$$

其中，TP代表预测为正例且实际为正例的样本数，FP代表预测为正例但实际为负例的样本数，TN代表预测为负例且实际为负例的样本数，FN代表预测为负例但实际为正例的样本数。

需要注意的是属性抽取的评价方法分为精确评价和覆盖评价。其中精确评价要求抽取的属性与答案完全匹配，而覆盖评价只需要抽取的属性与答案有部分重叠即可，具体重叠多少可以调整。

12.3.3 评价搭配的抽取

评价词在情感表达中起着关键性作用。然而单独的评价词往往存在一定的歧义性，如评价词“**高**”在以下三个句子中：

凯越的油耗真高。

捷达的性价比相当的高。

这辆车有1m多高。

前两个句子是情感句，但是评价词“**高**”在修饰不同的属性时表现出不同的极性。在第一个句子中为负面评价，而在第二句中则表示褒义。此外，评价词也会出现在非情感句中，如第三个句子。因此仅考虑单独的评价词在情感分析中的应用是远远不够的。研究者们发现有些包含评价词的“组合评价单元”（如组合“**油耗–高**”“**性价比–高**”）对于处理情感分析的上层任务更有帮助。典型的组合评价单元包括以下几种。

主观表达式是指文本中表现出主观性的词语或短语。从定义上来看，评价词是主观表达式的一部分。此外需要注意的是，某些短语（如“符合我的口味”）虽然其中的任何一个词语单独并没有表达出情感，但也能很明显地标识文本的主观性。

评价短语表现为一组连续出现的词组。不同于主观表达式，该词组往往是由程度副词和评价词组合而成，如“very good”等。因此，这种组合评价单元不仅包含了主观表达式的情感极性，还考察了其修饰成分。这些修饰成分或加强或减弱或置反了主观表达式的情感极性，使得评价短语成为一种情感色彩丰富的组合评价单元。

前面所介绍的主观表达式和评价短语主要是考察含有情感极性的一些词和短语，然而情感句中出现的某些主观表达式和评价短语并非真正表现出情感极性。如情感句“**车跑得好快啊**”中的词语“**好**”并不存在情感极性，需要过滤掉。此外，还有一些主观表达式和评价短语存在一定的歧义，其极性需要根据上下文来确定。评价搭配则可以很好地解决上述两点问题。

评价搭配在11.2.3节也有所提及是指评价词及其所修饰的属性二者的搭配。属性被评价词所修饰，并且这种修饰关系可以使用句法树上的句法路径来描述出来。因此如11.2.3节所述使用句法关系模板来获取评价搭配是一种常用的方法。如图12.10所示，在该短语句法树中，属性“**画质**”与评价词“**清晰**”之间的句法路径为NN–NP–IP–VP–VP–VA，将该句法路径作为模板库中的一个模板。当对“**画质非常清晰**”进行评价搭配抽取时，已知“**画质**”是属性（可以是抽取出来的，也可以是属性词典里匹配上的），通过句法分析，发现“**画质**”与“**清晰**”之前的句法路径与句法路径模板NN–NP–IP–VP–VP–VA匹配，就可以推断出“**清晰**”是评价词，并且“**画质**”与“**清晰**”是一组评价搭配。同样，已知“**清晰**”是评价词，也可以推断出“**画质**”是属性。常见的句法模板如表11.3所示。

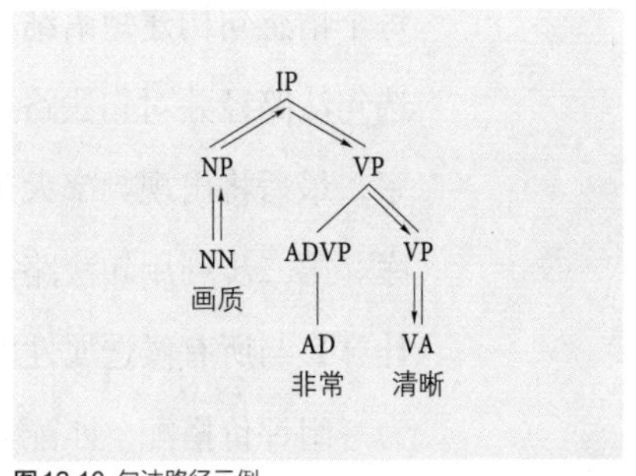

图12.10 句法路径示例

上述方法融入了对属性和评价词之间句法关系的挖掘。然而，由于匹配规则或模板的限制，其覆盖率往往较低。因此需要设计一种新的方法，一方面可以自动化地获取句法路径；另一方面，还需要保证获取的句法路径具有代表性，即能够较好地代表一类修饰关系。为了自动获取句法路径，可以首先使用相关方法（评价词/属性抽取算法或词典匹配）抽取出句子中的候选评价词和属性，然后获取候选的句法路径（枚举所有评价词与属性组合的句法路径，如果一个句子中含有n个评价词、m个属性，任意选择一个评价词和一个属性，就会产生一个候选句法路径，所以可以得到$n \times m$个候选路径）。通过上述步骤，可以得到候选的句法路径，但这些句法路径的数量很多，并且可能包含噪声。因此，需要对候选句法路径进行筛选，以获得具有代表性的句法路径。这里采用两步处理的策略。

对于每个候选的句法路径，合并路径上连续重复的句法成分标签，然后再将相同的候选句法路径进行合并。如图12.10所示，对于句法路径上的连续重复的句法成分标签VP只保留一个VP标签，所以左右两个句法路径是等价的。

使用一个规范化标签代替一些具有相似含义的标签，然后再将相同的候选句法路径进行合并。如对于英文语料而言，使用一个规范化标签NN（名词单数）代替一些具有相似含义的标签NNS（名词复数）。经过句法路径的泛化，可以大大减少了句法路径的个数，并且使获得的句法路径更具有代表性。

总体而言，基于句法路径的评价搭配主要有两个步骤，分别是构建句法路径库和使用句法路径库进行评价搭配抽取。第一步构建句法路径库的过程首先为语料库中的每个情感句构建短语结构句法树，然后确定句子中候选的评价词与属性，进而获取候选句法路径并对句法路径进行以上提到的两步泛化，统计泛化后的句法路径出现的频率，最后将出现频率大于事先设定好的阈值的路径放进句法路径库中，构成句法路径库。第二步利用句法路径库抽取待处理句子中所有的评价词和属性，对于每个评价词计算其与所有候选属性的匹配分值，如果匹配分值高于阈值，则该候选属性与评价词为一组评价搭配。匹配分值由候选属性与评价词的句法路径和句法路径库两者决定。

除了以上的评价搭配抽取方法外，还可以直接利用关系分类的方式直接进行搭配抽取。如果待处理句子中存在评价搭配，那么该评价搭配一定在句子中所有候选评价词与属性的两两组合中。因此，可以先抽取出句子中所有的候选评价词和属性，然后枚举出评价词与属性的所有组合，使用分类模型对每一个组合判断是不是一组评价搭配，具体例子如图12.11所示。这样就可以将评价搭配抽取方法转化为分类问题了。一种简单的深度学习分类模型的实现方法是，首先获取某对评价搭配中评价词与属性的表示，可以直接使用其词嵌入，也可以用深度学习模型如卷积神经网络获得其表示。然后拼接两者的表示，最后使用softmax分类器进行关系分类，判断其是否为评价搭配。

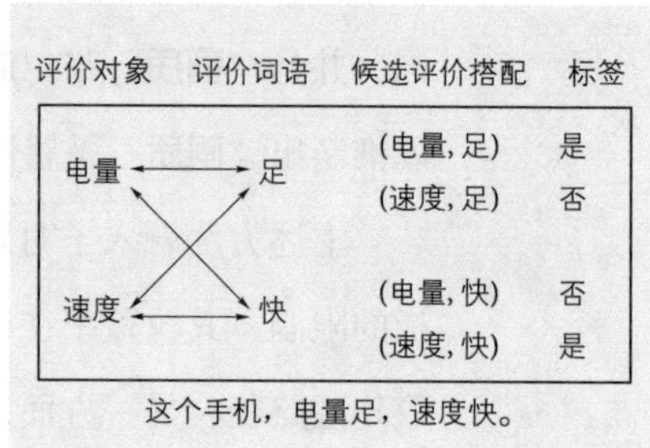

图12.11 使用关系分类进行搭配抽取示例

评价持有者抽取在基于新闻评论的情感分析中显得尤为重要。很自然，可以想到评论中的观点持有者一般是由命名实体（如人名或机构名）组成，因此可以借助于命名实体识别技术来获取观点持有者。此外，语义角色标注也可以用来完成观点持有者的抽取。但是这些方法较为依赖自然语言处理的底层基础技术，存在语言覆盖现象较低、领域适应性较差的不足。

类似于属性的抽取，也可以使用深度学习模型实现观点持有者识别，即将所有识别出来的名词和名词性短语都视为观点持有者的候选，使用深度学习模型对候选项进行分类，判断是/不是观点持有者。

此外，通过观察可以发现，评价持有者往往是和评价表达同时出现的，因此可以将评价表达识别和观点持有者的识别作为一个任务同时解决。可以在抽取出情感句中的观点评价单元（多是由一些短语组成）之后，通过分析句中观点和动词的句法关系，同步获取观点持有者和评价表达。

12.4 延伸阅读

近年来，情感分析研究的深度和广度正在不断扩展,产生了一系列新的研究问题，如情感原因发现和情感预测等。

文本情感原因发现主要研究从文本中自动识别导致个体和群体情感产生和变化的因素或事件的方法。对于社交媒体中的情感文本，在情感分类和情感信息抽取研究解决了对文本中的情感“知其然”的基础上，情感原因发现的研究尝试更进一步发现情感产生和变化的原因，也就是“知其所以然”。目前情感原因发现方法主要有基于规则、基于统计机器学习以及基于深度学习的方法。基于规则的情感原因发现方法主要思路是手动构建情感原因发现规则库，利用文本中与表达原因相关的副词、连词、指示性动词等线索，应用规则发现导致情感变化的原因。这类方法可以从文本中抽取规则，并且均遵循语言表达的规范和习惯，但是从规则的准确性和覆盖度来说不够完善。基于统计的情感原因发现方法不需要制定匹配规则，而是需要恰当地选取特征，以使得机器学习算法能够从输入特征中学习到数据的潜在分布，并做出准确预测。基于深度学习的情感原因发现方法则主要应用深度神经网络学习情感的产生与触发此种情感的原因之间的语义关系。例如利用卷积记忆网络，借助注意力机制，对情感关键词以及触发该情感关键词的原因之间的关系进行建模，实现有效的情感原因发现。

文本情感预测则主要研究对特定个体和群体在接收到文本刺激后可能产生的情感进行预测的机制与方法。目前文本情感自动预测的研究仍处于起步阶段，现有方法以基于机器学习的单标签分类方法为主。一种思路是利用读者对新闻文本的情感投票数据，将读者情感预测分别转换为针对特定情感的情感文本分类问题。通过选取和组合中文字符二元组、中文词、词缀相似度和情感词等特征，结合支持向量的分类器进行情感预测。另一种思路认为文本中包含的主题信息是诱发读者情感的重要来源，通过提取文本中的主题特征信息，能对读者情感进行有效预测。因此可以利用LDA的主题模型产生文本的一系列潜在主题。通过主题将词和情感关联起来，构造出情感主题模型，实现情感预测。此外，还可以进一步考虑作者情感和读者情感之间的关系，建立了新闻读者情感预测与评论者情感的联合模型，提高情感预测性能。

习题

1. 设计并实现一个基于词、搭配特征的产品评价情感分类系统。
2. 设计并实现一个基于循环神经网络的句子级情感分类系统。
3. 设计并实现一个基于传统序列标注模型的属性抽取系统。
4. 什么是评价搭配？有哪些评价搭配抽取的算法？

第13章 文本生成

13

文本生成又称为自然语言生成，是自然语言处理和计算语言学的重要分支。该技术是在理解输入素材（文本、数据、图片和视频）的基础之上，通过建模常识、逻辑和文法等知识自动生成对应的描述文本。其目标是期待未来有一天计算机能够像人一样撰写出高质量的文字稿件，主要的应用场景在于帮助媒体单位自动撰写与发布新闻，具有效率高、实时性好、覆盖性强、无偏见等优势。目前，伴随着深度学习技术的发展，文本自动生成技术已广泛应用于传媒、出版、广告等多个行业，并有效驱动企业产能、效率等方面的提升。同时，文本生成技术也已成为衡量人工智能水平的重要标杆之一。

13.1 概述

文本生成实际上可以看作是语言模型条件化的广泛应用，要求模型在预测下一个单词时不仅要考虑当前文本所传达的信息，还要额外考虑所给出的条件化输入所包含的实际语义，并根据任务要求生成合适的单词、短语、句子甚至段落篇章等。换而言之，文本生成实际是根据给定的不同内容生成相关的自然语言描述文本。图13.1根据不同的输入类型将文本生成划分为三种类型，分别是文本到文本的生成（text-to-text generation）、数据到文本的生成（data-to-text generation）以及视觉到文本的生成（vision-to-text generation）。

13.1.1 文本到文本的生成

文本到文本的生成技术主要指对给定文本进行变换和处理从而获得新文本的技

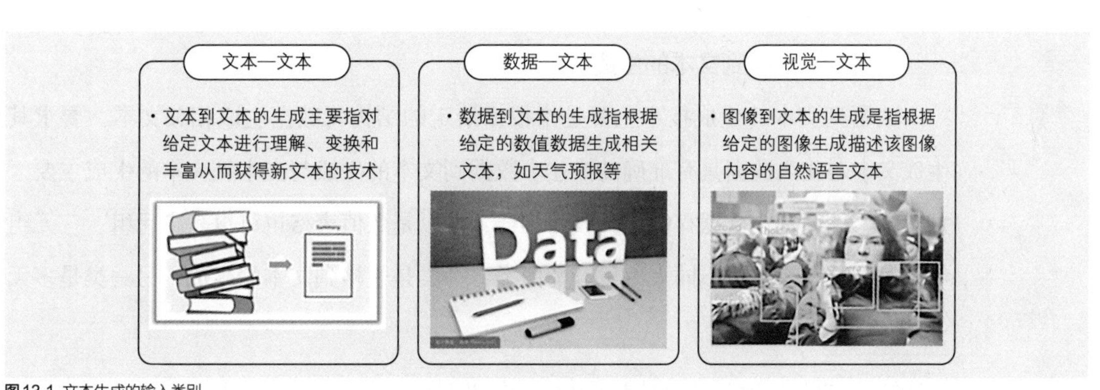

图13.1 文本生成的输入类别

术。文本摘要是最具有代表性的文本到文本的生成任务，诞生于1958年[①]，至今已有超过60年的研究历史。随着自然语言处理技术的发展和人们应用需求的变化,文本到文本的生成技术也发生了一系列变化，其根据输入输出文本长度比例大致可分为三种类别，分别是压缩式文本—文本生成、平行式文本—文本生成和扩展式文本—文本生成。接下来将进行逐一介绍。

- 压缩式文本—文本的生成研究主要围绕文本摘要展开，其目标是根据给定单文档或多文档生成其主要内容的文字摘要，既可以是几句话也可以是一个文字段落。摘要的目的是通过对原文本进行压缩、提炼，为用户提供简明扼要的内容描述。因为输入的内容远丰富于输出的内容故命名压缩式。

- 平行式文本—文本的生成研究则是输入和输出的文字内容长度较为相近，其代表为文本复述和文本风格迁移。前者主要是针对输入文本生成其语义一致但语言表达不同的另一文本，例如输入是“这顿饭真的好吃”，其对应输出则可以是“这顿饭非常美味”。而后者文本风格迁移则是只根据任务的需求改变输入文本所表达的某一属性，例如改变文字的情感特性。如上一句“这顿饭真的好”是一种积极（positive）的情感表达，而任务则是需要将其积极风格转为消极（negative）的表达风格，一个合理的输出则是“这顿饭味道很一般”。此外，文本风格迁移也包括改变文字的表达习惯，如将口语改为书面语或是将某一自然文本改为具有某一人物特色说话风格的文本。

- 扩展式文本—文本的生成技术则相对较难，其目标是根据给定的少量输入生成相对较长的目标文本，例如诗歌生成、作文生成或是人物传记、调研报告等文本生成任务。此类任务的难点主要是需要在深入理解输入文本的内容基础上进行知识联想和思维扩展以获得需要的写作素材,再运用句子排序、篇章规划等技术生成符合任务需求的长文本，整个过程较为复杂，涉及对知识表示、逻辑推理等技术的运用，具有较大的挑战性。

13.1.2 数据到文本的生成

数据到文本的生成技术主要是指根据给定的结构化数据生成相关文本，要求其生成文本对输入数据具有准确的描述。数据到文本的生成与文本到文本的生成主要区别在输入的结构化数据存储形式较为多样，可以是数值表格也可以是二元组、三元组等。根据其输入形式不同大致可分为两类，一类是表格到文本的生成，另一类是多元

① Luhn HP于1958年首次提出研究文献自动综述生成系统，从而拉开了文本文摘抑或是文本到文本生成技术研究的序幕。

组到文本的生成。实际研究中，需要根据其任务数据输入格式制定任务特定的编码器，以便于系统更好地理解输入数据。

- 表格到文本的生成主要是指输入的数据以数值表格为主，并且这些表格具有一定的相似结构，其表头对应的属性基本不变。例如在天气预报生成中，每个城市的最高温度、最低温度都是一致的属性。其次，在目前较为流行的篮球赛事报道自动生成任务中，每个球员的得分、篮板、抢断、投篮命中率等属性都完全一致，只是每个实体（表头）对应的数值不一样。表格到文本的生成的另一特点是输入数据往往是较多的，需要模型首先对数据进行内容选择，之后对选定的数据再进行描写。例如在一场篮球比赛中并不需要对所有球员进行报道，仅需要对本场表现突出的球员集中描述即可。因此，表格到文本的生成技术需要对输入数据（数值）进行数据挖掘和分析，选取出合适的内容，这也是其与多元组到文本的生成技术的最大区别。

- 多元组到文本的生成旨在根据输入的不同元组生成其对应的完整文字描述，一般并不需要进行内容选择。其一个主要的代表任务为WIKIBIO，该任务为根据给定维基百科中实体的信息框（infobox）生成对应实体的简单描述。由于不同实体所属的领域不同，很难用一个固定的具有相似属性的表格对其进行存储和建模，因此采用多元组的形式对这些信息框内容进行编码。此外，随着知识图谱（DBpedia, ConceptNet）等所包含实体的数量不断增长、领域不断丰富，研究人员希望能够自动地生成这些由多元组所构成知识图谱节点（实体）的文字描述，以进一步帮助用户对其理解。与表格到文本的生成不同，该任务实际上并不需要进行严格的内容选择，但是由于其输入元组的多样性，往往存在一定比例未登录词，因此需要模型具有一定领域联想能力，自动挖掘出新领域中较为合适的描述词。

13.1.3　视觉到文本的生成

视觉到文本的生成主要分为图像到文本的生成和视频到文本的生成两个研究方向。其中，图像到文本的生成（image caption）是指根据给定的图像生成描述该图像内容的自然语言文本，例如新闻图像附带的标题、医学图像附属的说明、儿童教育中常见的看图说话，以及用户在微博等互联网应用中上传图片时提供的说明文字。依据所生成自然语言文本的详细程度及长度的不同，这项任务又可以分为图像标题自动生成和图像说明自动生成。前者需要根据应用场景突出图像的核心内容，例如，为新闻图片生成的标题需要突出与图像内容密切关联的新闻事件，并在表达方式上求新以吸引读者的眼球；而后者通常需要详细描述图像的主要内容，例如，为有视力障碍的人提供简洁翔实的图片说明，力求将图片的内容全面且有条理地陈述出来，而在具体表达方式上并没有严格的要求。

除了图像到文本的生成技术以外，还存在更为复杂的视频到文本的生成（video caption），顾名思义视频到文本的生成是指计算机自动对视频生成一段描述。不同于图像这种静态的空间信息，视频除了空间信息还包括时序信息，同时还有声音信息，这就表示一段视频比图像包含的信息更加复杂，同时要求提取的特征也就更多。目前，视频到文本的生成技术被看作是带有时间维度的多次图像到文本技术的叠加和延伸，视频描述需要对时间结构敏感以及允许可变长度的输入（视频帧）输出（文本），并在理解视频帧（图片）的基础上分析不同视频帧之间存在的潜在联系，因此视频到文本的生成技术相比于图像到文本的生成技术更具挑战性。

13.1.4 文本生成的评价

近几年，随着深度学习的不断发展，文本生成技术无论是在研究上还是在应用上都取得了明显的进步，但是也依旧面临不少难点，其中一个最大的难点在于难以客观评价。目前文本自动生成任务的客观评价指标一般为BLEU或ROUGE，这两个指标用来计算系统自动生成的文本与人工撰写的参照文本之间的词语重叠程度（基于n-gram计算）。然而，生成文本的写作方式可以有很多种，不同作者可以根据同一命题写出表述不一样但质量都很高的文章。那么，目前一般只提供一两个参照文本的评价方式显然不合理，但现实却又只能如此，我们无法提供所有正确的参照文本。此外，基于词语重叠程度进行计算的BLEU或ROUGE指标仅能评估内容上的重叠程度，而无法准确评估可读性等因素，因此这些指标并不是理想的评价指标。当然，可以采用人工方式进行主观评价，然而该方式耗时耗力，同时会受到个体差异的干扰。因此，未来有必要设计更合理的客观评价指标，这对文本自动生成技术的发展会起到不可估量的推动作用。

由于篇幅所限，本章将着重介绍文本摘要，表格到文本的生成以及文本生成自动评价。视觉到文本的生成将作为扩展内容进行介绍，不做授课要求。

13.2 文本摘要

文本摘要技术通过自动分析给定的文档或文档集，摘取其中的要点信息，最终输出一篇短小的摘要（通常包含几句话或上百字），该摘要中的句子可直接出自原文，也可重新撰写所得。

根据不同的标准，文本摘要可以划分为以下几种不同类型。

（1）根据处理的文档数量，摘要可以分为单文档摘要和多文档摘要。单文档摘要只对单篇文档生成摘要，而多文档摘要则对一个文档集生成摘要。

（2）根据是否提供上下文环境，摘要可以分为主题或查询无关的摘要和主题或查询相关的摘要。主题或查询相关的摘要在给定的某个主题或查询下，能够诠释该主题或回答该查询；而主题或查询无关的摘要则指不给定主题和查询的情况下对文档或文档集生成的摘要。

（3）根据摘要输出文本的不同，可分为生成式摘要和抽取式摘要。生成式方法通常需要利用自然语言理解技术对文本进行语法、语义分析，对信息进行融合，利用自然语言生成技术生成新的摘要句子。而抽取式方法则相对比较简单，通常利用不同策略对文档结构单元（句子、段落等）进行评价，对每个结构单元赋予一定权重，然后选择最重要的结构单元组成摘要。抽取式方法应用较为广泛，实用性更强，通常采用的结构单元为句子。

（4）根据所处理语言的数量进行区分，可分为单语言摘要、多语言摘要和跨语言摘要。输入和输出语言相同的情况为单语言摘要。但是，如果涉及不同的语言，则被认为是多语言或跨语言的。例如，如果一个摘要系统从一个或多个中文文档中产生一个中文摘要，则是单语言系统。而如果一个摘要系统的输入是中文文档，输出为英文摘要，则认为是跨语言的。最后，如果摘要系统能够处理多种语言，例如西班牙语、英语或德语，并以与输入文档相同的语言生成摘要，则将其称为多语言摘要系统。

（5）根据摘要的应用类型，可以分为标题摘要、传记摘要、电影摘要等。这些摘要通常为满足特定的应用需求，例如传记摘要的目的是为某个人生成一个概括性的描述，通常包含该人的各种属性，例如姓名、性别、地址、出生、兴趣爱好等。表13.1总结了摘要系统相关的影响因素。

表13.1 文摘系统分类的影响因素

输入	单文档 多文档
输出	抽取式 生成式
目标	通用 面向查询
语种	单语言 多语言 跨语言

在本节中将对抽取式摘要和生成式摘要进行介绍，前者多采用基于统计学习的方法，后者则是基于神经网络的方法。

13.2.1 抽取式方法

本小节将重点关注基于句子抽取的自动摘要方法，也就是以原文中的句子作为单位进行评估与抽取。这类方法的好处是易于实现，能保证摘要句子具有良好的可读性。该类方法主要包括两个步骤：**一是对文档中的句子进行重要性计算或排序，二是选择重要的句子组合成最终摘要。**第一个步骤可采用基于规则的方法，利用句子位置或所包含的线索词来判定句子的重要性；也可采用各种机器学习方法（包括深度学习方法），综合考虑句子的多种特征（包括句子长度、句子位置、句子中词语的TF × IDF值、句子与标题的相似程度等）进行句子重要性的分类、回归或排序，例如CRF、HMM、SVM和RNN等。第二个步骤则基于上一步结果，需要考虑句子之间的冗余性与连贯性，对重要句子进行选择与排列，从而获得最终的摘要文本。近几年业界进一步提出了基于整数线性规划的方法以及次模函数最大化的方法，可以在句子选择的过程中同时考虑句子冗余性。

下面详细介绍几种经典的抽取式文本自动摘要方法。

方法1：Lead方法

由于目前文摘主要都是对新闻语料展开研究，而新闻往往都是由总分或者总分总结构组成，如图13.2所示。Lead方法暨直接从输入文档中提取前几个句子组成摘要。如果输入是多篇文档，可直接提取每篇文档的前几个句子。该方法非常简单，但对于

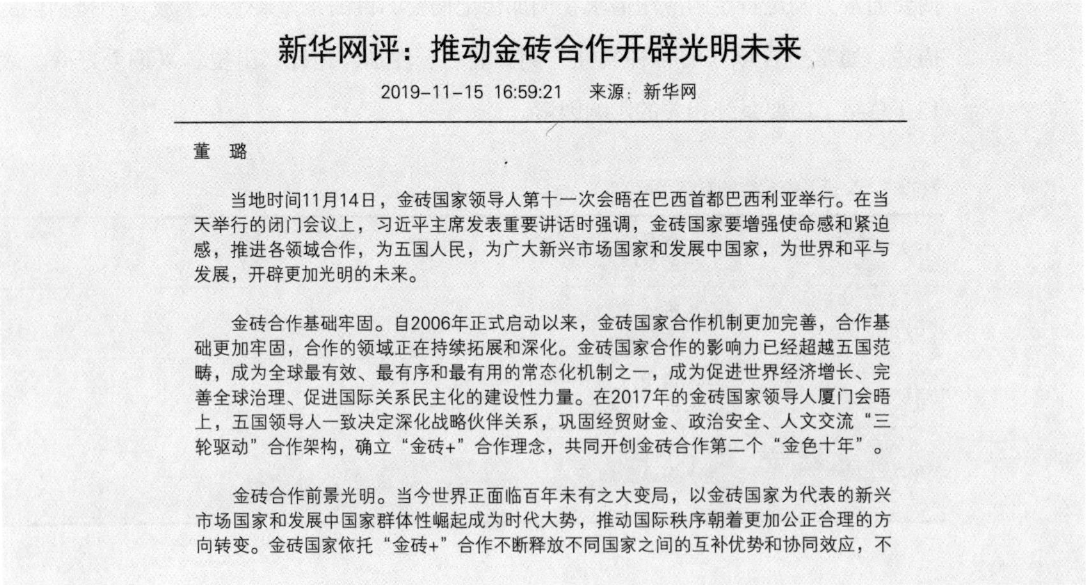

新华网评：推动金砖合作开辟光明未来

2019-11-15 16:59:21　来源：新华网

董　璐

当地时间11月14日，金砖国家领导人第十一次会晤在巴西首都巴西利亚举行。在当天举行的闭门会议上，习近平主席发表重要讲话时强调，金砖国家要增强使命感和紧迫感，推进各领域合作，为五国人民，为广大新兴市场国家和发展中国家，为世界和平与发展，开辟更加光明的未来。

金砖合作基础牢固。自2006年正式启动以来，金砖国家合作机制更加完善，合作基础更加牢固，合作的领域正在持续拓展和深化。金砖国家合作的影响力已经超越五国范畴，成为全球最有效、最有序和最有用的常态化机制之一，成为促进世界经济增长、完善全球治理、促进国际关系民主化的建设性力量。在2017年的金砖国家领导人厦门会晤上，五国领导人一致决定深化战略伙伴关系，巩固经贸财金、政治安全、人文交流“三轮驱动”合作架构，确立“金砖+”合作理念，共同开创金砖合作第二个“金色十年”。

金砖合作前景光明。当今世界正面临百年未有之大变局，以金砖国家为代表的新兴市场国家和发展中国家群体性崛起成为时代大势，推动国际秩序朝着更加公正合理的方向转变。金砖国家依托“金砖+”合作不断释放不同国家之间的互补优势和协同效应，不

图13.2 新闻摘要样例

单文档摘要任务而言效果很不错，原因在于对于新闻文档而言，首句以及位置靠前的句子通常具有概括性，因此基于句子位置进行摘要句子提取能取得较高的性能。然而该方法对于多文档摘要而言效果较差，原因在于不同文档的句子间存在重复、冗余和不连贯等问题。

方法2：高频词方法

基于高频词的函数给文档中的句子打分的思路[5]算是最早一批对自动摘要方法进行探索时的尝试，也一定程度上奠定了之后抽取式摘要的基调。方法主要由三个部分组成。

重要度评价 为了选取作为摘要部分的句子，自然而然地就需要一个既能比较句子好坏又能对其进行打分的评价指标。同时一个文档中的句子或多或少是相关的，那么可以去考虑每个句子的**重要程度**。句子的重要度是对句中每个单词分析得到的，这里主要考虑句子中单词在整个文档中出现的频率以及单词在句子中的相对位置这两方面因素。

确定重要单词集 根据频率来确定单词重要程度的主要事实依据是：一个作者在提出论点并阐述时往往会倾向于重复使用某些单词。一般情况下，一个作为术语的单词在语境下只会有一个意思，同样，一个意思只会用一个术语来表示。哪怕作者为了减少冗余而使用同义词替换，术语是有限的，并且最精准的术语通常也只有那么一个。需要注意的是单词的重要程度是由其出现的频率来决定，文章中的逻辑和语义关系是被忽略的。如图13.3可以看到单词和对应频率的分布曲线，而曲线E表示的是单词携带重要信息的程度，与假设所不同的是，并不是词频一味地高就包含更多信息，在英语中像the, be, of之类的单词具有极高的词频，几乎每句话中都会出现，反而无法用于判断句子的重要程度。另一方面，单词频率过低则常常是生僻词，很少会被用到，不具有代表性。对于前者，一种常见的处理方式是构造停用词表，将频率高而重要度低的词语筛掉，不过这里为了减少开销，直接和处理低频词的方法一致，设置一个阈值来把频率过高和过低的单词都剔除，如图13.3中的直线C和D。

确定句子的相对重要性 这里需要考量句子中重要单词的相对位置，与之前的原则一致，不关心单词的词义以及和其他单词组合起来的意思。无论主题如何，重要单词互相之间越靠近，意味着越有可能在处理与主旨相关的信息。很直观的就能考虑到统计句子中重要单词出现的数量，以及他们之间被不重要的单词所隔开的距离。重要度计算方法如图13.4所示，考虑句子中被重要单词括出来的部分，中括号的左右两端都是重要词，同时又要求中括号内不重要单词的数量有限，即中括号两端的距离是相对受限的。大量文档数据测试出来较好的距离是4或者5，即重要单词括出来的

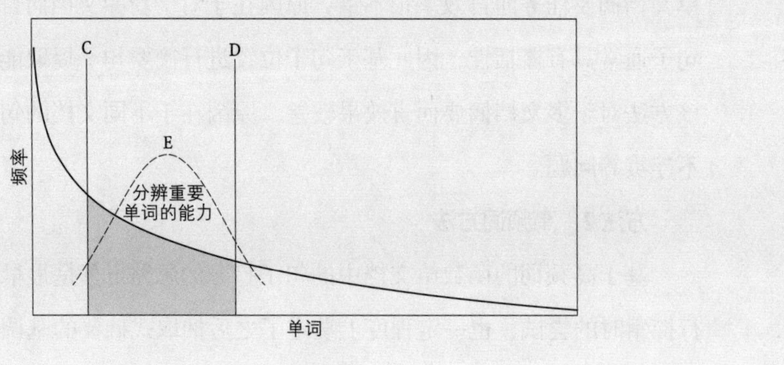

图13.3 单词频率曲线

范围里最多只能有4到5个不重要的单词，如果超过了，那么中括号的左右边界就得放弃一个，按照这一逻辑不断迭代直到出现满足条件的最大括号。在满足限制的情况下，计算中括号内所有单词的数量，用它来除以重要单词的数量，得到的即是这个句子的分数，很显然，数字越大代表着重要单词的聚集程度越高，相应的句子作为摘要的可能性越高。得到每个句子对应的分数后，简单排序即可依次选取句子作为摘要，直到达到摘要要求的长度。

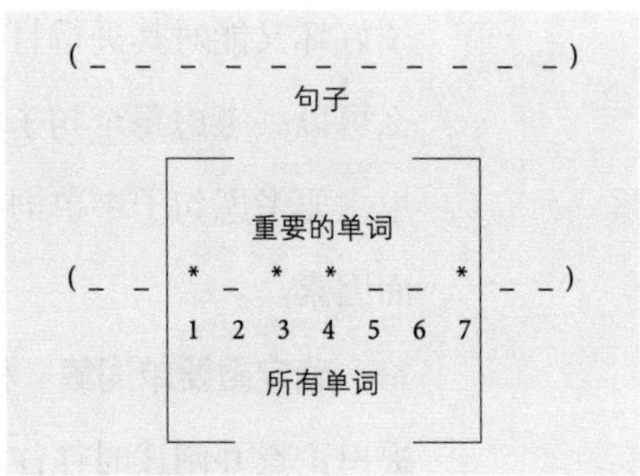

图13.4 句子重要度计算方法

方法3：基于TF-IDF的方法

基于TF-IDF的方法的基本想法是利用句子中每个单词的统计信息来综合权衡句子的重要程度，通过统计分析在该领域下代表性单词的词频信息来作为计算每个单词权重的依据，进而用于选取摘要句词。

TF-IDF的全称是**词频-逆文本频率指数**（term frequency-inverse document frequency），计算的是单词在单个文档中出现的频率以及在各个文档之间出现的频率倒数，公式如下：

$$\mathcal{TF}-\mathcal{IDF}=\mathcal{TF}(t)\times\mathcal{IDF}(t)$$

$$\mathcal{TF}(\boldsymbol{t})=\frac{Occurence\ of\ term\ \boldsymbol{t}\ in\ this\ document}{Number\ of\ terms\ in\ this\ document} \tag{13.1}$$

$$\mathcal{IDF}(\boldsymbol{t})=\log_2\frac{Total\ number\ of\ documents}{Number\ of\ documents\ with\ term\ \boldsymbol{t}\ in\ it}$$

TF-IDF是由两个部分组成的：

- **词频**：这部分衡量的是单词t在一个文档中出现的频繁程度。由于不同文档的长度是不同的，而且往往差距很大，单纯统计单词在不同文档中出现的次数是不公平的。故而需要对单词t出现的次数除以文档长度来规范化。

- **逆文本频率**：衡量的是单词t的重要程度，在计算词频的时候，每一个单词都默认是同样重要的，但是很多像the, of这样的单词出现很多次却不重要，因此需要对独特的单词增加其权重。

接下来通过设置一个超参数阈值来筛选出每篇文档中TF–IDF指标足够高的单词作为关键词（数量没有限制），同时TF–IDF值也作为这个单词的权重以便句子选择时使用。句子选取的原则是找到那些包含与文档主旨相关信息的句子，通过对句子中所有**关键词**的权重加和得到一个分数作为该句子能否被当作摘要的一个依据。

方法4：TextRank方法

该方法借鉴网页排序的思想，基于句子构建一个无向带权图，然后采用图排序算法对句子进行重要程度的评估，根据计算得到的句子的重要程度值并将其作为摘要句候选的主要参考条件。面向无向不带权图（即图中顶点之间的边没有权重）的图排序算法的基本思想为将图中两个顶点之间的链接（即边）看作是顶点之间的推荐或投票。当顶点A链接到另一个顶点B时，顶点A为顶点B进行投票。当一个顶点获得较高的投票数量时，该顶点比较重要。同时，如果顶点A比较重要，那么顶点A对顶点B的推荐强度也更大。面向无向带权图（即图中顶点之间的边有权重值）的图排序算法的基本思想与上述思想类似，唯一的区别在于如果顶点A与顶点B之间的边的权重较大，那么顶点A对顶点B的推荐力度也较大。

具体说来，该方法首先基于文档句子构建无向带权图，该图中的顶点为句子，两个句子之间构建一条无向边，边的权重可通过文本相似度计算公式进行计算，例如余弦相似度等，也可以采用下列公式进行计算：

$$\text{Similarity}\left(S_i, S_j\right) = \frac{\left|\left\{w_k \mid w_k \in S_i \,\&\, w_k \in S_j\right\}\right|}{\log\left(\left|S_i\right|\right)\log\left(\left|S_j\right|\right)} \tag{13.2}$$

其中，w_k表示同时出现在两个句子S_i和S_j中的词语，$|\cdots|$表示集合中元素的数量或句子中词语的个数。图排序算法首先赋予每个顶点同样的初始权重，然后迭代执行下列公式进行计算：

$$WS\left(V_i\right) = \left(1-d\right) + d \times \sum_{V_j \in In(V_i)} \frac{w_{ji}}{\sum_{V_k \in Out\left(V_j\right)} w_{jk}} WS\left(V_j\right) \tag{13.3}$$

其中$WS(V_i)$表示顶点V_i（也即句子S_i）的重要性得分，w_{ji}表示句子j与句子i之间的边的权重，也即通过相似度公式计算得到的两个句子的相似度值。$Out(V_j)$表示顶点V_j所链接的顶点集合，$In(V_i)$表示链接到顶点V_i的顶点集合。对于无向图而言，同一个顶点的这两个集合相同。需要指出的是，上述计算公式右方的$WS(V_j)$表示迭代计算过程中上一轮计算得到的V_j的得分，而左方的$WS(V_i)$表示当前轮次计算得到的V_i的得分。也就是说，该方法根据上一轮计算得到的顶点得分更新下一轮的顶点得分，直到算法收敛为止。算法收敛表示前后两轮计算得到的顶点的得分已经不再发生变化，也就是说认为顶底得分差异小于一个预设的很小的阈值，则表示算法已经收敛。

其他方法

除上述方法以外，常见的方法还包括了基于隐马尔可夫模型（hidden Markov model，HMM）的方法和基于最大边际相关性（maximal marginal relevance，MMR）的方法。隐马尔可夫模型是一种常见的概率图模型，具体地，在文本摘要任务中，假定其目标是在给定一组特征下计算文档中每个句子是否能作为摘要的一个后验概率。基于最大边际相关性的方法在考虑摘要相关性的同时，要求新加入摘要的句子要有新颖性，也就是尽量不能和已有的句子出现冗余。

多文档文摘

方法5：Centroid方法

Centroid方法主要是词语重要性、句子位置与首句相似性三种因素对句子进行权重计算，实现简单，可适用于**单文档**与**多文档**摘要任务。具体来说，该方法首先为每个句子基于三个因素分别计算三项得分，然后对三项得分进行加权求和，得到该句子的综合权重得分。

$$C_i = \sum_{w} C_{wi} \tag{13.4}$$

基于词语重要性为句子i计算的得分如（公式13.4）所示，其中，C_i为句子i得分，w为句子i中的词语，$C_{w,i}$为词语w的权重，即该词语的TF × IDF值（TF为词语在输入文档/文档集中出现的频率，IDF为根据大规模语料库计算的词语倒排文档频率）。通常，一个词语的TF × IDF值能反映该词语在输入文档/文档集中的重要程度，因此如果一个句子包含较多重要的词语，那么这个句子也会比较重要。

$$P_i = \frac{(n-i+1)}{n} \times C_{max} \tag{13.5}$$

基于位置信息为句子i计算的得分如（公式13.5）所示，其中，P_i为句子i得分，n为句子i所在文档包含的句子总数，i为句子的位置（从1开始计数），C_{max}为基于词语重要性为该文档首句计算得到的得分。从该计算公式可以看出，文档首句的得分最高（等于C_{max}），第二句得分次高，依此类推，最后一句得分最低。上述计算背后的假设为：一篇新闻文档中，通常前面的语句具有概括性，因此相对后面的语句来说更加重要。这个假设符合记者编辑写作新闻的习惯。

$$F_i = \overrightarrow{S_1}\overrightarrow{S_i} \tag{13.6}$$

基于与首句相似性为句子i计算的得分如（公式13.6）所示，其中，F_i为句子i得分，$\overrightarrow{S_1}$为句子i所在文档的首句的句子向量表示（基于词袋模型），$\overrightarrow{S_i}$为句子i的句子向量表示，二者的点积反映句子i与首句的相似程度。通常首句是文档中最重要的句子，与首句相似的句子也会比较重要。

对上述三项得分进行加权求和，得到句子i的综合得分如下所示。

$$\text{SCORE}(s_i) = w_c C_i + w_p P_i + w_f F_i \tag{13.7}$$

其中，$\text{SCORE}(s_i)$为句子i的综合得分，w_c、w_p、w_f为权重参数，分别表示三项得分的相对重要程度，需要根据实际情况进行调节和设置。

例如对图13.5中三篇文档使用Centroid方法进行摘要。其基于词语重要性得分（C）、基于位置信息得分（P）和基于首句相似性得分（F）如表13.2所示。w_c、w_p、w_f分别为0.45、0.45、0.1。

表13.2 Centroid方法多文档摘要句子得分

	文档1				文档2					文档3			
句子	S1	S2	S3	S4	S1	S2	S3	S4	S5	S1	S2	S3	S4
C	1.0	2.6	1.8	1.8	2.5	1.4	1.1	1.4	1.5	1.5	3.1	0.6	1.4
P	1.0	0.8	0.5	0.3	2.5	2.0	1.5	1.0	0.5	1.5	1.1	0.8	0.4
F	13	2	4	1	32	5	5	1	4	15	5	1	4
打分	2.2	1.7	1.4	1.0	5.4	2.1	1.6	1.2	1.3	2.9	2.4	0.7	1.2

对于多文档摘要任务而言，在利用上述公式计算句子重要性综合得分之后，需要进一步考虑冗余过滤，避免相似的语句选入摘要。

文档1	(S1) 孟晚舟因涉嫌违反美国对伊朗的贸易制裁而被逮捕。(S2) 华为公司表示："公司得到有关指控的信息非常少，也不知道孟晚舟女士有任何不当行为"。(S3) 该公司相信，加拿大和美国的法律体系最终将得出一个公正的结论。(S4) 外交部发言人耿爽在新闻发布会上说："中国坚决反对任何形式的网络攻击，并将依法予以打击。"
文档2	(S1) 华为首席财务官兼副董事长孟晚舟在温哥华转机时被拘留，并可能会被引渡到美国，逮捕行动的细节尚未公布。(S2) 美国一直在调查华为是否违反了对伊朗的制裁。(S3) 中国驻加拿大大使馆对此表示抗议，并要求释放孟晚舟。(S4) 华为表示对这些指控知之甚少，"不知道孟有任何不当行为"。(S5) 美国、澳大利亚和新西兰已经禁止使用华为的设备。
文档3	(S1) 加拿大于周三晚证实了华为董事会副主席孟晚舟被拘留的消息。(S2) 中国外交部发言人表示，北京已分别要求美国和加拿大立即澄清拘留原因，并立即释放被拘留者。发言人表示，自孟晚舟被捕以来，中国一直在向她提供领事协助。(S3) 孟晚舟被捕后，美国股指期货和亚洲股市下跌。(S4) 这一消息传出之际，美中两国正展开为期3个月的谈判，旨在缓和两国之间的贸易战。

图13.5 多文档实例

方法6：基于图神经网络的多文档文摘

随着深度学习的发展，神经网络展现出了强大的表示能力，在文本摘要上也取得了广泛的应用，图神经网络便是其中的一种，除了具有强大的表示学习能力以外，还可以将丰富的结构信息融入表示之中。方法5（Centroid方法）证明了在多文档摘要中，句子之间的关系扮演了非常重要的角色。因此有一些方法[1, 9]在句子关系图的基础之上，利用图神经网络来学习句子表示，并抽取重要句子构成最终的摘要。整体结构如图13.6所示，主要分为三个部分：① 句子关系图构建；② 句子表示学习；③ 关键句抽取。

（1）句子关系图构建。在句子关系图中，节点表示句子，边表示句子之间的关系，可以使用余弦相似度来建模句子之间的关系。首先使用连续词袋模型表示多个文档中的每一个句子，然后利用TF-IDF提取关键词，基于该关键词集合，计算句子之间的相似度。当该相似度超过预先设定的阈值之后，句子之间建立一条边。除了使用余弦相似度以外，还可以根据实际需求，基于篇章结构信息、蕴含推理信息来构建句子关系图。

（2）句子表示学习。在得到句子关系图以后，为了获得句子初始表示，首先利用句子级别的GRU^{sent}获得文档集合中每一个句子的特征表示。对于文档集合中的N个句子$(s_1, s_2, \cdots, s_N)$，句子s_i由L个词语$(w_1, w_2, \cdots, w_L)$构成。利用GRU^{sent}学习句子表示：

$$\boldsymbol{h}_t^{sent} = \text{GRU}^{sent}\left(\boldsymbol{h}_{t-1}^{sent}, \boldsymbol{w}_t\right)$$

其中，$\boldsymbol{w}_t$是词语w_t的词向量表示，$\boldsymbol{h}_t^{sent}$是隐层表示。最终句子s_i表示为$\boldsymbol{x}_i = \boldsymbol{h}_L^{sent}$。在得

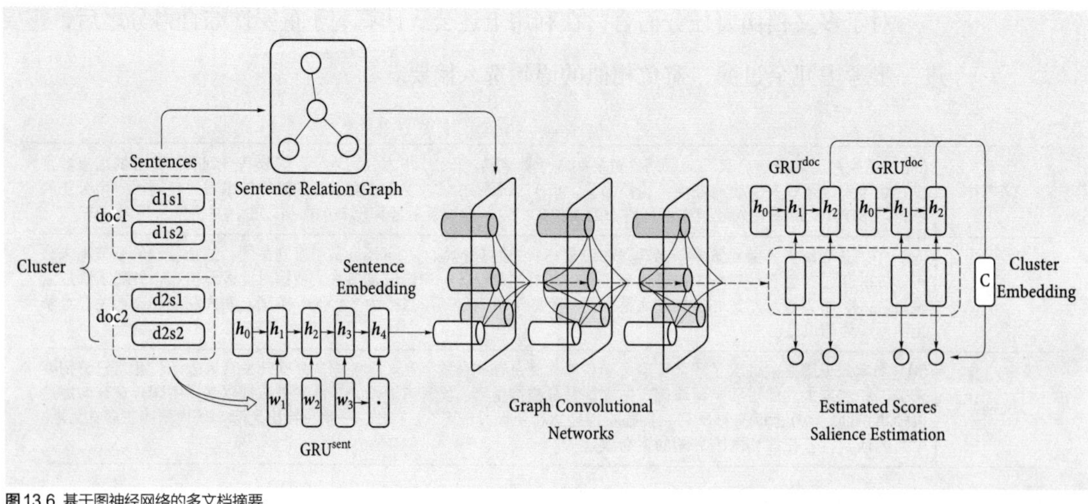

图13.6 基于图神经网络的多文档摘要

到句子初始表示以后，利用图卷积神经网络[4]来更新句子表示。简单来讲，图卷积神经网络的目的在于学习一个函数$f(\boldsymbol{X}, \boldsymbol{A})$，输入句子关系图的邻接矩阵$\boldsymbol{A}\in\mathbb{R}^{N\times N}$和节点初始表示$\boldsymbol{X}\in\mathbb{R}^{N\times D}$，输出节点更新以后的深层表示$\boldsymbol{Z}\in\mathbb{R}^{N\times F}$。其中$N$代表节点数量，$D$代表输入特征维度，$F$代表输出特征维度。$f(\boldsymbol{X}, \boldsymbol{A})$由多层图卷积操作构成。假设输入节点特征为$\boldsymbol{H}^0=\boldsymbol{X}$，经过$L$层图卷积操作以后，得到输出为$\boldsymbol{Z}=f(\boldsymbol{X}, \boldsymbol{A})=\boldsymbol{H}^{(L)}$。对于其中某一层来讲，其传播过程为：

$$\boldsymbol{H}^{(l+1)}=\sigma(\boldsymbol{A}\boldsymbol{H}^{(l)}\boldsymbol{W}^{(l)})$$

其中σ是激活函数，$\boldsymbol{W}^{(l)}$是第l层可学习的参数。利用该公式进行图卷积操作，有两个缺点：① 无法融入节点自身的信息；② 邻接矩阵$\boldsymbol{A}$是未归一化的，直接利用该矩阵进行图卷积计算，会改变节点特征向量的向量空间。针对第一点问题，可以在邻接矩阵$\boldsymbol{A}$的基础上加入自连接边得到新的邻接矩阵$\tilde{\boldsymbol{A}}$。针对第二点问题，可以利用节点度矩阵$\tilde{\boldsymbol{D}}$对邻接矩阵进行归一化，其中$\tilde{\boldsymbol{D}}_{ii}=\sum_j \tilde{\boldsymbol{A}}_{ij}$，得到新的图卷积操作：

$$\boldsymbol{H}^{(l+1)}=\sigma\left(\tilde{\boldsymbol{D}}^{-\frac{1}{2}}\tilde{\boldsymbol{A}}\tilde{\boldsymbol{D}}^{-\frac{1}{2}}\boldsymbol{H}^{(l)}\boldsymbol{W}^{(l)}\right)$$

（3）关键句抽取。在更新句子表示以后，为了捕捉每一篇文档的全局信息，对于M个文档（$d_1, d_2, \cdots, d_M$），利用文档级别的GRU^{doc}获得文档d_i的表示$\boldsymbol{d}_i$：

$$\boldsymbol{h}_t^{doc}=\text{GRU}^{doc}\left(\boldsymbol{h}_{t-1}^{doc}, \boldsymbol{s}_t\right)$$

$$\boldsymbol{d}_i=\boldsymbol{h}_{|d_i|}^{doc}$$

其中$|d_i|$为文档 d_i的句子数量，$\boldsymbol{s}_t$为更新以后的句子表示。根据每一篇文档的表示$\boldsymbol{d}_i$得到文档集合的表示：

$$\boldsymbol{C}=\frac{1}{M}\sum_{i=1}^{M}\boldsymbol{d}_i$$

根据全部文档表示$\boldsymbol{C}$和更新以后的句子表示$\boldsymbol{s}_i$来计算每一个句子的得分，并进行归一化：

$$f(\boldsymbol{s}_i)=\boldsymbol{v}^{\mathrm{T}}\tanh(\boldsymbol{W}_1\boldsymbol{C}+\boldsymbol{W}_2\boldsymbol{s}_i)$$

$$\text{salience}(\boldsymbol{s}_i)=\frac{f(\boldsymbol{s}_i)}{\sum_{\boldsymbol{s}_j\in\boldsymbol{C}} f(\boldsymbol{s}_j)}$$

最终根据句子得分选取关键句构成摘要。

13.2.2 生成式方法

近几年，深度学习在语言模型、机器翻译等任务上取得了一系列突破性成果，相关方法也同样适用于文本摘要任务。基于编码器–解码器（encoder–decoder）架构的序列到序列学习模型（sequence-to-sequence model）依旧是基于神经网络方法的生成式摘要基本框架，这类方法首先利用编码器将输入文档（词语序列）进行语义编码，然后利用解码器解出目标摘要（另一个词语序列）。这种基于表示学习的模型可以避免烦琐的人工特征提取，也避开了重要性评估、内容选择等技术点的模块化，只需要足够的训练数据即可获得较好的生成结果。本小节将介绍带有复制和覆盖机制的Pointer-Generator文摘系统。

Pointer-Generator 文摘系统

Pointer-Generator文摘系统基于序列到序列模型，结合注意力机制（attention mechanism）、复制机制（copy mechanism）和覆盖机制（coverage mechanism）完成摘要生成，其模型结构如图13.7所示。

（1）序列到序列模型+注意力机制（sequence-to-sequence +attention）

序列到序列模型利用编码器（encoder）编码源文本，利用解码器（decoder）生成摘要。其中编码器是一个双向的LSTM。与单向的区别在于，双向LSTM使用两个独立的LSTM，分别从前向后和从后向前对源文本序列进行编码。两者的隐状态$\boldsymbol{h}_t$是各自独立的，整个输入的表示是由两个模型各自的表示拼接而成，即$\boldsymbol{h}=\left[\overrightarrow{\boldsymbol{h}}_T, \overleftarrow{\boldsymbol{h}}_0\right]$。每个时间点的隐状态表示则为$\boldsymbol{h}_i=\left[\overrightarrow{\boldsymbol{h}}_i, \overleftarrow{\boldsymbol{h}}_i\right]$。

在解码阶段，解码器每次产生新单词之前都会对编码器上的每一个隐状态进行加

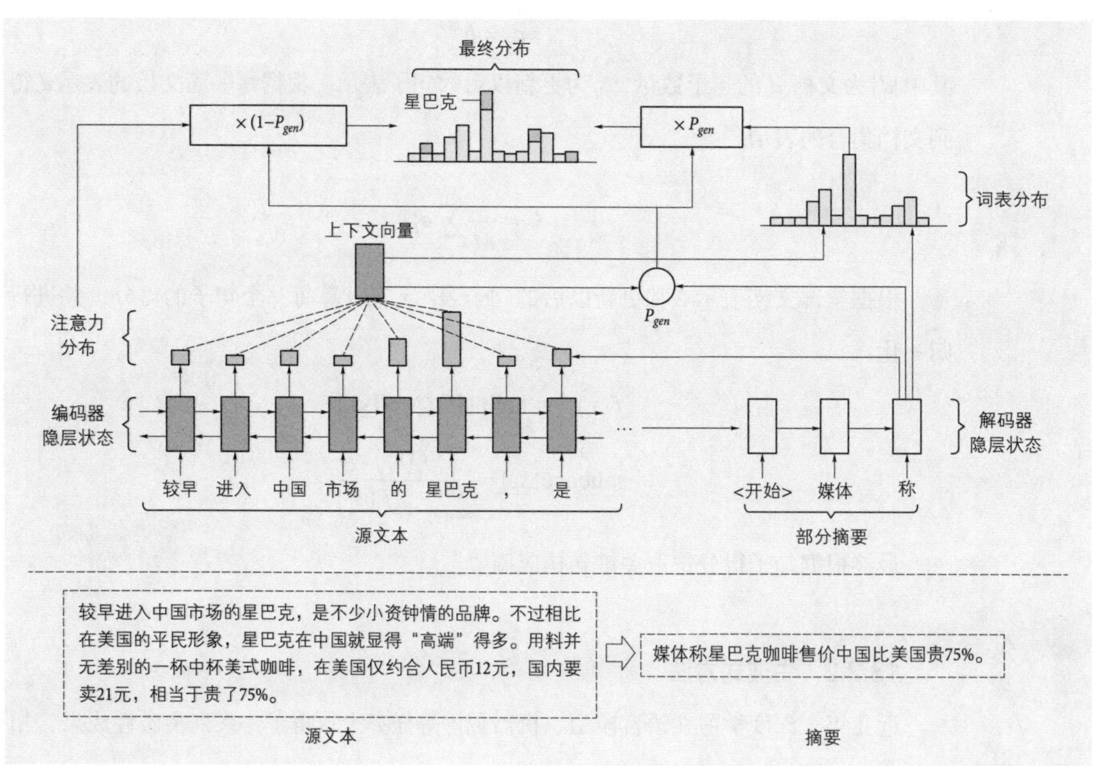

图13.7 Pointer-Generator 模型结构

权参考。注意力机制的标准范式如下：

$$Attention(Key, Query, Value) = \sum Similarity(Query, Key) Value$$

在序列到序列架构下，*Value*是编码阶段中的每一个隐状态。*Key*是每个隐状态对应的键，用于检索。*Query*是解码器在每一个时间点发出的查询，与每一个*Key*计算相似度从而对编码阶段的隐状态加权求和作为当前时间点使用的编码信息。解码器当前时间点的隐状态可以表示为$\boldsymbol{s}_t = f_1(\boldsymbol{s}_{t-1}, \boldsymbol{y}_{t-1})$，预测结果为$\boldsymbol{y}_t = f_2(\boldsymbol{s}_t, \boldsymbol{h}_t^*)$，其中$\boldsymbol{s}_{t-1}$为解码器上一时刻的隐状态，$\boldsymbol{y}_{t-1}$为上一时刻的预测结果，$\boldsymbol{h}_t^*$为注意力机制在编码器上得到的信息表示。

注意力机制的运算如下。

① 按照LSTM解码器端通用的方式得到$\boldsymbol{s}_t$。

② 将$\boldsymbol{s}_t$作为解码器端的查询，对编码器端的每一个隐状态进行相似度计算，用一个全连接层来实现。

$$e_i^t = \boldsymbol{v}^{\mathrm{T}} \tanh\left(\boldsymbol{W}_h \boldsymbol{h}_i + \boldsymbol{W}_s \boldsymbol{s}_t + \boldsymbol{b}_{attn}\right)$$

其中$\boldsymbol{h}_i$为编码器上i时刻的隐状态。需要注意的是，这里e_i^t是一个值而不是向量，所以需要$\boldsymbol{v}^{\mathrm{T}}$作为维度变换的参数一起参与训练。

③ 对相似度值进行归一化，以便之后加权求和。

$$\boldsymbol{\alpha}_i^t = \mathrm{softmax}\left(e^t\right) = \frac{exp\left(e_i^t\right)}{\sum_{k=1}^{T} exp\left(e_i^t\right)}$$

这里$\boldsymbol{\alpha}_i^t$即为编码器上每一个隐状态的权重。

④ 求和得到编码器信息。

$$\boldsymbol{h}_t^* = \sum_i \boldsymbol{\alpha}_i^t \boldsymbol{h}_i$$

⑤ 对词表计算概率。

$$P_{vocab}(y_i) = P(y_i | y_{<i}, x) = \mathrm{softmax}(\boldsymbol{W}_v[\boldsymbol{s}_i, \boldsymbol{h}_t^*] + \boldsymbol{b}_v)$$

（2）复制机制（copy mechanism）

Jiatao Gu在2016年将复制机制引入序列到序列模型[3]，主要是考虑到人类语言中，复制某些信息是一件很自然很常见的事。尤其是在日常对话中，人们会根据上文重复一些命名实体甚至是短语。实验表明，在解码器上搭建复制机制可以选择输入文本序列中重要的信息并摆放在输出文本中的恰当位置，能够在提高生成式模型能力的同时增加一种处理未登录词的合理方案。

之前介绍过的注意力机制和复制机制实际上组成了Pointer Network的结构，如图13.7所示。解码器需要在解码时决定新产生的单词是生成的还是复制输入中的某个单词，从而要求模型学习一个门函数来控制，函数为：$p_{gen}=\sigma(\boldsymbol{W}_h\boldsymbol{h}_t^* + \boldsymbol{W}_s\boldsymbol{s}_t + \boldsymbol{W}_y\boldsymbol{y}_{i-1} + \boldsymbol{b}_{ptr})$，其中$\boldsymbol{h}_t^*$为注意力机制得到的编码信息，$\boldsymbol{s}_t$为当前时间点解码器的隐状态，$\boldsymbol{y}_{t-1}$为解码器上一时刻输出的结果，$\sigma$是sigmoid函数，当$P_{gen}$取值为1时表示完全依赖于生成，取值为0时表示完全依赖于复制，最终输出结果由复制和生成各自的结果按照P_{gen}的值加权求和得到。

直觉上来讲，对于具体要复制输入序列中的哪一个单词，可以直接用注意力机制下权重最大的那个，即表示当前解码状态下最相关的编码信息。那么复制机制下得到当前状态输出结果的公式为：

$$P(y_i) = p_{gen}P_{vocab}(\boldsymbol{y}_i) + (1 - p_{gen})\sum_{t:\boldsymbol{x}_t=\boldsymbol{y}_i}\boldsymbol{\alpha}_i^t$$

需要注意的是，当$\boldsymbol{y}_i$为未登录词时，$P_{vocab}(\boldsymbol{y}_i)=0$，只要其在编码阶段的输入文本序列中出现，就有一定的概率作为解码阶段的输出结果。

（3）覆盖机制（coverage mechanism）

由于序列到序列结构普遍存在生成的文本大量重复的问题，当需要生成多个句子的文本时问题尤为严重，故而Zhapeng Tu提出了对已经生成的文本在输入序列上的覆盖程度的建模方法[8]，即为覆盖机制。这里介绍一种简化的覆盖机制，模型搭建在注意力机制上。

在解码阶段，每一个时间点维护一个覆盖信息向量$\boldsymbol{c}^t = \sum_{t'=0}^{t-1}\boldsymbol{\alpha}^{t'}$，即当前时间点的覆盖信息是之前所有时间点注意力权重的总和。直觉上来说，$\boldsymbol{c}^t$是一个能够表示目前为止注意力机制对输入序列的覆盖程度的分布。初始值$\boldsymbol{c}^0$是零向量，意味着输入序列还未被覆盖。

接下来在注意力机制的公式上进行修改，变为：

$$e_i^t = \boldsymbol{v}^{\mathrm{T}}\tanh\left(\boldsymbol{W}_h\boldsymbol{h}_i + \boldsymbol{W}_s\boldsymbol{s}_t + \boldsymbol{w}_c\boldsymbol{c}_i^t + \boldsymbol{b}_{attn}\right)$$

其中$\boldsymbol{c}_i^t$为一个数字，对应的参数$\boldsymbol{w}_c$为一个向量，维度与$\boldsymbol{b}_{attn}$相同，其余的参数$\boldsymbol{W}_h$、$\boldsymbol{W}_s$依然是矩阵，与原始的注意力机制中相同。

同时利用覆盖损失（coverage loss）来惩罚重复关注源端相同的位置：$\boldsymbol{covloss}_t = \sum_i \min\left(\boldsymbol{\alpha}_i^t, \boldsymbol{c}_i^t\right)$，这样设计保证了注意力机制在进行当前决策时会参考到之前的决策行为，这样能避免总是关注同一个位置。

（4）训练目标

利用极大似然估计来训练模型，t时刻对于标准词语$\boldsymbol{w}_t^*$的交叉熵损失为：$\boldsymbol{loss}_t=$

$-\log P(w_t^*)$，结合覆盖损失，t时刻的损失为：

$$\boldsymbol{loss}_t = -\log P\left(\boldsymbol{w}_t^*\right) + \lambda \sum_i \min\left(\boldsymbol{\alpha}_i^t, \boldsymbol{c}_i^t\right)$$

其中，λ为超参数。对于整个序列的最终损失为：

$$\boldsymbol{loss} = \frac{1}{T}\sum_{t=0}^{T} \boldsymbol{loss}_t$$

（5）整体流程

如前所述，输入为一段待摘要的文本，经过一层双向LSTM编码，将得到的整体表示$\left[\overrightarrow{\boldsymbol{h}_t}, \overleftarrow{\boldsymbol{h}_0}\right]$作为解码器的初始化，解码器端输入*<START>*开始产生摘要文本，每一次输出的结果都参考了编码的信息和之前生成的结果，以合适的超参数值进行集束搜索，得到概率最大的摘要文本。

13.3 面向数值表格的文本生成

面向数值表格的文本生成技术指根据给定的数值数据生成相关文本，例如面向数值表格生成天气预报文本、体育新闻、财经报道、医疗报告等。面向数值表格的文本生成技术具有极强的应用前景，目前该领域已经取得了很大的研究进展，业界已经研制出面向不同领域和应用的多个生成系统。该领域的方法可以分为两大类：流水线方法和端到端方法。本节将分别进行介绍。

13.3.1 流水线方法

流水线方法将整个系统分解为不同的串行模块，需要逐步执行以获得最终的文本。此类方法具有较好的健壮性、复用性和独立性，下面将详细介绍采用流水线方法的自然语言生成系统的体系结构。

如图13.8所示，模型包括内容规划、微观规划和表层生成三个基本功能模块，在生成过程上系统根据交互目标完成相应的语义表示、语法分析、话语结构实现来生成文本。

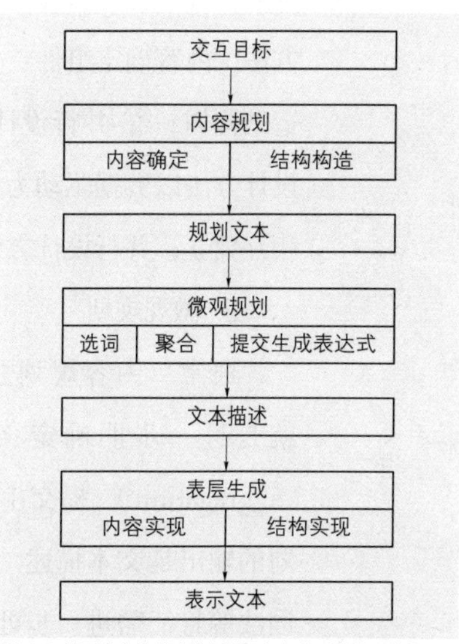

图13.8 基于流水线方法的自然语言生成系统体系结构

以图13.9为例，流水线模型接收到表格数

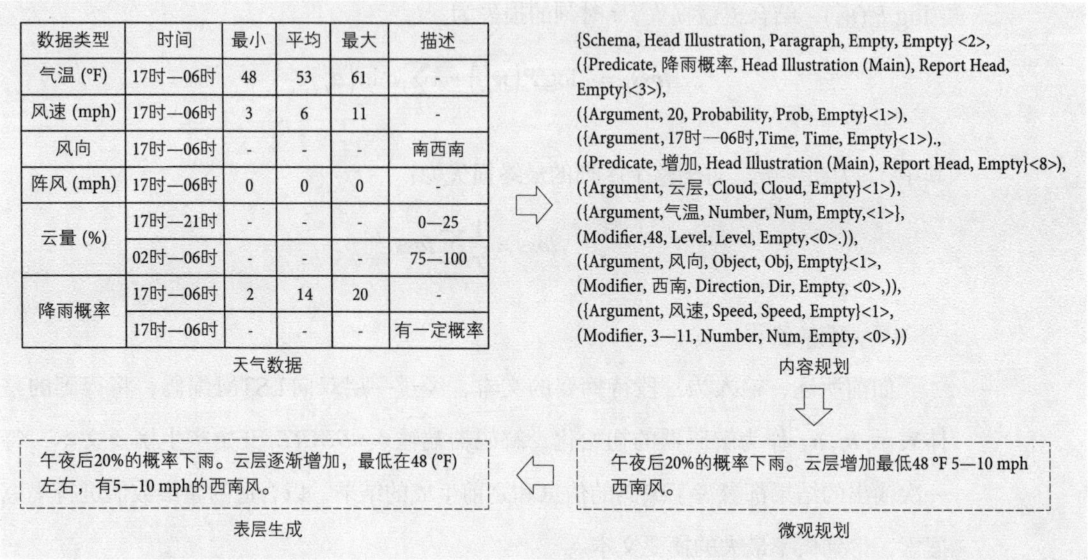

数据类型	时间	最小	平均	最大	描述
气温 (°F)	17时—06时	48	53	61	-
风速 (mph)	17时—06时	3	6	11	-
风向	17时—06时	-	-	-	南西南
阵风 (mph)	17时—06时	0	0	0	-
云量 (%)	17时—21时	-	-	-	0—25
	02时—06时	-	-	-	75—100
降雨概率	17时—06时	2	14	20	-
	17时—06时	-	-	-	有一定概率

天气数据

{Schema, Head Illustration, Paragraph, Empty, Empty} <2>,
({Predicate, 降雨概率, Head Illustration (Main), Report Head, Empty}<3>),
({Argument, 20, Probability, Prob, Empty}<1>),
({Argument, 17时—06时,Time, Time, Empty}<1>).,
({Predicate, 增加, Head Illustration (Main), Report Head, Empty}<8>),
({Argument, 云层, Cloud, Cloud, Empty}<1>),
({Argument,气温, Number, Num, Empty,<1>},
(Modifier,48, Level, Level, Empty,<0>.)),
({Argument, 风向, Object, Obj, Empty}<1>,
(Modifier, 西南, Direction, Dir, Empty, <0>,)),
({Argument, 风速, Speed, Speed, Empty}<1>,
(Modifier, 3—11, Number, Num, Empty, <0>,))

内容规划

午夜后20%的概率下雨。云层增加最低48 °F 5—10 mph 西南风。

微观规划

午夜后20%的概率下雨。云层逐渐增加，最低在48 (°F)左右，有5—10 mph的西南风。

表层生成

图13.9 WeatherGov（天气预报）生成流程图

据后，首先通过内容规划模块，筛选并初步规划表格中重要的数据信息，以便生成更自然、符合阅读习惯的文本。随后，微观规划模块规划和描述文本的基本内容和结构，最后表层生成模块进一步明确规划的文本的细节，最终生成完整连贯的自然语言文本。

1. 内容规划

在自然语言生成系统的体系结构中，内容规划器作为关键部件主要完成内容确定和结构构造两项任务。顾名思义，内容确定主要解决生成文本表达什么内容的问题，它非常依赖于具体应用，需要大量领域知识的支持；结构构造完成对已确定内容的结构描述，即用一定的结构将所要表达的内容组织起来，更加符合阅读和理解的习惯。从数据处理的流程来看，内容规划器结构模型一般也有两种设计方法：① 串行设计方法，内容确定组件首先标志确定的内容消息，然后结构构造器在此处理基础上再构造结构树；② 并行设计方法，即同时对内容和结构进行规划，两者同步进行。串行设计方法以数据驱动为模型，内容确定和结构构造两个组件分离，以保证修改数据时相互独立；并行设计方法由于两个组件同步进行，修改数据必然相互影响。

2. 微观规划

通常，内容规划并没有完全指定输出文本的内容和结构，微观规划的任务就是进一步明确定义规划文本的细节，具体包括选词（lexicalization）、聚合（aggregation）、提交生成表达式（referring expression generation）等工作。微观规划的输出是文本描述（text specification），但其仍然不是最终输出文本，仍有句法、词法等特征需进一步处理。微观规划可以采用管道模型（如图13.10所示），包括以下步骤。（1）选词：在应用中选择特定的词、语法结构以表示规划文本的信息，这意味着对规划文本进行消息映射，有时只有一种选词方法用来表示信息或信息片段，在多数系统中允许有多种选词方法。（2）聚合：为了能够消除句子间的冗余信息，增加可读性以及能从子句构造更复杂的句子，在微观规划中应用了聚合技术，通常按照粒度区分有句子、词汇、语义、修辞和概念聚合等[10]。从语言角度来看，最好理解的聚合类型是句子聚合。目前，实现句子聚合有四种方法。① 简单连接。直接利用连接词对多个句子（或子句）进行组合。② 经共享成分连接。如主语相同、宾语相同或行为相同，保留相同部分且仅出现一次，而将其他成分进行聚合。③ 经共享结构连接。子句具有相同的结构，且仅个别成分不同，通过插入连接词连接不相同成分来进行聚合。④ 句法修饰。这是最复杂的聚合形式，它主要是对语义进行概念上的合并。（3）提交生成表达式：在实现选词和聚合之后，对提交生成表达式的工作来说，就是让句子的表达更具语言色彩，对已经描述的对象进行指代以增加文本的可读性。

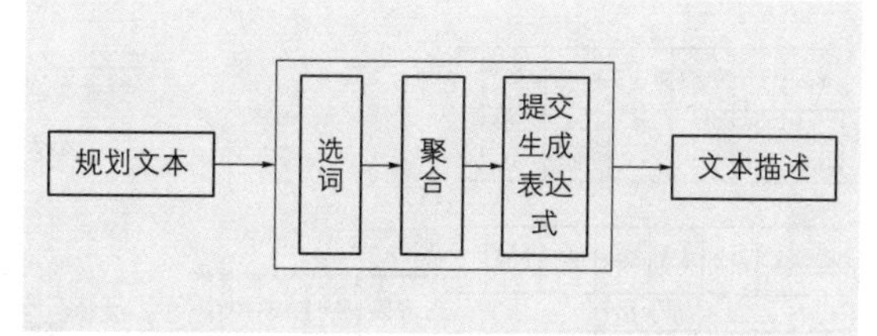

图13.10 管道模型

3. 表层生成

表层生成主要涉及结构实现和内容实现两部分内容，具体地讲就是将经微观规划后的文本描述映射至由文字、标点符号等组成的表层文本。生成算法首先按主谓宾的形式进行语法分析，并决定动词的时态和形态，再完成遍历输出。其中，结构实现完成内容规划得到的结构信息至文本实际段落、章节等结构的映射；内容实现完成短语描述到实际表层的句子或句子片段的映射。一般而言，自然语言生成系统并不关心输出数据的格式等细节，而直接由文档处理系统将逻辑结构映射至表示设备。换句话说，人们能利用文档处理系统如Word或其他网页浏览器作为后处理器来生成物理文档。

13.3.2 端到端方法

与流水线模型相对应的则是端到端方法，此类方法不需要将系统拆分成不同模块，而是由一个神经网络模型统一对输入输出进行学习，并进行端到端的训练，避免了误差级联的问题。端到端的数据到文本生成一般基于编码器-解码器框架进行实现，该框架也广泛地应用于机器翻译、对话生成和自动文摘等任务上。本小节将介绍基于层次化建模的基于编码器-解码器框架的结构化数据到文本的生成模型，对表格中的行和列进行层次化建模。模型的具体结构如图13.11所示。

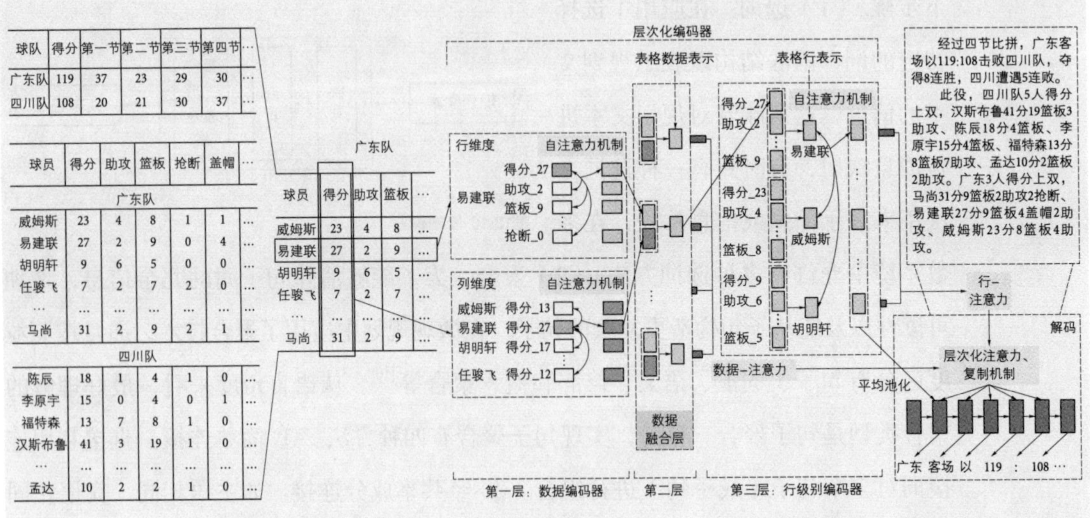

图13.11 基于层次化建模的结构化数据到文本的生成模型

下面将介绍考虑了表格结构信息（行和列）的面向结构化数据到文本生成的层次化编码模型[2]。其中层次化编码器的输入为表格内容和结构信息，并将这些信息表示成一个连续实数向量。通常来说，表格中的每项数据包含三个组成部分：表头属性、表格单元和表格说明。不妨用T=(表头属性, 表格单元, 表格说明)表示表格。令$r_{i,j}$代表第i行第j列的表格内容。分别采用三个词嵌入矩阵$\boldsymbol{W}_{row} \in \mathbb{R}^{V_{row} \times d_{row}}$，$\boldsymbol{W}_{col} \in \mathbb{R}^{V_{col} \times d_{col}}$和$\boldsymbol{W}_{cell} \in \mathbb{R}^{V_{cell} \times d_{cell}}$，表示表头属性、表格单元和表格说明三类数据中的词：$\boldsymbol{r}_{i,j}.\boldsymbol{r}$，$\boldsymbol{r}_{i,j}.\boldsymbol{c}$和$\boldsymbol{r}_{i,j}.\boldsymbol{c}$。对于每项数据，采用如下公式使用多层感知机对表头属性、表格单元和表格说明进行融合得到一个低维向量表示。其中，$\boldsymbol{W}_a$和$\boldsymbol{b}_a$是可训练的参数。

$$\boldsymbol{r}_{i,j} = \mathrm{ReLU}(\boldsymbol{W}_a[\boldsymbol{r}_{i,j}.\boldsymbol{e};\ \boldsymbol{r}_{i,j}.\boldsymbol{c};\ \boldsymbol{r}_{i,j}.\boldsymbol{v};\ \boldsymbol{r}_{i,j}.\boldsymbol{f}] + \boldsymbol{b}_a) \tag{13.8}$$

层次化编码器共分为三层结构。

（1）第一层：分别采用自注意力机制表示每项数据与和它同行数据之间的关系和同列数据之间的关系。以计算每项数据与和它同行数据之间的关系为例，（公式13.10）的含义是在计算第i行第j列的数据$\boldsymbol{r}_{i,j}$行维度的表示的时候，分别用$\boldsymbol{r}_{i,j}$与同行中不同列的数据计算注意力权重，并且对同行不同列的数据进行加权求和得到$\boldsymbol{c}_{i,j}^{row}$，代表和$\boldsymbol{r}_{i,j}$比较相关的数据信息。其中（公式13.9）表示的注意力权重在同行不同列的数据中进行归一化。$\boldsymbol{W}_o$是需要训练的参数。

$$\alpha_{i,j,j'}^{row} \propto \exp\left(\boldsymbol{r}_{i,j}^{\mathrm{T}} \boldsymbol{W}_o \boldsymbol{r}_{i,j'}\right) \tag{13.9}$$

$$\boldsymbol{c}_{i,j}^{row} = \sum_{j',\, j' \neq j} \alpha_{i,j,j'}^{row}\, \boldsymbol{r}_{i,j'} \tag{13.10}$$

最后融合第i行第j列数据的表示和与它比较相关的数据的表示，得到行维度的信息，如（公式13.11）所示。列维度的信息与行维度表示的获得同理，在此不再赘述。

$$\boldsymbol{r}_{i,j}^{row} = \tanh\left(\boldsymbol{W}_{\boldsymbol{f}}\left[\boldsymbol{r}_{i,j};\boldsymbol{c}_{i,j}^{row}\right]\right) \tag{13.11}$$

（2）第二层：采用了一个融合门机制将数据来自行和列维度的信息进行融合。首先通过类似前述的多层感知器得到数据来自行和列的总体表示$\boldsymbol{c}_{i,j}^{gen}$。然后通过对比，计算针对这个数据，它的行和列维度表示的重要性，如（公式13.12）所示，最后通过加权求和得到最终的数据表示，如（公式13.13）所示。

$$\alpha_{fus}^{col} \propto \exp\left(score\left(\boldsymbol{r}_{i,j}^{col},\boldsymbol{r}_{i,j}^{gen}\right)\right) \tag{13.12}$$

$$\tilde{\boldsymbol{r}}_{i,j} = \alpha_{fus}^{row}\boldsymbol{r}_{i,j}^{row} + \alpha_{fus}^{col}\boldsymbol{r}_{i,j}^{col} \tag{13.13}$$

（3）第三层：通过整个表格各项数据表示的池化，如（公式13.14）所示，以及门机制[6]，得到表格中每一行（球队/球员）的表示，如（公式13.15）所示。

$$\boldsymbol{row}_i = MeanPooling\left(\tilde{\boldsymbol{r}}_{i,1},\tilde{\boldsymbol{r}}_{i,2},\cdots,\tilde{\boldsymbol{r}}_{i,C}\right) \tag{13.14}$$

$$\tilde{\boldsymbol{row}}_i = \boldsymbol{g}_i \odot \boldsymbol{row}_i \tag{13.15}$$

解码器的输入为编码器获得的表格信息的表示，根据获得的表格信息的表示，一个词一个词地生成描述这个表格的文本序列。具体来说，解码器可以用LSTM-RNN实现。（公式13.16）以生成第t个文本描述里的词为例，$\boldsymbol{s}_t$是第t步时刻LSTM的隐向量，用于生成词，$\boldsymbol{y}_{t-1}$是生成的第$t-1$个词的词向量。解码器的初始隐向量$\boldsymbol{s}_0$由编码器学习到的表头属性、表格单元和表格说明等的表示进行初始化。根据输入的表格信息$\boldsymbol{x}$，（公式13.17）表示生成的文本描述$\boldsymbol{y}$的概率，其中T代表文本描述$\boldsymbol{y}$中词的数量，f_{dec}是一个非线性函数。在生成的过程中，为了增强文本序列的准确性，解码器采用层次化注意力机制以及复制机制进行生成。

$$\boldsymbol{s}_t = \text{LSTM}\left(\boldsymbol{y}_{t-1},\boldsymbol{s}_{t-1}\right) \tag{13.16}$$

$$p\left(\boldsymbol{y}\mid\boldsymbol{x}\right) = \prod_{t=1}^{T} f_{dec}\left(\boldsymbol{y}_{t-1},\boldsymbol{s}_t\right) \tag{13.17}$$

层次化注意力机制 注意力机制的目标是在生成每个词的时候，有针对性地关注表格的某一部分，减轻表格中其他无关信息对于生成当前词的干扰，提高生成的文本序列的准确性。由于层次化编码器提供了每一行（球队/球员）的表示，以及每一个数据的表示，解码阶段，首先通过注意力机制从每一行（球队/球员）的表示中找到重要的信息，然后对每一行对应的数据通过注意力机制找到重要的具体数据信息进行生成。具体来说，解码器在生成第t个词时，首先对表格中的行计算注意力权重，如（公式13.18）所示。其中，$\boldsymbol{s}_t$是第t步时解码器LSTM的隐向量，$\boldsymbol{row}_i$是编码器对第i行的表示。然后，对于表格中每行数据分别计算注意力权重，如（公式13.19）所示。然后，通过（公式13.20）模拟生成的时候首先寻找最相关的行（球队/球员）的数据，再寻找相关数据的生成过程。最终，得到有侧重点的表格表示向量，如（公式13.21）所示，$\boldsymbol{c}_t$将被用于影响生成LSTM的隐向量，如（公式13.22）所示。

$$\beta_{t,i} \propto \exp(score(\boldsymbol{s}_t, \boldsymbol{row}_i)) \tag{13.18}$$

$$\gamma_{t,i,j} \propto \exp\left(score\left(\boldsymbol{s}_t, \tilde{\boldsymbol{r}}_{i,j}\right)\right) \tag{13.19}$$

$$\tilde{\alpha}_{t,i,j} = \beta_{t,i}\,\gamma_{t,i,j} \tag{13.20}$$

$$\boldsymbol{c}_t = \sum_{i=1}^{N} \tilde{\alpha}_{t,i,j}\tilde{\boldsymbol{r}}_{i,j} \tag{13.21}$$

$$\boldsymbol{s}_t = \text{LSTM}\ (\boldsymbol{y}_{t-1}, \boldsymbol{s}_{t-1}, \boldsymbol{c}_t) \tag{13.22}$$

复制机制　表格中常常包含具有关键信息的低频词，例如人名、日期和数字等。这些词出现的频率较低，模型难以学习出准确生成这些低频词的参数，但是这些词直接关系到生成的文本序列是否准确。所以，解码器采用复制机制，在需要生成包含表格中这些关键信息的文本序列时，直接从表格中把这些关键信息复制出来，提高生成的文本序列的准确性。具体来说，引入一个门判断生成第t个词时从表格中进行复制的概率，如（公式13.23）所示。$\boldsymbol{W}_g$和$\boldsymbol{b}_g$是需要训练的参数。不妨设解码器生成一个词的概率是$P_t^{gen}(\tilde{\boldsymbol{y}})$，引入复制机制后生成$\tilde{\boldsymbol{y}}$词的概率为（公式13.24），其中用注意力权重$\alpha_{t,i,j}(\tilde{\boldsymbol{y}})$表示从表格中复制词$\tilde{\boldsymbol{y}}$的概率。

$$g_t = \sigma(\boldsymbol{W}_g \boldsymbol{s}_t + \boldsymbol{b}_g) \tag{13.23}$$

$$P_t(\tilde{\boldsymbol{y}}) = g_t(\tilde{\boldsymbol{y}}) \odot \alpha_{t,i,j}(\tilde{\boldsymbol{y}}) + \left(1 - g_t(\tilde{\boldsymbol{y}})\right) \odot P_t^{gen}(\tilde{\boldsymbol{y}}) \tag{13.24}$$

训练目标　利用极大似然估计的方法训练该模型，如（公式13.25）所示。其中，$\{\boldsymbol{S}\}_G$代表每次训练的时候给定的一批输入表格数据，$\{\boldsymbol{y}\}_G$代表对应的文本。G是这批数据中包含的数据个数，T_g代表第g^{th}条数据对应的文本的长度。训练的时候最小化（公式13.25）。

$$L = -\frac{1}{G}\sum_{g=1}^{G}\sum_{t=1}^{T_g}\log P\left(\boldsymbol{y}_{t,g} \mid \boldsymbol{y}_{<t,g}, \boldsymbol{S}_g\right) \tag{13.25}$$

13.4　文本生成评价

伴随着人工智能技术的不断发展，近几年文本自动生成无论是在研究上还是在应用上都取得了明显的进步。但是自始至终面临着一些难以克服的问题，其中一个最大的难点是如何对其进行客观评价。

目前采用计算自动生成的文本与人工撰写的参照文本之间的词语重叠程度（可基于N元短语计算）的方法来进行评价，例如之前学过的BLEU还有本节所要讲述的ROUGE等。评价之所以难是因为文章的写作方式可以有很多种，不同作者可以根据同一命题写出不一样但质量都很高的文章。那么，目前一般只提供一两个参照文本的评价方式显然不合理，但现实却又只能如此，人们无法提供所有正确的参照文本。此外，基于词语重叠程度进行计算的BLEU或ROUGE指标仅能评估内容上的重叠程度，而无法准确评估可读性等因素，因此这些指标并不是理想的评价指标。

当然，可以采用人工方式进行主观评价，组织专家对文本质量进行打分或排序。然而，人工评价耗时耗力，同时会受到外在因素的干扰。因此，未来有必要设计更合理的客观评价指标，这对文本自动生成技术的发展会起到不可估量的推动作用。尽管目前的评价方式存在一定问题，但人们依旧只能根据这些自动和人工的评价方式来进行评估。本节将介绍一些常用的文本生成客观评价指标及计算方法。

13.4.1　自动评价方法

1. BLEU

BLEU（bilingual evaluation understudy），是最早提出的机器翻译评价指标，用于分析候选译文和参考译文中n元组共同出现的程度，即重合程度，重合程度越高就认为译文质量越高。也常被用于文本到文本的生成、数据到文本的生成和视觉到文本的生成三种主要的文本生成研究。由于第16章机器翻译将对其进行详细描述，本章仅进行简单对比，不做细节介绍。

2. Rouge

Rouge（recall-oriented understudy for gisting evaluation），一种基于召回率的相似性度量方法，是评估自动文摘以及机器翻译的一组指标，考察翻译的充分性和忠实性。它通过将自动生成的摘要或翻译与一组参考摘要（通常是人工生成的）进行比较计算，得出相应的分值，以衡量自动生成的摘要或翻译与参考摘要之间的“相似度”。ROUGE和BLEU几乎一模一样，区别是BLEU只计算准确率，而ROUGE只计算召回率。相对BLEU来说，ROUGE无法考虑流畅性。用于文本生成的评价指标主要有

ROUGE-1、ROUGE-2、ROUGE-L三个指标，其计算分别涉及unigram、bigram和最长自序列（longest common sub-sequence）。

首先介绍ROUGE-1和ROUGE-2的计算公式，统一简写为ROUGE-N，N可以是1也可以是2。

$$ROUGE-N=\frac{\sum_{S\in\{ReferenceSummaries\}}\sum_{gram_n\in S,}Count_{match}(gram_n)}{\sum_{S\in\{ReferenceSummaries\}}\sum_{gram_n\in S,}Count(gram_n)} \tag{13.26}$$

其中，n表示n-gram，即1-gram或者2-gram。$Count(gram_n)$表示一个n-gram的出现次数，$Count_{match}(gram_n)$表示摘要中一个n-gram在原文中的共现次数。

$$ROUGE-L=\frac{\left(1+\beta^2\right)R_{lcs}P_{lcs}}{R_{lcs}+\beta^2P_{lcs}}R_{lcs}=\frac{LCS(X,Y)}{m}P_{lcs}=\frac{LCS(X,Y)}{n} \tag{13.27}$$

其中，X表示候选摘要，Y表示参考摘要，$LCS(X, Y)$表示候选摘要与参考摘要的最长公共子序列的长度，m表示参考摘要的长度，n表示候选摘要的长度。

3. METEOR

METEOR测度基于单精度的加权调和平均数和单字召回率，其目的是解决一些BLEU标准中固有的缺陷。METEOR包括其他指标没有发现的一些其他功能，如同义词匹配等。大意是说有时候模型生成的结果与标准答案是同语义的，只是单词使用不同（比如用了一个同义词），于是用WordNet等知识源扩充了一下同义词集，同时考虑了单词的词形（词干相同的词也认为是部分匹配的，也应该给予一定的奖励，比如把likes翻译成like）。总的来说，和BLEU不同，METEOR同时考虑了基于整个语料库上的准确率和召回率，而最终得出测度。

具体计算公式如下：

$$METEOR=(1-pen)\times F_{means} \tag{13.28}$$

其中，

$$F_{means}=\frac{PR}{\alpha P+(1-\alpha)R}P=\frac{m}{c}R=\frac{m}{r} \tag{13.29}$$

α为可调控的参数，m为候选翻译中能够被匹配的一元组的数量，c为候选翻译的长度，r为参考摘要的长度。

Pen为惩罚因子，惩罚的是候选翻译中的词序与参考翻译中的词序不同，具体计算方法为：

$$Pen=\frac{\#chunks}{m} \tag{13.30}$$

说明一下：m依旧是候选翻译中能够被匹配的一元组的数量，$\#chunks$指的是chunk

的数量，chunk就是既在候选翻译中相邻又在参考翻译中相邻的被匹配的一元组聚集而成的单位，举个例子：

>候选句：the president spoke to the audience.

>答案句：the president then spoke to the audience.

在上述例子中，reference中的6个unigram都可以被匹配，但是其在reference中匹配的对象，却只有"the president"和"spoke to the audience"这两个字符串是相邻的，而这两个字符串就是两个chunk。

4. 困惑度（Perplexity）

困惑度是用在自然语言处理领域中，衡量语言模型好坏的指标。它主要是根据每个词来估计一句话出现的概率，并用句子长度作normalize，公式为

$$PPL(W) = P(w_1 w_2 \cdots w_N)^{\frac{1}{N}} \tag{13.31}$$

其中W是候选翻译，N是候选翻译的长度，$P(\cdot)$是根据参考翻译得到的语言模型，而$P(w_1 w_2 \cdots w_N)$则是语言模型对候选翻译计算出的得分。这个式子还可以这样理解，PPL越小，$p(w_i)$则越大，我们期望的文本出现的概率就越高，因此该指标是越小越好。

表13.3对上述几种自动评测方法进行了简单的对比分析。

表13.3 文本生成的自动评价方法及对比

方法	场景	特点	缺点	优化
BLEU	机器翻译 数据—文本	n-gram 共现统计 基于准确率	常用词干扰 短句得分较高	截断 引入长度惩罚
ROUGE	文本文摘	n-gram 共现统计、最长公共子序列 基于召回率和 F 值	非语义对应	ROUGE-S ROUGE-W
METEOR	图像—文本 机器翻译	n-gram 共现统计 基于 F 值 考虑同义词、词干	参数较多 额外知识 仅Java版本	
Perplexity	机器翻译 语言模型	越低越好 基于语言模型	数据越大下降越快 标点影响较大	

13.4.2 人工评价方法

尽管上文提到的自动评价方法可以一定程度地通过计算生成文件与标准文件之间的n-gram准确率或召回率，但并无法真正地评价模型生成文本的好坏。所以往往评价模型效果时，仍然需要人工评价与自动评价相结合。其主要评价标准包含以下五个方面。

- 信息量（informativeness）：包含多少原文的重点内容，可以用相似度评估。
- 连贯性（coherence）：评估系统的摘要内容是否以有效的方式表达和组织。
- 可读性（readability）：摘要能否让人读懂，与连贯性相近。
- 长度（length）：决策长度对性能的影响。
- 冗余度（redundancy）：摘要内容信息是否重复，是否保证摘要的简洁性（改进的方法有MMR、CSIS等）。

在实际的过程中，有两种方式可供选择，一种是打分法，让每一个评测人员针对某一系统生成的文本根据信息量、连贯性等某一标准进行打分，分数区间为1 ~ 5分，1为最差，5为最优。最终通过统计平均分获得不同系统的人工评价结果。还有一种方法是对比法，让评测人员对两个来自不同系统生成的文本进行比较，选出较好的一个系统，通过不断对比最终可以对所有系统给出一个最终优劣排序，从而获得人工评价结果。

尽管上述两种人工评价方式经常在评测中被使用，但其均存在一定的优点和缺点。打分制的好处是可以对生成文本进行更细粒度的评价，提供更多清晰的评价结果；但是该方法受人的主观影响较大，不同评测人员对不同分值的理解可能存在不一致，可能会导致最终人工评测结果存在小概率的分数偏差。而对比法的优势是评测人员可以直接对比两个生成样例，更易于准确地给出对比结果，主观影响较小，但是该方法的缺点是需要对一篇文本进行多次对比，评测成本相对更高。在实际进行人工评测时，可根据具体问题选取合适的人工评测方式。

13.5 延伸阅读：视觉到文本的生成

视觉到文本的生成技术是指根据给定的图像或视频生成描述该图像视频内容的自然语言文本。对于图片描述生成任务，有生成新闻图像附带的标题、医学图像附属的说明、儿童教育中常见的看图说话，以及用户在微博等互联网应用中上传图片时提供的说明文字等。对于视频描述生成任务，则可以对视频构造表述文本建立索引，帮助盲人了解某一视频或者电影以及通过视频将人的体态信息和动作行为传达给计算机，帮助进行人机交互。实际上，视频描述生成可以看作是图像描述生成的延续，将视频转化为多张连续的图片，之后通过捕获每一张图片的信息和图片之间的变化关系来生成视频描述。

与一般的文本生成问题类似，解决图像到文本的自动生成问题也需要遵循三阶段流水线模型，同时又需要根据图像内容理解的特点，做出一些调整：在内容抽取方面，需要从图像中抽取物体、方位、动作、场景等概念，其中物体可以具体定位到图像中的某一具体区域，而其他概念则需要进行语义标引。这部分主要依靠模式识别和计算机视觉技术。在句子内容选择方面，需要依据应用场景，选择最重要（如图像画面中最突出的，或与应用场景最相关的），且意义表述连贯的概念。这部分需要综合运用计算机视觉与自然语言处理技术。最后，在句子实现部分，根据实际应用特点选取适当的表述方式将所选择的概念梳理为合乎语法习惯的自然语言句子。

此外，目前主流的是基于深度学习的图像处理方法，该方法大大受益于CNN的发展。随着VGG等深度CNN编码器的出现，图像识别等任务准确率迅速提高。由于CNN强大的图像特征提取能力，在image caption任务中使用深度CNN网络作为图像特征编码器成为主流的做法。谷歌在2014年提出Neural Image Caption模型算是这种方法的开山之作。最早的CNN结构为20世纪末提出的LeNet，其结构已经包括了卷积、池化、全连接层。2012年AlexNet在结构中加入了ReLU激活函数、Dropout等防止过拟合机制，大获成功。在Video Caption领域，传统编码端方法大同小异，主要的区别是Video Caption提取的特征随时间发生变化。除此之外，还有一种被称为3D特征提取的方法[7]，其思想是将视频的每一帧图像在Channel维度合并起来，再进行3D的卷积。其主要目的是获得视频不同帧之间的相互关系。此外，视频还有一个特点就是其包含音频特征。

习题

1. 文本生成可以大致分为哪几类？
2. 与单文档摘要相比，多文档摘要任务具有哪些难点与挑战性？
3. 除TextRank、MEAD等方法以外，还有哪些抽取式文本自动摘要方法？
4. 如何基于神经网络实现抽取式文本自动摘要？
5. 抽取式摘要与生成式摘要各自的优缺点是什么？

参考文献

[1] ANTOGNINI D, FALTINGS B. Learning to create sentence semantic relation graphs for multi-document summarization[J]. arXiv preprint arXiv: 1909.12231, 2019.

[2] GONG H, FENG X, QIN B, et al. Table-to-text generation with effective hierarchical encoder on three dimensions (row, column and time)[C]// Proceedings of the 2019 Conference on Empirical Methods in Natural Language Processing and the 9th International Joint Conference on Natural Language Processing(EMNLP-IJCNLP), 2019: 3143–3152.

[3] GU J, LU Z, LI H, et al. Incorporating copying mechanism in sequence-to-sequence learning[C]// Proceedings of the 54th Annual Meeting of the Association for Computational Linguistics(Volume 1: Long Papers), 2016: 1631–1640.

[4] KIPF T N, WELLING M. Semisupervised classification with graph convolutional networks[J]. arXiv preprint arXiv: 1609.02907, 2016.

[5] LUHN H P. The automatic creation of literature abstracts[J]. IBM J. Res. Dev., 1958, 2(2):159–165.

[6] PUDUPPULLY R, DONG L, LAPATA M. Data-to-text generation with content selection and planning[C]// Proceedings of the AAAI Conference on Artificial Intelligence, 2019, 33: 6908–6915.

[7] TRAN D, BOURDEV L, FERGUS R, et al. Learning spatiotemporal features with 3d convolutional networks[C]// Proceedings of the IEEE international conference on computer vision, 2015: 4489–4497.

[8] TU Z, LU Z, LIU Y, et al. Modeling coverage for neural machine translation[J]. arXiv preprint arXiv: 1601.04811, 2016.

[9] YASUNAGA M, ZHANG R, MEELU K, et al. Graphbased neural multi-document summarization[J]. arXiv preprint arXiv: 1706.06681, 2017.

[10] 张冬茉，李锦乾.汉语自然语言生成的句子结构优化[J].计算机工程，1998，24（7）：14–16.

第14章　问答系统

14

问答系统是自然语言处理的重要应用，它接受用户以自然语言形式描述的问题，并从大量的异构数据中通过检索、匹配、推理等步骤获得准确答案。问答系统不仅需要利用词语分析、语言模型、语义分析、信息抽取等各项自然语言处理技术，还需要利用信息检索和知识工程等技术，因此，被誉为是集知识表示、信息检索、自然语言处理和知识推理等技术于一身的新一代信息检索系统。本章将根据答案来源的不同，分别介绍检索式问答、知识库问答、社区问答和阅读理解式问答 4 类主要问答系统及其关键技术。

14.1　概述

问答系统有半个多世纪的发展历史，早在20世纪刚出现计算机之后的六七十年代就有相关的研究。早期的问答系统基本上都是面向特定领域的专家系统，由于缺少充足的数据资源、应用需求和计算能力，始终没有取得实质的突破。直到进入互联网时代，对大规模Web数据的问答需求刺激着这个领域，问答系统再次迎来了发展。与之前依赖领域知识库的专家系统不同，这类系统主要采取的是信息检索方法，基于关键词从Web中检索相关篇章，进而通过抽取获得精准答案。但是，这类系统难以处理涉及复杂意图和推理的问题，因此，相关研究和开发也逐步趋于平淡。进入21世纪，随着Web 2.0的兴起，特别是以Wikipedia为代表的众多应用的发展，网络上包含了越来越多的高质量知识数据资源，以此为基础，大量的知识库以自动或半自动方式构建了起来（如WikiData、Freebase、DBpedia等）。另外，随着统计机器学习方法（特别是深度学习技术）的兴起，自然语言处理中的各项技术都取得了突飞猛进的发展，无论是在基于语义分析的知识工程还是在开放域问句深度理解方法都取得了长足的进步。当前，问答系统正处在高速发展阶段，其所依赖的知识资源和自然语言分析等核心瓶颈技术正逐步被科研人员解决。

总体来说，问答系统可以根据其应用的环境和目的、依赖的数据等方面分为多种类型。主要包括：① 检索式问答系统，答案来源于固定的文本语料库或互联网Web文档库，系统通过查找相关文档并抽取答案完成问答过程，例如，TREC组织的问答评测任务（QA Track）和NTCIR组织的跨语言问答评测任务（CLQA）就属于这类问答系统；② 知识库问答系统，回答问题所需的知识以结构化形式存储，问答系统需要在理解问题的基础之上，通过查询相关知识点，并结合知识推理获取精准答案，例如，CLEF组织的基于关联数据（linked data）的问答系统（QALD）就属于这类问答系统；③ 社区问答系统是一种基于社区的网络服务，用户可以在系统中提出问题和回答问题，积累下来的问答数据能够回答用户提出的后续类似问题，常用的社区问答系统包括百度知道、知乎等；④ 阅读理解式问答系统是一类利用文档回答用户问题的任务，它要求计算机系统在“阅读”完给定一篇文本之后回答相应问题，例如，CLEF组织的基于机器理解的入学测试评测任务。

实际应用中，很多问答系统需要综合利用多种类型问答资源和技术，很难归类到确定的某种类型上，比如IBM公司为了参加Jeopardy！节目而研发的Watson系统（其最终战胜了两名顶尖人类选手），其中的DeepQA问答系统就综合利用了检索、结构化查询、知识推理等技术。然而，DeepQA并没有突破检索式问答系统的局限性，一方面，其主要还是依赖检索和匹配技术，回答的问题类型大多是简单的实体或词语类问题，推理能力不强；另一方面，其核心的句法分析、信息抽取、知识库集成和知识推理等众多模块都是针对Jeopardy!中的题库专门设计的，无法应用于其他领域。目前，尽管知识问答在一些领域取得了突破和应用，但是依然无法在大规模开放域的真实环境中应用，相关技术研究和系统开发还需要科研和工程人员持续突破。

14.2 检索式问答

随着互联网的快速发展和个人计算机的广泛普及，越来越多的信息流入到互联网中。用户可以通过互联网这种形式方便快捷地获取所需信息。目前，搜索引擎作为一种成熟的信息检索方式，可以准确并有效地帮助用户获取所需信息，满足用户的信息需求。但搜索引擎也有其不足之处：① 传统的搜索引擎要求用户输入精炼出的关键词，但普通用户可能难以用少量的关键词准确表述其查询意图；② 搜索引擎返回的结果不是简单准确的答案而是相关网页的列表，由于网页列表中通常包含大量的噪声数据和广告数据，用户仍需自行浏览网页并判断信息质量，来获取其所需信息。

为了改善用户体验，基于Web资源的检索式问答（retrieval based question answering）应运而生。其以开放的互联网上的Web文档作为知识来源，从搜索引擎返回的相关页面中抽取用户所提问题的答案。检索式问答系统同时具有搜索引擎和问答系统的优点：① 信息来源广泛，并随时进行更新，具有时效性；② 能利用自然语言进行更人性化的交互。

经典的检索式问答系统通常由以下三个模块组成，如图14.1所示。

（1）问题理解模块：用户提出以自然语言表述的问题之后，问题理解模块主要负责分析用户的提问，对问题进行分类，并生成相应的查询语句。

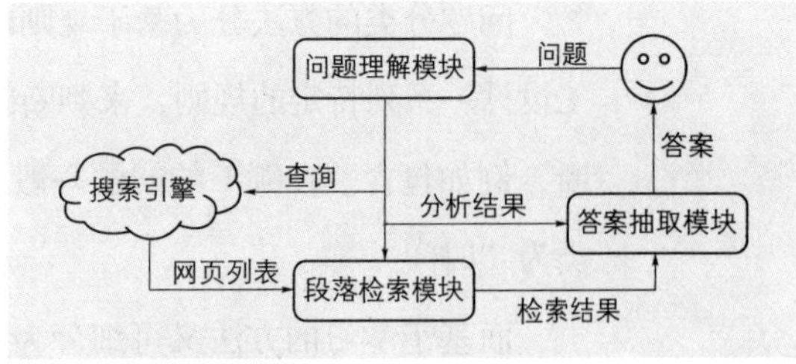

图14.1 检索式问答系统架构

（2）段落检索模块：系统将问题理解模块生成的查询提交给搜索引擎，并对返回的相关页面进行重排序，从而得到最有可能包含答案的段落或段落集合。

（3）答案抽取模块：利用相关算法从段落检索返回的段落中抽取出用户所提问题的最佳答案。该模块可能会利用到问题理解模块得到的问题类别、问题关键词等信息。

14.2.1 问题理解技术

问题理解技术通过分析用户提出的自然语言问题，了解用户的查询意图，并根据查询意图生成查询语句，是段落检索及答案抽取的准备过程，具有至关重要的作用。问题理解技术主要包括问题分类、问题扩展、问题的形式化转换，接下来将对每个技术逐一进行介绍。

1. 问题分类

问题分类是问答系统中一个重要的任务，能够帮助问答系统根据答案类型更准确地定位答案，或者根据不同的问题类型选择不同的定位答案的策略。问题分类技术通过根据问题对应答案的实体类型来对问题进行分类[①]。例如对于问题“圣索菲亚大教堂在哪？”，其对应答案的实体类型是“地址”，因此将该问题归为“地址”类别。表14.1列出一套由哈尔滨工业大学社会计算与信息检索研究中心参考UIUC的分类体系标准，结合中文的特点提出的中文问题分类体系标准（限于篇幅，表中小类仅列举了部分）。

表14.1 中文问题分类体系

大类	小类
描述	缩写，定义，表示，…
人物	描述，人物，…
地点	地址，建筑，城市，…
数字	区域码，编码，数字，…
实体	学位，动物，艺术，…
时间	日期，纪元，月份，年份，…
未知	

① 也可以理解为对答案进行分类，不过因为是对问题进行处理，所以通常还是称为问题分类。

问题分类的方法分为基于规则的方法和基于学习的方法。基于规则的方法通过人工设计一系列特定的规则，来判断问题类型，例如，最典型的方法是采用提问词来判断，例如包含“在哪”的问题一般会归类为“地址”，包含“何时”的问题一般会归类为“时间”。

而基于学习的方法又可细分为基于传统机器学习的方法和基于深度学习的方法。基于传统机器学习的方法通过提取问句中的特征，来训练一个分类模型，例如SVM、逻辑回归等。常用的特征有词法特征、句法特征和语义特征。典型的词法特征有bag-of-word、unigram、疑问词等；典型的句法特征包括词性、中心词、中心词词性等；典型的语义特征包含复述词、上位词、命名实体等。而基于深度学习的方法则直接将文本转换为向量表示，利用神经网络直接进行分类，无须手工提取特征。这里将介绍一种简单的基于CNN的问题分类模型。

如图14.2所示，首先，在隐藏层中，先使用词向量将问题转化为向量表示。然后在卷积层中，使用卷积操作对问题和答案进行特征提取，然后再经过池化层得到问题的分布式表示。最后，将这个表示通过全连接层线性变换映射到问题类别个数（图中为两类），经过softmax变换后就得到该问题在每个分类下的概率。损失函数使用交叉熵，其定义如下：

$$\mathcal{L} = -\frac{1}{m}\sum_{i=1}^{m} y^{(i)}\log\left(h\left(x^{(i)};\boldsymbol{\theta}\right)\right)+\left(1-y^{(i)}\right)\log\left(1-h\left(x^{(i)};\boldsymbol{\theta}\right)\right) \tag{14.1}$$

其中$h(x^{(i)};\ \boldsymbol{\theta})$表示$x^{(i)}$的预测分类概率，$y^{(i)}$表示$x^{(i)}$的真实分类。预测分类中为真实分类的概率越接近1，则损失函数的值越小。

2. 问题扩展

问题扩展是在文档检索过程中，将问题形式化转换成为搜索引擎易理解的查询后，对查询进行扩展。问题扩展主要对问题关键词的同义词和复述词进行扩展，来

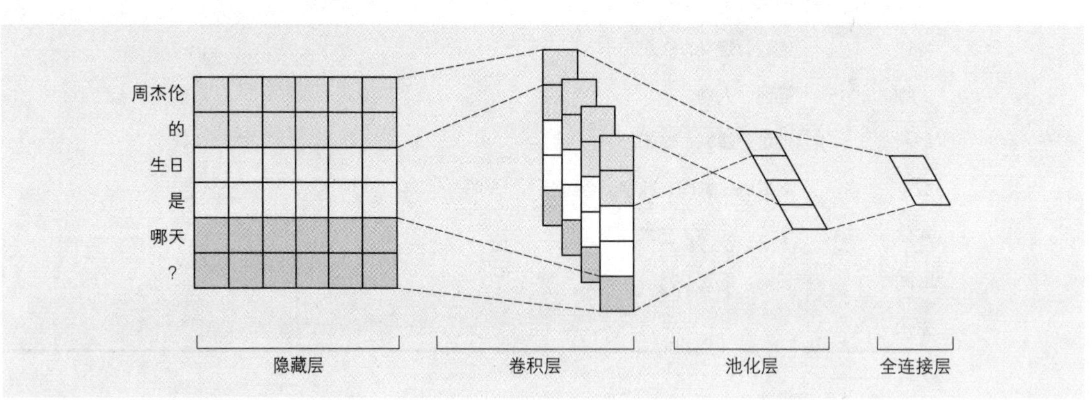

图14.2 基于CNN的问题分类模型

提高文档的召回率。例如，问题是关于“充电宝”的，而“充电宝”和“移动电源”是同义词，用“移动电源”来扩展查询，就能够避免包含“移动电源”的相关文档被遗漏。

问题扩展典型的方法有：基于同义词表的问题扩展和基于复述的问题扩展。问题扩展的一般步骤是：首先，对问题进行关键词抽取，构成查询集合$Q = \{t_1, t_2, \cdots, t_n\}$，然后在同义词表或者复述词表中找到所有关键词对应的同义词或复述词集合$T= \{t_1', t_2', \cdots, t_m'\}$，并加入查询集合中构成扩展后的查询：

$$Q_{exp} = Q \cup T = \{t_1, t_2, \cdots, t_n, t_1', t_2', \cdots, t_m'\} \tag{14.2}$$

复述词和同义词不同之处在于：一个词的复述词和其所在的上下文语境相关，要求用其复述词替换后不改变原句的意思；而一个词的同义词仅仅与这个词的意思相关，而与上下文语境无关，因此使用基于复述的方法能够更准确地扩展问题。

3. 问题的形式化转换

问题的形式化转换，旨在将问题转化为搜索引擎可以接受的查询，然后将该查询输入搜索引擎来检索相关文档。由于搜索引擎接受的输入是一组关键词的集合，所以这一步需要对问题进行关键词抽取。构建的关键词集合质量会直接影响到返回相关文档的质量：如果查询过于宽泛，那么将会返回大量无关的文档；如查询过于具体，则有可能会遗漏包含正确答案的文档。

最简单的问题形式化转换的方式是使用一些启发式的方法，依靠简单的字符串操作对问题实现重写，比如可以将问题中的疑问词替换，然后合理地重排单词的顺序来实现问题的形式化转换，例如，问题“回形针是什么时候发明的”改为“回形针的发明时间是”这样更容易匹配到相关文档。针对不同类型的问题，设计的规则也有所不同，例如，对于因果类型的问题“天空为什么是蓝色的”，需要删除“为什么”，然后在后面加上“是因为”，从而变成“天空是蓝色的是因为”。另外，针对不同的领域，解决方式也有不同，因此，问题的形式化转换没有统一的解决方案，需要设计者针对特定问题和检索系统设计有效的策略。

14.2.2 段落检索技术

段落检索技术是检索式问答系统与搜索引擎间的纽带。一般来说，检索式问答系统通过调用搜索引擎提供的查询接口或直接利用爬虫技术获取搜索结果，将搜索结果中排名靠前的视为候选文档集合，再利用段落检索技术从候选文档集合中抽取最有可能包含答案的段落（自然段落或文档片段），作为段落检索的返回结果。

目前，经典的段落检索技术可以分为三类。第一类是基于词汇的检索算法，这类

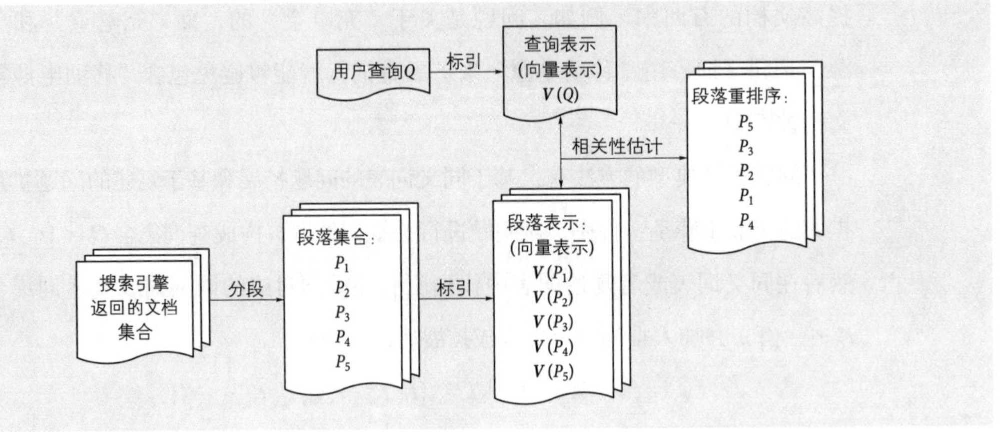

图 14.3 基于VSM的段落检索算法

算法只利用了词汇的文本信息，缺少对语义的建模。第二类算法是基于语义的检索算法，这类算法往往会使用一些语义分析技术或利用外部知识（如WordNet）获取词汇的语义信息。第三类算法则是基于语言模型的检索算法，这类算法一般根据候选段落生成问题的概率对段落进行排序。

最后用一张流程图来简单介绍段落检索算法。如图14.3所示，段落检索模块首先对搜索引擎返回的文档集合进行分段，再对用户查询和段落集合建立索引，将其转化为向量表示，最后利用相关性估计算法计算查询和段落间的相关度，并对段落重新排序。

14.2.3 答案抽取技术

答案抽取技术是检索式问答中最重要的也是最核心的技术。答案抽取的质量好坏直接影响到返回给用户的答案的质量和正确性。因此，设计一个好的答案抽取算法至关重要。答案抽取模块将检索出来的文档或段落进行详细的分析，抽取出最后的答案。答案抽取的主要思想是通过识别问题和答案间存在的词汇、语法、语义上的关联，结构化地匹配两者间的信息。

目前，根据答案的粒度不同可以将答案抽取分为两类。第一类是词和短语级别的答案抽取。其主要是利用问题类别、命名实体以及其他语法语义特征或利用阅读理解算法准确定位答案所在的位置，将精准的答案片段返回给用户。这类答案抽取算法可以很好地回答事实类的问题，即答案是一个实体的问题。但是由于自然语言的复杂性，这类算法较难设计，其准确率也相对较低。这部分内容将会在本章后面进行详细的介绍。

第二类则是句子级别的答案抽取，也被称为答案句选择。这类算法将候选段落进行分句，将每一句话都作为候选答案句，计算候选答案句和问题之间的相关程度，并根据相关程度进行排序，将排序靠前的句子作为答案返回给用户。这类算法虽不能返回最精确的答案片段，但该类算法相对简单，更容易设计，其准确率也相对较高。同时，这类算法可以更好地回答非事实类问题或其他无法用简单的词或短语回答的问题。

答案句选择的方法有很多，根据其使用的技术可分为三类。第一类是基于文本匹配的算法，常见的是利用诸如编辑距离、Jaccard相似度等算法计算问题和答案句间的相似度。这类算法实现简单，但无法获取语义信息，同时问题和答案之间的结构也相差悬殊，所以准确率不高。第二类算法是利用机器学习的算法。这类算法先手工抽取问题和答案间的特征（如问题类别、命名实体、词共现等），再将这些信息转化为向量表示，输入到机器学习模型（如SVM、决策树、逻辑回归模型等）中，得到问题和答案间的相似度得分。第三类算法则是利用深度学习的算法。这类算法无须手工提取特征，神经网络可以很好地获取问题和答案间的文本及语义特征，构建出两者的关系，获取两者间的相关程度。

这里将介绍一种简单的基于LSTM的答案句选择模型（QA-LSTM）。其主要思想是利用Bi-LSTM分别获取问题和答案的分布式表示，再利用余弦相似度评价它们之间的距离。该模型可以分为3部分：输入层、编码层和输出层。

如图14.4所示，在输入层中该模型先使用词向量将问题和答案转化为向量表示。然后在编码层中，使用Bi-LSTM对问题和答案进行编码，得到问题和答案的分布式表示。在这里，对问题和答案进行编码的Bi-LSTM共享结构和参数，也就是说，对问题和答案进行编码的模型完全相同。在此之后，该模型可以选择3种简单的方式处理Bi-LSTM的输出，生成问题和答案的特征向量：平均池化、最大池化或Bi-LSTM每个方向最后时刻输出向量的拼接。

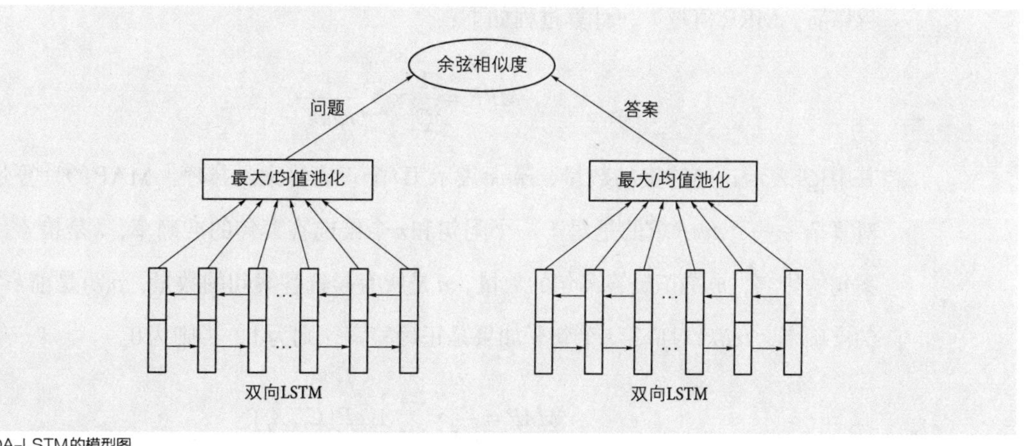

图14.4 QA-LSTM的模型图

输出层使用余弦相似度计算问题和答案的向量表示间的距离，作为模型的输出，也是问题和答案间相关程度的评价指标。

最后，该模型使用一种排序模型常用的损失函数：hinge loss。其定义如下：

$$\mathcal{L} = \max\{0, \lambda - cosine(\boldsymbol{q}, \boldsymbol{a}_+) + cosine(\boldsymbol{q}, \boldsymbol{a}_-)\} \tag{14.3}$$

其中$\boldsymbol{a}_+$是正确答案，$\boldsymbol{a}_-$是从答案集中随机抽取的错误答案，$\boldsymbol{q}$和$\boldsymbol{a}$分别为它们的特征表示（向量），λ是常数项。hinge loss的训练目标是使正确答案与错误答案间的得分差异扩大，从而使正确答案的排名靠前。

14.2.4 常用数据集及评价方法

本章主要以TREC（Text Retrieval Conference，文本检索会议）提供的数据集为主，介绍相关任务对应的数据集。TREC是信息检索领域最权威的评测会议，自1991年至今对问答、检索等领域发布了评测任务。接下来，本书以TREC QA评测任务为主，将从中选取几个典型任务简要介绍，这些数据集都能够在TREC官网获取到。

TREC QA中问题分类任务版本较多，分类体系也不尽相同。这些问题类别均为人工标注得到。该任务的评测指标一般为准确率，即分类预测正确的问题占所有问题的比例。同其他分类任务一样，问题分类任务的评价指标还有精确率、召回率、F1值等，这些在之前的章节都有所提及，这里不再赘述。

TREC QA中答案句抽取任务。该数据集每个问题对应约20个答案句，构成20个问答对，这些答案句中包含约3个正确答案句和约17个错误答案句。该任务的目的就是对问题的所有答案句进行排序，使相关答案句尽可能排得靠前。答案句抽取评价指标一般为平均排序倒数（mean reciprocal rank，MRR）或者平均准确率（mean average precision，MAP）。MRR是对所有正确答案排序倒数求平均，正确答案排名越靠前，MRR值越大，计算过程如下：

$$MRR = \frac{1}{|Q|} \times \sum_{i=1}^{|Q|} \frac{1}{rank_i} \tag{14.4}$$

其中$|Q|$表示正确答案的数量，$rank_i$表示第i个正确答案的排序。MAP的计算过程相对复杂一些，$AveP$求的是对于一个问句和n个候选答案句的准确率，k是检索回来答案句的排名，m是正确答案句的数量，n是所有候选答案句的数量，$p(k)$是前k个句子的准确率，$rel(k)$对应第k个句子如果是正确答案，则为1，否则为0。

$$MAP = \frac{1}{|Q|} \times \sum_{i=1}^{|Q|} AveP(C_i, A_i)$$

$$AveP(C,A)=\frac{\sum_{k=1}^{n}p(k)\times rel(k)}{\min(m,n)} \tag{14.5}$$

对于TREC QA中的段落检索任务，因为每个问题对应了一个相关段落和剩下的不相关段落，因此该任务的目标就是找到相关段落。段落检索的评价通常采用排序任务中的MRR和MAP等指标。

14.3　知识库问答

知识库问答（knowledge based question answering，KBQA）是一类利用知识库作为信息来源的问答技术。知识库[①]是一种组织知识的有效手段，它使用结构化的形式描述了人们在认知世界中的有用信息，知识库问答就是通过对问句的分析，识别用户的意图，进而在结构化知识库中通过检索、推理和聚合等手段得到问题的准确答案。

目前，知识库常常以图谱的形式表示，它们使用三元组作为最基本的事实表示单元。例如，信息“**运动员李宁和他的妻子陈永妍都是来自广西的，一个是出生在来宾市，另一个出生在梧州市。**”可以利用相互关联的多个事实三元组表示：<李宁，职业，运动员>；<李宁，配偶，陈永妍>；<李宁，出生地点，来宾市>；<陈永妍，出生地点，梧州市>；<来宾市，省份，广西壮族自治区>；<梧州市，省份，广西壮族自治区>。知识库问答系统就是利用这种结构化的知识数据回答用户的问题，例如，“**李宁是哪儿人？**”“**李宁和他妻子是来自一个省份的吗？**”“**李宁出生的城市有多少人?**”等。

14.3.1　基于语义解析的知识问答方法

作为一种符号化的计算机应用系统，知识库通常会定义描述性语言支撑信息的录入、修改、删除、查询等操作，例如，Freebase提供的MQL，W3C组织制定的SPARQL等都是知识描述语言。类似于SQL在结构化数据库中的作用，SPARQL等描述性语言不仅可以为用户提供用于维护和管理知识库的统一接口，还能让用户执行复杂查询。例如，获取DBpedia中关于问题“**李宁的出生地点属于哪个省份？**”的答

---

① 知识图谱是知识库的最新发展成果，后文中知识库和知识图谱两个概念会交替使用。

案，需要根据SPARQL的语法和DBpedia中的词汇（实体、属性、关系等），输入如下相应的查询语句检索结果：

```
PREFIX dbo: <http: //dbpedia.org/ontology/>
PREFIX dbr: <http: //dbpedia.org/resource/>
PREFIX rdfs: <http: //www.w3.org/2000/01/rdf-schema#>
SELECT ?o where {
    dbr：Li_Ning dbo: birthPlace ?y .
    ?y dbo：isPartOf ?o .
}
```

SPARQL等结构化查询语言表达能力强，它能够满足用户表达更精细的需要推理的信息需求。但是，它的缺点是普通用户难以掌握这类需要专业知识和领域知识的技术。基于语义解析的知识问答是通过把问句自动的转换为目标知识库相应的形式化语句，进而直接查询得到答案的过程，其核心步骤就是问句的语义解析（semantic parsing）。语义解析是指把自然语言句子转化为符号化查询语句的任务，需要注意的是，不同任务领域中的符号化表示可能会有所不同。具体来说，面向知识库/知识图谱的问句语义解析就是利用知识图谱中的语义单元（实体、属性、类别、值等）并结合逻辑符号（与、或、非、约束等）表示自然语言问句的过程。例如，如图14.5所示，对于问句“**李宁的出生地点属于哪个省份？**”，使用知识库中的符号①可以把它表示为如下的逻辑形式：$\lambda x.$ 出生地$(李宁, y) \wedge$ 省份(y, x)②。

最早从事句子（包括问句）语义解析工作的是美国得克萨斯大学奥斯汀分校的Raymond Mooney教授。1993年，Zelle和Mooney就提出了一种基于确定性移位规约的分析方法把句子转换成其对应含义的逻辑表达形式。不过，最有代表性的语义解析方法是基于组合范畴语法（combinatory categorial grammar，CCG）的模型。CCG是一种语义组合语法模型，它早期主要用于句法分析，2005年Luke Zettlemoyer和Michael Collins首次将其应用于语义解析任务。

组合范畴语法（CCG）进行语义解析，主要思想是把词的语法和语义信息组合在一起形成分析的基础词典，并依据组合语法规则对自然语言句子进行解析。一个CCG的核心是辞典：Λ，其包括了语义组合过程中所需的全部语法信息。辞典中的每个项由词/短语、语法类别和语义类别组成。一般的，可以把辞典项标记为格式

① 在知识库中，实体符号“李宁”（DBpedia 中的“*dbr: Li_Ning*”）、关系符号“出生地”（DBpedia 中的“*dbo: birthPlace*”）和“省份”（DBpedia中的“*dbo: isPartOf*”）分别表示问句中“李宁”、“出生地点”和“属于”的含义。

② 对应DBpedia中的符号则为：$\lambda x.dbo{:}\ birthPlace\,(dbr{:}\ Li\_Ning, y) \wedge dbo{:}\ isPartOf\,(y, x)$。

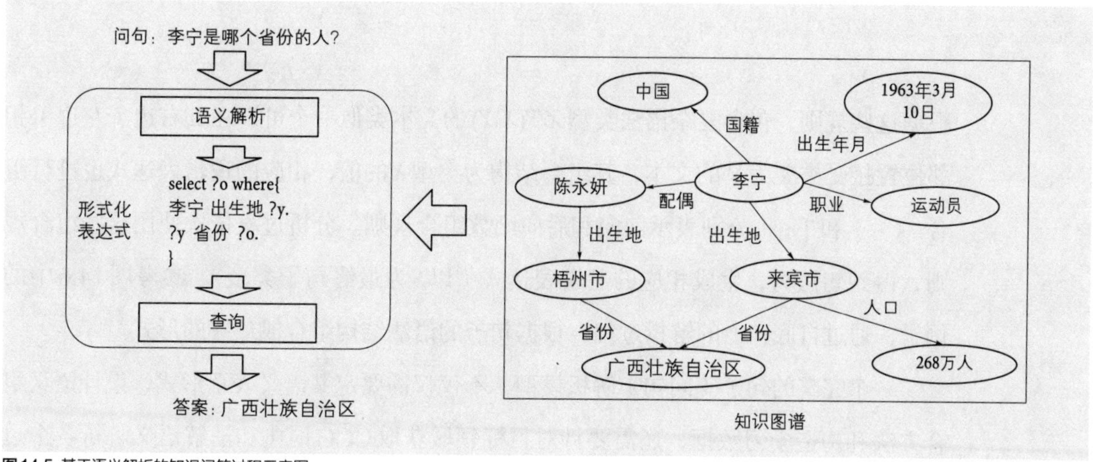

图14.5 基于语义解析的知识问答过程示意图

w:=s:l,其表示词/短语w具有语法类型s，同时相应的语义表示为l。语法类型s可以是原子类似（如NP, S），也可以是复杂类型A/B，其中A和B可以是原子类型也可以是其他复杂类型。逻辑表达式l一般为给定知识库中的词汇加上逻辑符号（lambda演算）构成。比如下面一个CCG词典：

杭州 :=NP：$Hangzhou\_City$

上海 :=NP：$Shanghai\_City$

大上海 :=NP：$Shanghai\_City$

大上海 :=NP：$DaShanghai\_Film$

城市 :=N：$\lambda x.City(x)$

靠近 :=$(S\backslash NP)/NP$: $\lambda x.\lambda y.next\_to(y, x)$

哪些 :=$(S/(S\backslash NP))/N$：$\lambda f.\lambda g.\lambda x.f(x) \wedge g(x)$

第一个辞典项为简单项，“杭州”表示词/短语，NP表示其对应的语法类型，$Hangzhou_City$表示其逻辑形式（使用知识库中词汇表示的含义）。辞典项城市 :=N: $\lambda x.City(x)$使用了lambda演算的方式表示变量。最后一个辞典项稍微复杂一些，其表示了该项与周围项进行组合，同时表达了组合之后是什么样的结果。

仅有词典，CCG还不能够完成语义的组合过程，CCG中定义了一组组合规则，其规定了相邻辞典项如何组合（包括语法类型的组合和逻辑表达式的组合），该过程可以迭代进行。CCG主要包括如下两个组合规则①：

---

① 实际应用过程中，可能还会应用其他复杂的组合规则，比如：

（1）前向组合规则

$A/B : f\ b/C : g \quad \Rightarrow \quad A/C: \lambda x.f(g(x))$

（2）类型提升规则

$NP : f \quad \Rightarrow \quad NP/(S\backslash NP) : \lambda g.g(f)$

$$X/Y : f \qquad Y : g \qquad \Rightarrow \qquad X : f(g) \qquad (>)$$

$$Y : g \qquad X\backslash Y : f \qquad \Rightarrow \qquad X : f(g) \qquad (>)$$

根据这些规则，包含复杂语法类型*X/Y*(*X\Y*)的文本类似一个可以在其右边（左边）相邻位置接受类型为Y的文本，其组合结构为类型*X*的值，相应的逻辑表达式也进行组合。(>) 和 (<) 分别表示前向和后向函数组合规则。分析过程依次使用这些组合规则，得到句法树，生成相应的逻辑表达式（以*S*为最终句子类型）。参考图14.6中的例子，通过自底向上的解析过程，根据句子的语法结构组合成最终的形式。

一个完整的句子（问句）解析模型，不仅仅需要定义语义表示形式、设计语义组合方法和构造学习数据，还需要针对目标领域获取CCG词典和消解语义解析各个过程中的歧义。这些方面涉及高阶知识，感兴趣的读者可以自行阅读相关材料，下面简要介绍主要思想。

词典获取：通常情况下，只有“句子–逻辑表示式对”这样的标注数据，例如，句子：“哪些城市靠近上海？”，逻辑表达式：“*λx.City*(*x*)∧*next_to*(*x*, *SH_City*)”。但是，标注的数据集中只有整个句子对应的整个逻辑表达式，而我们需要的是句子的片段（如词、短语等）和细粒度的逻辑表达式之间的匹配关系，例如，词语“靠近”对应*λx.λy.next_to*（*x*, *SH_City*），短语“哪些城市”对应*λx.City*(*x*)。为了解决这个问题，通过设计模板可以从“句子–逻辑表示式对”中构造初试辞典，也可以学习不同语言符号之间的符号对齐，甚至可以根据逻辑学中的高阶合一操作（higher-order unification）把完整的逻辑形式切分成子逻辑表示式的组合，进而获取更精准的“短语–子逻辑表示式”。近年来有不少工作针对大规模知识库中的知识符号，利用文本与知识之间的关联自动获取词语与知识库中不同符号（主要是类别和关系）的关联。

解析消歧：基于辞典和组合规则，可以对句子进行语义解析。但是，由于辞典和组合规则的不确定性（如一个短语可能对应多个语义单元，两个辞典项满足多项组合规则等），一个文件可能产生一个或多个分析结果（树）。为了解决解析过程中遇到的歧义问题，人们提出了相应的概率模型，例如，针对组合范畴语法（CCG）的概率化组合范畴语法模型（PCCG）。以PCCG为例，说明概率化模型如何对解析过程消

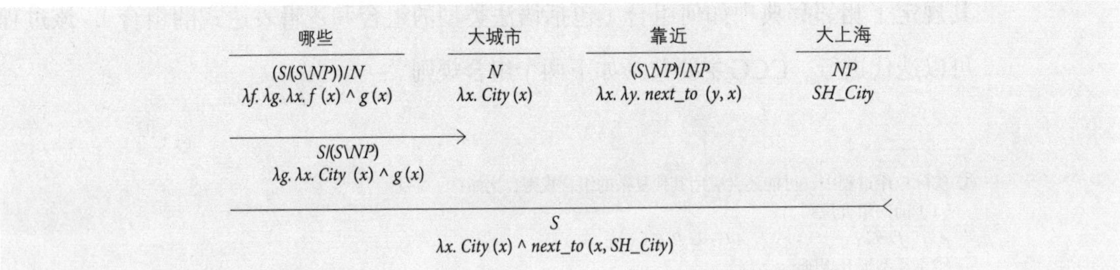

哪些 | 大城市 | 靠近 | 大上海

$(S/(S\backslash NP))/N$ | N | $(S\backslash NP)/NP$ | NP

$\lambda f.\lambda g.\lambda x.f(x) \wedge g(x)$ | $\lambda x.City(x)$ | $\lambda x.\lambda y.next\_to(y,x)$ | SH_City

$S/(S\backslash NP)$

$\lambda g.\lambda x.City(x) \wedge g(x)$

S

$\lambda x.City(x) \wedge next\_to(x, SH\_City)$

图14.6 基于组合范畴语法的问句解析分析样例

歧，PCCG对于CCG的作用类似于概率化上下文无关句法模型（PCFG）在句法分析中对上下文无关句法模型（CFG）的作用。概率化学习模型涉及计算句子S最可能转换成的对应逻辑表达式L

$$\arg\max_{L} P\left(L \mid S;\boldsymbol{\theta}\right)=\arg\max_{L}\sum_{T} P\left(L,T \mid S,\boldsymbol{\theta}\right)$$

其中，一个逻辑L表达式可能有多个解析树T产生，生成逻辑表达式L的概率由累加所有能生成该结果的分析树产生，$\boldsymbol{\theta}\in R^d$是概率模型的参数，其参数值需要学习。大多数方法都采用对数线性模型（log-liner models）求解这样的结构化预测问题。PCCG对分析结果定义了如下的概率模型

$$P\left(L,T \mid S,\boldsymbol{\theta}\right)=\frac{\mathrm{e}^{f\left(L,T,S\right)\cdot\boldsymbol{\theta}}}{\sum_{\left(L,T\right)}\mathrm{e}^{f\left(L,T,S\right)\cdot\boldsymbol{\theta}}}$$

其中，函数f用于从(L, T, S)中抽取属于R^d的特征向量。每个特征表示了(L, T, S)中的某个子结构。分母是对给定词典满足语法的所有有效的分析结果进行求和。

14.3.2 基于语义匹配的知识问答方法

本章所讨论的问答系统和技术主要是回答事实型问题，该类问题的答案通常是知识图谱中的实体或实体集合，如“**李宁出生在哪？**”的答案是实体“**来宾市**”，“**哪些运动员是广西人？**”的答案是实体列表“**李宁、陈永妍、韦晴光、李婷、陆永……**”。事实上，上述问题的答案（实体）与问题中的实体在知识图谱中存在非常紧密的关系，例如，答案实体“**来宾市**”与问题中的实体“**李宁**”之间存在“**出生地**”的关系，答案实体“**广西壮族自治区**”通过关系路径“**出生地-省份**”与问题中的实体“**李宁**”关联。因此，一种简单直接的知识问答方法就是，先识别问句中的主要实体，根据知识图谱的结构遍历相关实体，可以认为答案就在相关实体集合（即候选实体集合）中，最后匹配问题和候选答案实体进而获得正确答案，如图14.7所示。

基于语义匹配的知识问答技术把知识库问答问题转化为语义匹配相似度计算问题，根据自然语言问句和知识库中候选答案的匹配程度给出答案。这类方法不需要得到自然语言问句的结构化查询形式，而是直接在知识库中粗检索的候选答案中利用语义匹配相似度进行排序。这类方法的具体流程是根据自然语言问句中所包含的信息，首先去知识库中检索一系列候选答案，然后通过一些排序技术从候选答案中选出正确答案。在这个过程中，语义相似度的计算是核心问题。

通过神经网络和表示学习，可以对自然语言问句中的词与知识库中的实体和关系进行低维嵌入式表示，将回答问题所需的匹配和推理能力蕴含在语义空间表示中。

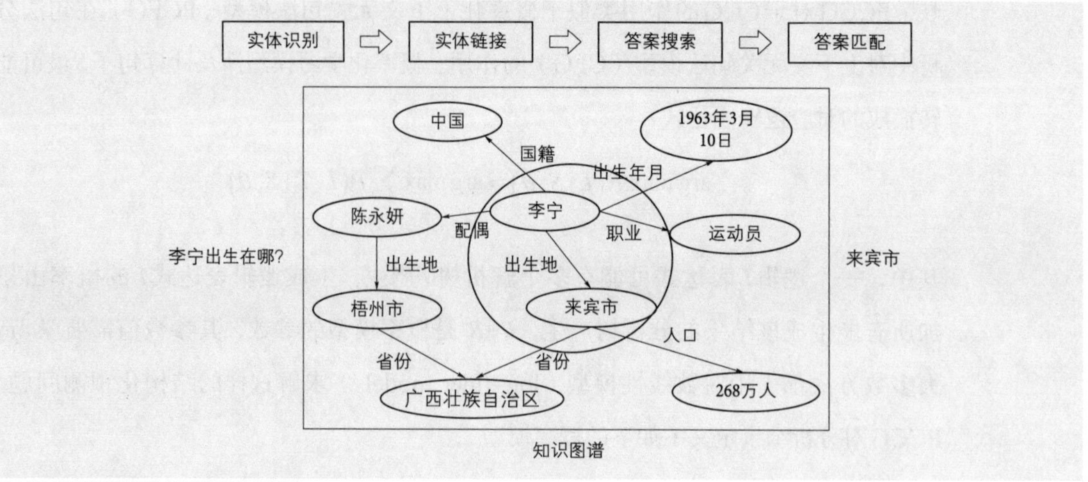

图 14.7 基于语义匹配的知识问答过程示意图

例如，问句的语义表示为问句中词所对应向量的平均值（即标准的词袋子模型），候选答案的语义表示包括如下三类：① 答案实体的向量表示；② 答案路径（该实体与主要实体在知识图谱中的关联路径）的向量表示（各个符号向量之和）；③ 与答案实体直接相关的实体和关系子集所对应的向量之和，称为子图向量表示（subgraph embedding）。这样，问句和答案的匹配度可以使用如下公示进行计算：

$$S(q, a) = f(q)^{\mathrm{T}} \cdot \boldsymbol{M} \cdot g(a) \tag{14.6}$$

其中，$\boldsymbol{M}$为模型参数，问句表示为$f(q)=\boldsymbol{W}^{\mathrm{T}}\phi(q)$，和前面的工作一样；答案表示为$g(a)=\boldsymbol{V}^{\mathrm{T}}\varphi(a)$。$\varphi(a)$可以为上述三种不同的表示方式（其中，答案路径和答案相关实体和关系子集是将相应的实体和关系的向量直接相加）。$\boldsymbol{W}$是向量表示矩阵，自然语言的词汇以及知识库中的实体和关系都在这个表示矩阵之中。通过设计基于边界的排序损失函数能够训练该模型，基于训练样本(q, a)，可以构造负例(q, a')（a'可以从候选答案实体集合中除正确答案之外的其他实体采样得到），该神经网络匹配模型的训练目标是使正样本的匹配得分大于负样本的匹配得分加上一个间隔值γ，即：

$$\forall a' \neq a, f(q)^{\mathrm{T}} \cdot \boldsymbol{M} \cdot g(a) > \gamma + f(q)^{\mathrm{T}} \cdot \boldsymbol{M} \cdot g(a') \tag{14.7}$$

因此，可以采用如下损失函数训练模型：

$$\mathcal{L} = [\gamma - f(q)^{\mathrm{T}} \cdot \boldsymbol{M} \cdot g(a) + f(q)^{\mathrm{T}} \cdot \boldsymbol{M} \cdot g(a')]_{+} \tag{14.8}$$

其中，$[x]_{+}$表示$\max(0, x)$。根据梯度下降法可以不断更新模型参数$\boldsymbol{M}$、$\boldsymbol{W}$和$\boldsymbol{V}$。在测试过程（回答新问题的答案预测过程）中，可以选择候选答案集合中匹配得分最大的实体作为最终答案。当需要处理存在多个答案的问题时，可以选择匹配得分与最大匹配得分之差在某个阈值（如γ）之内的实体都作为最终答案。

14.3.3 常用数据集及评价方法

目前，知识库问答常用评测数据包括ATIS、GeoQuery、QALD和WebQuestions等，如表14.2所示。ATIS（The Air Travel Information System）是为美国和加拿大航空服务的知识库人机接口，知识库包含了一些城市和航班信息，除了事实性问题，有部分问句是上下文相关的（对话形式）。GeoQuery是美国地理信息知识库，包括了美国各州、城市及其相邻的信息，问句包括一些与地理位置相关的问题。以上两个问题集是针对限定领域设计的，所涉及的知识库也不是通用知识库。QALD（Question Answering over Linked Data）是CLEF上的一个评测子任务，自2011年开始，每年举办一届，每次提供若干训练集和测试集，问题不仅包括对应的答案，还包括形式化查询语句（SPARQL expressions），对应知识库为最新版的DBpedia和YAGO，由于一个问题可能包括多个答案，因此评价指标为平均F1值。WebQuestions是为了解决真实问题而构造的数据集，它通过爬取Google Suggest中的问题得到，问句的答案通过Amazon Mechanic Turk标注得到。相比较而言，WebQuestions是比较简单的问题，大部分都只涉及Freebase中实体的一个关系，而QALD数据集不仅可能包括多个关系和多个实体，还包括含有时间、比较级、最高级和推理的问句。LC-QuAD 2.0是目前最新的也是规模最大的一个复杂问题数据集，它由人机协同构建，问题的表达形式和语义逻辑具有非常高的多样性，同时还提供了问句的复述资源。

表14.2 知识库问答常用评测数据集

数据集	训练集	测试集	知识库	形式	发布时间
ATIS	8297	3211	ATIS	答案	1994
Geo880	880	880	GeoBase	逻辑形式	2001
Free917	641	276	Freebase	答案	2013
WebQuestions	3782	2037	Freebase	答案	2013
WikiAnswers	2.4M	698	Reverb	答案	2013
SimpleQuestions	86755	21687	Freebase & Reverb	答案	2015
30M Factoid	31M		Freebase	答案	2016
QALD	300	100	DBpedia & YAGO	逻辑形式	2011-2018
LC-QuAD 2.0	30,000		Wikidata & DBpedia	逻辑形式	2019

知识库问答可以看成一个排序问题，通常采用得分最高答案的准确率（precision@1）、平均准确率（mean average precision）、平均倒数排名（mean reciprocal rank）排序。同时，也可以看成一个答案是否正确的分类问题，有F1值（F1 value）或者平均F1值（averaged F1 value）等评价指标，其中平均F1是最常用的评价指标。

14.4 社区型问答

社区型问答（community question-answering，CQA）系统，是一种基于社区的网络服务，用于支持提问者和回答者之间的相互交流。用户可以在网站上提交问题、描述和相关答案，也可以使用搜索引擎检索，找到以前提出问题的答案。

一些社区型问答系统允许用户在不受任何主题限制的情况下提问，例如：Yahoo! Answers和百度知道。也有一些社区型问答系统是专注于特定领域的，例如：StackOverflow关注的是与编程相关的问题。图14.8展示了一些社区型问答系统中的问题和答案。

在社区型问答系统中，一个典型的问答过程从问题的生命周期角度可以分为以下4个阶段。

（1）问题创建：提问者通过为问题选择主题、撰写标题和描述来发布问题。与搜索引擎不同的是问题描述采用自然语言表述，不必简化为关键字或限制于某些基本语义。这意味着可以更精确地描述所需的信息，使提问者能够更有效地得到适当的答案。

（2）问题回答：问题会被分发给最有可能给出好答案的潜在回答者。回答者提供该问题的候选答案，之后所有用户可以对问题和答案投票或发表评论，从而帮助提问者、社区型问答系统以及参与问答过程的所有其他用户识别出质量最高的答案。分发问题的步骤十分重要，如果问题没有合适的回答者，那么它将无法在可接受的时间内被正确回答。分发问题的相关任务包括问题路由与专家推荐。

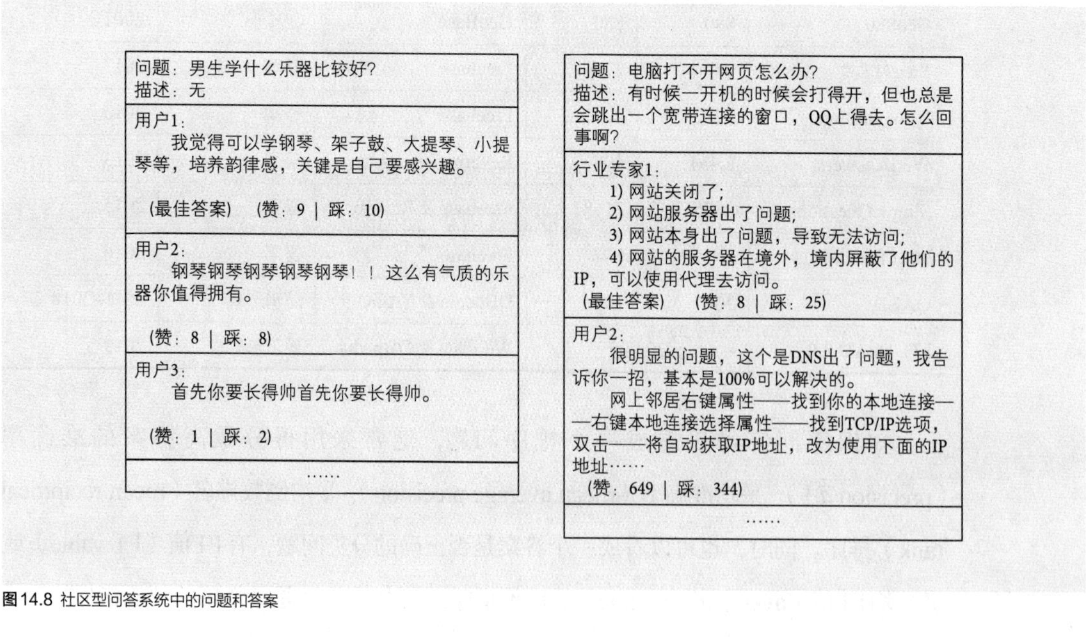

问题：男生学什么乐器比较好?
描述：无

用户1：
我觉得可以学钢琴、架子鼓、大提琴、小提琴等，培养韵律感，关键是自己要感兴趣。
(最佳答案)　(赞：9 | 踩：10)

用户2：
钢琴钢琴钢琴钢琴钢琴！！这么有气质的乐器你值得拥有。
(赞：8 | 踩：8)

用户3：
首先你要长得帅首先你要长得帅。
(赞：1 | 踩：2)

……

问题：电脑打不开网页怎么办?
描述：有时候一开机的时候会打得开，但也总是会跳出一个宽带连接的窗口，QQ上得去。怎么回事啊?

行业专家1：
1) 网站关闭了;
2) 网站服务器出了问题;
3) 网站本身出了问题，导致无法访问;
4) 网站的服务器在境外，境内屏蔽了他们的IP，可以使用代理去访问。
(最佳答案)　(赞：8 | 踩：25)

用户2：
很明显的问题，这个是DNS出了问题，我告诉你一招，基本是100%可以解决的。
网上邻居右键属性——找到你的本地连接——右键本地连接选择属性——找到TCP/IP选项，双击——将自动获取IP地址，改为使用下面的IP地址……
(赞：649 | 踩：344)

……

图14.8 社区型问答系统中的问题和答案

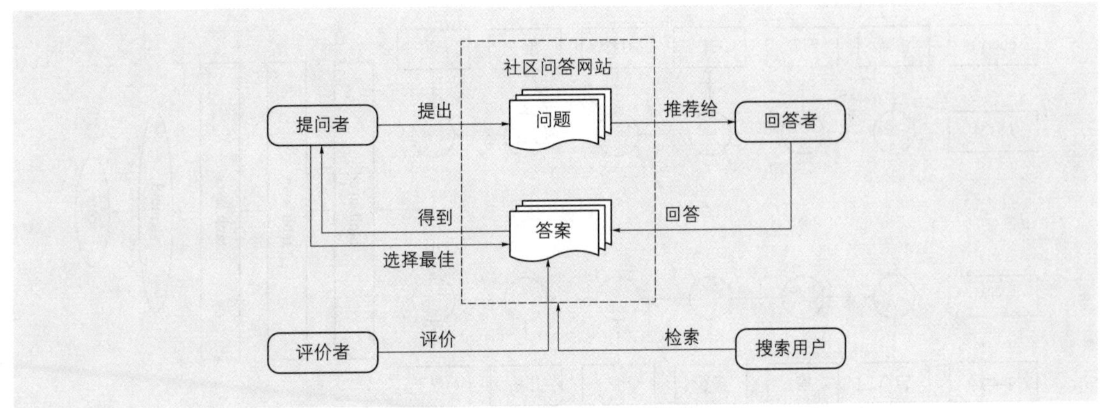

图14.9 用户与社区型问答系统的交互过程

（3）问题关闭：提问者可以通过选择最能满足其信息需求的最佳答案来终止问答过程。在提问者从未结束问题的情况下，最佳答案可以由社区型问答系统本身选择，如可以根据用户评分或票数选出。

（4）问题检索：将问题标记为已解决，并移动到存档。此时系统中已经包含了大量存档的问答对，故除了问答场景之外，问答系统还提供了另一种找到答案的方法，通常通过全文检索或按照问题主题分类来发现存档中已有问题或相似问题的答案。

在问答过程中，存在三类重要的实体：问题、答案和用户。其中用户也有多种角色：提问者、回答者、评价者以及搜索用户。一个用户与系统的交互过程如图14.9所示。

社区型问答系统中，问题、答案以及参与者众多，必须要处理好各种信息之间的联系以使得提问者和搜索用户能够高效获取更好的答案，回答者能够处理擅长领域的问题。本节详述其中的一些方法。

14.4.1 相似问题检索

相似问题检索是指针对用户的查询请求，从CQA历史记录里检索出与之相似的已解决问题，并将这些问题的答案推荐给用户。相似问题检索在社区问答领域是非常重要的一环，通过相似问题检索可以减少用户重复提问，满足用户的信息需求，节约用户的等待时间。为了检索相似问题，需要计算问题间的相似度，并根据相似度对已解决的问题进行重排序。相似度计算的方法大致可以分为三类：基于字符串的方法、基于语料库的方法和基于世界知识的方法。

基于字符串的方法从字符串匹配度出发，以字符串共现和重复程度为相似度的衡量标准。根据计算粒度不同，可将方法分为基于字符的方法（如编辑距离、汉明距离）和基于词语的方法（如余弦相似度、欧式距离）。这类方法仅在字面层次上进行

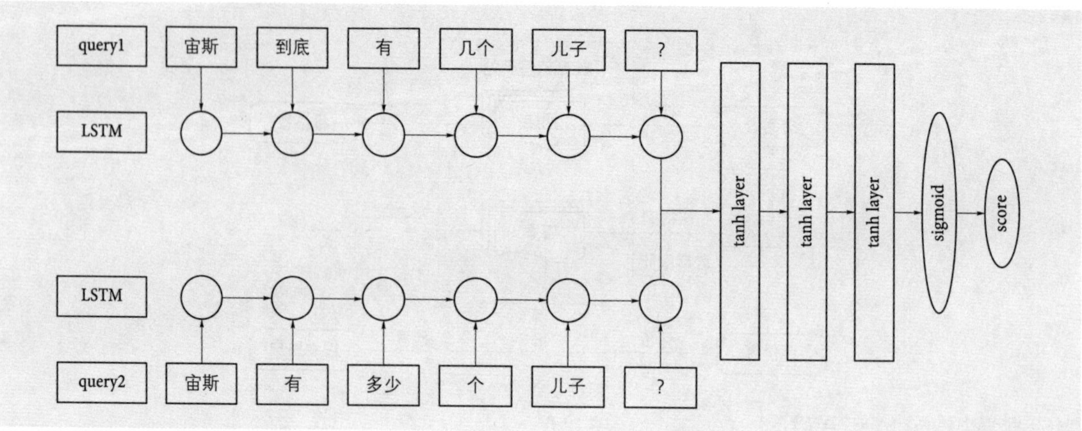

图 14.10 问句相似度计算神经网络模型结构

文本比较，并未考虑词语本身的含义和词语之间的关系。

基于语料库的方法是从语料库中获取信息来计算问题相似度。该方法可以分为：基于词袋模型、基于神经网络和基于搜索引擎的方法。前两种以问句集合为语料库，后一种以Web数据为语料库。该方法通过引入语料库进行有监督学习，在问句的分布式表示上结合了语义信息，但缺点是对语料库规模和质量要求较高。

基于世界知识的方法是指利用具有规范组织体系的知识库计算问句相似度，一般分为基于本体知识和基于网络知识的方法。基于本体的方法能够准确地反映概念内在的语义关系，但是本体的构建耗时耗力，对于文本的处理效率更低，不利于跨领域的问题相似度计算。基于网络知识的方法能很好地反映词条之间的语义关系，但由于词条间的信息完备性不高且缺少专业性，没法保证计算准度。

本小节将以基于LSTM的问句相似度计算模型为例进行详细介绍。

如图14.10所示，若要计算Q_1“宙斯有多少个儿子？”和Q_2“宙斯到底有几个儿子？”两句间的相似度，首先需要将这两个问句进行分词，然后将每个词的词向量按顺序送到LSTM层。

LSTM的特点是当前节点能够有效学习到前面节点的信息，这样每个问句输入到LSTM层，可以将最后一个节点的输出作为整个问句的向量表示，分别得到Q_1和Q_2的向量表示。接下来将两个问句的向量表示进行拼接，经过全连接层（全连接层以tanh函数作为激活函数），最后使用sigmoid函数计算出一个（0, 1）之间的数，将其作为两个问句间的相似度。

14.4.2 答案摘要生成

在社区问答系统中，通常一个问题只有一个最佳答案，该最佳答案往往由提问者从用户回答的多个答案中选出或者由社区用户投票产生。但是在有些情况下，最佳答案并没有完整满足提问者的需求；对于开放性问题和观点性问题，通常会有多个比较好的答案，只关注最佳答案会忽略其他答案中有价值的内容。

答案摘要生成是对问题回答的更进一步处理。尤其是对于由几个子问题组成的问题，即使最好的答案也可能是不完整的，而其余的答案可以提供其他补充信息。答案摘要生成的目的是将多个答案结合起来，为用户提供一个连贯、简洁又包含更多信息的答案。

答案摘要生成任务可以理解为多文本摘要生成任务的特例。生成答案摘要有多种方法：可以将答案摘要生成任务视为一个分类任务，将答案中的每一句话分类为摘要句和非摘要句，使用SVM或逻辑回归均可以实现；也可以使用条件随机场模型，将答案摘要处理为一个序列标注过程：每个回答句都被标记为摘要句或非摘要句，摘要是通过将句子与摘要标签连接起来而创建的。

下面介绍一种基于图的摘要生成方法，如图14.11所示，通过使用句子级别、答案级别和相似度特征创建图，并在图中找到一条涵盖最重要信息的路径来创建摘要。

假设所有回答问题的路径可以表示为一个连通图$G=(V, E)$。其中，答案中的每个句子都是一个节点，边表示两个节点之间的相似度。该方法要找到一条包含节点的路径，这些节点分别是连通的，它们一起覆盖了图中最重要的信息。在图的节点和边上定义了一个权函数w，它度量了句子的重要性和它们之间相似度的相对强度，整条路径的权值可定义如下（$y^{(t)}$表示路径上的节点）：

$$w(y)=\sum_{t=1}^{T} w\left(y^{(t)}\right)+\sum_{t=1}^{T-1} w\left(y^{(t)}, y^{(t+1)}\right) \tag{14.9}$$

创建图时需要从每个答案中提取句子，然后对每个句子捕获以下特征。

句子级别特征：句子长度、句子在答案中的位置（开头、中间、结尾）、是否包含链接、停用词数量、命名实体、与子问题之间的相似度。

答案级别特征：用户打分、答案长度、与子问题之间的相似度。

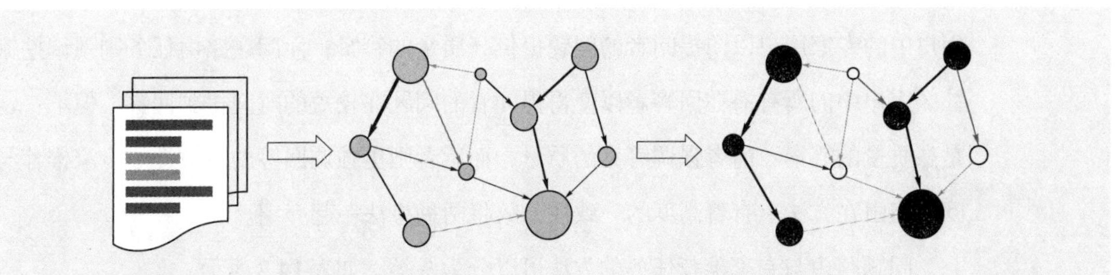

图14.11 通过图来生成摘要的例子（首先从答案句集合中构建一个图，每个句子作为节点（权重表示其重要性）并构建边（权重表示句子间的相似度）。然后，从图中提取出一组差异化的、高权重的线路来创建摘要。）

相似度特征：计算答案中句子对和句子与子问题对之间的相似度。

计算方法如下，词级别余弦相似度（i, j表示不同句子，W表示所有词语的词表，$Count_i(w)$表示词w在句子i中数目）：

$$S_{ij} = \frac{\sum_{w \in W} Count_i(w) Count_j(w)}{\sqrt{\sum_{w \in W} Count_i(w)} \sqrt{\sum_{w \in W} Count_j(w)}} \tag{14.10}$$

语义相似度（利用WordNet计算语义相似度，比较句子i, j中出现的所有同义词对$M(i, j)$，同义词相似度sim可以使用他们在WordNet中的距离的倒数）：

$$Sim_{ij} = 2 \times \sum_{(w_1, w_2) \in Match(i, j)} \frac{sim(w_1, w_2)}{|i| + |j|} \tag{14.11}$$

最后可以使用结构化的确定性点过程（structured determinantal point processes，SDPP）来解决这个问题，其主要方法是开发一个概率模型，求长度为T的k条线路的集合，集合中的线路需要具有较大权重又彼此差异以包含重要且多样化的句子。

14.4.3 问题路由与专家推荐

CQA系统最重要的目标之一是在最短的时间内为提问者提供合适的答案。但是，仍有一些问题长期以来仍未得到答复。由于每天新发布的问题越来越多，因此CQA系统中未答复问题率很高的问题正在增加。问题路由通过向最有可能提供好答案的潜在回答者推荐问题来解决此问题。问题路由可以形式化描述如下：给定新发布的问题q，通常需要创建最适合回答问题q的前k个用户$u_1, u_2, \cdots, u_k$的有序列表。该列表通常按用户u给出问题q的概率排序。

为了获得合适的回答者列表，需要解决以下三个问题：即构建问题的主题、构建用户画像以及发现与新问题主题相关的用户。

专家推荐是从众多的专家用户中，找出能够对提问者新提交问题提供较高质量、完整并且可信的答案的用户，并且将新提交问题推送给这些排名靠前的专家用户去回答，从而使提问者能够得到满意的答案。

专家推荐与问题路由有些相似，但也有明显的不同。专家推荐任务强调挖掘社区用户中的专家用户以向提问者的问题提供高质量的答案；而问题路由任务则强调挖掘社区用户中的所有潜在回答者以使得提问者的问题在较短的时间得到回答，但不一定是高质量的答案。前者强调答案的质量，而后者则更强调回答的时效性。专家推荐与问题路由在方法上有着高度的一致性，故将两种方法一起介绍。

问题路由与专家推荐任务的方法可以分为八类，如表14.3所示。

本节介绍一种基于分类的问题路由方法。如图14.12所示，该模型主要包含以下

5个步骤。

（1）收集由三元组<问题，提问者，回答者>组成的数据。每个三元组均从CQA会话构建，其中问题是提问者提出的问题并由回答者回答。

（2）识别特征以捕捉问题和用户（提问者和回答者）的信息与关系。给定一个问题和一个用户，抽取三种类型的特征：问题的统计特征、用户的统计特征和文本相似特征。问题的统计特征主要考虑可以衡量问题质量的特征，如标题长度。用户特定的统计特征主要考虑用户提供的答案和最佳答案数以及用户提出的问题数。如果用户提供了大量答案并有大量最佳答案，则可以认为用户更加权威。此外，如果用户也询问了很多问题，则表明用户非常活跃。积极的用户可能会从其他人那里学到很多东西，并且将来会为其他人提供更好的答案。

（3）创建训练样例。使用每个CQA会话中提问者和回答者之间的内在关系以捕获用户关于问题的专业程度的内在标签，用户的内在标签意味着一个CQA会话中的所有回答者应该具有比提问者更多的专业知识度。通过捕获用户的特征，可以很容易地构建用于监督学习的训练样例，自然可以将丰富的特征引入学习过程。

（4）使用RankingSVM算法来学习排序模型。

表14.3 专家推荐的8种方法的目标和方法举例

方法	目标	方法举例
传统方法	使用简单的指标	正负投票数、最佳答案比例、新旧问题间的相似度
基于语言模型的方法	使用生成方法来计算用户先前动作与给定问题的相关性	
基于主题模型的方法	使用主题模型	pLSA, LDA
基于网络的方法	根据用户在他们的问答关系上形成的用户网络进行判断	PageRank, HITS, ExpertiseRank
基于分类的方法	转换为将专家用户与其他用户区分开的分类问题	SVM、C4.5决策树、随机森林、朴素贝叶斯、GBDT
基于专业知识概率模型的方法	使用贝叶斯概率模型来获得用户可信度的后验估计	
协同过滤方法	应用协同过滤方法，通过用户的行为特征进行判断	
混合方法	综合使用上述多种方法	

（5）使用学习的排序模型根据用户的专业程度对新发布的问题对候选回答者进行排序。

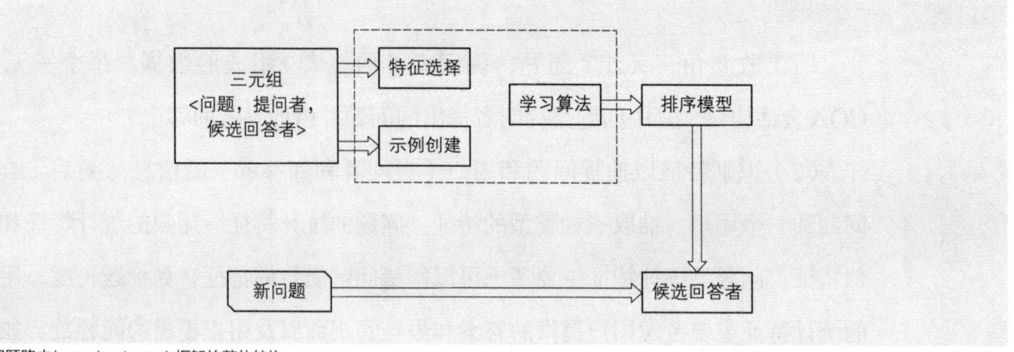

图14.12 问题路由Learning to rank框架的整体结构

14.4.4 常用数据集及评价方法

CQA数据集多是由Yahoo！ Answers、Quora、百度知道等大型社区问答网站提供的问答数据集。

其中，相似问题检索、问题路由、专家推荐任务都可以理解为排序模型，给定一个输入，得到一个输出的列表，列表中的每一项按置信度的高低进行排序。最后的评价方法，可以依次通过比较第一项准确率（precision@1）、平均准确率（mean average precision）、平均倒数排名（mean reciprocal rank）三个指标来选取模型。

答案摘要任务可以视为分类任务，给定问题及对应的答案，对答案中每个句子进行分类，判断该句子是不是摘要句。对于这样的分类任务可以利用精确度（precision）、召回率（recall）、F1值作为评价指标进行模型效果评价。同时利用ROUGE-1、ROUGE-2和ROUGE-L的评价方法来评价PRF指标的效果，进而评价摘要效果的好坏。

14.5 阅读理解式问答

大量信息以非结构化形式蕴含于文本数据中，如何利用这些文本数据回答用户问题是一个重要的研究方向。其中，阅读理解式问答（也称机器阅读理解）是一类利用文档回答用户问题的任务，它要求计算机系统在“阅读”完给定一篇文本之后回答相应问题。因此，该类任务考察的是机器对语言和文本进行深层分析与理解的能力。按照答案形式及来源的不同，阅读理解式问答可以分为选择式、填空式、抽取式和生成式4类问答任务，下面分别进行介绍。

14.5.1 选择式问答

选择式问答，是一种以结构主义语言学为理论依据的测试方法。该任务在形式上给定一篇文档、若干个与之相关的问题和每个问题相对应的候选答案，模型需要根据给定的这些数据从候选答案中选出正确答案。具体形式如图14.13所示。选择式问答主要的特点是有候选答案，不需要生成或抽取答案，因此除了文档和问题，模型在回答问题的过程中还可以借助候选答案的信息。因此，一般在该类任务下模型除了建模问句和文章之外，还需要建模每个候选答案。由于相比于基于特征工程的方法，近年来基于神经网络的方法在机器阅读理解任务上展示出了明显的优势。因此，此处从基于神经网络方法的角度出发，对该任务下的模型作简要解释。

一般而言，对于一个例子中的文档（D）、问题（Q）、选项（O），基于神经网络的方法首先会通过词嵌入（embedding）来获得向量化的表示，分别为$\boldsymbol{d}^e$、$\boldsymbol{q}^e$、$\boldsymbol{o}^e$；然后通过RNN或其变种LSTM、GRU获得其上下文相关（context-aware）的表示$\boldsymbol{d}^r$、$\boldsymbol{q}^r$、$\boldsymbol{o}^r$，并通过池化（pooling）得到问题的单一向量表示$\boldsymbol{q}^r$。然后，通过使用注意力（attention）机制来获取问题相关（question-aware）的文档向量表示：

$$\alpha_i = \text{softmax}\left(\boldsymbol{d}_i^r \boldsymbol{W}_{dq} \boldsymbol{q}^r\right)$$

$$\boldsymbol{d}^q = \sum_i \alpha_i \boldsymbol{d}_i^r$$

其中，$\boldsymbol{d}_i^r$表示的是文档中第i个词的表示，$\boldsymbol{W}_{dq}$为一个可训练的矩阵参数。同理，对于每个$\boldsymbol{o}_i$候选项，需通过使用注意力机制来获取问题相关的候选项向量表示：

$$\beta_j = \text{softmax}\left(\boldsymbol{o}_{ij}^r \boldsymbol{W}_{oq} \boldsymbol{q}^r\right)$$

文档：“今天的珊瑚礁大约有一万年的历史。在世界各地温暖的海水中，阳光充足的浅水里都能发现珊瑚礁。随着珊瑚的生存和死亡，它们创造了一个巨大的岩石蜂巢。只有薄薄的一层是活珊瑚 。珊瑚礁的生长速度和你的指甲差不多——每年四分之三英寸。但是珊瑚礁是巨大的，一个健康的珊瑚礁可以长到几千英里。世界上有数百万人以珊瑚礁附近的鱼和其他动物为食。珊瑚礁可以保护我们免受海上风暴的侵袭。如果沿海地区没有数千英里的珊瑚礁，许多海滩甚至整个岛屿都可能被强大的海浪摧毁。“假设像鹦鹉鱼这样的食草动物被过度捕捞了，”米歇尔解释道。“没有它们，鱼类赖以为生的藻类就会像杂草一样生长，占领珊瑚礁。对空间和阳光的竞争会使珊瑚饥饿。全球近27%的珊瑚礁已经消失或遭到破坏。但还是有希望的。世界上许多珊瑚礁——包括澳大利亚的大堡礁和美国佛罗里达群岛附近的珊瑚礁——现在都是科学家研究如何保持珊瑚礁健康的保护区。它们决定了在不破坏珊瑚礁微妙平衡的情况下，可以捕捞多少鱼和哪些鱼。人们也有希望成为珊瑚礁的好伙伴。“我们希望我们的电影能激励人们去帮助珊瑚礁，”米歇尔说，“对我来说，虽然我可能不会再回到南太平洋，但只要知道那里有珊瑚礁，那里的繁荣昌盛就会给我的精神带来一种满足感。”

问题：作者对保护珊瑚礁持什么态度?

选项：A. 乐观的　B. 失望的　C. 不确定　D. 悲观的

图14.13 选择式问答数据示例

$$o_i^q = \sum_j \beta_j o_{ij}^r$$

其中o_{ij}^r是第i个候选项中第j个词的表示，W_{oq}为一个可训练的矩阵参数。最终，通过计算d^q与o_i^q的相关度，对每个候选项进行打分：

$$s_i = o_i^q W_s d^q$$

其中，W_s为一个可训练的矩阵参数。从k个候选项中，选出分数最高的作为答案：

$$answer = \arg\max_{i=0,1,\cdots,k}(s_i)$$

14.5.2 填空式问答

填空式问答即完形填空型机器阅读理解任务。完形填空任务的一般形式通常是给定一文本，然后从文本中去掉一个词或者句子，然后模型需要通过阅读给定的文本，从文本中找出能够填到这个空中的正确答案。这种测试方式由语言学家于1953年提出，该方法主张通过一次测试全面地评价被测对象的总体语言水平。其考查的不仅仅是语言建模能力，更是深层次的推理能力。文本中扣掉的往往是实体或者名词，需要模型理解整个文章的含义后进行作答。为了方便评测，已发布的一些数据集对该任务的一般形式做了一些改动，如将含有待填空白的句子设为问题，其余完整的句子当作背景文本，或者引入候选答案等。图14.14是完形填空型机器阅读理解任务的一个例子。该例子中特殊符号串“XXXXX”标识了所要填词的位置。

明确地给出了答案词所在的上下文语境是填空型问答的一个显著特征，因此该任务在形式上类似于基于n-gram推测下一个词的语言模型任务，不同的是此处更加强调根据上下文的推理。在该任务下，基于神经网络的模型一般也会通过词嵌入和RNN获得文档和问题的上下文相关的表示D^r、Q^r，并通过池化得到问题的单一向量

文档：人民网1月1日讯据《纽约时报》报道，美国华尔街股市在2013年的最后一天继续上涨，和全球股市一样，都以最高纪录或接近最高纪录结束本年的交易。《纽约时报》报道说，标普500指数今年上升29.6%，为1997年以来的最大涨幅；道琼斯工业平均指数上升26.5%，为1996年以来的最大涨幅；纳斯达克上涨38.3%。就12月31日来说，由于就业前景看好和经济增长明年可能加速，消费者信心上升。工商协进会报告，12月消费者信心上升到78.1，明显高于11月的72。另据《华尔街日报》报道，2013年是1995年以来美国股市表现最好的一年。这一年里，投资美国股市的明智做法是追着“傻钱”跑。所谓的“傻钱”XXXXX，其实就是买入并持有美国股票这样的普通组合。这个策略要比对冲基金和其他专业投资者使用的更为复杂的投资方法效果好得多。

问题：所谓的“傻钱”XXXXX，其实就是买入并持有美国股票这样的普通组合。
答案：策略

图14.14 填空式问答数据示例

表示q^r。然后计算文档中的每个位置的词与问题的相关度：

$$P_i = \text{softmax}\left(\boldsymbol{D}_i^r \boldsymbol{W}_p \boldsymbol{q}^r\right)$$

其中，$\boldsymbol{W}_p$为一个可训练的矩阵参数。此处，P_i即可表示文档中第i个词作为答案的概率。由于不同位置的词可能是相同的，所以需要计算每个特定的词作为答案的打分。此处，对于某个特定的词w，计算其所在不同文档位置作为答案的概率的加和，作为该词最终的打分：

$$s_w = \sum_{i \in I(w, D)} P_i$$

其中，$I(w, D)$是词w在文档D中所有的出现位置的集合。取分数最高的词作为答案：

$$answer = \underset{w \in D}{\arg\max}\left(s_w\right)$$

14.5.3 抽取式问答

抽取式问答的一般形式为：给定一篇文档和一个问题，从文档中找出一个连续的区间作为答案来回答问题。此处区间的范围可以是一个单词，一个短语甚至一个句子。2016年斯坦福大学Rajpurkar等人提出的SQuAD是该任务的经典数据集，也是阅读理解领域最受关注的数据集之一，图14.15是抽取式问答的一个示例。其中，答案“中华人民共和国青海省巴颜喀拉山脉”是给定文档中的一个片段。

抽取式问答任务的一个显著特点是虽然不设置候选项，但答案一定是给定文档中的一个片段；区别于将答案限定为文中实体词的填空型问答数据集CNN/Daily Mail，此处的片段不限定于实体词，可以是其他词或短语或句子，从而不能通过直接预测文中词语作为答案的概率得到答案。因此，处理该任务的模型一般采用预测答案片段在文本中的起始和结束两个位置的方法来预测答案区间。

文档：黄河，中国古代也称河，发源于中华人民共和国青海省巴颜喀拉山脉，流经青海、四川、甘肃、宁夏、内蒙古、陕西、山西、河南、山东9个省区，最后于山东省东营垦利县注入渤海。干流河道全长5464千米，仅次于长江，为中国第二长河。黄河还是世界第五长河。黄河从源头到内蒙古自治区托克托县河口镇为上游，河长3472千米；河口镇至河南郑州桃花峪间为中游，河长1206千米；桃花峪以下为下游，河长786千米。（黄河上、中、下游的分界有多种说法，这里采用黄河水利委员会的划分方案黄河横贯中国东西，流域东西长1900千米，南北宽1100千米，总面积达752443平方千米。黄河多年平均流量1774.5立方米/秒，全河多年平均天然径流量580亿立方米，流域平均年径流深77毫米，流域人均水量593立方米，耕地亩均水量324立方米。

问题：黄河的源头在哪里?
答案：中华人民共和国青海省巴颜喀拉山脉

图14.15 抽取式问答数据示例

在该任务下，基于神经网络的模型一般也会通过词嵌入和RNN获得文档和问题的上下文相关的表示$\boldsymbol{D}^r$、$\boldsymbol{Q}^r$，并通过池化得到问题的单一向量表示$\boldsymbol{q}^r$。另外，伴随着SQuAD的提出，词级别的对齐注意力机制也开始被广泛使用，以更加充分地对文档和问题的信息进行交互建模。其中，从文档对齐到问题的对齐注意力机制使用最为普遍：

$$\alpha_{ij} = \text{softmax}\left(\boldsymbol{D}_i^r \boldsymbol{W}_{dq} \boldsymbol{Q}_j^r\right)$$

$$\boldsymbol{D}_i^q = \sum_j \alpha_{ij} \boldsymbol{Q}_j^r$$

其中，$\boldsymbol{D}_i^q$即为文档中第i个词对齐关注到问题中的每一个词之后的表示。

然后，通过向量拼接，对两种文档表示进行融合：

$$\boldsymbol{D}^f = \left[\boldsymbol{D}^r : \boldsymbol{D}^q\right]$$

再计算文档中每个词作为开始和结尾的概率：

$$P_i^{start} = \text{softmax}\left(\boldsymbol{D}_i^f \boldsymbol{W}_s \boldsymbol{q}^r\right)$$

$$P_i^{end} = \text{softmax}\left(\boldsymbol{D}_i^f \boldsymbol{W}_e \boldsymbol{q}^r\right)$$

其中，$\boldsymbol{W}_s$和$\boldsymbol{W}_e$均为可训练的矩阵参数。对于一个区间从第i个词开始到第j个词结束的片段，其作为答案的得分为：

$$s_{ij} = P_i^{start} \times P_j^{end}$$

最终，为取分数最高的，且起始位置不在结束位置之后的有效片段作为答案：

$$answer = \underset{i,j \in [0, l_d - 1]}{\arg\max}\left(s_{ij}\right)$$

其中，l_d为文档的以词为单位的长度。

14.5.4 生成式问答

生成式问答的一般形式为给定一篇文档和一个问题，无答案候选项，答案也不一定出现在给定文档中，模型需要开放的生成答案。图14.16是该类型任务的一个示例，此例中答案便不是给定文档中的区间，而是根据文档内容推理生成的。前面所讲到的几种阅读理解式任务都在答案的设定上做了比较强的约束，如提供答案候选项、答案是文档中的一个实体词或者是文档中的一段区间，而这种约束越强就会使其越偏文档：克里斯·加德纳是个聪明的医疗器械推销员，但在次经济萧条时期，他的日子很不好过。每天奔波于各家医院和诊所，但医生们对他的骨密度扫描仪根本不感兴趣，因为这台仪器要比X光扫描仪贵出两倍。他的妻子琳达无法继续忍受这样艰难的生活，撇下他和5岁的儿子克里斯托弗出走。而加德纳父子二人的背运还没有结束，他们因为缴不起房租而被房东扫地出门，有时甚至要在地铁的卫生间里过夜。克里斯决心转行为高收入的证券经纪人，他的努力和智慧打动了证券公司的经理杰·特维斯图，他通过了初试。而在复试中，尽管出师不利，克里斯不得不穿着粉刷工的衣服来到面试现场，但只读过高中的他决心极大，最终，公司的几位合伙人还是觉得给他一个机会为好，于是，他成为20个实习生之一。此后的半年实习期加德纳父子的生活将更加艰难，因为实习期没有工资，而20个实习生中只有一个能留下来。他们暂时还得依靠那几台骨密度扫描仪过活。

问题：为什么加德纳要转行为证券经纪人?
答案：获得更高的收入

图14.16 生成式问答数据示例

离一般的真实场景，因此，从答案设定的角度而言，相较于前几种阅读理解式问答任务，生成式问答的设定更加接近真实场景。

答案需要生成的设定是生成式问答任务的主要特点，这也给阅读理解模型的设计提出了很大挑战。其中英文数据集MSMACRO以及中文数据集DuReader都有答案不一定在原文中出现的设定，即有部分问题的答案需要模型生成。由于采用基于词共现的BLEU、ROUGE等评价指标，使用基于抽取的模型处理此类任务也能获得较为可观的性能。然而，构建生成式模型仍是必要。因为虽然有些抽取得到的答案和标准答案从词共现的角度上考量有一定的相似度，但很可能两者的语义并不相同，而用抽取的方式来处理生成式问答任务的模型将无法解决这种问题。

对于答案的生成，可以使用point-generator机制分别从文档和词表中选取所要生成的词。首先，仍通过词嵌入和RNN获得文档和问题的上下文相关的表示$\boldsymbol{D}^r$、$\boldsymbol{Q}^r$，并通过池化得到文档和问题的单一向量表示$\boldsymbol{d}^r$和$\boldsymbol{q}^r$。使用LSTM作为解码器，其第t步的隐层为$\boldsymbol{h}_t$。对于每一步，结合文档和上一步解码词计算隐层：

$$\boldsymbol{h}_t, \boldsymbol{c}_t = \mathrm{LSTM}\left(\left[\boldsymbol{d}^r; \boldsymbol{w}_{t-1}\right], \boldsymbol{h}_{t-1}, \boldsymbol{c}_{t-1}\right)$$

其中，$\boldsymbol{w}_{t-1}$在训练时为标准答案中第t–1个词，在测试时为第t–1步解码出的词。然后计算词表中的词的得分$\boldsymbol{v}_t$和文档中的词的得分$\boldsymbol{d}_t$：

$$\boldsymbol{v}_t = \boldsymbol{W}_v \boldsymbol{h}_t$$

$$\boldsymbol{d}_t = \boldsymbol{D}^r \boldsymbol{W}_d \boldsymbol{h}_t$$

其中$\boldsymbol{W}_v$和$\boldsymbol{W}_d$为可训练的矩阵参数，$\boldsymbol{v}_t \in \mathbb{R}^{|V_g|}$，$|V_g|$为词表的大小；$\boldsymbol{d}_t \in \mathbb{R}^{l_d}$，$l_d$为文档长度。然后，通过point-generator机制解码出第t个词：

$$\boldsymbol{g}_t = \mathrm{sigmoid}\left(\boldsymbol{W}_{pc}\boldsymbol{c}_t + \boldsymbol{W}_{ph}\boldsymbol{h}_t + \boldsymbol{W}_{pd}\boldsymbol{d}^r\right)$$

$$\boldsymbol{w}_t = \underset{i \in [0, l_s - 1]}{\arg\max} \left(\boldsymbol{g}_t \cdot \boldsymbol{d}_{ti} + (1 - \boldsymbol{g}_t) \boldsymbol{v}_{ti} \right)$$

其中，$\boldsymbol{W}_{pc}$、$\boldsymbol{W}_{ph}$、$\boldsymbol{W}_{pd}$均为可训练矩阵参数。$l_s = l_d + |V_g|$,此处v_t和d_t需先分别通过在前面和后面补0的方式对齐到相同大小。$\boldsymbol{g}_t$是一个用于判别从文档或词表中选择词的控制门向量。最终预测答案可以通过贪心搜索（greedy search）、束搜索（beam search）等方式得到长度为l_a的答案：

$$answer = \{w_1, w_2, \cdots, w_{l_a}\}$$

14.5.5　常用数据集

2013年微软研究院发布的MCTest不但是选择型问答方向的开创性工作，更是整个阅读理解式问答领域的奠基性工作，该数据的提出使得机器阅读理解任务开始受到研究者的关注，然而由于规模较小并不适合训练深度学习模型。在填空型问答方向，CNN/Daily Mail和CBT都是早期经典的数据集，由于构建方式的问题，存在答案词在文中占比高的问题，导致这些数据难度偏低。在抽取式问答方向，2016年斯坦福大学提出的SQuAD是该方向最受关注的数据集，同时该数据集的提出也催生了一大批方法各异的新模型，很大程度上推动了整个阅读理解领域的发展。但是，由于SQuAD中文档较短，且给定文档与问题之间的词共现较多，使得该数据相对难度较低，已经有模型（基于BERT等预训练语言模型）在该数据上评测结果超过了人类。为了更加接近真实场景，出现了难度相对更大的TriviaQA等新的抽取式问答数据集，同时新提出的数据集也向着开放域、生成式的方向发展。在生成式问答方向，2016年微软的研究人员提出的英文数据集MS MACRO以及2017年百度研究人员提出的中文数据集DuReader都是有代表性的数据集，它们除了答案需要生成之外，还兼具开放域的特点，且需要模型具有多文本阅读的能力。另外，以NarrativeQA和DuoRC为代表的，兼具文档长、问题与文档词共现频率低等特点的数据集也为如今的生成式阅读理解模型提出了更大的挑战。阅读理解式问答领域的数据集众多，表14.4列出了若干代表性数据集。

阅读理解式问答中，选择式问答和填空式问答通常可以采用准确率进行模型评估；抽取式和生成式通常采用获得答案和标准答案的匹配程度作为评估指标：① 完全匹配（exact match，EM），用以评估系统给出的答案和标准答案是否完全匹配；② F1，将得到的答案和实际的答案视为两个词的集合，并且对比这两个集合的重合度。

表14.4 机器阅读理解代表性数据集

数据名称	数据类型	文体	训练集大小/个	测试集大小/个	发布年份	特点
MCTest	选择式	记叙文	1480	840	2013	问题被限定为7岁儿童可以回答的
CNN/Daily Mail	填空式	记叙文	1.2M	56k	2015	文章都是新闻报道
SQuAD	抽取式	说明文	87k	10k	2016	文章来自维基百科的文档，人工标注问题
TriviaQA	抽取式	多种文体（网络文本/维基）	582k	73k	2017	开放域；问题及答案都是一些冷知识
bAbi	生成式	记叙文	20k	20k	2015	答案都是一个单词或几个单词组成的列表
Dureader	生成式	多种文体（网络文本）	202k	10k	2017	开放域；中文数据集；考虑观点型问题
DuoRC（ParaphraseRC）	生成式	记叙文（剧本）	85k	15k	2018	问题和文档词共现较少，需外部知识

14.6 本章小结

本章主要介绍了问答系统的相关技术。问答系统主要包含4类：检索式问答、知识库问答、社区问答以及阅读理解。检索式问答系统主要对问题理解、段落检索和答案抽取技术进行研究。知识库问答系统主要包括基于语义解析和语义匹配两类方法。社区问答系统则主要关注如何为用户推荐更优秀的答案，因此其主要对相似问题检索、答案摘要生成、问题路由和专家推荐进行研究。阅读理解式问答系统介绍了选择式、填空式、抽取式和生成式四种主要技术。对于每种问答类型都介绍了常用数据集和评价方法。

14.7 延伸阅读

到目前为止，最成功的问答系统非IBM研发的Watson系统了，其在2011年的美国智力竞赛节目“Jeopardy！”中战胜人类选手，因此获得了举世关注。随后，IBM把Watson系统中的问句分析、深度解析、知识抽取、答案排序、问答加速、抢答控制等各个模块及其关键技术以专刊的形式发表在2012年的IBM研发学报（IBM Journal of Research and Development）上，感兴趣的读者可以查阅。

近年来，随着深度学习技术的不断推进，基于神经网络的问答系统成了当前研究的热点内容。目前，检索式问答系统往往会将信息检索技术和阅读理解技术相融合，先利用信息检索技术抽取相关文档，再利用阅读理解技术抽取更为精准的答案，例如以SQuAD数据集驱动的大规模阅读理解式问答及其技术。并且，随着深度学习的发展，很多自然语言处理任务都可以通过不依赖人工设计的特征和规则，包括知识库问答和阅读理解式问答，通过序列到序列的转换模型或者序列到树的转换模型，都可以实现端到端方式建模。例如，语义解析的目标（面向特定领域的形式化语句）也是一个序号序列，采用序列转换模型可以端到端地自动生成形式化语句①。这种端到端模型泛化性能更好，更容易扩展到其他领域和应用中，感兴趣的读者可以通过关键词“Neural Semantic Parsing”“神经语义解析”查阅相关文献。

习题

1. 基于Web的检索式问答系统主要包括哪些模块，每个模块有什么作用？
2. 什么是“语义解析”，作为符号转换任务，与“机器翻译”“自动摘要”有什么区别和联系？
3. 基于语义匹配的知识库问答主要包括哪些模块，每个模块有什么作用？可以从哪些维度描述候选答案的特征？
4. 问题路由和专家推荐技术是为了解决什么任务而设计的，两者之间有什么异同？
5. 阅读理解式问答与检索式问答有什么区别和联系？阅读理解中的“抽取式问答”与“生成式问答”有什么优缺点？
6. 问句间的相似度计算有哪些类型的方法？各个方法有什么优缺点？
7. [实践作业]自行调研中文问题分类体系，设计并实现基于CNN的问题分类模型。
8. [实践作业]构建一个基于检索的问答系统。首先从文本库中检索到与问题最相关的文档（可以是一个或者多个）。然后对文档中的候选答案句进行排序，抽取出最相关的候选答案句。

① 例如，逻辑表达式“$\lambda x.dbo:birthPlace(dbr:Li\_Ning,y) \wedge dbo:isPartOf(y,x)$”可以表示为符号序列[“λ”,“x”,“.”,“dbo:birthPlace”,“(”,“dbr:Li_Ning”,“,”,“y”,“)”,“∧”,“dbo:isPartOf”,“(”,“,”,“x”,“)”]

参考文献

[1] RICARDO B Y, BERTHIER R N, et al. Modern information retrieval[M]. New York: ACM press, 1999.

[2] ELLEN M V et al. The trec-8 question answering track report[C]//TREC, 1999, 99: 77-82.

[3] CODY K, OREN E, DANIEL S W. Scaling question answering to the web[J]. ACM Transactions on Information Systems (TOIS), 2001, 19(3): 242-262.

[4] ZETTLEMOYER L S, COLLINS M. Learning to map sentences to logical form: Structured classification with probabilistic categorial grammars[C]//Proceedings of the Conference on Uncertainty in Artificial Intelligence, 2005: 658-666.

[5] SHAH C, POMERANTZ J. Evaluating and predicting answer quality in community QA[C]// Proceedings of the 33rd international ACM SIGIR conference on Research and development in information retrieval. New York: ACM Press, 2010: 411-418.

[6] FERRUCCI D, BROWN E, CHU-CARROLL J, et al. Building watson: An overview of the deepqa project[J]. AI magazine, 2010, 31(3): 59-79.

[7] BERANT J, CHOU A, FROSTIG R, et al. Semantic parsing on Freebase from question-answer pairs[C]// Empirical Methods in Natural Language Processing (EMNLP), 2013.

[8] BORDES A, CHOPRA S, WESTON J. Question answering with subgraph embeddings[C]// Proceedings of the 2014 Conference on Empirical Methods in Natural Language Processing (EMNLP), 2014: 615-620.

[9] BERANT J, SRIKUMAR V, CHEN P C, et al. Modeling biological processes for reading comprehension[C]// Proceedings of the 2014 Conference on Empirical Methods in Natural Language Processing (EMNLP), 2014. 1499-1510.

[10] RAJPURKAR P, ZHANG J, LOPYREV K, et al. Squad: 100,000+ questions for machine comprehension of text[J]. arXiv preprint arXiv: 1606.05250, 2016.

第15章 对话系统

15

对话系统是自然语言处理中最具挑战性的任务之一。开放领域、开放话题的对话系统涉及最核心的语义理解和语言生成问题，因而对话系统可视作机器智能的试金石，最早出现在图灵测试框架中。从 1966 年 MIT 开发的 Eliza 到今天很成功的社交机器人微软小冰，开放域和任务型对话系统技术都得到了长足的发展。特别是深度学习技术的应用，对话理解、对话管理、对话生成等多方面研究和技术都有显著进展。对话系统也是各种自然语言处理技术的集大成者，基础技术的发展对对话系统的进步起到重要的支撑作用。毫无疑问，更“类人”、更智能的对话系统将成为人工智能实现新突破的重要方向之一。

15.1 概述

对话系统通常是指以自然语言为载体，用户与系统通过多轮交互实现特定交互目标的智能系统。其中交互目标包括：完成特定任务、获取信息、建议或推荐、获得情感抚慰、社交陪伴等。对话系统近些年来成为工业界和学术界关注的热点。工业界研发了各种相应的智能对话系统或对话技术平台，如谷歌助理、苹果的Siri、微软的Cortana、亚马逊的Alexa、天猫精灵、叮咚音箱等。在学术界，对话系统的智能化水平也成为衡量人工智能综合能力的重要指标，具有重要的科学意义和学术价值。早在1950年阿兰·图灵提出的“图灵测试”框架中，对计算机系统智能化水平的测试就是以自然语言对话的形式进行的。

在研究分类上，对话系统主要分为开放域对话系统和任务型对话系统。开放域对话系统是以社交为目标的闲聊对话系统，通常以闲聊、情感陪护等为目标，例如微软小冰。这类系统的核心能力是社交能力，情感交流、心灵抚慰、闲聊好玩是其主要的目的，其在领域、话题上具有很强的开放性。任务导向型对话系统是以完成特定任务为目标的智能交互系统，可见于许多垂直领域的自动业务助理，如预定、旅行咨询、智能客服等。这类系统具有明确的任务目标，其核心能力是完成特定的任务。但一个“类人”的智能对话系统，通常是融合各种技能的智能体，技术上需要融合开放域和任务型对话技术，即系统需要在闲聊和任务解决等各种场景中实现无缝切换和衔接，不仅具有智商（问答、推荐、任务完成等），还要有情商（共情、情感抚慰、心理咨询等），这给研究带来重要的机遇和挑战。

本章将重点介绍对话系统中的两类技术：开放域对话系统技术，任务型对话系统技术。介绍这些技术的基本原理、系统框架、适用场景和存在问题。

15.2 开放域对话系统

开放领域对话系统着眼于在闲聊场景下使用自然语言和人交互，且对话不针对特定的话题和任务，图15.1给出了开放领域对话的实例。该类对话系统的主要目标是提升闲聊的轮次以及用户的满意度，相比对话的准确性更关注对话的多样性及对用户的吸引程度。由微软公司开发的“微软小冰”是工业界中开放领域对话系统的应用实例，她能够通过社交平台（如微信、微博）陪用户就各种话题展开闲聊，目前已经拥有庞大的用户群体。

开放领域对话系统涉及的话题极为宽泛，且对回复的多样性要求较高，所以任务型对话系统中常用的方法不能直接迁移至该类系统中。目前主流的两类模型包括检索式对话模型和生成式对话模型：检索式对话模型根据用户输入在对话资源库中检索合适的回复，其输出直接来源于库中的对话语料，该模型主要基于各类文本匹配的方法；生成式对话模型则根据用户输入直接生成回复，该模型主要基于从机器翻译领域引入对话的序列到序列模型。

本节首先介绍开放领域对话系统的基本原理，然后分别阐述检索式、生成式对话模型的基本框架及最新研究进展。

15.2.1 基本原理

作为自然语言处理的重要研究方向之一，人机对话的本质是研究语言序列间的映射关系。给定对话的上文C及用户当前的请求x，闲聊对话模型的目标是提供回复序列y，使得y既符合上文C的语境，又能高质量地回应用户请求x。该模型的概率解释是搜索回复序列$\hat{y}$，满足

$$\hat{y} = \arg\max_{y} p\left(y \mid C, x\right) \tag{15.1}$$

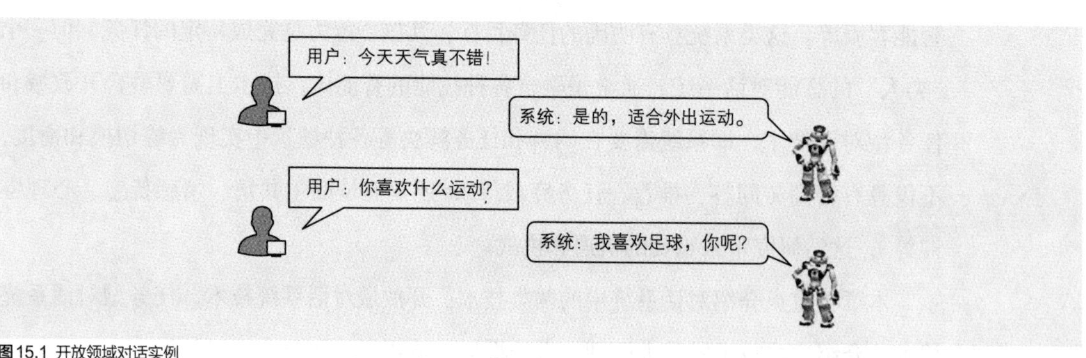

图15.1 开放领域对话实例

实际的人机对话中存在两类常见的对话场景：第一类是和上文无关的“问答式”对话，模型的回复只需考虑用户当前的请求：第二类是综合考虑上文及用户请求的对话，更接近人与人的闲聊。根据是否考虑上文C，可将闲聊对话分为两种类型：单轮对话和多轮对话。

- 单轮对话：通常以“用户请求—机器回应”的语句对形式呈现，模型回复时无须考虑上文信息，即$C=\varnothing$。

- 多轮对话：模型回复时需要考虑丰富的上文信息，例如用户和机器的对话历史等，此时$C=(u_1, r_1, u_2, r_2, \cdots, u_n, r_n)$，其中$(u_i, r_i)$分别表示上文中第$i$轮对话的用户请求和机器回答。

在实际应用中，带有对话资源库的模型通常会检索到与对话语境最相关的回复，然后作为模型的输出。没有对话资源库的对话模型则需要从语义层面理解上文和用户请求，从零开始生成回复序列。根据对话模型提供回复的方式的不同，可将所有模型分为两类：检索式对话模型和生成式对话模型。

- 检索式对话模型：该类模型通常具备高质量的对话资源库，提供回复时只需从资源库的所有回复y中选出$\hat{y}$，使其和上文、用户请求的匹配度最高：

$$\hat{y} = \arg\max_{y \in \mathcal{Y}} p\left(y \mid C, x\right) \tag{15.2}$$

- 生成式对话模型：该类模型假设不存在对话资源库，从上文和用户请求的语义出发直接生成回复。假设$\mathcal{V}$是词典空间，T为回复序列的长度，则生成式对话模型需要在$\mathcal{V}^T$空间中搜索$\hat{y}$，使得条件概率最大化：

$$\hat{y} = \arg\max_{y \in \mathcal{V}^T} p\left(y \mid C, x\right) \tag{15.3}$$

目前最新的研究尝试将上述两种对话模型结合，首先从资源库中检索匹配度最高的回复，然后通过生成的方法对该回复进行“改写”并作为模型的输出。结合后的对话模型能够有效地利用资源库中的回复，同时改写过程会使得回复更符合语境，从而得到高质量的回复。

15.2.2 检索式对话模型

检索式对话模型根据用户输入在预先构建好的对话资源库中检索，库中一般存储海量的$<C, x, y>$三元组。经过粗筛（即图中检索模块）和精排（即图中的重排序模块）两个阶段找到最合适的回复，其基本框架如图15.2所示。粗筛使用传统的文本检索算法（如BM25），在数据库中找到一批和当前用户输入相似的对话数据，并将

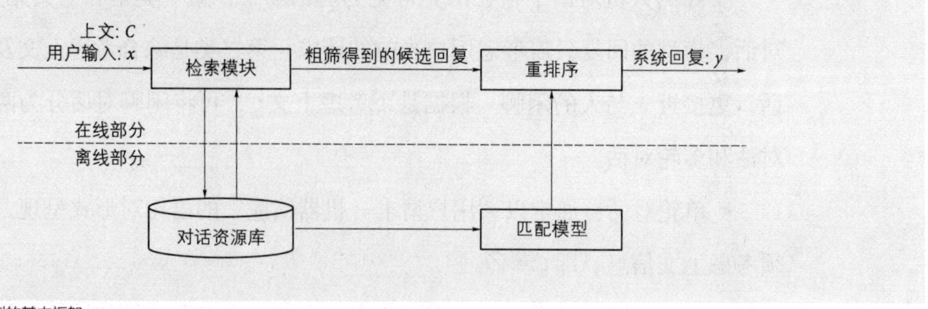

图 15.2 检索式对话模型的基本框架

其对应的回复作为候选回复。精排对这些候选回复进行重排序，以获取最终的机器回复。粗筛阶段只考虑输入与资源库中用户请求间的相似度，目前的检索算法已经能做到较高的准确率：而精排阶段需要考虑用户输入和资源库中回复数据间的关系，考虑到开放领域对话的多样性，精排是更为困难的任务。

精排的核心是对话上文与候选回复的匹配。给定上文C、用户输入x与候选回复y，其匹配分数记为$match\,(x|C, y)$，精排需要选择匹配分数最高的候选回复作为系统输出。传统的匹配模型使用潜在语义分析（latent semantic analysis，LSA）、潜在狄利克雷分配（latent dirichlet allocation，LDA）等方法将上文、用户输入与候选回复分别转化成向量表示，并用它们的余弦相似度作为匹配分数。近年来互联网上的真实语料变得更易获取，数据驱动的深度学习模型也因此取得了更好的效果。根据交互阶段的不同，模型可以分为两类。第一类如图 15.3（a）所示，先分别提取上文、输入和回复的句子特征得到表示向量，再将两个表示向量拼接起来通过交互网络得到匹配分数：第二类如图 15.3（b）所示，先让输入和回复充分交互得到底层局部匹配的信息，再提取其中有用的特征用于匹配。上述两类模型常使用铰链损失函数（hinge loss）作为优化目标：

$$\mathcal{L} = \max\left(0, 1 + match\left(x \mid C, y^-\right) - match\left(x \mid C, y^+\right)\right) \tag{15.4}$$

该损失函数常使用负采样（negative sampling）来计算，其中y^+表示用户输入对应的真实回复，y^-表示在训练集中随机采样得到的回复。该损失函数对模型参数可导，故直接利用随机梯度下降（stochastic gradient descent）等方法进行优化。

在单轮对话中，精排多采用第一类先提取特征后交互的模型，且重点是句子特征的提取，交互网络往往是简单的多层感知机。最常用的模型是深度语义匹配模型（DSSM），该模型的核心思想是通过各类模型提取句子的特征（如词袋、CNN、LSTM），然后进行交互以计算匹配分数。第一类模型的不足在于高层的特征表示可

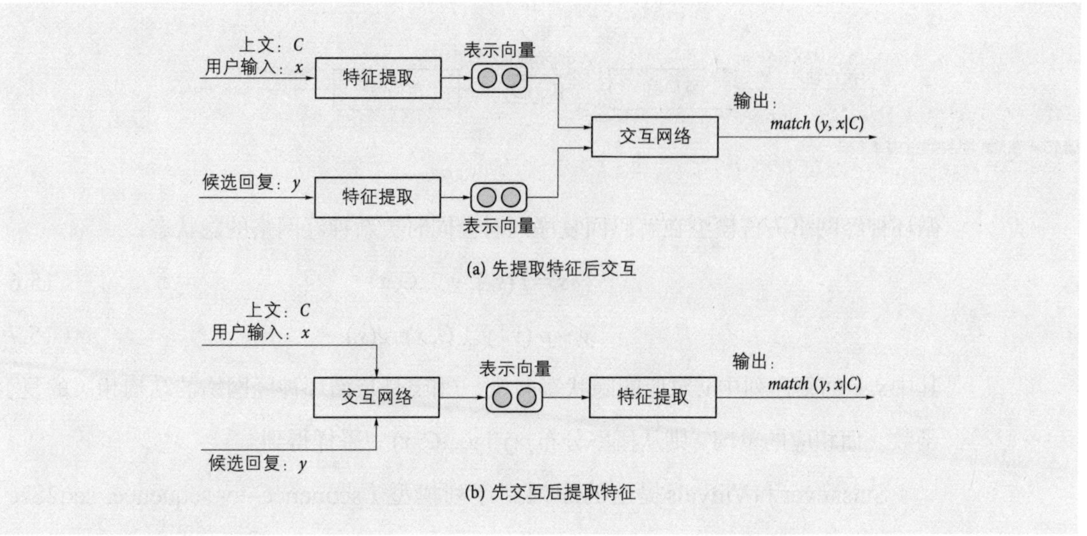

图15.3 检索式对话模型的两种基本类型

能丢失对匹配任务比较重要的细节信息，所以同样也有方法采用第二类模型，先通过交互得到二维的特征矩阵，再对矩阵进行特征提取以得到最终的匹配分数。多轮对话和单轮对话的主要区别在于输入C变成了由多轮对话历史组成的上文，为此第一类模型的特征提取部分多采用层次化的提取方式，以获得更加精细的特征；第二类模型则将上文中的每轮对话分别和回复进行交互，以得到用于计算分数的特征矩阵。

检索式对话模型在高质量真实对话语料的支持下能取得较好的效果，核心是句子匹配。其缺点主要有二：一是效果取决于对话数据库的规模，规模太小对输入的覆盖率低，会导致返回的回复相关性低；二是无法对回复进行有效的控制，比如不同的方式询问年龄可能会得到不同的回答。考虑到检索式模型最终返回的是相关的回复，这可以作为一个起点，而不是终点。

15.2.3 生成式对话模型

生成式对话模型包含编码器（encoder）和解码器（decoder）两部分，编码器将上文C和用户请求x编码为语义空间的向量，解码器根据编码结果逐词完成解码，生成回复序列y，其基本框架如图15.4所示。该模型本质上是利用条件概率的性质对优化目标$p(y|C, x)$进行分解：

$$p\left(y \mid C, x\right)=\prod_{t=1}^{M} p\left(y_{t} \mid y_{<t}, C, x\right) \tag{15.5}$$

其中$y=(y_1, y_2, \cdots, y_T)$表示长度为$T$的回复序列。该模型在求解优化目标时采用逐词解码的方式，可以很自然地使用循环神经网络（recurrent neural network，RNN）建模。

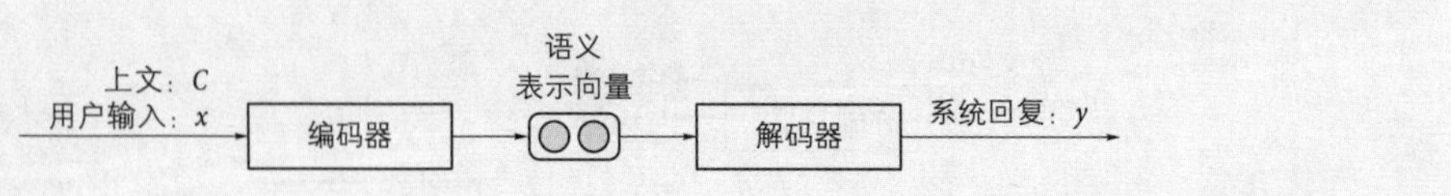

图 15.4 生成式对话模型的基本框架

循环神经网络语言模型在解码回复序列时会同时更新神经网络的隐状态：

$$\boldsymbol{s}_t = f(\boldsymbol{s}_{t-1}, y_{t-1}, C, x) \tag{15.6}$$

$$y_t \sim p(y \mid y_{<t}, C, x) = g(s_t) \tag{15.7}$$

其中$\boldsymbol{s}_t$是回复序列中y_t对应的隐状态向量，f和g是与循环神经网络的结构相关的复合函数。而相应的单词y_t则从概率分布$p(y \mid y_{<t}, C, x)$中采样得到。

Sutskever和Vinyals提出的序列到序列模型（sequence-to-sequence, seq2Seq）是通过神经网络来建模语言序列间映射关系的常用模型，已在机器翻译、人机对话等多个任务上取得了广泛的应用。该模型的编码器和解码器均使用循环神经网络，如图15.5所示（为便于说明Seq2Seq模型，本节均采用单轮对话的配置，即不考虑上文）。编码器将输入序列（即对话任务中的用户输入）$x=(x_1, x_2, \cdots, x_T)$编码为隐状态向量$\boldsymbol{H}=(\boldsymbol{h}_1, \boldsymbol{h}_2, \cdots, \boldsymbol{h}_T)$

$$\boldsymbol{h}_t = f(\boldsymbol{h}_{t-1}, x_t) \tag{15.8}$$

其中f是和循环神经网络的结构相关的复合函数。解码器根据编码器的结果逐词更新隐状态$\boldsymbol{S}=(\boldsymbol{s}_1, \boldsymbol{s}_2, \cdots, \boldsymbol{s}_T)$并得到输出序列（即对话任务中的机器回复）$y=(y_1, y_2, \cdots, y_T)$：

$$\boldsymbol{s}_t = g(\boldsymbol{s}_{t-1}, y_{t-1}, \boldsymbol{H}) \tag{15.9}$$

$$y_t \sim p(y|y_{<t}, x) = \mathrm{softmax}(\boldsymbol{W} \cdot \boldsymbol{s}_t) \tag{15.10}$$

其中g和f同样是与网络结构相关的函数，$\boldsymbol{W}$是将隐状态投影至词表空间的矩阵。计算隐状态向量时通常采用注意力（attention）机制引入编码器隐状态$\boldsymbol{H}$，该机制首先计算解码器隐状态$\boldsymbol{s}_{t-1}$与编码器隐状态$\boldsymbol{h}_i$的相似度$\alpha_{t,i}$，然后用相似度对编码器隐状态进行加权得到编码器隐状态的动态表示$\boldsymbol{c}_t$，并将其用于解码器隐状态$\boldsymbol{s}_t$的计算：

$$\alpha_{t,i} = a(\boldsymbol{s}_{t-1}, \boldsymbol{h}_i) \tag{15.11}$$

$$\boldsymbol{c}_t = \sum_{i=1}^{T} \alpha_{t,i} \boldsymbol{h}_i \tag{15.12}$$

$$\boldsymbol{s}_t = g(\boldsymbol{s}_{t-1}, y_{t-1}, \boldsymbol{H}) = g(\boldsymbol{s}_{t-1}, y_{t-1}, \boldsymbol{c}_t) \tag{15.13}$$

其中a为计算相似度的复合函数。序列到序列模型的损失函数是生成概率$p(y|x)$的负对数：

$$\mathcal{L} = -\log p(y \mid x) = -\sum_{t=1}^{T} \log p(y_t \mid y_{<t}, x) \tag{15.14}$$

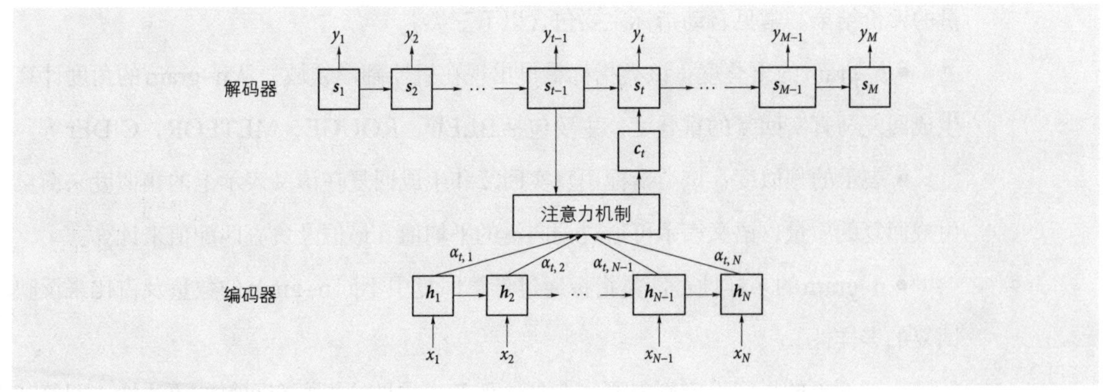

图15.5 序列到序列模型

为了提高回复的语法性、相关性、多样性和可控性，研究人员提出了许多基于序列到序列的改进模型，根据改进的位置可直观地分为编码端改进和解码端改进两类。

- 编码端改进：编码端的改进引入了除用户输入外的其他信息，以提升生成回复的质量。例如，层次化的编码-解码模型，利用两层循环神经网络来编码上文和用户请求。话题感知的回复生成模型在编码端引入联合注意力机制，同时关注输入和额外话题信息。其他研究尝试包括引入类别信息，控制生成回复的情绪、意图等。

- 解码端改进：解码端改进通过调整解码策略来提升生成质量。例如，在解码端引入复制机制，对低频词进行直接复制，以便生成信息量丰富的词。或者采用门控机制，在解码时通过控制变量计算生成不同类型词的概率分布，再通过概率混合的方式得到最终的概率分布。

15.2.4 常用数据集和评价方法

1. 常用数据集

开放领域对话系统的数据集要求覆盖尽可能多的话题。常用的英文数据集包含Twitter数据集和OpenSubtitles数据集。Twitter数据集是由Serban等人从社交平台Twitter上爬取的多轮对话数据，而OpenSubtitles数据集则源于Lison等人从电影字幕网站OpenSubtitles上爬取的字幕数据，为使其满足对话的实验配置，他们将相邻的两句字幕处理为对话系统的输入和输出，由此将字幕数据转换为对话数据。常用的中文数据集是由Shang等人构建的Short-Text Conversation（STC），该数据集从微博平台爬取，并由研究者整理为一条输入对应多条输出的对话数据。

2. 评价方法

闲聊场景下的对话质量评价是一个开放性问题，目前还没有通用的指标。现有的评估多采用自动指标和人工评价相结合的方法，力图从多个角度完整、准确地给出定量的评价结果。常见自动指标主要包含以下三类。

- n-gram的重叠度：该类指标最早出现在机器翻译领域，从n-gram的角度计算生成回复与真实回复的重叠度，主要包括BLEU，ROUGE，METEOR，CIDEr等。
- 表示的相似度：该类指标用真实回复和生成回复在语义表示上的相似度来衡量生成回复的质量，语义表示可通过词向量的平均值、最值及贪心匹配值来计算。
- n-gram的多样性：该类指标通过计算回复中不同n-gram的数量及占比来反映回复的多样性。

人工评价的指标设定则需要结合具体任务，常见的指标有回复的语法性、回复和用户输入的相关性以及回复含有的信息量。由于人工评价存在主观因素，评估时需要多人共同打分，然后利用Kappa值计算标注者的一致性以评估打分的可信度。打分的方式包括两种主要形式：第一种方式规定多个分值及对应的要求，标注者直接对每个回复给出相应的分值；第二种方式会给标注者提供两个回复，要求其根据不同指标选择其中更好的回复。

15.3 任务型对话系统

任务型对话系统使用人类语言作为信息交互的载体，能够提供一种更加自然的人机交互方式，并完成特定的任务，有着广阔的应用场景。如苹果公司开发的个人虚拟助手Siri搭载于苹果手机以及电脑等终端，能够让用户直接通过口语对话的方式控制自己的设备，并完成定闹钟、播放音乐、信息查询等操作。类似的，亚马逊公司推出的智能音箱Echo上也搭载了语音助手Alexa，它能够理解用户口头的命令，并控制音箱完成相应的操作。百度于2015年推出了智能对话系统“度秘”，最开始时出现在百度的主页上，提供了基于对话的百科问答功能；后来“度秘”逐渐演化成为“人工智能机器秘书”，目标是“实现用户需求与生活服务的精准匹配”，不再仅仅局限于特定的设备或载体。在客服领域，对话系统也得到了广泛的应用。以京东的客服机器人JIMI为例，它具备问题分类、意图识别、自动问答以及一定的拒答等能力，覆盖了售前咨询、售后服务等电子商务的主要环节。类似的电商机器人还有阿里巴巴开发的“阿里小蜜”。除了上述场景外，任务型对话系统还广泛应用在餐厅预订、公交线路查询、旅游向导等诸多领域，为人们的生活提供更多的便利。

15.3.1 基本原理

1. 对话系统中的任务

人机对话作为一种人机交互方式，其任务的本质是为了让用户更加自然和更加方便地使用计算机。对于用户来说，对话系统中的“任务”可以理解为通过自然对话的方式与计算机进行交互，并在交互过程中获取特定的信息或者使用计算机特定的功能；对于对话系统来说，“任务”可以理解为在垂直领域内准确获取并理解用户的需求，产生满足用户需求的结果，并将结果以自然语言的方式返回给用户。

人机对话系统能够应用的任务领域有很多，一些常见的任务型对话系统已经在前一部分做过介绍。以“公交线路查询任务”为例，用户希望通过告诉对话系统自己的出行需求（什么时候出发，从什么地方到什么地方），然后获得满足要求的公交车线路信息；而针对这一垂直领域设计的对话系统则需要从用户输入的自然语言中获取关键信息，并主动询问缺少的关键信息，然后根据系统自身的公交线路数据库查询出符合要求的线路，最后以自然语言的形式返回相应的信息。对于系统来说，除了上述核心的任务外，根据系统部署的环境，还可能需要完成语音识别和语音合成的任务。

2. 什么是任务型对话系统？

任务型对话系统通常向用户提供特定的信息或者服务。用户在使用任务型对话系统的时候带有明确的目的，如预订餐厅，查询航班等。因此，针对垂直领域，对话系统的核心任务通常被建模为信息槽-值对的形式；当在一个任务型对话系统中集成了多个子任务时（如查询航班的对话系统同时支持查询天气），还会额外加入“意图”信息，形成“意图-槽-值”的三元组。如果用户的需求较为复杂，一轮对话无法完成相应的任务，此时则需要进行多轮交互。在进行多轮对话时，除了用“意图-槽-值”三元组来刻画任务外，还需要加入多轮状态标志，用于判断各个多轮任务完成的进度以及子任务之间是否能够共享信息等。任务型对话系统的核心流程为：理解自然语言，查询特定信息或者执行特定操作，产生自然语言回复。其基本结构如图15.6所示。

其中，NLU表示自然语言理解模块，DM表示对话管理模块，NLG表示自然语言生成模块。各个模块的作用将在15.3.2小节详细介绍。

3. 任务型对话过程示例

我们以“订机票”任务为例。系统初始时，主要槽值对为：（出发地：空；目的地：空；日期：空；座舱：空）

用户输入：“帮我订一张去北京的机票。”

此时对话系统的自然语言理解模块识别到“订机票”意图，并且进一步抽取出

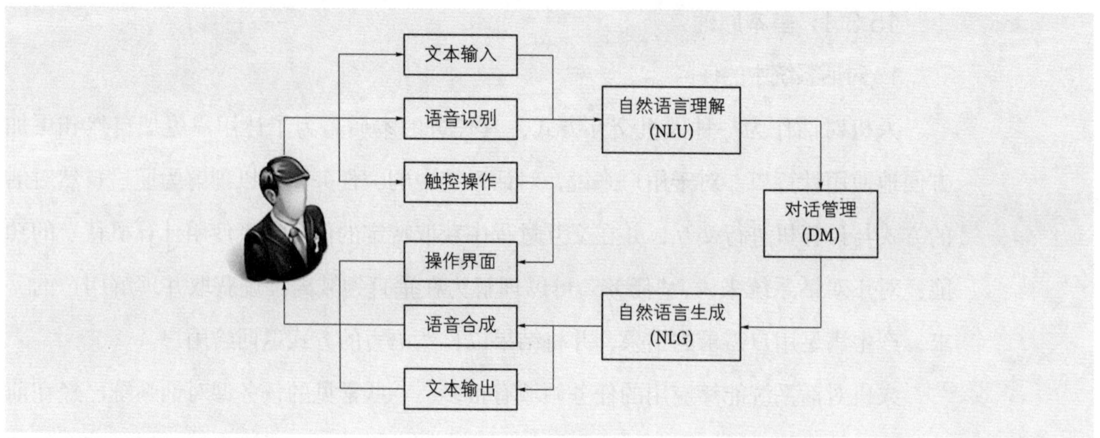

图15.6 任务型人机对话系统结构图

"北京"空缺的槽信息。此时，系统的槽值对变成了：(出发地：空；目的地：北京；日期：空；座舱：空)

一轮对话之后，系统中四个主要的槽值对仍然有空值。于是进入多轮对话，多轮标志被置为"多轮对话进行"。同时系统针对为空的槽值，

系统询问："请问您从哪里出发？"

正常情况下，用户会回复出发地，例如，

用户回复："哈尔滨"

此时，又有一个槽值对得到了确认。类似的，系统继续询问最后一个关于飞机座舱的槽值信息。

系统询问："请问您想预定哪种舱位，头等舱还是经济舱？"

用户回复："经济舱"

得到用户反馈后，系统的槽值对可能变成了如下形式：(出发地：哈尔滨；目的地：北京；日期：空；座舱：经济舱)

最后，系统将对最后一个槽位进行相应的询问。

系统询问："请问您想什么时间出发？"

用户回复："明天早上"

得到用户反馈后，系统的槽值对可能变成了如下形式：(出发地：哈尔滨；目的地：北京；日期：明天早上；座舱：经济舱)

此时，系统所有的槽位均已填完，系统可以向用户最后确认机票信息。如果系统得到用户确认，则本次交互结束，多轮对话标志复位，订票过程结束：如果用户改变主意，想要订其他机票或火车票，那么根据多轮状态标志，可以直接复用已经获得的信息，而不用再次询问。以上的例子简单展示了任务型对话的基本过程。实际的对话

系统中，需要考虑的细节会更多。

15.3.2 流水线式对话模型

基于流水线处理的对话系统结构如图15.7所示，其主要结构可以分为三部分：

（1）自然语言理解，其中包含用户意图识别和语义槽填充；

（2）对话管理，包括对话状态追踪和对话策略优化；

（3）自然语言生成。

下面分别详细介绍基于流水线处理的对话系统的三个主要部分。

1. 自然语言理解

自然语言理解（NLU）模块的输入是来自用户的自然语言文本（或者语音转写后的文本），经过意图识别和语义槽填充处理之后输出用户输入的意图标签，以及识别出用户输入中与对话状态相关的语义槽-值信息。图15.8为任务型对话系统中NLU模块处理的一个示例。从图15.8中可以看出，用户输入："帮我订一张去北京的机票"，这句话的意图被识别为"订机票"，而这句话中包含了"目的地"这个语义槽，其值为"北京"。

在意图识别方面，一种简单的方法是基于规则，例如通过构建意图词表或其他由人类专家手工构建的句子级别的识别模板等。然而这种早期的基于规则构建的意图识别方法存在着覆盖率低、难于迁移领域和耗费人力等缺陷。针对基于规则的意图识别方法所存在的问题，出现了以支持向量机模型为代表的基于统计机器学习的意图识别方法。基于统计机器学习的意图识别方法能够通过标注数据自动学习特征的重要性，

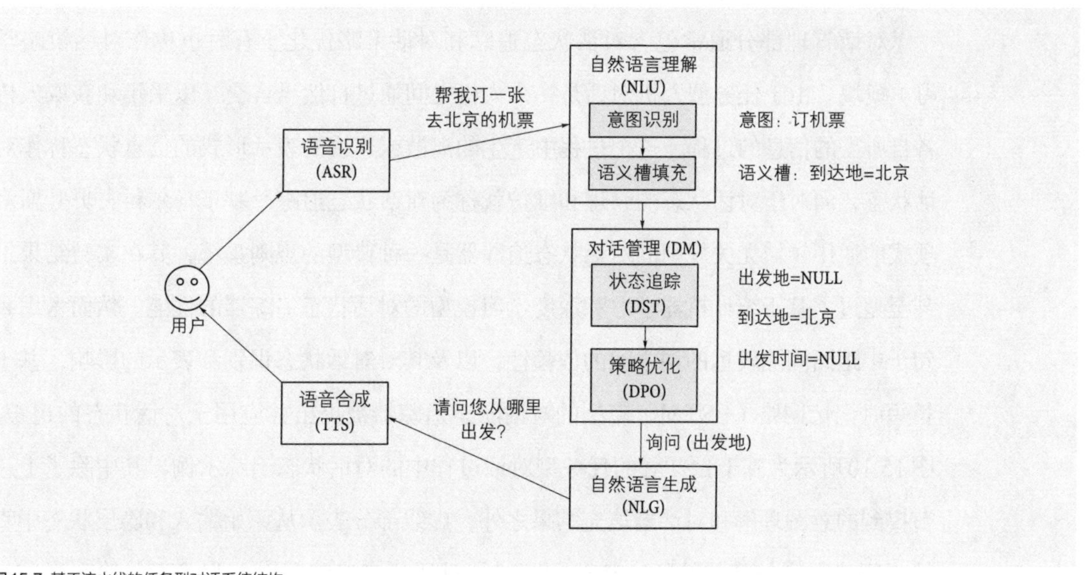

图15.7 基于流水线的任务型对话系统结构

同时具备一定的泛化能力。然而这种方法仍然存在着依赖手工构建特征的问题。随着深度学习的出现和快速发展，基于卷积神经网络的意图识别模型凭借其在特征自动学习上的优势超越了基于规则和统计机器学习的方法，成为目前主流的意图识别方法。

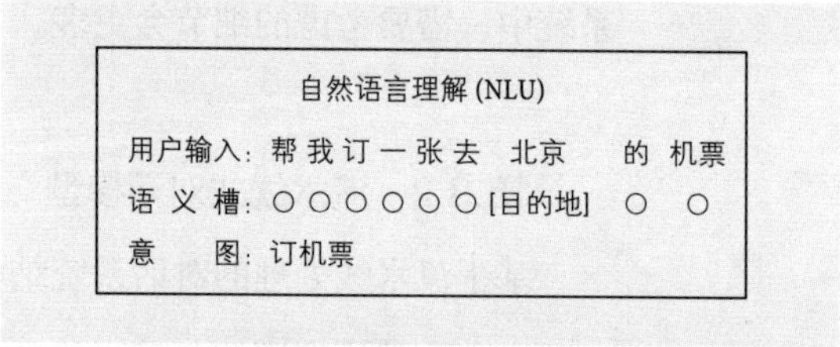

自然语言理解 (NLU)

用户输入：帮 我 订 一 张 去 北京 的 机票

语 义 槽：O O O O O O [目的地] O O

意　　图：订机票

图 15.8 任务型对话的自然语言理解示例

在语义槽填充方面，一个很自然的想法是将其建模成序列标注任务，这样就可以使用序列标注模型进行语义槽的填充。基于条件随机场（CRF）的语义槽填充模型是一种典型的序列标注式模型，但考虑到CRF模型需要预先定义特征模板以及其计算复杂度较高的问题，基于循环神经网络的语义槽填充模型逐渐代替了CRF模型。同样以图15.8中的用户输入为例，图15.9所示为基于长短时记忆网络（LSTM）的语义槽填充模型。

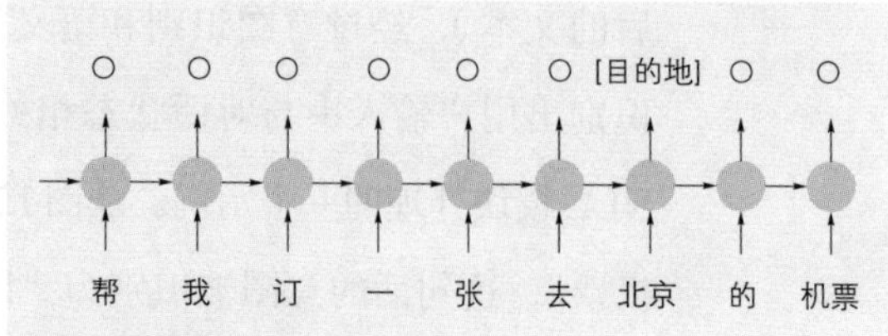

图 15.9 基于长短时记忆网络（LSTM）的语义槽填充模型

其中，“**O**”表示非语义槽标识，而“北京”被模型识别成了“目的地”语义槽相对应的值，显然这种基于循环神经网络（RNN）的模型能够在语义槽填充的过程中获取整个句子的全局信息，而LSTM的使用也使得RNN模型本身的梯度消失问题得到缓解，因此目前基于LSTM以及其改进版本的模型在语义槽填充中取得了较好的效果。值得注意的是，CRF也可以与RNN类型的模型相结合在RNN的句子表示基础上进行序列标注。

2. 对话管理

对话管理部分通常包含对话状态追踪和对话策略优化（有时也称作对话策略学习）模块。由于任务型人机对话是一个人机之间通过自然语言交互以采集和获取人机各自所需的信息的过程，这个过程中产生的离散或连续的表示形式的信息状态称作对话状态，而对于对话状态的管理和维护就称为对话状态追踪。基于马尔科夫贝叶斯多项式的通用领域无关规则的对话状态追踪器是一种典型的规则系统，其在实验结果上甚至超过了基于统计机器学习和深度学习模型的对话状态追踪器的性能。然而考虑到句子中距离间隔较远的词之间的依赖性，以及其对对话状态识别和表示的影响，基于长短时记忆网络（LSTM）模型的对话状态追踪器被提出并应用于对话状态的追踪。图15.10所示为基于LSTM的任务型对话过程中的对话状态追踪示例，其中除了上一节提到的意图理解和对话槽填充结果之外，虚线部分表示从原始输入和隐层状态中直接或间接得到的其他特征，基于LSTM的对话状态追踪器以此为输入并输入当前时

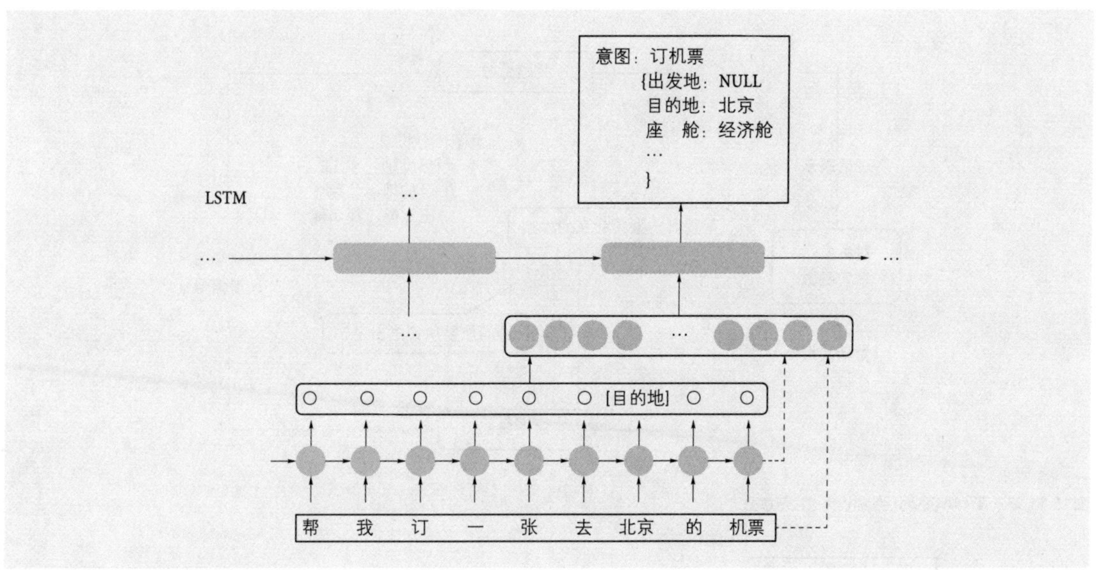

图15.10 任务型对话系统对话状态追踪示例

刻的对话状态。

由于任务型对话系统的一个重要指标是以尽量少的对话轮数帮助用户完成相应的任务，因此，如何在完成任务的前提下，减少对话的轮数，成为了任务型对话系统策略优化的目标。简单来说，如果把对话意图理解看作是让任务型对话系统看懂或听懂用户输入的语义，那么对话策略优化就是根据用户的输入来决定回复什么内容给用户以尽快完成任务。一种简单的基于规则的对话策略是通过有穷状态自动机来实现。在这种方式下，系统通过不断向用户提问、获得用户回答的方式来控制对话的流程。自动机的每个节点代表了系统当前的状态，自动机的每条弧代表了用户可能的输入。这种方式虽然易于实现，但是高度依赖人工知识，可扩展性和领域迁移能力很差。针对以上问题，一种当前比较主流的方法是将对话过程建模为马尔科夫决策过程（Markov decision process，MDP），通过强化学习方法来学习一个最优的对话策略。在对话过程中，即使是完全相同的状态下，系统的动作也不应该仅仅是模仿训练数据中相同状态下的动作，而是应该选择更加有利于对话过程成功的动作。因此把对话过程看作一个决策过程，使用强化学习方法学习对话策略更为合适。

如图15.11所示为基于强化学习的对话策略优化方法的执行过程示意图。其中用户处于对话策略优化的中心，在强化学习的概念中也称用户为强化学习的环境，通过对话的特征采集以及表示，获取用户反馈并通过奖励函数转化为对话的奖励从而反馈给对话策略，对话策略模块结合强化学习反馈信号产生新的对话交互，即示例中的“请问您要从哪里出发？”。当然值得注意的是，生成该问句的过程实际上是自然语言生成模块所完成的任务。而在对话策略优化阶段所产生的是用于生成该问句所对应的

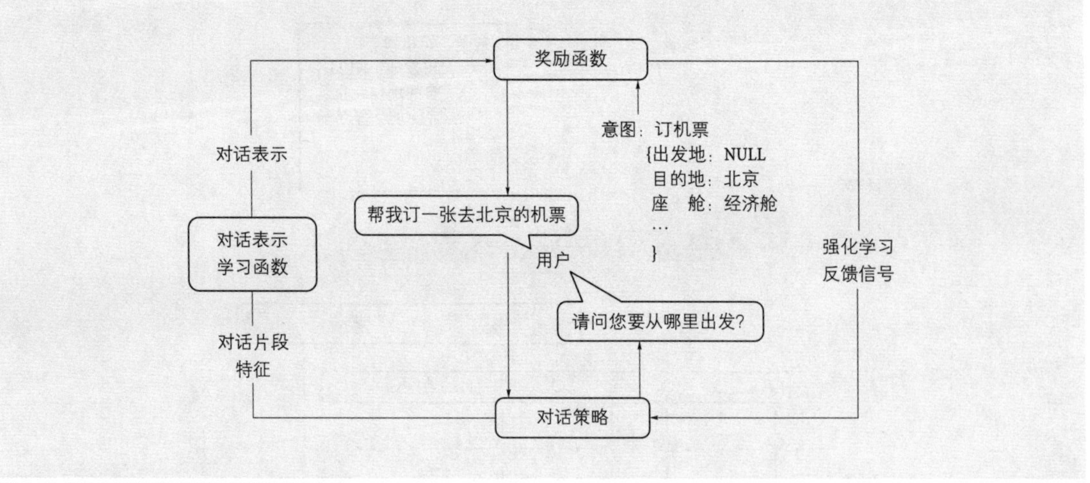

图15.11 基于强化学习的对话策略优化过程示意图

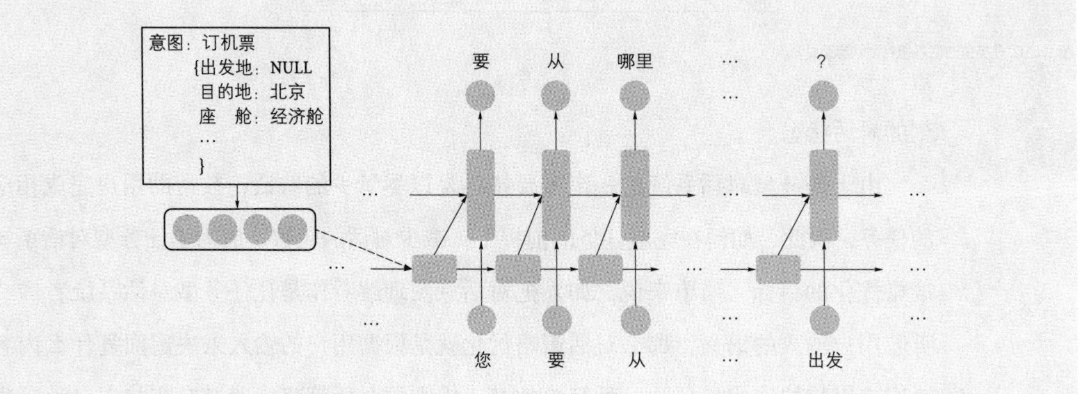

图15.12 基于循环神经网络的任务型对话系统自然语言生成示意图

对话动作（dialogue act）及其表示。

3. 自然语言生成

自然语言生成模块的输入是对话管理模块输出的最终回复内部表示，输出的则是返回给用户的自然语言形式的回复。自然语言生成是将抽象的对话动作转化为自然语言的过程。一个好的自然语言生成器需要能够产生流畅、清晰、多样的回复。传统的自然语言生成通过句子规划，把输入映射为中间表示，然后通过模板或者结构化的方法把中间表示转化为最终的回复。

近年来，基于循环神经网络（RNN）的自然语言生成方法开始流行起来。一种比较流行的方法是基于LSTM的结构做自然语言生成。其中对话动作类型和槽–值对被转化为了一个One-Hot向量，用以保证生成的句子能够表达相应的意图。其中一种典型的做法是基于LSTM的编码–解码结构来综合考虑问题信息、语义槽和对话动作类型以生成正确答案。使用注意力机制来关注解码器当前解码状态的关键信息，并通过编码对话动作类型来生成不同类型的回复。图15.12所示为基于循环神经网络的任务型对话系统自然语言生成示意图，其展示了从对话管理的输出向量表示，到将其加入解码过程，最后解码出任务型对话系统生成的回复。

15.3.3　端到端式对话模型

在15.3.2小节已经介绍了基于流水线的处理方法，这种方法在有效建模任务型对话系统的同时，还存在着以下的问题。

（1）信用分配问题（credit assignment problem）。开发者能够获得的用户的反馈只有对话系统最终整体表现的评价。要想定位一条表现欠佳的对话是由哪个模块引起的，需要进行复杂的分析，因为在流水线方法中一个上游模块的错误会级联影响到下游模块。

（2）在线自适应。流水线方法中模块之间相互依赖，这增加了在线自适应的难度。例如，假如一个上游模块在新数据上进行了重新训练，那么其他依赖于它的下游模块将不再是全局最优。因为这些下游模块是在上游模块重训练前的原始版本基础上进行训练的。

另一方面，非任务型对话系统近年来涌现出许多基于端到端方法的工作。这种方法将对话任务看作一个源序列到目标序列的转移问题，使用编码器将源序列的语意信息编码成一个分布式向量表示，然后根据这个表示使用解码器生成回复。但是这种构建非任务型对话系统的方法缺少对于特定领域任务的支持，例如不能与数据库交互或在生成过程中集成有用的信息等。为了解决上述问题，出现了使用非任务型对话系统的端到端方法来构建任务型对话系统，从而弥补基于流水线方法的任务型对话系统的缺点。

相对于基于流水线处理的系统结构，图15.13所示为端到端任务型对话系统示意图，直观上看，端到端的任务型对话将自然语言理解、对话管理和自然语言生成部分集合成一个黑箱，接收用户输入并做出回复。

图15.14所示是一种典型的端到端任务型对话模型示例。可以看出，在端到端对话建模过程中，虽然没有严格的流水线式处理过程，但同样会在各个过程中进行意图的表示、对话状态和对话策略的学习，以及对话动作的表示等过程。端到端的优势在于将以上各个过程进行统一建模，从而避免中间结果误差导致最终结果上的错误累积。尽管端到端的建模任务型对话过程看起来形式简单直观，但由于端到端模型内部的学习方式多种多样，因此其过程也有较大的差别，接下来主要列举两种端到端的学习方法，即基于深度学习的端到端学习方法和基于强化学习的端到端学习方法。

1. 基于深度学习的端到端对话系统

基于深度学习的端到端方法在基于流水线方法的框架下，使用深度学习模型建模

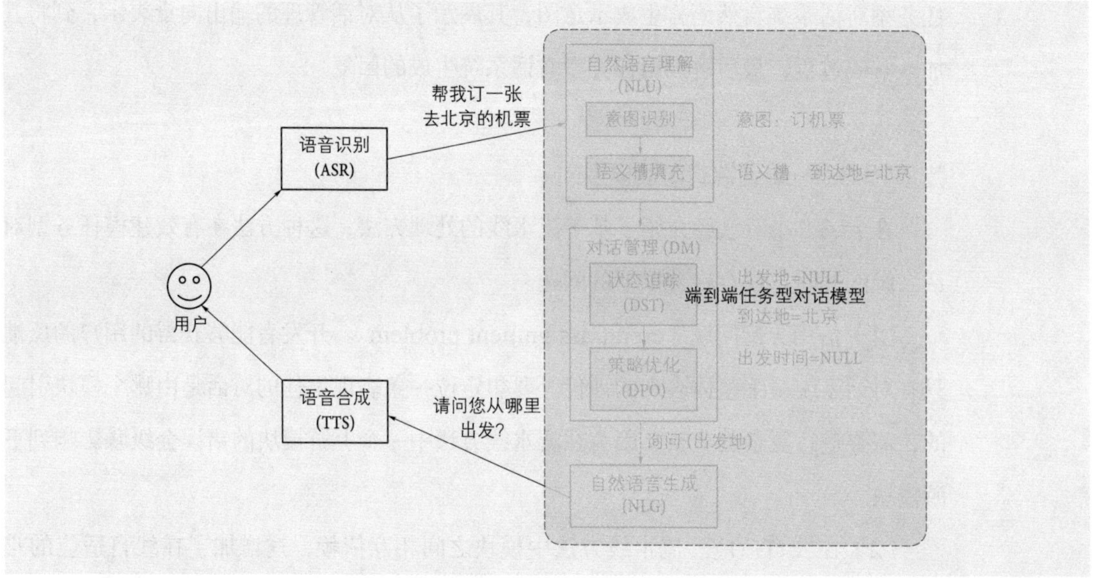

图15.13 端到端任务型对话系统结构示意图

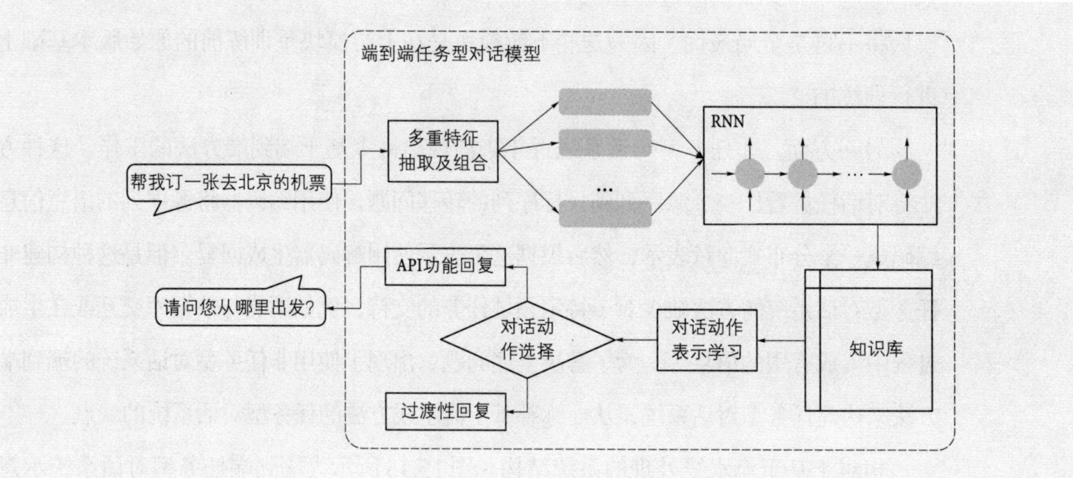

图15.14 一种端到端任务型对话模型示例

各个模块。在每轮对话中系统接收用户的一条输入消息$w_1, w_2, \cdots, w_n$，其中w_i为消息中的第i个词。

（1）将其使用意图网络（intent network）转换成分布式向量表示z；

（2）使用一系列对话状态追踪器（belief tracker）转换成槽–值对上的概率值分布p_i，这里p_i为第i个槽–值对上的概率分布。然后选取当前对话状态上概率最高的值形成一个查询q，从数据库（database，DB）中获取结果x。

（3）继而查询结果、意图表示和对话状态经由策略网络（policy network）π，形成系统动作向量$\boldsymbol{o} = \pi(z, p, x)$。

（4）最后根据系统动作向量使用回复生成网络（response generation network）g生成回复$r = g(\boldsymbol{o})$。

此外，考虑到回复中可能会重复输入消息中的词，还可以在回复生成阶段引入复制机制。关于每个模块网络的结构，意图网络通常使用长短时记忆网络或卷积神经网络进行建模，同时也可以使用两者结合的方式。对话状态追踪器网络可以首先使用卷积神经网络提取当前轮次对话信息的特征。然后使用递归神经网络，在考虑对话历史信息的情况下根据抽取的特征预测对话状态。策略网络可以使用多层感知机，接收对话状态向量作为输入，输出对话动作。回复生成网络本质上是一个语言模型，因此通常使用长短时记忆网络进行建模。上述方法在流水线方法的架构下使用神经网络建模各个模块。此外还有直接借鉴非任务型对话系统的端到端方式，例如基于记忆网络（memory network）的方法。这种方法将历史对话信息建模成记忆，使用注意力机制根据用户的消息找出和当前回复相关的记忆，根据这些记忆在预先构建的候选回复集合中选择一个合适回复。最后，将用户和机器的这一轮交互加入记忆中对记忆进行更新。

2. 基于强化学习的端到端对话系统

上述基于端到端的任务型对话系统使用有监督学习的方式进行学习，这种方式存在以下的局限。

（1）在生成过程中仅考虑到生成的历史信息，没有考虑当前的选择对于未来生成的影响。

（2）一个对话系统中可能存在着大量的对话状态，而有监督方法的训练集对于这些状态并不能充分地覆盖。

（3）有监督方法将训练集中的回复当作目标进行训练，但是这些目标回复不一定是最优的选择，同时还可能存在着大量噪声。因此学习目标回复并不能保证获得最优的动作。

为了解决上述问题，可以使用强化学习的方法来训练对话系统。该方法会设置奖励函数用来表征对话的成功与否。模型通过试错法学习如何获得更多的延迟奖励，从而在每一步生成过程中考虑当前选择对于未来的影响。同时，不断地试错，也使得模型探索到更多的对话状态，从而增加了对话系统的鲁棒性和任务完成率。

任务型对话系统的强化学习通常集中在策略网络和对话状态追踪上，这两部分也可统称为对话管理。前面已经介绍，策略网络通常使用一个多层感知机进行建模。在强化学习框架下，将要学习的策略π定义为策略网络的参数，将状态s定义为对话状态追踪得到的状态，将动作a定义为策略网络的输出。例如，对话管理包括如下部分：

① 对话动作预测，即在{请求，提供信息，确认，选择，结束}中进行预测；

② 语义槽识别，包括{始发地，目的地，座舱，…}；

③ 对话状态，根据以上提供的信息，形成对话状态的表示，每一种特定的系统

提供的信息，对应着对话系统的一个状态。

此外，对话动作还可以包含一些模板（结合根据消息预测的实体词形成回复）以及预先定义的API，其中API可以调用领域相关的软件如天气查询等。在训练过程中，这些部分通常首先使用监督学习的方式预训练，然后再使用强化学习进行进一步训练。强化学习阶段，训练目标是找到一个最优的策略使得期望奖励R最大化，其中：

$$R=\mathbb{E}\left(\sum_{t=1}^{T} r\left(s_t, a_t\right)\right)$$

$r(s_t, a_t)$为t时刻在状态s_t下执行动作a_t所获得的奖励。此外，状态追踪和策略网络还可以看作一个对话管理器，共同使用强化学习进行优化。

15.3.4 常用数据集和评价方法

1. 常用数据集

任务型对话系统的应用背景较为明确，因此，相应的数据集较多。其中DSTC对话技术评测推动了相关研究的进展，目前DSTC对话技术已经进行到第8届，评测任务中发布了对话状态追踪、对话选择和生成等数据集。同时，随着研究的进展，单一领域的对话数据不能很好地和实际应用场景结合，因为在实际使用的任务型对话系统中，通常是多领域的，例如人们可能会在一个任务型对话系统中，同时要求完成订机票、酒店、餐饮等多个任务。MultiWOZ数据集正是针对多领域的问题发布的任务型对话数据集。然而，以上数据几乎都是针对英文的任务型对话数据集。在中文任务型对话方面，由中国中文信息学会社会媒体处理专委会主办的中文人机对话技术评测，从2017年开始发布，到2019年已经举办了3届，相应地，发布了多个任务型对话数据集，其中包括意图分类任务，领域、意图分类和语义槽填充联合建模任务以及完整的任务型对话系统评测任务。同时，京东研究院也在2018年和2019年发布了电商客服任务上的对话数据集，丰富了中文任务型对话系统的数据集。

2. 评价方法

任务型对话系统的评价方法也是一个活跃的研究方向。在对话系统的实际应用中，研究者们逐渐发现对话系统的任务成功率和对话轮数是最重要的两个指标。后来的研究工作也将最大化任务成功率与最小化对话轮数作为评价任务型对话系统的主要指标。目前针对任务型对话系统，主要有以下三种评价方式。

（1）通过构造用户模拟器进行评价

用户模拟是一种有效且简单的评价策略，并且是最有可能覆盖最大对话空间的方法。通过模拟不同情境下的对话，可以有效地在大范围内进行测试和评价。这种方法的缺点也很明显，就是真实用户的反映与模拟器的反应之间存在潜在的差距，这个差距的影响大小很大程度上取决于用户模拟器的好坏。

（2）人工评价

另一种评价方法是通过雇佣测试人员对对话系统的结果进行人工打分。测试人员在预定任务领域内对系统进行评测，通过一些预设的询问方式与系统进行对话，根据对话结果对系统的表现进行评分。这也是目前最可靠的一种评价方式。其主要的缺点在于评价结果主观性较强，并且评价结果难以复现。

（3）在动态部署的系统中（在线）进行评价

任务型对话系统最理想的评价方法就是在真实用户群中检测用户的满意度。卡耐基梅隆大学曾经开发了一个为宾夕法尼亚州匹兹堡的用户提供在线公交信息查询的对话系统，用户可以通过给这个对话系统打电话来查询公交信息。在卡耐基·梅隆大学开发的对话系统成为标准服务系统后，后续出现的针对这一任务的对话系统如果通过测试、被证明效果更好则可以替换这个对话服务系统。

任务型对话系统的客观评价指标通常使用BLEU和实体识别的F值进行评价。BLEU通常用于评估机器翻译系统的质量，也常用于开放域聊天机器人和任务型对话系统中,它主要采用一种n-gram的匹配原则，比较标准回复和预测回复之间n-gram的重叠占比。

15.4 本章小结

本章简要介绍了开放域对话系统和任务型对话系统。开放领域对话系统由于其话题和领域的非受限性，目前仍然面临诸多挑战。本章从基本原理、典型模型、前沿热点等方向对开放领域对话系统的研究内容进行了系统梳理。基本原理方面总结和抽象了基于检索、基于生成、混合系统的基本数学框架，典型模型方面介绍了序列到序列生成模型。在热点前沿方面，又介绍了情绪、知识利用、个性化等前沿挑战性的课题。

在任务型对话系统方面，传统的任务型对话系统基于流水线方法，包括自然语言理解、对话状态追踪、对话管理和自然语言生成等模块，各个模块分别独自进行训练。这种方法的局限有：① 信用分配问题，难于定位错误；② 在线自适应问题，无法适应新领域或新数据。基于端到端的任务型对话系统使用有监督的方式，直接将输出端的误差回传给输入端，可以解决上述的问题。但是有监督方法也存在着不能考虑未来收益、对话状态覆盖有限等问题。因此可以考虑使用强化学习进行训练。同时这两种学习方式还可以结合使用。数据稀缺也是目前很重要的一个问题，当下任务型对话系统的数据十分缺乏，未来希望可以有大量的训练数据帮助人们训练一个端到端的对话系统，而不需要单独地对流水线中的各个组块进行学习，让模型自己从数据中学习到如何直接回复用户问题的模式，真正做到容易扩展，容易部署。

15.5 延伸阅读

序列到序列模型使用最大似然估计作为优化目标，并在生成时使用贪心或者束搜索等方式，寻找似然概率较大的回答。受限于优化目标，该模型容易生成通用且无聊的回复，即便使用了精心设计的搜索技巧，也只是在词级别进行搜索，并不能从根本上获得多样的回答。学者们提出了两类方法来解决该问题：第一类方法在对话模型中引入强化学习，将回复生成的评价指标直接作为奖励，通过模拟模型之间的对话来最大化奖励函数：第二类方法在对话模型中引入深度生成模型，如条件变分自编码器（conditional variational auto-encoder, CVAE）、对抗生成网络（generative adversarial network，GAN），尝试从表示层面建模对话“一对多”的性质，同时得到更好的对话表示以对回复的属性进行进一步的控制。

为了提升开放领域对话系统的拟人化程度，进一步改善用户体验，研究者试图引入多种先验知识使模型的回复具备情绪、知识、个性等类人因素，从而赋予模型更强的可控性和可解释性。情商是人类重要的智能行为，情绪感知和表达无疑是构建类人对话系统的关键因素，研究者尝试在对话系统中对情绪信息进行建模，探索给定预先指定的情绪产生符合相应情绪回复的问题。知识对于语言理解和语言生成至关重要，具备知识的对话模型可以更好地理解用户问题并且利用系统的知识库生成回复，以增强用户在谈话中的参与性与交互性。个性化属性包括年龄、性别、语言、说话风格、一般（积极）态度、知识水平、专业领域等，这些属性将影响对话系统对用户的回复的生成，研究者们隐式或显式地利用个性化信息来使得模型在对话中表现出个性化特征。

在任务型对话中更加真实的用户模拟器需要人的参与。原始的用户模拟器要么是一个对话代理，要么是用户跟任务型对话模型进行交互，来探索对话空间。这个过程叫作对话模拟。它根据人与人真实的对话语料学习并不断地去训练任务型对话模型，通常在这个过程中，人参与度不高。有学者提出新的对话模拟器框架，包含两部分，第一部分是人类“教师”教对话模拟器，整个过程中，相当于投入很小的人力进行初始化，初始化之后，对话模拟器再训练任务型对话模型。在这个过程中，如果人类“教师”看到有一些状态和动作之间的转移方式不对，再去纠正然后训练。通过这种分时分阶段的对话模拟，能够训练更好的对话模拟器从而更有效地训练任务型对话模型。

习题

1. 请简述图灵测试的基本思想和实现过程。你认为实现通过图灵测试的对话机器人有哪些关键难点？类人机器人有什么关键特征？
2. 请简述任务型对话的流水线模型，并阐述端到端任务型对话模型的提出动机。
3. 开放领域的对话系统有几种典型的实现框架？简述每一种框架的主要过程。
4. 请简述开放域对话系统面临哪些挑战。
5. 请概述多领域、多话题、多任务对话系统面临哪些挑战。
6. 请给出基于检索的开放领域对话系统的形式化表示。
7. 任务对话系统中，当一句话有多个意图时，应该如何实现多意图的检测？
8. 请用符号系统形式化描述对话策略学习和对话状态跟踪的基本任务。
9. 任务型对话系统的语言生成模块，从结构化意图到自然语言的生成任务，与开放域对话生成过程的异同是什么？
10. 在人机对话系统的应用过程中，用户可能会有多种意图，相应地会触发人机对话系统中的多个领域（domain），其中包括任务型垂直领域（如查询机票、酒店、公交车等）、知识型问答以及闲聊等。因而，人机对话系统的一个关键任务就是正确地将用户的输入分类到相应的领域（domain）中，从而才能返回正确的回复结果。请根据SMP-ECDT任务一的设置，编码完成该任务，在线提交并对比实验效果。

SMP-ECDT
任务一

参考文献

[1] TURING A M. Computing machinery and intelligence[J]. Mind,1950, 59(236): 433–460.

[2] YOUNG S, GAŠIĆ M, THOMSON B. POMDP-based Statistical Spoken Dialogue Systems: a Review[C]// Proceeding of IEEE, 2012: 1160–1179.

[3] VINYALS O, LE Q V. A neural conversation model[C]//ICML Deep Learning Workshop, 2015.

第16章 机器翻译

16

16.1 引言

据统计，截至2018年世界上存在约7000种自然语言，其中超过300种语言拥有一百万以上的说话人。而随着全球化趋势的发展和互联网的广泛普及，不同语言之间的信息交流显得越来越重要，如何突破不同国家和不同民族之间的语言障碍已成为全人类所面临的共同难题。机器翻译就是克服这一语言难题的有效技术，其目标就是建立有效的自动翻译方法、模型和系统，打破语言壁垒，最终实现任意时间、任意地点和任意语言的自动翻译，完成人们无障碍自由交流的梦想。

顾名思义，机器翻译是指利用计算机实现从一种自然语言（源语言）到另外一种自然语言（目标语言）的自动翻译。本章首先介绍机器翻译的历史和基本方法，然后重点介绍基于数据驱动的机器翻译方法。

16.1.1 机器翻译历史

现代机器翻译的思想几乎与世界上第一台计算机ENIAC同步诞生。1947年，美国洛克菲勒基金会研究员Warren Weaver在一封信中提出了利用计算机进行自动翻译的思想，其原文如下：

…*When I look at an article in Russian, I say, "This is really written in English, but it has been coded in some strange symbols. I will now proceed to decode."*…

可以发现，Warren Weaver将机器翻译视为一种密码破译任务：一封俄文信件被认为是英文信件经过加密产生，那么要获得英文内容，只需要对俄文信件进行解密即可。在这个思想的启发下，美国和英国的学术界对机器翻译产生了浓厚的兴趣，并得到了产业界的大力支持。1954年1月7日，美国乔治城大学（Georgetown University）与国际商用机器公司（IBM）合作研发的世界上第一个（俄英）机器翻译系统在纽约成功地进行了公开演示，让大众看到了解决机器翻译问题的希望，也使得机器翻译进入一个空前的研究热潮。

然而，这个俄英机器翻译系统只利用了250条词汇翻译规则和6条语法规则，仅仅能够实现简单的俄语到英语的自动翻译。之后的十年时间，机器翻译几乎没有获得进展。1966年美国科学院发表ALPAC报告，宣称“机器翻译遇到了难以克服的语义障碍，没有理由再给机器翻译研究提供大力支持”。从此，机器翻译研究在世界范围内陷入低潮。十年后的1976年，加拿大蒙特利尔大学与加拿大联邦政府翻译局联合开发了实用机器翻译系统TAUM-METEO，用于将英文的天气预报翻译为法文。该系统采用基于规则的“分析-转换-生成”的翻译方法，每小时可以翻译6~30万个单词，每天翻译1500 ~ 2000篇天气预报资料，并通过电视、报纸等即时公布。这个成功的实用系统重新点燃了人们对实现高质量机器翻译的希望。

自1980年代中期数据驱动的机器翻译方法提出以来，基于大规模翻译实例库的机器翻译方法迅速发展。特别是2000年后，计算机的计算能力和存储能力的快速增长进一步推动了机器翻译的技术进步。计算机利用统计模型从海量翻译实例中学习源语言到目标语言的翻译知识，将学到的翻译知识应用于从未见过的源语言文本，并将其自动转换为目标语言文本。2004年，谷歌公司发布了多语言在线翻译引擎，标志着机器翻译开始进入人们的日常生活。2014年以来，深度学习的再次兴起也带动了机器翻译技术的进一步突破，在新闻和日常生活等领域，资源丰富语言（例如汉语和英语）之间的机器翻译质量越来越接近普通人的翻译水平。科大讯飞、百度和搜狗等公司相继发布便携式翻译机，当前的机器翻译研究已然进入全面繁荣时期。

16.1.2 机器翻译基本方法

广义上讲，机器翻译包括语音翻译和文本翻译。目前，主流的语音翻译由语音识别、文本翻译和语音合成三个模块组成，而语音识别与合成都是相对独立的学科方向，本章将重点介绍文本机器翻译[①]。

机器翻译方法一般假设以句子为基本输入单位，研究从源语言句子到目标语言句子的映射函数。机器翻译自诞生以来主要围绕理性主义和经验主义两种方法进行研究。所谓“理性主义”，就是指以生成语言学为基础的方法，在机器翻译领域表现为基于规则的研究方法：所谓“经验主义”，就是指以数据驱动为基础的方法，在机器翻译领域表现为基于语料库（翻译实例库）的研究方法。

从20世纪50年代到90年代，基于规则的机器翻译方法一直占据主导地位。该方

① 如果没有特别说明，本书中提到的“机器翻译”都表示“文本机器翻译”。

法将翻译过程分解为分析、转换和生成三个步骤：首先将源语言句子解析成一种深层结构表示，然后将源语言句子的深层结构表示转换为目标语言的深层结构表示，最后完成从目标语言的深层结构表示到目标语言句子的生成过程。值得注意的是所有的分析、转换和生成规则都是由人类专家总结设计而来。

根据深层结构的表示方式，基于规则的机器翻译方法又细分为基于句法的方法、基于语义的方法和基于中间语言的方法。基于句法的方法着重研究源语言句法结构的分析和目标语言句法结构的生成。这种方法一直是基于规则的机器翻译方法的主流。基于语义的方法尝试对原文进行语义分析，获得原文的语义表示，然后进行语义表示转换并生成目标语言译文。基于中间语言的方法设想有一种中间语言，每一种自然语言都可以映射到该中间语言，执行翻译时，系统首先将源语言句子分析表示为中间语言（如世界语），然后基于中间语言生成目标语言译文。下面举一个简单的基于规则的机器翻译例子。

例16.1　他 在 北京 工作

如果目标是将例16.1自动翻译为英语，基于规则的方法首先进行源语言分析。假设存在分析规则“NP→他”“PP→在北京”“VP→工作”、“PU→。”“VP→PP VP”和“S→NP VP PU”，那么上述例句将被分析为一棵如图16.1（a）所示的句法结构树。假设存在转换规则“S（NP VP PU）→S（NP VP.）”和“VP（PP VP）→VP（VP PP）”，那么汉语的句法结构树将被转换为一棵英语句法结构树，如图16.1（b）所示。词汇转换规则“他→He”“在→in”“北京→Beijing”“工作→works”和“。→.”进一步将每个汉语词语转换为英语单词。最后假设存在生成规则“NP→He”“VP→works”“PP→in Beijing”和“.→.”，那么便可以生成图16.1（c）的完整句法结构树，拼接叶子节点得到英语译文“He works in Beijing.”。

基于规则的翻译方法的效果与自然语言分析和生成的水平有着密切关系。由于生成转换语法、依存语法、功能合一语法与词汇功能语法等句法理论相对成熟，因此，基于句法规则的翻译方法在特定条件下能够取得较好的译文质量，在很多应用上都获

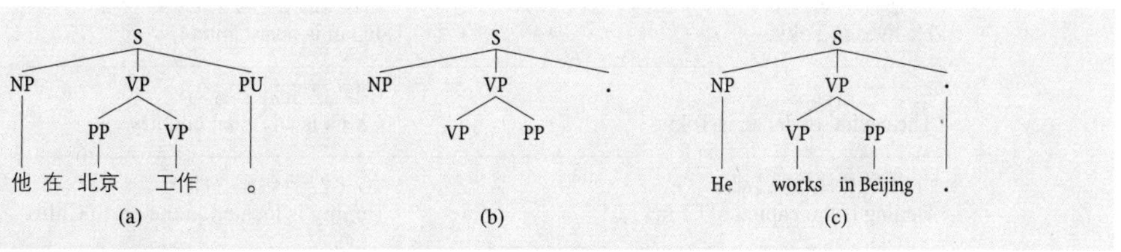

图16.1 基于规则的机器翻译方法示意图

得了初步成功。例如，知名的机器翻译公司SYSTRAN自20世纪70年代到21世纪初一直采用基于规则的方法为企业和政府部门提供翻译服务。

基于规则的机器翻译方法能够充分利用语言学家总结出来的语言规律，具有一定的通用性。但是，该方法存在一些难以突破的瓶颈问题。例如，规则一般仅从规范文本的语言现象中总结获得，规则的质量和效果依赖于语言学家的知识和经验，规则获取的人工成本较高，而且维护大规模规则往往比较困难，新规则与已有规则易发兼容性问题等。这些问题导致基于规则的机器翻译方法很难处理大规模的真实文本，尤其是对于弱规范或不规范的口语语言现象和网络用语，处理能力较差。相对于基于规则的翻译方法，如果系统能够从以前的翻译实例中自动学习到翻译知识，将会为系统自动更新、提高系统的鲁棒性和翻译准确率，带来极大的好处。因而，基于大规模真实文本的翻译方法应运而生。

20世纪80年代中期以来，随着计算机技术（如计算和存储能力）的快速发展、大规模双语语料库的构建以及机器学习方法的兴起，机器翻译方法逐渐由基于理性主义思维的规则方法转向基于经验主义思维的语料库方法。在机器翻译中，语料库就是由若干翻译实例构成的集合，也称为双语平行语料库。其中的翻译实例就是专业人员人工翻译的例子。一个源语言句子和一个对应的目标语言句子组成一个翻译实例。表16.1展示了双语平行语料库的若干样例。

基于语料库的翻译方法从如表16.1所示的双语平行语料库中学习源语言句子到目标语言句子的翻译知识，然后将翻译知识应用于从未见过的源语言测试句子，获得目标语言译文结果。依据方法提出的时间顺序，基于语料库的机器翻译方法可进一步划分为基于实例的翻译方法、基于统计模型的翻译方法和基于深度学习的翻译方法。基于实例的机器翻译方法是由日本著名学者长尾真（Makoto Nagao）教授于1980年代提出[2]。这种方法试图在平行语料库中找出与源语言文本相似的实例（通常是句子），并对实例对应的译文进行适当的替换、删除和插入等一系列变形操作，实现翻译。

表16.1　双语平行语料库示意图

他 喜欢 北京。 He likes Beijing .	他 来自 日本 。 He is from Japan .
他 在 东京居住 。 He lives in Tokyo .	日本 临近 中国 。 Japan is near China .
日本 的 首都 是 东京。 The capital of Japan is Tokyo .	中国 是 亚洲 国家 。 China is an Asian country .
北京 是 中国 的 首都 。 Beijing is the capital of China .	北京 位于 中国 的北方 。 Beijing is located in the north China .
......	......

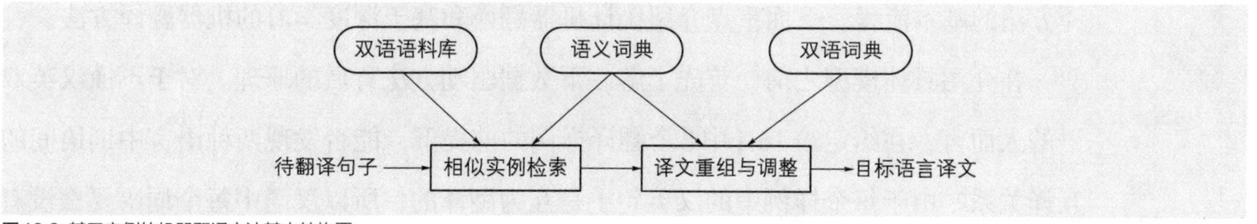

图16.2 基于实例的机器翻译方法基本结构图

基于实例的方法借鉴了类比的原理，结构如图16.2所示。

基于实例的翻译方法直接根据某种相似度（如基于字符串匹配、基于词的匹配或基于向量空间模型等）和语义词典，从双语语料库中检索出与待翻译句子相似的实例（可能是多个实例），然后从实例中获得相同片段的译文，最后根据实例译文的结构重组各个片段的译文候选，从而得到最终的目标译文。假设需要翻译例16.2，基于实例的翻译方法首先从表16.1所示的双语语料库中检索出最相似的实例“他在东京居住。”，可以发现与例16.2相同的片段是“他 在 X 居住。”，然后，依据双语词典获得该相同片段的译文为“He lives in X .”。最后，将“X”替换为“北京”，并再次依据双语词典将“北京”的译文“Beijing”替换目标语言部分的“X”，得到最终译文“He lives in Beijing .”。

> 例16.2　他 在 北京 居住。

可以看出，基于实例的机器翻译方法无需对句子进行复杂的语言分析，可直接利用已有的翻译实例库。但是，由于该方法采用的实例粒度一般是句子，因此，只有找到相似度很高的实例时才能体现该方法的优势。因而基于实例的方法无法充分利用翻译实例库，例如有很多相似度低的实例中也可以提供一些词或短语的翻译信息。

基于统计模型的翻译方法就是利用数学和概率模型从表16.1所示的双语平行语料库中学习细粒度（词语、短语等）的翻译规则和译文组合规则实现句子的翻译过程。统计机器翻译学习显式翻译规则（如“在北京→in Beijing”），而近年来兴起的基于深度学习的机器翻译方法利用深度神经网络学习源语言句子到目标语言句子的隐式翻译规则，即所有的翻译规则都被编码在神经网络的模型参数中。图16.3展示了基于数据驱动的机器翻

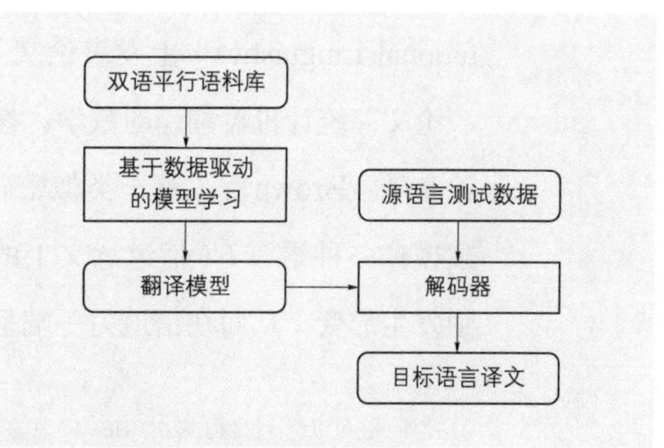

图16.3 基于数据驱动的机器翻译方法的基本流程

译方法的基本流程。下面重点介绍统计机器翻译和基于深度学习的机器翻译方法。

在介绍具体模型之前，首先了解一下数据驱动方法背后的原理。对于不懂汉英双语的人而言，在给定表16.1中8个翻译样例的前提下，能否发现两种语言中词语间的互译关系？由于每个样例中的汉英句子是互为翻译的，所以汉语中每个词语要么没有对应译文，要么其译文对应英语句子中的某个词语。例如，第一个样例中，“他”只可能和英文句子中的“He”“likes”“Beijing”与“.”中的某一个具有互译关系。我们不做任何先验假设，认为“他”和“He”“likes”“Beijing”与“.”中任何一个都具有相同概率的互译关系，且每共现一次计数加1。于是，从第一个例子中统计得到的共现结果是：（他，He，1）、（他，likes，1）、（他，Beijing，1）、（他，.，1）①。然后，可以依据其他样例更新词语共现的计数。例如，表16.1中左侧第二个样例和右侧第一个样例都包含（他，He）和（他，.），因此（他，He，3）和（他，.，3）。左侧和右侧最后一个样例都包含（北京，Beijing）、（北京，.）和（。，Beijing），因此（北京，Beijing，3）、（北京，.，3）和（。，Beijing，3）。因为所有样例中都包含（。，.），因此（。，.，8）。一个朴素的假设就是词语共现次数越多，其互译的可能性越大。依据这个朴素假设和排除法，首先可以确认“。”和“.”是互译的，然后通过排除法发现“他”和“He”是一对，“北京”和“Beijing”是互译的。最后可以确定“喜欢”和“likes”是互译的。

可见，在海量双语对照的语料库上统计共现次数就可以挖掘两种语言之间的词语互译关系，这就是所有数据驱动方法背后的基本原理。

16.2 统计机器翻译

16.2.1 基于词的翻译方法

1990年，IBM公司的Peter F. Brown等人在国际计算语言学期刊（Computational Linguistics）上发表论文”统计机器翻译方法”，并于1993年在同一期刊发表论文”统计机器翻译的数学：参数估计”[3]，这两篇论文奠定了统计机器翻译的理论基础。Brown等人基于类似密码破译的思想，采用噪声信道模型对机器翻译进行建模：一种语言T（信道意义上的输入，翻译任务中的目标语言）经过一个噪声信道发生形变，从而在信道另一端呈现为另一种语言S（信道意义上的输出，翻译任务

① 此外，还可以统计得到（喜欢，He，1）、（喜欢，likes，1）、（喜欢，Beijing，1）、（喜欢，.，1）、（北京，He，1）、（北京，likes，1）、（北京，Beijing，1）、（北京，.，1）、（。，He，1）、（。，likes，1）、（。，Beijing，1）、（。，.，1）。

中的源语言）。机器翻译问题可以形式化为：给定观察到的由n个词语构成的源语言句子$S=s_1^n=s_1s_2\cdots s_n$，恢复（即生成）最有可能的目标语言句子$T=t_1^m=t_1t_2\cdots t_m$，如公式（16.1）所示。

$$T' = \underset{T}{\operatorname{argmax}}\ p(T \mid S) \tag{16.1}$$

依据贝叶斯公式和条件概率公式，上式可分解为：

$$T' = \underset{T}{\operatorname{argmax}}\ p(T \mid S) = \underset{T}{\operatorname{argmax}} \frac{p(S,T)}{p(S)} = \underset{T}{\operatorname{argmax}} \frac{p(T)\,p(S \mid T)}{p(S)}$$

给定源语言输入S，其概率$p(S)$对于搜索最佳译文T来说是一个常量，没有影响，因此机器翻译求解公式最终变为：

$$T' = \underset{T}{\operatorname{argmax}}\ p(T)\,p(S \mid T) \tag{16.2}$$

其中，$p(T)$刻画了T是一个自然目标语言句子的概率，即语言模型；$p(S|T)$刻画了由目标语言句子T生成源语言句子S的概率，即翻译模型。$p(T)\times p(S|T)$描述一个目标语言句子逆向生成源语言句子的过程：首先依据目标语言模型$p(T)$选择一个句子T，然后根据翻译模型$p(S|T)$将目标语言句子T映射为源语言句子S。所以，上述噪声信道模型通常又称为生成式模型。

公式（16.2）说明，统计机器翻译需要解决三个关键问题：① 如何估计语言模型的概率$p(T)$；② 如何估计翻译模型概率$p(S|T)$；③ 如何快速有效地搜索T，使得$p(T)\times p(S|T)$最大。

对于由m个单词组成的目标语言句子$T=t_1^m=t_1t_2\cdots t_m$，其语言模型概率$p(T)$可以通过链式规则展开：

$$p(T) = p\left(t_1^m\right) = p(t_1)\,p(t_2 \mid t_1)\,p(t_m \mid t_1t_2\cdots t_{m-1})$$

关于语言模型概率的计算前述章节已经介绍，这里不再赘述。翻译模型$p(S|T)$描述目标语言句子到源语言句子的映射过程，该过程的建模是统计机器翻译的核心。句子之间的映射过程可以通过不同粒度实现，例如视句子为一个不可分割的基本单元。因为句子数目无穷无尽，(S, T)在语料库中可能仅仅出现过一次或者根本没出现过，所以视句子为原子单位的方式几乎无法估计翻译模型$p(S|T)$。如何分解$p(S|T)$成为统计机器翻译建模的关键。

一般认为词语是语义表达的基本单元，句子的语义由词语的语义通过组合获得。自然地，句子之间的翻译概率可以通过词语之间的翻译概率组合得到。首要问题必须确定两个句子中词语之间的对齐关系，即互译关系，例如图16.4给出了两个句子之间的一种词语对齐关系。

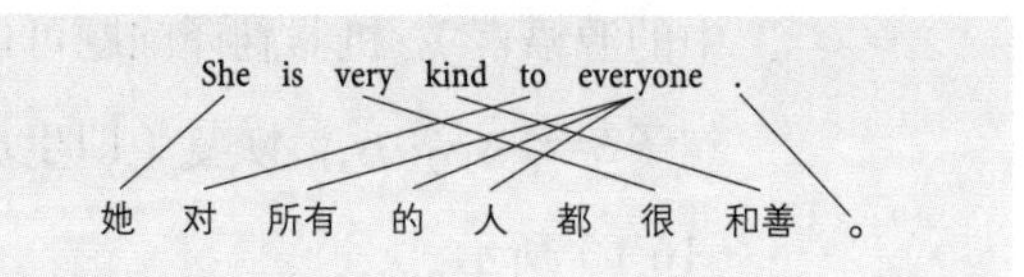

图16.4 词语对齐示例

用$\mathcal{A}(S, T)$表示源语言句子S与目标语言句子T之间所有对齐关系的集合。在目标语言句子T的长度（词语个数）为m，源语言句子S的长度为n的情况下，S和T之间共有$2^{n\times m}$种不同的对应关系[①]。S和T的一组具体对齐关系用$A(S, T)$表示，那么$A(S, T)\in\mathcal{A}(S, T)$。用来刻画对齐关系$A(S, T)$的模型称为词语对齐模型。

一组具体的词语对齐A可以表示为$A=a_1^n=a_1a_2\cdots a_n$，其中$a_j\in[0, 1,\cdots, m]$。例如图16.4中，源语言汉语句子S的长度n=9，目标语言句子T的长度m=7，所示的一组对齐为$A=a_1^9=(1, 5, 6, 6, 6, 0, 3, 4, 7)$。如果将$A$视为隐变量，那么$p(S\mid T)=\sum_A p(S,A\mid T)$。给定一组具体的词语对齐关系$A$，$p(S, A|T)$的计算方式可以有多种。Brown等人采用如下的条件概率展开方式：

$$\begin{aligned}p(S,A\mid T)&=p(n\mid T)\,p(A\mid T,n)\,p(S\mid T,A,n)\\&=p(n\mid T)\times\prod_{j=1}^{n}\left(p\left(a_j\mid a_1^{j-1},s_1^{j-1},n,T\right)\times p\left(s_j\mid a_1^{j},s_1^{j-1},n,T\right)\right)\end{aligned}\quad(16.3)$$

其中，$p(n|T)$是长度生成模型，表示目标语言句子T生成长度为n的源语言句子的概率；$p(A|T, n)$是词语对齐模型，表示给定目标语言句子T和源语言句子长度n生成具体对齐关系A的概率；$p(S|T, A, n)$是词汇翻译模型，表示给定T、n和A生成句子源语言句子S的概率。依据不同强度的假设，Brown等人从简单到复杂一共设计了五种模型来计算公式（16.3），分别称为IBM模型1—5。下面以IBM模型1为例介绍公式（16.3）的计算过程。

IBM模型1对长度生成模型、词语对齐模型和词汇翻译模型分别做了如下假设：

（1）$p(n|T)=\epsilon$，即长度生成概率是一个常量；

（2）$a_j\sim uniform(0, 1,\cdots, m)$，即词语对齐模型服从均匀分布，词语对齐概率$p\left(a_j\mid a_1^{j-1},s_1^{j-1},n,T\right)=\frac{1}{m+1}$；

（3）$s_j\sim Categorical\ (\theta_{t_{a_j}})$，即词汇生成模型服从类别分布，词对翻译概率$p\left(s_j\mid a_1^{j},s_1^{j-1},n,T\right)=p\left(s_j\mid t_{a_j}\right)$。

依据上述假设，（公式16.3）可以改写为：

---

① 任意选择S和T中的两个词语(s, t)，s和t要么是互译对齐关系，要么没有关系。由于S和T中可以穷举出$n\times m$组词对，每组词对都有两种对齐可能性，因此所有可能的对齐关系为$2^{n\times m}$。

$$
\begin{aligned}
p(S,A\mid T) &= p(n\mid T)\times\prod_{j=1}^{n}\left(p\left(a_j\mid a_1^{j-1},s_1^{j-1},n,T\right)\times p\left(s_j\mid a_1^{j},s_1^{j-1},n,T\right)\right)\\
&=\epsilon\times\prod_{j=1}^{n}\left(\frac{1}{m+1}\times p\left(s_j\mid t_{a_j}\right)\right)\\
&=\frac{\epsilon}{(m+1)^n}\times\prod_{j=1}^{n}p\left(s_j\mid t_{a_j}\right)
\end{aligned}
$$

对于图16.4中给定的词语对齐关系，英语句子翻译为汉语句子的概率$P\ (S, A|T)$可以通过下面的式子计算。

$$
\begin{aligned}
p(S,A\mid T)=\frac{\epsilon}{(7+1)^9}&\times p(\text{她}|She)\times p(\text{对}|to)\times p(\text{所有}|everyone)\\
&\times p(\text{的}|everyone)\times p(\text{人}|everyone)\times p(\text{都}|NULL)\\
&\times p(\text{很}|very)\times p(\text{和善}|kind)\times p(\text{。}|.)
\end{aligned}
$$

那么，穷举S和T的所有词语对齐可能性，就可以计算句子间的翻译概率$p(S|T)$：

$$
\begin{aligned}
p(S\mid T)&=\sum_{A}p(S,A\mid T)=\sum_{A}\frac{\epsilon}{(m+1)^n}\prod_{j=1}^{n}p\left(s_j\mid t_{a_j}\right)\\
&=\frac{\epsilon}{(m+1)^n}\sum_{a_1=0}^{m}\cdots\sum_{a_m=0}^{m}\prod_{j=1}^{n}p\left(s_j\mid t_{a_j}\right)
\end{aligned}
\tag{16.4}
$$

上式可以进一步转换为：

$$
p(S\mid T)=\frac{\epsilon}{(m+1)^n}\prod_{j=1}^{n}\sum_{i=0}^{m}p\left(s_j\mid t_i\right) \tag{16.5}
$$

从公式（16.5）可知，如果已知任意两个词语之间的翻译概率$p(s_j|t_i)$，那么任意目标语言句子T与源语言句子S的翻译概率便可以得到。之前阐述数据驱动翻译方法的背后机理时，提到从双语平行语料库中依据共现信息可以挖掘词语间的互译关系。但是，如何准确估计词汇翻译概率$p(s|t)$仍然是一个问题。直观地，词汇翻译概率$p(s|t)$的取值应该能够最大化给定平行语料库中所有双语句对的整体概率，优化目标函数如下：

$$
p(S\mid T)=\text{argmax}\sum_{(S,T)}p(S\mid T)
$$

其中，$\sum_{s}p(s\mid t)=1$是满足概率分布的约束条件。依据优化目标和约束，引入拉格朗日乘子，构建无约束优化函数，并采用公式（16.4）的结果替换$p(S|T)$得到：

$$
h(p,\lambda)=\sum_{(S,T)}p(S\mid T)-\sum_{t}\left(\sum_{s}p(s\mid t)-1\right)
$$

$$= \sum_{(S,T)} \frac{\epsilon}{(m+1)^n} \sum_{a_1=0}^{m} \cdots \sum_{a_m=0}^{m} \prod_{j=1}^{n} p\left(s_j \mid t_{a_j}\right) - \sum_t \lambda_t \left(\sum_s p(s \mid t) - 1 \right)$$

计算函数$h(p, \lambda)$关于$p(s|t)$的偏导，并让偏导数等于零，从而可以得到：

$$\frac{\partial h(p,\lambda)}{\partial p(s \mid t)} = \sum_{(S,T)} \frac{\epsilon}{(m+1)^n} \sum_{a_1=0}^{m} \cdots \sum_{a_m=0}^{m} \left(\sum_{j=1}^{n} \delta\left(s_j = s\right) \delta\left(t_{a_j} = t\right) \right)$$

$$\times \frac{1}{p(s \mid t)} \prod_{k=1}^{n} p\left(s_k \mid t_{a_k}\right) - \lambda_t = 0$$

其中，$\delta(s_j = s)$是Kronecker函数，如果$s_j = s$，那么$\delta(s_j = s)=1$。$\sum_{j=1}^{n} \delta\left(s_j = s\right)$表示源语言句子中出现$s$的次数，$\sum_{j=1}^{n} \delta\left(s_j = s\right) \delta\left(t_{a_j} = t\right)$则表示某一组词语对齐$A$中$s$与$t$对齐的次数。求解上式可以得到：

$$p(s \mid t) = \frac{1}{\lambda_t} \sum_{(S,T)} \frac{\epsilon}{(m+1)^n} \sum_{a_1=0}^{m} \cdots \sum_{a_m=0}^{m} \left(\sum_{j=1}^{n} \delta\left(s_j = s\right) \delta\left(t_{a_j} = t\right) \right) \prod_{k=1}^{n} p\left(s_k \mid t_{a_k}\right)$$

$$= \frac{1}{\lambda_t} \sum_{(S,T)} \frac{\epsilon}{(m+1)^n} \sum_{a_1=0}^{m} \cdots \sum_{a_m=0}^{m} \prod_{k=1}^{n} p\left(s_k \mid t_{a_k}\right) \left(\sum_{j=1}^{n} \delta\left(s_j = s\right) \delta\left(t_{a_j} = t\right) \right)$$

$$= \frac{1}{\lambda_t} \sum_{(S,T)} \sum_{A} p(S, A \mid T)\, \delta\left(s_j = s\right) \delta\left(t_{a_j} = t\right) \tag{16.6}$$

因为$\sum_s p(s \mid t) = 1$，将上式结果代入便可以计算λ_t：

$$\lambda_t = \sum_s \sum_{(S,T)} \sum_A P(S, A \mid T)\, \delta\left(s_j = s\right) \delta\left(t_{a_j} = t\right)$$

有趣地是，从公式（16.6）会发现词汇化概率$p(s|t)$既是应变量（等式左边）也是变量（等式右边，如$p(s_k|t_{a_k})$）。期望最大化算法（expectation-maximization，EM）是解决该问题的典型方法，其基本思路是：首先随机初始化每个词对(s, t)的翻译概率$p(s|t)^{(0)}$，然后计算得到公式（16.6）等式右边的具体结果，从而可以更新词汇翻译概率$p(s|t)^{(0)}$得到$p(s|t)^{(1)}$：然后再使用$p(s|t)^{(1)}$计算公式（12.6）等式右边的结果，如此迭代优化直至收敛，就可以得到较为准确的词汇化翻译概率。

IBM模型1是最简单的基于词的翻译模型，IBM模型2—5逐渐对词语对齐模型和词汇翻译模型提出越来越合理的假设，不过模型也越来越复杂。详细信息和更深入的介绍可以参考[1,3]。

16.2.2 基于短语的翻译方法

基于词的翻译模型自提出之后的十年左右时间内并未得到实际应用，最主要的

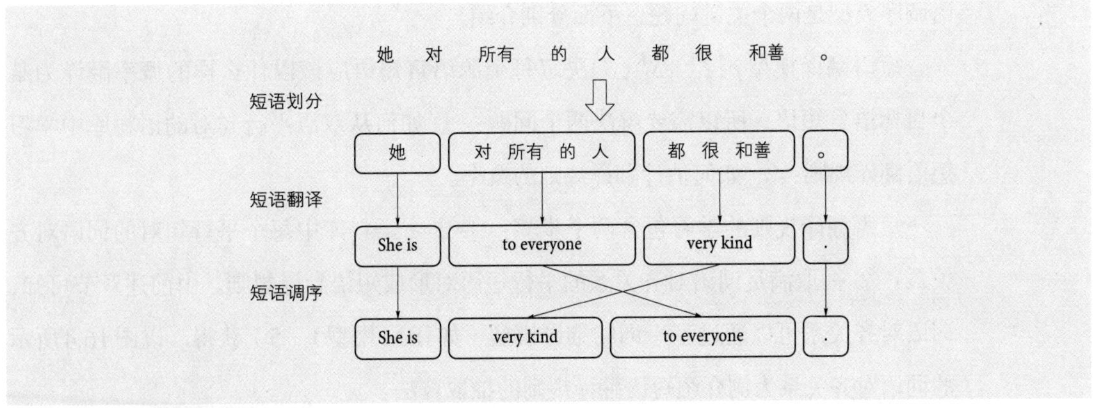

图16.5 基于短语的机器翻译模型的翻译过程

原因在于其模型能力比较弱。一方面，基于词的模型很难处理词义消歧问题和多对多的翻译问题。例如，汉语单词"是"在英语中对应"is""am""are""was""were"和"be"等多个候选译文，在不同的上下文环境下选择不同的译文对基于词的模型来说是一个挑战。此外，基于词的模型对类似"所有的人→everyone"这样的多个词语翻译到一个词语或者一个词语翻译到多个词语等现象缺乏很好的建模能力。另一方面，基于词的翻译模型的解码搜索空间十分巨大，搜索算法很难找到最优的译文句子。例如，给定10个词语组成的汉语句子，假设最简单的一对一翻译，并假设每个汉语单词平均有10个英语翻译候选，那么译文句子的候选空间就是10^{10}。

Philipp Koehn等人于2003年提出基于短语①的翻译模型[5]，直接采用源语言短语到目标语言短语的映射规则完成翻译过程。假设给定四个短语映射规则"她→ She is""对所有的人→ to everyone""都很和善→very kind"和"。→."。将图16.4中的汉语句子翻译为英语就变得简单易行。图16.5展示了基于短语的翻译模型的翻译过程：首先对源语言句子进行短语切分：然后将每一个源语言短语映射为目标语言短语：最后调整目标语言短语的顺序获得最终译文。

形式化地，可以按照上述三个步骤对后验概率$P(T|S)$进行分解：

$$T' = \underset{T}{\operatorname{argmax}}\, p\left(T \mid S\right) \approx \underset{T,\,S_1^K}{\operatorname{argmax}}\, p\left(T, S_1^K \mid S\right)$$

$$\approx \underset{T,\,S_1^K,\,T_1^K,\,T'^K_1}{\operatorname{argmax}}\, p\left(S_1^K \mid S\right) p\left(T_1^K \mid S_1^K, S\right) p\left(T'^K_1 \mid S_1^K, T_1^K, S\right) p\left(T \mid S_1^K, T_1^K, T'^K_1, S\right)$$

其中，$p\left(S_1^K \mid S\right)$可以视为短语划分模型，一般假设每一种短语划分方式都是等概率的。$p\left(T_1^K \mid S_1^K, S\right)$、$p\left(T'^K_1 \mid S_1^K, T_1^K, S\right)$和$p\left(T \mid S_1^K, T_1^K, T'^K_1, S\right)$分别为短语翻译模型、短语调序模型和语言模型。因此，在基于短语的机器翻译方法中，短语翻译模型和短

---

① 这里的"短语"泛指连续的词串（可一个单词或多个词语），而非语言学意义上的动词和名词短语等。

语调序模型是两个关键问题，下面分别介绍。

短语翻译模型$p\left(T_1^K \mid S_1^K, S\right)$决定每个源语言短语应该以什么样的概率翻译为某个目标语言短语，所以需要解决两个问题：① 如何从双语平行句对的语料库中学习短语翻译规则；② 如何估计翻译规则的概率。

短语翻译规则的学习包含两个步骤：① 学习语料库中每个平行句对的词语对齐关系；② 抽取满足词语对齐关系的平行短语对形成短语翻译规则。由前述章节可知，词语对齐关系可以通过基于词的翻译模型（如IBM模型1—5）获得。以图16.4所示的词语对齐关系为例介绍短语翻译规则的抽取算法。

算法：对于源语言句子S中的任一短语S_i^j，根据词语对齐A找到目标语言句子T中的对齐片段，若S_i^j与$T_{i'}^{j'}$满足下述的对齐一致性约束，则S_i^j，$T_{i'}^{j'}$是一条短语翻译规则。

对齐一致性：S_i^j中每个词语S_k，若$(k, k') \in \boldsymbol{A}$，则$i' \leqslant k' \leqslant j'$；$T_{i'}^{j'}$中每个词$T_{t'}$，若$(t, t') \in A$，则$i \leqslant t \leqslant j$。

图16.6利用几个例子直观展示了词语对齐一致性约束的满足与违反的情形。之前提到，“短语”就是连续的词串，因此可以逐一考察每一个源语言词串，依据词语对齐关系判断能否为该词串抽取合理的短语翻译规则。以图16.4为例，首先考查“她”开始的短语，包含一个词语的短语是“她”，通过对齐关系找到英语短语“She”，“她”和“She”满足对齐一致性，因此“她→She”是一条短语翻译规则。以“她”开始包含两个词语的短语是“她对”，根据对齐关系找到英语端连续短语“She is very kind to”，可以发现这两个短语与图16.6中的第二种情形一样，不满足对齐一致性约束，因此不能构成短语翻译规则。我们会发现“她 对 所有”“她 对 所有 的”“她 对 所有 的 人”“她 对 所有 的 人 都”和“她 对 所有 的 人 都 很”都无法抽取合理的短语翻译规则。类似地，接下来可以考察以“对”“所有”等词语开始的短语。从图16.4中的句对能够抽取很多短语翻译规则，如“所有 的 人 → everyone”“对 所有 的 人→ to everyone”“很 和善→ very kind”和“都 很 和善→very kind”等。

对于一个包含n个词语的源语言句子，最多可以抽取$\frac{n(n-1)}{2}$个短语翻译规则。

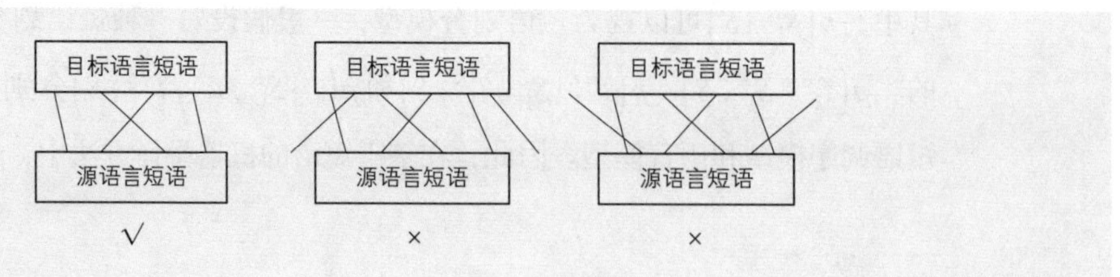

图16.6 满足和违反对齐一致性的短语对

由于长度过长的短语翻译规则在真实翻译的过程中很少用到，因此，基于短语的翻译方法一般限定只抽取长度不超过k个词语的短语翻译规则，通常取$k = 7$。

相同的短语可能出现在不同的平行句对中，可能对应不同的目标语言译文，例如在其他平行句对中可能抽取出短语翻译规则“所有的人→ all”和“所有 的 人 → every person”等。可见，每个候选译文应该对应不同的可能性。下面介绍如何估计短语翻译概率。假设短语翻译规则的源语言端为$ph_s = w_1^s \cdots w_i^s$，目标语言端为$ph_t = w_1^t \cdots w_j^t$，$ph_s$和$ph_t$的词语对齐关系集合为$A_{ph}$。依据粒度和翻译方向，短语翻译概率包括四种概率，分别是正向、逆向的以短语为不可分割单元的翻译概率($p(ph_t|ph_s)$、$p(ph_s|ph_t)$)和正向、逆向的词汇化翻译概率($p_{lex}(ph_t|ph_s)$、$p_{lex}(ph_s|ph_t)$)，对应的概率计算方式如下：

$$p\left(ph_t \mid ph_s\right) = \frac{count\left(ph_s, ph_t\right)}{count\left(ph_s\right)}$$

$$p_{lex}\left(ph_t \mid ph_s\right) = \prod_{k=1}^{j} \frac{1}{\left|l\right|\left(k, l\right) \in A_{ph} \mid} \sum_{\forall(k, l) \in A_{ph}} p\left(w_k^t \mid w_l^s\right)$$

其中，$count(ph_s, ph_t)$表示(ph_s, ph_t)在整个平行句对语料库中被成功抽取为翻译规则的次数，$count(ph_s)$表示源语言短语ph_s在语料库中出现的次数，这种概率计算方式也即最大似然估计。假设语料库中有100个双语句对可以抽取翻译规则“所有的人→everyone”，而短语“所有的人”在语料中出现了1000次，那么$p(everyone|$所有的人$)=0.1$。词汇化翻译概率的计算以词语对齐为依据，计算所有的词汇翻译概率的乘积。如果一个词语有多个对齐关系，则取概率的平均值。对于翻译规则“对所有的人 → to everyone”，由图16.4可知“to”和“对”存在对齐关系，而everyone对应“所有”、“的”和“人”三个汉语词语，那么$p_{lex}(to\ everyone|$对 所有 的 人$)=p(to|$对$) \times \frac{1}{3}(p(everyone|$所有$) + p(everyone|$的$) + p(everyone|$人$))$。如果$p(everyone|$所有$)=0.25$，$p(everyone|$的$)=0.05$，$p(everyone|$人$)=0.15$，$p(to|$对$)=0.1$；那么$p_{lex}(to\ everyone|$对 所有 的 人$)=0.015$。$p(ph_s|ph_t)$和$p_{lex}(ph_s|ph_t)$可以采用同样的方式计算得到。

由于两种语言的表达顺序不同，机器翻译不能采用顺序翻译的方式。例如，汉语中的介词短语一般在动词短语前面，而英语中通常采用相反的表达方式。因此，基于短语的翻译方法经过短语切分和短语翻译后，需要设计短语调序模型对候选译文短语重新排序。下面简单介绍一种常用的短语调序模型，该模型将候选译文重排序视为一个分类问题。假设译文以从左往右的顺序生成，当前目标译文短语的来源可划分为三种。分别用$prev_{begin}$和$prev_{end}$表示前一时刻所翻译源语言短语的开始和结束位置，用cur_{begin}和cur_{end}表示当前时刻所翻译源语言短语的开始和结束位置。那么，当前目标

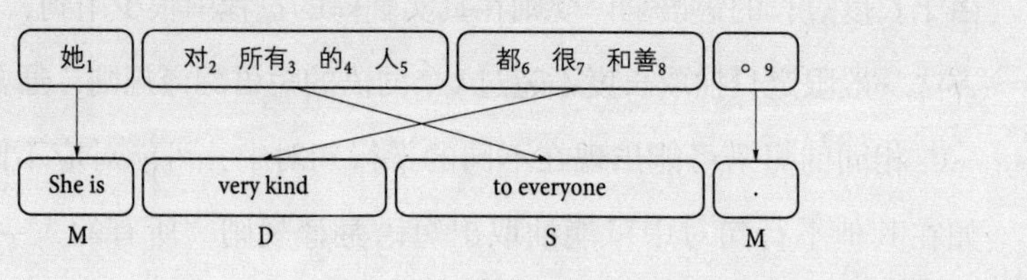

图16.7 短语调序分类示例

译文短语的顺序可以划分为如下三种：

- 若$cur_{begin}-prev_{end}$=1，则为单调翻译，记为Monotone(M)，例如图16.7中翻译第一个短语时，$prev_{end}$=0，cur_{begin}=1，所以当前短语按照顺序翻译；
- 若$cur_{begin}-prev_{end}=-1$，则为交换翻译，记为Swap(S)，例如图16.7中翻译第三个短语时，cur_{end}=5，$prev_{begin}$=6，所以当前短语按照交换模式翻译；
- 若$cur_{begin}-prev_{end}\neq-1$，而且$cur_{end}-prev_{begin}\neq-1$，则为非连续翻译，记为Discontinuous(D)，例如翻译图16.7中的第2个短语时，上述两个条件都不满足，那么此时按照非连续模式翻译。

给定训练数据（双语平行语料库），由于每个平行句对中的短语调序的模式是已知的，所以只需要收集训练数据中三种调序模式的样例，然后提取特征（如短语的边界词语），训练一个分类器（如最大熵模型），再翻译未见句子时就可以预测合理的短语调序模式。对于一个待翻译的源语言句子，求解最佳目标译文时可以综合短语翻译模型$p(T_1^K|S_1^K, S)$（包括$p(ph_t|ph_s)$、$p(ph_s|ph_t)$、$p_{lex}(ph_t|ph_s)$和$p_{lex}(ph_s|ph_t)$）、调序模型$p\left(T'^K_1|S_1^K,T_1^K,S\right)$和语言模型$p\left(T|S_1^K,T_1^K,T'^K_1,S\right)$等各个因素。此时，将后验概率$p(T|S)$仅仅分解为翻译模型$p(S|T)$和语言模型$p(T)$的生成式模型（公式16.2）便不再适用。Och提出的对数线性模型成为统计机器翻译建模事实上的标准[5]：

$$\begin{aligned}T'&=\underset{T}{\operatorname{argmax}}\,p(T|S)=\underset{T}{\operatorname{argmax}}\frac{exp\left\{\sum_{k=1}^{K}\lambda_k h_k(T,S)\right\}}{\sum_{T^*}exp\left\{\sum_{k=1}^{K}\lambda_k h_k(T^*,S)\right\}}\\&=\underset{T}{\operatorname{argmax}}\left\{\sum_{k=1}^{K}\lambda_k h_k(T,S)\right\}\end{aligned}\tag{16.7}$$

其中，$h_k(T, S)$表示任意影响翻译过程的特征，除了上述介绍的四个短语翻译概率、短语调序概率和语言模型概率等特征外，可以添加各种特征，例如完成翻译过程使用的翻译规则数目$Count(rules)$和候选译文的长度$len(T)$等。λ_k表示特征$h_k(T, S)$对应的重要性权重。特征一般采用对数的形式，例如$\log p(S|T)$。如果只采用两个特征$\log p(S|T)$和$\log p(T)$，并且设对应的特征权重λ_k=1，我们会发现公式（16.7）等价于公式（16.2）。因此，公式（16.2）的生成式模型只是上述对数线性模型的一个特例。

关于对数模型的训练、基于短语的翻译方法的解码、层次短语模型和句法模型的翻译方法的详细深入介绍可以参考[1]。

统计机器翻译，尤其是基于短语的翻译方法与普通人的翻译行为比较类似，都是基于片段翻译和译文组装。这类方法具有很强的可解释性，译文错误易于追踪，而且采用的对数线性模型允许加入任何人工设计的特征。给定大规模双语平行句对的前提下，统计机器翻译系统能够取得较好的翻译效果，因此自2006年到2016年，谷歌、微软和百度等提供在线翻译的公司几乎都采用统计机器翻译模型作为基础框架。但是，也能看到自2003年基于短语的翻译模型提出后，十几年时间内机器翻译的性能并未得到突破性提升。根本原因在于统计机器翻译采用的是基于离散符号的字符串匹配范式，该范式存在不可逾越的语义鸿沟问题：字符串无法捕捉语言单元之间的语义相似性。例如，“和善”和“友好”语义非常接近，但在字符层面两个词语没有任何关联。如果训练数据中“和善”很常见，而“友好”较为罕见，那么在翻译句子“她 对 所有 的 人 都 很 友好”时就无法采用“很 和善→ very kind”这样的翻译规则，最终导致译文效果较差。采用分布式表示的深度学习方法成为一个更好的机器翻译解决方案。

16.3 基于深度学习的机器翻译

16.3.1 离散表示与分布式表示

相比于统计机器翻译方法，基于深度学习的神经机器翻译方法有两个本质区别：① 语言单元采用分布式低维连续实数向量表示，而不是离散符号表示；② 采用端到端直接建模方法，而不是分解为片段翻译再组装的模式。

离散符号表示通常也称为独热表示（one-hot representation）。以汉语为例，假设训练数据包含5万个汉语单词，那么每一个离散符号表示的汉语单词都等价于一个5万维的独热向量。按照词语在训练数据中出现的顺序，如果“和善”和“友好”分别出现在第二个和倒数第二个位置，那么“和善”和“友好”可以分别用5万维的独热向量[0,1,0,⋯,0]和[0,⋯,0,1,0]表示，其中第一个向量中只有第二个位置为1，其余49999个位置都是0，第二个向量只有倒数第二个位置是1。独热向量表示再次说明“和善”和“友好”没有任何关系。显然，非真即假的离散符号表示很难刻画深层语义关系。研究者提出将每个词语都映射到一个低维实数向量空间，这样词语之间的区别和联系都能得到更好地展现。

给定一个词表V，每个词语$w \in V$对应低维实数向量空间中的一个点$\boldsymbol{w} \in R^d$，也称为词向量，其中d表示向量空间的维度，取值一般从几十到一千左右。整个词表V将对应一个词向量矩阵$\boldsymbol{L} \in R^{d \times |V|}$。以$d$=3为例，“和善”和“友好”对应的词向量可能是[0.24, 0.12, 0.36]和[0.2, 0.15, 0.32]，此时，利用欧氏距离或余弦距离便会发现这两个词语具有相近的语义。

16.3.2 基于编码-解码的神经机器翻译

以分布式向量表示为基础，下面介绍端到端的神经机器翻译建模方法。图16.8展示了该方法的基本思想：编码网络将源语言句子进行编码，获得分布式语义表示：解码网络从源语言分布式语义表示出发解码出目标语言句子。给定一个具体的源语言句子$x = x_1 \cdots x_j \cdots x_n$，通常在句首和句尾分别加上开始和结束标签$\langle s \rangle$和$\langle /s \rangle$，即$x$=$\langle s \rangle x_1 \cdots x_j \cdots x_n \langle /s \rangle$。端到端的神经机器翻译方法直接对条件概率$p(y|x)$进行建模：

$$p(y \mid x) = \prod_i p(y_i \mid y_{<i}, x) = \prod_i p(y_i \mid y_{<i}, C) \tag{16.8}$$

即译文y自左往右生成，每个词语y_i的概率依赖于已经产生的目标语言译文$y_{<i}$和整个源语言句子x。其中公式（16.8）中的C代表源语言句子的语义编码表示。由于注意力机制已经成为神经机器翻译的标准配置，本节将以循环神经网络（RNN）为例介绍基于注意力机制的神经机器翻译，特别阐述如何获得语义编码C以及如何计算条件概率$p(y_i|y_{<i}, C)$。

16.3.3 基于注意力机制的神经机器翻译

1. 编码网络

一般地，为了同时捕捉从左到右的上文信息和从右到左的下文信息，源语言

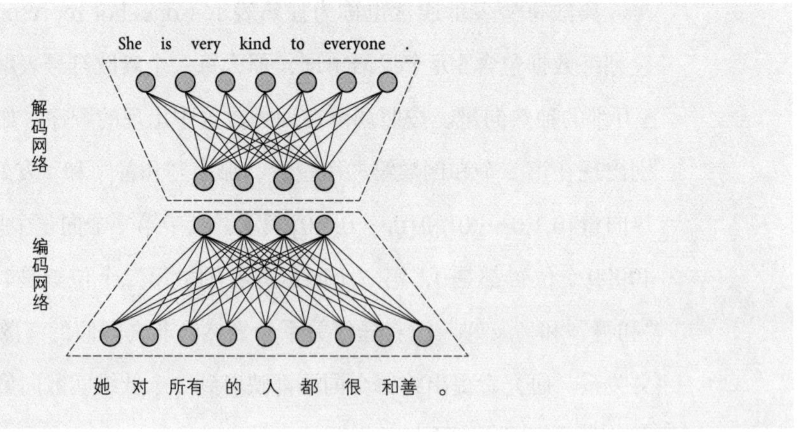

图16.8 基于编码—解码网络的神经机器翻译示意图

句子的语义编码C由双向循环神经网络计算得到，即$C=[\boldsymbol{h}_0, \cdots, \boldsymbol{h}_j, \cdots, \boldsymbol{h}_{n+1}]$，其中$\boldsymbol{h}_j = \left[\overrightarrow{\boldsymbol{h}}_j; \overleftarrow{\boldsymbol{h}}_j\right]$由向量表示的上文信息$\overrightarrow{\boldsymbol{h}}_j$和下文信息$\overleftarrow{\boldsymbol{h}}_j$拼接获得，$\overrightarrow{\boldsymbol{h}}_j$由循环神经网络单元计算得到：

$$\overrightarrow{\boldsymbol{h}}_j = RNN\left(\overrightarrow{\boldsymbol{h}}_{j-1}, \boldsymbol{x}_j\right) = \boldsymbol{W}_x \overrightarrow{\boldsymbol{h}}_{j-1} + \boldsymbol{U}_x \boldsymbol{x}_j + \boldsymbol{b}_x$$

其中，x_j为第j个词语的独热表示，$\boldsymbol{x}_j$是对应的分布式词向量表示，从离散符号表示的x_j到分布式表示的$\boldsymbol{x}_j$可以直接通过检索词向量矩阵$\boldsymbol{L}$获得。$\boldsymbol{W}_x$、$\boldsymbol{U}_x$和$\boldsymbol{b}_x$分别表示参数矩阵和偏置。为了更好地刻画输入$\overrightarrow{\boldsymbol{h}}_{j-1}$和$x_j$到输出$\overrightarrow{\boldsymbol{h}}_j$的关系，实际应用中使用更多的是门控循环单元（gated recurrent unit，GRU）和长短时记忆网络（LSTM），具体计算方式可以参考前述章节。$\overleftarrow{\boldsymbol{h}}_j$可以通过类似的方式计算：

$$\overleftarrow{\boldsymbol{h}}_j = RNN\left(\overleftarrow{\boldsymbol{h}}_{j+1}, x_j\right) = \boldsymbol{W}_x \overleftarrow{\boldsymbol{h}}_{j+1} + \boldsymbol{U}_x \boldsymbol{x}_j + \boldsymbol{b}_x$$

上述编码网络仅仅采用了一个隐藏层。为了挖掘源语言更深层次的语义信息，实际系统中通常利用多个叠加的隐藏层组合成为编码网络。

2. 注意力机制

源语言句子经过编码网络得到所有时刻的语义表示$C = [\boldsymbol{h}_0, \cdots, \boldsymbol{h}_j, \cdots, \boldsymbol{h}_{n+1}]$。以$C$为输入，解码网络可以从左到右逐词生成目标语言译文句子。但是，由于不同时刻目标语言单词的预测依赖于不同的源语言局部上下文信息（例如预测英语单词“kind”时更加注重汉语单词“和善”对应的语义表示），在预测每个时刻的目标语言单词时不能无差别地利用C中的$\boldsymbol{h}_0, \cdots, \boldsymbol{h}_j, \cdots, \boldsymbol{h}_{n+1}$。

注意力机制的目标就是为每个解码时刻i确定合理的源语言局部上下文信息$\boldsymbol{c}_i$。其基本思想在于计算源语言语义信息C中每个时刻的分布式表示$\boldsymbol{h}_j$对预测时刻i对应目标语言单词的贡献度α_{ij}，然后对源语言所有时刻的分布式表示按照贡献度加权求和，最终得到时刻i对应的源语言局部上下文信息$\boldsymbol{c}_i$。

如图16.9所示，假设解码器未采用注意力机制前时刻i对应的隐层表示为$\boldsymbol{z}_i$，那么源语言每个时刻的语义表示的贡献度按照下面的公式计算：

$$e_{ij} = \boldsymbol{v}_a^{\mathrm{T}} \tanh\left(\boldsymbol{W}_a \boldsymbol{z}_i + \boldsymbol{U}_a \boldsymbol{h}_j\right)$$

$$\alpha_{ij} = \frac{exp\left(e_{ij}\right)}{\sum_{j'=0}^{n+1} exp\left(e_{ij'}\right)}$$

其中$\boldsymbol{W}_a$、$\boldsymbol{U}_a$和$\boldsymbol{v}_a^{\mathrm{T}}$代表权重矩阵。时刻$i$对应的源语言局部上下文信息$\boldsymbol{c}_i$通过下述公式获得：

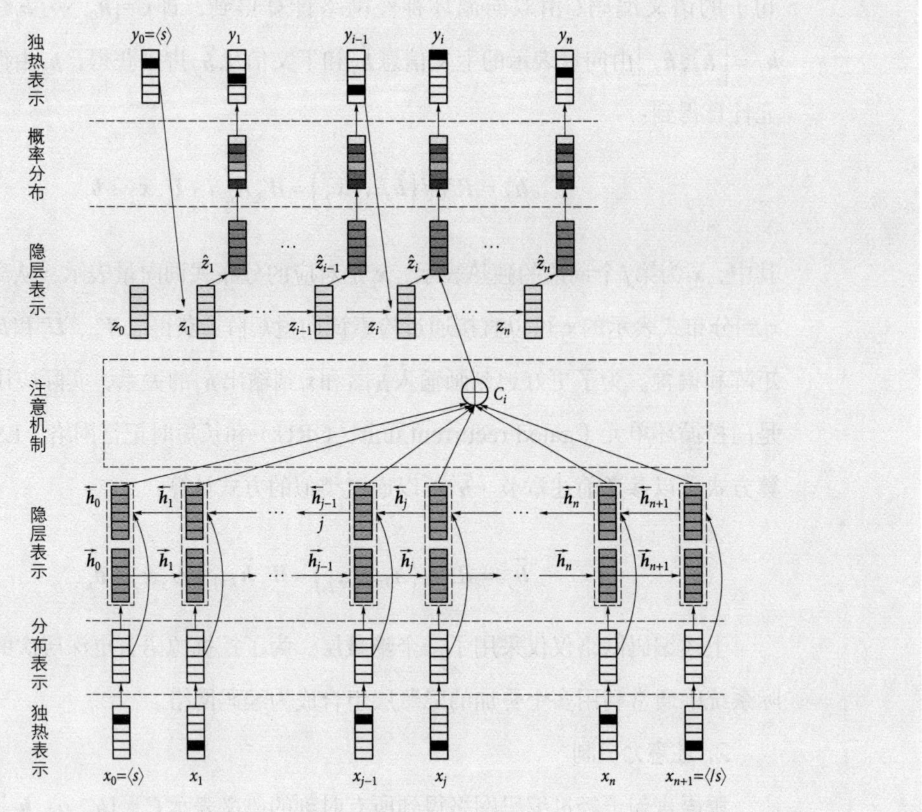

图16.9 基于注意力机制的神经机器翻译构架

$$c_i = \sum_{j=0}^{n+1} \alpha_{ij} \boldsymbol{h}_j$$

3. 解码网络

如图16.9上半部分所示，单向循环神经网络是解码网络的基本框架。首先假设所有目标语言译文都以句子开始标签⟨s⟩作为第一个产生的单词，依据循环神经网络计算单元迭代计算下一时刻的隐层表示：

$$\boldsymbol{z}_i = RNN(\boldsymbol{z}_{i-1}, \boldsymbol{y}_{i-1}) = \boldsymbol{W}_y \boldsymbol{z}_{i-1} + \boldsymbol{U}_y \boldsymbol{y}_{i-1} + \boldsymbol{b}_y$$

$\boldsymbol{W}_y$、$\boldsymbol{U}_y$和$\boldsymbol{b}_y$分别表示解码网络的参数矩阵和偏置。当i=1时，$\boldsymbol{y}_{i-1}=\boldsymbol{y}_0=\langle s\rangle$，$\boldsymbol{z}_{i-1}=\boldsymbol{z}_0$一般采用源语言语义表示$C=[\boldsymbol{h}_0, \cdots, \boldsymbol{h}_j, \cdots, \boldsymbol{h}_{n+1}]$的平均值：

$$z_0 = \frac{1}{n+2} \sum_{j=0}^{n+1} \boldsymbol{h}_j$$

给定$\boldsymbol{z}_i$，利用上述介绍的注意力机制获得与当前译文预测相关的源语言局部上下文信息$\boldsymbol{c}_i$。通过$\boldsymbol{c}_i$，更新解码网络的隐层表示$\boldsymbol{z}_i$：

$$\hat{z}_i = \tanh\left(\boldsymbol{W}_c \left[\boldsymbol{z}_i ; \boldsymbol{c}_i \right]\right)$$

$[\boldsymbol{z}_i; \boldsymbol{c}_i]$表示两个隐层向量的拼接。依据更新后的$\hat{\boldsymbol{z}}_i$，通常采用softmax函数计算目标语言所有单词的概率分布。

$$p\left(y_i \mid y_{<i}, C\right) = p\left(y_i \mid y_{<i}, \boldsymbol{c}_i\right) = \text{softmax}(\boldsymbol{L}_y \hat{\boldsymbol{z}}_i) = \frac{score\left(\boldsymbol{y}_i, \hat{\boldsymbol{z}}_i\right)}{\sum_{y_k \in V_y} score\left(\boldsymbol{y}_k, \hat{\boldsymbol{z}}_i\right)} \quad (16.9)$$

其中，$\boldsymbol{L}_y$表示目标语言端的词向量矩阵，$\boldsymbol{y}_i$表示目标语言单词y_i对应的分布式词向量。当词向量$\boldsymbol{y}_i$与解码网络隐层向量$\hat{\boldsymbol{z}}_i$设置相同的维度时，一般可以采用点积的方式计算$\boldsymbol{y}_i$和$\hat{\boldsymbol{z}}_i$之间的相关性得分$score\left(\boldsymbol{y}_i, \hat{\boldsymbol{z}}_i\right) = \boldsymbol{y}_i \cdot \hat{\boldsymbol{z}}_i$。（公式16.9）中的分母$\sum_{y_k \in V_y} score\left(\boldsymbol{y}_k, \hat{\boldsymbol{z}}_i\right)$表示对目标语言词汇表$V_y$中的所有单词计算相关性得分并求和。通过（公式16.9），可以得到与词汇表V_y对应的概率分布。最简单的方式就是从概率分布中选取最高概率对应的单词y_i^*作为当前第i时刻的译文输出，也即贪婪解码。但是贪婪解码一般都无法获得最优解，然而由于每个时刻的候选都是整个词表（规模通常是几万），通过穷举搜索的方式也不可行。因此在实际系统中，柱搜索解码算法被普遍采用。

4. 柱搜索解码

柱搜索解码的具体步骤如算法16.1所示。给定一个源语言句子输入x，首先需要指定神经机器翻译解码算法的柱搜索大小K，即每个时刻最多保留K个最好的候选译文。第1行初始化三个列表，分别将完整译文候选（以$\langle /s \rangle$结束的译文）列表B和临时候选列表B_{tmp}初始化为空，并将$\langle s \rangle$作为第0时刻的部分候选译文$B_{partial}^0 = \left\{\langle s \rangle\right\}$。第2行利用编码器对源语言句子$x$进行编码得到隐层表示$C$。第3行初始化解码网络第0时刻的隐层表示$\boldsymbol{z}_0$。

第4 ~ 29行是算法核心。*MaxLen*是人为设定的超参数，表示目标译文的最大长度，即如果预测了*MaxLen*个译文单词，完整译文候选列表仍然为空，那么算法停止，输出部分候选列表$B_{partial}^{MaxLen}$中概率最高的候选作为最佳目标译文句子（第33行）。

第5 ~ 14行对$B_{partial}^{i-1}$中每个部分候选译文进行扩展并放入临时候选列表B_{tmp}。第6 ~ 7行利用解码网络前一时刻的输出y_{i-1}和隐层表示$\boldsymbol{z}_{i-1}$计算当前时刻的隐层表示$\boldsymbol{z}_i$。注意力机制利用C更新$\boldsymbol{z}_i$，得到$\hat{\boldsymbol{z}}_i$（第8行）。第9 ~ 12行利用softmax函数计算目标语言词汇表中每个词汇的概率。第14行对B_{tmp}依据概率进行降序排列。

第15 ~ 24行依据B_{tmp}中临时候选译文的性质更新完整译文候选列表B和部分候选译文列表$B_{partial}^i$。对于B_{tmp}中最佳的K个候选，如果以$\langle /s \rangle$结束则加入完整译文候选列表B（第16 ~ 20行），否则加入部分译文候选列表$B_{partial}^i$（第22行）。第25 ~ 26行表明一旦完整译文候选列表B超出柱的大小K，那么算法停止，跳到第29行输出最佳译文。

算法16.1：柱搜索解码

输入：源语言句子$x = \langle s\rangle x_1 \cdots x_j \cdots x_n \langle /s\rangle$，柱的大小（beam size）$K$，输出译文最大长度$MaxLen$

输出：最佳目标语言句子$y=y_1 \cdots y_i \cdots y_m$

初始化完整译文候选列表$B=\varnothing$，临时候选列表$B_{tmp}=\varnothing$，部分译文候选列表$B^0_{partial} = \{\langle s\rangle\}$

使用编码器对源语言句子进行编码，得到$C=[\boldsymbol{h}_0, \cdots, \boldsymbol{h}_j, \cdots, \boldsymbol{h}_{n+1}]$

初始化目标端第0时刻的隐层表示$z_0 = \frac{1}{n+2}\sum_{j=0}^{n+1}\boldsymbol{h}_j$

for $i=1 \cdots MaxLen$ **do**

  for $Cand$ in $B^{i-1}_{partial}$ **do**

    $y_{i-1}=Cand[-1]$ // $Cand$的最后一个词作为下一时刻的输入

    解码网络依据$\boldsymbol{z}_{i-1}$和y_{i-1}生成$\boldsymbol{z}_i$

    注意力机制利用$C=[\boldsymbol{h}_0, \cdots, \boldsymbol{h}_j, \cdots, \boldsymbol{h}_{n+1}]$更新$\boldsymbol{z}_i$，得到$\hat{\boldsymbol{z}}_i$

    for y_i in $TargetVocab$ **do**

      $Cand=Cand+y_i$,

      依据$\hat{\boldsymbol{z}}_i$，利用softmax计算概率$p(y_i)$，$B_{tmp}=B_{tmp} \cup \{Cand\}$

    end for

  end for

  依据$Cand$概率对B_{tmp}进行排序

  for $Cand$ in $B_{tmp}[0:K-1]$ **do**

    if $Cand$ 以$\langle /s\rangle$结尾 **then**

      将候选$Cand$加入完整译文候选列表B

      if $Len(B) \geqslant K$ **then**

        break

      end if

    else

      将候选$Cand$加入下一时刻的部分译文候选列表$B^i_{partial}$

    end if

  end for

```
    if Len(B) ≥ K then
        break
    end if
    清空 B_tmp
end for
if B ≠ ∅ then
    返回完整候选列表B中得分最高的候选
else
    返回部分候选列表 B_partial^MaxLen 中得分最高的候选
end if
```

5. 参数训练

前面章节提到神经机器翻译包括编码器、解码器和注意力机制，其中编码器涉及的参数有源语言端的词向量矩阵$\boldsymbol{L}_x$、循环神经网络参数矩阵$\boldsymbol{W}_x$、$\boldsymbol{U}_x$和偏置$\boldsymbol{b}_x$，解码器涉及的参数有目标语言端的词向量矩阵$\boldsymbol{L}_y$，循环神经网络参数矩阵$\boldsymbol{W}_y$、$\boldsymbol{U}_y$和偏置$\boldsymbol{b}_y$，注意力机制涉及$\boldsymbol{W}_a$、$\boldsymbol{U}_a$和$\boldsymbol{v}_a^{\mathrm{T}}$等参数。这些参数（用$\boldsymbol{\theta}$表示）一般都是先按照均匀分布或高斯分布等概率分布随机初始化，然后再根据训练数据进行优化学习。

最大似然估计法（maximum likelihood estimation，MLE）是神经机器翻译最常用的参数优化方法。即给定源语言句子，优化网络参数使得目标语言句子出现的概率最大。假设$D=\{(x^1,y^1),(x^2,y^2),\cdots,(x^N,y^N)\}$为训练数据，那么优化目标为：

$$L(D,\boldsymbol{\theta})=\frac{1}{N}\sum_{n=1}^{N}\log p\left(y^n \mid x^n,\theta\right)=\frac{1}{N}\sum_{n=1}^{N}\sum_{t=1}^{T_n}\log p\left(y_t^n \mid y_{<t}^n,\ x^n,\boldsymbol{\theta}\right)$$

似然函数对所有参数的梯度可以通过反向传播算法得到。事实上，我们只需要将似然函数的右侧展开，写成各个参数的复合函数，就可以逐步求出各个参数的导数。由于循环神经网络各层之间共享参数，所以需要注意对相同参数的导数进行累加。现在有很多工具提供自动求导功能，例如Pytorch和Tensorflow，只需要定义好前向计算，就能自动推出所有参数的导数，这为系统实现带来了很大的方便。

在得到了各个参数的导数之后，就可以使用随机梯度下降算法进行参数更新。不过随机梯度下降算法的收敛速度较慢，并且可能收敛到一个较差的局部最优值。现在一般会用更优的学习算法，比如Adadelta，Adam等。这些算法可以在学习过程中自适应地调节学习率，并且对不同的参数使用不同的学习率。

16.4 译文质量评估与机器翻译评测

历经几十年的发展，机器翻译技术不断取得突破。人们自然会问：机器翻译技术目前达到了什么样的水平，系统译文质量如何？这是一个简单却又很难回答的问题。一方面，当前数据驱动的机器翻译方法强烈依赖于训练数据的规模和质量。双语平行数据在语言和领域上呈现极端不平衡的分布。例如，汉语-英语、英语-法语和英语-德语等大语种之间的数据资源非常丰富，而汉语-阿拉伯语、汉语-乌尔都语和汉语-藏语等语种之间缺乏高质量平行语料。新闻和专利等领域往往拥有大量的平行资源，而医学等专业领域的平行数据异常匮乏。因此，机器翻译的译文质量不能一概而论，应该需要明确哪个语种哪个领域以及训练和测试数据的属性。

另一方面，已知语种、领域以及具体的训练和测试数据，还需要解决一个重要的问题，即如何评价一个机器翻译系统的译文质量？相比于词法分析、句法分析和文本分类等其他自然语言处理任务，机器翻译任务一般不存在标准答案，一个源语言句子可以对应多个语义一致的目标语言译文。

16.4.1 人工评估方法

人工译文质量评估是最简单直观的一种方法。假设机器翻译系统A和B分别在相同的训练数据上学习优化，并且在相同的包含1 000个源语言句子的测试集上进行解码，得到1 000个目标语言译文。

人工评估方法将聘请专家逐个查看每个译文，评判其正确性。一种常用的评判方法是让人工评测者按正确性对译文分级打分。由于“正确性”是一个太过宽泛的概念，通常在人工评测中使用“忠实度”和“流利度”作为判断标准。忠实度一般用来衡量译文的信息量和语义保持性。译文的信息量是指原文有多少比例的信息在译文中得到了体现，而语义保持性则度量译文和原文的语义一致程度，除了原文的语义是否得到保留之外，还需要判断译文是否引入了无关或相反的语义信息。宽泛而言，忠实度对应于“信、达、雅”中的“信”：流利度则衡量译文是否流畅通顺，是否符合目标语言的规范和表达，对应于“信、达、雅”中的“达”。一般地，都将忠实度和流利度都划分为5个等级（5分制），分值越高，译文越好。例如，1 000个译文对应1 000个人工评分，其平均分将作为机器翻译系统在这个特定测试集上的译文质量得分。两个系统A和B分别对应两个人工评分，从得分高低就可以对比系统之间的优劣。

如果仅仅需要单纯地对比两个机器翻译系统A和B之间的译文质量差异，那么人工评估也可以采用逐一对比打分的方式。给定系统A和B在相同测试集上的1 000个译文，双语专家逐一对比A和B针对相同源语言句子的译文，判断A是否优于B。如果A优于B，A得一票；B优于A，B得一票；如果A和B无法区分，则不计分。最终，依据得票高低可以判断系统A和B之间的优劣。

但是，不同的人对相同的译文会产生差别较大的评价，而且同一个人在不同的时间段给出的评价结果也不尽相同。因此，进行人工译文质量评估时，还需要尽可能地避免不同人不同时间段的差异性。可见，人工评测不仅成本昂贵，而且效率很低。人们经常在设计一种新的算法后希望立刻检验该算法是否对译文质量有所改善。显然，人工评估无法满足这种要求。因此，自动译文质量评估会是一种理想的方案。

16.4.2 自动评估方法

针对一个标准测试集，首先需要构建人工参考答案。对于一个标准测试集（如前面提到的1000个源语言句子），聘请一个或多个双语专家分别翻译该测试集，每个源语言测试句子将得到一个或多个参考译文。在自动评估译文质量时，一般的做法是通过比较机器的译文与一个或多个参考译文的相似程度来定量地给出机器译文的得分。其背后的指导原则就是：机器译文越接近专业的人工翻译结果，译文的质量就越好。下面将介绍最常用的译文自动评价指标BLEU[6]。

BLEU是目前使用最广泛的自动评价指标，由于其简洁、可靠，被各机器翻译评测组织用作官方评价指标，也是学者报道机器翻译技术研究进展的标准评价指标。其计算方法是：统计机器译文与参考译文中n元文法匹配的数目占系统译文中所有n元文法总数的比率，即n元文法的精确率。

形式化地，给定一个源语言句子x，假设机器翻译系统产生的最佳译文为y^*，M个人工参考译文为$(y_1,\cdots,y_M)$。对于系统译文y^*中的任意一个$ngram$，用$count_{match}(ngram)$记录$ngram$在y^*和$(y_1,\cdots,y_M)$共同出现的次数，用$count(ngram)$记录$ngram$在y^*中出现的次数。值得注意的是，$count_{match}(ngram)$的计算需要系统译文y^*与$(y_1,\cdots,y_M)$中每个参考译文进行逐一统计$ngram$的共现次数，然后取最大值作为最终结果。

- **系统译文：我 爱 中国 又 爱 爱 爱 北京**
- **参考译文1：我 爱 中国 和 北京**
- **参考译文2：我 爱 中国 也 爱 北京**

观察上面的例子会发现一元单词“爱”在系统译文中出现4次，与第一个参考译文共现1次，与第二个参考译文共现2次，那么$count_{match}$(爱)=2，$count$(爱)=4。同理，$count_{match}$(中国)=1，$count$(中国)=1；$count_{match}$(我)=1，$count$(我)=1；$count_{match}$(北京)=1，

$count$(北京)=1；$count_{match}$(又)=0，$count$(又)=1。

累积$count_{match}(ngram)$和$count(ngram)$，可以计算所有$ngram$在句子级别的精确率。针对包含多个句子的测试集，累积计算所有句子的$count_{match}(ngram)$和$count(ngram)$，便可以计算文档级别所有$ngram$精确率p_n：

$$p_n = \frac{\sum_{y^*}\sum_{ngram \in y^*} count_{match}(ngram)}{\sum_{y^*}\sum_{ngram \in y^*} count(ngram)}$$

由于n越大，$ngram$在系统译文与参考译文中的共现次数成指数级下降，所以n最大一般取4，即分别计算p_1，p_2，p_3和p_4，然后计算加权几何平均$\prod_{n=1}^{4} p_n^{w_n}$作为最终的精确率得分，其中通常取$w_n = \frac{1}{4}$。

此外，精确率p_n具有偏向性，容易诱导系统仅仅产生置信度较大的词语而忽略翻译难度较大的词汇。再看上面所举的例子，如果系统的译文是“我 爱 中国 也”，那么p_1，p_2，p_3和p_4都等于1。但是，很显然这并不是一个好的译文。根本原因在于p_n的计算公式中分母是系统译文本身，译文越短，p_n的得分越高。因此，为了惩罚机器翻译系统产生过短的译文，BLEU引入了一个长度惩罚因子BP：

$$BP = \begin{cases} 1 & ,c > r \\ e^{1-\frac{r}{c}} & ,c \leqslant r \end{cases}$$

其中c表示测试语料中每个源语言句子对应的系统译文y^*的长度之和，r表示测试语料中每个源语言句子对应的多个参考译文$(y_1,\cdots,y_M)$中最短译文或者是与y^*长度最接近的参考译文的长度之和。综合$ngram$匹配精确率和长度惩罚因子，BLEU评分公式如下：

$$BLEU = BP \times \prod_{n=1}^{4} p_n^{w_n} = BP \times exp\left(\sum_{n=1}^{4} w_n \log p_n\right)$$

BLEU分值的区间是[0, 1]，BLEU得分越高表明机器翻译系统的译文质量越好。

16.4.3 机器翻译评测

国际机器翻译评测是促进机器翻译研究不断发展的催化剂，其评测结果在一定程度上体现了机器翻译的实际水平。NIST、WMT和IWSLT是国际上最为著名的三大评测。其中，NIST是美国国家标准技术研究院举办的国际机器翻译评测，从2001年至2015年举办过多次评测，它主要关注阿拉伯语、汉语等语言与英语之间的互译，国内很多研究机构和高校都曾参加过NIST评测，并取得了较好成绩。WMT是欧洲组织的一个机器翻译评测，主要关注欧洲语言之间的互译，近年来成为全球最大的机器翻译评测组织。从2017年开始，WMT也开始关注汉语–英语之间的机器翻译质量。

不同于NIST和WMT，IWSLT从2004年至今每年举办一次，一直关注口语的机器翻译评测，国内的研究机构和高校（中科院自动化研究所、中科院计算技术研究所、哈尔滨工业大学、厦门大学和科大讯飞等）参加过多届IWSLT评测，并获得了优异成绩。

除了上述三个评测以外，中国中文信息学会组织的全国机器翻译评测（CWMT）的影响力也越来越大。截至2019年，CWMT一共举办了9次机器翻译评测。CWMT重点关注我国少数民族语言到汉语的翻译，如藏－汉、维－汉和蒙－汉等语言的翻译。

通过对比每年的评测结果可以发现，机器翻译系统评测的分值呈逐年增长的趋势，译文质量越来越好。但与专业译员的翻译结果相比，机器翻译还有很长的路要走。可以说，在奔向“信、达、雅”翻译目标的征程上，目前的机器翻译基本挣扎在“信”的阶段，很多理论和技术问题仍有待于更深入的研究和探索。

16.5 延伸阅读

本章介绍了机器翻译的概念、发展历史、主流模型和译文质量评价方法等内容。每一部分，如翻译模型和译文自动评价指标等，都仅仅介绍了最为基础的知识，感兴趣的读者可以依据下面介绍的相关参考文献进一步加深阅读。

在统计机器翻译模型中，本章只对IBM模型1做了详细阐述，IBM模型2—5可以参考[1, 3]。除了基于短语的统计翻译模型之外，还有层次短语翻译模型、基于短语结构树和依存结构树的翻译模型，相关知识可以参考[1]。

在神经机器翻译模型中，本章也仅仅介绍了经典的基于循环神经网络的模型范式。此外，Facebook和Google分别提出的基于卷积神经网络和完全注意力机制的框架先后取得了当前的最佳翻译性能。尤其是Google提出的完全注意力机制范式不仅在机器翻译中取得了突破性进展，也成功应用于自然语言处理的许多其他任务。详细知识可以参考[4]。

从统计机器翻译到神经机器翻译，不同的机器翻译方法各有优势和不足，如何博采众长生成更好的译文一直是机器翻译研发人员的目标。系统融合方法以不同模型的译文为输入，通过挑选或重组的方式产生更好的目标语言译文。依据粒度的不同，系统融合方法一般分为句子级和单词级。句子级融合方法旨在从不同的译文中挑选出相对更优的结果；短语级和单词级旨在重组不同译文的片段形成一个新的译文。最近还有利用端到端神经网络进行系统融合的方法[4]。

关于机器译文自动评价指标的介绍，本章详细讲述了最流行的BLEU方法。其他自动评价方法，如NIST、TER和METEOR等，可以参考[1]。

习题

1. 请从WMT官网下载汉英双语平行数据（下载后可随机抽样50万样例作为训练数据），并编写程序实现IBM模型1，对比不同数据规模（例如10万、20万和50万）利用IBM模型1学到的词语对齐的质量差异。
2. 请利用Pytorch、Tensorflow或其他开源深度学习框架实现简单的基于循环神经网络的机器翻译系统，利用WMT官网下载的汉英双语平行数据验证注意力机制对译文质量的影响（即对比不加注意力机制和加 入注意力机制的翻译效果）。

参考文献

[1] 宗成庆. 统计自然语言处理[M]. 北京：清华大学出版社，2013.

[2] NAGAO M. A framework of a mechanical translation between Japanese and English by analogy principle[C]// Proceedings of the international NATO symposium on Artificial and human intelligence, 1984: 173–180.

[3] BROWN P F, DELLA PIETRA V J, DELLA PIETRA S A, et al.The mathematics of statistical machine translation: Parameter estimation[J]. Computational linguistics 19, 1993, 2: 263–311.

[4] LIU Y, ZHANG J. Deep Learning in Machine Translation[C]// Deep Learning in Natural Language Processing, 2018: 147–183.

[5] KOEHN P, OCH F J, MARCU D.Statistical phrase-based translation[C]// Proceedings of the 2003 Conference of the North American Chapter of the Association for Computational Linguistics on Human Language Technology, 2003（1）: 48–54.

[6] PAPINENI K, ROUKOS S,WARD T, et al. BLEU: a method for automatic evaluation of machine translation[C]// Proceedings of the 40th annual meeting on association for computational linguistics, 2002: 311–318.

新一代人工智能系列教材

“新一代人工智能系列教材”包含人工智能基础理论、算法模型、技术系统、硬件芯片和伦理安全以及“智能+”学科交叉等方面内容以及实践系列教材，在线开放共享课程，各具优势、衔接前沿、涵盖完整、交叉融合，由来自浙江大学、北京大学、清华大学、上海交通大学、复旦大学、西安交通大学、天津大学、哈尔滨工业大学、同济大学、西安电子科技大学、桂林电子科技大学、四川大学、北京理工大学、南京理工大学、微软亚洲研究院等高校和研究所的老师参与编写。

教材名	作者	作者单位
人工智能导论：模型与算法	吴　飞	浙江大学
可视化导论	陈　为、张　嵩、鲁爱东、赵　烨	浙江大学、密西西比州立大学、北卡罗来纳大学夏洛特分校、肯特州立大学
智能产品设计	孙凌云	浙江大学
自然语言处理	刘　挺、秦　兵、赵　军、黄萱菁、车万翔	哈尔滨工业大学、中科院大学、复旦大学
模式识别	周　杰、郭振华、张　林	清华大学、同济大学
人脸图像合成与识别	高新波、王楠楠	西安电子科技大学
自主智能运动系统	薛建儒	西安交通大学
机器感知	黄铁军	北京大学
人工智能芯片与系统	王则可、李　玺、李英明	浙江大学
物联网安全	徐文渊	浙江大学
神经认知学	唐华锦、潘　纲	浙江大学
人工智能伦理	古天龙	桂林电子科技大学
人工智能伦理与安全	秦　湛、潘恩荣、任　奎	浙江大学
金融智能理论与实践	郑小林	浙江大学
媒体计算	韩亚洪、李泽超	天津大学、南京理工大学
人工智能逻辑	廖备水、刘奋荣	浙江大学、清华大学
生物信息智能分析与处理	沈红斌	上海交通大学
数字生态：人工智能与区块链	吴　超	浙江大学
“人工智能+”数字经济	王延峰	上海交通大学
人工智能内生安全	姜育刚	复旦大学
数据科学前沿技术导论	高云君、陈　璐、苗晓晔、张天明	浙江大学、浙江工业大学
计算机视觉	程明明	南开大学
深度学习基础	刘远超	哈尔滨工业大学

新一代人工智能实践系列教材

教材名	作者	作者单位
智能之门：神经网络与深度学习入门（基于Python的实现）	胡晓武、秦婷婷、李　超、邹　欣	微软亚洲研究院
人工智能基础	徐增林 等	哈尔滨工业大学（深圳）
机器学习	胡清华、杨　柳、王旗龙 等	天津大学
深度学习技术原理与应用	吕建成、段　磊 等	四川大学
计算机视觉理论与实践	刘家瑛	北京大学
语音信息处理理论与实践	王龙标、党建武、于　强	天津大学
自然语言处理理论与实践	黄河燕、李洪政、史树敏	北京理工大学
跨媒体移动应用理论与实践	张克俊	浙江大学
人工智能芯片编译技术与实践	蒋　力	上海交通大学
智能驾驶技术与实践	黄宏成	上海交通大学
人工智能导论：案例与实践	朱　强、毕　然、吴　飞	浙江大学、百度

图书在版编目(CIP)数据

自然语言处理 / 刘挺等编著. -- 北京 : 高等教育出版社, 2021.12
ISBN 978-7-04-056177-7

Ⅰ. ①自… Ⅱ. ①刘… Ⅲ. ①自然语言处理 Ⅳ. ①TP391

中国版本图书馆CIP数据核字(2021)第103896号

策划编辑 韩 飞
责任编辑 韩 飞
书籍设计 张申申
插图绘制 于 博
责任校对 吕红颖
责任印制 赵义民

出版发行 高等教育出版社
社址 北京市西城区德外大街4号
邮政编码 100120
购书热线 010-58581118
咨询电话 400-810-0598
网址
http://www.hep.edu.cn
http://www.hep.com.cn
网上订购
http://www.hepmall.com.cn
http://www.hepmall.com
http://www.hepmall.cn
印刷 北京中科印刷有限公司
开本 787mm×1092mm 1/16
印张 27
字数 490 千字
版次 2021 年 12 月第 1 版
印次 2021 年 12 月第 1 次印刷
定价 54.00 元

本书如有缺页、倒页、脱页等质量问题，请到所购图书销售部门联系调换

物料号 56177-00